高等学校教材

遥感数字图像处理

——实践与操作

Yaogan Shuzi Tuxiang Chuli

——Shijian yu Caozuo

朱文泉　林文鹏　编著

高等教育出版社·北京

内容提要

针对遥感数字图像处理中的具体问题，本书综合遥感原理和数字图像处理的理论知识，借助遥感软件进行系统的实践训练，使读者掌握遥感数字图像处理的基本原理及操作过程，为利用遥感数据解决相关科学研究与业务应用问题奠定基础。

本书配合笔者已出版的《遥感数字图像处理——原理与方法》教材，以目前广泛使用的商业化遥感软件ENVI为例，按照遥感数字处理流程对内容进行组织，全面、详细地阐述了遥感数字图像处理中的图像文件基本操作、空间域与变换域图像处理、图像预处理质量改进、特征提取与选择、遥感图像分类与信息提取等具体操作方法。

本书可作为高等学校地学、生态、环境、资源、空间信息等领域的本科生或研究生的教材或参考书，也可作为各专业领域从事相关科学研究与业务应用人员的参考书。

图书在版编目(CIP)数据

遥感数字图像处理:实践与操作/朱文泉，林文鹏编著. --北京:高等教育出版社，2016.9(2021.11重印)
ISBN 978-7-04-046234-0

Ⅰ.①遥… Ⅱ.①朱… ②林… Ⅲ.①遥感图象-数字图象处理-高等学校-教材 Ⅳ.①TP751.1

中国版本图书馆CIP数据核字(2016)第198665号

策划编辑 徐丽萍 熊 玲　责任编辑 熊 玲　封面设计 张 志　版式设计 王艳红
插图绘制 杜晓丹　责任校对 杨凤玲　责任印制 赵 振

出版发行 高等教育出版社
社　　址 北京市西城区德外大街4号
邮政编码 100120
印　　刷 高教社(天津)印务有限公司
开　　本 787mm×960mm 1/16
印　　张 28.25
字　　数 510千字
购书热线 010-58581118
咨询电话 400-810-0598
网　　址 http://www.hep.edu.cn
　　　　 http://www.hep.com.cn
网上订购 http://www.hepmall.com.cn
　　　　 http://www.hepmall.com
　　　　 http://www.hepmall.cn
版　　次 2016年9月第1版
印　　次 2021年11月第3次印刷
定　　价 48.00元

物 料 号 46234-00

与本书配套的数字课程资源使用说明

与本书配套的数字课程资源发布在高等教育出版社数字课程网站，请登录网站后开始课程学习。

一、网站登录

1. 访问 http://abook.hep.com.cn/1250481，点击“注册”。在注册页面输入用户名、密码及常用的邮箱进行注册。已注册的用户直接输入用户名和密码登录即可进入“我的课程”界面。

2. 课程绑定：登录后点击右上方“绑定课程”图标，正确输入教材封底标签上的20位密码，点击“确定”完成课程绑定。

3. 在“我的课程”列表中选择已绑定的数字课程，点击“进入课程”即可开始课程学习。

账号自登录之日起一年内有效，过期作废。

使用本账号如有任何问题，请发邮件至：zhangshan@hep.com.cn

二、资源使用

与本书配套的数字课程资源按照章、节知识树的形式构成，每节配有教学大纲、教学要求、电子教案、彩色图表、扩展阅读、视频材料、IDL程序等资源，内容标题为：

- 教学大纲：对课程脉络及知识点关联性的梳理。
- 教学要求：每章教学要求及知识重难点整理。
- 电子教案：教师上课使用的与课程和教材紧密配套的教学PPT，可供教师下载使用，也可供学生课前预习或课后复习使用。
- 彩色图表：部分图表的彩色版本，更利于内容的展现。
- 扩展阅读：与教材中知识点内容紧密结合的扩展阅读材料，内容包括完整的案例操作流程及教材知识点的补充文档等。
- 视频材料：在必要的实践环节提供操作过程视频材料。
- IDL程序：笔者编写的实用IDL程序，不仅能够辅助学生操作，也为遥感数字图像处理带来便利。

课程介绍

本书与爱课程(http://www.icourse.cn/)在线开放课程"遥感数字图像处理"(北京师范大学朱文泉教授主讲)配套。

前　言

遥感为人类认识宇宙世界提供了一种新途径和手段，遥感图像作为一种重要的信息源已被广泛应用于地学、生态、环境、资源、空间信息等领域。相关学科的学生、教师、科研工作者及业务应用人员对遥感数字图像处理的需求日益强烈，他们均希望了解遥感数字图像处理的相关理论和方法，并能在实际工作中应用遥感图像来提取自己所需要的信息，因此急需一系列知识系统，容易理解，既利于教学又便于自学的教材。

自2005年以来，笔者在北京师范大学先后讲授了本科生课程“遥感原理”和“数字图像处理”，研究生课程“资源与环境遥感模型实验”和“遥感图像处理与实践”4门课程，选课学生覆盖了地图学与地理信息系统、地图制图学与地理信息工程、土地资源管理、自然资源、生态学、全球环境变化、环境科学、资源科学与工程、资源与环境科学等专业。在授课、与学生交流及指导研究生利用遥感图像解决实际的研究问题时，发现他们重理论而轻实践。学生记住了各种数学公式，但不知公式在图像处理中的物理含义。他们一旦需要利用遥感图像来解决实际问题，就显得束手无策。这种情况究其本质原因是学生所学的理论知识与实践脱节，且缺乏系统的实践训练。为此，笔者在教学与指导研究生过程中一直致力于将遥感原理、遥感数字图像处理、遥感软件操作3方面的知识有机串联起来。在准备教案时发现，现有遥感原理方面的教材虽然也涉及一些遥感数字图像处理方面的知识，但主要注重对遥感过程和机理的阐释；而现有数字图像处理方面的教材则主要侧重于广泛意义上的数字图像处理，且大多数是从计算机信息领域、电子通信领域等角度来阐释数字图像处理的相关原理与方法，对如大数据量、多波段、辐射与几何畸变等遥感数字图像本身的特性则缺乏系统的考虑。正是在这样的背景下，又得到北京师范大学和高等教育出版社的大力支持，笔者开始编写《遥感数字图像处理——原理与方法》《遥感数字图像处理——实践与操作》《遥感数字图像处理——专题应用》系列教材。本系列教材旨在为遥感原理与遥感实践架起3座桥梁，即建立在遥感原理与遥感数字图像处理之间的桥梁，遥感数字图像处理与遥感软件实践操作之间的桥梁，遥感专业人员与其他非遥感专业的遥感数据应用人员之间的桥梁。

本书是系列教材的第二本，是配合《遥感数字图像处理——原理与方法》的实践与操作，因此本书的内容布局是按照遥感数字图像处理的流程来组织，而不是按照某一遥感软件的功能进行组织。在教材内容的总体设计上,本书立足于与已出版的《遥感数字图像处理——原理与方法》教材配套,使理论与实践有机衔接、深度接合,同时配备了丰富的配套电子资源和大量的多源遥感试验数据集,并针对一些新算法和批处理需求补充了一些笔者自行开发的ENVI/IDL遥感图像处理功能模块,以满足不同需求层次的读者使用。在各章节内容的编排上,本书通常是先给出案例背景与需求,然后总体介绍本章所涉及的知识点及它们在遥感数字图像处理中的地位与任务、常用的实现方法与基本思路,最后再以ENVI遥感软件为例进行实践操作,以此来强化读者对各知识点的理解与灵活运用。

本书既可以与《遥感数字图像处理——原理与方法》配套使用,也可以单独使用。对于遥感数字图像处理领域的初学者来说,笔者建议将本书与《遥感数字图像处理——原理与方法》配套使用。本书各章节相对独立,读者可以有选择地阅读并进行实践操作,但对于初学者来说,如果不熟悉ENVI/IDL软件,笔者强烈建议先对本书第2章的ENVI/IDL软件操作基础进行认真阅读并开展实践操作。需特别强调的是,本书介绍的遥感数字图像处理常用实现方法与解决思路属于共性的知识点,它们独立于任何遥感软件,因此本书第2章的ENVI/IDL软件操作基础旨在以ENVI/IDL软件为例来训练读者对本书后续介绍的遥感数字图像处理实践内容进行动手操作,而不是系统地介绍ENVI/IDL软件;虽然本书并未对ENVI/IDL软件进行系统介绍,但读者如果对本书所有的实践内容进行了认真阅读与动手操作,相信可以完全熟练掌握ENVI/IDL软件的使用。

本书是编写团队根据多年教学和科研成果及相关文献资料编写而成。北京师范大学朱文泉负责本书大纲及编写思路的拟定、各知识点的确定、各章节内容的编写及修订,上海师范大学林文鹏参与了本书第2、12、13章的编写。北京师范大学博士研究生张东海、郑周涛、姜楠及硕士研究生詹培、唐珂参与了本书基础资料收集、案例数据处理、文稿整理和插图绘制等工作。

感谢历届学习由笔者主讲的遥感图像处理相关课程的北京师范大学本科生和研究生,他们对本书的完善做出了重要贡献,书中的某些示例或许就是来自于他们的作业,也正是他们对知识的渴求,才让笔者有动力编写此书。最后,感谢南京大学杜培军教授对本书稿所作的详细审阅及提出的建设性修改意见。

本书具有广泛的适用性,可作为高等学校地学、生态、环境、资源、空间信息等领域的本科生或研究生的教材或参考书,也可作为各专业领域从事相关科学研究与业务应用人员的参考书。本书虽经过了多轮次的反复修改,但笔者深知其中还有许多待完善之处,不足之处恳请读者批评指正。

朱文泉

2016年1月6日

目　　录

第1章 绪　　论

遥感数字图像含有丰富的信息,对其进行处理则涵盖了多方面的内容(图1.1)。从应用的角度来看,遥感数字图像处理主要服务于两个方面:一是信息提取,二是遥感制图。从数据的输入和输出过程来看,遥感数字图像处理可以被直观地认为是图像到图像或图像到信息这样两个过程。所谓图像到图像就是输入一幅遥感数字图像,经过加工处理后(如辐射校正、几何校正、去噪声、图像增强等)输出为一幅数字图像;图像到信息即输入一幅数字图像,而输出结果是一些经过加工处理后得到的信息(如图像分类且按行政区统计得到各类别的面积)。从上述遥感数字图像处理过程的内容来看,遥感数字图像处理的知识点实际上可以被划分为三大部分,即质量改善、特征提取与选择、信息提取。质量改善包括对遥感数字图像的辐射质量、几何质量和视觉效果的改善,如辐射校正、几何校正、图像去噪声、图像增强等;特征提取与选择的目的是服务于后续的

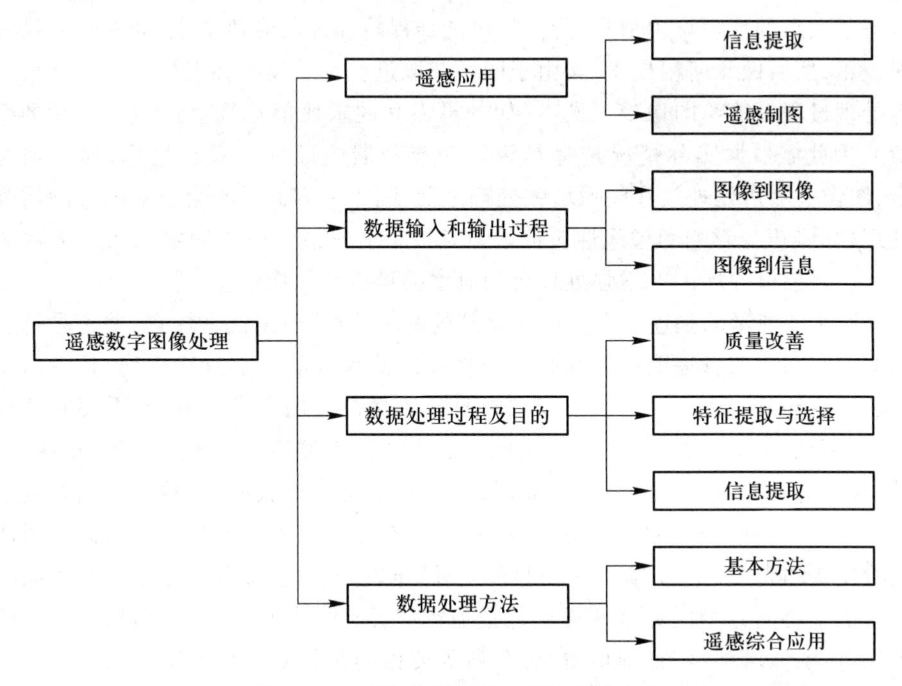

图1.1　遥感数字图像处理所涵盖的内容

信息提取,它一方面涉及如何从遥感光谱数据中提取出一些派生的地物属性特征(如空间纹理),另一方面涉及如何从光谱及其他派生属性中选择出一些有利于目标信息提取的属性特征;信息提取即从遥感数字图像中提取出某些特定的地物信息,如对遥感数字图像进行分类得到各地物的空间分布和面积信息。从数据处理方法的角度来看,遥感数字图像处理实际上是利用数字图像处理的一些通用的基本方法来服务于遥感应用,如数字图像处理中常用的傅里叶变换方法既可以用于遥感数字图像的去噪声处理,也可以用于遥感数字图像的增强处理,因此可以说遥感数字图像处理实际上是数字图像处理方法在遥感数字图像上的综合应用。

1.1 遥感数字图像处理流程

在数字图像处理基本方法的支撑下,遥感数字图像处理的基本流程如图1.2所示。通常情况下,用户拿到的遥感数据都是经过系统级辐射校正和几何校正的遥感数据产品,因此后续还需根据应用要求对遥感数据作进一步的预处理才能开展最后的遥感图像制图或信息提取等应用。此处需要强调遥感图像预处理的顺序问题,对于已经做过系统级几何校正的遥感图像来说,由于它已经具备了大致的地理位置信息,为了尽可能地保持图像的光谱信息,通常是先做辐射校正,然后做几何精校正;又由于图像获取过程及后续的辐射校正和几何校正等处理过程可能给图像带来噪声(如分母为 0 的求比值运算会产生无意义的数值),因此需根据实际情况选择是否进一步开展图像的去噪声处理,通常情况下,图像去噪声处理放在图像增强处理之前,因为一方面噪声会影响图像的增强处理(如噪声会影响图像线性拉伸增强时最小值或最大值的确定),另一方面未去噪声之前就开展图像增强处理会同时增强噪声及图像信息。

图 1.2 展示的是遥感数字图像处理的基本流程,但请读者注意,并不是每一项遥感制图或信息提取任务都必须严格按照此流程的环节进行操作,是否需要开展这些环节取决于遥感数字图像本身的质量及应用需求。例如,需要对某城市郊区开展土地覆盖变化监测,所监测的土地覆盖类型仅为不透水层、植被、水域、裸露地 4 类,刚好卫星遥感图像又是夏季某晴空下获取的,数据的辐射质量相对较好。通过查看原始遥感图像,发现这 4 类土地覆盖类型在原始遥感图像上所反映的光谱信息具有非常明显的差异,也就是说,直接利用原始遥感图像的光谱信息就能完全区分这 4 类土地覆盖类型,因此,没必要进行辐射校正、图像去噪声、图像增强、特征提取等处理,所需要做的仅是对原始遥感图像先开展几何精校正,然后直接选择某些光谱波段进行遥感分类。

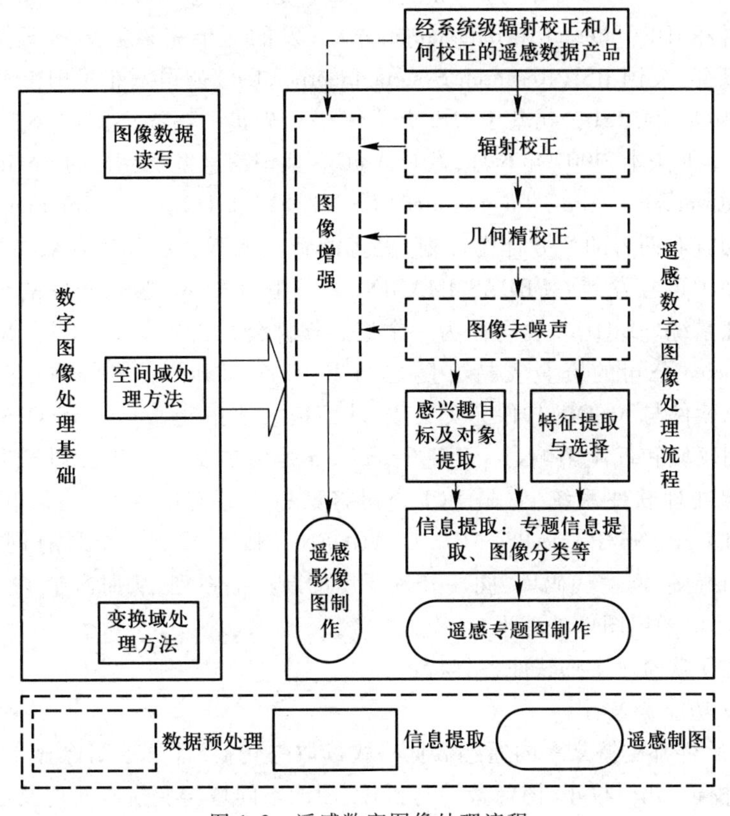

图 1.2　遥感数字图像处理流程

1.2　遥感数字图像处理基础

遥感数字图像是一类特殊的数字图像,相比于数码照片等常见的数字图像,它具有覆盖范围广、分辨率低、成像过程受大气干扰、波段数多、数据量大等特点。因此遥感数字图像处理既涉及一些遥感原理方面的专业知识,又包含了数字图像处理的基本内容。

1.2.1　常用商业遥感软件及其主要功能

遥感数字图像处理离不开工具软件,常见的遥感图像处理商业软件有 ENVI、ERDAS IMAGINE、PCI Geomatica 等。ENVI(environment for visualizing images)是美国 EXELIS Visual Information Solutions 公司(该公司已于 2015 年 5 月

29 日被美国 Harris 公司并购）的旗舰产品，它是由遥感领域的科学家采用交互式数据语言 IDL（interactive data language）开发的一个完整的遥感图像处理平台。1977 年，美国 RSI（Research System Incorporated）公司发布了 IDL 软件的早期版本；1994 年，RSI 公司基于 IDL 开发了一个先进的高光谱图像分析软件包，即 ENVI 早期版本；2007 年 6 月，发布 ArcGIS 地理信息系统平台的 Environmental Systems Research Institute Incorporated（ESRI）公司和 ITT Visual Information Solutions 公司宣布两者的商务合作计划，更多的新功能和算法加入新版本中，ENVI 软件得到了迅猛发展。ERDAS IMAGINE 是美国 ERDAS 公司开发的一套遥感图像处理系统。ERDAS 公司作为一个遥感软件公司创建于 1978 年，2002 年得到美国 Leica 公司的资金支持并随之与 ESRI 公司开展战略合作，使 ERDAS IMAGINE软件与 ArcGIS 软件完美集成，从而极大地拓展了 ERDAS IMAGINE 软件的应用领域和行业影响力。PCI Geomatica 是由加拿大 PCI 公司开发的一套遥感图像处理软件系统，它是 PCI 公司将其旗下原有的 4 个产品 PCI EASI/PACE、PCI SPANS/PAMAPS、ACE、ORTHOENGINE 集成到一个具有同一界面、同一使用规则、同一代码库、同一开发环境的新产品系列，从而产生了一个使用简单、灵巧的遥感图像处理平台。

上述 3 款商业遥感软件各具特色：

1. 从功能上来看

3 款软件都支持众多的遥感数据格式读取与转换，都具备图像显示、图像增强、辐射校正、几何校正、图像裁剪与拼接、图像空间域与变换域处理及运算等基本功能；但各软件在某些功能方面又各具特色，如 ENVI 在图像分析、信息提取方面功能强大，PCI Geomatica 在正射校正、图像自动配准、图像制图方面具有明显优势，ERDAS IMAGINE 在数据融合、摄影测量方面具有优势。

2. 从软件结构及界面的友好程度来看

PCI Geomatica 和 ERDAS IMAGINE 是基于统一软件界面下的功能模块化产品集成，因此它们的软件界面更为友好，对于使用遥感软件的初级用户来说更容易上手；而 ENVI 早期的经典界面（ENVI 自 5.0 版本之后在保留原有经典界面的情况下推出了一个新的软件界面）则更倾向于数据处理流程的集成，因此软件功能上存在一定的重复和交叉，但这种基于数据处理流程的集成特别适合于熟悉遥感图像处理流程的中、高级用户，ENVI 自 5.0 版本之后推出的新界面采用了类似于 ArcMap 的统一用户界面，各功能模块及流程化操作则被分门别类存放在工具箱中。

3. 从软件的可扩展性和灵活性来看

ENVI 底层的 IDL 语言可以帮助用户轻松地添加、扩展 ENVI 的功能，甚至可以开发定制自己的专业遥感平台。

PCI Geomatica 也拥有底层开发工具,它是由 150 个 C 和 FORTRAN 源程序和函数库构成,具备完备的语法结构,用户可用其编写应用系统、访问数据库和外设、显示图像、进行图像处理,同时该软件还提供了 PCI 用户界面编辑功能,使用户可以将新开发的功能和程序加入到 PCI 软件的用户界面上。

ERDAS IMAGINE 软件在可扩展性方面提供了 3 种解决方案:一是提供了一个面向目标的图形模型语言 Spatial Modeler(空间建模分析),使用户可以设计高级的空间模型功能,用户只需用其提供的工具在窗口中给出模型的流程图,同时指定流程图的意义、所用参数、矩阵等,即可完成模型的设计;二是提供了 ERDAS macro language(EML),使用户可以剪裁和定制软件用户界面;三是提供了 C 程序接口、ERDAS 函数库,并支持动态链接库(DLL)的体系结构。相比较而言,由于 IDL 语言具有强大的数据分析和图像化应用功能,且使用者可以迅速、方便地运用此软件将数据转换为图像,从而促进分析和理解,因此基于 IDL 开发的 ENVI 具有更高的灵活性和可扩展性,特别适合科研人员。

4. 从应用领域来看

ERDAS IMAGINE 和 PCI Geomatica 多用于业务化的工程项目,而 ENVI 则多用于研究及教育领域

5. 从用户群体来看

ERDAS IMAGINE 特别适合刚上手学习遥感图像处理的新手或偶尔需要开展遥感图像处理的非遥感专业人员,其用户面较广;PCI Geomatica 的中国用户群体目前主要集中在地质、矿产、国土等领域的科研及业务人员,其用户群体相对较少;ENVI 在高校及科研院所的使用较为普及,尤其是自 2007 年 6 月 ITT Visual Information Solutions 公司与 ESRI 公司开展商业合作之后,ENVI 与 ArcGIS 无论是在用户界面还是在数据交换、功能互操作方面都实现了比较好的集成,致使 ENVI 的用户群体迅猛增长。

除了上述遥感类的专业软件,还有一些非遥感类的软件也常被用于遥感图像处理,如数值矩阵运算软件 MATLAB、图像处理软件 Photoshop 等。MATLAB 拥有丰富的函数库,也经常能在网上找到一些新算法的源程序,对于遥感图像处理算法研究与测试非常实用,但对大数据量的遥感图像处理效率较低。Photoshop 在图像局部区域选择、图像匀色等方面非常高效,遥感背景图的制作过程经常是先用 Photoshop 对原始遥感图像进行图像增强、匀色等处理,然后利用 ArcMap 制图,最后在 Photoshop 中进行图像整饰。

需要强调的是,遥感数字图像处理的原理与方法是共性的,遥感软件只是实现图像处理的工具,选用何种软件来进行遥感图像处理主要取决于读者所处的

学习或工作环境(如有些科研团队偏爱 ENVI,有些高校讲授 ERDAS IMAGINE 图像处理课程)以及自己的操作习惯。对于绝大多数用户来说,只要掌握或精通一种遥感软件就行,一旦熟悉了遥感数字图像处理的原理与方法,其他类似的遥感软件只是在用户界面和操作习惯上存在差异,用户在熟练使用一种软件的基础上也很快能对其他类似软件上手操作,因此掌握遥感数字图像处理的原理与方法以及遥感数据处理流程是学习的核心。

考虑到 ENVI 软件所具有的高度灵活性和可扩展性,本书关于遥感数字图像处理的实践操作主要以 ENVI 软件为例进行演示。ENVI 软件的功能非常多,区别于对 ENVI 软件功能的罗列介绍,本书主要从遥感数字图像处理流程所涉及的知识点出发,对各种常用的功能进行梳理和讲解,如果读者想了解 ENVI 软件其他更多的功能,则可参考 ENVI 软件的帮助文档,并在实践操作中进行探索和学习。

本书第 2 章的"ENVI 软件操作基础"旨在让读者熟悉 ENVI 软件界面和常用工具的操作,相当于为读者提供了有关 ENVI 软件操作的简明参考手册。本章数字课程资源(网址见"与本书配套的数字课程资源使用说明")配备了"ENVI 上手操作"和"IDL 软件操作基础"两份电子文档,一方面通过对情景案例的操作,使读者进一步熟悉 ENVI 软件在遥感图像浏览方面的基本功能;另一方面也为读者提供关于 IDL 程序语言的简要介绍和快速入门,以方便读者测试本书中的某些基于 IDL 的图像处理程序,从而拓展 ENVI 软件功能。

1.2.2 遥感图像数据读写

欲对遥感数字图像进行处理,首先需借助遥感软件在计算机上对遥感数字图像进行读取,从而将图像的部分或全部内容加载到计算机内存进行运算处理或通过显示器进行浏览操作。遥感数字图像读取是其写入的逆过程,因此要读取一幅遥感数字图像,必须先了解该图像是按何种规律存储的,即图像数据的存储结构及编码过程。

出于多方面原因,如各数据机构创建自己的数据格式、数据保密或限制性使用的需要、不同应用目的的需要等,目前的遥感数字图像存储格式多种多样,一旦图像采用了一种软件不支持的数据存储格式,则很可能无法被该软件直接打开读取。

本书第 3 章的"遥感图像数据读写"介绍了常见遥感数字图像存储格式的读取方法及操作流程,并以 ENVI 软件为例进行了操作演示。

1.2.3 遥感图像处理的基本方法

遥感数字图像处理是数字图像处理的基本方法在遥感数字图像上的综合应

用。数字图像处理的基本方法可以划分为空间域处理方法和变换域处理方法两大类。空间域处理方法是根据图像像元数据的空间表示 $f(x,y)$ 进行处理;变换域处理方法是对图像像元数据的空间表示 $f(x,y)$ 先进行某种变换,然后针对变换数据进行处理。

本书第 4 章的“空间域处理方法”介绍了数字图像空间域处理的数值运算、集合运算、逻辑运算和数学形态学操作;第 5 章的“变换域处理方法”介绍了数字图像变换域处理的主成分变换、最小噪声分离变换、缨帽变换、独立成分变换、傅里叶变换、小波变换和颜色空间变换操作。

1.3 遥感数字图像质量改善

遥感数字图像在成像过程中受到遥感平台、传感器、大气、地形、太阳位置(高度和方位)、地球自转等多因素的影响而产生图像畸变,因此在应用遥感图像进行制图或提取信息之前,需根据实际情况有选择地对其进行预处理,以改善遥感图像的辐射质量、几何质量和视觉效果。

陆地观测卫星地面系统处理和生产的标准产品类型通常分为 6 级,它们分别对应了遥感图像质量改善的不同级别,如:0 级为原始数据产品,即分景后的卫星下传遥感数据;1 级为系统辐射校正产品,即经过了相对辐射定标以消除探测元件之间的辐射不均一性;2 级为系统几何校正产品,即在 1 级产品的基础上进行了系统几何校正,并将校正后的图像映射到指定的地图投影坐标;3 级为几何精校正产品,即在 2 级的基础上采用了地面控制点来改进产品的几何精度;4 级为高程校正产品,即在 3 级的基础上同时采用了数字高程模型(DEM)纠正了地势起伏造成的视差的产品数据;5 级为标准镶嵌图像产品。通常情况下,用户拿到的遥感数据都是 2 级或以上级别的产品,因此后续还需根据数据产品级别及应用要求对遥感数据作进一步的预处理。

本书第 6、7 章分别介绍了遥感图像辐射校正和几何校正的实践操作,旨在消除遥感图像的辐射畸变和几何畸变,以服务于后续的遥感图像信息提取;第 8、9 章进一步介绍了遥感图像去噪声和图像增强的实践操作,旨在改善遥感图像的视觉效果,以服务于遥感图像的目视判读及遥感制图。

1.4 遥感数字图像信息提取

遥感数字图像不但具有全覆盖的空间范围,而且包含了丰富的信息,然而大部分时候我们仅需要特定区域的特定信息,如何从全覆盖的庞杂信息中提取感兴趣区的有效信息,这就涉及空间范围上的感兴趣目标及对象提取、属性特征的提取与选择以及信息提取3方面的内容。

遥感图像中的感兴趣目标是指图像中用户最为关注的目标地物。感兴趣目标提取,不仅能够去除用户不感兴趣的冗余数据,突出图像的主要特征,还能提高图像特征处理和分析的速度并排除其他无关数据的干扰;对于高分辨率遥感图像来说,通过对感兴趣目标提取获得目标区域的封闭边界轮廓,则形成了目标对象,从而可以用于后续的面向对象分类。

遥感图像特征提取和选择是为遥感图像分类服务的,它的目的在于从众多属性中选出具有代表性的几个属性作为变量组合来区分遥感图像上的目标地物,从数据源上提高遥感图像分类的精度。对于遥感图像而言,可作为遥感图像分类的属性很多,除了地物在遥感图像上直接呈现的光谱信息,还有把这些光谱信息进行某种线性或非线性组合而衍生出的一些综合光谱属性,另外也可对遥感图像进行局部统计从而得到局部区域所反映出来的纹理、形状、大小、空间关系等空间属性。为了提高分类器的分类精度与效率,通常还需从已有的属性信息中选择具有代表性的属性作为分类特征参与分类。

遥感图像分类是遥感信息提取的重要内容,它是根据不同地物在图像上所体现的属性差异(如光谱属性、空间属性),按照一定的规则将其划分为若干具体的类别。目前的图像分类方法很多,然而,并不是每一种分类方法都适合任何遥感图像的分类问题,因此我们需根据研究区的背景状况、遥感数据源和分类目的选择最合适的方法。运用分类器对图像分类后,受遥感图像质量和分类算法影响,其分类结果有可能仍不能被直接应用,需对其进行分类后处理,以提高分类结果质量。分类完成后,我们还需对分类结果进行精度评价,其目的一方面在于为制图者提供一个评价分类方法的依据,另一方面也为用户提供一个分类结果的可靠性参考。

本书第10、11、12章分别介绍了感兴趣目标及对象提取、特征提取与选择、图像分类的实践操作,并在第13章给出了一个系统化的实践操作案例,该案例综合了本书第2—12章的相关内容,介绍了从遥感数据读写、遥感数据辐射与几何质量改善(辐射校正、几何校正)、图像视觉效果改善(图像去噪声、图像增强)、专题信息及纹理特征提取、图像分类到最终的制图输出等整个遥感图像处理过程。

第 2 章　ENVI 软件操作基础

学习目标

熟悉 ENVI 5.2.1 软件界面，初步了解 ENVI 软件所具有的各项功能。

预备知识

数字图像性质
数字图像种类

参考资料

朱文泉等编著的《遥感数字图像处理——原理与方法》第 1 章“数字图像基础”

学习要点

了解 ENVI 5.2.1 的操作界面
打开及浏览数据
查看数据属性特征
创建及编辑感兴趣区
创建及编辑矢量文件
创建及编辑注记文件
熟悉波段运算工具
视窗和图层的保存与恢复
数据保存与拷屏输出
了解如何获得 ENVI 使用帮助

测试数据

数据位置：附带光盘下的..\chapter01\data\

文件名	说明
qb_boulder_msi	ENVI 5.2 安装目录自带的 Quickbird 图像(4 个波段),常见目录:C:\Program Files\Exelis\ENVI 5.2\data\...)
MOD13A3_h25v05.hdf	空间分辨率为 1 000 m 的 MODIS NDVI 数据,存储格式为 HDF4

电子补充材料

第二章 ENVI 软件操作基础扩展阅读 1.pdf:ENVI 上手操作,通过对情景案例的操作,使读者进一步熟悉 ENVI 软件在遥感图像浏览方面的基本功能。文档目录:数字课程资源(网址见“与本书配套的数字课程资源使用说明”)。

第二章 ENVI 软件操作基础扩展阅读 2.pdf:IDL 软件操作基础,为读者提供关于 IDL 程序语言的简要介绍和快速入门,以方便读者测试本书中的某些基于 IDL 的图像处理程序,从而拓展 ENVI 软件功能。文档目录:数字课程资源(网址见“与本书配套的数字课程资源使用说明”)。

案例背景

本章简单介绍 ENVI 软件的各功能模块,使读者快速地了解 ENVI 软件的基本功能,方便读者对图像进行读取、浏览、分析和共享。另外,ENVI 软件自 5.0 版本之后有两种界面,即经典界面(ENVI Classic)和新界面(ENVI),两种界面所具有的图像处理功能基本类似,其差别主要在于界面布局;此外,新界面的工具箱中拥有更多流程化处理的功能,而经典界面在软件启动速度、某些常用的图像处理操作方面仍具有优势,有些图像处理操作甚至只能利用 ENVI 经典界面来执行。ENVI 经典界面在很大程度上是为了照顾老用户的使用习惯而被保留,从未来的发展趋势看,ENVI 经典界面会逐渐被新界面所取代,而且 ENVI 新界面采用了与地理信息系统软件 ArcMap 类似的界面布局方式,越来越多的用户(尤其是新用户)将会选择使用 ENVI 新界面。因此本书主要结合 ENVI 新界面对该软件进行介绍及开展实践操作,但对一些 ENVI 新界面无法实现的操作则采用经典界面演示。2015 年 8 月,ENVI 发布了最新的 5.3 版本,相较于本书用到的 5.2.1 版本,ENVI 5.3 主要在支持新传感器和数据格式、图像处理和界面、激光雷达处理功能、摄影测量扩展模块、ENVI 二次开发等方面作了改进,但总体的界面布局以及绝大部分功能没有发生较大变化,因此本书以 ENVI 5.2.1 版本作演示不会影响读者对 ENVI 新版本的使用。

2.1 启动 ENVI

在启动 ENVI 5.2.1 新界面以前，确认 ENVI 5.2.1 已正确安装。在 Windows 系统下，有以下两种方式打开 ENVI 软件。

① 仅打开 ENVI。双击桌面上的 ENVI 图标打开 ENVI 软件；或者单击开始>所有程序>ENVI 5.2>ENVI，启动 ENVI 5.2.1。

② 打开 ENVI+IDL。双击桌面上的 ENVI+IDL 图标打开 ENVI 和 IDL 软件；或者单击开始>所有程序>ENVI 5.2>ENVI+IDL，启动 ENVI 和 IDL。以这种方式同时打开 ENVI 和 IDL 软件，ENVI 和 IDL 中的变量数据则可以互相传输，用户可以充分利用 IDL 中的函数对图像进行处理，然后在 ENVI 中进行显示和保存。

启动 ENVI 后，出现 ENVI 5.2.1 的等待界面(图 2.1)。稍等片刻，就能看到 ENVI 的操作界面(图 2.2)。

图 2.1 ENVI 等待界面

2.2 ENVI 5.2.1 操作界面介绍

ENVI 提供了先进且人性化的工具方便用户对图像中的信息进行读取、浏览、探测、分析和共享。界面主要由菜单栏、工具栏、图层管理、图像窗口、工具箱和状态栏几个部分组成(图 2.2)。

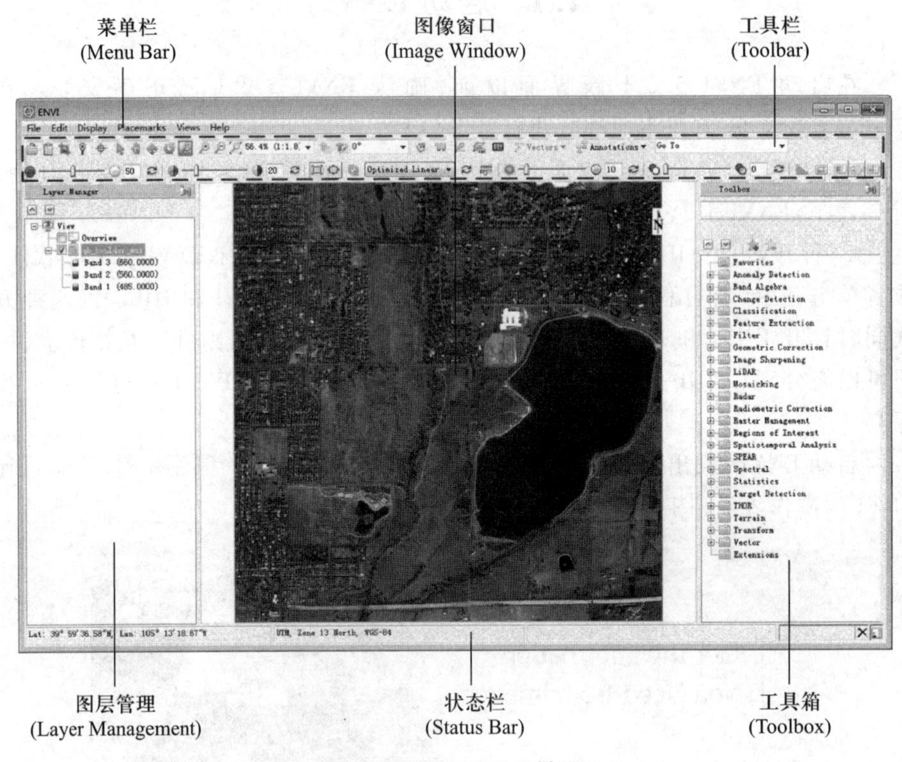

图 2.2 ENVI 5.2.1 界面

1. 菜单栏

主要包括 6 个下拉菜单,每个下拉菜单均由一些相关命令组成,这些命令和功能见表 2.1—表 2.6。

表 2.1 ENVI 5.2.1 主菜单项

菜单命令	主要功能
File(文件)	完成文件的读入、创建、输出、数据管理和系统参数配置等
Edit(编辑)	对图层进行编辑
Display(显示)	对数据的显示进行控制
Placemarks(地标)	地标的添加和管理
Views(视图)	管理 ENVI 显示视图,包括新建视图、视图布局等
Help(帮助)	启动帮助

表 2.2　File 菜单项及功能

菜单命令	功能
Open(打开)	打开 ENVI 支持的图像文件格式和矢量文件格式
Open As(打开特定文件)	打开特定类型的数据,如特定传感器
Open Recent(打开最近使用文件)	打开最近使用的文件
Open World Data(打开全球数据)	打开 ENVI 提供的全球矢量/栅格数据
Open Remote Dataset...(打开远程文件)	打开 JPIP、IAS 和 OGC 服务器上的数据
Remote Connection Manager(远程连接管理器)	管理远程连接
New(新建)	新建一个矢量层(Vector Layer)、注记层(Annotation Layer)或感兴趣区(Region of Interest)
Views & Layers(视图/图层)	保存(Save)或加载(Restore)一个视图/图层
Save(保存)	保存文件
Save As...(另存为)	文件另存为 ENVI 支持的输出格式
Chip View To(视图保存为)	拷屏
Print...(打印)	打印页面
Data Manager(数据管理)	管理已打开的数据
Close All Files(关闭所有文件)	关闭所有文件
Preferences(参数设置)	对 ENVI 当前配置文件信息进行浏览和更改
Shortcut Manager(快捷键管理)	快捷键的设置和管理
Exit(退出)	退出软件

表 2.3　Edit 菜单项及功能

菜单命令	功能
Undo(撤销)	撤销上一步操作
Redo(重做)	重做上一步操作
Rename Item...(重命名)	重命名
Remove Select Layer(移除选中图层)	移除选中图层
Remove All Layers(移除所有图层)	移除所有图层
Order Layer(改变图层顺序)	改变图层顺序,内容包括置于顶层(Bring to Front)、置于底层(Send to Back)、上移一层(Bring Forward)、下移一层(Send Backward)

表 2.4 Display 菜单项及功能

菜单命令	功能
Geo Link To ArcMap	将 ENVI 与 ArcMap 进行地理链接，使两个平台的浏览范围保持一致
Spectral Library Viewer(查看光谱库)	打开、浏览、创建光谱库
New Plot Window(新建绘图窗口)	新建一个 ENVI 绘图窗口
2D Scatter Plot(二维散点图)	绘制二维散点图
Profiles(剖面)	可查看数据的剖面曲线，包括光谱(Spectral)、水平剖面(Horizontal)、垂直剖面(Vertical)和自定义剖面(Arbitrary)
Custom Stretch(自定义拉伸)	执行数据对比度自定义拉伸
Band Animation(波段动画)	将高光谱或多光谱数据的多个波段以动画的形式显示，使用时间滑块和鼠标滚轮可控制数据的动画展示，还可以将动画输出为通用视频格式文件
Series/Animation Manager(时间序列数据或波段动画管理器)	与 Band Animation 功能相似，这里是将时间序列数据以动画的形式显示
Full Motion Video(全动态视频图像)	视频播放，如波段动画和时间序列数据动画视频
Cursor Value(光标定位)	光标定位，并显示光标处的灰度值及地理坐标等信息
Portal(窗口透视)	在图像窗口的最上层开启一个可以移动且大小可调的“小窗口”，透过这个窗口可以浏览下面图像，方便图层之间的对比分析
View Blend(视图渐变)	对最上面两个图层之间进行渐变切换显示
View Flicker(视图闪烁)	对最上面两个图层之间进行闪烁切换显示
View Swipe(视图卷帘)	对最上面两个图层之间进行卷帘切换显示

表 2.5 Views 菜单项及功能

菜单命令	功能
Create New View(新建视图)	创建一个新的视图窗口
One View(单视图)	图像窗口中只显示一个视图
Two Vertical Views(双垂直视图)	图像窗口中垂直方向显示两个视图

续表

菜单命令	功能
Two Horizontal Views(双水平视图)	图像窗口中水平方向显示两个视图
2×2 Views(2×2 视图)	图像窗口显示 2×2 个视图
3×3 Views(3×3 视图)	图像窗口显示 3×3 个视图
4×4 Views(4×4 视图)	图像窗口显示 4×4 个视图
Link Views(视图地理关联)	对几个视图进行地理关联
Reference Map Link(参考地图关联)	显示一个与图像窗口关联的基础地图窗口

表 2.6　Help 菜单项及功能

菜单命令	功能
Contents(索引)	打开帮助内容
Shortcuts(快捷键)	快捷键
Shortcut List(快捷键清单)	查看/管理快捷键
About ENVI(关于 ENVI)	关于 ENVI

2. 工具栏

工具栏(图 2.3)提供了常用的工具,方便用户进行快捷的操作。工具栏中主要包括以下几类工具:数据的打开与输出、图像显示设置工具、数据属性查看工具、图像浏览工具、感兴趣区工具、注记工具等。表 2.7 对工具栏中的各按钮进行了详细说明。

图 2.3　工具栏

表 2.7　工具栏各按钮及功能

名称	图标	功能
数据的打开与输出		
Open		打开 ENVI 支持的文件
Data Manager		打开数据管理面板
Chip to File		拷屏

续表

名称	图标	功能
数据值查询		
Cursor Value		打开光标定位窗口
Crosshairs		显示十字线
数据浏览		
Select		选择
Pan		平移
Fly		飘移
Rotate View		旋转视窗
Zoom		缩放
Fixed Zoom In		按固定比例放大
Fixed Zoom Out		按固定比例缩小
Zoom to Full Extent		完整显示
Scale	100% (1:1)	按比例尺显示
Rotate Up		默认方向
North Up		北朝上
Rotate To	0°	旋转指定角度
剖面		
Arbitrary Profile		任意剖面
Spectral Profile		光谱剖面
散点图工具		
Scatter Plot Tool		打开散点图工具
感兴趣区工具		
Region of Interest(ROI) Tool		打开感兴趣区工具

续表

名称	图标	功能
特征计数工具		
Feature Counting Tool		打开特征计数工具
矢量工具 Vectors		
Create Vector		绘制矢量
Edit Vector		编辑矢量
Edit Vertex		编辑节点
Join Vectors		矢量线连接
注记工具 Annotation		
Text Annotation		文字注记
Symbol Annotation		符号注记
Polygon Annotation		多边形注记
Rectangle Annotation		矩形注记
Ellipse Annotation		椭圆注记
Polyline Annotation		折线注记
Arrow Annotation		箭头注记
Picture Annotation		图片注记
定位		
Go To	Go To	平移到指定经纬度
显示调节		
Brightness	50	调整亮度
Contrast	20	调整对比度
Stretch on Full Extent		在全部数据范围拉伸
Stretch on View Extent		在视图显示数据范围内拉伸

续表

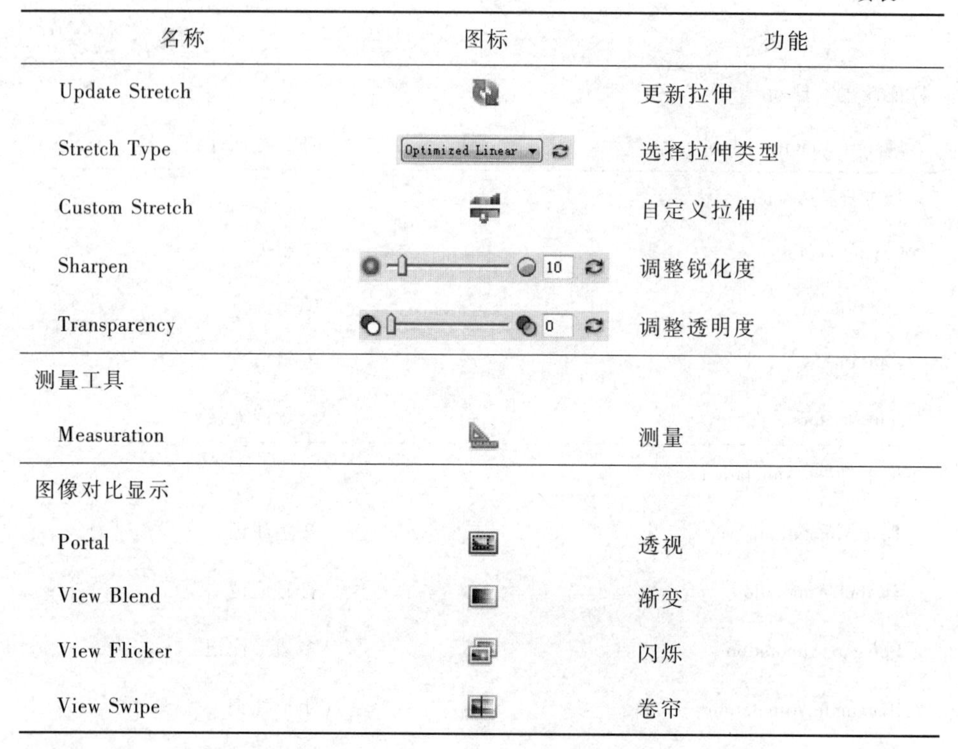

名称	图标	功能
Update Stretch		更新拉伸
Stretch Type	Optimized Linear	选择拉伸类型
Custom Stretch		自定义拉伸
Sharpen	10	调整锐化度
Transparency	0	调整透明度
测量工具		
Measuration		测量
图像对比显示		
Portal		透视
View Blend		渐变
View Flicker		闪烁
View Swipe		卷帘

3. 图层管理

图层管理窗口(图 2.4)管理所有在窗口中显示的图层。在每个图层上单击右键可对该图层进行操作。这个面板包括以下功能。

① 图层显示/隐藏勾选按钮:可以通过单击每一图层前的方框“☑”改变该图层的显示/隐藏状态,其中 Overview 为鹰眼图。

② 视图分类:当打开很多视图时,图层管理窗口会根据加载的视图信息进行归类。每一视图内容的展开与折叠可以点击该视图分类前面小方格中的“⊞”和“⊟”来实现;如果要展开或折叠图层管理窗口中的所有内容,则可以通过点击图层管理面板左上角的“⏶”和“⏷”符号来实现。

③ 图层分类:如果一个视图中包含多种要素(如栅格数据、矢量数据、注记等),图层管理窗口会将各要素进行分类排列。

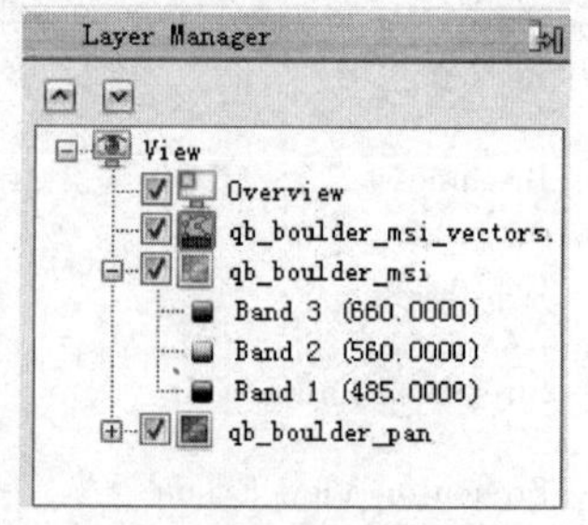

图 2.4　图层管理面板

4. 图像窗口

图像窗口是数据显示的区域。图像窗口可根据菜单栏 Views 下的命令选择需要的视图窗口,最多可分成 16 个不同的视图,每个视图可以加载不同的图层,并拥有独立的操作工具。通过显示图 2.4 中的鹰眼图层(Overview),还可以在图像窗口中显示鹰眼图。

5. 工具箱

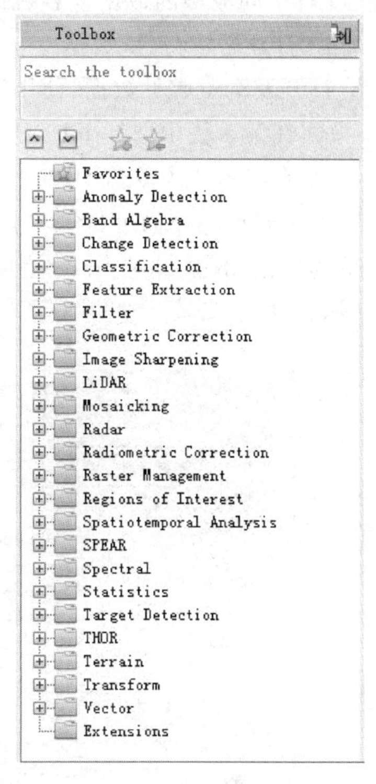

图 2.5 工具箱

工具箱 Toolbox(图 2.5)提供了 ENVI 软件的所有工具,位于 ENVI 界面的右侧,点击右上角的分离( )或贴附( )小图标可以将工具箱浮动或固定。工具箱包括以下工具:异常检测(Anomaly Detection)、波段运算(Band Algebra)、变化检测(Change Detection)、图像分类(Classification)、对象特征提取(Feature Extraction)、滤波(Filter)、几何校正(Geometric Correction)、图像融合(Image Sharpening)、激光雷达(LiDAR)、图像镶嵌(Mosaicking)、雷达(Radar)、辐射校正(Radiometric Correction)、栅格数据管理(Raster Management)、感兴趣区(Regions of Interest)、流程化工具(SPEAR)、光谱处理(Spectral)、统计(Statistics)、目标检测(Target Detection)、高光谱流程化工具(THOR)、地形(Terrain)、变换(Transform)和矢量(Vector)。

工具箱最上面有一个搜索框,支持模糊搜索。可以将常用的功能加入收藏夹,便于查看,加入收藏的功能在 Favorites 中查看。

6. 状态栏

状态栏在整个软件界面的最下端,可以显示图像的投影及鼠标所在位置的经纬度信息。

2.3 打开及浏览数据

2.3.1 打开数据

ENVI 支持各类航空和卫星传感器图像的多种格式数据,包括全色、多光谱、高光谱、雷达、热红外、地形数据、GPS 数据、激光雷达等(具体支持格式可参考 ENVI 帮助文档的 Explore Imagery>Supported Data Types)。打开方式也很简单方便,针对不同类型的数据主要有以下几种数据打开方式。

1. 打开栅格/矢量数据

打开及浏览常见数据,使用如下方式之一。

① 在菜单栏中选择 File>Open,通过对话框打开及浏览文件;

② 在工具栏中单击 Open 按钮。

上述两种操作均可打开 Open 对话框(图 2.6),这里选择 ENVI 5.2.1 软件自带的数据 qb_boulder_msi,然后点击“打开(O)”按钮,即可打开该图像,结果如图 2.7 所示。

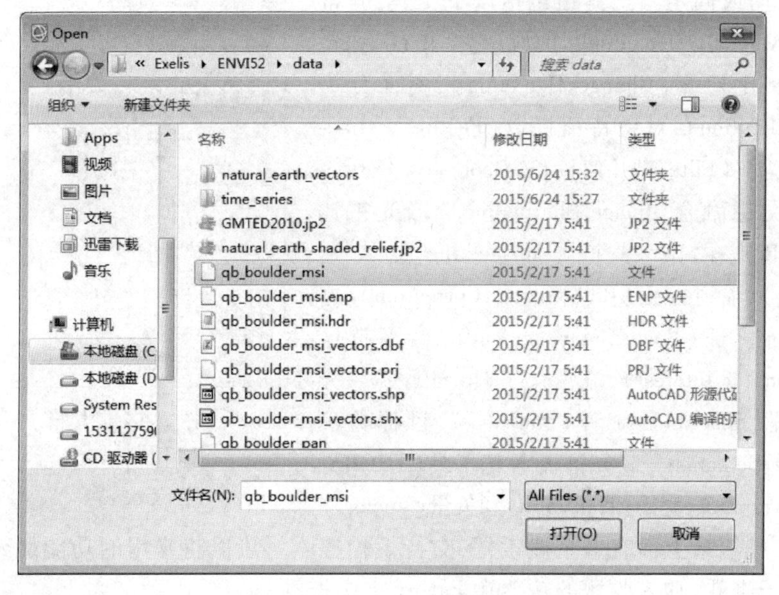

图 2.6 Open 对话框

2. 打开特定文件格式

虽然上述方式可以打开大多数文件类型,但对于特定的已知文件类型,利用内部或外部的头文件信息会更加方便。在菜单栏中选择 File>Open As,选择一个传感器或文件类型,通过这种方式打开数据要确保图像文件有正确的元数据和辅助文件。具体支持的数据格式请参考 ENVI 帮助文档。

以打开 MOD13A3 数据(存储格式为 HDF4)的 NDVI 波段为例。具体操作如下:首先,点击 File > Open As > Generic Formats > HDF4,即弹出 Enter HDF Filenames 对话框(图 2.8);然后,选择 MOD13A3_h25v05. hdf 数据,并点击“打开

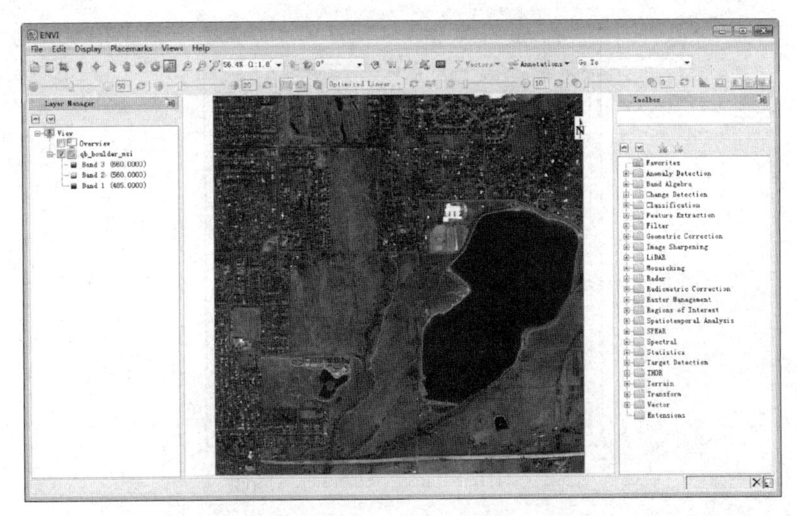

图 2.7　qb_boulder_msi 数据打开结果

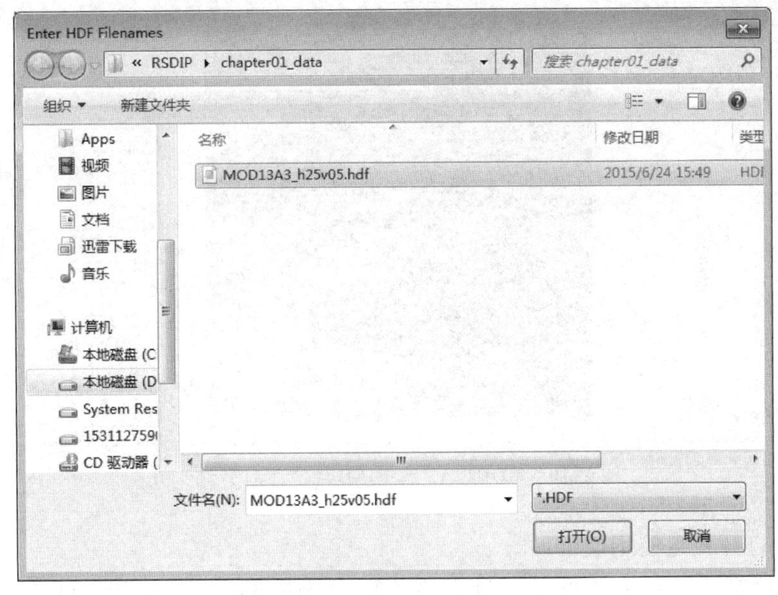

图 2.8　Enter HDF Filenames 对话框

(O)"按钮，继而弹出 HDF Dataset Selection 对话框(图 2.9)；最后，在 HDF Dataset Selection 对话框中，选择 Select HDF Dataset 列表下的第一个波段，点击 OK 即可。MOD13A3 数据 NDVI 波段打开结果如图 2.10 所示。

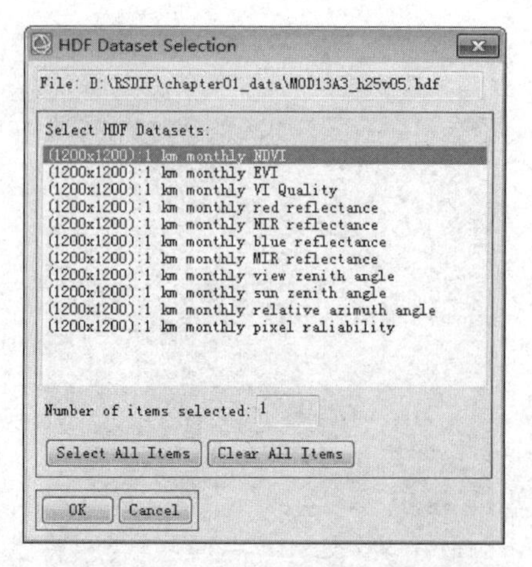

图 2.9　HDF Dataset Selection 对话框

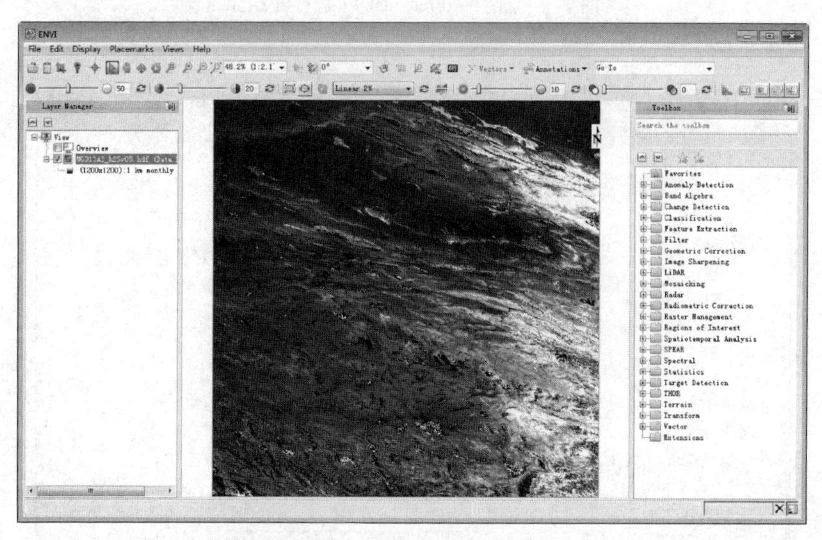

图 2.10　MOD13A3 数据 NDVI 波段打开结果

3. 打开最近使用文件

最近打开过的文件可以通过在菜单栏中选择 File>Open Recent 方式直接打开。

4. 打开全球数据

在菜单栏中选择 File>Open World Data 可以直接打开 ENVI 安装目录下提供的全球矢量数据和栅格数据。其中矢量数据包括机场(Airports)、海岸线(Coastlines)、国界线(Countries)、地理线(Geographic Lines)、湖泊(Lakes)、小岛屿(Minor Islands)、居住区(Populated Places)、港口(Ports)、河流(Rivers)、道路(Roads)和州/省界线(States/Provinces);栅格数据包括地形阴影晕渲图(Shaded Relief)和高程图[Elevation(GMTED2010)]。

5. 打开远程数据

在菜单栏中选择 File>Open Remote Dataset...,在弹出对话框中输入提供的网址,可以打开远程数据。

6. 数据管理

在菜单栏中选择 File>Data Manager(或单击工具栏上的 Data Manager 按钮)打开数据管理面板。数据管理面板从上到下包括 4 部分:工具栏、文件列表、文件信息和波段选择。数据管理面板管理所有打开的数据,通过该面板可以选择 RGB 假彩色合成显示或灰度显示、浏览数据信息、打开/关闭数据等功能,还可以将数据直接传递到 ArcMap 中。这里以打开"qb_boulder_msi"数据和"MOD13A3_h25v05. hdf"数据的数据管理面板(图 2.11)为例,简单介绍该面板

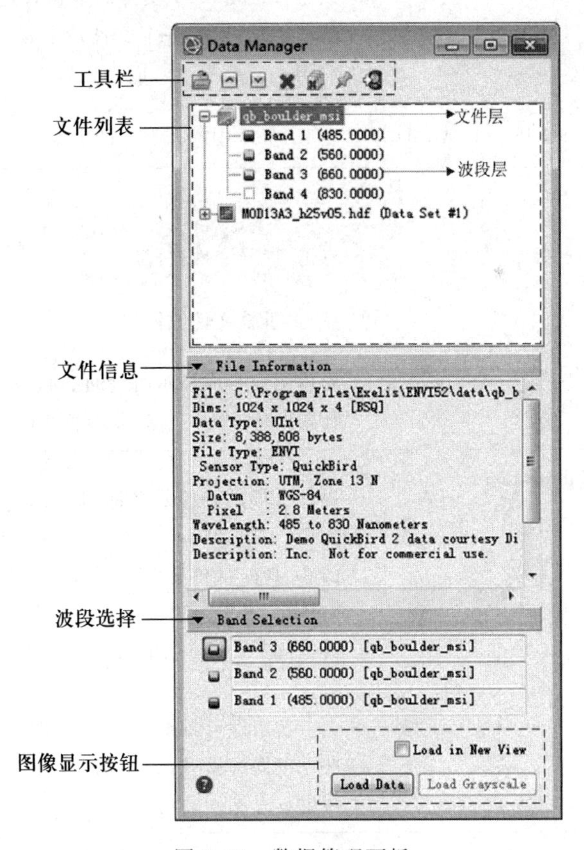

图 2.11 数据管理面板

中各按钮及功能，具体见表2.8。

表2.8 数据管理面板各按钮及功能

名称	功能
工具栏	
(Open)	打开ENVI支持的文件
(Collapse All)	折叠所有文件
(Expand All)	展开所有文件
✖(Close File)	关闭某一个选中的文件
(Close All Files)	关闭所有文件
(Pin/Unpin)	锁定时，加载一个文件后数据管理面板无影响；取消锁定时，加载一个文件后数据管理面板会自动关闭
(Open Selected Files in ArcMap)	在ArcMap中打开选中的文件
文件列表	
⊞	点击，展开文件波段层
⊟	点击，折叠文件波段层
⬚	彩色图像合成显示时，颜色通道的波段选择项，选择顺序依次为红、绿、蓝颜色通道
文件信息(File Information)	提供文件的路径及名称(File)、维度(Dims)、数据类型(Data Type)、数据大小(Size)、文件类型(File Type)、传感器类型(Senor Type)、投影(Projection)、基准面(Datum)、空间分辨率(Pixel)、波段范围(Wavelength)以及其他相关信息等
▼(Expend)	点击按钮即可折叠该栏目，此时按钮变成"▶"，再次点击即可展开，"波段选择"栏目前侧的相同按钮也具有相同的功能

续表

名称	功能
波段选择(Band Selection)	
(红光通道)	显示红光通道的数据波段
(绿光通道)	显示绿光通道的数据波段
(蓝光通道)	显示蓝光通道的数据波段
图像显示按钮	
Load in New View	选中后,加载图像将在新的视图窗口显示
Load Data	点击显示彩色合成图像
Load Grayscale	点击显示选中的单波段灰度图像

2.3.2 浏览数据

1. 灰度/彩色显示

在数据管理面板(图 2.11)中,选好波段后,单击 Load Grayscale 按钮进行灰度显示;也可以在 Band Selection(波段选择)中选择对应的红、绿、蓝波段,然后单击 Load Data 进行彩色显示。

此外,在图层管理面板中也可以实现彩色显示的更改。在图层管理面板中,选中彩色显示的图层,在其右键菜单中单击 Change RGB Bands,打开 Change Bands 对话框(图 2.12),按红、绿、蓝顺序单击选择波段,最后点击"OK"按键则可以实现彩色显示的更改。

2. 数据浏览

(1) 视图空间浏览

加载数据后,可以通过平移(Pan)、漂移(Fly)和定位(Go To)来查看视图空间位置。单击 Pan 按钮,将鼠标放在视图窗口,出现手状图标,按住鼠标进行视图拖拽浏览数据;单击 Fly 按钮,将鼠标放在视图窗口,会出现三角箭头图标,长按鼠标左键,视图将按箭头方向缓慢移动;还可以在 Go To 一栏中输入待查看点的经纬度,视图则会平移,使该点处于视图中心位置。

(2) 放大和缩小

在工具栏中,选中 Zoom 按钮,在图像中通过拖拽方框或鼠标滚轮直接对

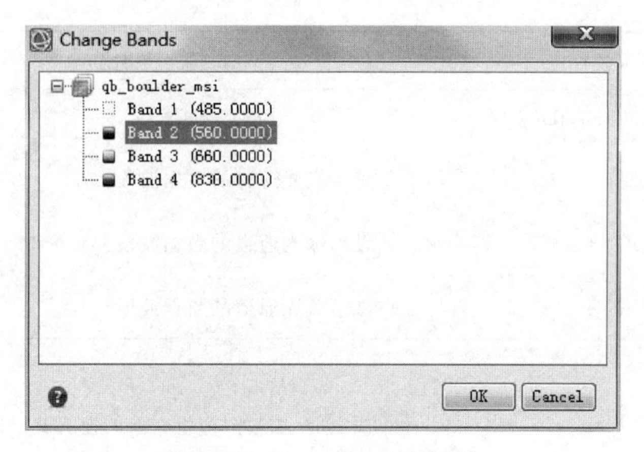

图 2.12 Change Bands 对话框

图像进行放大或缩小显示，也可以通过 Fixed Zoom In 按钮或 Fixed Zoom Out 按钮将图像按固定的比例放大或缩小显示。如果想浏览数据全貌，可以单击 Zoom to Full Extent 按钮。还可以在图 2.13 的下拉菜单中设置缩放比例，其中选择 Use Map Scale 按照比例尺设置缩放大小。

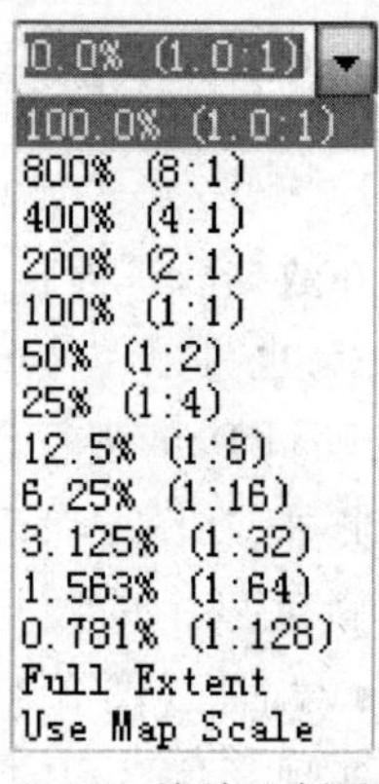

图 2.13 缩放比例设置

在图层管理面板中，还可以针对某一图层的特性对图像显示进行不同尺度的缩放。在选中图层的右键菜单栏中，选中 Zoom To Layer Extent 浏览该图层全貌，选中 Zoom To Full Resolution 按分辨率显示图层。

(3) 旋转

ENVI 提供了视图旋转工具，单击 Rotate View 按钮，用鼠标在视图窗口中自由拖拽，可改变视图的角度，无论旋转到何种角度，可以单击 North Up 按钮，将视图还原到北朝上。另外，还可以在右侧的 Rotate To 窗口中自行定义旋转角度。

(4) 地标游览

ENVI 5.2.1 软件新增了地标游览功能。该功能的主要用途是：当用户对某一地理空间位置需进行多次回看时，可在该位置处设置一个地标，通过该地标可快速地回到标记的地理空间位置，且图像窗口与标记时完全一致。具体操作如下：首先，在图像窗口中游览至目标地理空间位置；然后，点击菜单栏 Placemarks> Add Placemark 按钮，在弹出的 New Placemark 对话框中键入地标名，点击 OK

即完成地标标记。查看地标时,点击菜单栏 Placemarks,在弹出的下拉菜单中选择目标地标,图像窗口即可返回标记的地理空间位置。另外,点击菜单栏 Placemarks 下的 Placemarks Manager 按钮,在弹出的 Placemarks Manager 面板中,可对地标进行保存、导入、重命名、删除和搜索等管理。

3. 显示设置

ENVI 5.2.1 的工具栏中提供了很多快捷的显示设置。显示设置主要包括亮度、对比度、拉伸方式、锐化和透明度设置。这一部分的操作主要集中在菜单栏中 Display 一项里,不涉及对数据本身的改变,仅是通过各种数据拉伸方式来改变其显示状态以达到令图像更美观、特征更突出等目的。

(1) 亮度调节

在工具栏中的亮度(Brightness)调节按钮(图 2.14)中通过左右拖拽(左暗右亮)或在方框中输入数值(数值越大亮度越高)进行调节。可通过最右侧的重置按钮对之前的亮度调节进行重置。

(2) 对比度调节

在工具栏中的对比度(Contrast)调节按钮(图 2.15)中通过左右拖拽(左弱右强)或在方框中输入数值(数值越大对比度越高)进行调节。可通过最右侧的重置按钮对之前的对比度调节进行重置。

图 2.14 亮度调节　　图 2.15 对比度调节

(3) 拉伸方式选择

在工具栏中选择图像拉伸范围和拉伸方式(Stretch Type,见图 2.16)。拉伸范围有两种:全范围拉伸(Stretch on Full Extent,工具栏快捷按钮)和视图范围拉伸(Stretch on View Extent,工具栏快捷按钮)。拉伸方式主要包括:无拉伸(No Stretch)、线性拉伸(Linear)、1%线性拉伸(Linear 1%)、2%线性拉伸(Linear 2%)、5%线性拉伸(Linear 5%)、均衡化(Equalization)、高斯拉伸(Gaussian)、均方根拉伸(Square Root)、对数拉伸(Logarithmic)、最优拉伸(Optimized Linear)和用户自定义拉伸(Custom)。

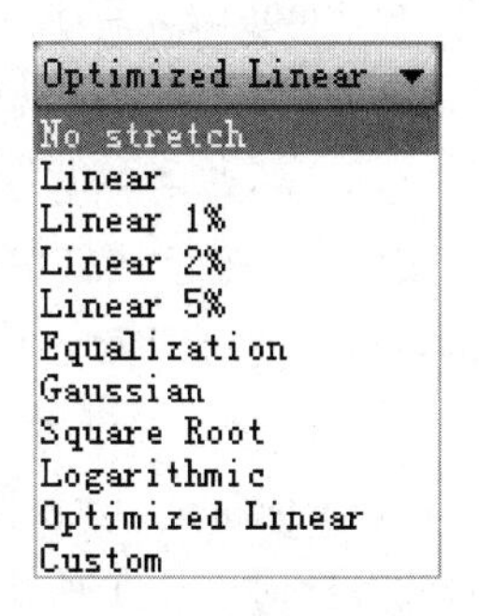

图 2.16 拉伸方式选择

自定义拉伸也可以在 Display>Custom Stretch 或工具栏中的快捷按钮打开自定义拉伸窗口(图 2.17)。

该面板可以选择拉伸方式、设定参数,并显示每一波段的拉伸范围,各按钮

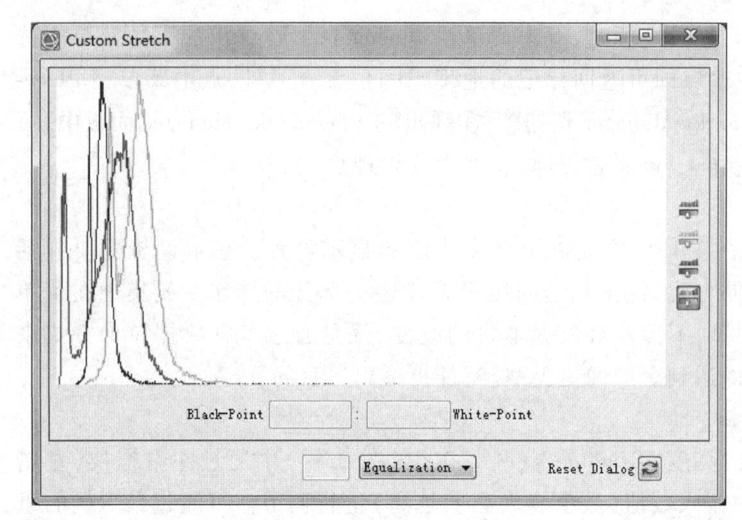

图 2.17 Custom Stretch 窗口

图 2.17 彩版

和窗口的具体功能如下。

① 直方图显示。如果图像是彩色图像,则自定义拉伸窗口会显示一个包含红、绿、蓝 3 个波段的直方图,此时直方图窗口默认选择显示所有波段直方图按钮,其上面的红色按钮、绿色按钮、蓝色按钮分别用于显现彩色图像红、绿、蓝波段的直方图。如果图像是单波段灰度图像,则此处只显示该波段的直方图,右侧为灰色按钮。

② 拉伸范围设置。Black-Point 和 White-Point 分别是数据拉伸范围的最小值和最大值,原数据中灰度值小于 Black-Point 和大于 White-Point 的像元将分别被设定为拉伸后灰度值的最小值和最大值。用户可以在 Black-Point 和 White-Point 的文本框中键入拉伸范围,也可通过拖动直方图中的两个滑块进行设置。这里要说明的是,该设置的对象只能是单个波段,图 2.17 是显示了彩色图像红、绿、蓝 3 个波段的直方图,故文本框没有被激活,可点击红色按钮、绿色按钮、蓝色按钮其中任一按钮来显示某一波段的直方图,即可被激活。如果是单波段图像,则可直接进行设置。

③ 拉伸方式设置。此处提供线性拉伸(Linear)、均衡化(Equalization)、高斯拉伸(Gaussian)、均方根拉伸(Square Root)和对数拉伸(Logarithmic)5 种,拉伸方式可同时应用于所有波段,也可单独对某个波段进行操作。这里要注意的是,均衡化、均方根拉伸和对数拉伸方式一经选择即可对数据进行拉伸操作,而线性拉伸和高斯拉伸还需要用户自定义参数,然后按 Enter 键才可执行。其中,线性拉伸需定义一个图像数据分布的累计频率 $a\%$(此处 a 的取值范围为 0—49.9),

该工具采用 $a\%$ 所对应的数据值和 $(1-a\%)$ 所对应的数据值作为数据线性拉伸范围的最小值和最大值;高斯拉伸方式需要用户定义一个标准偏差,该参数值需大于 0。

④ 拉伸方式重置。点击按钮 Reset Dialog ,可清除之前的拉伸设置。

(4) 锐化调节

在工具栏中的锐度(Sharpen)调节按钮(图 2.18)中,通过左右拖拽(左模糊右锐化)或在方框中输入数值(数值越大锐化度越高)进行调节。可通过最右侧的重置按钮对之前的锐化调节进行重置。

(5) 透明度调节

在工具栏中的透明度(Transparency)调节按钮(图 2.19)中,通过左右拖拽(左不透明右透明)或在方框中输入数值(数值越大透明度越高)进行调节。可通过最右侧的重置按钮对之前的透明度调节进行重置。

图 2.18 锐度调节　　　　图 2.19 透明度调节

4. 特征计数

ENVI 可记录特征的数量及其位置(经纬度),方便用户在图像中手工标记感兴趣的特征(如标记一条河流上的水电站位置)。单击 Feature Counting 按钮,打开 Feature Counting Tool 面板(图 2.20),具体功能如表 2.9 所示。此时,鼠标在图像窗口中变为十字丝,即可在基准图像上标记特征,标记的特征点则会记录在图 2.20 中的特征列表内。用户可以点击 Feature 1 、Feature Color 按钮和 Feature Counting Properties 按钮,来编辑特征类的名称、标记颜色和标记符号的相关属性。标记完一种特征类型后,点击 Add Feature 按钮可添加新的特征类型。此外,用户还可以通过特征记录游览栏的相关工具游览和删除已经标记的特征点。

在文件保存方面,特征记录工具不仅可以保存为当前文件格式,还可以另存为 *.efc 文件格式;特征记录点信息除了可导出为 shapefile 矢量文件和 GDB 地理数据库,还可以生成记录报告(Report),包括特征数量和经纬度,该报告可保存为文本文件格式(*.txt 格式)。

5. 测量

ENVI 提供用于测量图像上距离的工具。单击 Mensuration 按钮会弹出 Cursor Value 窗口,在图像窗口中绘制注记折线,Cursor Value 窗口中会显示图像中每条折线的实际长度及其角度。

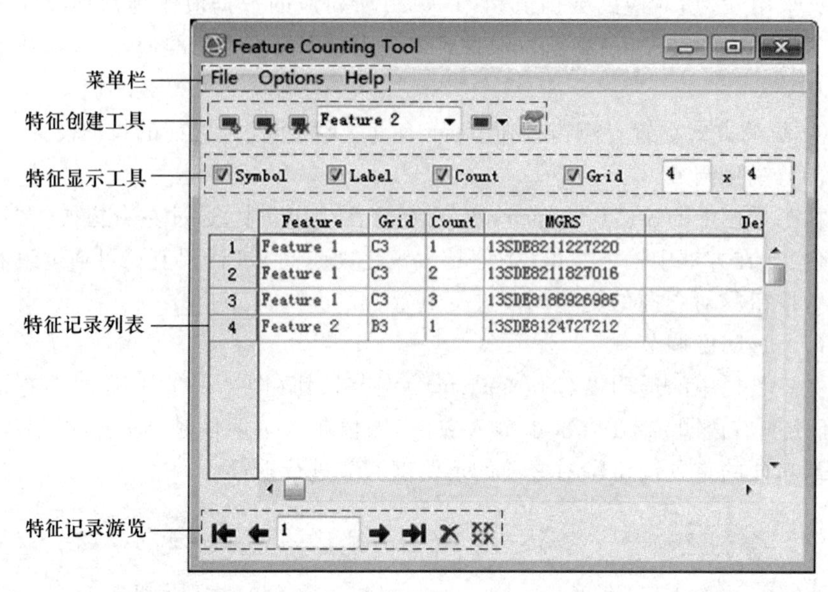

图 2.20　Feature Counting Tool 面板

表 2.9　Feature Counting Tool 面板功能

菜单命令/按钮	功能
菜单栏	
File	提供特征保存、恢复、导出、导入等功能
Option	提供特征记录列表颜色、排序和格网基准图层设置
Help	特征计数工具帮助
特征创建工具	
(Add Feature)	添加新的特征类
(Delete Feature)	删除选中的特征类
(Delete All Features)	删除所有的特征类
Feature 1	特征类别名称，此时即在图像窗口标记特征类别"Feature 1"。另外，点击"Feature 1"可修改特征类别命名

续表

菜单命令/按钮	功能
(Feature Color)	定义特征类别的颜色
(Feature Counting Properties)	定义特征类别标记符号的属性
特征显示工具	
Symbol	勾选,图像窗口中显示特征标记符号
Label	勾选,图像窗口中显示特征类别名
Count	勾选,图像窗口中显示特征个数
Grid	勾选,基准图像上生成自定义格网,计数时 Label 中会显示格网编号,默认格网大小为 4×4
特征记录列表属性	
Feature	特征类别名称
Grid	格网编号
Count	某特征类别的标记编号,添加格网时则只记录格网内某特征类别的标记编号
MGRS	军事格网参考坐标,用户还可以点击鼠标右键添加特征点的文件行列号[File(x,y)]、地图坐标[Map(x,y)]、地理坐标(Lat/Lon)等坐标信息
Description	特征记录简要的描述信息,默认为空,用户可自定义
特征记录游览	
(Goto First Record)	切换至第一个特征记录
(Goto Previous Record)	切换至前一个特征记录
1	当前游览的特征记录
(Goto Next Record)	切换至下一个特征记录
(Goto Last Record)	切换至最后一个特征记录
(Delete Point)	删除选中的特征记录
(Delete All Points)	删除所有特征记录

2.4 查看数据属性特征

1. 像元灰度值

像元灰度值可通过光标查询功能进行查询，在菜单栏中选择 Display>Cursor Value（也可以在工具栏单击快捷键），打开 Cursor Value 窗口（图 2.21）。随着鼠标在地图上滑动，Cursor Value 窗口中会出现鼠标所在像元的灰度值（Data）、投影信息（Proj）和纵横坐标（地理坐标 Geo、地图坐标 Map、军事格网参考坐标 MGRS、文件坐标 File）。单击 Crosshairs 按钮会出现十字光标，方便读者查看像元所在位置，当点开十字光标时，Cursor Value 窗口会显示鼠标所在的像元及十字中心的像元（及图像视图中心）的信息。对于位于工具栏右侧的 Go To 窗口可直接输入经纬度，定位到待查询的位置。

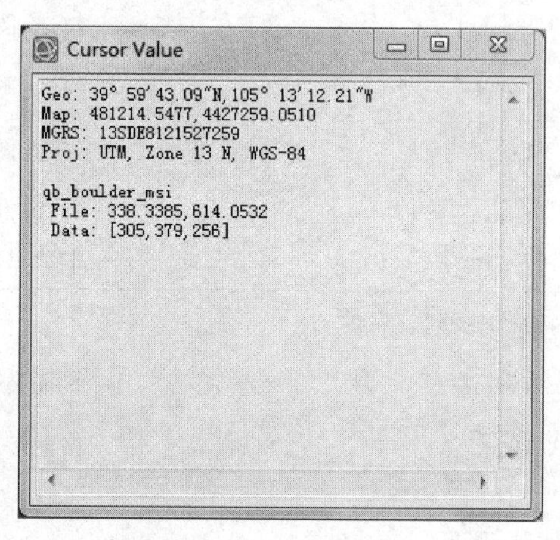

图 2.21 Cursor Value 窗口

2. 剖面

ENVI 可以获取光谱的（Spectral）、水平的（Horizontal）、垂直的（Vertical）以及任意的（Arbitrary）剖面图。

（1）光谱剖面

光谱剖面用于交互地绘制鼠标指针处像元的光谱曲线。可采用以下 3 种方式之一打开 Spectral Profile 对话框（图 2.22）：a. 菜单栏中，选中 Display>Profiles>Spectral；b. 图层管理窗口中，在选中图层右键菜单中选择 Profiles>Spectral；c. 工具栏中单击 Spectral Profile 按钮。此时 Spectral Profile 面板默认显示图像窗口中心像元点的光谱曲线，在图像窗口中点击鼠标左键，可显示该处像元的光谱曲线。

在 Spectral Profile 面板中包括光谱曲线显示面板和光谱曲线属性面板两部分。打开 Spectral Profile 面板时，默认仅显示图 2.22 中左侧的光谱曲线显示窗口，点击右侧的 Show 按钮▶即可打开图 2.22 中右侧的光谱曲线属性窗口。光谱曲线显示窗口可以设置图例、显示植被指数值、显示 RGB 所选择波段和坐标轴等，如果要放大曲线的局部，可以按住鼠标中键拉框放大所选部分，窗口中菜单项及按钮的具体功能见表 2.10。光谱曲线属性窗口显示了光谱曲线的名称、颜色、线型等属性信息,各菜单项及按钮的具体功能如表 2.11 所示。

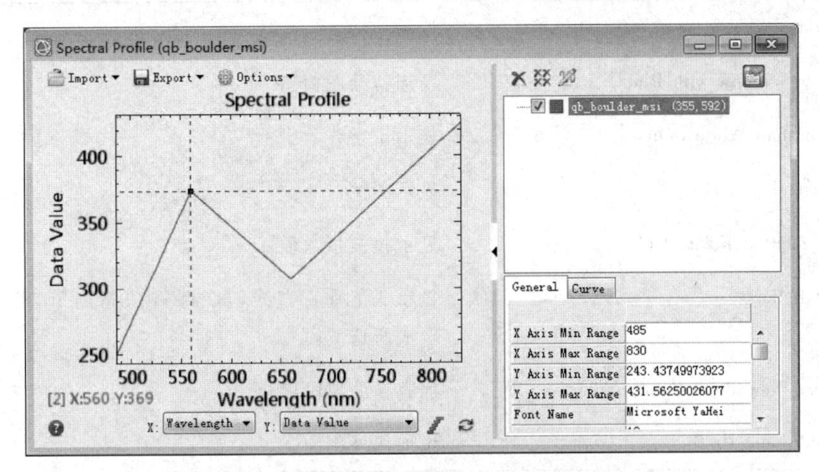

图 2.22　Spectral Profile 对话框及获取的光谱曲线

表 2.10　光谱曲线显示窗口菜单命令及按钮的相关功能

菜单命令及按钮	功能
Import	导入数据
ASCII...	从文本导入
Spectral Library	从光谱库导入
Export	导出数据
ASCII...	导出为文本
Spectral Library	导出为光谱库
Image...	导出为图像
PDF...	导出为 PDF
PostScript	导出为 PostScript 格式
Copy	复制
Print...	打印
PowerPoint	导出为幻灯片

续表

菜单命令及按钮	功能
Options	选项
New Window with Plots	新建待绘图窗口
Crosshair Always On	显示十字线
Legend	显示图例
Vegetation Index(VI)	显示植被指数值
RGB Bars	显示3条垂直直线(红、绿、蓝)指向RGB彩色合成所选波段
Load New Band Combination	加载新的波段组合
Additional Profiles	添加额外剖面
坐标轴	
X:Wavelength	剖面图的X轴,这里提供3种指标:波长(Wavelength)、波段顺序号(Index)、波数(Wavenumber)
Y:Data Value	剖面图的Y轴,这里提供3种指标:像元数字值(Data Value)、包络线去除后数字值(Continuum Removed)、二进制编码数字值(Binary Encode)
(Stack Plots)	使窗口中显示的多个波谱曲线分离且不重叠
(Reset)	恢复原始数值范围曲线显示
(Show/Hide)	显示或者隐藏光谱曲线属性窗口

表2.11 光谱曲线属性窗口菜单命令及按钮的相关功能

菜单命令及按钮	功能
工具栏	
(Remove Selected Curve)	删除选中的光谱曲线
(Remove All Curves)	删除所有光谱曲线
(Edit Data Value...)	编辑Y轴的数据值
(Show/Hide Properties)	显示或者隐藏光谱曲线属性

续表

菜单命令及按钮	功能
General	一般属性
X Axis Min Range	X 轴最小值
X Axis Max Range	X 轴最大值
Y Axis Min Range	Y 轴最小值
Y Axis Max Range	Y 轴最大值
Font Name	字体名称
Font Size	字体大小
Plot Title	曲线标题
X Axis Title	X 轴标题
Y Axis Title	Y 轴标题
X Major Ticks	X 轴刻度
Y Major Ticks	Y 轴刻度
Left Margin	光谱图左侧留白宽度
Right Margin	光谱图右侧留白宽度
Top Margin	光谱图上方留白宽度
Bottom Margin	光谱图下方留白宽度
Background Color	光谱曲线显示窗口背景色(默认灰色)
Foreground Color	光谱曲线显示窗口前景色(默认黑色)
Stack Offset	曲线叠置位移
Spectral Average	光谱平均值
NDVI Orientation	NDVI 图例的方向
NDVI Width	NDVI 图例的宽度
Curve	曲线属性
Name	名称

续表

菜单命令及按钮	功能
Color	颜色
Line Style	线型
Thickness	线粗
Symbol	线上的符号
Symbol Color	符号颜色
Symbol Size	符号的大小
Symbol Thickness	符号的线粗
Symbol Fill	符号是否填充
Symbol Fill Color	符号填充颜色
Legend	显示图例
Legend Style	图例的类型
Font Name	字体名称
Font Size	字体大小
Show Frame	显示边框
Frame Color	边框颜色
Show Background	显示背景
Background Color	背景颜色(默认灰色)

(2) 水平和垂直剖面

水平剖面是绘制图像水平光标线上所有像元的数字值所构成的曲线,并且每个波段各生成一条曲线。垂直剖面则是绘制图像垂直光标线上所有像元的数字值所构成的曲线。

水平剖面对话框打开方式:Display>Profiles>Horizontal。垂直剖面对话框打开方式:Display>Profiles>Vertical。水平/垂直剖面对话框与光谱剖面对话框相似,此处不再赘述。在图像窗口中,通过鼠标左键移动位置可看到不同行列的剖面。

(3) 任意剖面

任意剖面是绘制图像上任意折线上所有像元的数字值构成的曲线,并且每个波段各生成一条曲线。

任意剖面工具打开方式有 3 种，一是在菜单栏中选中 Display>Profiles>Arbitrary，二是在图层管理窗口中选中图层右键菜单中 Profiles>Arbitrary，三是在工具栏中直接点击 Arbitrary Profile(Transect)按钮。激活该功能后，在图像窗口绘制任意线条，即可得到任意横断面的剖面图。参数设置与其他剖面类似，这里不再赘述。

3. 数据统计

数据统计主要是统计图像各波段的最小值(Min)、最大值(Max)、平均值(Mean)、标准差(StdDev)和直方图等基本统计量，以及各波段之间的协方差(Covariance)、相关性(Correlation)、特征值(Eigenvalues)和特征向量(Eigenvectors)等。

首先，在右侧工具箱中选择 Statistics>Compute Statistics，在弹出的 Compute Statistics Input File 对话框中选取待处理文件，单击 OK；然后，在弹出的 Compute Statistics Parameters 对话框(图 2.23)中选中统计参数(Basic Stats——基本统计信息；Histograms——直方图；Covariance——协方差；Covariance Image——协方差图)，单击 OK，得到统计结果(图 2.24)。

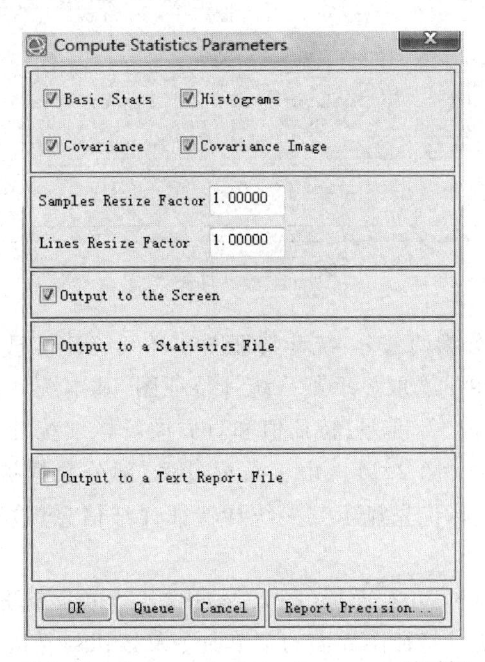

图 2.23　Compute Statistics Parameters 对话框

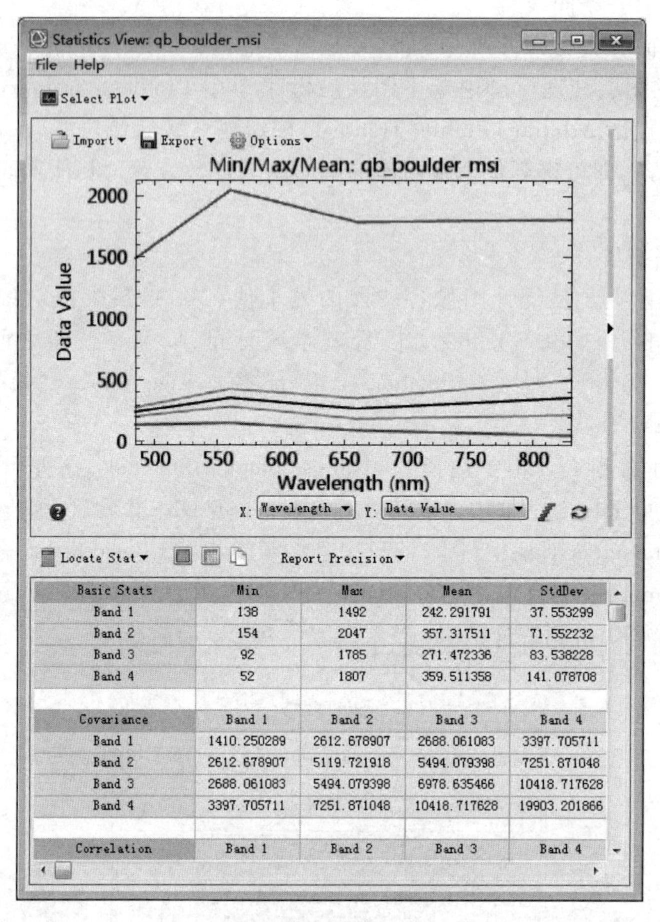

图 2.24　统计结果

统计结果展示分为两部分:统计特征图和详细统计信息。统计特征图可以在 Select Plot 菜单下选取显示某一统计特征图,基本统计信息包括每波段的最大值、最小值、均值、标准差、特征值和直方图。详细统计信息已经全部列在 Statistics View 面板中(图 2.24),由于数据过多,部分数据被隐藏,用户可在 Locate Stat 菜单下选择优先显示某一统计特征详细信息,被选中的统计信息将显示在列表最上端。

统计结果 Statistics View 面板(图 2.24)中,各菜单命令及按钮的相关功能具体见表 2.12,由于统计特征图界面的菜单命令及按钮与光谱剖面图中的菜单命令及按钮基本相同,故不再解释。

表 2.12 Statistics View 窗口中菜单命令及按钮的相关功能

菜单命令及按钮	功能
File	
Export to txt File	统计结果导出为 * .txt 文件
Close	关闭窗口
Help	
Statistics View Help	打开 Statistics View 帮助文档
Select Plot	选择需绘图展示的统计特征
Max/Min/Mean	各波段像元灰度值最大值、最小值和平均值
Standard Deviation	各波段像元灰度值标准差
Eigenvalues	各波段特征值
Y Axis Max Range	Y 轴最大值
Histogram Band1	第一波段的直方图
All Histograms	所有波段的直方图
Locate Stat	选择优先展示的统计结果
Basic Stats	基本统计量,包括各波段最大值、最小值、平均值和标准差
Covariance	各波段之间的协方差
Correlation	各波段之间的相关性
Eigenvectors	各波段之间的特征向量
Eigenvalues	各波段特征值
Histogram Band1	第一波段的直方图
Select All	选择全部统计结果
Clear Selection	清除选择
Copy to Clipboard	复制至剪贴板
Report Precision	统计结果精度设置

续表

菜单命令及按钮	功能
Scientific Notation	科学计数法
2 Digits	小数点后 2 位数
4 Digits	小数点后 4 位数
6 Digits	小数点后 6 位数
8 Digits	小数点后 8 位数

4. 散点图

2D 散点图是绘制图像两个波段的像元灰度值在笛卡儿坐标系统中的散点图,主要用于显示两个波段之间的相关性。另外,该面板还提供像元灰度值在散点图与图像上的交互式操作、类别定义及输出功能。

(1) 二维散点图绘制

在菜单栏中选择 Display>2D Scatter Plot 或者在工具栏直接点击 Scatter Plot Tool 按钮,可打开 Scatter Plot Tool 面板(图 2.25)。散点图的底端、左侧的滑

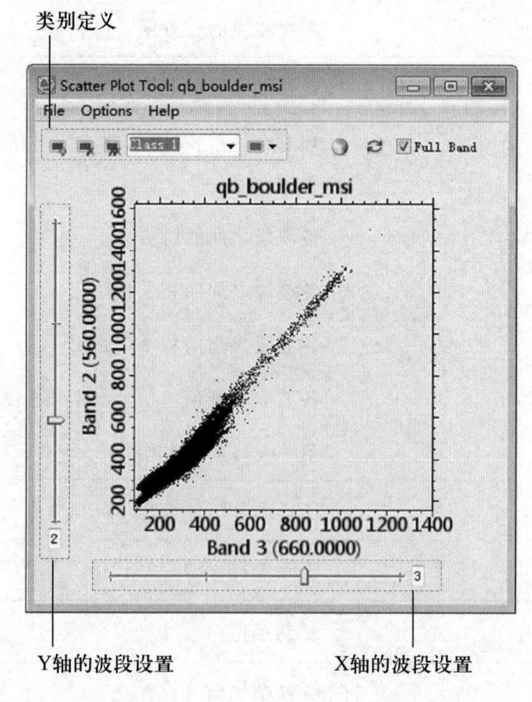

图 2.25 Scatter Plot Tool 面板

块和文本框均可用以设置散点图的 X 轴和 Y 轴的波段，本案例中软件默认散点图 X 轴和 Y 轴分别为 qb_boulder_msi 数据的红光波段(第三波段)和绿光波段(第二波段)。值得注意的是，软件默认散点图仅显示图像窗口中像元的散点图，防止绘制大数据量图像时软件响应时间过长，如需显示整幅图像的散点图，勾选 Full Band 复选框即可。另外，点击散点图窗口，按住鼠标滚轮可拖动散点图，滚动滚轮可对其进行放大和缩小，点击 Reset Range 按钮还原。

(2) 散点图和图像的交互操作

一方面，在图像窗口中，按住鼠标左键，鼠标光标窗口内像元在散点图中对应的点显示为红色，其中光标窗口大小默认为 10×10 个像元，点击鼠标右键在 Path Size 中可设置大小。另一方面，在散点图上，按住鼠标左键绘制一个区域，选中的像元在图像窗口中相应地也显示为红色，此时默认选择的像元为类别 1 (Class 1)；点击 Add Class 按钮可增加新的类别 Class 2，点击 Feature Color 按钮可定义其颜色，此时默认为绿色；另外，在菜单栏 File 下，可选择 Export Class to ROI 或者 Export All Classes to ROIs 命令将某类像元或者所有类别导出为 ROI 文件。Scatter Plot Tool 面板中的菜单命令和按钮的具体功能如表 2.13 所示。

表 2.13　Scatter Plot Tool 面板中菜单命令和按钮的相关功能

菜单命令及按钮	功能
File	
Select New Band	设置散点图 X 轴和 Y 轴的波段
Import ROIs...	导入已有 ROI 文件
Export Class to ROI	将某类像元输出为 ROI 文件
Export All Classes to ROIs	将所有类别的像元输出为 ROI 文件
Save Plot As	保存散点图，可保存格式有 Image、PDF、PostScript、Copy、Print 和 PowerPoint
Close	关闭 Scatter Plot Tool 面板
Options	
Change Density Slice Lookup...	编辑散点图密度分割的颜色
Add Spectral Plot...	添加光谱曲线图

续表

菜单命令及按钮	功能
Change Scatter Plot Axis Ranges...	定义散点图各坐标的取值范围
Mean Class	计算选中类在各波段的像元灰度平均值,并生成曲线图
Clear Class	清除选中类
Mean All	计算所有类别在各波段的像元灰度平均值,并生成曲线图
Clear All	清除所有类别
Path Size	光标窗口大小,可选大小有 1×1、5×5、10×10 和 25×25,默认窗口大小为 10×10 个像元
Help	打开 Scatter Plot Tool 面板帮助文档
类别定义	
(Add Class)	添加新的类别
(Delete Class)	删除选中的类别
(Delete All Classes)	删除所有的类别
Class 1	类别名称,此时在散点图上选择像元即为类别"Class 1"。另外,点击"Class 1"可修改类别命名
(Feature Color)	定义特征类别的颜色

5. 密度分割

密度分割是将具有连续色调的灰度图像按一定密度范围分割成若干等级,经分层设色显示出一种新彩色图像,该方法可以为灰度图像中需突出显示的区域选择数据范围及颜色,达到图像视觉增强的效果。

在图层管理窗口中点击右键,在弹出的菜单中选择 Raster Color Slice,在弹出的 File Selection 对话框中选择待分割的波段,弹出密度分割对话框(图 2.26)。密度分割对话框中按键命令及功能见表 2.14。设置完毕后单击 OK 得到密度分割结果。

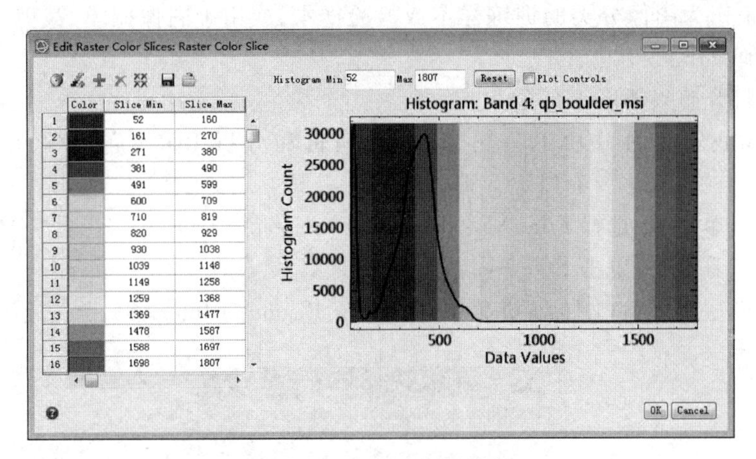

图 2.26　密度分割对话框

表 2.14　密度分割对话框中命令及功能

按钮命令	功能
(Change Color Table)	改变颜色表
(New Default Color Slice)	新建默认的颜色分割
(Add Color Slice)	添加一个颜色分割区域
(Remove Color Slice)	移除选中的颜色分割区域
(Clear Color Slice)	移除所有颜色分割区域
(Save Color Slices to File...)	保存密度分割结果(＊.dsr)
(Restore Color Slices from File...)	打开密度分割结果文件
Histogram Min 151 Max 2047	自定义直方图横坐标的最小值和最大值
Reset	恢复直方图横坐标最小值和最大值的初始设置
Plot Controls	勾选,可利用鼠标滚轮缩放直方图

2.5　创建及编辑感兴趣区

感兴趣区(region of interest,ROI)是图像的一部分,可以用点、线、面来绘制,通常用来作为图像分类的训练样本或检验样本,或用于图像掩膜、裁剪、局部统计及其他操作。

1. 打开感兴趣区工具箱

通常我们使用 ROI 工具箱来构建、编辑和分析 ROI。启动 ROI 工具箱(图 2.27)的方式主要有以下 3 种。

① 菜单栏中:选择 File>New>Region of Interest…。

② 工具栏中:单击 ROI Tool 按钮。

③ 图层管理窗口中:右键菜单选择 New Region of Interest。

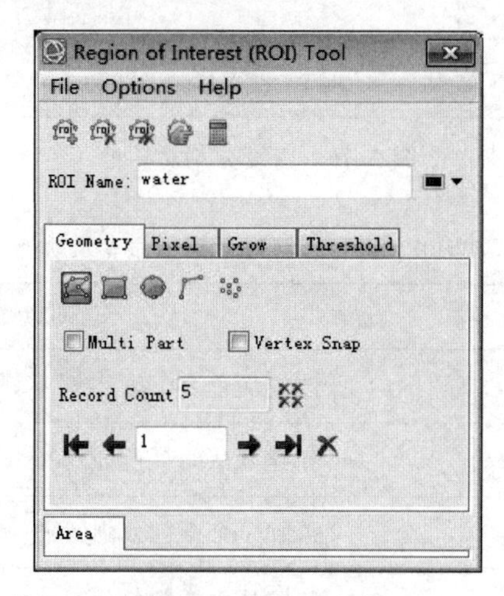

图 2.27　ROI 工具箱

ROI 工具箱中的菜单和按钮的功能见表 2.15 和表 2.16。

表 2.15　ROI Tool 中菜单命令及功能

菜单命令	功能
File	文件
Open…	打开感兴趣区文件
Import Vector…	导入矢量
Save	保存感兴趣区文件(*.roi)
Save As…	另存为(*.xml)
Revert	恢复到上一次保存的状态

续表

菜单命令	功能
Export	导出 ROI 文件，可保存格式包括经典格式 *.roi、shapefile 和 CSV
Close	关闭 ROI 对话框
Options	选项
Compute Statistics from ROIs...	对感兴趣区进行统计计算
Create Buffer Zone from ROIs...	由感兴趣区创建缓冲区
Create Classification Image from ROIs...	由感兴趣区创建分类图
Subset Data with ROIs...	用感兴趣区裁剪数据
Merge(Union/Intersection)ROIs...	合并感兴趣区
Pixelate ROIs...	像元化感兴趣
Send ROIs to n-D Visualizer...	将感兴趣区发送到 n 维可视化窗口中
Compute ROI Separability...	计算感兴趣区可分离性
Report Area of ROIs	计算感兴趣区覆盖面积
Help	帮助
ROI Tool Help	ROI 工具帮助

表 2.16　ROI Tool 对话框功能按钮及其功能

按钮命令	功能
(New ROI)	新建感兴趣区
(Remove ROI)	移除感兴趣区
(Remove All ROIs)	移除所有感兴趣区
(Select Next ROI)	选择下一组感兴趣区
(Compute Statistics)	感兴趣区统计计算
ROI Name	感兴趣区命名，选中后可自定义
(ROI Color)	定义感兴趣颜色

续表

按钮命令	功能
Geometry	设置感兴趣区的形状
(Polygon)	多边形感兴趣区
(Rectangle)	矩形感兴趣区
(Ellipse)	椭圆感兴趣区
(Polyline)	折线感兴趣区
(Point)	点感兴趣区
Multi Part	多个组合感兴趣区选项,勾选可绘制空心的 ROI
Vertex Snap	顶点捕捉
(Delete All Records)	删除所有记录
(Goto First Record)	跳转至第一条记录
(Goto Previous Record)	跳转至上一条记录
(Goto Next Record)	跳转至下一条记录
(Goto Last Record)	跳转至最后一条记录
(Delete Record)	删除当前记录
Pixel	设置绘制感兴趣区时的画笔大小(以像元为单位)
Brush Size	画笔大小,可选 1~5 个像元,默认为 1 个像元
Pixel Count	绘制的像元个数
Grow	设置基于已有 ROI 的感兴趣区生长参数
Max Growth Size	生长感兴趣区的最大尺寸
Std Dev Multiplier	标准差倍数设置,默认为 2,即认为灰度值在原始 ROI 像元灰度均值的 2 倍标准差范围内的像元属于生长感兴趣区内
Iteration	执行 ROI 生长的迭代次数,迭代次数越多,最终生长的像元数越多
Eight Neighbor	勾选,则在八邻域范围内生长得到感兴趣区,否则,在四邻域内生长

续表

按钮命令	功能
Apply	应用上述设置
Reset	恢复至原始状态
Threshold	设置采用阈值法获取感兴趣区时的参数
(Add New Threshold Rule)	添加新的阈值规则
(Remove Threshold Rule)	移除选定阈值规则
(Remove All Threshold Rules)	移除所有阈值规则

2. 创建感兴趣区

在感兴趣区对话框中的 ROI Name 里输入 ROI 名字，ROI Color 中可以改变 ROI 颜色。ROI 可以通过以下方式获得：a. 在图像上直接描绘；b. 设定阈值获取；c. 从其他文件（如矢量）转换获得。当完成一个感兴趣区的创建时，可以通过单击 New ROI 按钮，再次创建新的感兴趣区。

(1) 在图像中直接绘制感兴趣区

在 ROI Tool 对话框 Geometry 一栏上，单击相应的绘制形状按钮（多边形、矩形、椭圆、折线和点），利用鼠标在窗口上直接绘制感兴趣区。例如，我们选择 Polygon 按钮，在窗口中单击左键增加多边形节点，绘制完最后一个节点的时候，在右键菜单栏中单击 Complete and Accept Polygon 闭合多边形。其他类型的感兴趣区绘制方法基本类似，值得一提的是，在绘制椭圆时按住 Shift 键可以得到圆形的感兴趣区，绘制矩形时按住 Shift 键可以得到正方形的感兴趣区。另外，我们还可通过勾选 Multi Part 绘制出空心的 ROI。

在 ROI Tool 对话框 Pixel 一栏上，在 Brush Size 下拉菜单中可以设置单点所占像元（如 5×5 个像元）宽度，在图像中加载不同大小的点形状的感兴趣区。

在 ROI Tool 对话框 Grow 一栏上，选择一个已经绘制好的 ROI 并设定相应参数（具体含义见表 2.16），便可以通过邻域像元生长得到新的感兴趣区。

(2) 设定阈值获取感兴趣区

在 ROI 工具箱 Threshold 一栏下，单击 Add New Threshold Rule 按钮，在弹出的对话框中选取用于制定阈值规则的波段，单击 OK，在弹出的对话框中设置阈值范围，再次单击 OK，获得感兴趣区。

(3) 由矢量转换获得感兴趣区

在 ROI 工具箱中，选择 File>Import Vector，输入矢量文件，即弹出 Covert

Vector to ROI 对话框(图 2.28)。在弹出对话框中设置转换方式,单击 OK 即可。Covert Vector to ROI 对话框的按钮命令的功能具体见表 2.17。

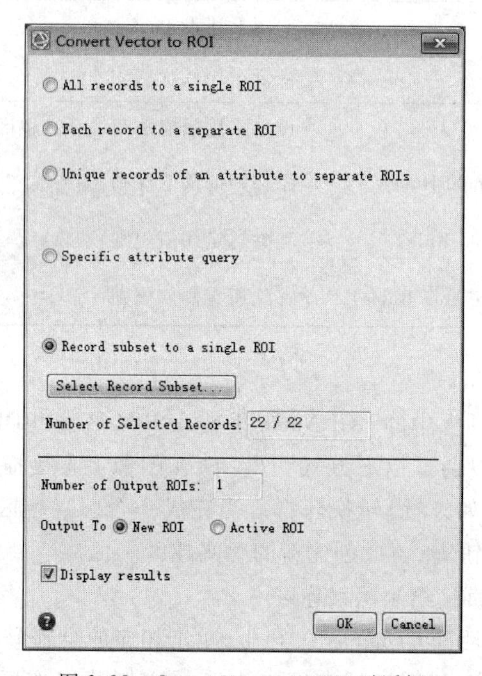

图 2.28 Covert Vector to ROI 对话框

表 2.17 Covert Vector to ROI 对话框中按钮及选项的功能

按钮/选项	功能
All records to a single ROI	所有矢量记录转换为一个 ROI
Each record to a separate ROI	每个矢量记录分别转换成独立的 ROI
Unique records of an attribute to separate ROIs	按照特定属性的唯一值分组,分别转换成独立的 ROI
Attribute	选择特定的属性字段
Specific attribute query	特定属性矢量记录转换为独立的 ROI
Attribute	设置特定属性字段和阈值
Record subset to single ROI	将选中的特定矢量记录转换为 ROI
Select Record Subset	点击打开矢量文件属性表,选择特定的矢量记录

续表

按钮/选项	功能
Number of Selected Records	显示选中的记录个数占总记录的比例
Number of Output ROIs	输出的 ROI 记录个数
Output To New ROI/Active ROI	输出为新的 ROI 文件,或者输出到当前激活的 ROI 文件
Display results	勾选,转换后直接显示 ROI 文件

转换方式主要有以下几种。

① All records to a single ROI:所有矢量记录转换为一个 ROI。

② Each record to a separate ROI:每个矢量记录分别转换成独立的 ROI。

③ Unique records of an attribute to separate ROIs:按照特定属性的唯一值分组。

④ Specific attribute query:特定属性矢量记录转换为独立的 ROI。

⑤ Record subset to a single ROI:将选中的特定矢量记录转换为 ROI。

3. 删除感兴趣区

对于不满足要求的感兴趣区,可采用以下方式删除。

(1) 删除某一记录

在 ROI 工具箱中,通过 Goto First Record 按钮、Goto Last Record 按钮、Goto Previous Record 按钮和 Goto Next Record 按钮可以在一组 ROI 中切换记录,单击 Delete Record 按钮就可删除该条记录。

(2) 删除某一组感兴趣区

在 ROI 工具箱中,通过 Select Next ROI 可以选择不同组的 ROI,单击 Remove ROI 按钮或 Delete All Records 按钮可移除该组 ROI。

(3) 删除某一阈值获取的感兴趣区

选中 Threshold 一栏中的某一条阈值记录,单击 Remove Threshold Rule 按钮移除该条记录。单击 Remove All Threshold Rules 按钮,移除所有阈值获取的记录。

(4) 删除所有感兴趣区

在 ROI 工具箱中,单击 Remove All ROIs 按钮可删除所有 ROI。通过 File>Revert 可恢复至上一次保存状态。

4. 保存感兴趣区

保存 ROI 文件有以下两种方式可供选择。

(1) 在感兴趣区工具箱中保存

File>Save As 可将 ROI 保存为 *.xml 格式,File>Export 可将 ROI 输出成 ENVI 经典界面的 *.roi 格式、shapefile 格式和 CSV 格式。其中, *.roi 格式是 ENVI 软件在 5.1 版本之前的格式,该格式的 ROI 只能与它创建时的原始遥感图像关联; *.xml 格式是 ENVI 软件 5.1 版本出现的新格式,该格式可以与其他具有地理坐标信息的遥感图像关联。这里要说明的是,File>Save 功能在 ENVI 5.1 版本中用于保存为 *.roi 格式,但在 ENVI 5.2 中属于未激活状态,目前无法使用。

(2) 在图层管理窗口中保存

在 ROI 图层/某一 ROI 的右键菜单中,选择 Save As,可将 ROI 保存为 *.xml 格式。

5. 感兴趣区信息统计

(1) 基本信息统计

在 ROI 工具箱中,点击 Options>Compute Statistics from ROIs...,在弹出的 Choose ROIs 对话框中选择需要统计的感兴趣区,点击 OK 即可完成统计。结果与 2.4 节中数据统计结果基本一致,这里不再赘述。

(2) 分离性统计

在 ROI 工具箱中,点击 Options>Compute ROI Separability...,在弹出的 Choose ROIs 对话框中选择需要统计的感兴趣区,点击 OK 即可完成统计。软件提供 Jeffries-Matusita 距离和转换离散度(transformed divergence)距离两种分离性度量指标来评价各感兴趣区之间的分离性,常用于图像分类的训练样本评价,具体可参见第 12.1.2 节。

2.6 创建及编辑矢量文件

1. 创建及保存矢量文件

在菜单栏中选择 File>New>Vector Layer...,在创建矢量图层面板(图 2.29)中,设置图层名称(Layer Name)、矢量类型(Record Type)和选择基准底图(Source Data),单击 OK。其中,矢量类型包括点(Point)、多点(Multipoint)、折线(Polyline)和多边形(Polygon)。基准底图可以是 ENVI 已经打开的图像,也可以通过 Open File...按钮加载新的图像,新创建的矢量将会继承基准底图的投影类型和图幅大小。

矢量图层保存方式有 3 种:一是在图像窗口中直接点击鼠标右键,选择 Save As...保存为 *.shp 格式文件;二是在图层管理窗口选中标记图层,右键菜单中

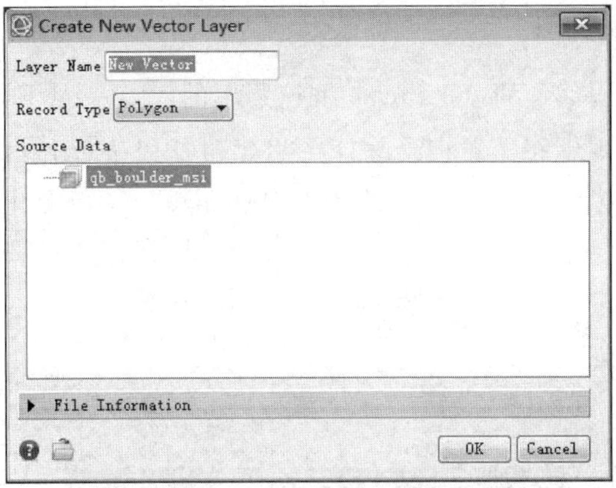

图 2.29　创建矢量图层面板

选择 Save As...保存为 * . shp 格式文件；三是点击菜单栏中 File>Save As...>Save As...(ENVI、NITF、TIFF、DTED)，在弹出来的 File Selection 对话框中选择矢量图层进行保存。

2. 绘制矢量

单击 Vector Create 按钮，开始绘制矢量。用鼠标在图像上绘制一个矢量多边形，单击鼠标左键增加节点，按住左键不放移动鼠标可绘制连续节点。右键选择 Accept 或者双击左键完成绘制，选择 Clear 可清除当前绘制(图 2.30)。

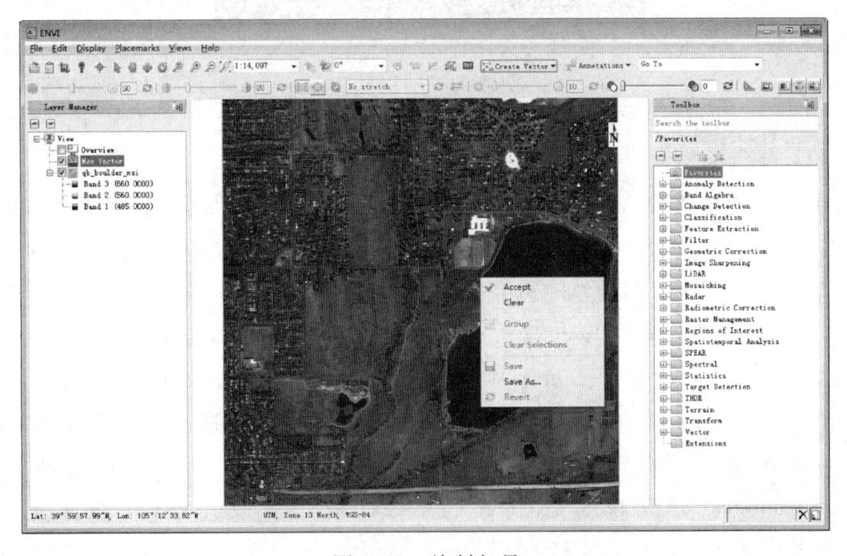

图 2.30　绘制矢量

3. 编辑矢量

(1) 矢量编辑

在工具栏中选择 Vector Create 下拉菜单的 Vector Edit 按钮,选中待编辑的矢量,右键出现编辑菜单(图 2.31),主要包括以下操作:Delete(删除)、Remove Holes(移除空洞)、Smooth...(平滑)、Rectangulate(矩形化)、Merge(合并)、Show Merge(显示合并)、Group(组合)、Ungroup(取消组合)、Clear Selection(清除选择)、Save(保存)、Save As...(另存为)、Revert(恢复)。

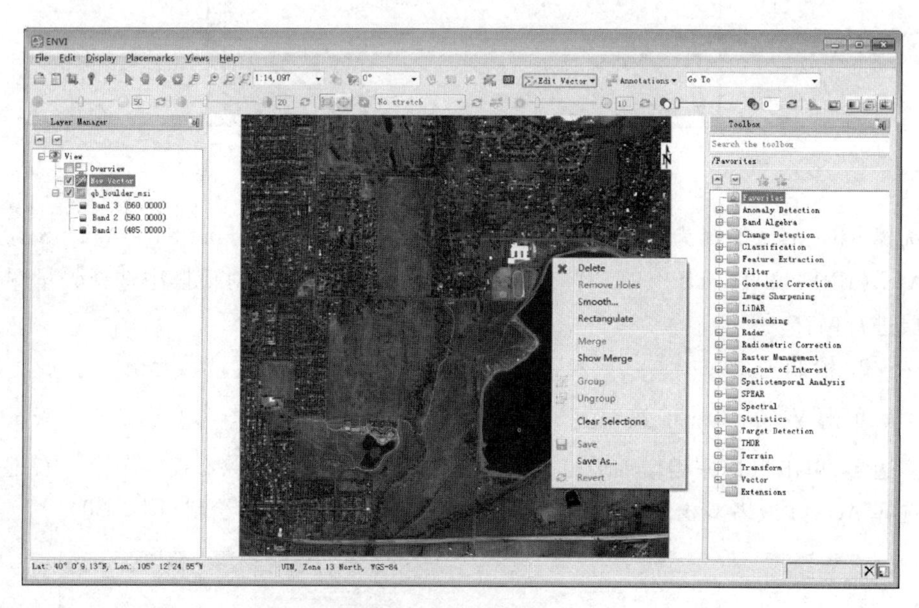

图 2.31 编辑矢量

(2) 节点编辑

在工具栏中选择 Vertex Edit 按钮( ),选择待编辑矢量,鼠标移至节点位置,当节点被粉色矩形框包围时,可移动节点。另外,此时点击鼠标右键出现编辑菜单(图 2.32),可实现以下操作:Insert Vertex(在鼠标处插入节点)、Delete Vertex(删除选中节点)、Snap to Nearest Vertex(捕捉到最近的节点)、Mark Vertex(标记节点)、Invert Marks(逆向标记)、Clear Marks(清除标记)、Group(组合)、Ungroup(取消组合)、Clear Selection(清除选择)、Delete Marked Vertices(删除标记的节点)、Split at Marked Vertices(在标记节点处断开)、Accept Changes(完成修改)、Clear Changes(清除修改)、Save(保存)、Save As...(另存为)、Revert(恢复)。

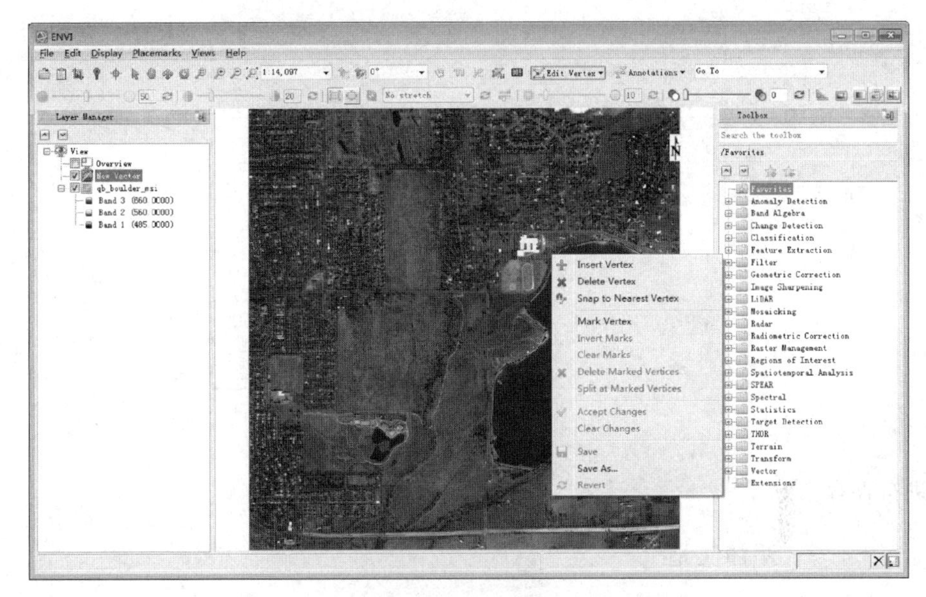

图 2.32　编辑节点

2.7　创建及编辑注记文件

注记数据层(Annotation)是 ENVI 的一种数据格式,主要用于标记地图信息和添加要素,用于拷屏输出。ENVI 中的注记包括文字、符号、矢量和图形,用以在图像中标注特征、细节或感兴趣点。用注记工具栏可以对注记进行操作。

2.7.1　创建及保存注记图层

(1) 创建一个新的注记图层

在菜单栏选择 File>New>Annotation Layer...,出现创建注记层的对话框(图 2.33)。设置图层名称(Layer Name)并选择基准底图(Source Data),单击 OK。基准底图可以是 ENVI 已经打开的图像,也可以通过 Open File...按钮加载新的图像,新创建的注记将会继承基准底图的投影类型和图幅大小。

(2) 保存注记图层

注记层保存方式有 3 种:一是在图像窗口中直接点击鼠标右键,选择 Save As...保存为 * . anz 格式文件;二是在图层管理窗口选中标记图层,右键菜单中选择 Save As...保存为 * . anz 格式文件;三是点击菜单栏中 File>Save As...>Save As...(ENVI、NITF、TIFF、DTED),在弹出来的 File Selection 对话框中选择注记层

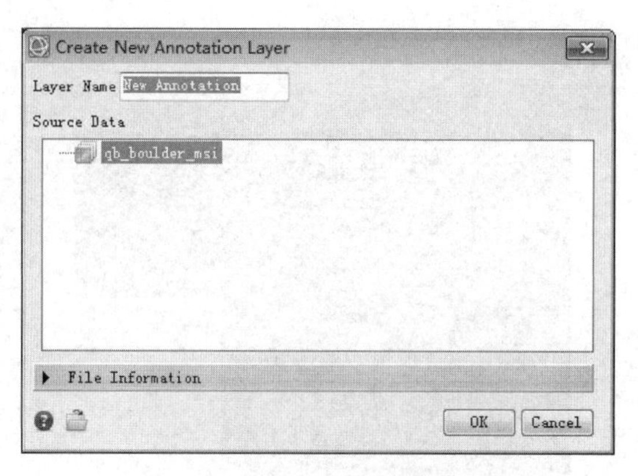

图 2.33 创建注记层对话框

进行保存。

2.7.2 添加注记

通过工具栏中的 Annotation 下拉菜单中工具可以快速插入注记，单击需要添加的注记类型，在图像窗口对应位置通过拖拽加入注记(图 2.34)。注记类型及操作说明见表 2.18。

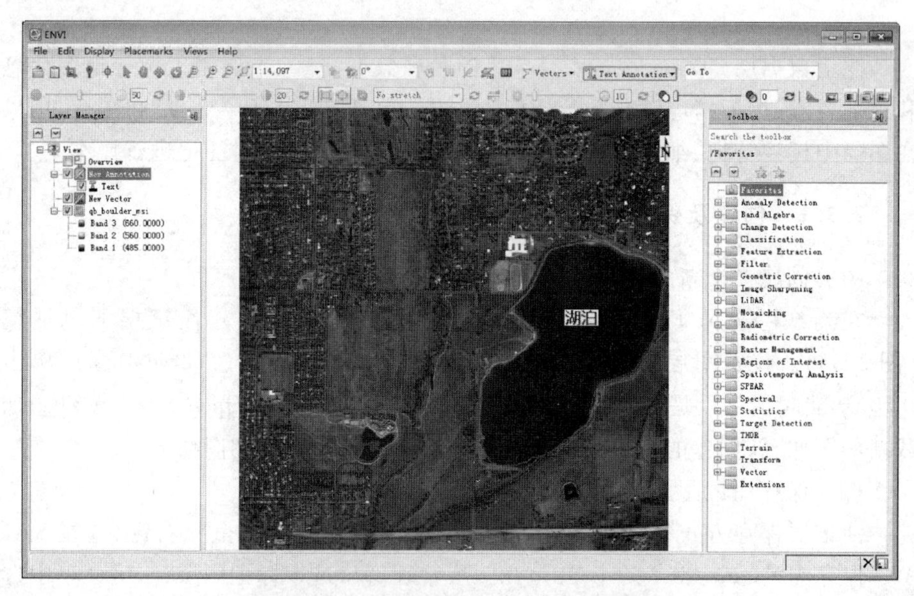

图 2.34 添加文字注记和多边形注记

表 2.18　注记类型及说明

注记类型	备注
Text Annotation	文字注记
Symbol Annotation	符号注记,需在 Properties 的 Character 中选择显示的符号
Polygon Annotation	多边形注记,按住 Shift 拖拽可得到与水平呈 45°倍数连接线
Rectangle Annotation	矩形注记,按住 Ctrl 拖拽可得正方形
Ellipse Annotation	椭圆注记,按住 Ctrl 拖拽可得圆形
Polyline Annotation	折线注记,按住 Shift 拖拽可得到与水平呈 45°倍数的折线
Arrow Annotation	箭头注记
Picture Annotation	图片注记

2.7.3　删除注记

可在图层管理窗口中选择待删除的注记(选择多项注记时可按住 Ctrl 单击鼠标左键添加),或在图像窗口中选中待删除注记并在右键菜单中选择 Delete 删除。另外在图像窗口任意位置右键出现的菜单中,选择 Revert 将恢复到上一次保存的记录。

2.7.4　编辑注记属性

在图层管理窗口中选中待编辑注记,右键选择 Properties 编辑注记属性。以文字注记属性(图 2.35)为例,主要可以编辑其是否显示、是否随视窗旋转、文字

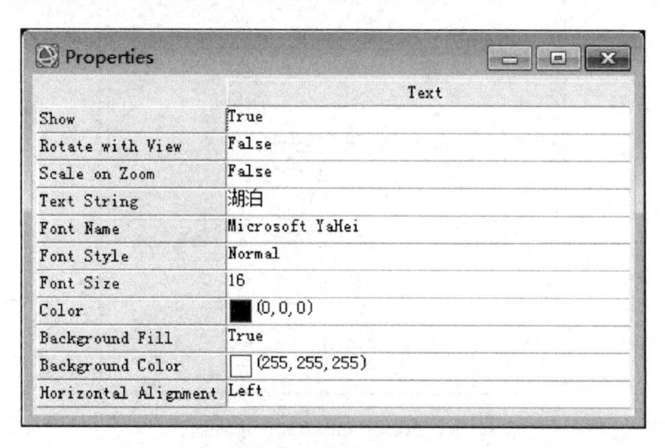

图 2.35　文字注记属性

内容和样式(字体、字号、颜色等)、背景等。其他注记属性操作可参考帮助文档中 ROIs, Vectors, and Annotations>Annotations。注记的位置可直接通过鼠标拖拽移动。

2.8 波段运算工具介绍

ENVI 软件提供了波段运算(Band Math)图像处理工具,用户可调用 ENVI 自带函数将自定义的图像处理算法应用到 ENVI 中已经打开的某个波段或者整幅图像文件,并可将运算结果写入文件或者内存,如图像拉伸、植被指数计算、逻辑运算均可利用该工具实现。

2.8.1 波段运算工具基本操作介绍

本节以两个波段相加为例简单介绍 Band Math 工具的使用。在使用 Band Math 工具之前需要先打开图像数据,此处以 ENVI 软件自带的 qb_boulder_msi 数据为例。

(1) 打开图像

在菜单栏中,单击 File>Open,选择 qb_boulder_msi 文件,则成功加载图像。

(2) 启动 Band Math 工具

在工具箱中,选择 Band Algebra > Band Math,打开 Band Math 对话框(图 2.36)。

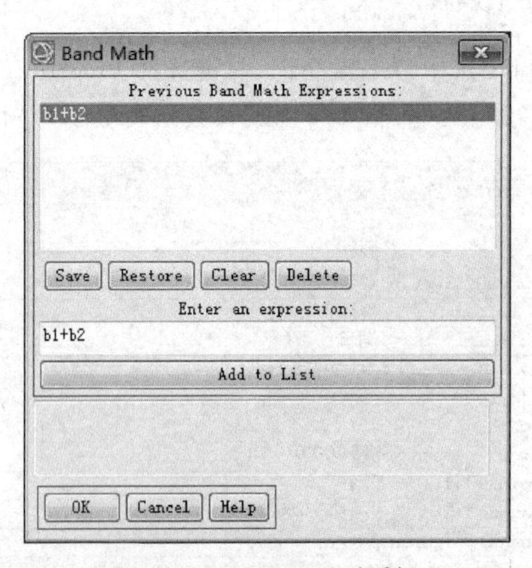

图 2.36 Band Math 对话框

(3) 构建运算表达式

在 Enter an expression 文本框(运算表达式输入框)中输入表达式“B1+B2”,点击 Add to List 按钮,将运算表达式添加到 Previous Band Math Expressions 列表(运算表达式列表)中(此表达式会保留在该列表中,可以用于后续类似操作),最后用鼠标选中表达式,点击 OK 即可弹出变量与波段匹配(Variables to Bands Pairings)对话框(图 2.37);或者在 Enter an expression 里键入数学表达式后,直接点击 OK 即可。

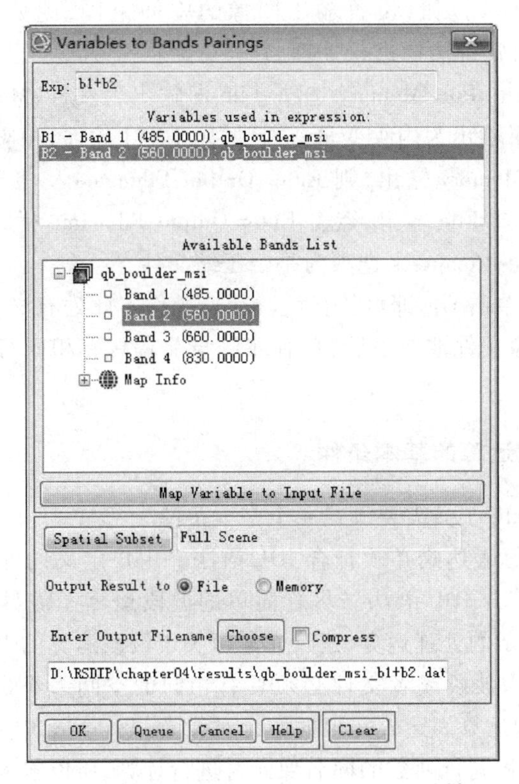

图 2.37 Variables to Bands Pairings 对话框

这里要注意的是,如果运算表达式存在语法错误,将不能被添加到列表中。此外,用户还可以利用运算表达式列表框下方的 Save、Restore、Clear 和 Delete 按钮对列表中的运算表达式进行简单的编辑,其中 Save 是保存选中的数学表达式,Restore 是导入已保存的数学表达式,Clear 是清除所有数学表达式,Delete 是删除选中的数学表达式。

(4) Variables to Bands Pairings 对话框参数设置(图 2.37)

- 输入变量波段。在打开的 Variables to Bands Pairings 对话框中,选中

Variables used in expression:(表达式中的变量栏)下变量"B1",然后在 Available Bands List(波段列表)中选择 qb_boulder_msi 文件中的"Band1"波段,此时 Variables used in expression 下变量"B1"后边的[undefined]变成 Band 1(485.0000):qb_boulder_msi,说明选中该波段为输入变量 B1。依此法将 qb_boulder_msi 文件的第二波段(Band 2)设置为输入变量 B2。

• Map Variable to Input File 按钮:提供将文件导入为变量,即指定整幅图像文件作为某一变量,本案例不作此设置。

• Spatial Subset 按钮,设置输出图像的空间范围,此处一般默认设置为"Full Scene",即对整幅图像进行处理。

• Out Result to File/Memory 选项:File 即输出为文件;Memory 即输出到内存变量(注意:如果输出为内存变量,一旦关闭 ENVI 软件,相应的结果将不会被保存),如果选择 Memory 输出,则 Enter Output Filename 栏将不出现,直接点击 OK 即可。这里选择 File 输出,点击 Enter Output Filename 栏右侧 Choose 按钮,设置输出文件路径,Compress 选项为是否压缩文件。

设置完成后,单击 OK 即可执行波段运算操作。此处有必要说明的是,当第一个波段或者图像文件被选中后,只有那些与前者具有相同行列数的波段被显示在波段列表中。

2.8.2 波段运算的基本条件

使用 Band Math 工具需要满足 4 个基本条件。

① 设计的运算表达式必须符合 IDL 语法。用户定义的处理过程或者波段运算表达式必须符合 IDL 语法。尽管简单的波段运算无需具有 IDL 的基本知识,但如果运行复杂的处理运算,建议先学习关于波段运算的 IDL 语法知识。

② 所有的输入波段或者文件必须具有相同的空间大小(即行列数相同)。因为 Band Math 的运算表达式是根据像元对像元(Pixel by Pixel)原理作用于波段,即波段间具有相同行列数的同名像元对进行计算,所以输入波段的行列数和像元大小必须一致。此外,对于具有地理坐标的数据,如果覆盖范围一致,但像元大小不一致,Band Math 工具是不能进行自动匹配的,此时可以借助 Layer Stack 功能对图像进行调整,具体操作可参见本书第 4.2.2 节的波段叠加操作。

③ 表达式中的所有变量必须用 Bn 或者 bn 命名。即以字母 B 或者 b 开头,后边跟一个数字。这里用字母 n 表示 5 位以内的数字,数字可以随意取,只要能够区别变量即可。

④ 输出结果必须与输入波段的空间大小相同。表达式所生成结果的行列数必须与输入波段的行列数相同。例如,如果输入表达式为"max(B1)",将不

能生成正确的结果,因为该表达式输出结果为一个数值,与输入图像波段的行列数不同。

2.8.3 波段运算的 IDL 基础

Band Math 工具是由 IDL 软件的功能提供,虽然不需要 IDL 编程的专业知识,但必须掌握一些 IDL 编程的基础知识,从而有助于熟练地使用 Band Math 工具。

1. 数据类型设置

不同数据类型包含不同的有限数据范围(表 2.19)。在 Band Math 中,表达式中的变量数据类型会按默认规则进行动态变换,即自动提升为它在表达式中所遇到的最高数据类型。例如,不包含小数部分的整型数值,即使它在 8 位字节型的动态范围,也会被解译为 16 位整型数据。若将一幅 8 位字节型的图像数据加上 5,如果使用运算表达式为“B1+5”,其中数据 5 被解译为 16 位整型数据,则输出结果将被提升为 16 位整型数据。此时该数据占用原数据两倍的磁盘存储空间,不便于优化存储。如果想保持输出结果仍为字节型数据,可以使用数据类型转换函数“byte()”将数据 5 先转换成字节型,具体表达式为“B1+byte(5)”或者使用转换函数缩写(表 2.19),此时表达式为“B1+5B”。

表 2.19 ENVI/IDL 数据类型及说明

数据类型	数据范围	字节数	转换符号	缩写
8-bit 字节型(byte)	0—255	1	byte()	B
16-bit 整型(integer)	-32 768—32 767	2	fix()	
16-bit 无符号整型(unsigned integer)	0—65 535	2	unit()	U
32-bit 长整型(long integer)	-2^{31}—$2^{31}-1$	4	long()	L
32-bit 无符号长整型(unsigned long)	0—$2^{32}-1$	4	ulong()	UL
32-bit 浮点型(floating point)	-3.4×10^{38}—3.4×10^{38}	4	float()	.
64-bit 整型(64-bit integer)	-2^{63}—$2^{63}-1$	8	long64()	LL
64-bit 无符号整型(unsigned 64-bit)	0—$2^{64}-1$	8	ulong64()	ULL
64-bit 双精度浮点型(double precision)	-1.7×10^{308}—1.7×10^{308}	8	double()	D
复数型(complex)	-3.4×10^{38}—3.4×10^{38}	8	complex()	
双精度复数型(double complex)	-1.7×10^{308}—1.7×10^{308}	16	dcomplex()	

在计算时,如果期望的数值结果超过变量数据类型所允许的有效值范围时,该值将会溢出,计算结果将无法达到预期效果。例如,8 位字节型数据类型存储的有效数值范围为 0—255,如果将 8 位字节型数据类型的像元值 248 和 12 求和,其期望结果是 260,但如果仍采用 8 位字节型数据类型来存储该结果,则得到的实际计算结果是 4。为了避免数据溢出,我们在使用 Band Math 工具开展图像运算时,应考虑将输入数据的数据类型转换成期望数据范围的数据类型。例如,在对两个 8 位字节型数据进行求和运算(其结果存在大于 255 的值),如果直接使用“B1+B2”表达,则会得到错误的结果,如果使用 IDL 函数“fix( )”将数据转换成整型就可以得到正确的结果,具体表达式为“fix(B1)+B2”。

通常情况下,浮点型数据的数据范围往往能满足计算需求,故我们建议在进行 Band Math 运算时,首先把数据类型全部转换为浮点型进行计算,在计算完成后,再根据实际的数据范围转换成相应的数据类型。

2. 基本运算函数

Band Math 工具同样可以使用 IDL 的基本运算函数,如加、减、乘、除等基本运算符,还包括三角函数、关系和逻辑运算以及其他数学函数等(表 2.20),可实现对图像的数值运算和逻辑运算等,有关各运算符和函数的详细介绍可参阅 IDL 帮助文档。其中,关系和逻辑运算符可对图像中的每一个像元进行单独检验和处理,而且可以克服波段运算不能使用 for 循环的缺陷,具体包括关系运算符、布尔运算符和较小值/较大值运算符。这些特殊的运算符对图像中的所有像元同时进行处理,并将结果返回与输入图像具有相同空间维度的图像中。

表 2.20 波段运算基本函数

种类	操作函数
基本运算	加(+)、减(-)、乘(*)、除(/)
三角函数	正弦 sin(x)、余弦 cos(x)、正切 tan(x) 反正弦 asin(x)、反余弦 acos(x)、反正切 atan(x) 双曲正弦 sinh(x)、双曲余弦 cosh(x)、双曲正切 tanh(x)
关系和逻辑运算	关系运算符:小于(LT)、小于等于(LE)、等于(EQ)、不等于(NE)、大于等于(GE)、大于(GT) 逻辑运算符:与(&&)、或(‖)、非(~) 较小值/较大值运算符:较小值运算符(<)、较大值运算符(>)

续表

种类	操作函数
其他数学函数	指数(^)、自然指数 exp(x) 自然对数 alog(x)、以 10 为底的对数 alog10(x) 整型取整:四舍五入 round(x)、向上取整 ceil(x)、向下取整 floor(x)、平方根 sqrt(x)、绝对值 abs(x)

例如,将图像中数字值为负值的像元定义为背景,并赋值为-999,则可使用运算表达式"(B1 lt 0) * (-999)+(B1 ge 0) * B1"。其具体解释如下:关系运算符得到真值(关系成立)时返回值为 1,得到假值(关系不成立)时返回值为 0。软件系统对前面部分的表达式"(B1 lt 0)"进行运算后将返回一个与 b1 空间维度相同的数值图像,其中 B1 中为负值的像元赋值为 1,其他像元赋值为 0。所以当软件系统对表达式"(B1 lt 0) * (-999)"进行运算时,则将 B1 中为负值的像元赋值为-999,其他像元仍为 0。第二部分的运算是对第一部分的补充,即找出 B1 中非负值的像元将其赋值为 1、而负值像元则赋值为 0,然后乘以它们的初始值则保留了非负值像元的原始数据值。最后将这两部分相加则实现了图像背景值赋值为-999 这一目标。

较小值/较大值运算符与关系运算符不同,与逻辑运算符也不同,它们返回的不是真值或者假值,而是实际的较小值或较大值。以表达式"B1>3"为例,对于图像 B1 中的每一个像元来说,其返回值是该像元数字值和数字 3 之间的较大值。

3. 运算符优先级

在 Band Math 中,其操作顺序是按照运算符的优先级对表达式进行处理,具有相同优先级的运算符则根据它们在表达式中出现的先后顺序进行操作,使用圆括号可以更改操作顺序,系统最先对嵌套在表达式最内层的部分进行操作。IDL 运算符的优先级顺序如表 2.21 所示。

表 2.21 运算符优先级

优先级顺序	运算符	描述
1	()	用圆括号将表达式分开
2	^	指数
3	*	乘法

续表

优先级顺序	运算符	描述
3	#、##	矩阵相乘
	/	除法
	MOD	求模
4	+	加法
	-	减法
	<	较小值运算符
	>	较大值运算符
	~	非
5	EQ	等于
	NE	不等于
	LE	小于等于
	LT	小于
	GE	大于等于
	GT	大于
6	&&	与
	||	或
7	?:	条件表达式(在 Band Math 中应用较少)

在构建运算表达式时,不仅要考虑运算符的优先级及顺序,还需同时考虑数据类型的动态变化,如果构建不当,则会得到错误的结果。一定要确保将表达式中的数据提升为适当的数据类型,从而避免数据的溢出或者处理整型除法时出现的错误。例如,表达式"float(6)+7/4"中所有的数值都为整型,但 float()函数可将整数 6 的输出结果提升为浮点型数据,由于除号的优先级高于加号,所以表达式先操作整型数据的除法运算,然后将结果与被提升为浮点型的 6 相加,得到一个浮点型结果 7.0,而不是期望的结果 7.75,如果将数据类型转换函数移到除法运算中,即"6+7/float(4)",则将得到期望的结果 7.75。这里要注意的是,当对整型数据波段进行除法运算时,运算结果不是向上取整或者向下取整,而是直

接舍去小数点后面的数据。为了得到正确的结果，一般需先将数据类型转换为浮点型，再进行运算，例如“B1/float(B2)”。

2.9 视窗和图层的保存与恢复

ENVI 可保存视窗和图层，通过这种方式我们可以保存 ENVI 中打开的文件、视图布局、视图中加载的图层、透视和其他属性（中心坐标、缩放、拉伸、颜色表等），通过恢复可重新加载。在菜单栏中选择 File>Views & Layers>Save，弹出对话框，将视窗和图层保存为 *.json 文件（图 2.38）。

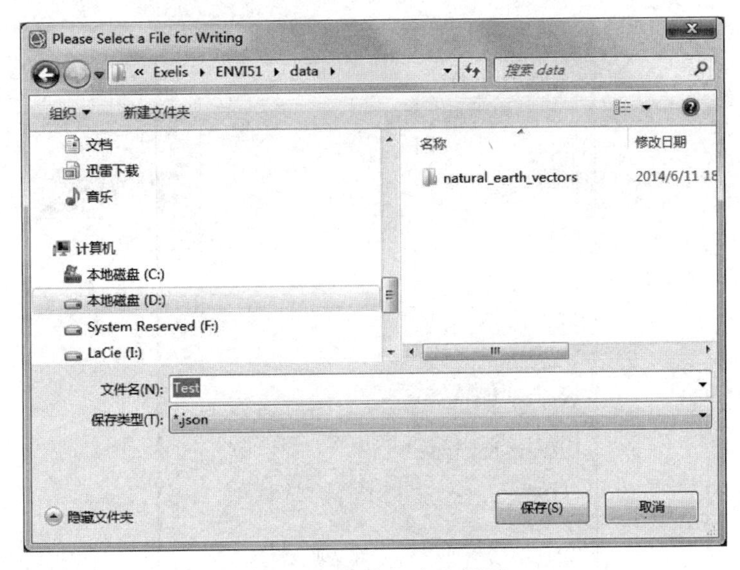

图 2.38　保存视窗和图层

在菜单栏中选择 File>Views & Layers>Restore，弹出对话框，选中保存的视窗和图层文件（*.json）进行恢复。

2.10 数据保存与拷屏输出

数据保存是针对数据本身，拷屏输出针对的是图像窗口中显示的图像。两者的本质区别在于：数据保存不会保留栅格图像的增强效果（包括旋转、缩放、对比度、亮度、锐化度、拉伸等），也不会保留矢量图层以及注记图层的样式；而拷屏输出会保留这些显示效果。

2.10.1 数据保存

在菜单栏中选择 File>Save As...>Save As...(ENVI、NITF、TIFF、DTED),弹出 File Selection 对话框(图 2.39),在 Select Input File 列表中选择需要存储的文件,并可通过 Spatial Subset 修改输出文件的空间范围(参见第 4.2.1 节的按矩形框裁剪),通过 Spectral Subset 修改输出的波段范围(参见第 4.2.2 节的波段提取)。设置完成后单击 OK,在弹出的对话框(图 2.40)中选好输出格式(Output Format)和输出路径(Output Filename),单击 OK 即可。栅格图像可保存成 ENVI、NITF 或 TIFF,另外单波段图像还可存为 DTED 格式。

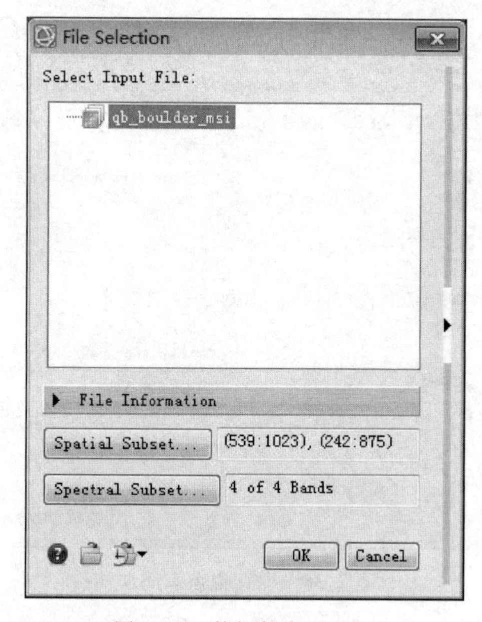

图 2.39 数据保存对话框

2.10.2 拷屏输出

在菜单栏中选择 File>Chip View To>File(或者在工具栏中选择 Chip to File 按钮),在弹出的拷屏输出对话框(图 2.41)中选择输出格式和路径,进行文件拷屏,拷屏可保留栅格图像的增强效果。拷屏输出的文件格式包括 NITF、ENVI、TIFF、JPEG 和 JPEG2000。此外,还可将图像窗口中显示的内容拷屏输出为打印文件(Print)、ArcMap 文件、PowerPoint 幻灯片、PDF 文件(Geospatial PDF)和 Google Earth KML 文件。

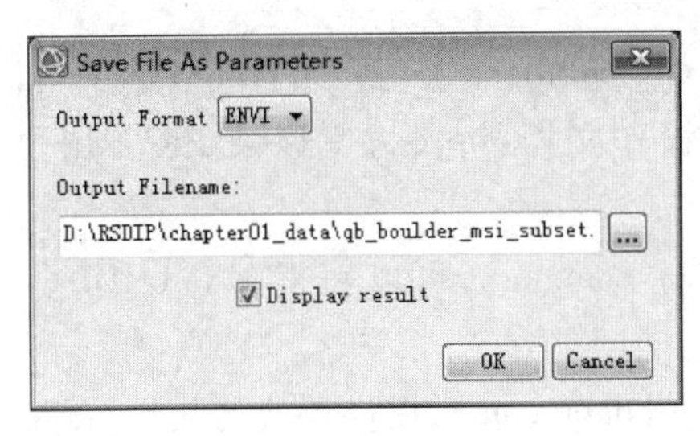

图 2.40　保存参数设置对话框

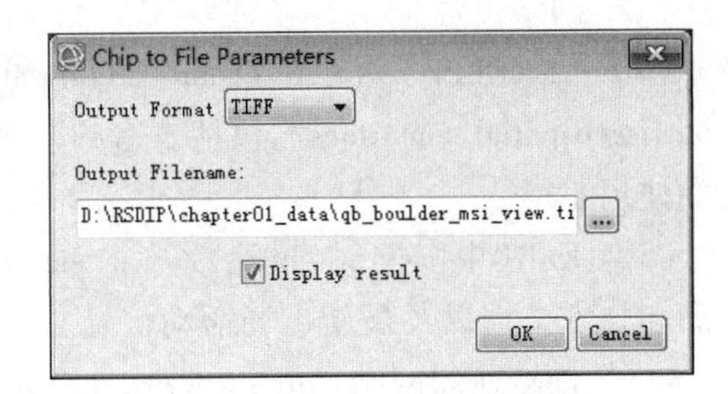

图 2.41　拷屏输出对话框

2.11　获取帮助

1. 软件自带帮助

在菜单栏中选中 Help>Contents，打开帮助索引（图 2.42）。ENVI 自带内容丰富的帮助文档及软件操作手册。帮助文档有两种查看方式，一是在 Contents 中按照类别查看，二是在 Index 中通过输入关键词索引查询。

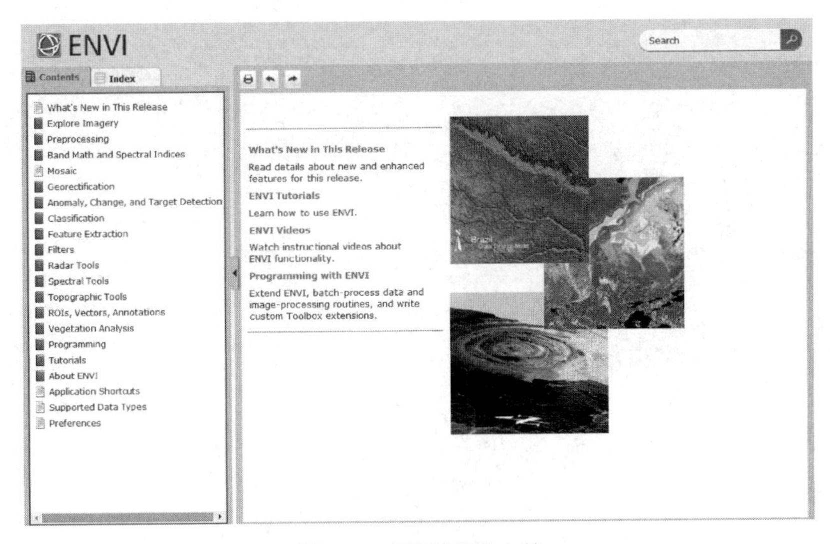

图 2.42　ENVI 帮助文档

在图层管理窗口，选中图层单击右键出现菜单，单击 Help 可以弹出与该图层相关的帮助文档。此外，在对话框中可以单击左下角的按钮，进入相关帮助文档。

2. 网络资源

① EXELIS VIS (Visual Information Solutions)网站:http://www.harrisgeospatial.com/docs/,包括丰富的软件操作文档、解决方案以及 ENVI 用户的使用心得。

② ESRI 中国网站:http://www.esrichina.com.cn/,可以获得 ENVI/IDL 产品和技术文档以及最新市场活动信息。

③ 自然地球网站:http://www.naturalearthdata.com/,提供免费的矢量/栅格地图数据。

④ Open Street Map 网站:http://www.openstreetmap.org,提供免费的矢量地图数据。

2.12 关闭 ENVI

操作完毕后,通过单击 ENVI 界面右上角的按钮,或者在菜单栏中单击 File>Exit,退出 ENVI 5.2.1。

第3章　遥感图像数据读写

学习目标

通过对案例的实践操作，掌握如何利用 ENVI 软件读取一些特殊存储格式的遥感数字图像。

预备知识

图像文件存储的基本信息
多波段数据存储方式
常见图像格式

参考资料

朱文泉等编著的《遥感数字图像处理——原理与方法》第 2 章“数字图像存储”

学习要点

读取开放式存储的图像文件数据
读取封装式存储的图像文件数据
读取 ASCII 码格式存储的图像文件数据
读取 HDF 格式的图像文件数据

测试数据

数据目录：附带光盘下的..\chapter03\data\

文件名	说明
Landsat5_sd. dat	开放式存储的 Landsat 5 TM 图像文件
Landsat5_sd. txt	Landsat5_sd. dat 图像文件的元信息
Landsat8_OLI_package. dat	封装式存储的 Landsat 8 OLI 图像文件

续表

文件名	说明
Landsat8_OLI_package_header_info. txt	Landsat8_OLI_package. dat 的说明文件
Landsat5_cs_ascii. txt	以 ASCII 码存储的 Landsat 5 TM 图像文件

案例背景

遥感数据是按照一定规则进行存储的,其包括两部分,即数据部分和解码部分。图像的解码信息如果单独存放,则称为元文件或头文件;如果这些解码信息与数据内容封装在同一个文件之中,由于它们常位于文件的起始位置,因此又被称为文件头,以与遥感图像的数据内容区分开来。图像文件的头信息(即编码信息)通常包括:解码顺序(从大端开始解码还是从小端开始解码)、数据类型、图像的行数和列数、图像的波段数、多波段图像的存储方式、图像的偏移量和其他信息(如投影类型及其参数、颜色查找表等)。只有知道数据的存储结构和编码过程,才能打开并读取相应的数据。对于一些常用的图像数据存储格式(如 HDF),图像处理软件(如 ENVI)都已封装其解码方式,使用时可以直接读取该格式的图像数据。

3.1 读取开放式存储的图像文件数据

开放式存储数据,其头文件和数据文件是分开存储的。头文件一般可以直接用文本浏览器(如记事本)打开查看,存储的内容主要包括图像的数据类型、字节序、图像的列数和行数、多波段图像的存储方式、图像的偏移量以及其他信息(如投影、调色板等)。本案例的测试数据为 Landsat 5 TM 图像文件 Landsat5_sd. dat,其元数据文件为 Landsat5_sd. txt。

1. 查看元数据文件

用记事本打开元数据文件 Landsat5_sd. txt,从 Landsat5_sd. txt 中我们可以看出数据的行列数、波段数、图像偏移量和数据类型等信息(图 3.1)。

2. 打开开放式存储数据

在菜单栏中,选择 File>Open As>Binary,打开 Enter Data Filenames 对话框加载数据 Landsat5_sd. dat(图 3.2)。加载数据后,ENVI 弹出 Header Info 对话框(图 3.3)。在该对话框中,根据元数据文件 Landsat5_sd. txt 中的说明信息设置行列数、波段数等信息。设置完成后,点击 OK,ENVI 显示出 Landsat_sd. dat 的 Band 1 波段,采用 Linear 2%拉伸显示的效果如图 3.4 所示。

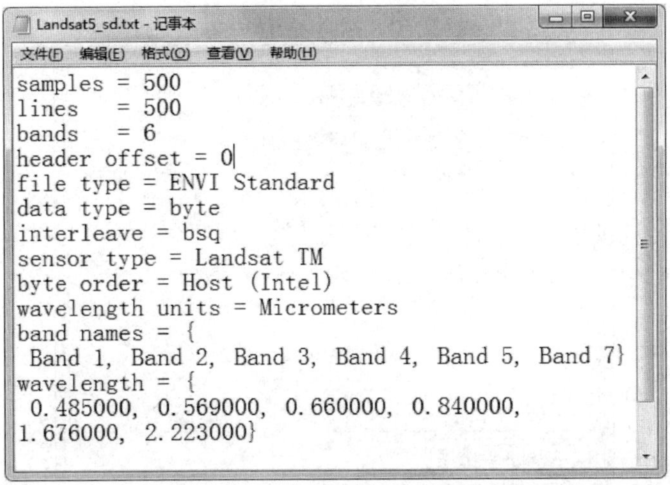

```
samples = 500
lines   = 500
bands   = 6
header offset = 0
file type = ENVI Standard
data type = byte
interleave = bsq
sensor type = Landsat TM
byte order = Host (Intel)
wavelength units = Micrometers
band names = {
 Band 1, Band 2, Band 3, Band 4, Band 5, Band 7}
wavelength = {
 0.485000, 0.569000, 0.660000, 0.840000,
1.676000, 2.223000}
```

图 3.1　Landsat5_sd.txt 图像文件的元数据信息

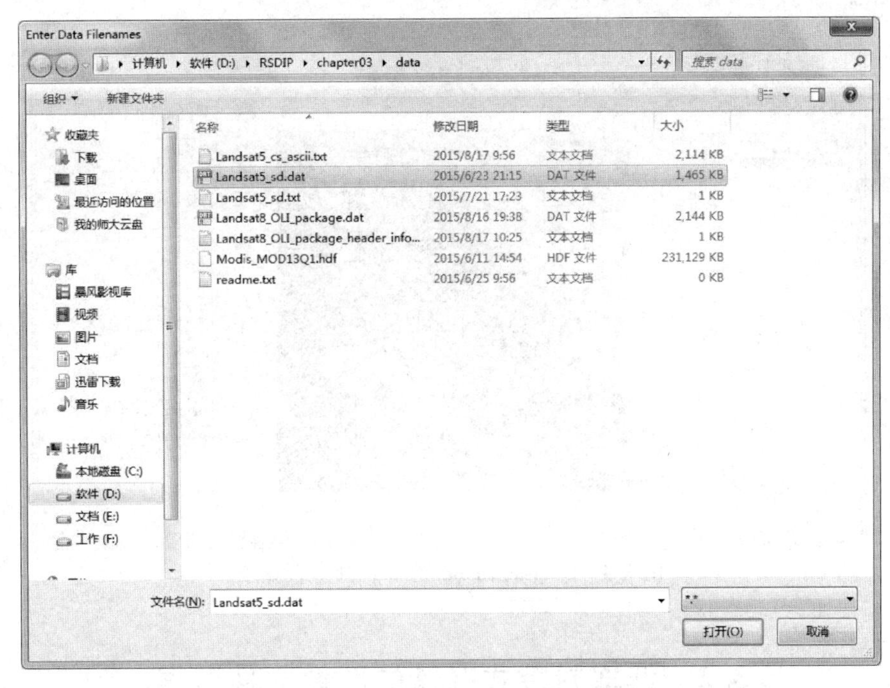

图 3.2　Enter Data Filenames 对话框

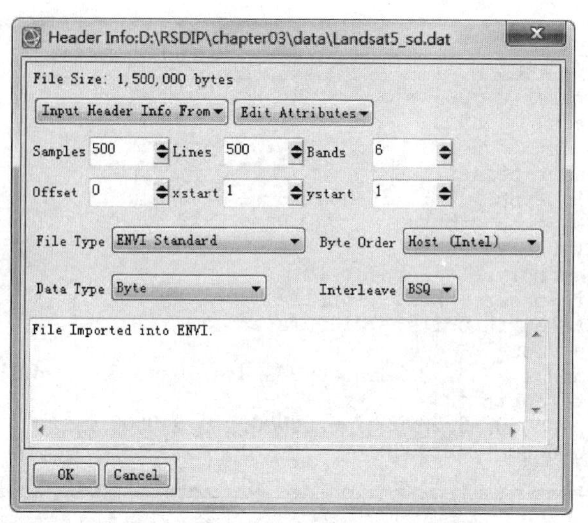

图 3.3　Header Info 对话框及参数设置

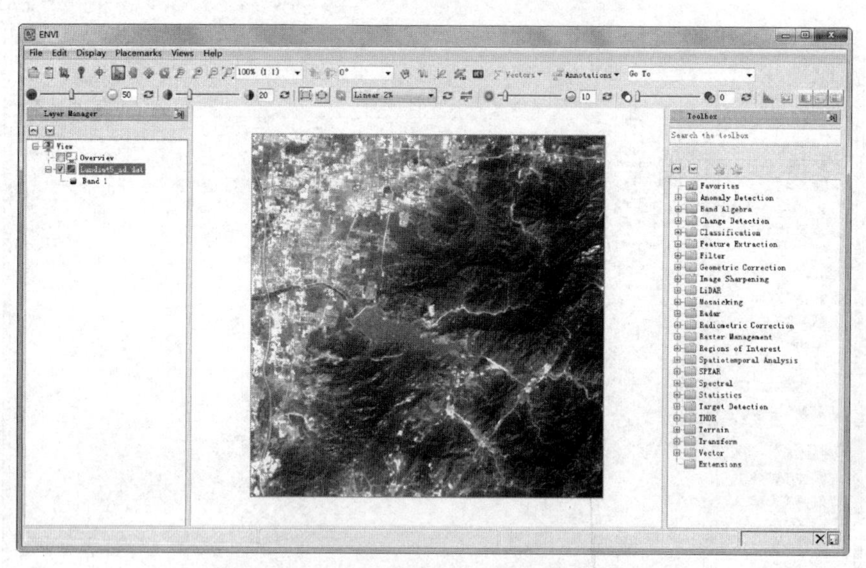

图 3.4　Landsat_sd. dat 的 Band 1 波段显示

3.2　读取封装式存储的图像文件数据

封装式存储数据,其文件头和数据文件存储在同一个文件内。文件头的内容存储在前面,数据文件存储在文件头之后。由于整个文件均是采用二进制编码,无法直接用文本浏览器打开查看,因此需借助工具软件获取文件头信息才能读取图像数据。ENVI 软件中的数据查看器(Data Viewer)工具可以帮助我们从二进制的封装文件中读取文件头信息,从而打开图像文件。本案例的测试数据为 Landsat 8 OLI 图像文件 Landsat8_OLI_package. dat,其说明文件为 Landsat8_OLI_package_header_info. txt。

1. 数据查看器工具介绍

Data Viewer 工具用于在字节级别上查看数据,该工具提供了查看文件结构、识别未知文件类型的功能,另外,当数据中嵌套了头文件时可通过该工具决定图像的偏移量。

打开 Data Viewer 工具:在 ENVI 界面的 Toolbox 工具箱中,选择 Raster Management>Data Viewer,在 Enter Data Viewer Filename 对话框中选择文件 Landsat8_OLI_package. dat,弹出 Data Viewer 窗口(图 3.5)。下面对 Data Viewer 工具进行介绍。

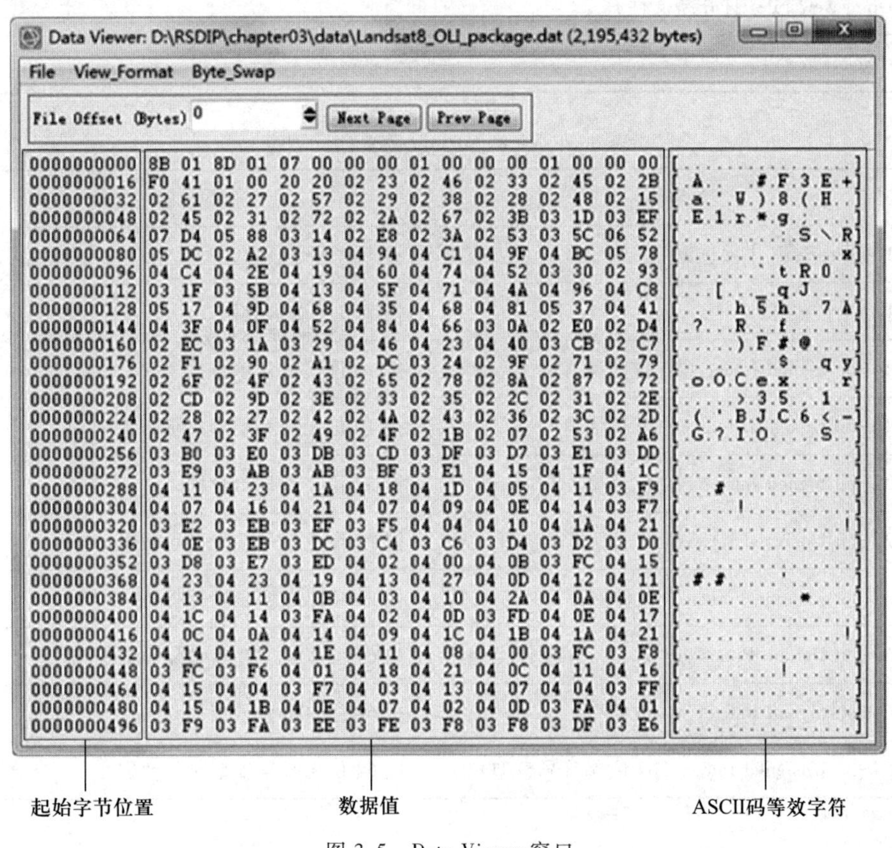

图 3.5 Data Viewer 窗口

（1）菜单栏

Data Viewer 工具的菜单项有 3 个下拉菜单，各菜单项的命令及功能见表 3.1—表 3.4。

表 3.1　Data Viewer 主菜单项及功能

菜单命令	主要功能
File（文件）	读取新文件和关闭对话框
View_Format（显示格式）	按选择的数据类型进行显示
Byte_Swap（字节序切换）	对数据的字节高低位进行切换

表 3.2　File 菜单项及功能

菜单命令	主要功能
Open New File（打开新文件）	打开新的文件
Cancel（取消）	关闭对话框

表 3.3　View_Format 菜单项及功能

菜单命令	主要功能
Hexadecimal（十六进制）	按十六进制显示数据
Byte（字节型）	按字节型显示数据
16-bit Signed Integer（16 位整型）	按 16 位整型显示数据
16-bit Unsigned Integer（16 位无符号整型）	按 16 位无符号整型显示数据
32-bit Signed Integer（32 位整型）	按 32 位整型显示数据
32-bit Unsigned Integer（32 位无符号整型）	按 32 位无符号整型显示数据
32-bit Floating Point（32 位浮点型）	按 32 位浮点型显示数据
64-bit Double Precision（64 位双精度浮点型）	按 64 位双精度浮点型显示数据
64-bit Signed Integer（64 位整型）	按 64 位整型显示数据
64-bit Unsigned Integer（64 位无符号整型）	按 64 位无符号整型显示数据

表 3.4　Byte_Swap 菜单项及功能

菜单命令	主要功能
None(无字节交换)	不进行字节交换
16-bit word(16 位字节交换)	每 16 位进行字节高低位交换
32-bit word(32 位字节交换)	每 32 位进行字节高低位交换
64-bit word(64 位字节交换)	每 64 位进行字节高低位交换

(2) 工具栏

① File Offset(Bytes)用于跳转到指定位置。在 File Offset 文本框中输入字节位置,点击 Enter 键即可跳转至该字节位置;也可通过点击该文本框右侧的向上或向下黑色三角按钮以 16 个字节逐行跳转。

② Next Page/ Prev Page 按钮分别用于移动数据视图向前和向后翻页,每页的跳转字节为 384 个。

(3) 数据界面

① 第 1 列显示的是字节数,即该行的起始字节位置。

② 第 2 到 17 列显示的是按照 View_Format 中选择的数据类型显示的数据值。

③ 最后一列显示的每一行 16 个字节所构成的 ASCII 码的等效字符。如果数据本身没有嵌套的 ASCII 码字符,那么 ASCII 码的等效字符就是随机的;若存在嵌套的 ASCII 码,那么该数据则以可读的文本显示。

2. 打开封装式存储数据

(1) 查看数据元文件

通过查看 Landsat8_OLI_package_header_info. txt 文件可知,Landsat8_OLI_package 由文件头和图像数据组成,文件头在前,图像数据在后,且文件头之后预留了 2 个字节,之后才存储图像数据。文件头结构如图 3. 6 所示。

(2) 查看数据文件头信息

在打开的 Data Viewer 窗口(图 3. 5)中,第 2—17 列默认显示的是十六进制数据值。从文件头结构可以知道,Landsat8_OLI_package 最开始存储的是图像的列数,数据类型为无符号整型(Unsigned Int)。要获知数据文件的列数,需在菜单栏中选择 View_Format>16-bit Unsigned Integer,设置起始字节为 0,即在 File Offset(Bytes)文本框中输入 0,点击 Enter 键。从跳转后的窗口(图 3. 7)可以看到,第 1 行第 2 列的数值为 395,说明数据文件的列数为 395,由于行数和波段数也都为无符号整型,可以直接从第 1 行的第 3 列和第 4 列获知该数据文件的行数和波段数,它们分别为 397 和 7。

```
Unsigned int Samples          //列数
Unsigned int Lines            //行数
Unsigned int Bands            //波段数
Byte File_type                //文件类型（0：ENVI Standard；1：TIFF；2：Unknown）
Byte Data_type                //数据类型（0：Byte；1：Integer；2：Unsigned Integer；3：Long Integer；
4：Unsigned Long；5：Floating Point；6：Double Precision；7：64-bit Integer；8：Unsigned 64-bit；
9：Complex；10：Double Complex）
Byte Interleave               //多波段存储方式（0：BSQ；1：BIL；2：BIP）
Byte Byte_order               //字节序（0：Host(Intel)；1：Network(IEEE)）
Float Pixel                   //空间分辨率
Byte Project_type             //投影类型（0：无投影；1：UTM；2：Gauss - Kruger）
```

图 3.6　Landsat8_OLI_package. dat 数据的文件头结构

```
Data Viewer: D:\RSDIP\chapter03\data\Landsat8_OLI_package.dat (2,195,427 bytes)
File   View_Format   Byte_Swap
File Offset (Bytes) 0        Next Page   Prev Page
0000000000   395   397     7   256   257     0 16880  8193 [.............A. ]
0000000016   544   547   582   563   581   555   609   551 [ .#.F.3.E.+.a.'.]
0000000032   599   553   568   552   584   533   581   561 [W.).8.(.H...E.1.]
0000000048   626   554   615   827   797  2031  1492   904 [r.*.g...........]
0000000064   532   744   570   851  1628  1362   732   930 [.....:.S.\.R....]
0000000080  1043  1172  1217  1183  1468  1144  1220  1070 [...........x....]
0000000096  1049  1120  1140   850   560   915   799  1115 [...`.t.R.0.....[.]
0000000112  1043  1119  1137  1098  1174  1480  1047  1181 [..._.q.J........]
0000000128  1128  1077  1128  1409  1079  1089  1087  1039 [h.5.h...7.A.?...]
0000000144  1106  1156   870   522   736   724  1004   794 [R...f...........]
0000000160  1065  1094  1059   832   715   711   753   656 [).F.#.@.........]
0000000176   673   988   548   671   625   633   623   591 [....$...q.y.o.O.]
0000000192   579   613   632   650   647   626   717   669 [C.e.x.....r.....]
0000000208   574   563   565   556   561   558   552   551 [>.3.5.,.1...(.'.]
0000000224   578   586   579   566   572   557   583   575 [B.J.C.6.<.-.G.?.]
0000000240   585   591   539   519   595   934   944   992 [I.O.....S.......]
0000000256   987   973   991   983   993   989  1001   939 [................]
0000000272   939   959  1249  1045  1055  1052  1041  1059 [..............#.]
0000000288  1050  1048  1053  1029   785  1273  1031  1046 [................]
0000000304  1057  1031  1033  1038   788  1015   994  1003 [!...............]
0000000320  1007  1269  1028  1040  1050  1057   782  1003 [...........!....]
0000000336   988   964   966   980   978   976   984   999 [................]
0000000352  1261  1026  1024   779  1276  1045  1059  1059 [............#.#.]
0000000368  1049  1043  1063  1037  1042  1041  1043  1041 [....'...........]
0000000384  1035  1027  1040  1066  1034  1038  1052   788 [......*.........]
0000000400  1274  1026   781  1277  1038  1047  1036  1034 [................]
0000000416  1044  1033  1052  1051  1050  1057  1044  1042 [...........!....]
0000000432  1054  1041  1032   768  1020  1016  1020  1270 [................]
0000000448  1025  1048  1057  1036  1041  1046  1045   772 [....!...........]
0000000464  1271  1027  1043  1031   772  1279  1045  1051 [................]
0000000480  1038  1031  1026   781  1274   769  1017  1018 [................]
0000000496  1006  1022  1016  1016   991   998  1001  1008 [................]
```

图 3.7　查看数据维数

文件类型的编码以字节型存储，所以在菜单栏中选择 View_Format>Byte，文件类型编码前面的列数、行数和波段数共占了 6 个字节，所以字节起始位置应设置为 6，在 File Offset 文本框中输入 6，点击 Enter。从变化后的 Data Viewer 窗口可以得知（图 3.8），文件类型的代码为 0，即 ENVI Standard 格式。由于数据类型、多波段存储方式和字节序也均为字节型，可以直接在后面读取对应的值，从而得知数据类型为 Integer,多波段存储方式为 BIL,字节序为 Network(IEEE)。按照此方式可以继续读取图像的空间分辨率(30 m)和投影信息(UTM)。最终获得的 Landsat8_OLI_package. dat 数据的文件头信息如表 3.5 所示。

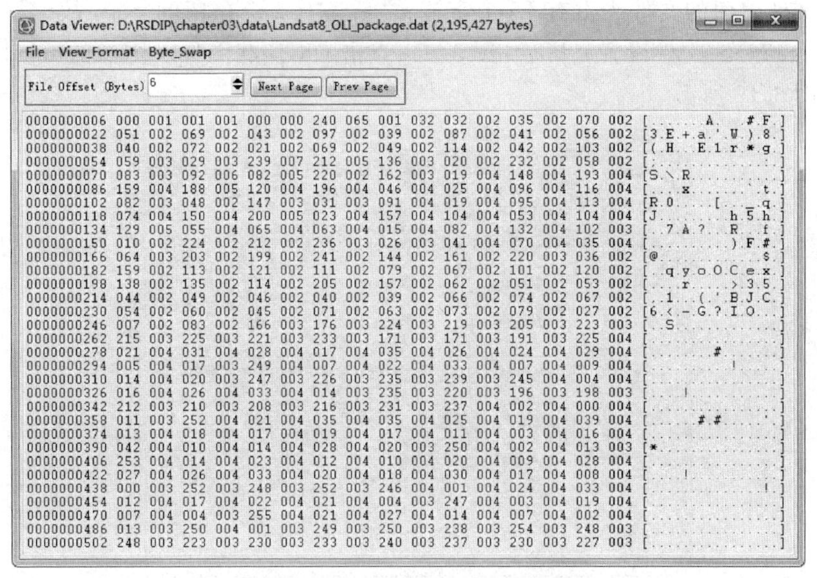

图 3.8 查看文件类型的编码值

表 3.5 Landsat8_OLI_package. dat 数据的文件头信息

文件头信息	起始字节	数据类型	字节数	数值	含义
列数	0	Int	2	395	
行数	2	Int	2	397	
波段数	4	Int	2	7	
文件类型	6	Byte	1	0	ENVI Standard 格式
数据类型	7	Byte	1	1	整型数据
多波段存储方式	8	Byte	1	1	BIL 存储方式
字节序	9	Byte	1	1	Network(IEEE)
空间分辨率	10	Float	4	30	
投影类型	14	Byte	1	1	UTM 投影
字节数汇总			15		

(3) 打开图像

根据这些获取的信息,我们就可以按照打开开放式数据的方式加载封装式数据(File>Open As>Binary),不同的是这里我们需要设置数据的偏移量。由于数据文件前面的文件头占有 15 个字节,之后还有 2 个预留的字节,故偏移量需设置为 17。头文件设置完毕后(图 3.9),点击 OK 加载图像。图像的 Band 1 显示如图 3.10 所示。

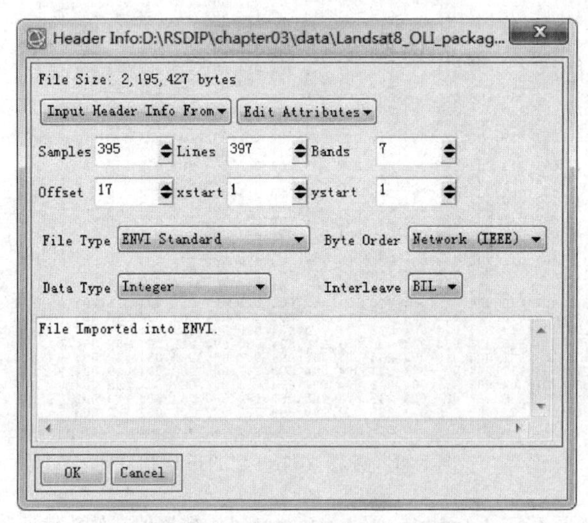

图 3.9　头文件信息设置

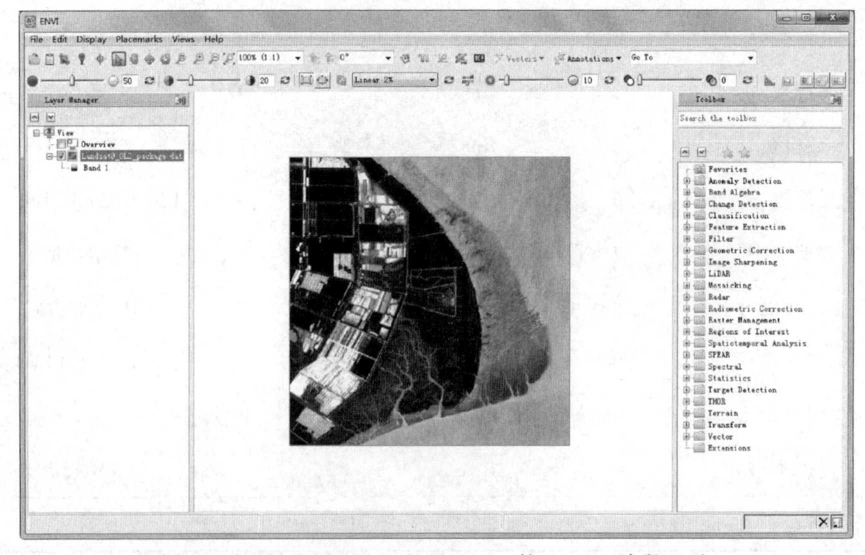

图 3.10　Landsat8_OLI_package.dat 的 Band 1 波段显示

3.3 读取 ASCII 码格式存储的图像文件数据

ASCII 码格式图像文件采用文本记录,记录的是字节转换过来的 ASCII 码,可以采用文字处理软件(如记事本)直接查看像元的数值。ENVI 能够将 ASCII 码格式图像文件的每一个 ASCII 值当成一个像元数字(DN)值,跳过文件前面非数字字符的行或者以分号开始的行。ASCII 值必须用空白或逗号分开,而且图像数据必须以图像数组的形式存储。用户会被提示输入波段存储方式(BSQ、BIL 或 BIP)、数据类型和波段数。本案例采用的数据是 Landsat5_sd_ascii. txt。

在菜单栏中,选择 File>Open As>Generic Formats>ASCII,打开 Enter ASCII Filename 对话框(图 3.11),选择 ASCII 文件 Landsat5_sd_ascii. txt,点击“打开”按钮弹出 Input ASCII File 对话框(图 3.12)。

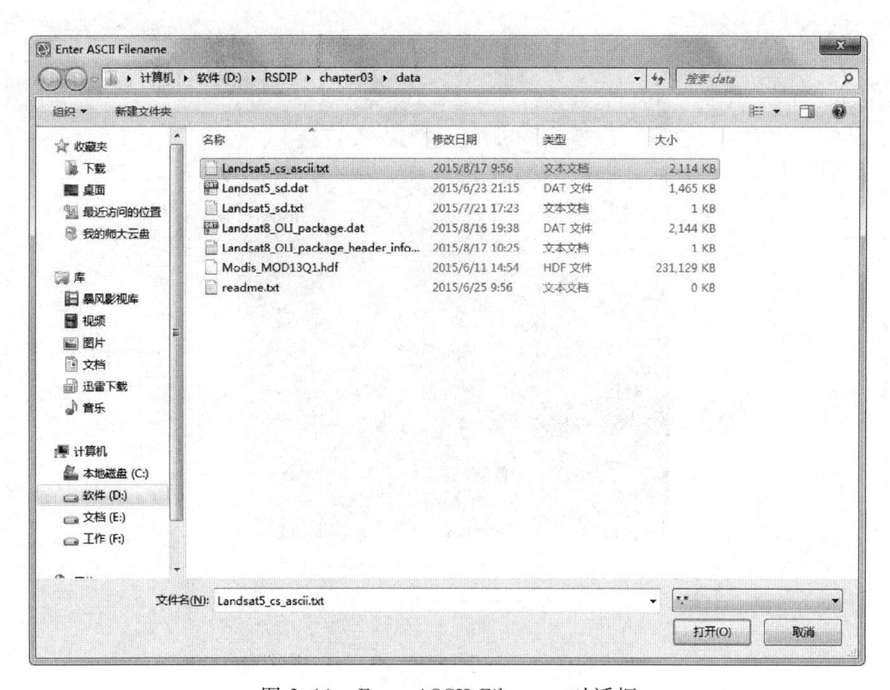

图 3.11　Enter ASCII Filename 对话框

在 Input ASCII File 对话框中设置数据的多波段存储方式(BSQ)、数据类型(Byte)和波段数(6),点击 OK,结果显示如图 3.13。这里需注意,多波段存储方式、数据类型、波段数需预先从元数据说明文档中获知,本案例并未单独提供该数据的元数据说明文档。

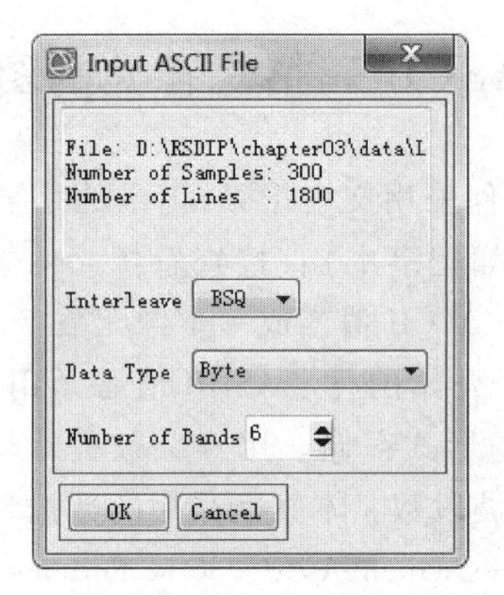

图 3.12　Input ASCII File 对话框

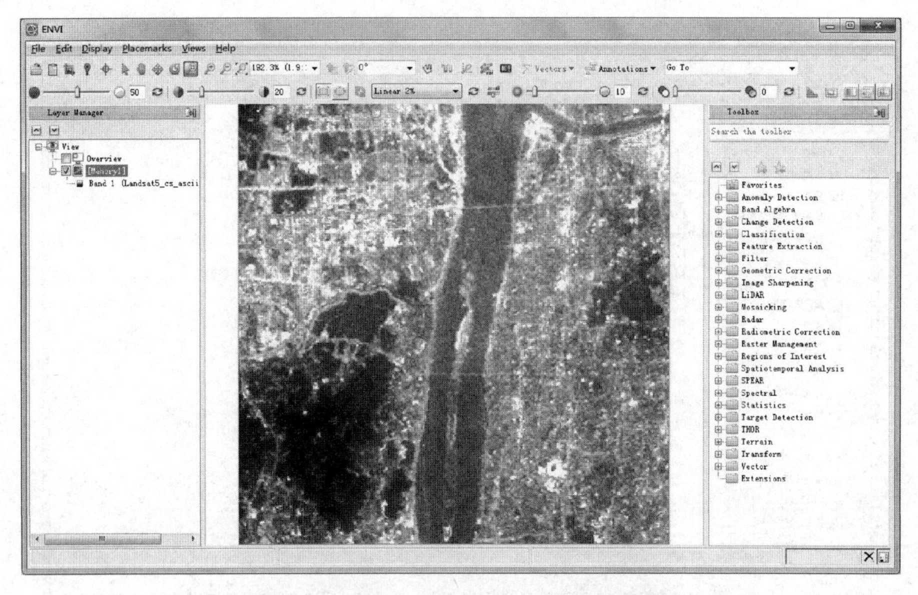

图 3.13　Landsat5_cs_ascii.txt 的 Band 1 波段显示

3.4　读取 HDF 格式的图像文件数据

HDF(hierarchical data format,层次型数据格式)数据格式是美国国家超级计算应用中心(National Center for Supercomputing Applications,NCSA)为了满足各领域研究需求而研制的一种能高效存储和分发科学数据的新型数据格式,它是一种分层式数据管理结构，被地球观测系统数据和信息系统核心系统选用并作为标准数据格式。HDF4 是最初的 HDF 格式，HDF5 是由 NCSA 于 1998 年推出的新的 HDF 格式，突破了 HDF4 的一些局限，在文件存储、兼容性和支持并行 I/O 上更具优势。

有关打开 HDF4 格式图像文件的详细操作请参看第 2.3.1 节的“打开特定文件格式”。

第4章　空间域处理方法

学习目标

通过对案例的实践操作,初步了解遥感数字图像空间域处理方法的软件实现。

预备知识

遥感数字图像空间域处理方法

参考资料

朱文泉等编著的《遥感数字图像处理——原理与方法》第3章"空间域处理方法"

学习要点

数值运算
集合运算
逻辑运算
数学形态学操作

测试数据

数据目录:附带光盘下的..\chapter04\data\

文件名	说明
Landsat8_OLI_b1.dat	某地的 Landsat8 OLI 图像某波段,灰度值被拉伸到 0—255
Landsat8_OLI_multi.dat	某地的 Landsat8 OLI 多光谱图像,经过大气校正,灰度值为地表反射率,值被放大了 10 000 倍
Clip_polygon.shp	与 Landsat8_OLI_b1.dat 空间位置重叠的某任意多边形矢量数据
Geo_mosaic1.dat Geo_mosaic2.dat	空间上有重叠区域的某地两幅 Landsat 8 OLI 图像,有地理参考

电子补充材料

第 4 章空间域处理方法扩展阅读.pdf:采用 IDL 程序实现邻域统计和剖面运算。文档目录:数字课程资源(网址见“与本书配套的数字课程资源使用说明”)。

案例背景

空间域处理是指直接对数字图像进行的一些基本运算,包括数值运算、集合运算、逻辑运算和数学形态学操作(图 4.1)。数值运算包括对遥感图像波段内各个像元灰度值进行数学运算的点运算及相邻像元灰度值进行数学运算的邻域运算,对波段间同名像元进行数学运算的代数运算及对波段间某一剖面进行点运算或邻域运算的剖面运算;集合运算包括对一幅图像求子集的图像裁剪处理、对两幅以上图像求并集的图像镶嵌处理,与前两个操作相类似的波段间操作(波段提取和波段叠加处理);逻辑运算包括针对单幅图像的求反运算和针

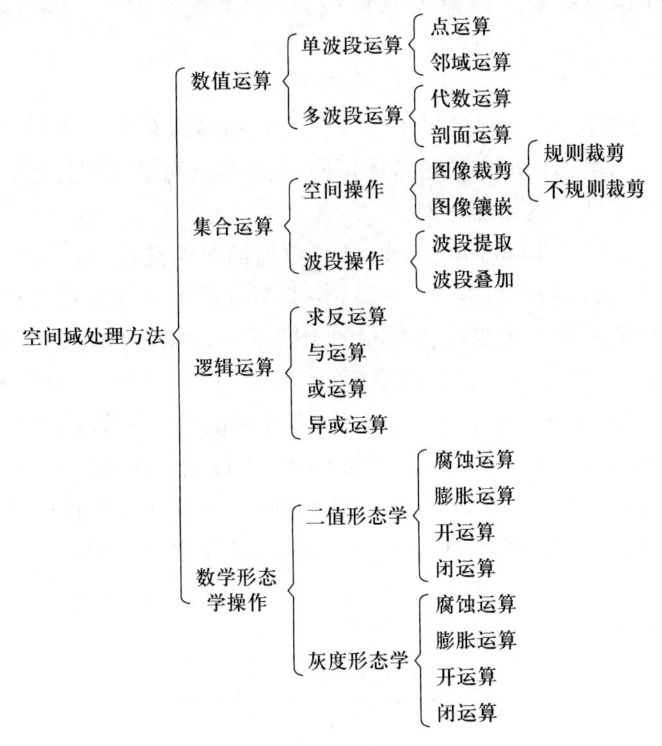

图 4.1 常见的数字图像空间域处理方法

对两幅图像的与运算、或运算和异或运算;数学形态学操作是以形态为基础对图像进行分析的数学工具,常用到的运算有腐蚀运算、膨胀运算、开运算和闭运算。

4.1 数值运算

4.1.1 单波段运算

单波段运算是指对遥感图像某一波段内的各个像元灰度值进行的数学运算(点运算)或相邻像元灰度值进行的数学运算(邻域运算)。

1. 点运算

点运算是对单幅图像像元进行的逐像元数值运算,它将输入图像映射为输出图像,输出图像每个像元的灰度值仅由对应的输入像元点的灰度值决定,它不会改变图像内像元之间的空间关系。点运算可以看做是"从像元到像元"的映射操作。若输入图像为 $f(x,y)$,输出图像为 $g(x,y)$,则点运算可表示为:

$$g(x,y)=T[f(x,y)] \tag{4.1}$$

式中,T 为灰度变换函数,它描述了输入灰度级和输出灰度级之间的映射关系,可为任意函数。根据灰度变换函数的不同,点运算又可分为线性点运算、分段线性点运算和非线性点运算等类型。

本次实验以"Landsat8_OLI_multi. dat"数据的第四波段(红光波段)为例,介绍对其进行 2%去极线性拉伸至 0—255 字节型数据的图像增强过程。所谓 2%去极线性拉伸就是将图像灰度值分布的中间部分(2%—98%,此处的"%"是指百分位数)线性拉伸至另一数据范围(如本案例的 0—255),原来的极大值部分(98%—100%)作为新数据范围的最大值,而原来的极小值部分(0%—2%)则作为新数据范围的最小值。因此对图像进行 2%去极线性拉伸实际上包含两个操作步骤:一是对原图像进行 2%去极操作处理,即先查找原图像中对应于 2%和 98%的像元灰度值,将图像中小于对应于 2%的灰度值都赋值为该灰度值,同样将图像中大于对应于 98%的灰度值都赋值为该灰度值;二是对 2%去极操作处理的图像进行线性拉伸,拉伸公式为:

$$g(x,y)=\frac{f(x,y)-a_1}{a_2-a_1}\times(b_2-b_1)+b_1 \tag{4.2}$$

式中,$f(x,y)$ 为原图像;$[a_1,a_2]$ 为原图像的灰度值范围;$g(x,y)$ 为线性拉伸后的图像;$[b_1,b_2]$ 为线性拉伸后的图像灰度值范围。

(1) 查看原图像

① 打开图像。在菜单栏中,单击 File>Open,选择 Landsat8_OLI_multi. dat 文件,则成功加载图像。

② 显示红光波段。点击工具栏上的数据管理图标,打开数据管理面板,在该面板中选择 Landsat8_OLI_multi. dat 文件的红光波段,点击 Load Grayscale,随即在视图窗口中显示出了红光波段。

③ 改变图像增强显示方式。默认情况下,新加载的红光波段是以 2%线性拉伸的方式显示。为了查看图像的原始显示效果,我们需将显示方式调整为不做任何拉伸,具体操作为:在工具栏选择拉伸类型为 No stretch,此时整个视图呈现白色,遥感图像上的地物均不可见,这是因为原始遥感图像上的灰度值大部分均大于 255。请注意,ENVI 软件在显示遥感图像时,默认情况下都是采用 2%线性拉伸的方式显示,而且这是一种动态的拉伸显示,并不会改变图像数据本身的灰度值。

④ 统计并查看红光波段的灰度值分布。在 ENVI 工具箱中选择 Statistics>Compute Statistics,在弹出的 Compute Statistics Input File 对话框中选择 Landsat8_OLI_multi. dat 文件,同时点击该对话框中的 Spectral Subset 按钮,在弹出的 File Spectral Subset 对话框中选择红光波段,单击 OK 回到 Compute Statistics Input File 对话框,再次单击 OK;然后在弹出的 Compute Statistics Parameters 对话框中选择基本统计信息 Basic Stats 和直方图 Histograms,单击 OK,得到统计结果(图 4.2)。可以看出,该文件红光波段的最小值为 180,最大值为 4 100。要实现 2%去极线性拉伸,需要找到 2%和 98%所对应的灰度值,通过查看图 4.2 下方的图像灰度值分布,发现距离 2%最近的累计百分数是 1.829 5(图 4.3),此时它所对应的灰度值是 260;同样可以查到距离 98%最近的累计百分数是 98.052 5,此时它所对应的灰度值是 1 940。因此接下来要做的就是先将图像中小于 260 的像元灰度值均赋值为 260,大于 1 940 的像元灰度值均赋值为 1 940,最后再将数据范围[260,1 940]线性拉伸至[0,255]。

(2) 去极处理

采用波段运算工具(详见本书第 2.8 节)可以实现去极处理:

① 极小值处理:在工具箱中启动 Band Math 工具,构建运算表达式 B1>260,单击 OK 后在弹出的变量与波段匹配(Variables to Bands Pairings)对话框中将 B1 与 Landsat8_OLI_multi. dat 的红光波段配对,将结果保存在内存或输出为文件。

② 极大值处理:将极小值处理结果再一次用 Band Math 工具进行极大值处理:运算表达式为 B1<1 940,其余操作同上。

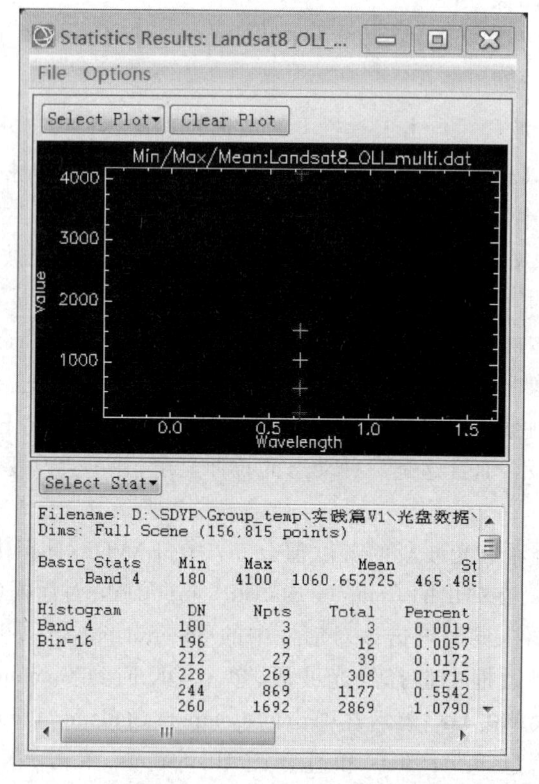

图 4.2 Landsat8_OLI_multi. dat 文件的红光波段统计结果

Min	Max	Mean	Stdev
180	4100	1060.652725	465.485865

DN	Npts	Total	Percent	Acc Pct
180	3	3	0.0019	0.0019
196	9	12	0.0057	0.0077
212	27	39	0.0172	0.0249
228	269	308	0.1715	0.1964
244	869	1177	0.5542	0.7506
260	1692	2869	1.0790	1.8295
276	1764	4633	1.1249	2.9544
292	1583	6216	1.0095	3.9639
308	1454	7670	0.9272	4.8911

图 4.3 红光波段灰度分布 2%所对应的灰度值

③ 上述操作是分步进行,也可以使用一个运算表达式同时实现极小值与极大值处理,此时的运算表达式为:(B1>260)<1 940。

(3) 线性拉伸

根据线性拉伸公式 4.2,我们可以构建本案例的波段运算表达式为:

(B1-260.0)/(1940-260) * (255-0)+0,注意此处将第一个 260 写成 260.0,目的是让此运算以浮点型进行,以避免数据溢出。简化之后为:(B1-260) * 0.152,此时得到的数据值范围虽为 0—255,但数据类型却为 32 位浮点型,为了节省存储空间,需将线性拉伸结果保存为字节型,因此最终的波段运算表达式应为:BYTE((B1-260) * 0.152),其中的 B1 对应于去极处理结果。将最终的去极 2%线性拉伸结果保存为 ENVI 格式文件 Landsat8_OLI_multi_red_2%linear.dat。

(4) 对比查看

在 ENVI 图层管理窗口中仅显示 Landsat8_OLI_multi.dat 文件的红光波段和 Landsat8_OLI_multi_red_2% linear.dat 文件的第一波段,其中 Landsat8_OLI_multi.dat 文件的红光波段采用 Linear 2%拉伸方式显示,Landsat8_OLI_multi_red_2%linear.dat 文件的第一波段不采用任何拉伸方式(No stretch)显示,然后选择工具栏上的图像闪烁对比显示按钮,此时基本看不到两幅图像之间有较大的变化,说明前面所做的去极 2%线性拉伸处理与 ENVI 软件自带的去极 2%线性拉伸动态显示在算法上是相同的。

2. 邻域运算

邻域运算是指输出图像中每个像元的灰度值是由对应的输入像元及其邻域内的像元灰度值共同决定的图像运算,主要分为卷积运算和邻域统计两个方面。

(1) 卷积运算

图像卷积运算就是将模板在输入图像中逐像元移动,每到一个位置就把模板的值与其对应的像元值进行乘积运算并求和,将计算结果赋值给输出图像对应于模板中心位置的像元。本次实验以 Landsat8_OLI_b1.dat 为例,其具体操作步骤如下:

① 打开图像。在菜单栏中,单击 File>Open,选择 Landsat8_OLI_b1.dat 文件,则成功加载图像。

② 打开卷积运算窗口。在工具箱中,选择 Filter > Convolutions and Morphology,打开 Convolutions and Morphology Tool 窗口(图 4.4)。

窗口的主要功能包括以下几点:a. File 按钮,提供保存卷积核模版功能(Save Kernel)和导入已保存的卷积核模版(Restore Kernel)。b. Convolutions(卷积运算),提供常用的卷积核模版,包括高通滤波(High Pass)、低通滤波(Low Pass)、拉普拉斯算子(Laplacian)、方向滤波(Directional)、高斯高通滤波(Gaussian High Pass)、高斯低通滤波(Gaussian Low Pass)、中值滤波(Median)、Sobel 算子、Roberts 算子以及自定义卷积核功能。c. Morphology(形态学滤波),提供 Erode(腐蚀运算)、Dilate(膨胀运算)、Opening(开运算)和 Closing(闭运算)4 个形态学运算功能。d. Options(选项),提供了 Square Kernel 选项。系统默认

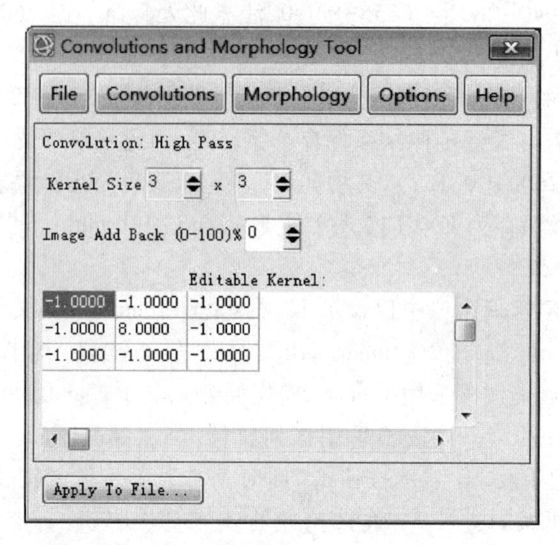

图 4.4　Convolutions and Morphology Tool 窗口

卷积核为正方形,如果需要使用非正方形的卷积核,则需将 Square Kernel 选项前的对勾取消即可。e. Help(帮助),卷积滤波和形态学滤波帮助说明。f. Kernel Size,卷积核大小,系统默认为 3×3 大小,也可自行调整,一般以奇数表示。当然有些卷积核是不能调整大小的,比如 Sobel 滤波器和 Roberts 滤波器。g. Image Add Black,提供一个原图像加回值,即把原图像的部分信息“加回”到卷积滤波结果图像上,取值为 0%~100%。h. Editable Kernel,可编辑的卷积核,双击文本框中数值后可以进行编辑。i. Apply To File,把定义好的滤波器应用到图像上。

③ 对图像进行卷积运算。选择 Convolutions 按钮下的某一滤波器(默认为 High Pass),然后点击 Apply To File 按钮,在 Convolution Input File 对话框中选中 Landsat8_OLI_b1.dat 文件,点击 OK。最后在 Convolution Parameters 对话框中选择输出路径及文件名,点击 OK 即可。

④ 对比显示。首先在 ENVI 菜单栏选择 Views>Two Vertical Views,图像窗口出现两个垂直的视图窗口,原始图像和新生成的高通卷积滤波结果默认在左边的视图窗口,右边的视图窗口此时没有任何内容;然后在图层管理窗口中选中没有图像数据的第二个视图窗口(或直接在图像窗口中点击右边的视图窗口以选中该视图);在工具栏中点击数据管理按钮,在数据管理面板中选择新生成的高通卷积滤波结果图像,点击 Load Grayscale 加载该单波段图像至第二个视图窗口中;在工具栏选择缩放至全图按钮使右视图窗口显示数据全部内容,随后用鼠标左键点击左视图窗口以选中该视图,同样点击工具栏上的缩放至全图

按钮,并在图层管理列表中勾选掉该视图窗中的高通卷积滤波结果,以显示原始数据的全部内容。结果如图 4.5 所示,左图为原图,右图为高通滤波结果,均采用去极 2%线性拉伸显示。

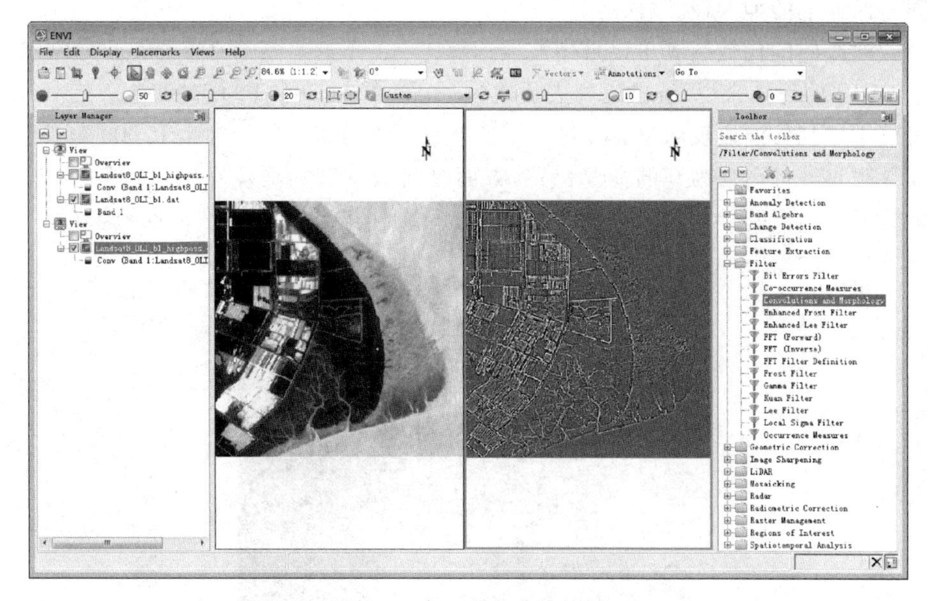

图 4.5　高通卷积滤波结果

(2) 邻域统计

邻域统计常用的指标有多样性(diversity)、密度(density)、众数(majority)、少数(minority)、求和(sum)、均值(mean)、标准差(standard deviation)、最大值(maximum)、最小值(minimum)和秩(rank)10 个指标(指标含义详见朱文泉等编著的《遥感数字图像处理——原理与方法》第 3.1.1 节中的邻域统计部分)。目前,ENVI 软件尚无上述几种统计功能,需利用 IDL 程序实现,本书提供封装好的 IDL 程序 zhu_local_statistic.sav,可实现以上 10 种邻域统计功能,具体参见本章的数字课程资源。

4.1.2　多波段运算

多波段运算是指对波段间同名像元进行数学运算的代数运算及对波段间某一剖面进行点运算或邻域运算的剖面运算。

1. 代数运算

图像的代数运算是指对多幅(两幅或两幅以上)输入图像进行的像元对像元的数学运算。

本次实验以“Landsat8_OLI_multi. dat”数据的红光波段和近红外波段为例，介绍归一化差值植被指数(NDVI)的计算过程。NDVI 的数学表达式为近红外波段与红光波段的反射率之差除以二者之和，因此计算 NDVI 时涉及两个波段在同名像元上的加、减和除法运算。

波段间的代数运算可以采用波段运算工具(详见本书第 2. 8 节)来实现，对于 NDVI 的计算来说，波段运算表达式为：(B1-B2)/(B1+B2+0. 000 1)，其中 B1 对应于近红外波段反射率，B2 对应于红光波段反射率，分母加上 0. 000 1，一方面是防止分母出现为 0 的情况，另一方面是将数据转换成浮点型进行运算以避免数据溢出。基于 Landsat8_OLI_multi. dat 数据的 NDVI 计算结果见图 4. 6。

图 4. 6　NDVI 计算结果

2. 剖面运算

剖面运算则是对多波段图像像元所构成的剖面进行的波段间的数值运算，所以剖面运算首先是提取多波段图像的一个剖面，然后对该剖面进行类似于邻域运算的相关运算。其中，提取多波段图像的一个剖面还需借助 IDL 中的 EXTRACT_SLICE 函数，具体操作可参见本章的数字课程资源。

4. 2　集合运算

集合运算在空间操作上包括对一幅图像求子集的图像裁剪处理、对两幅以上图像求并集的图像镶嵌处理，在波段操作上包括从多波段数据文件中提取一个或多个波段的提取处理、将不同数据文件的全部或部分波段合并到一个数据文件中的叠加处理。

4.2.1 空间操作

1. 图像裁剪

图像裁剪就是保留图像中感兴趣的部分,将感兴趣区之外的部分去除。常见的裁剪方式有利用多边形(如行政区边界或者自然区划边界)进行裁剪,或者将图像数据进行标准分幅裁剪。在 ENVI 软件中,大致可以分为 3 种裁剪方式:按矩形框裁剪、按任意多边形裁剪、按图像内容掩膜处理。

(1) 按矩形框裁剪

按矩形框裁剪是指裁剪图像的边界是一个矩形框,矩形框的获取途径有行列号、左上角和右下角的坐标、图像文件或 ROI/矢量文件等。按矩形框裁剪在很多涉及提取图像空间子集(spatial subset)的过程中都可实现,如文件另保存、重采样等,此处就以文件另保存的方式进行简单介绍。

① 打开图像。在主菜单中,选择 File>Open,选择 Landsat8_OLI_b1.dat 文件。

② 启动文件另保存功能。在主菜单中,选择 File>Save as...>Save as...(ENVI、NITF、TIFF、DTED),在弹出的 File Selection 对话框中选中 Landsat8_OLI_b1.dat 文件,点击 Spatial Subset 按钮(图 4.7),File Selection 对话框右侧扩展出裁剪范围设置按钮(图 4.8)。

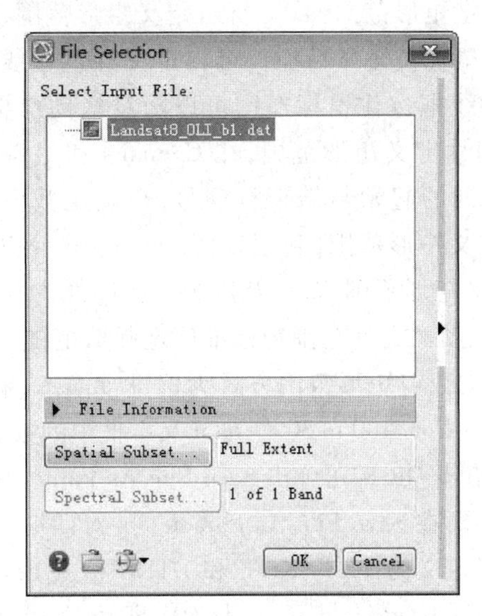

图 4.7 File Selection 对话框

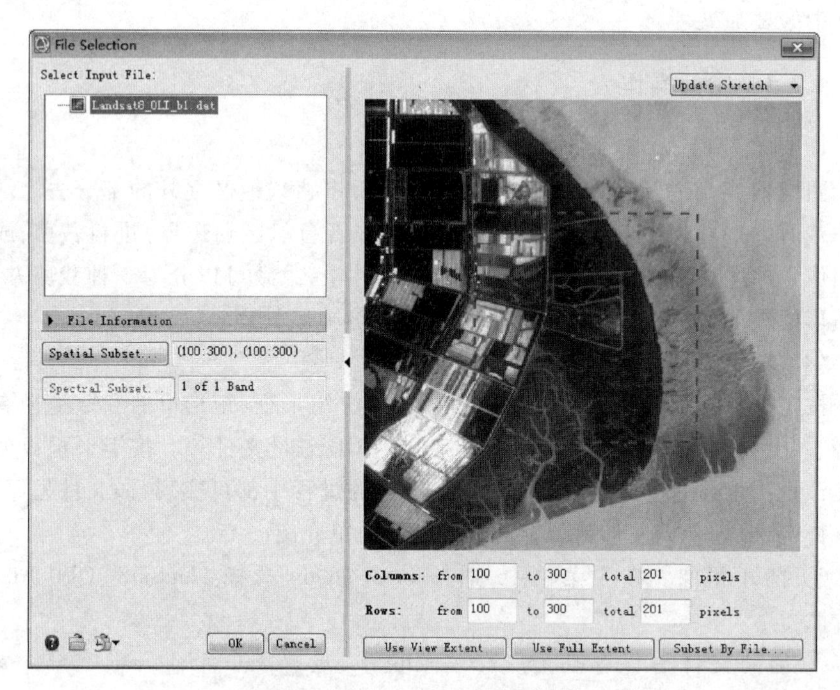

图 4.8　File Selection 扩展对话框

③ 定义裁剪范围。在弹出 File Selection 扩展对话框(图 4.8)中,我们可以通过以下几种方式确定矩形范围:a. 鼠标自定义矩形范围,在 File Selection 扩展对话框的图像上点击鼠标左键然后拖拽可自定义红色虚线框大小(裁剪范围大小),然后选中红色虚线框按住鼠标左键可以随意拖动红框的位置来确定裁剪范围的位置。b. 行列号定义矩形范围,在 Columns 和 Rows 文本框中可以分别定义裁剪范围在行和列的起始与结束行列号,来确定裁剪范围的大小和位置。c. Use View Extent 定义矩形范围,利用视图(View)显示窗口的范围进行定义。d. Use Full Extent 定义矩形范围,裁剪范围为整幅图像。e. Subset By File...定义矩形范围,以另外一个图像文件范围为标准确定裁剪范围。

此处以行列号定义裁剪矩形范围方式为例进行演示,输入参数为"Columns: from 100 to 300""Rows: from 100 to 300",total 文本框中的数值会自动变化,红色虚线框也会随之变化。点击 OK 即可弹出 Save File As Parameters 对话框(图 4.9)。

④ 保存输出文件。在 Save File As Parameters 对话框中,Output Format 默认为 ENVI 格式(也可以定义为 TIFF、NITF 和 DTED 格式),设置输出路径和文件名,选中 Display result(显示结果),点击 OK 即可完成按矩形裁剪,结果如图 4.10所示。

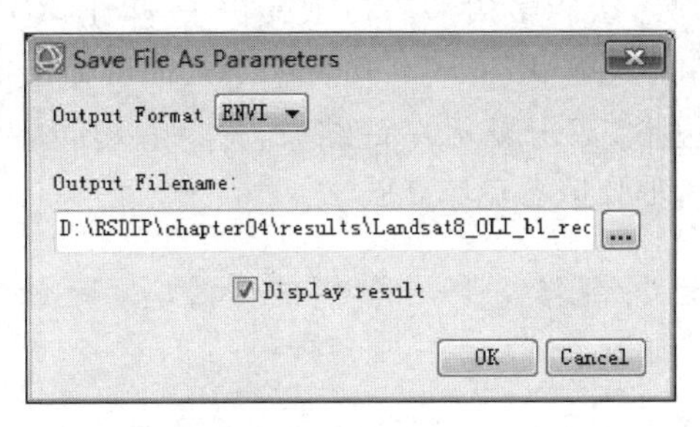

图 4.9　Save File As Parameters 对话框

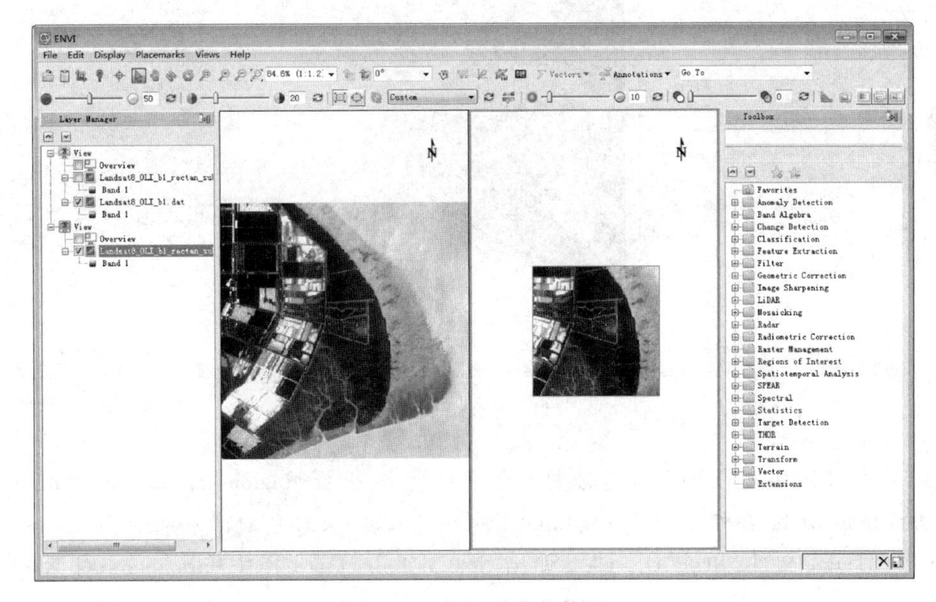

图 4.10　按矩形裁剪结果

(2) 按任意多边形裁剪

按任意多边形裁剪是指利用一个任意多边形裁剪图像。ENVI 5.2.1 软件的工具箱中,Regions of Interest>Subset Data from ROIs 工具可实现按任意多边形裁剪,该工具可使用 ROI 文件和 ENVI 支持的 EVF 矢量文件两种数据的多边形进行裁剪。另外,在遥感图像处理中常涉及利用 shapefile 的矢量文件来裁剪栅格数据,ENVI 软件可直接调用 shapefile 格式的矢量文件。此处就以手动绘制感兴趣区进行栅格数据裁剪为例,介绍 Subset Data from ROIs 工具的操作。

① 打开图像。在主菜单中,选择 File>Open,选择 Landsat8_OLI_b1.dat 文件。

② 打开 ROI 工具,绘制多边形。在工具栏中,单击 ROI Tool 按钮(或者在主菜单中,选择 File>New>Region of Interest...),即可弹出 ROI Tool 对话框,在图像上绘制一个多边形,双击鼠标左键结束,并保存 ROI 文件(图 4.11),有关 ROI 工具操作的详细步骤请参见第 2.5 节。

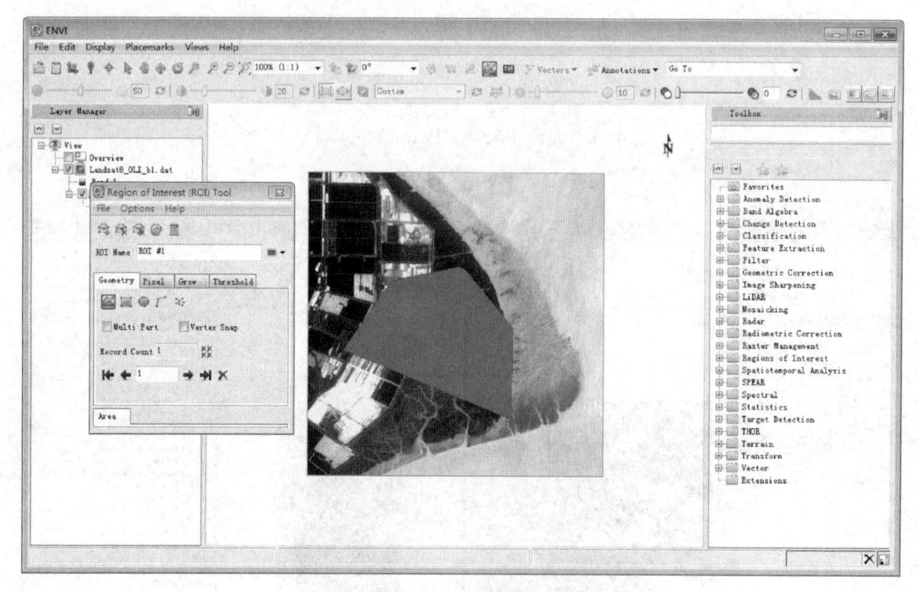

图 4.11 绘制多边形 ROI

③ 利用多边形 ROI 进行裁剪。在工具箱中,选择 Regions of Interest>Subset Data from ROIs,在弹出的 Select Input File to Subset via ROI 对话框选中 Landsat8_OLI_b1.dat 文件,单击 OK 即可弹出 Spatial Subset via ROI Parameters 对话框(图 4.12)。

④ 设置裁剪参数。在 Spatial Subset via ROI Parameters 对话框中,设置参数包括:

• 在 Select Input ROIs 的 ROI 列表中选择刚绘制的"ROI #1"。

• 在"Mask pixels output of ROI"选项中选择"Yes",即掩膜掉 ROI 以外的区域。

• 设置"Mask Background Value"(裁剪背景值)项为 0,即将掩膜区的灰度值设置为 0。

⑤ 设置输出路径和文件名,点击 OK 即可完成裁剪。结果如图 4.13 所示。

(3) 按图像内容掩膜裁剪

图像掩膜是用选定的图像或图形对待处理的图像进行全部或局部遮挡,用

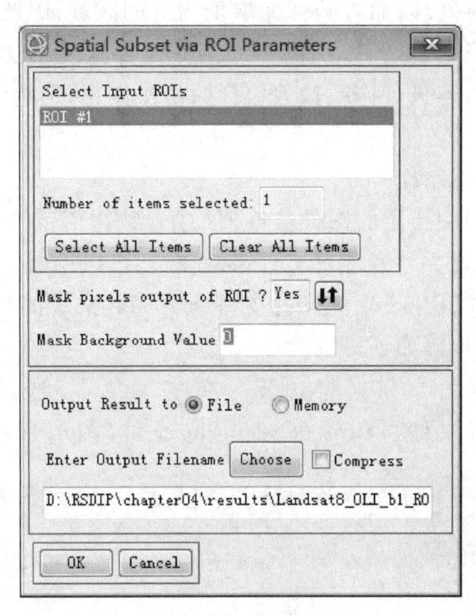

图 4.12　Spatial Subset via ROI Parameters 对话框

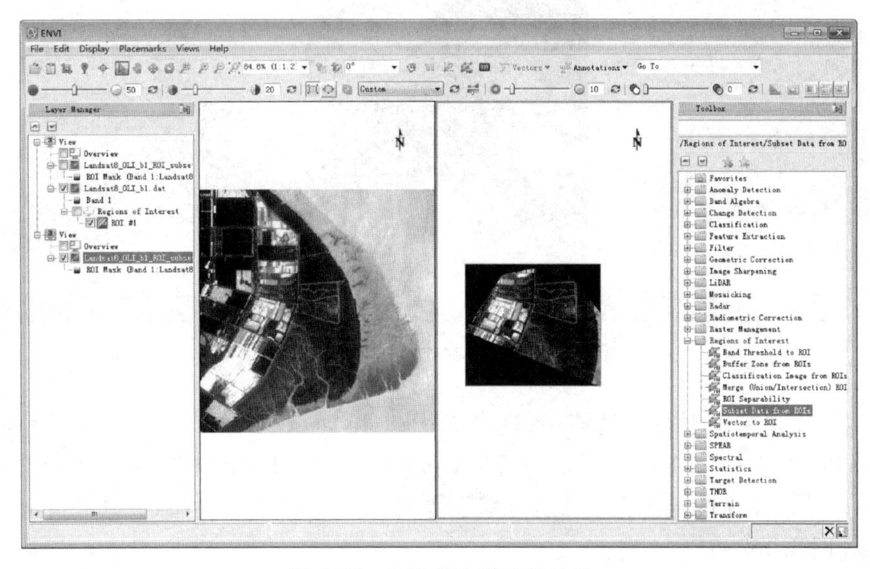

图 4.13　ROI 多边形裁剪结果

来控制图像处理的区域或处理过程。用于覆盖的特定图像或图形称为掩膜模板，它是由 0 和 1 组成的一幅二值图像。掩膜裁剪的基本思想就是对像元取值为 1 的图像区域进行处理,而屏蔽像元取值为 0 的区域,因此掩膜裁剪的图像范围并不会被改变(即行列数与原图像一致),只是目标区域以外的像元会用背景值填充。根据图像内容进行掩膜裁剪包括两步操作:一是制作掩膜文件,二是实施掩膜裁剪。

第一步:掩膜文件制作

掩膜文件可以利用指定的图像数据值(或者数据值范围、有限值、无限值)、感兴趣区域、EVF 矢量文件和注释文件来制作,还可以用上述几种任意组合作为输入项来制作。此外,ENVI 软件同时支持 shapefile 格式的矢量文件,这里就以此为例进行说明,其步骤如下:

① 打开待裁剪图像和矢量边界。在主菜单中,选择 File > Open,选择 Landsat8_OLI_b1. dat 文件和 Clip_polygon. shp 文件(图 4. 14)。

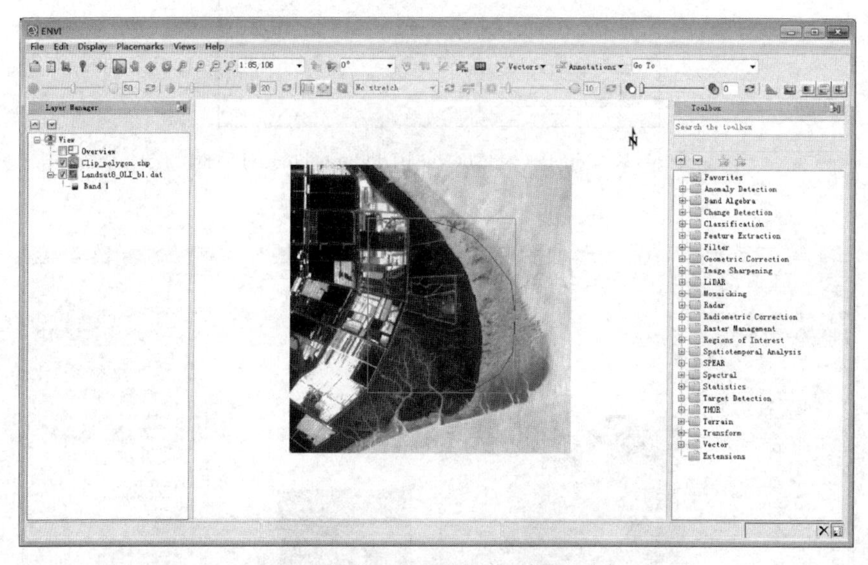

图 4. 14　掩膜制作准备数据打开

② 构建掩膜。在工具箱中,选择 Raster Management>Masking>Build Mask,在 Build Mask Input File 对话框中选择 Landsat8_OLI_b1. dat 文件,点击 OK(该操作自动读取图像的范围大小作为掩膜图像的范围),即可弹出 Mask Definition 对话框[图 4. 15(a)]。

在 Mask Definition 对话框中点击 Options 按钮,下拉菜单提供以下几种定义掩膜的方法[图 4. 15(b)]。a. Import Data Range...,定义某图像的固定数值范围为掩膜。b. Import Annotation...,定义注释文件为掩膜。c. Import ROIs...,定义 ROI 文件为掩膜。d. Import EVFs...,定义 ENVI 矢量文件为掩膜。e. Mask

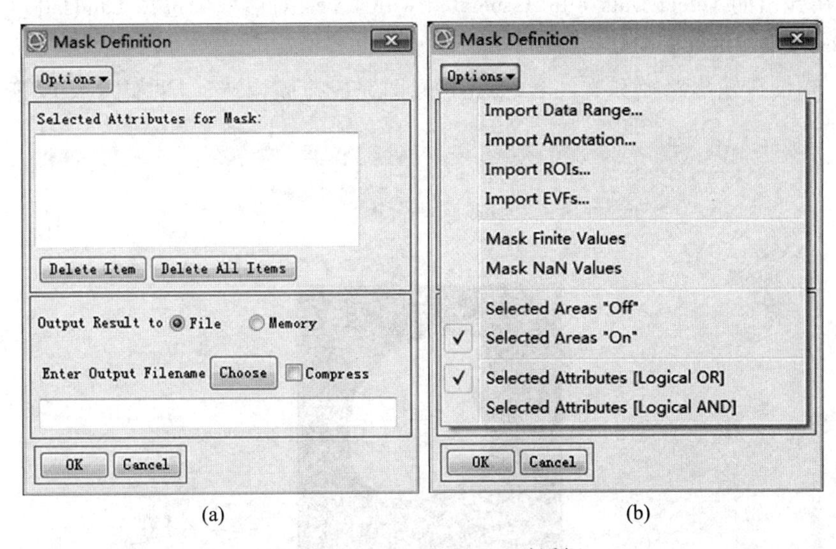

(a) (b)

图 4.15　Mask Definition 对话框

Finite Values,定义某图像的有限值为掩膜。f. Mask NaN Values,定义某图像的无限值为掩膜。

其他参数说明如下:

- Selected Areas "Off",上述定义范围取值为 0。
- Selected Areas "On",上述定义范围取值为 1,系统默认。
- Selected Attributes [Logical OR],上述定义逻辑关系为或逻辑。
- Selected Attributes [Logical AND],上述定义逻辑关系为与逻辑。

此处介绍以矢量文件来制作掩膜文件的步骤。单击 Options>Import EVFs,弹出 Mask Definition Input EVFs 对话框(图 4.16),选择 Clip_polygon. shp,点击

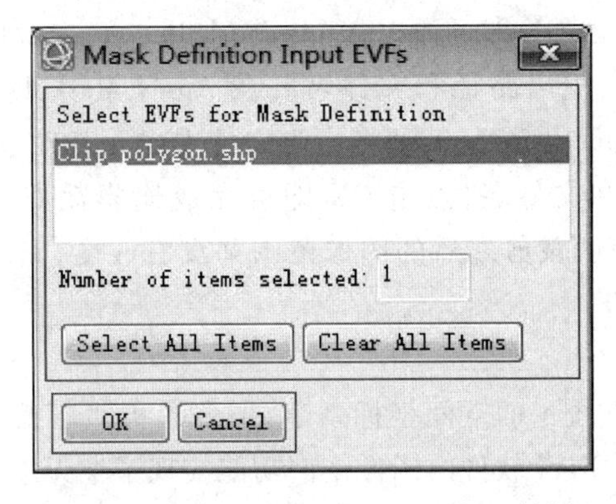

图 4.16　Mask Definition Input EVFs 对话框

OK,在弹出的 Select Data File Associated with EVFs 对话框中选择 Landsat8_OLI_b1. dat 文件,并点击 OK。

③ 设置输出路径和文件名,点击 OK 即完成掩膜构造,结果如图 4. 17 所示。

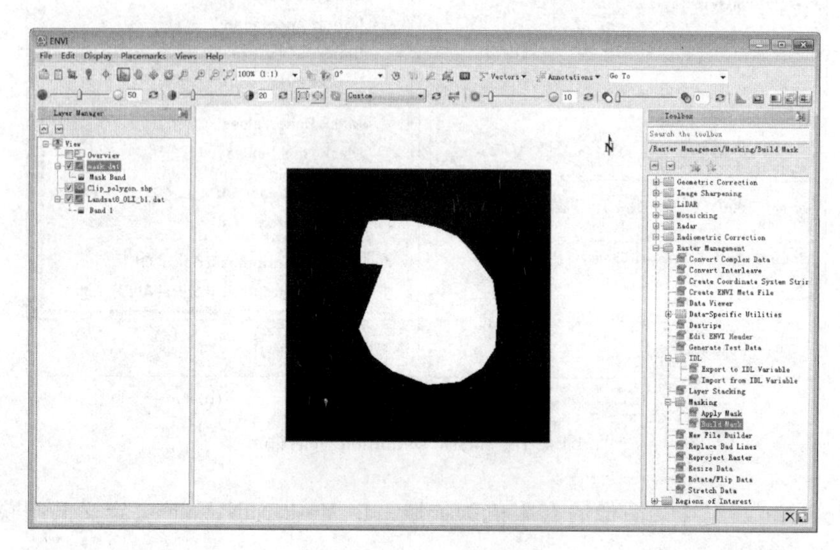

图 4. 17　生成的掩膜文件

第二步:掩膜裁剪实施

① 启动掩膜运算功能。在工具箱中,选择 Data Management>Masking>Apply Mask,弹出 Apply Mask Input File 对话框(图 4. 18)。

② 设置输入文件。在 Apply Mask Input File 对话框中,设置如下。

- 在 Select Input File 列表中选择待裁剪图像文件。
- 在 Select Mask Band 选项中选择前面生成的掩膜文件。

设置完成后,点击 OK 即可弹出 Apply Mask Parameters 对话框(图 4. 19)。

③ 设置屏蔽值、输出路径和文件名。在 Apply Mask Parameters 对话框中(图 4. 19),Mask Value 设置为 0,即将掩膜文件中像元灰度值为 0 的区域屏蔽;然后设置输出路径和文件名,点击 OK 即可完成掩膜裁剪。掩膜裁剪结果如图 4. 20所示,注意掩膜裁剪之后的图像范围并没有改变,只是目标之外的灰度值被设为了背景值 0。

2. 图像镶嵌

图像镶嵌是指在统一的空间坐标系下,把多景相邻遥感图像拼接成一幅大范围、无缝的图像。ENVI 软件的图像镶嵌功能实现了把无地理坐标或者有地理坐标的多幅图像拼接成一幅图像。该功能提供了透明处理、直方图匹配和颜色

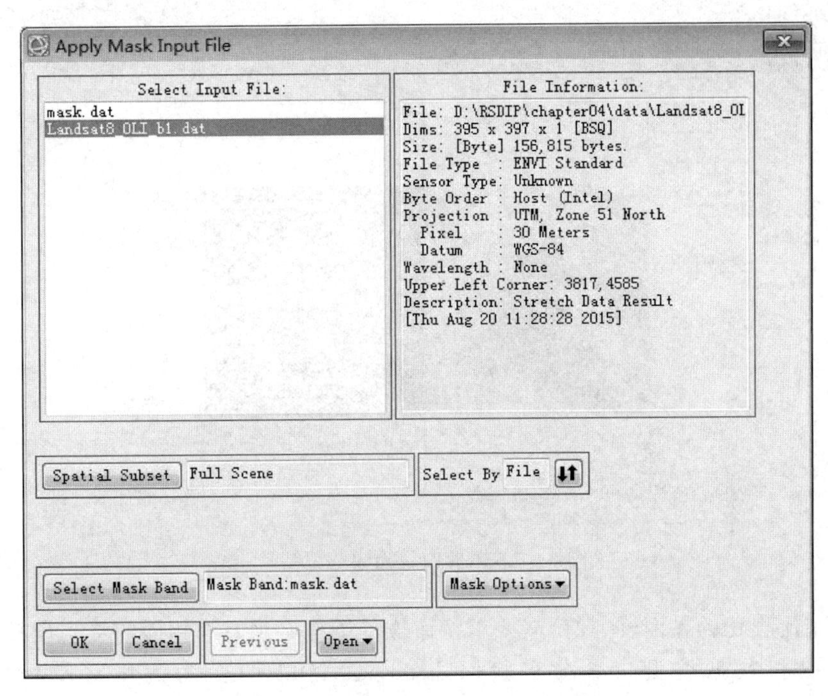

图 4.18 Apply Mask Input File 对话框

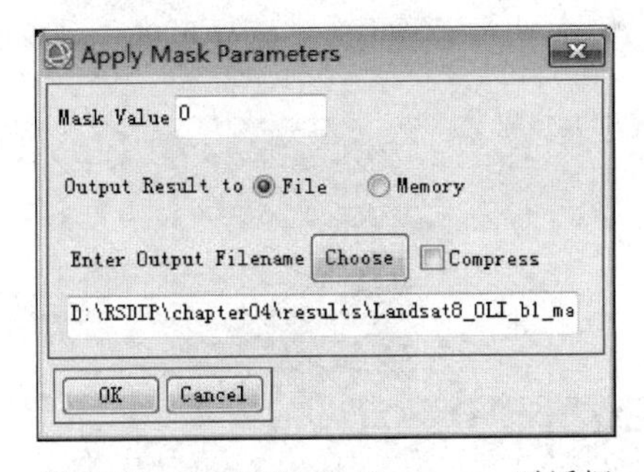

图 4.19 Apply Mask Parameters 对话框

自动平衡等处理过程。另外,为了解决镶嵌颜色不一致、接边及重叠问题,ENVI软件还提供了拼接线(可自定义两幅图像的拼接线)、边缘羽化(按指定的像元距离对图像进行均衡化处理)、拼接线羽化(在拼接线特定距离内对图像进行均衡化处理)和颜色校正(以某镶嵌图像为基准,采用直方图匹配的方法把其他待镶嵌图像的灰度分布与基准图像进行匹配)等功能。

ENVI 5.2.1 提供了新的图像无缝镶嵌工具 Seamless Mosaic,所有功能集成

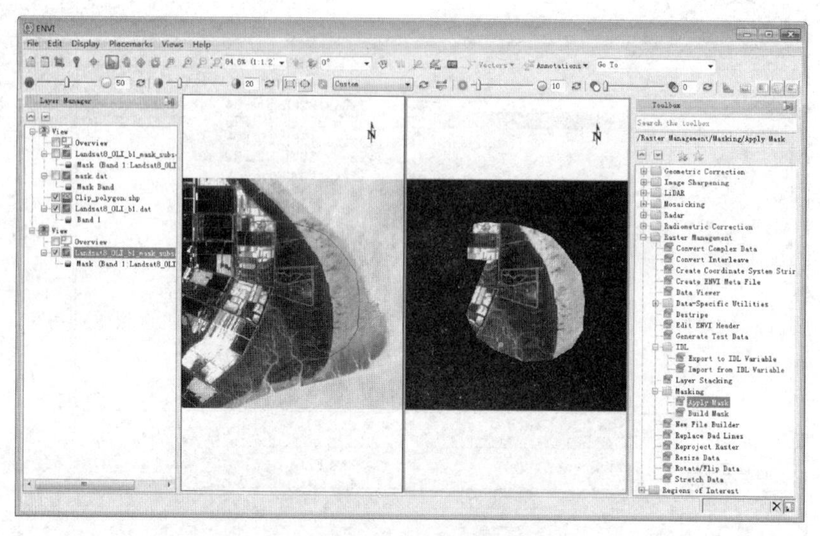

图 4.20　图像内容掩膜裁剪结果

在一个流程化的界面,图像镶嵌要求待镶嵌的图像必须具有相同的空间坐标系、波段数和数据类型。本次实验以 Landsat 8 OLI 图像为测试数据(Geo_mosaic1. dat 和 Geo_mosaic2. dat),其基本流程如下。

① 打开待镶嵌图像。在主菜单中,单击 File>Open,选择 Geo_mosaic1. dat 和 Geo_mosaic2. dat 文件,则成功加载图像,界面显示如图 4.21 所示。

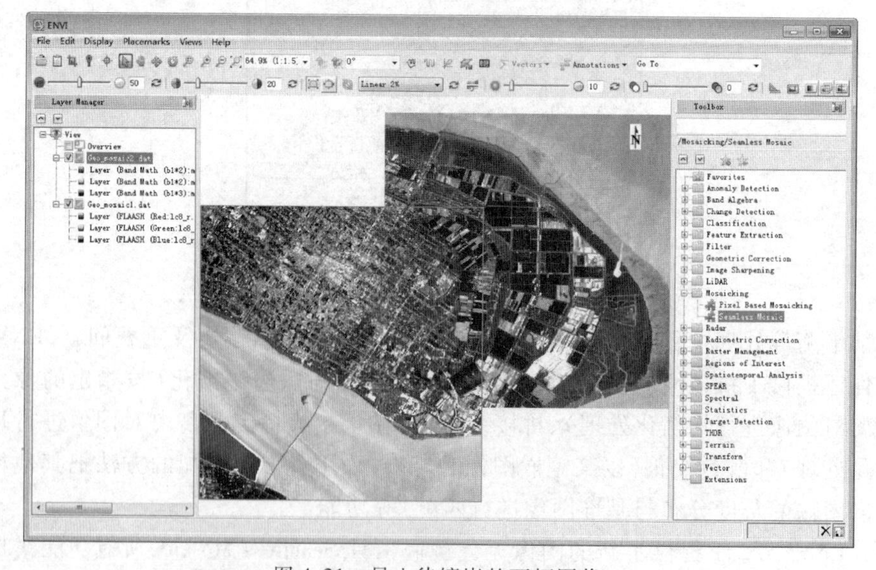

图 4.21　导入待镶嵌的两幅图像

② 启动无缝镶嵌功能。在工具箱中，选择 Mosaicking>Seamless Mosaic，打开 Seamless Mosaic 对话框（图 4.22）。Seamless Mosaic 对话框的菜单命令和功能如表 4.1 所示，Seamless Mosaic 对话框各按钮命令和功能如表 4.2 所示。

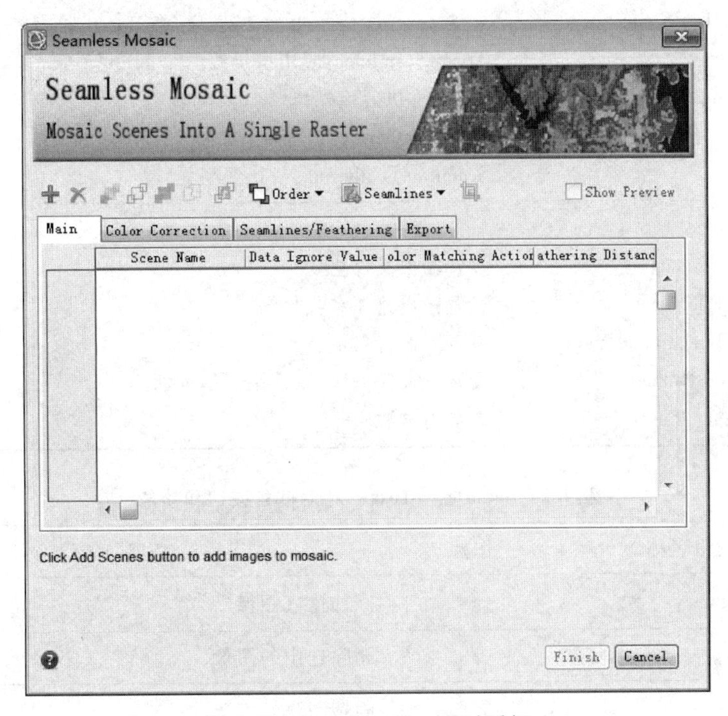

图 4.22　Seamless Mosaic 对话框

表 4.1　Seamless Mosaic 对话框的菜单命令和功能

菜单	功能
Main	主菜单
Scenes Name	图像名称
Data Ignore Value	数据忽略值
Color Matching Action	色彩匹配设置（Reference：基准图层，Adjust：适应图层）
Feathering Distance（Pixels）	羽化半径，以 pixels 为单位，默认为 0，即某图像拼接线外侧区域不参与羽化
Color Correction	色彩调整
Histogram Matching	Overlap Area Only：仅根据重叠区域构建直方图匹配关系 Entire Scene：根据两幅图像构建直方图匹配关系

续表

菜单	功能
Seamlines/Feathering	
Seamlines	Apply Seamlines:应用拼接线
Feathering	None:不执行该操作
	Edge Feathering:边缘羽化
	Seamline Feathering:拼接线羽化
Export	
Output Format	设置输出文件格式
Output Filename	设置输出路径和文件名
Output Background Value	设置图像背景值
Resample Method	设置重采样方法,默认采用最近邻法
Set Output Bands	设置输出波段

表 4.2 Seamless Mosaic 对话框各按钮和功能

按钮名称	图标	功能
Add Scenes		添加镶嵌图像
Remove Selected Scenes		删除选中的图像
Hide Scenes		隐藏图像
Hide Footprints		隐藏图像的边框印记
Hide Fill Footprints		隐藏图像的填充印记
Hide Seamlines		隐藏拼接线
Recalculate Footprints		忽略背景后,重新计算图像有效值区域,生成边框印记
Define Output Area		定义输出范围
Order		
Bring To Front		图层置顶
Bring Forward		图层上移一层
Send Backward		图层下移一层

续表

按钮名称	图标	功能
Send To Back		图层置底
Reverse Current Order		图像顺序逆序排列(需选中两个以上图像)
Seamlines		
Auto Generate Seamlines		自动生成拼接线
Start Editing Seamlines		编辑/停止编辑拼接线
Delete All Seamlines		删除所有拼接线
Restore Seam Polygons		导入已有的拼接线
Save Seam Polygons		保存拼接线

③ 加载镶嵌图像。点击按钮,在 File Selected 对话框中选择待镶嵌的文件(Geo_mosaic1. dat 和 Geo_mosaic2. dat),点击 OK。

④ 图像重叠基本设置。勾选 Show Preview 选项,对参数设置结果进行预览。

Main 菜单参数设置。

- Data Ignore Value 默认为 None(因为两幅图像均为矩形,无背景值)。
- Color Matching Action:把 Geo_mosaic1. dat 文件放置在顶层,作为色彩匹配的基本图层;把 Geo_mosaic2. dat 文件放置在底层,作为适应图层。

Color Correction 菜单参数设置。

- 选中 Histogram Matching 和 Entire Scene,即对整个适应图层进行直方图匹配。

⑤ 拼接线设置。点击 Seamlines 下拉菜单中的 Auto Generate Seamlines,稍等几秒后,自动生成拼接线(图 4. 23)。

由于自动生成的拼接线多为沿着重叠区域对角线方向的规则折线,未反映出图像上的地物分布特征,致使图像镶嵌后同一地物的颜色在拼接线两侧明显不同,镶嵌效果较差。所以,需要自定义拼接线,拼接线多选择颜色差异明显的自然地物交界处。故点击 Seamlines 下拉菜单中的 Start Editing Seamlines,开始编辑拼接线。拼接线编辑方式是在颜色差异明显的自然地物交界处绘制多线段,绘制完成双击鼠标左键,之后自动将绘制的多线段作为新的拼接线。手动定义的拼接线结果如图 4. 24 所示。

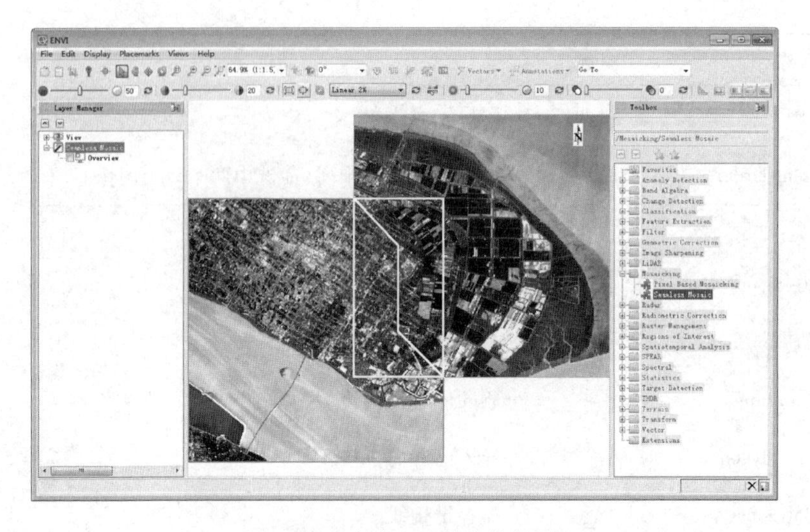

图 4.23　自动生成拼接线结果

图 4.23 彩版

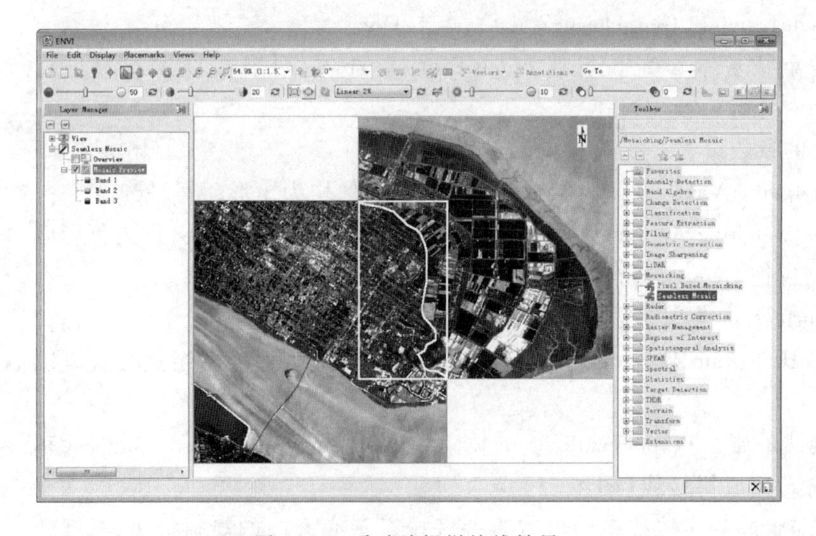

图 4.24　手动编辑拼接线结果

图 4.24 彩版

在 Seamlines/Feathering 菜单中，勾选 Apply Seamlines 和 Seamline Feathering，即应用拼接线，并进行拼接线羽化。然后，在 Main 菜单中，设置 Feathering Distance(Pixels)为 10，即拼接线羽化半径为 10 个像元。

⑥ 导出镶嵌图像。在 Export 菜单中，设置输出参数。

- Output Format：ENVI 格式；
- Output File Background Value：0；
- Resample Method：Nearest Neighbor；
- Set Output Bands：选择所有波段。

设置完输出路径和文件名，点击 OK 即可，结果见图 4.25。

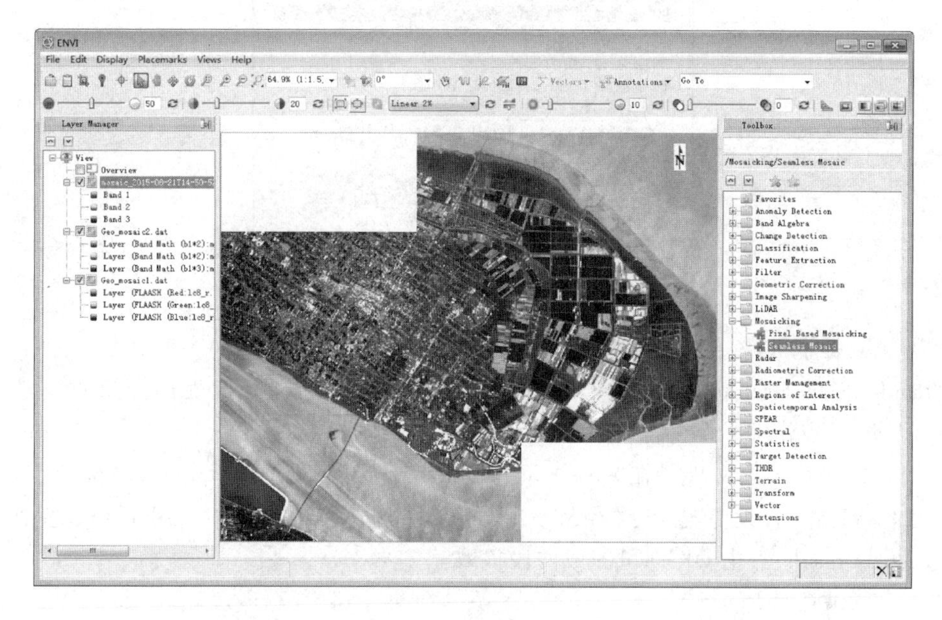

图 4.25　无缝镶嵌结果

4.2.2　波段操作

波段操作包括波段提取和波段叠加。波段提取是指从一个多波段的图像文件中提取某一个特定波段作为一个独立的文件，波段叠加是指将同一地理范围不同波段的文件合并为一个多波段文件。

1. 波段提取

本次实验以“Landsat8_OLI_multi.dat”数据为对象，介绍波段提取过程。

① 打开图像。在菜单栏中，单击 File>Open，选择 Landsat8_OLI_multi.dat 文件。

② 启动文件另存功能。在主菜单中，选择 File>Save as...>Save as...（ENVI、EITF、TIFF、DTED），在弹出的 File Selection 对话框中选中 Landsat8_OLI_multi.dat 文件，点击 Spectral Subset 按钮（注意：当输入图像为单波段时，该按钮

无法激活),即可弹出 Spectral Subset 对话框(图 4.26)。

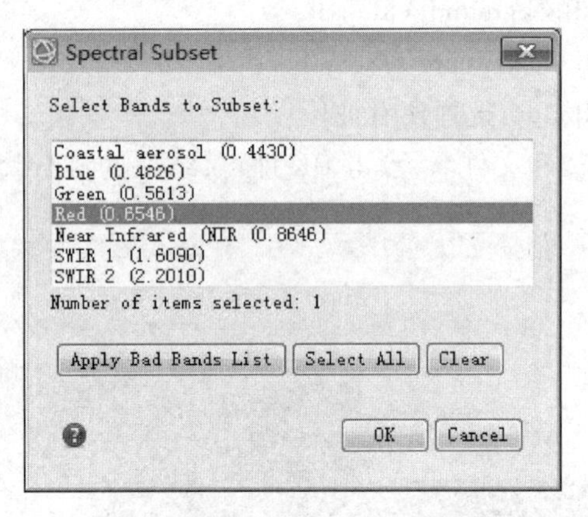

图 4.26 Spectral Subset 对话框

③ 提取波段。在 Spectral Subset 对话框中,Select Bands to Subset 栏显示了 Landsat8_OLI_multi. dat 的各个波段,选中需要提取的波段(此处选择第四波段红波段),点击 OK。

④ 保存输出文件。在 Save File As Parameters 对话框中,Output Format 默认为 ENVI 格式,设置输出路径和文件名(Landsat8_OLI_multi_red. dat),选中 Display result,点击 OK 即可完成波段提取。

2. 波段叠加

本次实验以"Landsat8_OLI_multi. dat"数据的第二和第三波段以及上一节从 Landsat8_OLI_multi. dat 文件中提取的第四波段 Landsat8_OLI_multi_red. dat 文件为对象,介绍波段叠加过程。

① 打开图像。在菜单栏中,单击 File>Open,选择相应文件。

② 启动波段叠加功能。在工具箱中,选择 Raster Management > Layer Stacking,弹出 Layer Stacking Parameters 对话框(图 4.27),参数设置如下:

- Selected Files for Layer Stacking 窗口:显示输入数据。
- Import File...按钮:输入叠加波段。
- Reorder Files...按钮:调整输入波段的顺序。
- Delete 按钮:删除选中波段。
- Output File Range 选项:Inclusive:range encompasses all the files,即创建一个输出文件的地理范围包含所有输入文件范围,系统默认;Exclusive:range encompasses file overlap,创建一个输出文件的地理范围只包含所有输入文件的重叠部分。

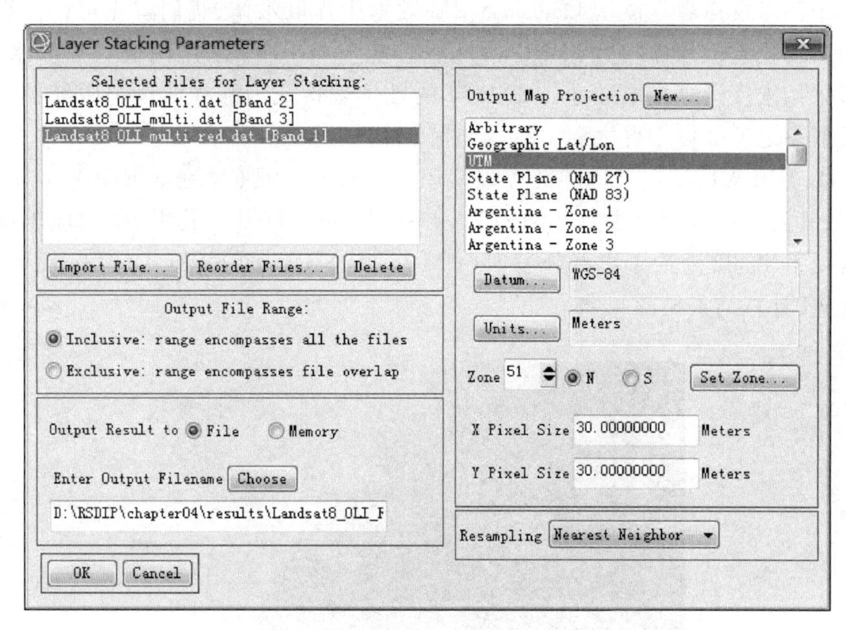

图 4.27　Layer Stacking Parameters 对话框

- Output Map Projection：输出图像的投影，可以通过“New...”按钮进行重定义。
- Datum...：投影基准面。
- Units...：图像空间分辨率的单位。
- Zone：图像所在投影坐标的条带号，文本框中数字为条带号，N 和 S 分别表示北半球和南半球。
- X Pixel Size，Y Pixel Size：图像的空间分辨率。

设置文件保存路径和文件名，点击 OK 即可完成波段叠加。

4.3　逻辑运算

逻辑运算又称布尔运算，逻辑常量只有两个，即 0 和 1，用来表示两个对立的逻辑状态“假”和“真”。逻辑变量与普通变量一样，可以用字母、符号、数字及其组合来表示，当进行逻辑运算时逻辑变量需先通过某种规则转换为逻辑常量。逻辑运算包括针对单幅图像的求反运算和针对两幅图像的与运算、或运算和异或运算共 4 种类型。

本次实验以“Landsat8_OLI_multi.dat”数据提取水体和陆地为例，介绍逻辑运算中的求反运算。欲从 Landsat 8 OLI 数据中提取水体,我们首先可以计算改进的归一化差值水体指数(MNDWI),然后基于 MNDWI 采用阈值法提取水体,最后采用求反运算提取陆地。MNDWI 的数学表达式为绿光波段与中红外波段的反射率之差除以二者之和。

① MNDWI 计算。MNDWI 可以采用波段运算工具(详见本书第 2.8 节)来实现,其波段运算表达式为:(B1-B2)/(B1+B2+0.000 1),其中 B1 对应于绿光波段反射率,B2 对应于中红外波段(即 Landsat 8 OLI 的 SWIR 1 波段)反射率。MNDWI 计算结果见图 4.28。

图 4.28　MNDWI 提取结果

② 水体提取。通过查看 MNDWI 数据的灰度直方图,并与 Landsat8_OLI_multi.dat 数据的真彩色合成图像进行目视比对,发现 MNDWI 大于 0.1 时全部为水体,因此水体提取仍采用波段运算工具来实现,其波段运算表达式为:B1 GT 0.1,其中 B1 对应于 MNDWI,GT 表示“大于”操作,即将 MNDWI 图像中大于 0.1 的像元赋值为 1,其余像元赋值为 0。此步操作相当于将逻辑变量 MNDWI 转换成了只具有 0 和 1 值的逻辑常量。水体提取结果见图 4.29(a)。

③ 陆地提取。陆地区域刚好是水体区域的补图像,因此可以对水体图像采用求反运算得到,其波段运算表达式为:~B1(B1 对应于水体图像,“~”表示求反运算)。陆地提取结果见图 4.29(b)。

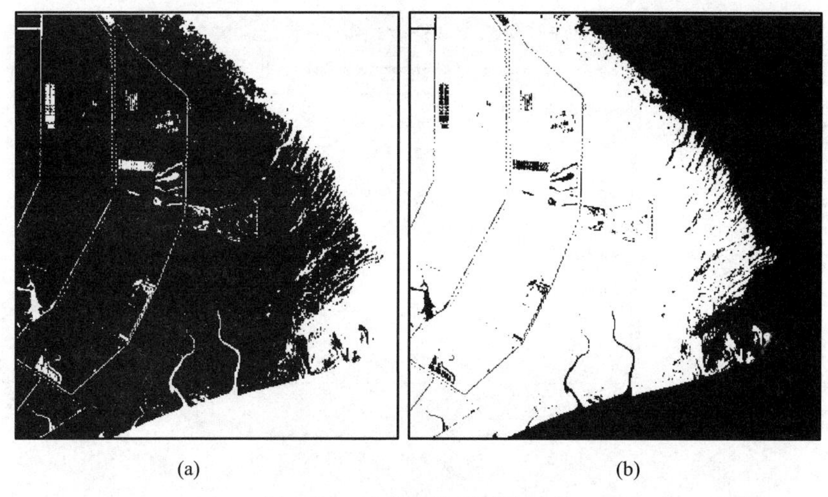

图 4.29　水体与陆地提取结果
(a) 水体;(b) 陆地

4.4　数学形态学操作

数学形态学是以形态为基础对图像进行分析的数学工具,其基本思想就是采用结构元素(structure element)对图像进行逻辑判断进而对图像进行各种运算,其基本运算包括腐蚀运算、膨胀运算、开运算和闭运算(基本原理详见朱文泉等编著的《遥感数字图像处理——原理与方法》第 3.4 节)。ENVI 软件提供的形态学运算功能与卷积运算在同一个功能窗口中,其操作步骤与卷积运算相似。本次实验以 Landsat8_OLI_b1.dat 为测试对象,其具体操作步骤如下。

① 打开图像。在菜单栏中,单击 File>Open,选择 Landsat8_OLI_b1.dat 文件。

② 打开形态学运算窗口。在工具箱中,选择 Filter>Convolutions and Morphology,打开 Convolutions and Morphology Tool 窗口(图 4.30)。

③ 对图像进行形态学运算。在 Convolutions and Morphology Tool 窗口中,点击 Morphology 按钮,提供 Erode、Dilate、Opening 和 Closing 4 种形态学运算算子,4 种算子的操作流程基本一致,这里以 Erode 为例,其参数设置如下(图 4.30)。

- Kernel Size:结构体大小,结构体的行列数均为大于 3 的奇数,这里默认为 3×3 的正方形结构体。
- Cycles:滤波器的迭代次数,此处取值为 1。
- Style:滤波器样式,Binary:输出图像为二值图像,像元呈现黑色或者白色;Gray:输出图像为灰度,该滤波器保留梯度;Value:表示允许对所选像元的结

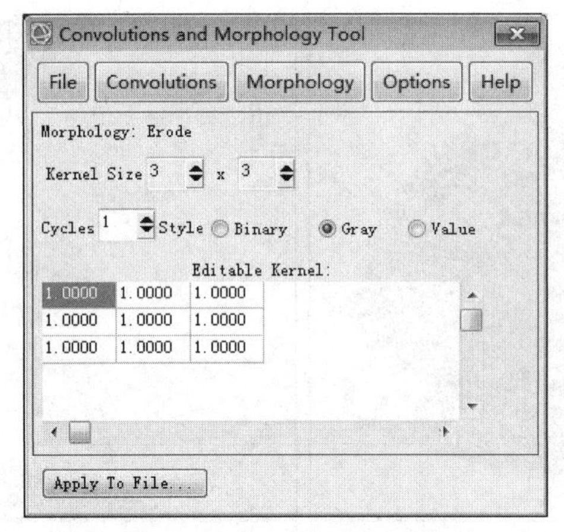

图 4.30 形态学滤波器设置窗口

构体值进行膨胀运算和腐蚀运算。本案例的原始图像为灰度图像，因此此处选择 Gray 样式。

设置完成后，点击 Apply To File...按钮，然后在 Morphology Input File 对话框中选择 Landsat8_OLI_b1.dat 文件，单击 OK；最后设置输出路径和文件名，点击 OK 即可。结果如图 4.31 所示，左边为原图，右边为腐蚀运算结果，显示效果均采用去极 2%线性拉伸。

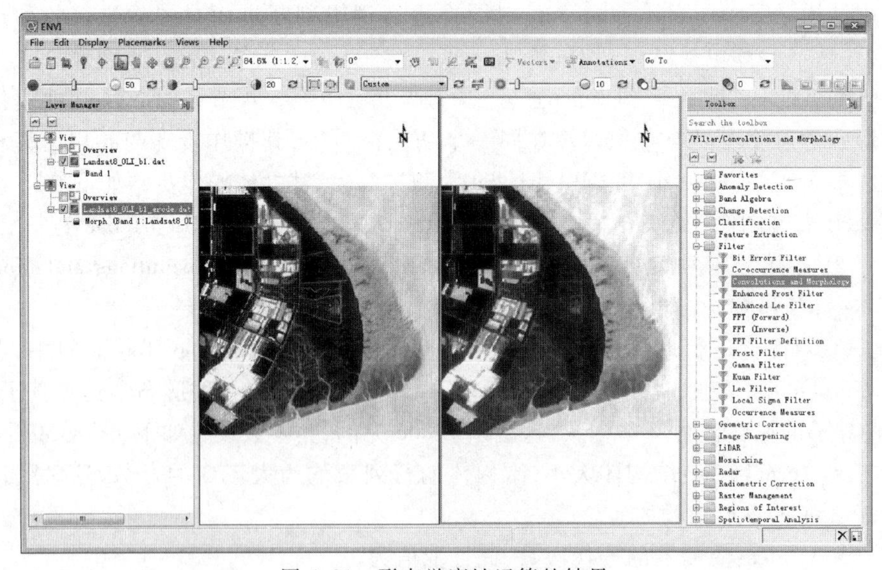

图 4.31 形态学腐蚀运算的结果

第 5 章　变换域处理方法

学习目标

通过对案例的实践操作,初步了解如何利用 ENVI+IDL 软件开展遥感数字图像变换域处理。

预备知识

遥感数字图像变换域处理

参考资料

朱文泉等编著的《遥感数字图像处理——原理与方法》第 4 章“变换域处理方法”

学习要点

主成分变换
最小噪声分离变换
缨帽变换
独立成分变换
傅里叶变换
小波变换
颜色空间变换

测试数据

数据目录:附带光盘下的 .. \chapter05\data\

文件名	说明
Landsat8_OLI_multi. dat	某地的 Landsat 8 OLI 多光谱图像,经过大气校正,灰度值为地表反射率,值被放大了 10 000 倍
Landsat5_TM_multi. dat	某地的 Landsat 5 TM 多光谱图像

电子补充材料

第 5 章变换域处理方法扩展阅读 . pdf:采用 IDL 程序实现小波变换处理过程。文档目录:数字课程资源(网址见“与本书配套的数字课程资源使用说明”)。

案例背景

变换域是相对于空间域而言的,其实质是同一数据在不同基向量下的表现形式,变换域处理方法就是对图像像元数据的空间表示 $f(x,y)$ 先进行某种变换,然后针对变换数据进行处理。常用的图像变换算法主要包括三大类:一是基于特征分析的变换,主要有主成分分析、最小噪声分离变换、缨帽变换和独立成分分析;二是频率域变换,常见的有傅里叶变换和小波变换;三是颜色空间变换。

5.1　主成分变换

主成分分析(principal component analysis,PCA)可以去除多光谱/高光谱图像波段之间的冗余信息,是将多波段的图像信息压缩到比原波段更有效的少数几个主成分的方法。一般情况下,第一主成分包含所有波段中 80%以上的方差信息,前三个主成分包含了 95%以上的信息量。主成分分析在遥感图像处理中主要用于图像压缩、图像去噪声、图像增强、图像融合、特征提取等环节。

主成分分析通常包括 3 个步骤:主成分正变换、对变换成分进行处理、对处理的结果进行主成分逆变换。对变换成分的处理通常为保留前几个信息量占 90%以上的主成分,再进行逆变换,这里就该操作进行演示。

1. 主成分正变换

使用主成分变换时,ENVI 可以通过计算新的统计值,或根据已经存在的统计值进行主成分正变换,具体操作过程如下:

① 打开图像文件。在菜单栏中,单击 File > Open,选择 Landsat8_OLI_multi. dat 文件,成功加载图像。

② 打开主成分变换工具。在工具箱中,选择 Transform > PCA Rotation > Forward PCA Rotation New Statistics and Rotate,弹出 Principal Components Input File 对话框(图 5.1),在 Select Input File 列表中选择待变换的图像 Landsat8_OLI_multi. dat 文件;此外,对话框中 Spatial Subset 按钮可定义进行变换的图像的范围(全部或部分),Spectral Subset 按钮可定义进行变换的图像波段,Select Mask Band 按钮可选择是否用掩膜和选择掩膜文件,本案例此处均不作设置。设置完毕后,单击 OK 即可出现 Forward PC Parameters 对话框(图 5.2)。

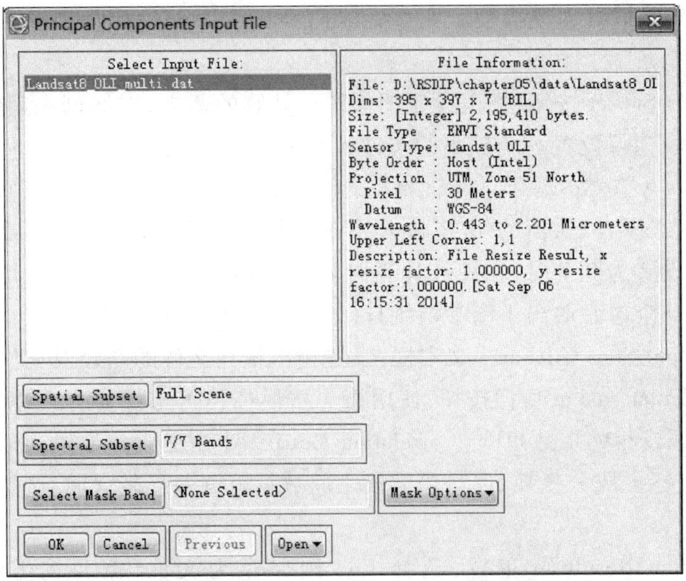

Principal Components Input File

Select Input File:

Landsat8_OLI_multi.dat

File Information:

File: D:\RSDIP\chapter05\data\Landsat8_OI
Dims: 395 x 397 x 7 [BIL]
Size: [Integer] 2,195,410 bytes.
File Type : ENVI Standard
Sensor Type: Landsat OLI
Byte Order : Host (Intel)
Projection : UTM, Zone 51 North
Pixel : 30 Meters
Datum : WGS-84
Wavelength : 0.443 to 2.201 Micrometers
Upper Left Corner: 1,1
Description: File Resize Result, x
resize factor: 1.000000, y resize
factor:1.000000. [Sat Sep 06
16:15:31 2014]

Spatial Subset　Full Scene

Spectral Subset　7/7 Bands

Select Mask Band　<None Selected>　Mask Options

OK　Cancel　Previous　Open

图 5.1　Principal Components Input File 对话框

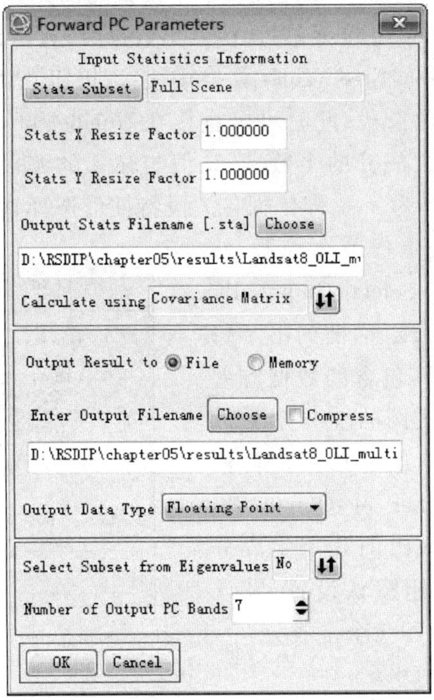

Forward PC Parameters

Input Statistics Information

Stats Subset　Full Scene

Stats X Resize Factor 1.000000

Stats Y Resize Factor 1.000000

Output Stats Filename [.sta] Choose

D:\RSDIP\chapter05\results\Landsat8_OLI_m

Calculate using Covariance Matrix

Output Result to File Memory

Enter Output Filename Choose Compress

D:\RSDIP\chapter05\results\Landsat8_OLI_multi

Output Data Type Floating Point

Select Subset from Eigenvalues No

Number of Output PC Bands 7

OK　Cancel

图 5.2　Forward PC Parameters 对话框

③ 设置主成分变换参数。在 Forward PC Parameters 对话框(图 5.2)中设置参数。

- Stats Subset 按钮:点击设置图像统计计算的范围,本案例采用默认值,如果图像太大,建议设置一个较小的统计计算范围。

- Stats X/Y Resize Factor 文本框:输入≤1 的调整系数,用于计算统计值时的数据二次采样,默认值为 1;当输入小于 1 的调整系数时,将会提高统计计算速度,例如设置为 0.1 时,在统计计算时将只用到十分之一的像元,即在行列方向上每隔 10 个像元取出 1 个参与统计。

- Output Stats Filename 文本框:设置输出统计文件的路径及文件名。

- Calculate using 切换按钮:使用箭头切换按钮可选择协方差矩阵(Covariance Matrix)或相关系数矩阵(Correlation Matrix)计算主成分波段。通常选择协方差矩阵进行主成分变换,但是当波段之间数据范围差异较大时,则选择相关系数矩阵。

- Output Result to 单选:选择 File 则保存为文件,需要在 Enter Output Filename 文本框中输入路径;选择 Memory 则将结果临时存储在缓存中。此处选择 File,并在 Enter Output Filename 文本框中设置输出路径及文件名。

- Output Data Type 下拉菜单:选择输出数据类型,默认选择 Floating Point。

- Select Subset from Eigenvalues 切换按钮:该按钮默认为 No,即不依据各主成分的特征值选择输出波段,此时可以直接在 Number of Output PC Bands 文本框中选择输出前几个主成分的个数,默认值与输入的波段个数相同(如本案例均为 7);如果此处选择为 Yes,即依据各波段特征值选择输出波段,此时 Number of Output PC Bands 文本框就会隐藏,然后点击 OK 则弹出 Select Output PC Bands 对话框(图 5.3),对话框列出了每个主成分的特征值及其包含的数据方差的累计百分比(如本案例的前三个主成分包括了 99.56% 的信息量),用户可依据以上信息在 Number of Output PC Bands 文本框中选择输出前几个主成分波段。本案例此处采用默认设置,默认选择输出所有主成分(即 7 个主成分)。

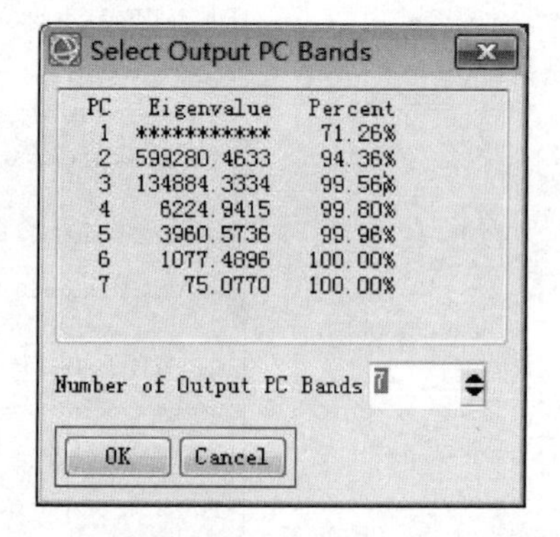

图 5.3　Select Output PC Bands 对话框

设置完成后,单击 OK。

处理完毕后将出现 PC Eigenvalues 绘图窗口(图 5.4),上面绘出了各主成分特征值的折线图,可以看到前三个主成分具有较大的特征值,并且第一主成分会自动加载到 ENVI 视图窗口(图 5.5)。读者可以进一步查看各分量图像及各分量组合的假彩色图像,以检验主成分变换前后的变化。

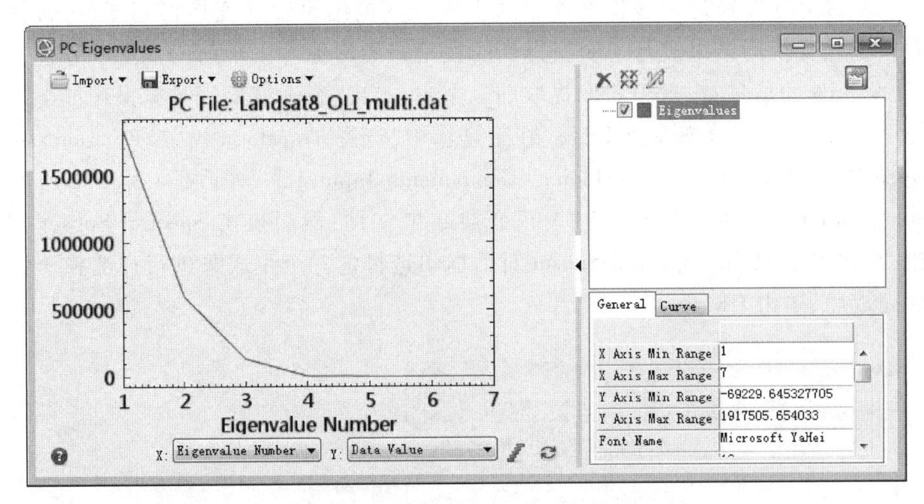

图 5.4　PC Eigenvalues 窗口

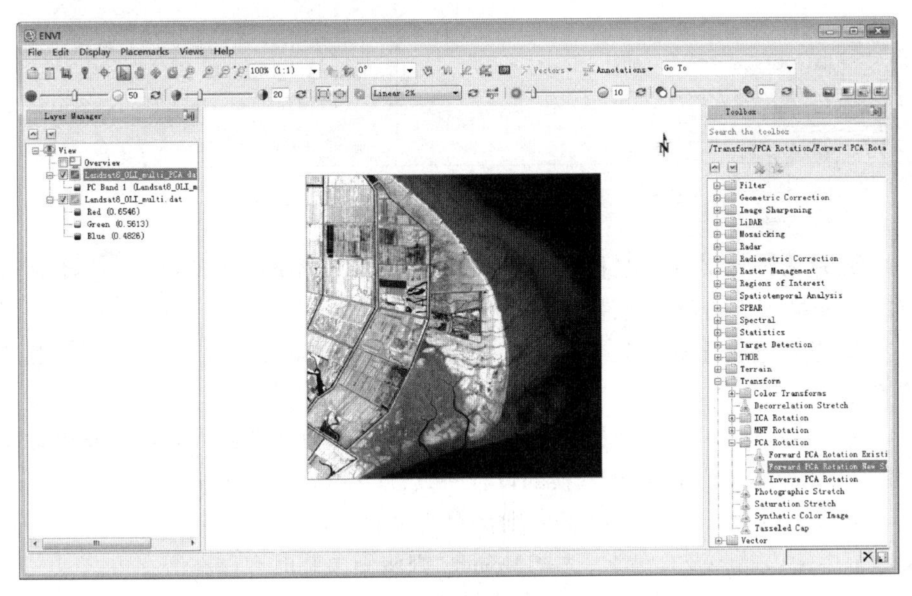

图 5.5　加载第一主成分的 ENVI 界面

此外,在工具箱中选择 Statistics>View Statistics File,打开前面主成分变换得到的统计文件(*.sta),可以浏览各个波段的基本统计值、协方差矩阵、相关系数矩阵和特征向量矩阵。

2. 主成分逆变换

主成分逆变换通常是将处理后的主成分变换结果经逆变换得到图像,直接对主成分变换的结果进行逆变换得到的就是原始图像。由于前三个主成分包含了 99.56%的信息量,这里我们提取前三个主成分进行逆变换。具体操作如下。

① 打开主成分逆变换工具。在工具箱中,选择 Transform>PCA Rotation>Inverse PCA Rotation,打开 Principal Components Input File 对话框(图 5.6),在 Select Input File 列表里选择 PCA 正变换结果文件;然后点击 Spectral Subset 按钮,在弹出来的 File Spectral Subset 对话框中选择前三个主成分进行逆变换。设置完成后,单击 OK。

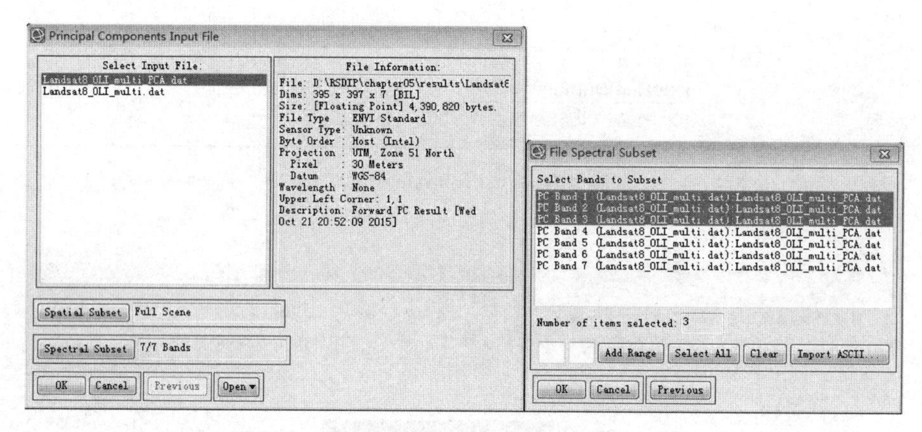

图 5.6 Principal Components Input File 对话框

② 输入统计文件。在打开的 Enter Statistics Filename 对话框中,选择前面 PCA 正变换生成的统计文件(*.sta),单击 OK。

③ 设置主成分逆变换参数。在 Inverse PC Parameters 对话框(图 5.7)中设置参数。

• Calculate using 切换按钮:使用箭头切换按钮可选择协方差矩阵或相关系数矩阵,此处选择与 PCA 正变换的设置一致,即 Covariance Matrix。

• Output Result to:选择 File 则保存为文件,需要在 Enter Output Filename 文本框中输入路径及文件名;选择 Memory 则将结果临时存储在缓存中。

• Output Data Type 下拉菜单:选择输出数据类型,一般情况下选择 Floating Point。

设置完成后,单击 OK 执行 PCA 逆变换。

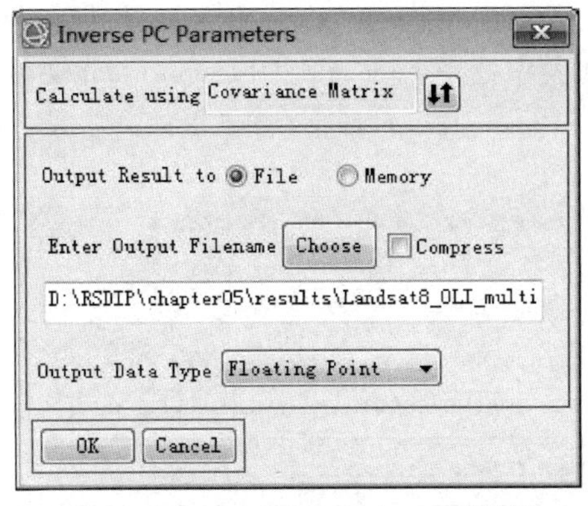

图 5.7　Inverse PC Parameters 对话框

5.2　最小噪声分离变换

最小噪声分离(minimum noise fraction,MNF)可将一幅多波段图像的主要信息集中在前几个分量中,它是一种线性变换,本质上是两次叠加的主成分分析,它与主成分变换的区别主要在于主成分变换后的各分量是按方差大小排列,而最小噪声分离变换后的各分量是按信噪比排列。与主成分变换的功能相似,最小噪声分离变换在遥感图像处理中也主要用于图像压缩、图像去噪声、图像增强、图像融合、特征提取等环节。

最小噪声分离变换通常包括 3 个步骤:最小噪声分离正变换、对变换成分进行处理、对处理后的结果进行最小噪声分离逆变换。其中对变换成分的处理通常为去除噪声后再进行逆变换,相关内容可借鉴本书第 8.2.3 节相关内容,此处仅就最小噪声分离的正变换和逆变换的操作流程进行说明。此外,ENVI 软件还提供依据 MNF 变换统计文件对光谱曲线进行最小噪声分离的正变换和逆变换。

1. 最小噪声分离正变换

MNF 变换产生两个统计文件:MNF 噪声统计(MNF noise statistics)和 MNF 统计(MNF statistics)。计算噪声最常用的方式是从输入数据中估计噪声,也可以使用以前计算的噪声统计文件,另外,还可以使用与数据相关的“黑暗图像”(dark image)进行噪声统计。下面我们介绍从输入数据中估计噪声的 MNF 变换操作过程。

① 打开图像文件。在菜单栏中,单击 File > Open,选择 Landsat8_OLI_multi.dat 文件,则成功加载图像。

② 打开最小噪声分离变换工具。在工具箱中,选择 Transform>MNF Rotation>

Forward MNF Estimate Noise Statistics。在弹出的 MNF Transform Input File 对话框的 Select Input File 列表中选择 Landsat8_OLI_multi. dat 文件,单击 OK 即可弹出 Forward MNF Rotation Parameters 对话框(图 5.8)。

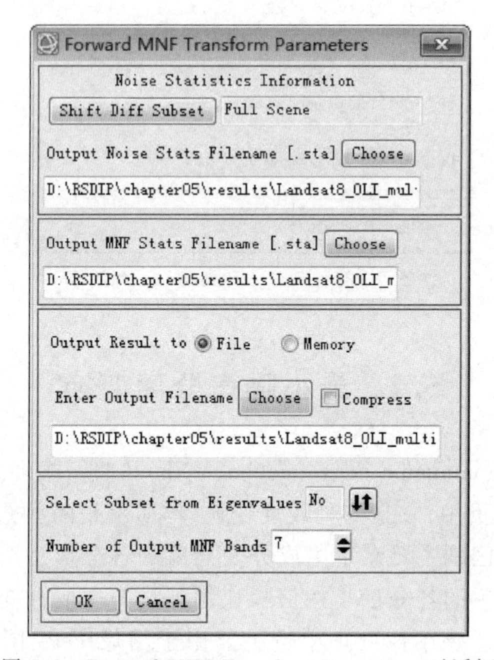

图 5.8　Forward MNF Transform Parameters 对话框

③ 设置最小噪声分离变换参数。在 Forward MNF Transform Parameters 对话框(图 5.8)中设置参数。

- Shift Diff Subset 按钮:选择用于计算统计信息的空间子集,本案例采用默认设置。
- Output Noise Stats Filename[*.sta]:输出噪声统计文件。
- Output Stats Filename[*.sta]:输出 MNF 统计文件(逆变换中需要)。
- Output Result to:选择 File 则保存为文件,需要在 Enter Output Filename 文本框中输入路径及文件名;选择 Memory 则将结果临时存储在缓存中。
- Select Subset from Eigenvalues:该按钮默认为 No,即不依据各分量的特征值选择输出波段,此时可直接在 Number of Output MNF Bands 文本框中选择输出前几个分量的个数,默认值与输入的波段个数相同(如本案例均为 7);如果此处选择为 Yes,即依据各波段特征值选择输出波段,此时 Number of Output MNF Bands 文本框就会隐藏,然后点击 OK 则弹出 Select Output PC Bands 对话框(图 5.9),对话框列出了每个分量的特征值及其包含的数据方差的累计百分比,用户可依据以上信息在 Number of Output PC Bands 文本框中选择输出前几个分量波段。此处不作设置,默认选择输出所有分量。

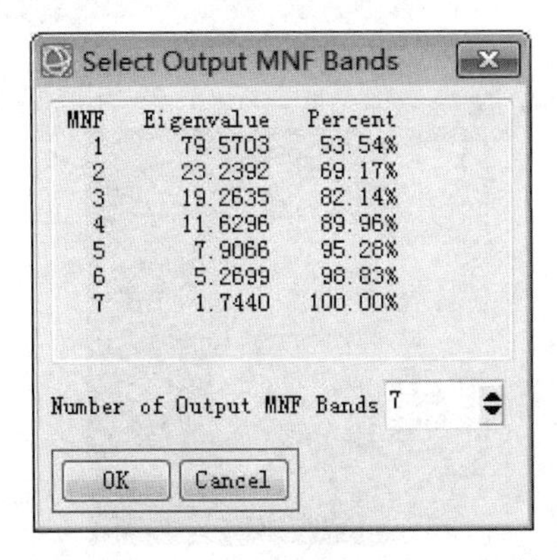

图 5.9　Select Output MNF Bands 对话框

设置完成后,单击 OK。

处理完毕后将出现 MNF Eigenvalues 绘图窗口(图 5.10),第一个分量会自动加载到 ENVI 视图窗口(图 5.11)。读者可以进一步查看各分量图像以及各分量组合的假彩色图像,以检验最小噪声分离变换前后的变化。

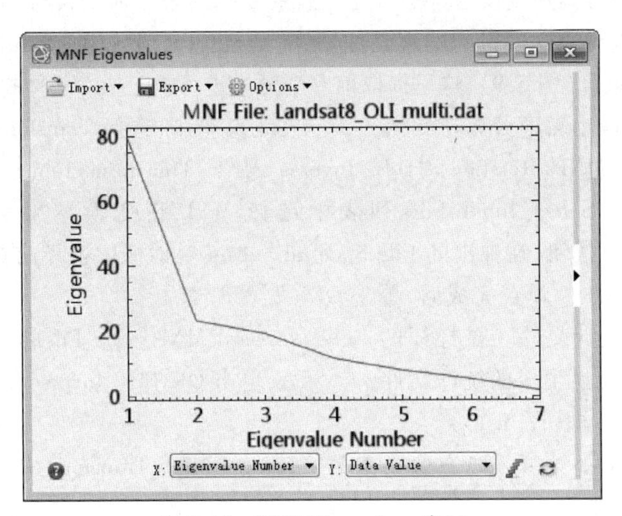

图 5.10　MNF Eigenvalues 窗口

如果使用以前计算的噪声统计文件(Forward MNF Previous Noise Statistics)或者使用数据相关的"黑暗图像"(Forward MNF Noise Statistics form Dark Data)进行噪声统计,除了要额外输入噪声统计文件和"黑暗图像"文件外,其他步骤类似。

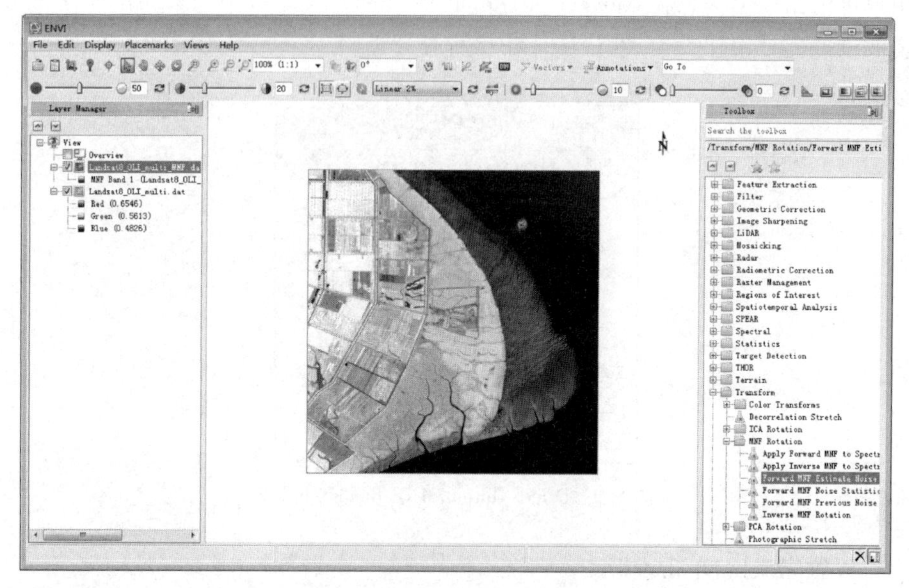

图 5.11　MNF 变换后第一分量

2. 最小噪声分离逆变换

最小噪声分离逆变换通常是将处理后的变换结果经逆变换得到图像，直接对变换的结果进行逆变换得到的就是原始图像。由于本案例的前 6 个分量包括了 98.83%的信息量（图 5.9），这里提取前 6 个分量进行逆变换。具体操作如下：

① 打开最小噪声分离逆变换工具。在工具箱中，选择 Transform>MNF Rotation>Inverse MNF Rotation，打开 Inverse MNF Transform Input File 对话框（图 5.12）；在 Select Input File 列表中选择 MNF 正变换结果文件，并点击 Spectral Subset 按钮，在弹出的 File Spectral Subset 对话框中选择前 6 个波段进行逆变换，点击 OK。设置完成后，单击 OK。

② 输入统计文件。在打开的 Enter Forward MNF Stats Filename 对话框中，选择 MNF 正变换生成的统计文件（ *. sta），单击 OK 弹出 Inverse MNF Transform Parameters 对话框（图 5.13）。

③ 设置最小噪声分离逆变换参数。Inverse MNF Transform Parameters 对话框中参数设置如下。

- Output Result to：选择 File 则保存为文件，需要在 Enter Output Filename 文本框中输入路径；选择 Memory 则将结果临时存储在缓存中。
- Output Data Type 下拉菜单：选择输出数据类型，一般情况下选择 Floating Point。

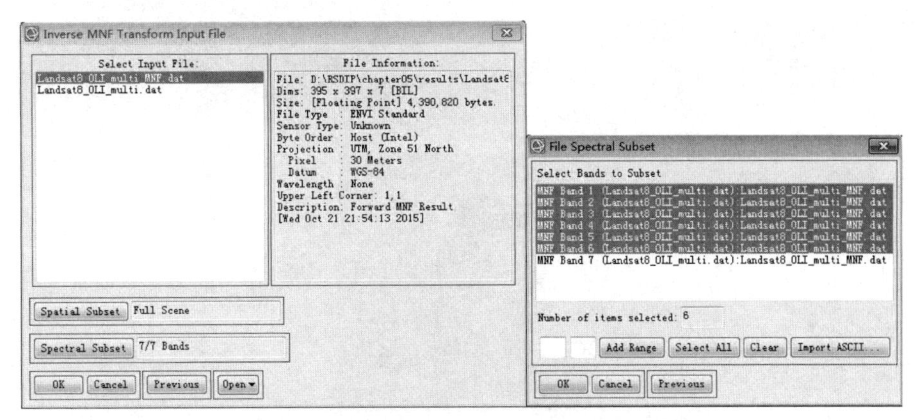

图 5.12　Inverse MNF Transform Input File 对话框

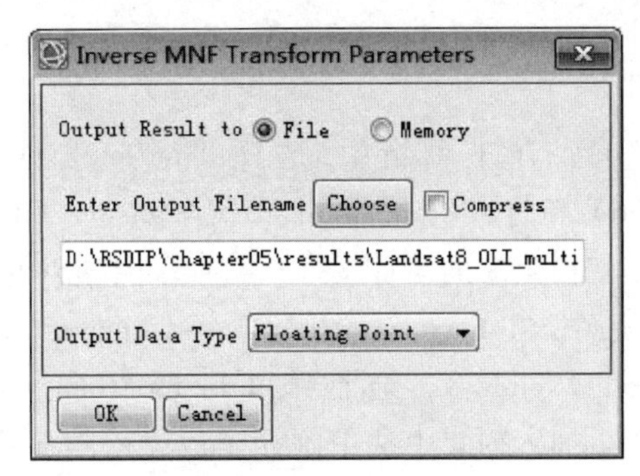

图 5.13　Inverse MNF Transform Parameters 对话框

设置完成后,单击 OK 执行 MNF 逆变换。

3. 光谱曲线最小噪声分离变换

ENVI 软件提供依据 MNF 变换统计文件对光谱曲线进行最小噪声分离的正变换和逆变换。这里需要注意,光谱曲线的 Y 轴数值范围要求与 MNF 变换文件的像元值范围一致,否则可利用 Band Math 或 Spectral Math 进行转换。另外,由于光谱曲线输入方式和类型较多,此处只是简单展示其功能,故采用最简便的从图形窗口输入的方式进行说明。该操作以 Landsat8_OLI_multi. dat 和前面最小噪声分离变换生成的统计文件(* . sta)为实验对象。

① 打开图像文件。在菜单栏中,单击 File > Open,选择 Landsat8_OLI_multi. dat 文件,则成功加载图像。

② 提取像元光谱剖面。在工具栏中,点击光谱剖面按钮,则在图像窗口出现一个光标,同时弹出 Spectral Profile 窗口(图 5.14),即光标点所在位置处像元的光谱剖面图,可拖动光标获取不同位置的光谱剖面图。

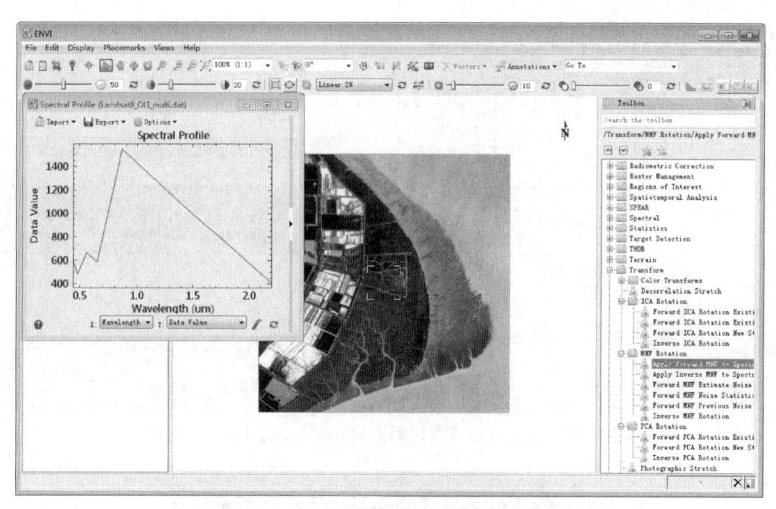

图 5.14　生成像元光谱剖面界面

③ 启动变换工具。在工具箱中，选择 Transform > MNF Rotation > Apply Forward MNF to Spectra，在打开的 Forward MNF Statistics Filename 对话框中，选择前面最小噪声分离变换生成的统计文件(* . sta)，单击 OK。

④ 输入光谱曲线图。在 Forward MNF Convert Spectra 对话框(图 5.15)中，点击 Import>from Plot Windows...，继而弹出 Import from Plot Windows 对话框(图 5.16)，在 Select Spectra 列表中选中刚才生成光谱剖面图，点击 OK，则该光谱曲线被导入(图 5.16)。

图 5.15　Forward MNF Convert Spectra 对话框

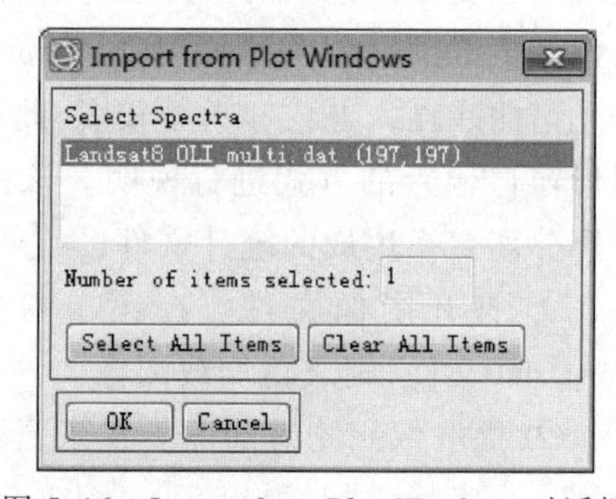

图 5.16　Import from Plot Windows 对话框

⑤ 执行 MNF 转换。在 Forward MNF Convert Spectra 对话框中,点击 Apply 即可生成 MNF 变换后的曲线图(图 5.17)。

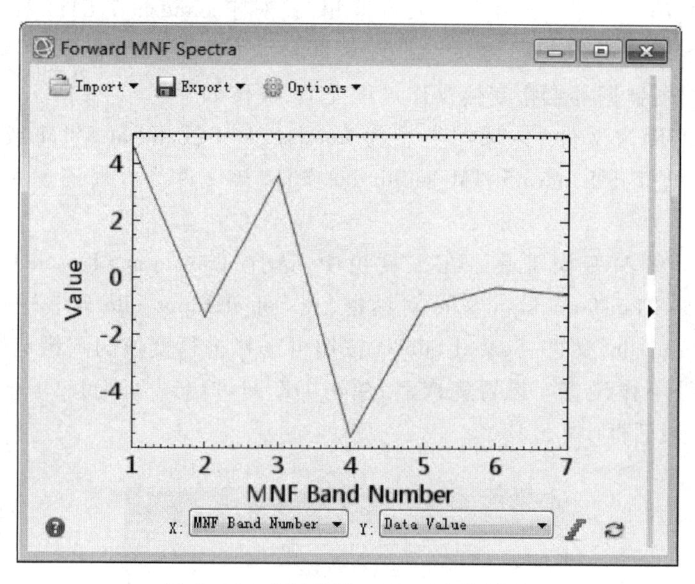

图 5.17 光谱曲线 MNF 正变换结果

Apply Inverse MNF to Spectra 工具可将 MNF 光谱变换回原始光谱空间,操作过程与 Apply Forward MNF to Spectra 类似,此处不再赘述。

5.3 缨帽变换

缨帽变换(tasseled cap transformation)是一种基于图像物理特征的固定转换。缨帽变换实际上是一种特殊的主成分变换,但与主成分分析不同,缨帽变换后的坐标轴不是指向主成分方向,而是指向与地面景物有密切关系的方向,特别是与植物生长过程和土壤有关,因此缨帽变换主要用于特征提取,另外,它也可用于图像压缩、图像增强和图像融合。缨帽变换对于同一传感器的遥感数据,转换系数是固定的,因此它独立于单幅图像,不同图像产生的结果可以进行比较(例如,同一传感器不同图像产生的土壤亮度和绿度可以相互比较)。

1. 软件自带传感器转换系数数据的缨帽变换

ENVI 软件对 Landsat MSS、Landsat 5 TM 和 Landsat 7 ETM 等传感器数据封装了缨帽变换的转换系数。对于 Landsat MSS 数据,缨帽变换后的数据含有 4 个成分:土壤亮度指数 SBI、绿度植被指数 GVI、黄度指数 YVI 和与大气影响密切相关的 non-such 指数 NSI(主要为噪声);对于 Landsat 5 TM 数据,缨帽变换结果由3 个因子组成:亮度、绿度和第三分量,其中亮度和绿度相当于 MSS 缨帽变换的 SBI 和 GVI,第三分量与土壤特征及湿度相关;对于 Landsat 7 ETM 数据,缨帽变换后输出 6 个成分:亮度、绿度、湿度、第四分量(噪声)、第五分量、第六分量。这三种传感器数据的缨帽变换操作过程类似,具体如下。

① 打开图像文件(传感器类型为 Landsat MSS、Landsat 5 TM 或 Landsat 7 ETM)。这里打开 Landsat5_TM_multi. dat 文件,该文件为大气校正后的 Landsat 5 TM 图像。

② 打开缨帽变换工具。在工具箱中,选择 Transform > Tasseled Cap,弹出 Tasseled Cap Transform Input File 对话框,在 Select Input File 列表中选择 Landsat5_TM_multi. dat 文件,Spatial Subset 按钮可选择进行变换的图像范围(全部或部分),此处不作设置。设置完成后,单击 OK 即可出现 Tasseled Cap Transform Parameters 对话框(图 5. 18)。

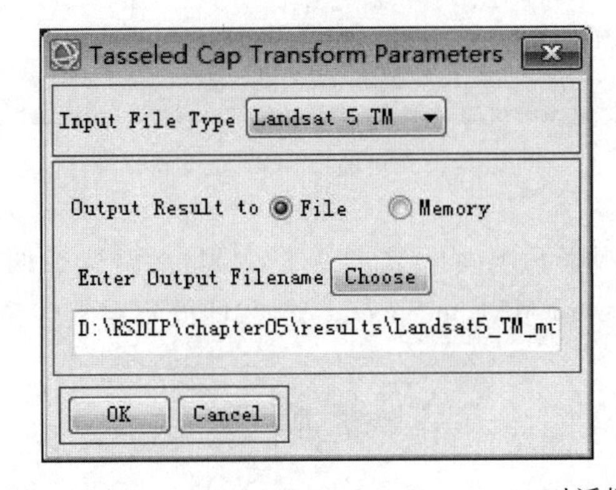

图 5. 18　Tasseled Cap Transform Parameters 对话框

③ Tasseled Cap Transform Parameters 对话框参数设置。

- Input File Type 下拉菜单:选择相应的数据传感器类型,可供选择的类型包括 Landsat MSS、Landsat 5 TM 或 Landsat 7 ETM。此处选择 Landsat 5 TM。
- Output Result to:选择 File 则保存为文件,需要在 Enter Output Filename 文本框中输入路径及文件名;选择 Memory 则将结果临时存储在缓存中。

设置完成后,单击 OK。图 5. 19 展示了以红(亮度)、绿(绿度)、蓝(第三分量)方式显示的前三个分量。

2. 软件无传感器转换系数数据的缨帽变换

ENVI 5. 2. 1 软件目前只提供 Landsat MSS、Landsat 5 TM 或 Landsat 7 ETM 三种传感器数据的缨帽变换,我们可根据《遥感数字图像处理——原理与方法》一书中给

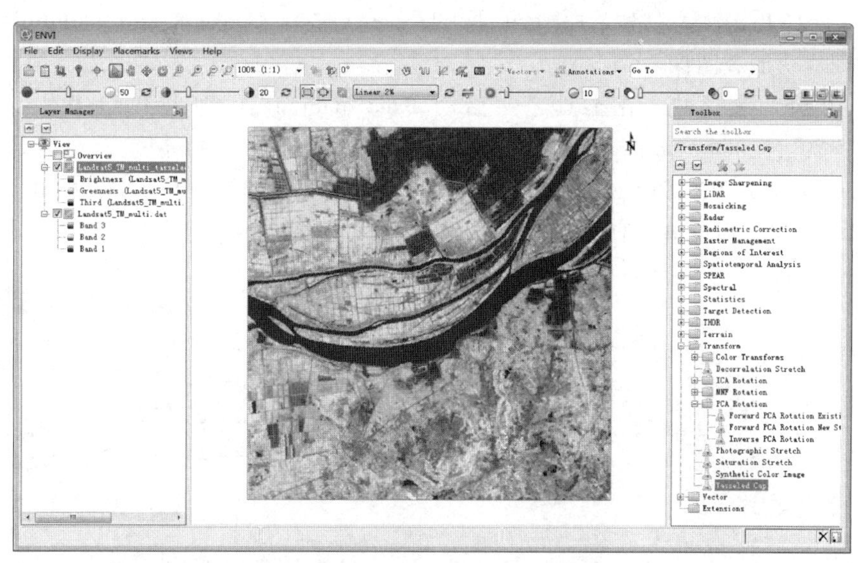

图 5.19　Tasseled Cap 变换后前三个分量彩色显示效果

出的 Landsat 8 OLI 缨帽变换参数,利用波段运算(Band Math)工具进行缨帽变换,各分量的变换表达式如表 5.1 所示。由于各分量操作步骤类似,只是在 Band Math 对话框中输入的表达式不同,此处仅以提取亮度分量为例说明其具体操作。

表 5.1　Landsat 8 OLI 缨帽变换各分量表达式

分量	表达式
亮度分量	0.302 9 * B2+0.278 6 * B3+0.473 3 * B4+0.559 9 * B5+0.508 * B6+0.187 2 * B7
绿度分量	-0.294 1 * B2-0.243 * B3-0.542 4 * B4+0.727 6 * B5+0.071 3 * B6-0.160 8 * B7
湿度分量	0.151 1 * B2+0.197 3 * B3+0.328 3 * B4+0.340 7 * B5-0.711 7 * B6-0.455 9 * B7
第四分量	-0.823 9 * B2+0.084 9 * B3+0.439 6 * B4-0.058 * B5+0.201 3 * B6-0.277 3 * B7
第五分量	-0.329 4 * B2+0.055 7 * B3+0.105 6 * B4+0.185 5 * B5-0.434 9 * B6+0.808 5 * B7
第六分量	0.107 9 * B2-0.902 3 * B3+0.411 9 * B4+0.057 5 * B5-0.025 9 * B6+0.025 2 * B7

① 打开文件。在菜单栏中，单击 File>Open，选择 Landsat8_OLI_multi. dat 文件，则成功加载图像。

② 输入表达式。在工具箱中启动 Band Math 工具，弹出 Band Math 窗口(图 5.20)，在 Enter an expression 文本框中输入表 5.1 中列出的亮度分量计算公式“0.302 9 * B2+0.278 6 * B3+0.473 3 * B4+0.559 9 * B5+0.508 * B6+0.187 2 * B7”，单击 Add to List 后再单击 OK，弹出 Variables to Bands Pairings 对话框(图 5.21)。

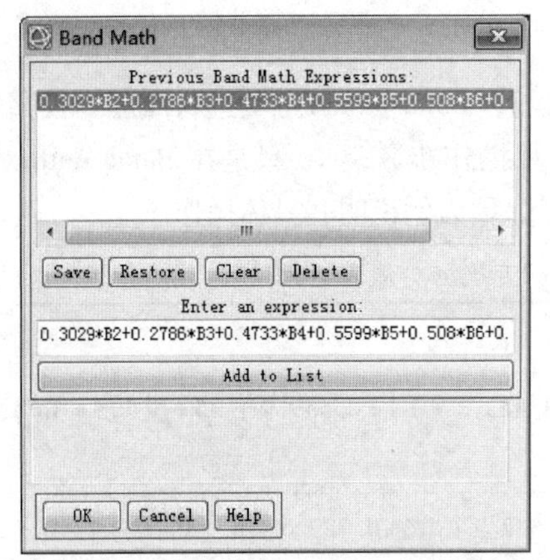

图 5.20 Band Math 对话框(计算亮度分量)

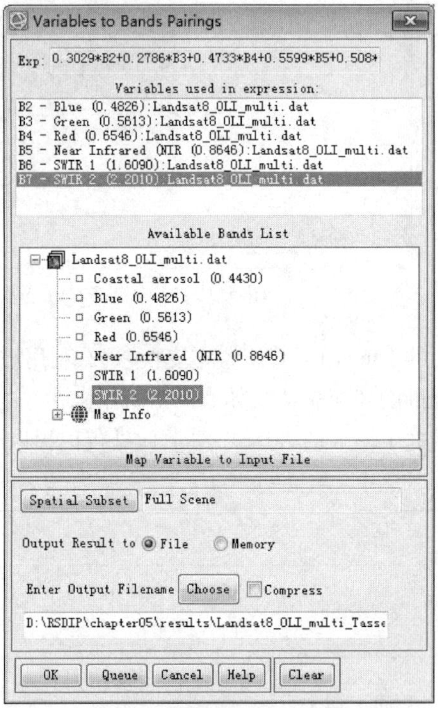

图 5.21 Variable to Bands Pairings 对话框

③ 选取表达式中每个变量对应的波段。在 Variables to Bands Pairings 对话框中(图 5.21)，关联 Variables used in expression 中的变量与 Available Bands List 中的波段。其中 B2 对应第二波段(Blue)，B3 对应第三波段(Green)，B4 对应第四波段(Red)，B5 对应第五波段(NIR)，B6 对应第六波段(SWIR1)，B7 对应第七波段(SWIR2)。选择输出路径，单击 OK，得到该分量结果(图 5.22)。读者可以进一步尝试对其他分量的计算，并查看各分量图像以及各分量组合的假彩色图像，以及缨帽变换前后的变化。

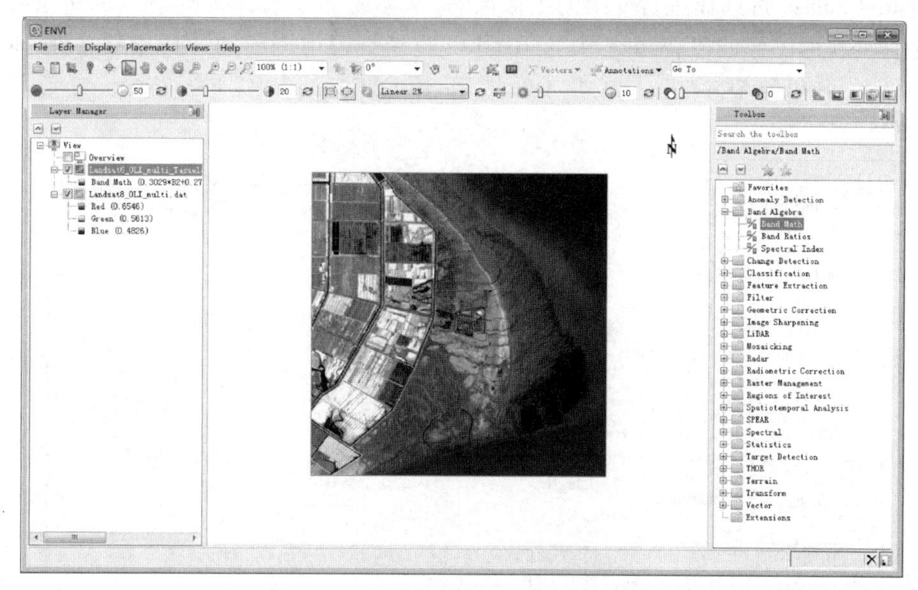

图 5.22 缨帽变换后的亮度分量效果

5.4 独立成分变换

独立成分变换(independent component analysis,ICA)可将多光谱/高光谱数据转换成相互独立的部分(即去相关),既可用来发现和分离图像中隐藏的噪声,也可用于图像降维、异常检测、数据融合等。独立成分分析通常包括3个步骤:独立成分正变换、对变换成分进行处理、对处理的结果进行独立成分逆变换。对变换成分的处理通常为去除噪声,然后再进行逆变换,具体可参考本书第8.2.3节相关内容,此处仅就独立成分的正变换和逆变换的操作流程进行说明。

1. 独立成分正变换

使用独立成分变换时,ENVI可以通过计算新的统计值,或根据已经存在的统计值进行独立成分正变换,具体操作过程如下。

① 打开图像文件。在菜单栏中,单击 File>Open,选择 Landsat8_OLI_multi.dat 文件,则成功加载图像。

② 打开独立成分变换工具。在工具箱中,选择 Transform>ICA Rotation>Forward ICA Rotation New Statistics and Rotate,弹出 Independent Components Input File 对话框。在 Select Input File 列表中选择 Landsat8_OLI_multi.dat 文件;另外,

Spatial Subset 可选择进行变换的图像范围(全部或部分),Spectral Subset 可选择进行变换的图像波段,Select Mask Band 可选择是否用掩膜和选择掩膜文件,本案例均采用默认设置。单击 OK 即可出现 Forward IC Parameters 对话框(图 5.23)。

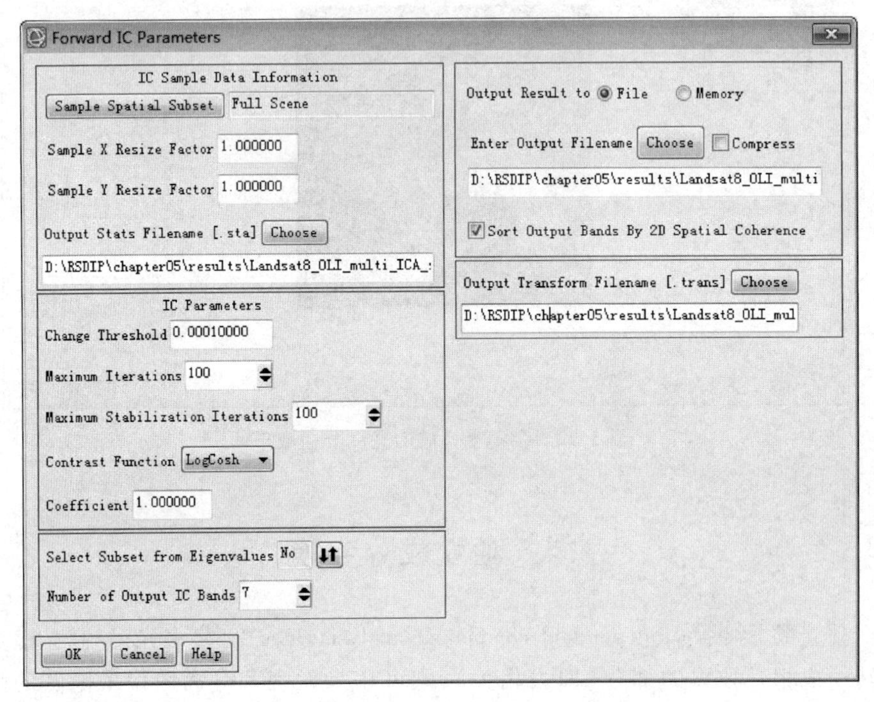

图 5.23 Forward IC Parameters 对话框

③ 设置独立成分变换参数。在 Forward IC Parameters 对话框中设置参数。

- Sample Spatial Subset:点击设置用于统计计算的图像范围,本案例采用默认设置,如果图像范围很大,建议设置一个较小的图像范围。

- Sample X/Y Resize Factor 文本框:输入≤1 的调整系数,用于计算统计值时的数据二次采样,默认值为 1;当输入小于 1 的调整系数时,将会提高统计计算速度,例如设置为 0.1 时,在统计计算时将只用到十分之一的像元。

- Output Stats Filename 文本框:输入输出统计文件的路径及文件名。

- Change Threshold 文本框:变化阈值,如果独立成分变化范围小于该阈值,就退出迭代,阈值范围为 10^{-8}—10^{-4},值越小,得到的结果越好,但计算量会增加。默认为 0.000 1(即 10^{-4})。

- Maximum Iterations 文本框:最大迭代次数,最小值为 100,值越大,得到的结果越好,但计算量会增加。默认值为 100。

- Maximum Stabilization Iterations 文本框:最大稳定性迭代次数,当达到最大迭代次数仍不收敛的情况,运行 stabilized fixed-point 算法优化结果,最小值为 0,值越大结果越好。默认值为 100。

- Contrast Function 下拉菜单:对比度函数,提供:LogCosh、Kurtosis 和 Gaussian 三个函数。软件默认为 LogCosh 函数,该函数需要在 Coefficient 中设置一个系数,范围为 1.0—2.0。

- Select Subset from Eigenvalues 切换按钮:该按钮默认为 No,即不依据各主成分的特征值选择输出波段,此时可以直接在其下方的 Number of Output IC Bands 文本框中选择输出前几个分量的个数,默认值与输入的波段个数相同(如本案例均为 7);如果此处选择为 Yes,即依据各波段特征值选择输出分量,此时 Number of Output IC Bands 文本框就会隐藏,然后点击 OK 则弹出 Select Number of Output Bands 对话框(图 5.24),对话框列出了每个分量的特征值及其包含的数据方差的累计百分比,用户可依据以上信息在 Number of Output IC Bands 文本框中选择输出前几个分量。本案例此处采用默认设置,即选择输出所有分量。

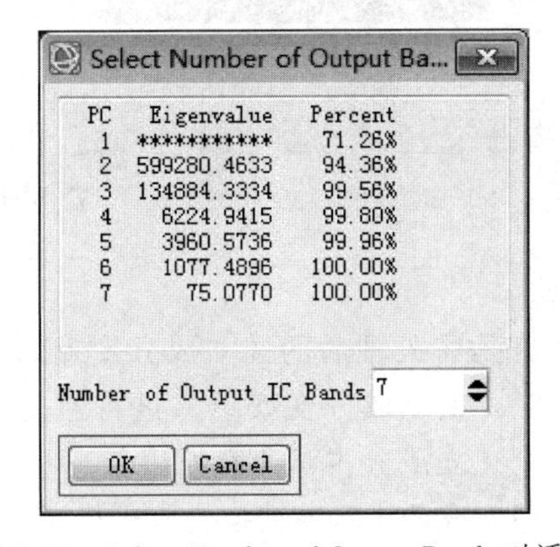

图 5.24 Select Number of Output Bands 对话框

- Output Result to 单选:选择 File 则保存为文件,需要在 Enter Output Filename 文本框中输入路径及文件名;选择 Memory 则将结果临时存储在缓存中。

- Sort Output Bands by 2D Spatial Coherence 复选框:选中可让噪声波段不出现在第一个独立成分中,此处选中。

- Output Transform Filename 文本框:设置转换特征系数的输出路径及文件名,该文件可用在类似图像中,在 ICA 逆变换中也需要该文件。

设置完成后，单击 OK。

处理完成后，第一个独立成分会自动加载到 ENVI 视图窗口（图 5.25），读者可以进一步查看各分量图像以及各分量组合的假彩色图像，以检验独立成分变换前后的变化。

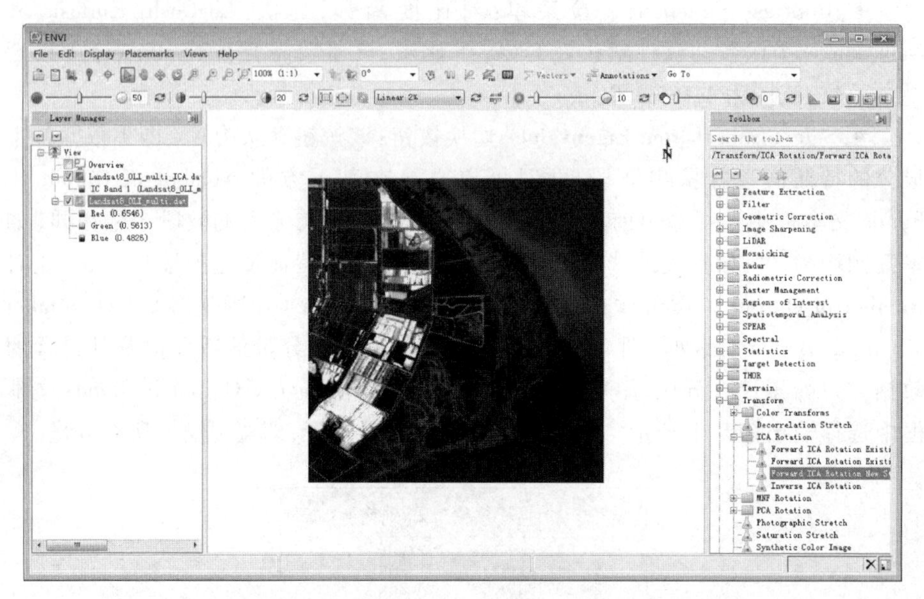

图 5.25　加载第一个独立成分的 ENVI 界面

2. 独立成分逆变换

独立成分逆变换通常是将处理后的独立成分变换结果经逆变换得到图像（如去除噪声分量），直接对独立成分变换结果进行逆变换得到的就是原始图像。由于本案例的前三个独立成分占了所有波段信息量的 99.56%（图 5.24），这里我们以提取前三个独立成分进行逆变换为例进行操作，具体如下。

① 打开独立成分逆变换工具。在工具箱中，选择 Transform>ICA Rotation>Inverse ICA Rotation，打开 Inverse Independent Components Input File 对话框（图 5.26）。在 Select Input File 列表中选择 ICA 正变换结果文件，并点击 Spectral Subset 按钮，在弹出的 File Spectral Subset 对话框中选择前三个独立成分进行逆变换点击 OK。设置完成后，单击 OK。

② 输入变换文件。在打开的 Enter Transform Filename 对话框中，选择 ICA 生成的变换文件（ * . trans），单击 OK。

③ 设置独立成分逆变换参数。在 Inverse IC Parameters 对话框（图 5.27）中设置参数。

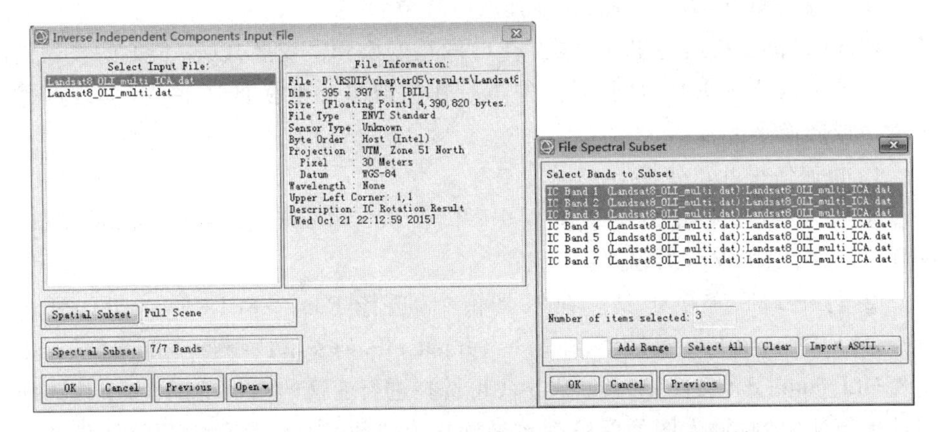

图 5.26 Inverse Independent Components Input File 对话框

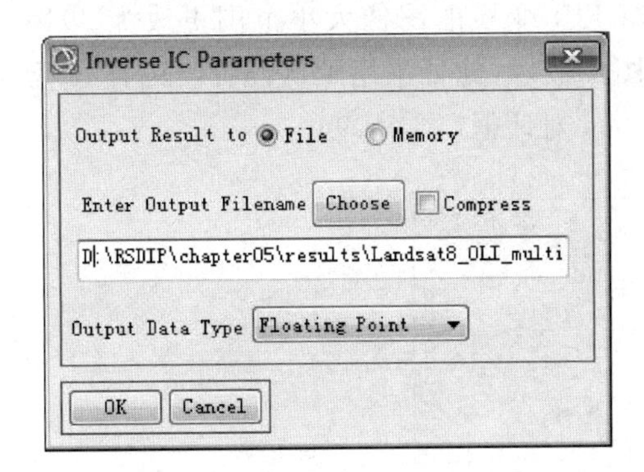

图 5.27 Inverse IC Parameters 对话框

- Output Result to：选择 File 则保存为文件，需要在 Enter Output Filename 文本框中输入路径及文件名；选择 Memory 则将结果临时存储在缓存中。
- Output Data Type 下拉菜单：选择输出数据类型，通常选择 Floating Point。

设置完成后，单击 OK 执行 ICA 逆变换。读者可以进一步用两个视图窗口比较独立成分变换前后的两幅图像，检查并分析其变化。

5.5 傅里叶变换

傅里叶变换是先将图像从空间域转换到频率域，然后在频率域对频谱图像进行滤波、掩膜等操作，以减少或消除部分高频或低频成分，最后通过傅里叶逆变换将频率域的频谱图像转换到空间域图像。傅里叶变换在遥感图像处理中主要用于图像去噪声、图像增强、特征提取等环节。

ENVI 提供了快速傅里叶变换(FFT)的正变换和逆变换,以及 FFT 滤波器的定义。这里以低通滤波为例,对图像进行快速傅里叶变换低通滤波(实现图像去噪声或图像平滑)。

1. 快速傅里叶正变换

① 打开图像文件。在菜单栏中,单击 File > Open,选择 Landsat8_OLI_multi. dat 文件,则成功加载图像。

② 打开 FFT 变换工具。在工具箱中,选择 Filter > FFT (Forward),弹出 Forward FFT Input File 对话框,在 Select Input File 列表里选择待变换图像 Landsat8_OLI_multi. dat 文件;Spatial Subset 可选择进行变换的图像范围,由于快速傅里叶的算法限制,输入图像的行列数最好均为偶数,因此,案例对原始图像范围(395×397)进行了更改,单击 Spatial Subset 按钮,打开 Select Spatial Subset 对话框(图 5.28),将进行 FFT 变换的图像大小范围更改为 394×396;Spectral Subset 可选择进行变换的图像波段,此处采用默认设置。设置好后,单击 OK 即可出现 Forward FFT Parameters 对话框(图 5.29)。

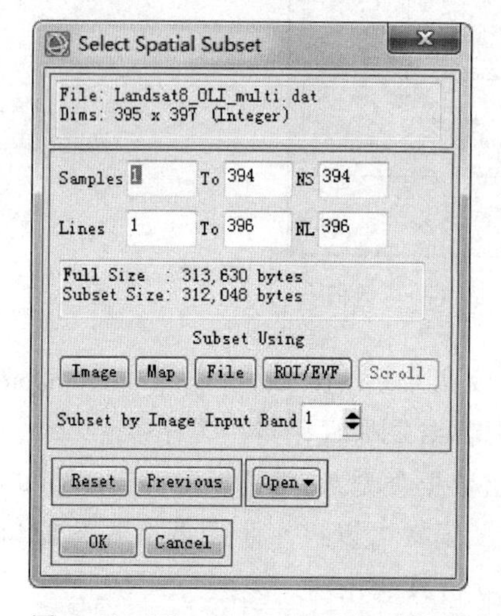

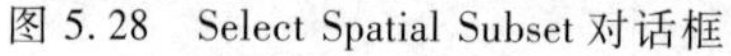
图 5.28 Select Spatial Subset 对话框

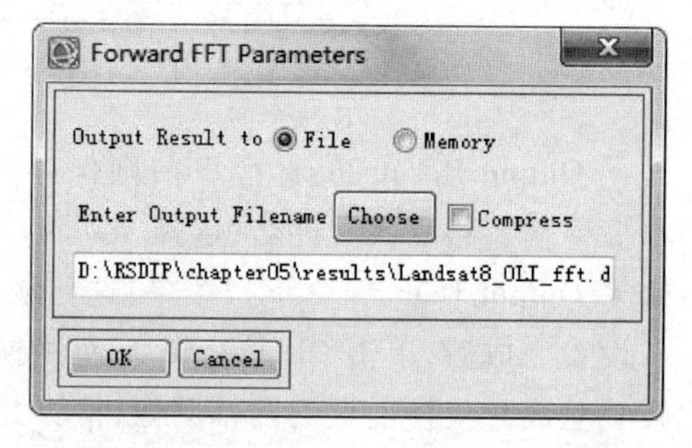

图 5.29 Forward FFT Parameters 对话框

③ 设置快速傅里叶变换的输出参数。在 Forward FFT Parameters 对话框(图 5.29)中,Output Result to 提供两种方式:选择 File 则保存为文件,需要在 Enter Output Filename 文本框中输入路径;选择 Memory 则将结果临时存储在缓存中。此处选择保存为文件(即 File),在 Enter Output Filename 文本框中输入输出路径及文件名(这里命名为 Landsat8_OLI_fft. dat)。设置完成后,单击 OK。得

到傅里叶变换结果(图 5. 30),此时显示的是原始图像第一波段进行傅里叶变换后的功率谱,注意显示增强方式为线性增强(即 Linear)。

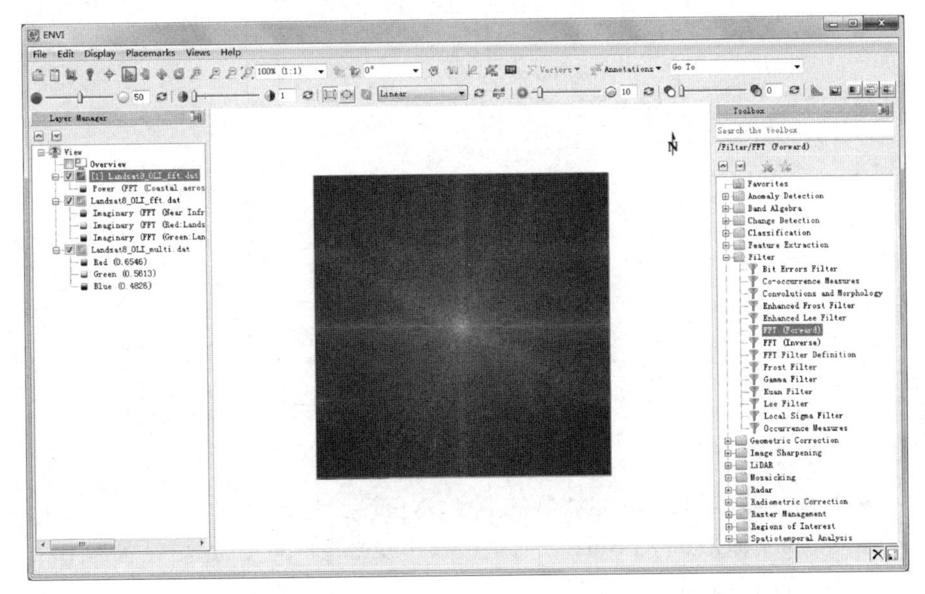

图 5. 30 灰度显示第一个波段傅里叶变换的功率谱

2. 定义滤波器

① 打开滤波器定义工具。在工具箱中,选择 Filter>FFT Filter Definition。

② 选择滤波器。在 Filter Definition 对话框(图 5. 31)中,菜单栏 Filter_Type 中选择滤波器类型。

- Circular Pass(低通滤波器)和 Circular Cut(高通滤波器):Radius 文本框中输入滤波器半径(以像元为单位),Number of Border Pixels 文本框中的参数用于设置平滑滤波器边缘的像元数,0 代表没有平滑。
- Band Pass(带通滤波器)和 Band Cut(带阻滤波器):Inner Radius 和 Outer Radius 文本框中以像元为单位键入圆环的外环和内环半径。
- User Defined Pass(用户自定义通过滤波器)和 User Defined Cut(用户自定义阻止滤波器):可将 ENVI 中自定义的形状注记导入滤波器(注:目前只能在 ENVI Classic 界面下操作,新界面不支持经典界面下的注记文件格式)。

③ 设置滤波器参数。以低通滤波为例(注意在菜单栏 Filter_Type 下选择 Circular Pass),参数设置(图 5. 31)如下。

- Samples 和 Lines 文本框:键入滤波器的尺寸大小(与 FFT 变换得到的频率域图像大小一致)。

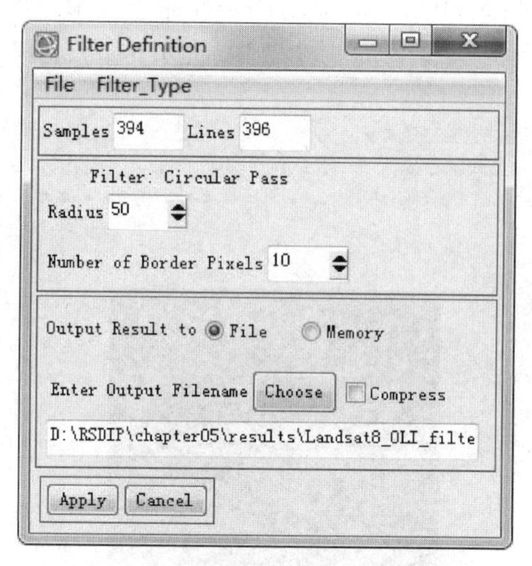

图 5.31　Filter Definition 对话框

- Radius 文本框:输入滤波器的半径,这里设置为 50。
- Number of Border Pixels:设置滤波器边缘平滑的宽度,这里设置为 10。
- Output Result to:选择 File 则保存为文件,需要在 Enter Output Filename 文本框中输入路径及文件名;选择 Memory 则将结果临时存储在缓存中。此处选择输出为文件,并在 Enter Output Filename 文本框设置输出路径及文件名(这里设置为 Landsat8_OLI_filter. dat)。

设置完成后,单击 Apply,得到定义好的滤波器,如图 5.32 所示。

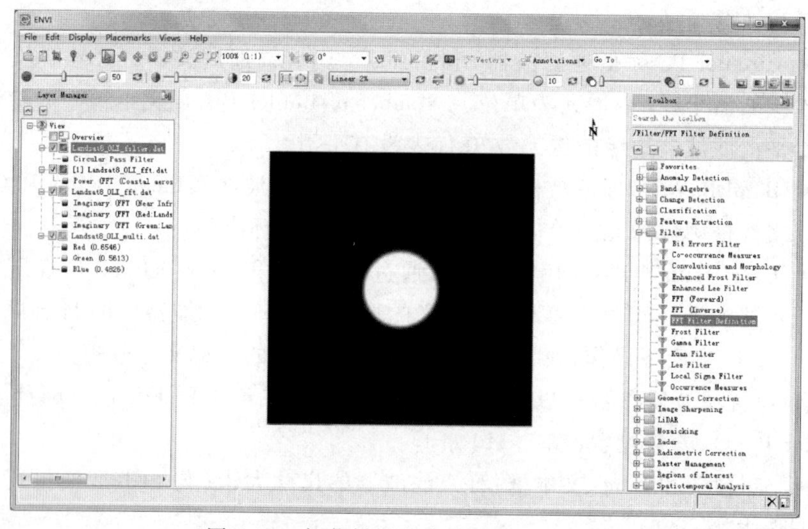

图 5.32　加载低通滤波器的 ENVI 界面

3. 快速傅里叶逆变换

我们用前面生成的低通滤波器,通过快速傅里叶逆变换,对图像进行低通滤波。具体操作如下。

① 打开 FFT 逆变换工具。在工具箱中,选择 Filter>FFT(Inverse),打开 Inverse FFT Input File 对话框(图 5.33),在 Select Input File 列表里选择 FFT 变换结果 Landsat8_OLI_fft.dat 文件;另外,Spatial Subset 可选择进行变换的图像的范围(全部或部分),Spectral Subset 可选择进行变换的图像波段,此处均采用默认设置。设置完成后,单击 OK。

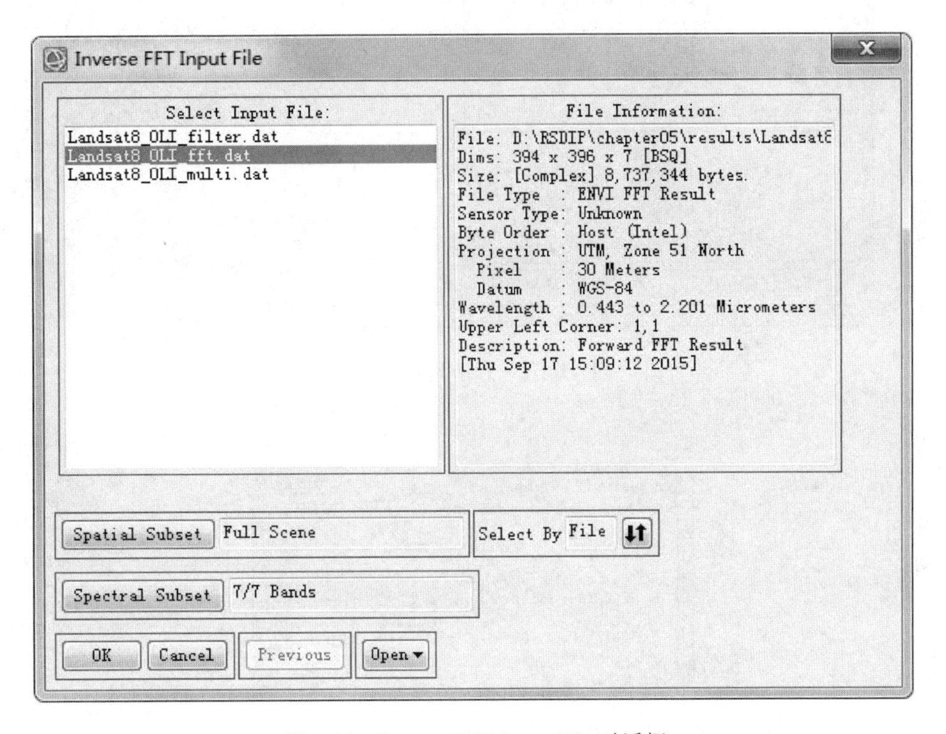

图 5.33　Inverse FFT Input File 对话框

② 选择滤波器。在 Inverse FFT Filter File 对话框(图 5.34)中,在 Select Input Band 中选择应用的滤波图像 Landsat8_OLI_filter.dat 文件,单击 OK。

③ 设置 FFT 逆变换参数。在 Inverse FFT Parameters 对话框(图 5.35)中设置参数。在 Output Result to 选项中选择保存为文件,并在 Enter Output Filename 文本框中输入路径及文件名,这里设置输出文件名为 Landsat8_OLI_fft_inverse.dat;在 Output Data Type 下拉菜单中选择输出数据类型,此处选择 Floating Point(务必注意数据溢出问题,设置浮点型数据类型可防止数据溢出)。设置完

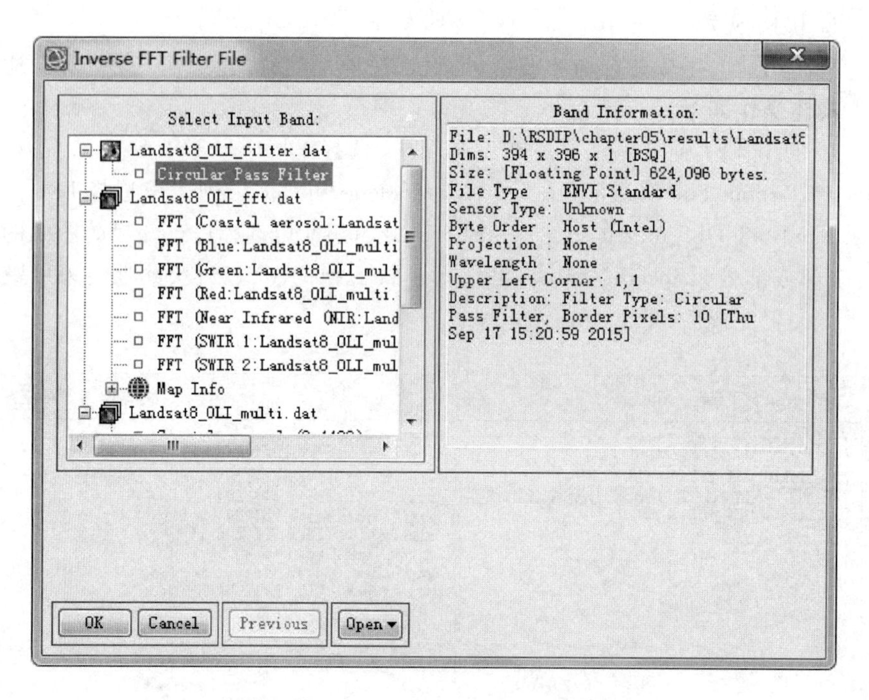

图 5.34　Inverse FFT Filter File 对话框

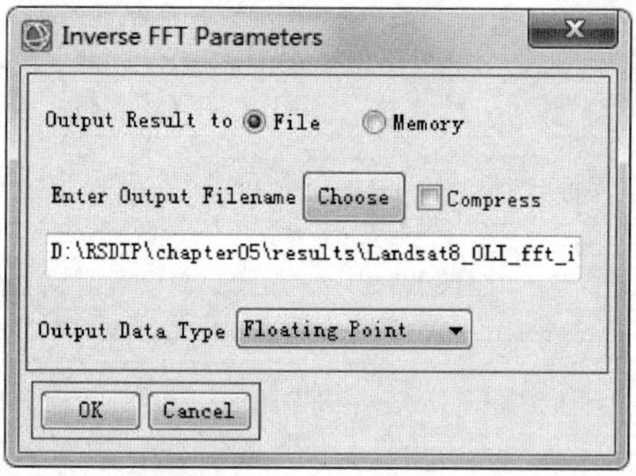

图 5.35　Inverse FFT Parameters 对话框

成后单击 OK。

FFT 逆变换结果见图 5.36,红、绿、蓝波段分别对应红光、绿光和蓝光的显示通道,为真彩色图像,可以看出逆变换结果比原图像模糊,这是因为部分高频信息在频率域中被滤除。

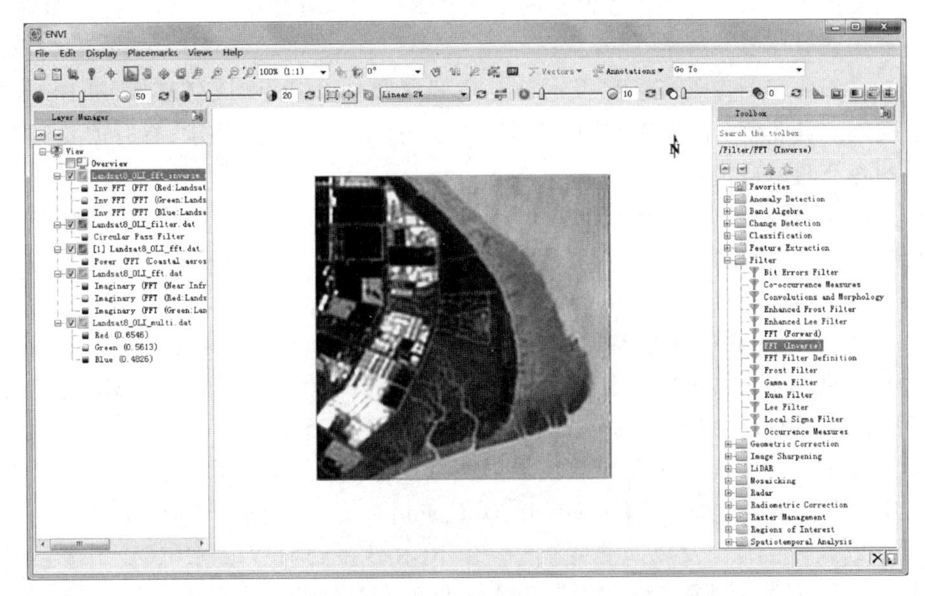

图 5.36 真彩色显示 FFT 低通滤波逆变换后的 ENVI 界面

5.6 小波变换

与傅里叶变换类似，小波变换是先将图像变换成对应于不同频率的小波系数，然后对小波系数进行滤波、掩膜等操作，最后通过小波逆变换将处理后的小波系数转换到空间域图像。目前，ENVI 软件尚无小波变换处理功能，需利用 IDL 程序实现，具体参见本章的电子版补充材料。

5.7 颜色空间变换

颜色空间是用一种数学方法来形象化地表示颜色。对于人的视觉系统来说，可以通过色调(hue)、饱和度(saturation)和亮度(intensity)来定义颜色；对于显示设备来说，使用红(red)、绿(green)、蓝(blue)荧光体的发光来表示颜色；对于打印设备来说，使用青色(cyan)、品红色(magenta)、黄色(yellow)和黑色(black)的反射来产生指定颜色。颜色空间中的颜色通常用代表 3 个参数的三维坐标来描述，其颜色要取决于所使用的坐标。大部分遥感数据都采用 RGB 颜色空间来描述，但对图像进行一些可视分析时，也会使用其他颜色空间。例如，利用 HSI 模型可以将图像分成色调、饱和度和强度，单独对强度分量进行处理则可以使图像变暗或变亮。颜色空间变换在遥感图像处理中主要用于图像增强、特征提取等环节。

遥感数字图像处理所涉及的颜色空间通常有 RGB、CMY/CMYK 和 HSI 颜色空间。各颜色空间具有不同的特性,为了满足不同的应用需求,有时需要对不同颜色空间进行相互转换。

ENVI 软件提供了 HLS、RGB、HSV 三个颜色空间之间的相互转换。对于其他类型颜色空间之间的转换,我们只能根据已有参数,通过波段运算实现。

1. 软件自带转换算法的颜色空间变换

对 ENVI 自带的颜色空间变换算法,以 RGB 颜色空间转为 USGS Munsell HSV 颜色空间为例进行操作,其他颜色空间变换操作过程类似。RGB 转换到 HSV,要求 RGB 图像必须为字节型,数值范围为 0—255。

① 打开一个至少包含 3 个波段的图像文件,显示 RGB 彩色图像。在菜单栏中,单击 File>Open,选择 Landsat8_OLI_multi. dat 文件,则成功加载图像。

② 灰度值范围及数据类型调整。由 RGB 转换到 HSV 要求 RGB 图像必须为字节型,且数值范围为 0—255,而本案例的测试图像 Landsat8_OLI_multi. dat 为整型数据,且灰度值范围不在 0—255 的范围之内,因此需先对测试图像的灰度值范围及数据类型进行调整。具体操作如下。

a. 打开数据拉伸工具。在菜单栏中选择 Raster Management>Stretch Data,弹出 Data Stretch Input File 对话框(图 5. 37)。在该对话框的 Select Input File 列表中选择 Landsat8_OLI_multi. dat,点击 OK。

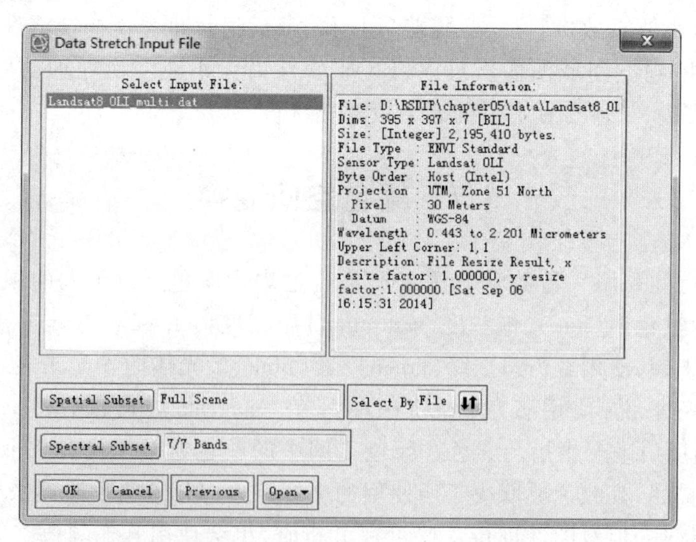

图 5. 37　Data Stretch Input File 对话框

b. 数据拉伸设置。Data Stretching 对话框（图 5.38）中的参数设置说明如下。

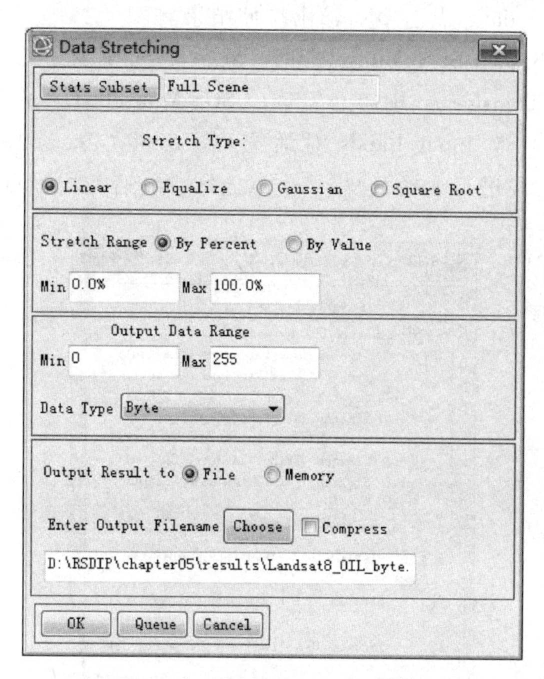

图 5.38　Data Stretching 对话框

- Stats Subset：设置统计计算的图像范围。
- Stretch Type：设置拉伸方式，可选择的拉伸方式包括 Linear（线性拉伸）、Equalize（均衡拉伸）、Gaussian（高斯拉伸）和 Square Root（平方根拉伸）。
- Stretch Range：用于设置拉伸范围，可以按比例设置（By Percent），也可以直接设置值（By Value）。选择 By Percent 时，在下面的 Min 和 Max 文本框中输入最小和最大比例；选择 By Value 时，在下面的 Min 和 Max 文本框中输入最小和最大灰度值。
- Output Data Range：用于设置输出数据的灰度值范围，在下面的 Min 和 Max 文本框中设置输出数据的最小和最大灰度值。
- Data Type 用于设置输出的数据类型。
- Output Result to 单选：选择 File 则保存为文件，需要在 Enter Output Filename 文本框中输入路径；选择 Memory 则将结果临时存储在缓存中。
- Enter Output Filename 文本框：设置输出路径及文件名。

这里，设置 Stretch Type 为 Linear，Stretch Range 选择 By Percent，拉伸的最小

和最大比例分别设置为 0.0%和 100.0%;Output Data Range 设置最小和最大灰度值分别为 0 和 255;Date Type 设置为 Byte;结果输出到文件,文件名设置为 Landsat8_OLI_byte.dat。点击 OK,输出拉伸结果。

③ 打开 RGB 转 USGS Munsell HSV 颜色空间工具。在工具箱中,选择 Transforms>Color Transforms>RGB to HSV(USGS Munsell)Color Transform,在 RGB to USGS Munsell HSV Input Bands 对话框(图 5.39)中,选择 Landsat8_OLI_byte.dat 的三个波段进行变换,这里依次点选红、绿、蓝波段。点击 OK。

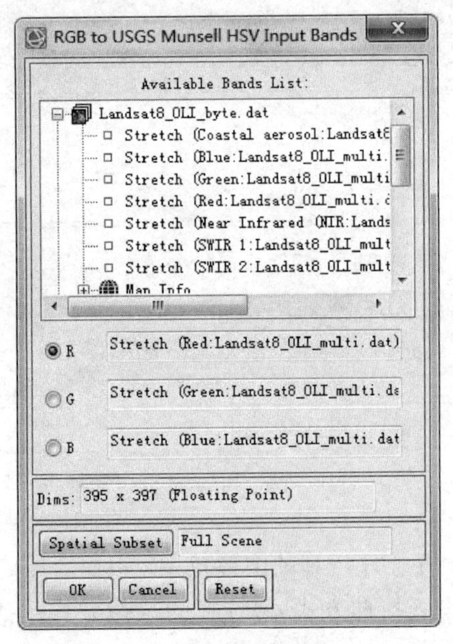

图 5.39 RGB to USGS Munsell HSV Input Bands 对话框

④ 设置变换参数。在 RGB to USGS Munsell HSV Parameters 对话框(图 5.40)中,Output Result to 单选:选择 File 则保存为文件,需要在 Enter Output Filename 文本框中输入路径及文件名;选择 Memory 则将结果临时存储在缓存中。Enter Output Filename 文本框:设置输出路径及文件名(这里设置输出到文件,文件名为 Landsat8_OLI_RGB_HSV.dat)。单击 OK,则变换结果为图 5.41,自动彩色显示红色通道对应色调(Hue),绿色通道对应饱和度(Sat),蓝色通道对应亮度(Val)。

2. 软件无转换算法的颜色空间变换

ENVI 软件里只能进行上述三种颜色空间之间的相互转换,我们根据《遥感数字图像处理——原理与方法》给出的其他颜色空间变换参数,可以通过波段

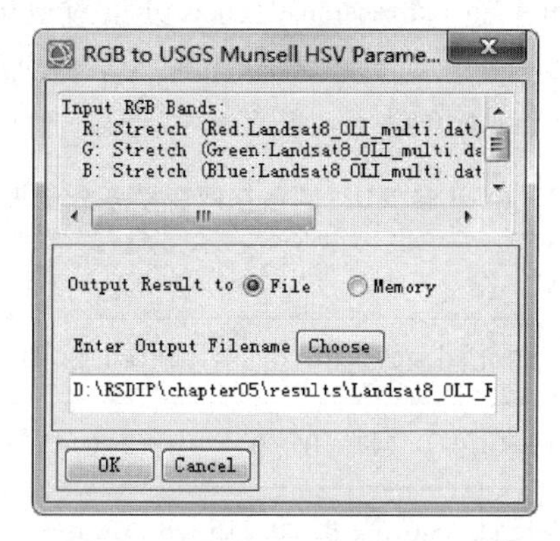

图 5.40　RGB to USGS Munsell HSV Parameters 对话框

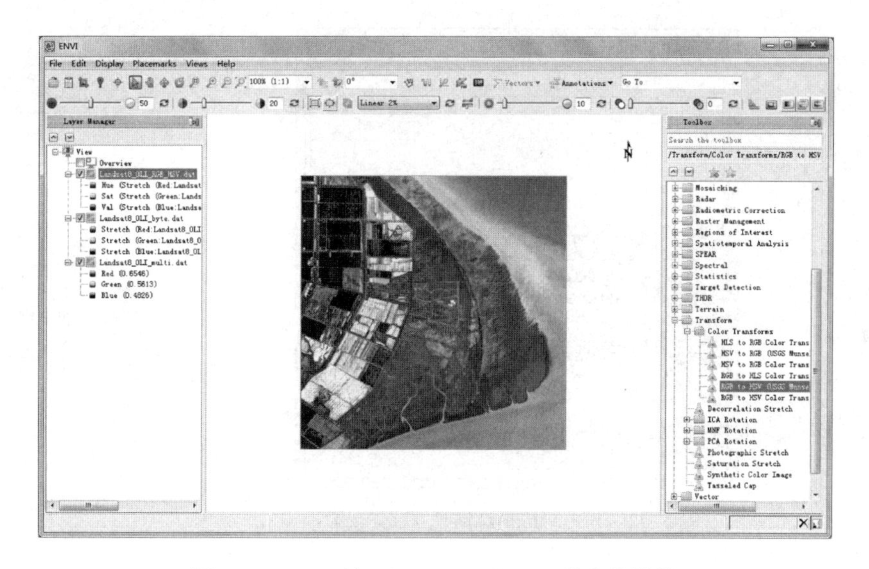

图 5.41　RGB 转 USGS Munsell HSV 的变换结果

图 5.41 彩版

运算功能进行其他颜色空间之间的变换。这里以 RGB 转 YUV 颜色空间为例,其他颜色空间变换与之类似。RGB 转 YUV 的过程中,输入和输出图像都要求为字节型。

① 打开一个至少包含 3 个波段的图像文件,显示 RGB 彩色图像。在菜单栏中,单击 File>Open,选择前面已经作了灰度值范围及数据类型调整的 Landsat8_OLI_byte.dat 文件,则成功加载真彩色显示图像。

② 输入计算表达式。在工具箱中,选择 Band Algebra>Band Math,在弹出的

Band Math 窗口中的 Enter an expression 中输入分量对应的表达式,以 Y 分量为例(图 5.42),在 Enter an expression 文本框中输入表 5.2 中 Y 分量对应的表达式,单击 Add to List 后再单击 OK。

表 5.2 RGB 转 YUV 颜色空间变换各分量表达式

分量	表达式
Y 分量	BYTSCL(0.299 * B1+0.587 * B2+0.114 * B3)
U 分量	BYTSCL(-0.147 * B1-0.289 * B2+0.436 * B3)
V 分量	BYTSCL(0.615 * B1-0.515 * B2-0.100 * B3)

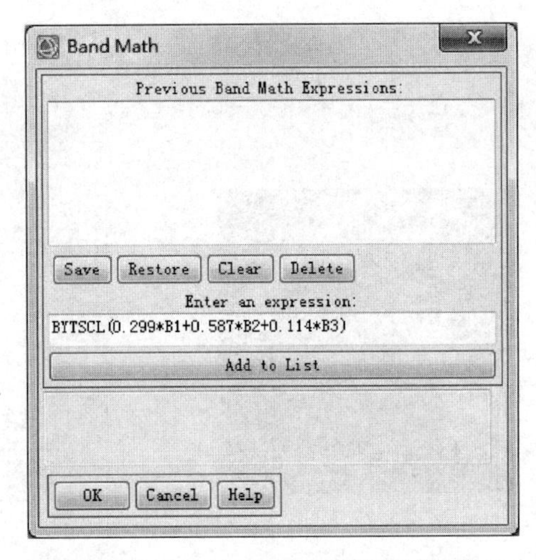

图 5.42 Band Math 对话框(Y 分量)

③ 选取表达式中每个变量对应的波段。在 Variables to Bands Pairings 窗口(图 5.43)中,关联 Variables used in expression 中的变量与 Available Bands List 中的波段。其中 B1 对应红光波段、B2 对应绿光波段、B3 对应蓝光波段。选择输出路径,单击 OK,得到该分量结果。其他分量计算方式与 Y 分量计算方法类似,只是 Band Math 对话框中输入的表达式换成表 5.2 中各分量对应的表达式,在此不再赘述。最后将得到的 Y、U、V 三个分量采用波段叠加的方式组合成一个独立的文件,有关波段叠加的具体操作请参见本书第 4.2.2 节。

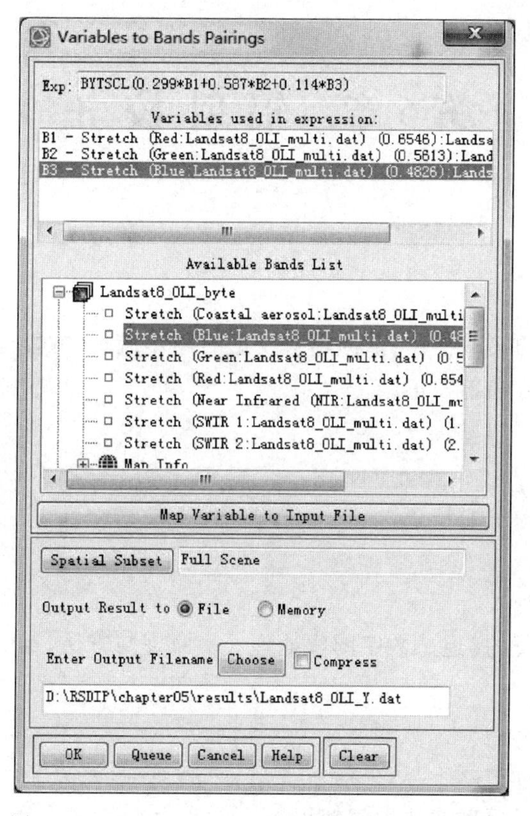

图 5.43　Variables to Bands Pairings 窗口(Y 分量)

第6章 辐射校正

学习目标

通过对案例的实践操作，掌握辐射校正的操作流程，并能运用 ENVI 软件对遥感数字图像进行辐射校正。

预备知识

遥感数字图像辐射校正

参考资料

朱文泉等编著的《遥感数字图像处理——原理与方法》第 5 章“辐射校正”

学习要点

绝对辐射定标
内部平均相对反射率法大气校正
平场域法大气校正
对数残差法大气校正
经验线性法大气校正
FLAASH 大气校正
地形校正
太阳高度角校正

测试数据

数据目录：附带光盘下的 ..\chapter06\data\

文件名	说明
Landsat5_sd.dat	山东某地 Landsat 5 TM 原始图像
Landsat5_sd_meta.txt	Landsat5_sd.dat 的元数据文件

续表

文件名	说明
Landsat5_sd_dem. dat	Landsat5_sd. dat 对应的 DEM 图像
Landsat5_sd_RC. dat	Landsat5_sd. dat 的绝对辐射定标结果
Landsat5_sd_ref2. dat	Landsat5_sd_RC. dat 的 FLAASH 大气校正结果
Flaash_setting	FLAASH 大气校正设置参数
Flat_field. roi	平场域大气校正所选择的平场域 ROI
Data_spectra. sli	经验线性法中的数据光谱曲线
Field_spectra. sli	经验线性法中的地面光谱曲线
Data_spectra. roi	经验线性法中的数据光谱 ROI

电子补充材料

第 6 章辐射校正扩展阅读 . pdf:根据半经验 C 校正方法,采用 IDL 程序实现地形校正过程。文档目录:数字课程资源(网址见“与本书配套的数字课程资源使用说明”)。

案例背景

遥感图像在获取过程中,因受传感器、大气、太阳高度角和地形等影响常会发生辐射畸变,即传感器的探测值与地物实际的光谱辐射值不一致。辐射校正是为了消除或修正遥感图像的辐射畸变。辐射校正主要包括三个过程:辐射定标、大气校正和地形及太阳高度角校正。辐射定标是为了消除传感器本身所带来的辐射误差,并将传感器记录的无量纲的 *DN* 值转换成具有实际物理意义的大气顶层辐射亮度或反射率。大气校正是为了消除大气散射、吸收对太阳辐射的影响,将大气顶层的辐射亮度值(或反射率)转化为地表辐射亮度值(或地表反射率)。另外,对于丘陵地带和山区,地形坡度、坡向和太阳光照几何条件等对遥感图像的辐射亮度影响非常显著,因此需要进行地形校正。地形校正是为了消除由地形引起的辐射亮度误差,使坡度不同但反射性质相同的地物在图像中具有相同的亮度值。对于不同地方、不同季节或不同时期获取的多幅图像,如果需要开展图像之间的相互比较,就有必要对他们进行太阳高度角校正,以消除由太阳位置变化引起的多幅图像之间的辐射差异。

6.1 绝对辐射定标

辐射定标包括相对辐射定标和绝对辐射定标两种类型。相对辐射定标是为了校正传感器探测元件之间的不均匀性，而绝对辐射定标是为了将无量纲 *DN* 值转化为大气顶层辐射亮度值（或反射率），*DN* 值没有实际物理意义，而大气顶层辐射亮度值具有实际物理意义，其单位一般为 $W/(m^2 \cdot \mu m \cdot sr)$。绝对辐射定标是在相对辐射定标之后进行，通常情况下，用户获取的遥感数据都已经做过相对辐射定标，只需对其进行绝对辐射定标。绝对辐射定标获取辐射亮度的公式为

$$L_\lambda = k \cdot DN + c \tag{6.1}$$

其中 L_λ 是波段 λ 的辐射亮度值；k 和 c 表示波段 λ 的增益和偏移。所以绝对辐射定标需要知道遥感图像各个波段的增益值和偏移值，增益和偏移一般可以直接从遥感数据的元数据中获取，也可能存储在头文件中。

ENVI 5.2.1 软件提供了三种绝对辐射定标方式，可以利用 Apply Gain and Offset、Radiometric Calibration 或 Band Math 工具实现。前两个工具将绝对辐射定标公式进行了封装，只需提供增益和偏移值；利用 Band Math 工具进行绝对辐射定标则是直接输入辐射定标公式。

本案例采用 Landsat5_sd.dat 作为测试数据，Landsat5_sd.dat 是选取 USGS 提供的 Landsat 5 原始数据 LT51200352006300IKR00 进行部分区域裁剪而成。而 Landsat5_sd_meta.txt 是 LT51200352006300IKR00 的元数据文件，该元数据文件包含了对 Landsat5_sd.dat 进行绝对辐射定标所需要的信息，可以用文字处理器（如写字板或记事本）将其打开。

6.1.1 打开数据文件

在 ENVI 主界面菜单栏中，选择 File>Open 打开 Open 对话框，选择 Landsat5_sd.dat 图像文件打开，选择合适波段（本案例选择 5、4、3 波段）进行 RGB 组合，并采用 2%线性拉伸显示（图 6.1）。

6.1.2 绝对辐射定标

在 ENVI 5.2.1 软件里面，可以利用 Apply Gain and Offset、Radiometric Calibration 或 Band Math 这三种工具对遥感数据进行绝对辐射定标，下面分别介绍这三种操作方式。

1. Apply Gain and Offset

在工具箱中，选择 Radiometric Correction>Apply Gain and Offset，打开 Gain

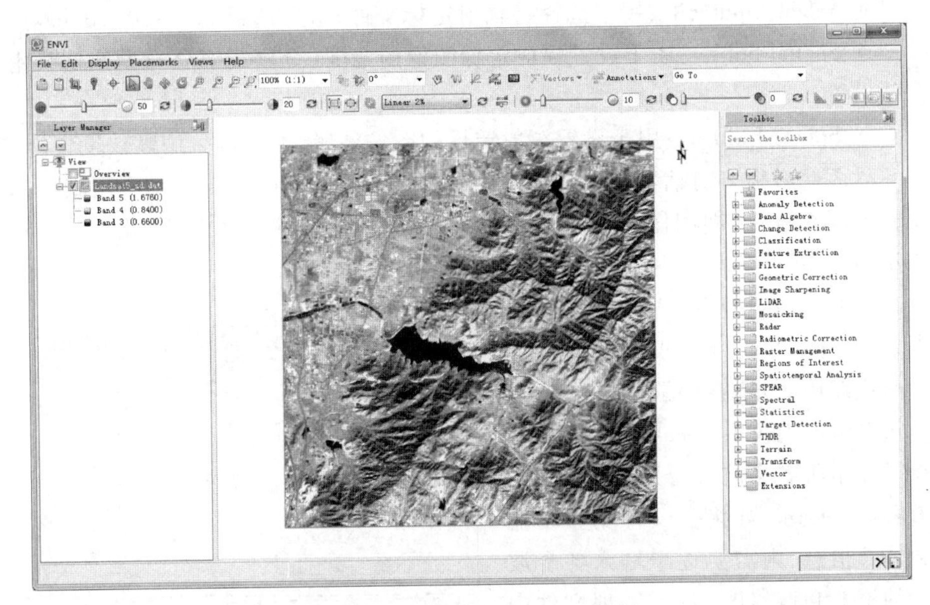

图 6.1　打开的 Landsat5_sd 数据

and Offset Input File 对话框(图 6.2)。参数设置如下。

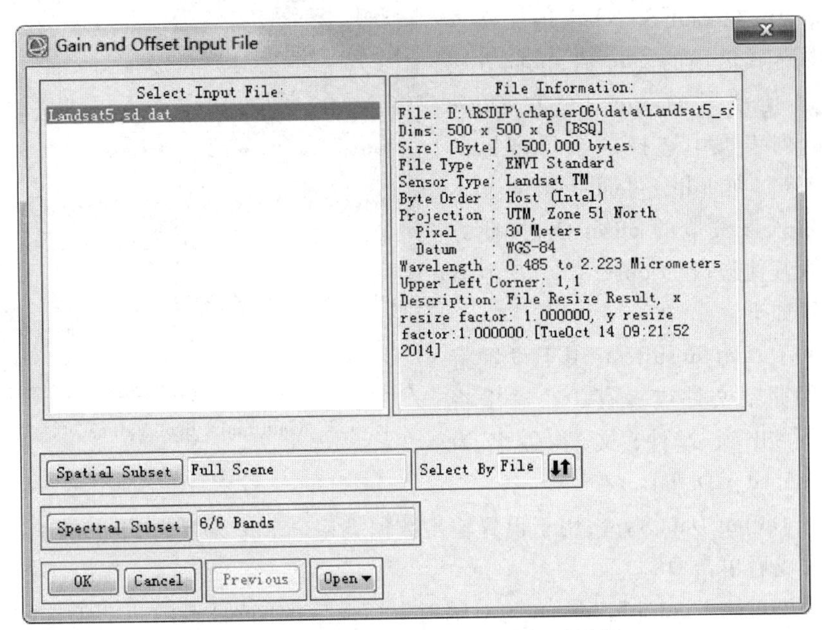

图 6.2　Gain and Offset Input File 对话框

• Select Input File:用于选择待辐射定标文件,这里选择 Landsat5_sd. dat。

• Spatial Subset:用于设置辐射定标图像的范围(全部或部分),本案例采用默认设置。

• Spectral Subset:用于设置辐射定标的图像波段,本案例采用默认设置。

后面会有很多对话框都涉及 Spatial Subset 和 Spectral Subset,均采用默认的图像范围和波段(即图像的全部范围和所有波段)。设置完毕后,点击 OK 出现 Gain and Offset Values 对话框(图 6.3)。

在 Gain and Offset Values 对话框中,由于 Landsat_sd. dat 的头文件中含有各波段的增益和偏移数据,所以 Gain Values 和 Offset Values 列表框中默认显示了各个波段分别对应的 gain 值和 offset 值。如果头文件不带增益和偏移信息,则需要逐个输入各个波段的增益和偏移值(从元数据文件中查看获取),具体操作是:在 Gain Values 列表框中选择一个待定标的波段,然后在 Edit Selected Item 文本框中输入该波段的 gain 值,按此方法输入其他波段的 gain 值;在 Offset Values 列表框中选择一个待定标的波段,然后在 Edit Selected Item 文本框中输入该波段的 offset 值,按此方法输入其他波段的 offset 值。其他参数设置如下。

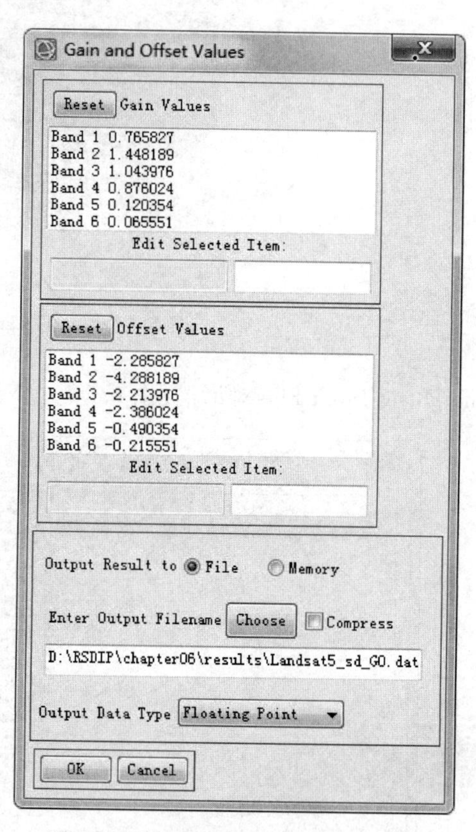

图 6.3 Gain and Offset Values 对话框

• Output Result to:用于设置将结果保存到文件或缓存中。这里将结果输出到文件,文件命名为 Landsat5_sd_GO. dat。

• Output Data Type:用于设置输出数据类型。这里设置为 Floating Point。设置完成后单击 OK。

为了对比 Landsat5_sd. dat 绝对辐射定标前后的区别,采用两个垂直窗口分别显示定标前的图像 Landsat5_sd. dat 和定标后的图像 Landsat5_sd_GO. dat,然后将两者链接起来,同步显示进行比较。

在菜单栏中，选择 Views>Two Vertical Views，在左边视窗里面添加绝对辐射定标前的数据 Landsat5_sd. dat，在右边视窗里添加绝对辐射定标后的数据 Landsat5_sd_GO. dat，两个数据均选择 5、4、3 波段作为 R、G、B 组合进行彩色显示，并采用 2%拉伸（图 6.4）。

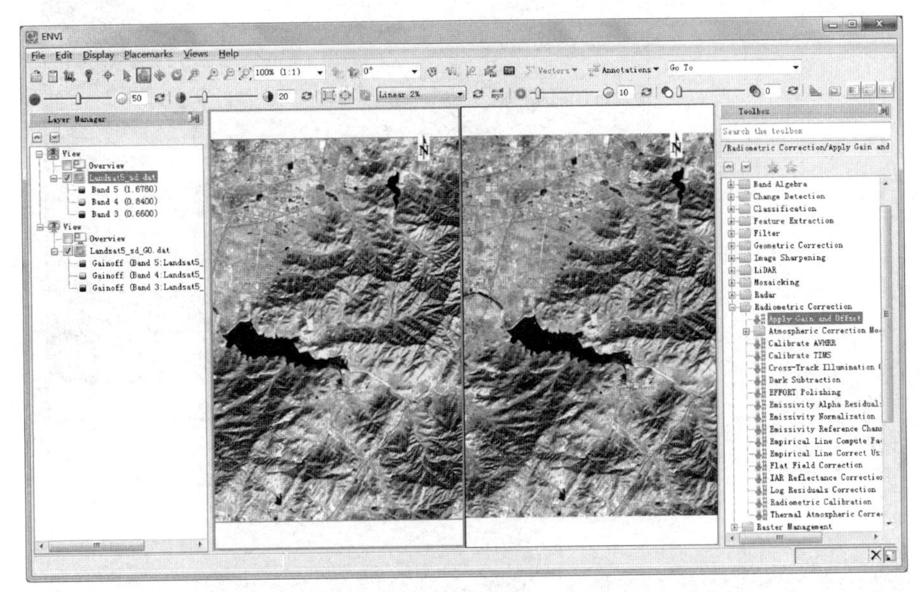

图 6.4　Landsat5_sd 与 Landsat5_sd_GO 分窗口显示

链接两个视窗，在菜单栏中选择 Views>Link Views，弹出 Link Views 对话框（图 6.5）。在 Link Views 对话框中，选择 Pixel Link，然后分别在左右两个视窗上单击一下，此时每个视窗下方会添加一个勾，Pixel Link 节点下会添加两个节点 View 1 和 View 2。点击 OK 实现两个视窗的链接。

链接窗口之后，可以在任意一个窗口中移动图像，而另一个窗口则会同步变化，此时可对比查看不同位置绝对辐射定标前后的区别（图 6.6）。从图像的显示效果来看，辐射定标后图像变化并不明显。而实质上，图像的各波段像元灰度值已经发生了改变，我们可以通过查看图像的光谱曲线将变化反映出来。

单击左边视窗，在工具栏中点击按钮选择光谱剖面工具 Spectral Profile，显示 Landsat5_sd. dat 的光谱曲线；然后单击右边视窗，同样方法显示 Landsat5_sd_GO. dat 的光谱曲线。图 6.7、图 6.8 和图 6.9 分别是列行号（448，138）植被像元、列行号（375，70）水体像元和列行号（274，281）土壤像元进行绝对辐射定标前后的光谱曲线。从中可以看出，绝对辐射定标前后图像的光谱曲线形状有所变化，这主要是由 *DN* 值变化所引起的。

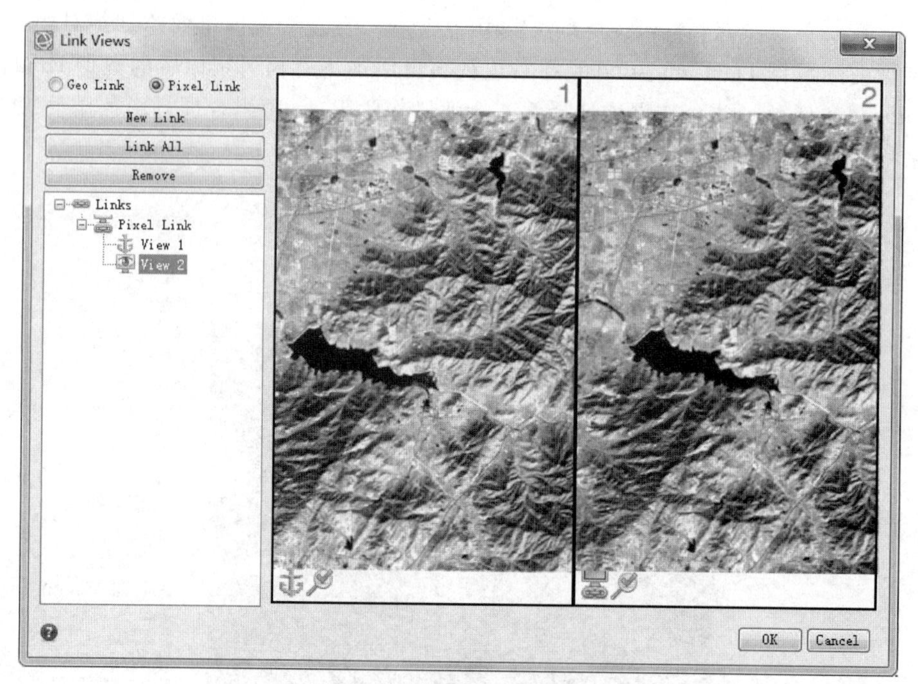

图 6.5　Link Views 对话框

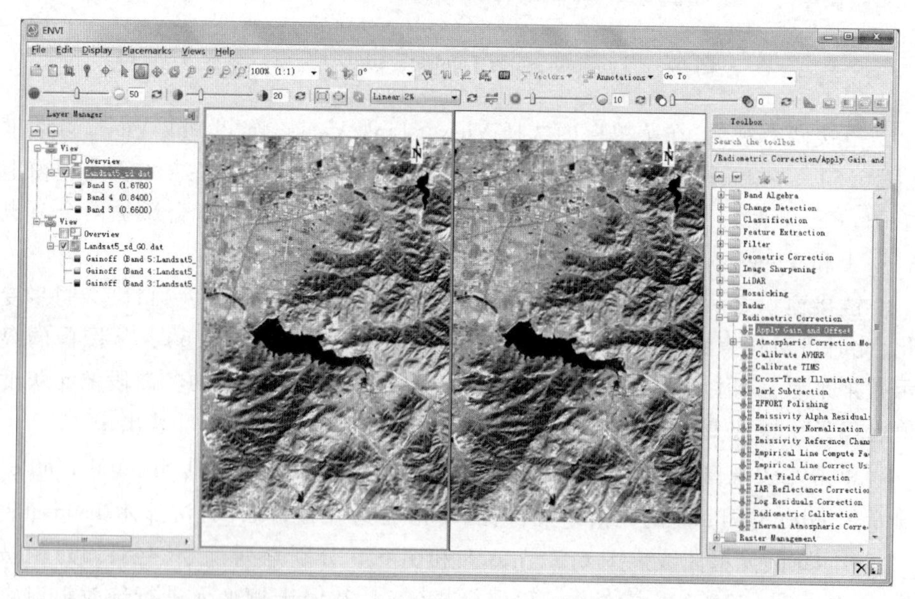

图 6.6　Landsat5_sd 与 Landsat5_sd_GO 链接同步显示

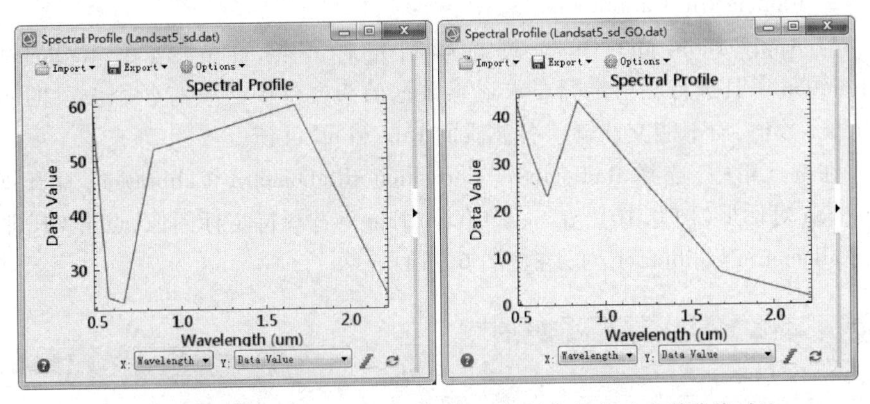

图 6.7　列行号(448,138)植被像元绝对辐射定标前后光谱曲线对比

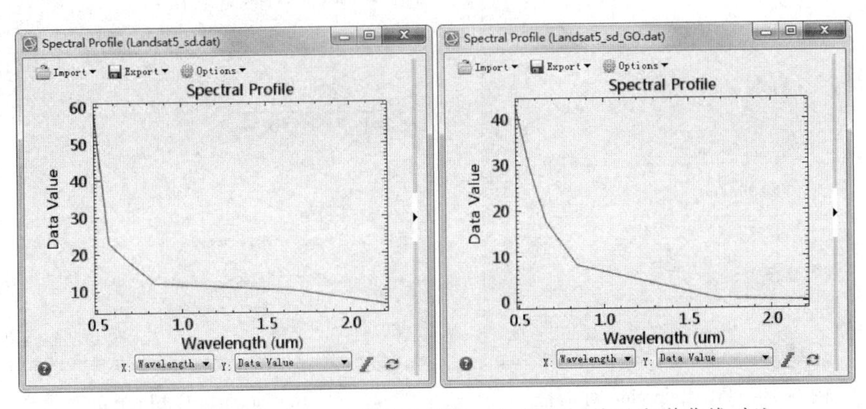

图 6.8　列行号(375,70)水体像元绝对辐射定标前后光谱曲线对比

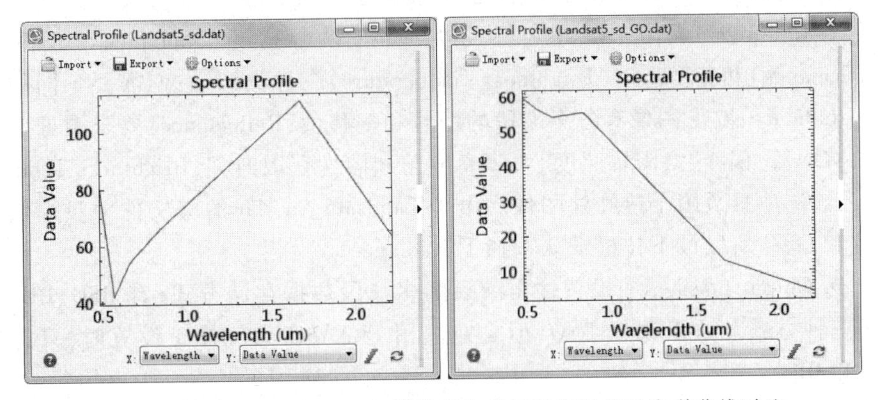

图 6.9　列行号(274,281)土壤像元绝对辐射定标前后光谱曲线对比

2. Radiometric Calibration

与 Apply Gain and Offset 进行辐射定标不同的是，运用 Radiometric Calibration 工具进行辐射定标要求遥感数据的头文件中必须有各个波段的 gain 和 offset 数值，而不能交互输入各波段的 gain 和 offset 值。

在工具箱中，选择 Radiometric Correction>Radiometric Calibration，打开 File Selection 对话框(图 6.10)，在 Select Input File 下选择待定标图像，点击 OK 即出现 Radiometric Calibration 对话框(图 6.11)。

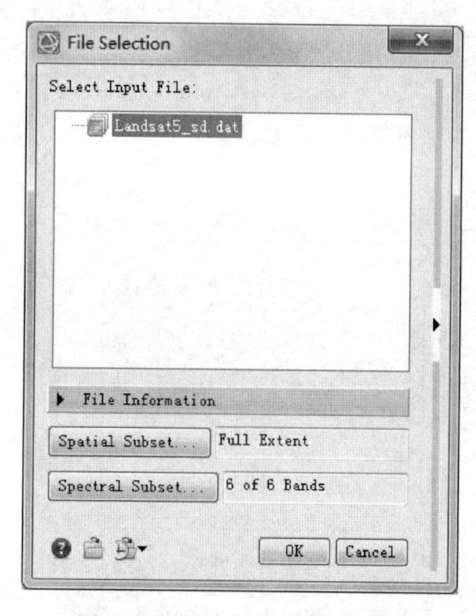

图 6.10 File Selection 对话框

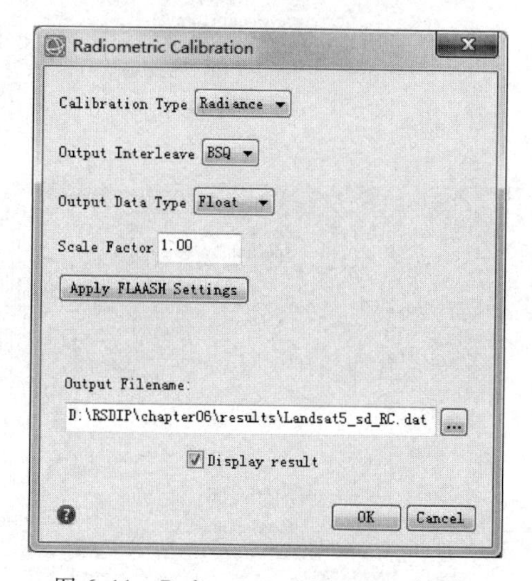

图 6.11 Radiometric Calibration 对话框

在 Radiometric Calibration 对话框中，设置参数如下。

- Calibration Type：设置定标的类型，有辐射亮度(Radiance)、反射率(Reflectance)和亮度温度(Brightness Temperature)三种类型，它们需要不同的参数。Radiance：要求图像有各个波段的增益和偏移值；Reflectance：要求图像头文件中有增益、偏移、太阳辐照度、太阳高度角和图像获取时间；Brightness Temperature：该选项只适用于热红外图像。由于 Landsat5_sd.dat 的头文件中只提供了增益和偏移，所以该下拉框默认选择了 Radiance。

- Output Interleave：设置输出结果的多波段数据存储方式，有 BSQ、BIL 和 BIP 三种方式。这里选择 BSQ，但是在应用 FLAASH 大气校正设置时，只能选 BIL 和 BIP。

- Output Data Type：设置输出结果的数据类型，这里提供了浮点型(Float)、双精度型(Double)和无符号整型(Uint)三种数据类型。本案例设置输出数据类型为 Float。

- Scale Factor:设置输出结果的比例因子,默认值为 1.00,原始输出辐射亮度(Radiance)的单位是 W/(m^2 · sr · μm),如果想输出其他单位,需要计算两个单位之间的比例关系,并输入比例因子。这里设置为默认值。
- Apply FLAASH Settings:点击该按钮用于设置 FLAASH 大气校正所需的参数格式,包括输出结果的多波段数据存储方式(BIL 格式)、输出结果的数据类型(浮点型)、辐射亮度单位之间的转换因子[因为 FLAASH 大气校正要求输入的辐射亮度单位是 μW/(cm^2 · nm · sr)]。一旦应用该设置,所得到的辐射定标结果将可以直接用于后续的 FLAASH 大气校正;否则需手工对辐射定标结果按 FLAASH 大气校正模块对数据格式的要求进行各种转换处理,具体操作将在后续的 FLAASH 大气校正中进行说明。本案例中暂不应用此项设置。
- Output Filename:设置输出路径和文件名,本案例的输出文件名为 Landsat5_sd_RC. dat。
- Display result:勾选此项可用于显示输出结果。

设置完成后,点击 OK 输出结果。结果图像 Landsat5_sd_RC. dat 与 Apply Gain and Offset 得到的结果 Landsat5_sd_GO. dat 是一样的。

3. Band Math

因为每个波段的增益和偏移值都不一样,所以利用 Band Math 工具进行绝对辐射定标需要对每个波段分别进行,比较繁琐。本案例只演示对 Landsat5_sd. dat 的第一波段(Band 1)进行辐射定标,其他波段的辐射定标方法相同。

在工具箱中启动 Band Math 工具,打开 Band Math 对话框,设置参数(图 6.12)如下。

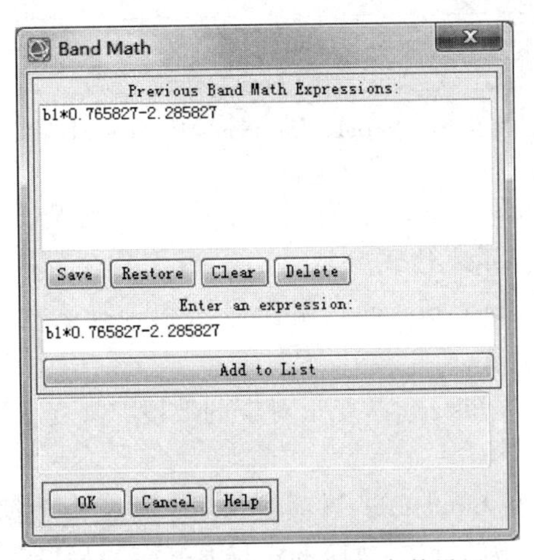

图 6.12 Band Math 对话框参数设置

• Previous Band Math Expressions:用于显示以前的波段计算表达式。

• Enter an expression:用于输入数学表达式。由于 Band 1 的增益和偏移分别是 0.765 827 和-2.285 827,故在文本框中输入表达式“b1 * 0.765 827-2.285 827”。点击 Add to List 按钮可将表达式添加到 Previous Band Math Expressions 列表框中。

输入表达式后,点击 OK,进入 Variables to Bands Pairings 对话框(图 6.13)。

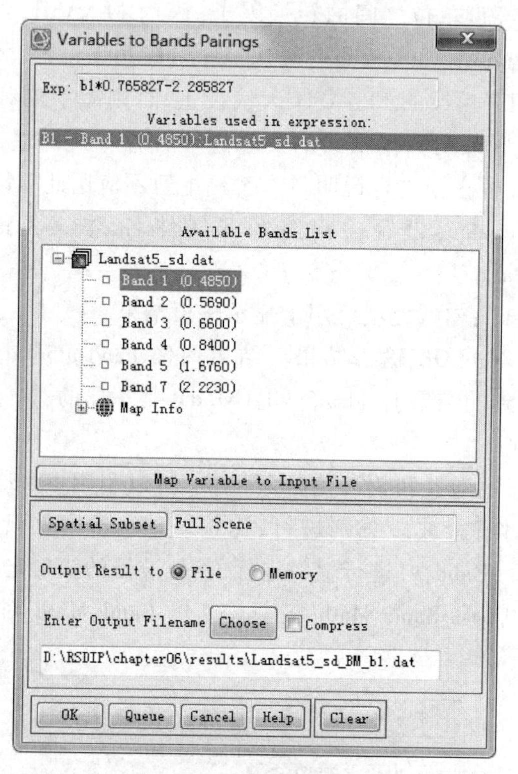

图 6.13 Variables to Bands Pairings 对话框

在 Variables to Bands Pairings 对话框中,参数说明及设置如下(图 6.13)。

• Exp 文本框:显示表达式。

• Variables used in expression:用于显示和选择表达式中的变量,这里选择 B1。

• Available Bands List:选择变量对应的波段,B1 变量对应 Landsat5_sd.dat 的 Band 1 波段。

• Map Variable to Input File:该项设置用于对整个数据(包含所有波段)都进行相同的波段计算,因为每个波段的定标参数不一样,所以此处不做选择。

Spatial Subset 采用默认设置,最后设置将定标结果输出到文件或是缓存中(本案例将结果输出到文件,设置输出名为 Landsat5_sd_BM_b1.dat)。设置完成后,点击 OK,输出辐射定标结果。读者可进一步按此方法分别对其他 5 个波段进行辐射定标,然后采用波段叠加操作(详见本书第 4.2.2 节)将 6 个波段合成一个文件。

6.2 大气校正

大气校正是为了消除大气吸收、散射对辐射传输的影响而进行的校正,可以分为相对大气校正和绝对大气校正。相对大气校正仅用 DN 值表示地物反射率或反射辐射亮度的相对大小,并不得到地物的实际反射率或反射辐射亮度;而绝对大气校正是将遥感图像的 DN 值转换为地表反射率或地表辐射亮度。

另外,根据大气校正原理的不同,又可以将其分为统计模型和物理模型。统计模型是基于地表变量和遥感数据的相关关系来建立的,不需要知道图像获取时的大气和几何条件,常用的统计模型有内部平均相对反射率法、平场域法、对数残差法和经验线性法。物理模型是根据遥感系统的物理规律来建立的,可以通过不断加入新的知识和信息来改进模型,常用的物理模型有 6S 模型和 MODTRAN 模型,ENVI 中的 FLAASH 大气校正模块就是基于 MODTRAN 模型。通常情况下,大气校正都是在绝对辐射定标的基础上进行的,对于内部平均相对反射率法、平场域法、对数残差法等相对大气校正方法,如果无法获取绝对定标参数,也可以直接对原始的遥感数据 DN 值进行相对大气校正,但对于绝对大气校正来说,必须首先对遥感图像进行绝对辐射定标。

理想情况下,不同的地物应该具有不同的光谱曲线特征。因此,我们可以选取一些常见地物,通过观察大气校正后的地物光谱曲线,判断其是否与标准光谱曲线相似来检验大气校正的效果。通常选取的地物有植被、土壤、水体等,其标准光谱曲线如图 6.14(a)所示:植被的光谱曲线较为曲折,在蓝(0.43—0.47 μm)、红(0.62—0.78 μm)波段呈吸收谷,绿(0.50—0.53 μm)、近红外(0.70—0.80 μm)波段呈反射峰;水体的反射率在可见光波段反射率低(一般不超过 10%),在 0.75 μm 之后几乎全被吸收;土壤的反射率在各波段都比较高,并且随波长增长反射率增大,在 1.6 μm 之后趋于不变。由于遥感图像的波段数量有限,各波段对应的光谱区间有限,遥感图像表达出来的光谱曲线没有图 6.14(a)那么平滑,通常选择各波段的中心波长连接成折线显示。Landsat 5 TM 的第一至五和第七个波段的中心波长信息分别为:0.485 μm、0.569 μm、0.660 μm、0.840 μm、1.676 μm 和 2.223 μm,表达的典型地物光谱曲线可以简单显示如

图 6.14(b)所示。本案例将选取大气校正后的植被、土壤、水体的光谱曲线同图 6.14(b)中对应的标准光谱曲线进行对比,以检验大气校正效果。在对比辐射定标前后 DN 值变化时,已经选取了相应的植被[列行号(448,138)]、水体[列行号(375,70)]、土壤[列行号(274,281)]像元(以下植被、水体和土壤像元均指选取的对应像元),在接下来检验大气校正效果的过程中,也以这些像元为例。

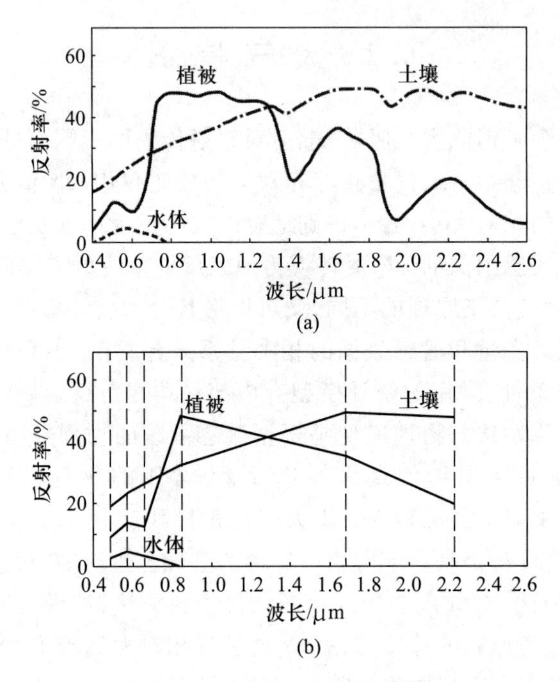

图 6.14 典型地物光谱曲线

(a) 典型地物的标准光谱曲线;(b) 典型地物在 Landsat 5 TM 各波段上所呈现的理论光谱曲线

另外,在接下来的大气校正中将演示多种大气校正方法,选择的测试数据均为 Landsat5_sd.dat 的绝对辐射定标结果 Landsat5_sd_RC.dat。

6.2.1 内部平均相对反射率法大气校正

内部平均相对反射率法(IARR)属于统计模型,是一种相对大气校正方法。内部平均相对反射率法是假定一幅图像内部的地物充分混杂,整幅图像的平均光谱基本代表了大气影响下的太阳光谱信息,从而将整幅图像的平均辐射光谱值作为参考光谱,以计算每个像元的光谱曲线与参考光谱曲线的比值作为相对反射率,由此消除大气影响,亦可消除地形阴影的影响。IARR 的不足之处在于当图像某些位置出现强吸收特征时,参考光谱受其影响而降低,导致其他不具备上述吸收特征的地物光谱出现与该吸收特性相对应的假反射峰,从而使计算结果出现偏差。如高植被覆盖的地区存在叶绿素吸收的问题,有时候该方法就不太适用,但在没有植被覆盖的干旱地区则能够得到非常好的效果。

1. IAR Reflectance Calibration

在工具箱中,选择 Radiometric Correction>IAR Reflectance Calibration,打开 Calibration Input File 对话框,在 Select Input File 列表框里选择待校正数据 Landsat5_sd_RC. dat。设置完毕后,单击 OK 即出现 IARR Calibration Parameters 对话框(图 6.15)。在 IARR Calibration Parameters 对话框中,选择将结果输出到文件,文件名设置为 Landsat5_sd_IARR. dat。设置完毕后,点击 OK,输出内部平均相对反射率法大气校正结果。

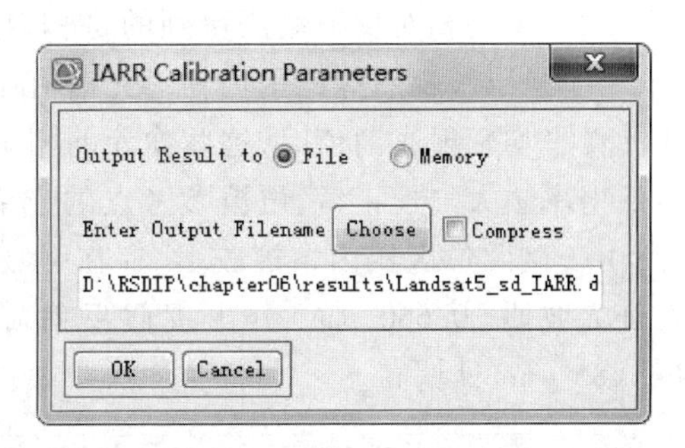

图 6.15　IARR Calibration Parameters 对话框

2. 对比校正前后的光谱曲线变化

采用两个垂直窗口分别显示大气校正前后的图像 Landsat5_sd_RC. dat 和 Landsat5_sd_IARR. dat。二者都采用五、四、三波段进行 RGB 组合并采用 2%线性拉伸显示,左边窗口显示 Landsat5_sd_RC. dat,右边窗口显示 Landsat5_sd_IARR. dat,并且将二者链接起来(图 6.16)。

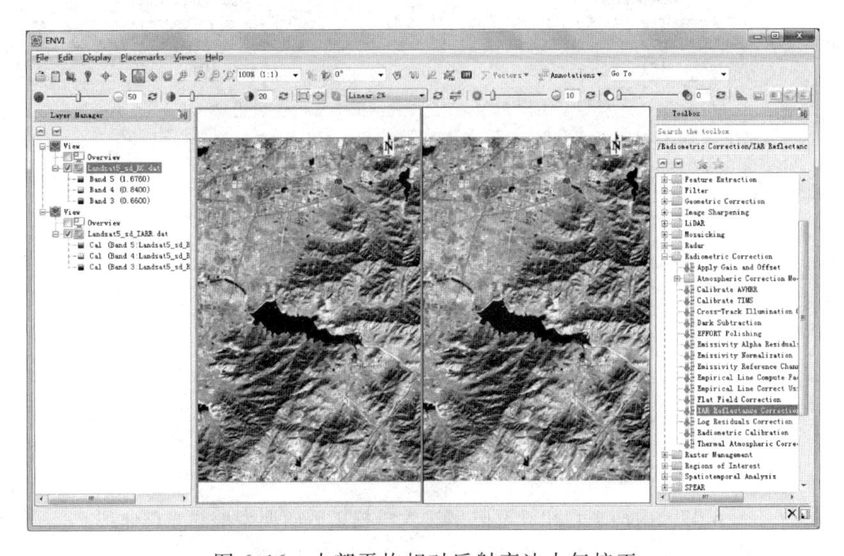

图 6.16　内部平均相对反射率法大气校正

单纯从图像显示的视觉效果来看，很难发现大气校正前后图像之间的差异（图 6.16），需要从图像的光谱曲线来查看变化和检验大气校正的效果。按照绝对辐射定标里面所说的查看光谱曲线方法，分别显示同一位置 Landsat5_sd_RC. dat 和 Landsat5_sd_IARR. dat 的光谱曲线。

图 6.17 是经过内部平均相对反射率法大气校正后，所选典型地物的光谱曲线。内部平均相对反射率法得到的是相对反射率，反映的只是反射率的相对大小，由于是以整幅图像的平均辐射光谱值作为参考光谱，当像元的辐射光谱值大于图像平均辐射光谱值时，这些像元的相对反射率会大于 100%。经内部平均相对反射率法大气校正后，植被参考点的光谱曲线与典型光谱曲线的形状较为相似；由于该图像区域内植被较多，存在强吸收特征，导致土壤参考点的光谱曲线在红光波段（0.660 μm）处出现假反射峰；水体参考点的反射率在蓝光波段（0.485 μm）处偏高。

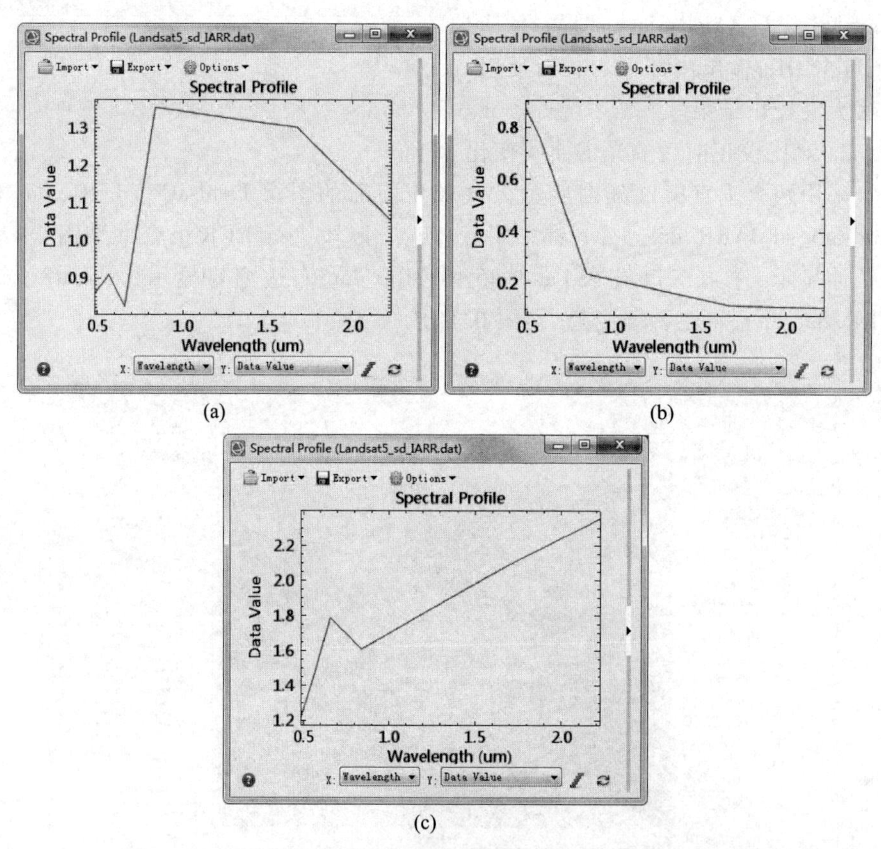

图 6.17　内部平均相对反射率法大气校正后的典型地物光谱曲线

（a）植被像元；（b）水体像元；（c）土壤像元

6.2.2 平场域法大气校正

平场域法属于统计模型，也是一种相对大气校正方法。平场域法是在内部平均相对反射率法的基础上发展而来的。通过选择图像中一块面积大且亮度高而光谱响应曲线变化平缓的区域（如沙漠、大块水泥地、沙地等）建立平场域，然后利用该区域的平均光谱辐射值来模拟图像获取时大气条件下的太阳光谱。将每个像元的辐射值与该平均光谱辐射值的比值作为地表反射率，用以消除大气的影响。该方法要求平场域自身的平均光谱没有明显的吸收特征。选择平场域时需要利用 ROI 工具。

1. 建立平场域

在工具栏中点击按钮，打开 Region of Interest（ROI）Tool 对话框（图 6.18），设置 ROI 的名称（Flat_field）和颜色（红色）。这里采用多边形构建 ROI，在该对话框中选择 Geometry 面板，点击 Polygon 按钮，然后在图像上选择面积大、亮度高且光谱响应曲线变化平缓的区域（如沙漠、大块水泥地、沙地等）建立 ROI（图 6.19）。

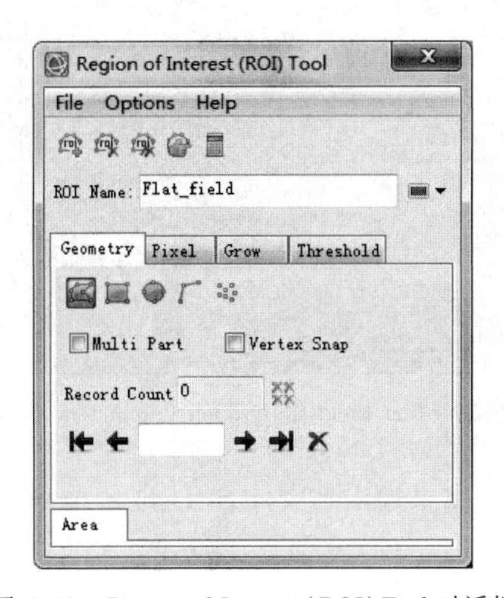

图 6.18 Region of Interest（ROI）Tool 对话框

2. Flat Field Calibration

在工具箱中，选择 Radiometric Correction > Flat Field Correction，打开 Calibration Input File 对话框。在 Select Input File 列表框里选择校正数据 Landsat 5_sd_RC. dat，点击 OK，弹出 Flat Field Calibration Parameters 对话框（图 6.20）。在 Flat Field Calibration Parameters 对话框中，在 Select ROI for Calibration 列表框中选

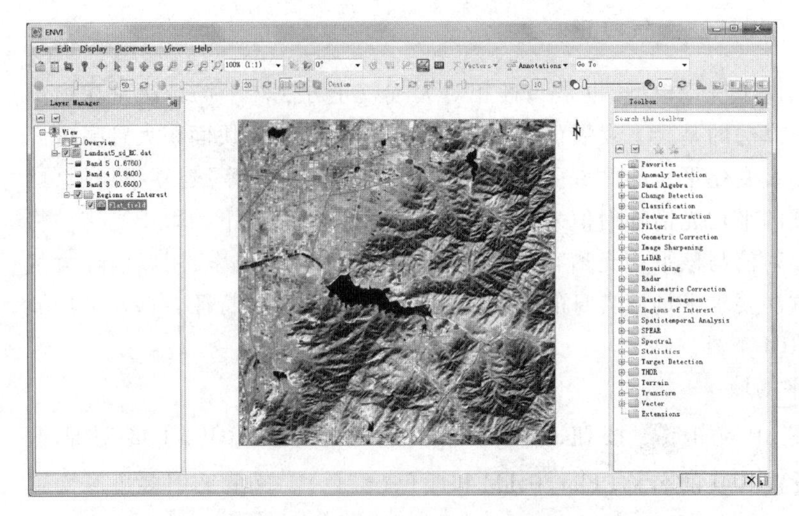

图 6.19　构建平场域 ROI(红色区域)

图 6.19 彩版

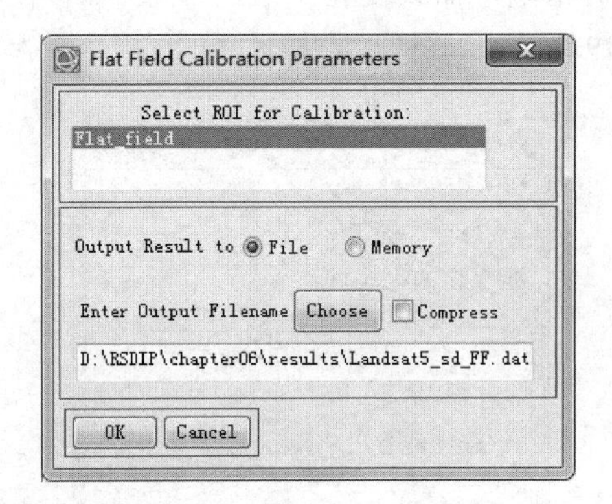

图 6.20　Flat Field Calibration Parameters 对话框

择平场域对应的 ROI,将结果输出到文件,文件命名为 Landsat5_sd_FF. dat,点击 OK 输出结果。

3. 对比校正前后的光谱曲线变化

同样,采用两个垂直窗口同步显示大气校正前的 Landsat5_sd_RC. dat 和大气校正后的 Landsat5_sd_FF. dat,然后分别查看它们的光谱曲线。

图 6.21 是经过平场域法大气校正后,所选典型地物的光谱曲线。平场域法得到的也是相对反射率,由于选取平场域的不确定性,某些像元的反射率也可能大于 100%。校正之后,植被参考点在蓝光波段(0.485 μm)的反射率过高;相比内部平均相对反射率法(图 6.17),土壤参考点没有出现假反射峰;水体参考点

在蓝光波段(0.485 μm)处反射率还是偏高。

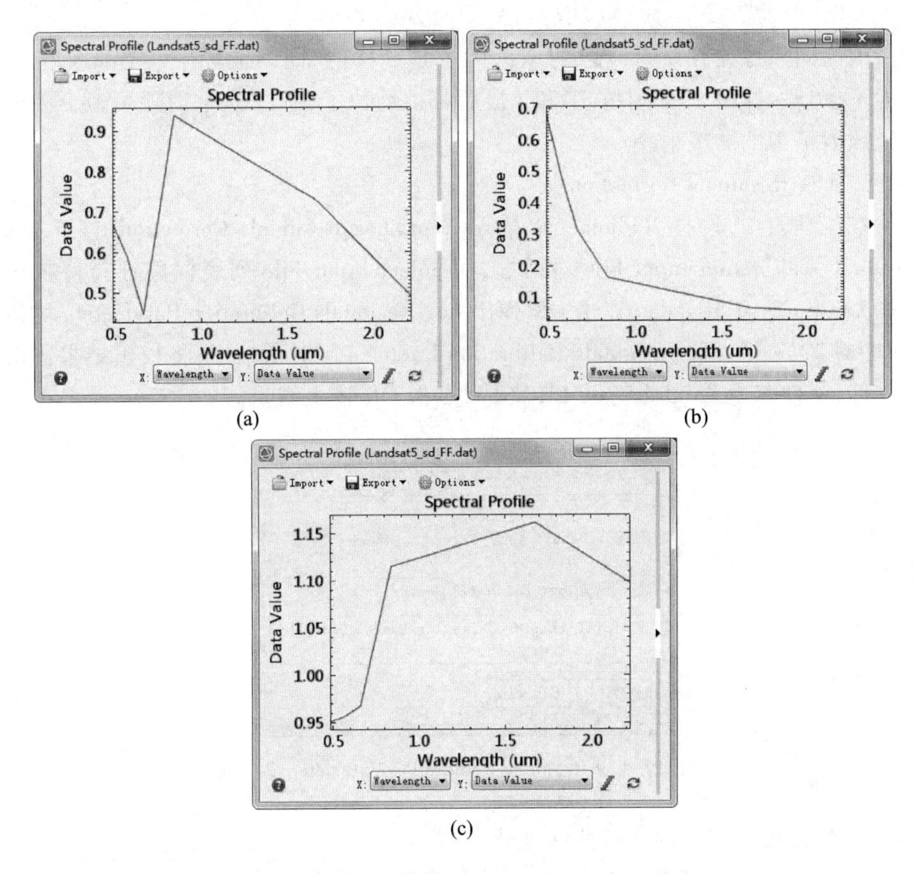

图 6.21　平场域法大气校正后的典型地物光谱曲线

(a) 植被像元;(b) 水体像元;(c) 土壤像元

6.2.3　对数残差法大气校正

对数残差法大气校正属于统计模型,它是一种相对大气校正方法。对数残差法的目的是消除光照及地形的影响,假设像元的灰度值 DN_{ij}(波段 j 中像元 i 的灰度值)只受到反射率 R_{ij}(波段 j 中像元 i 的反射率)、地形因子 T_i(像元 i 处表征表面变化的地形因子)和光照因子 I_j(波段 j 的光照因子)的影响,即:

$$DN_{ij} = T_i R_{ij} I_j \tag{6.2}$$

假设 $DN_{i.}$ 表示像元 i 所有波段的几何均值,$DN_{.j}$ 表示波段 j 对所有像元的

几何均值,$DN_{..}$ 表示所有像元在所有波段的数据的几何均值,则有:

$$Y_{ij}=(DN_{ij}/DN_{i.})/(DN_{.j}/DN_{..}) \tag{6.3}$$

因为同一像元在所有波段的地形因子是一样的,同一波段中所有像元的光照因子也是一样的,上式中的 T 和 I 最后都被约掉了,所以 Y_{ij} 是消除了地形因子和光照因子影响的反射率。

1. Log Residuals Correction

在工具箱中,选择 Radiometric Correction>Log Residuals Correction,打开 Log Residuals Calibration Input File 对话框,在 Select Input File 列表框里选择待校正数据 Landsat5_sd_RC. dat,点击 OK 弹出 Log Residuals Calibration Parameters 对话框(图 6.22)。在 Log Residuals Calibration Parameters 对话框中,将校正结果输出到文件,文件名为 Landsat5_sd_LRC. dat,点击 OK 输出结果。

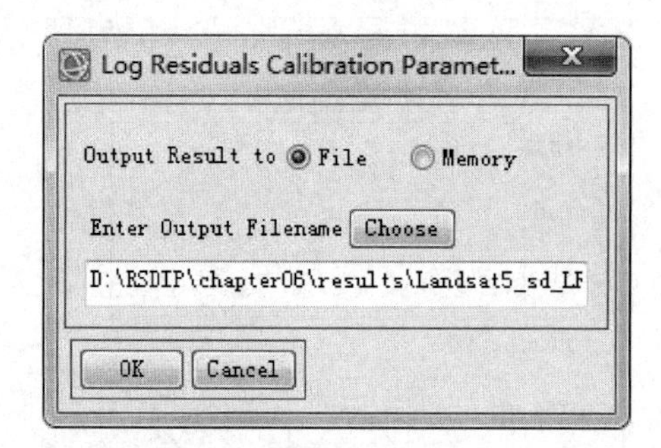

图 6.22 Log Residuals Calibration Parameters 对话框

2. 对比校正前后的光谱曲线变化

同样,采用两个垂直窗口同步显示大气校正前的 Landsat5_sd_RC. dat 和大气校正后的 Landsat5_sd_LRC. dat,然后分别查看它们的光谱曲线。

图 6.23 是经过对数残差法大气校正后,所选典型地物的光谱曲线,该校正结果总体上与内部平均相对反射率法大气校正的光谱曲线(图 6.17)较为相似。

6.2.4 经验线性法大气校正

经验线性法是假设在图像覆盖范围内,存在两个以上不同反射特征且反射率值差异较大的物体,如暗目标和亮目标。假定图像 DN 值与对应区域的实际反射率 R 间存在线性关系,通过同步实测遥感图像上这些像元的地面反射光谱值,利用线性回归建立实际的反射光谱与图像 DN 值之间的经验线性关系[式(6.4)]就可以进行像元灰度值的反射率反演。

$$R=k\cdot DN+b \tag{6.4}$$

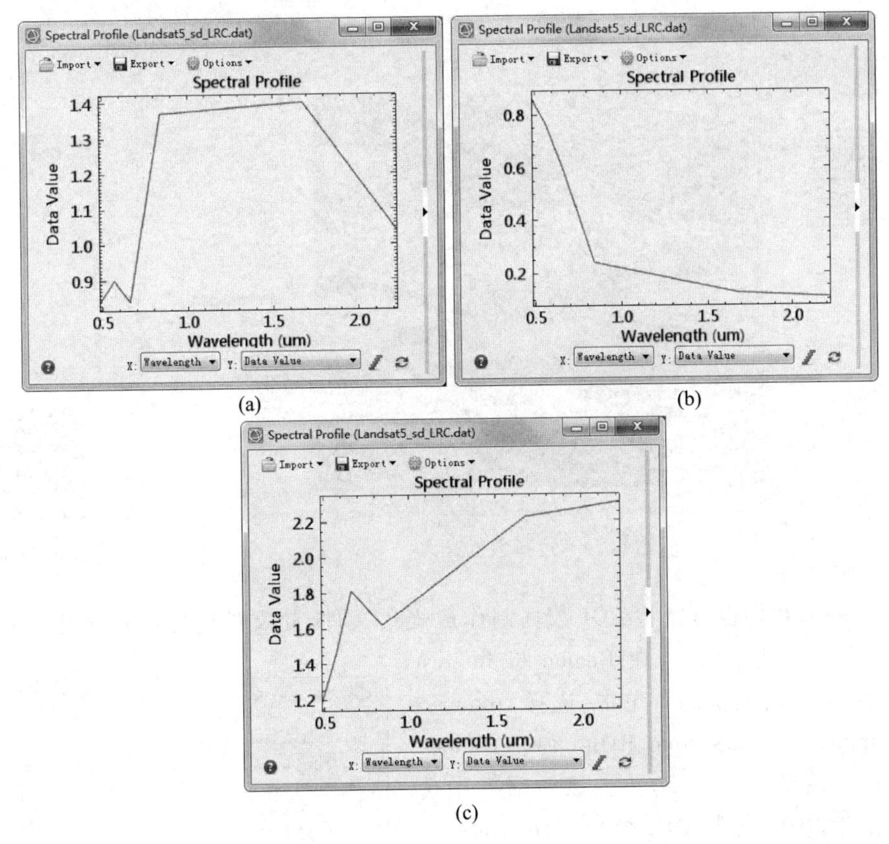

图 6.23 对数残差法大气校正后的典型地物光谱曲线

(a) 植被像元;(b) 水体像元;(c) 土壤像元

式中,R 为某一波段的实际测量得到的反射率数据;DN 为某一波段的图像灰度值;k 和 b 分别为线性回归的增益和偏移。

经验线性法大气校正至少需要一组遥感图像上的数据光谱(data spectra)及其对应的真实地面光谱(field spectra),然后根据所选的光谱数据组对遥感图像的各个波段分别进行线性回归,从而得到各波段的经验线性方程,最后将这些方程应用于对应波段的所有像元。

1. 收集数据光谱和地面光谱

采用 ROI 工具收集数据光谱。在工具栏中点击 [roi] 按钮,打开 Region of Interest(ROI)Tool 对话框,从暗目标至亮目标分别选择水体(红色)、植被(黄色)、裸土(青色)和建筑物(品红),建立相应的 ROI(图 6.24),并保存为 Data_spectra.roi 文件,该文件将被用于后续的经验线性校正。

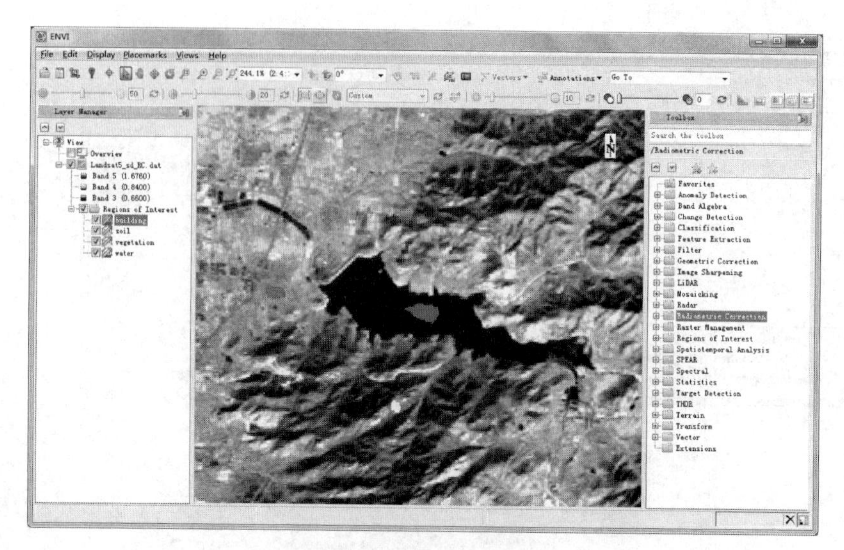

图 6.24　选择数据光谱

图 6.24 彩版

另外,我们也可以将 ROI 数据制作成光谱文件,此文件同样也可被用于后续的经验线性校正。在 Region of Interest (ROI) Tool 对话框的菜单中,选择 Options>Computer Statistics from ROIs,弹出 Choose ROIs 对话框(图 6.25)。在该对话框中选择所有 ROI,点击 OK,弹出 ROI Statistics View 对话框(图 6.26)。在该对话框中,选择 Export>Spectral Library,设置输出路径和文件名 Data_spectra. sli(图 6.27),制作得到数据光谱文件。

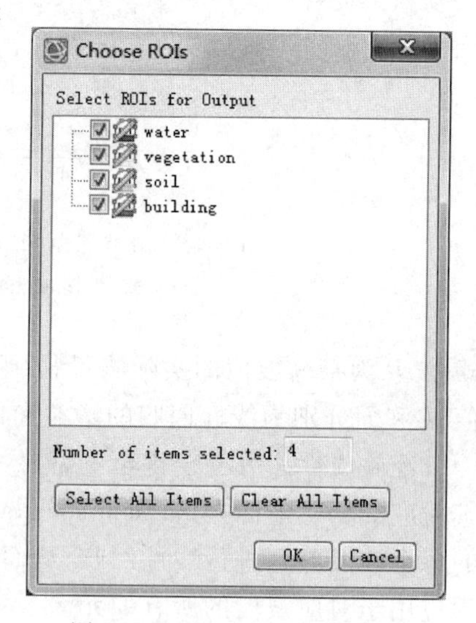

图 6.25　Choose ROIs 对话框

采用野外光谱测量收集地面光谱。真实的地面光谱文件数据可以来自于 ASCII 文件、光谱仪、标准光谱曲线、感兴趣区、统计文件和端元收集文件等。本案例对应的水体、植被、裸土和建筑物真实光谱来自于光谱仪的野外测量数据,对应的光谱文件为 Field_spectra. sli。

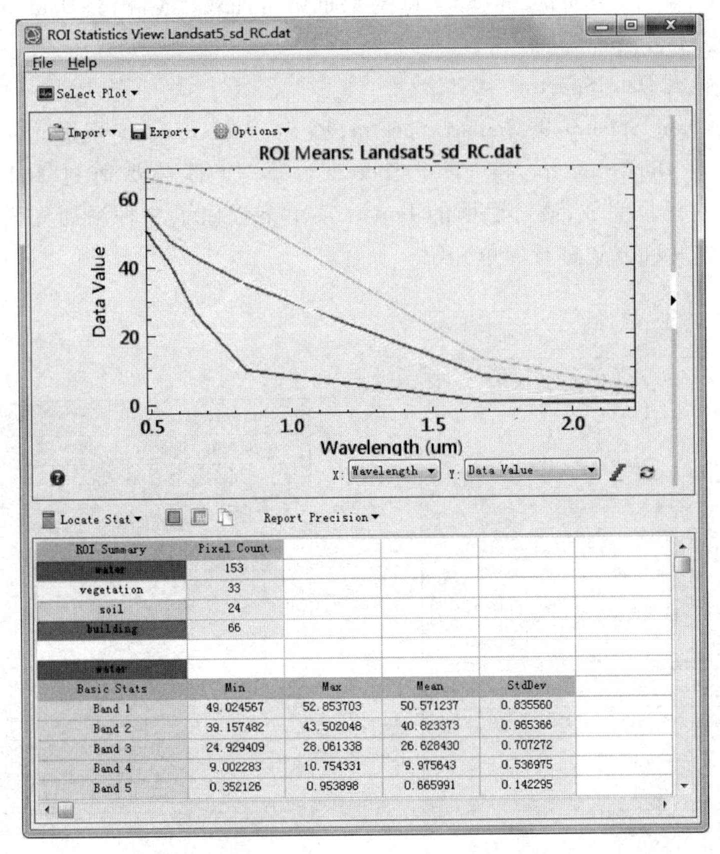

图 6.26 ROI Statistics View 对话框

图 6.27 Save to Spectral Library 对话框

2. 经验线性校正

在工具箱中，选择 Radiometric Correction > Empirical Line Computer Factors and Correct，打开 Empirical Line Input File 对话框。在 Select Input File 列表框中选择 Landsat5_sd_RC.dat，点击 OK 弹出 Empirical Line Spectra 对话框

(图 6.28)。在 Empirical Line Spectra 对话框中可加载数据光谱(Data Spectra)和地面光谱(Field Spectra)。

(1) 导入 Data Spectra

点击 Data Spectra 的 Import Spectra,弹出 Data Spectra Collection 对话框(图 6.29)。Data Spectra 和 Field Spectra 的添加都需要通过 Data Spectra Collection 对话框完成,该对话框的 Import 菜单下提供了 9 种添加光谱的方式,下面先对这 9 种方式进行简单介绍。

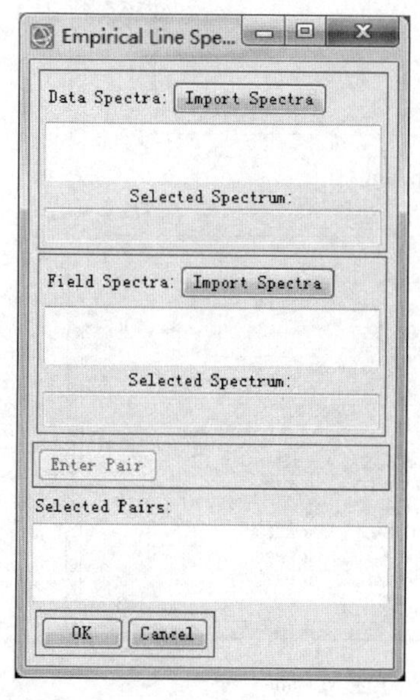

图 6.28 Empirical Line Spectra 对话框

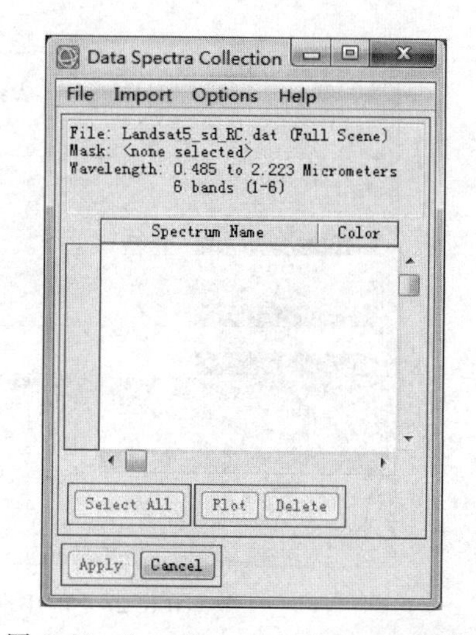

图 6.29 Data Spectra Collection 对话框

① from ASCII file:由包含光谱曲线 X 轴和 Y 轴的文本文件导入,选择文本文件后需要在 Input ASCII File 面板中为 X 轴和 Y 轴选择对应的列。

② from ASCII file(previous template):同样导入文本文件,按照上一次设定的模式默认选择 X 轴和 Y 轴对应的列。

③ from ASD binary file:从 ASD 光谱仪中导入光谱曲线。光谱文件将被自动重采样以匹配光谱库中的设置。当 ASD 文件的波长范围与输入图像波长的范围不匹配时,将会产生一个全 0 结果。

④ from Spectral Library file:从光谱库中导入光谱曲线。

⑤ from ROI /EVF from input file:从已经打开的 ROI 或者矢量 EVF 导入光谱曲线,这些 ROI /EVF 关联相应的图像,导入的光谱就是 ROI/EVF 上每个要素对应图像上的平均光谱。

⑥ from ROI /EVF from other file:从其他文件中的 ROI 或者矢量 EVF 导入光谱曲线。

⑦ from Stats file:从统计文件中导入光谱曲线,统计文件的均值光谱将被导入。

⑧ from Plot Windows:从 Plot 窗口中导入光谱曲线。

⑨ from Endmember Collection file:从端元收集文件导入光谱曲线。

本案例选择从 ROI 文件中导入数据光谱,具体操作是在 Data Spectra Collection 对话框的菜单栏中选择 Import>from ROI/EVF from input file,弹出 Select Regions for Stats Calculation 对话框(图 6.30)。在列表中选择水体、植被、裸土和建筑物对应的 ROI,点击 OK 回到 Data Spectra Collection 对话框,点击 Select All 选择所有光谱,再点击 Apply,即添加了水体、植被、裸土和建筑物的数据光谱。该步骤也可通过加载光谱文件实现,具体操作为:选择 Import>from Spectral Library file,然后选择前面制作的 Data_spectra. sli 文件。

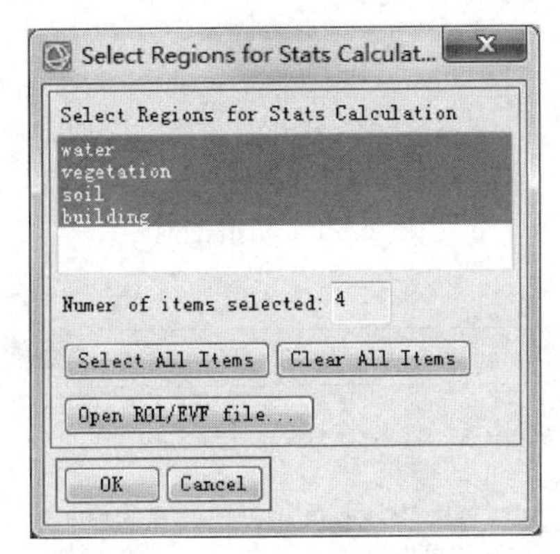

图 6.30 Select Regions for Stats Calculation 对话框

(2) 导入 Field Spectra

点击 Field Spectra 的 Import Spectra,弹出 Field Spectra Collection 对话框。在菜单栏中选择 Import>from Spectral Library file,加载地物真实光谱曲线 Field_spectra. sli 文件,并选择水体、植被、裸土和建筑物的参考光谱曲线。

(3) 光谱配对

在 Data Spectra 和 Field Spectra 中分别选择相应的地物,然后点击 Enter Pair 进行光谱配对(图 6.31)。所有地物的光谱配对完成以后,点击 OK 弹出 Empirical Line Calibration Parameters 对话框(图 6.32)。

在 Empirical Line Calibration Parameters 对话框中(图 6.32),设置输出结果和校正文件的路径及文件名。这里输出结果命名为 Landsat5_sd_ELC. dat,校正参数文件命名为 Landsat5_sd_ELC. cff。点击 OK 输出结果。

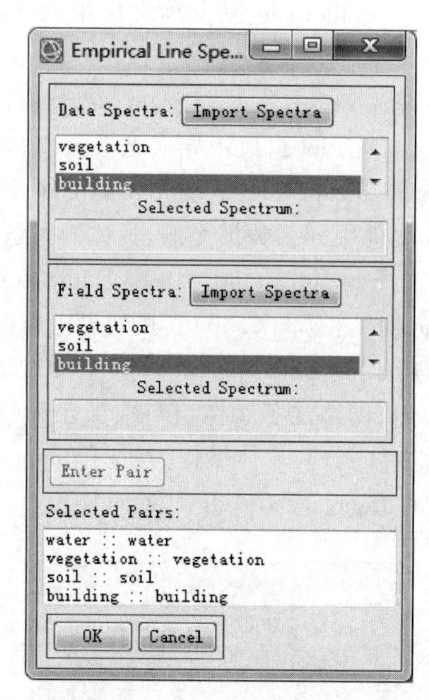

图 6.31　光谱配对

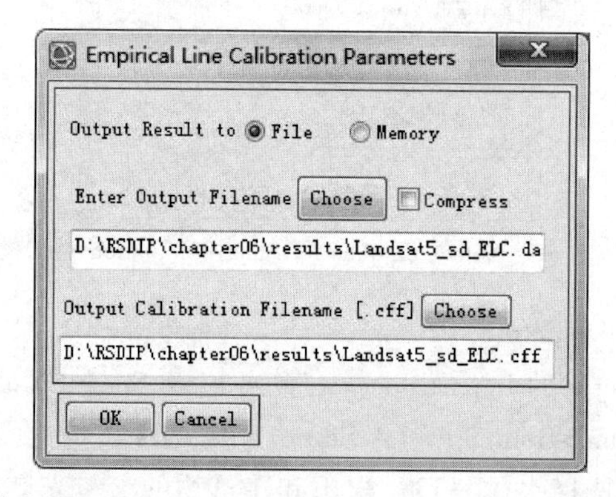

图 6.32　Empirical Line Calibration Parameters 对话框

3. 对比校正前后的光谱曲线变化

同样，采用两个垂直窗口同步显示大气校正前的 Landsat5_sd_RC.dat 和大气校正后的 Landsat5_sd_ELC.dat，然后分别查看它们的光谱曲线。

图 6.33 是经过经验线性法大气校正后，所选典型地物的光谱曲线。经验线性法得到的是反射率的绝对值，大气校正后，植被和土壤参考点的光谱曲线较为符合其相应的典型光谱曲线，水体的反射率整体偏小。

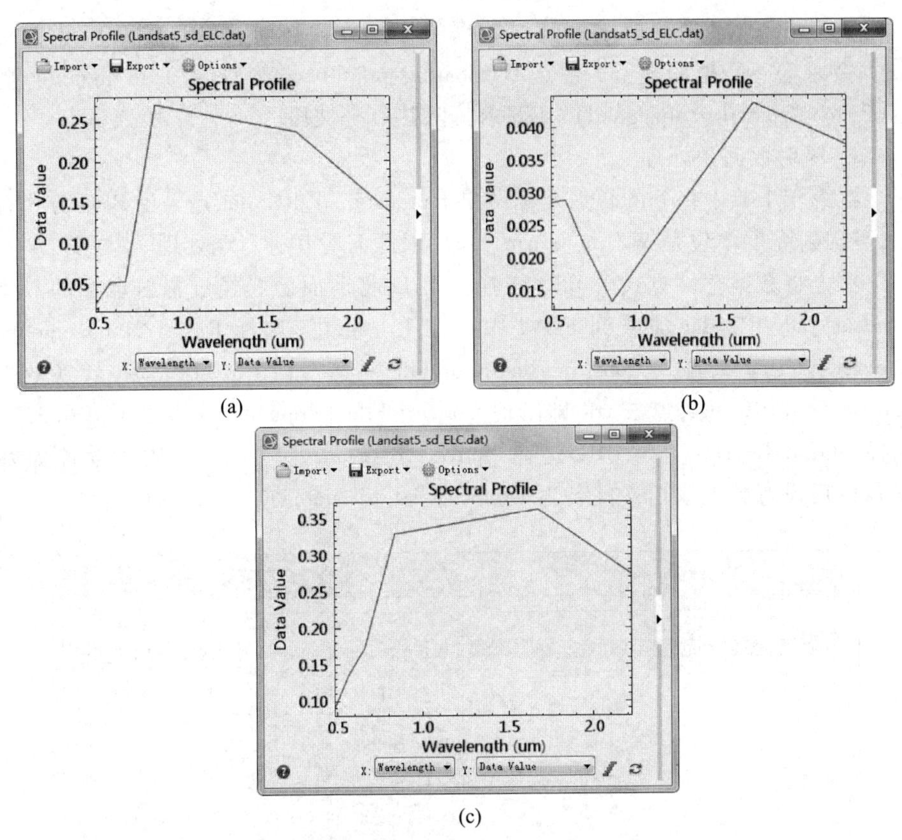

图 6.33　经验线性法大气校正后的典型地物光谱曲线

(a) 植被像元;(b) 水体像元;(c) 土壤像元

6.2.5　FLAASH 大气校正

FLAASH(fast line-of-sight atmospheric analysis of spectral hypercubes)大气校正,是基于 MODTRAN4+的辐射传输模型。FLAASH 是一种适用于多光谱和高光谱遥感数据的大气校正。当遥感数据中包含了合适的波段时,FLAASH 还可以反演水汽、气溶胶等参数。

FLAASH 大气校正要求输入的遥感数据为经过辐射定标后的辐射亮度,辐射亮度单位为 $\mu W/(cm^2 \cdot nm \cdot sr)$,如果输入数据的辐射亮度单位是 $W/(m^2 \cdot \mu m \cdot sr)$,则需将其乘以 0.1,因为 $1\ W/(m^2 \cdot \mu m \cdot sr) = 0.1\ \mu W/(cm^2 \cdot nm \cdot sr)$。如果辐射定标是采用前面第 6.1 节介绍的 Radiometric Calibration,并且应用了 Apply FLAASH Settings,则辐射定标结果已经符合了 FLAASH 大气校正对输入数据的格式要求,此时不需要再进行数据预处理。

FLAASH 大气校正要求多波段数据的存储方式必须为 BIL 或 BIP，不能为 BSQ；要求遥感数据的类型为浮点型（floating-point）、长整型（4-byte signed）、整型（2-byte signed or unsigned）；还要求排除热红外波段。

1. 辐射数据预处理

在第 6.1 节中得到的辐射定标结果 Landsat5_sd_RC.dat 是采用 BSQ 方式存储，且辐射亮度单位是 W/(m^2 · μm · sr)，因此需对其进行预处理。

首先将数据存储方式由 BSQ 转换为 BIL，将前面已经经过辐射定标的数据 Landsat5_sd_RC.dat 加载到 ENVI 中。在工具箱中，选择 Raster Management > Convert Interleave，打开 Convert File Input File 对话框（图 6.34），选择转换数据 Landsat5_sd_RC.dat，点击 OK 即出现 Convert File Parameters 对话框（图 6.35）。选择 Output Interleave 为 BIL，选择 Convert In Place 为 No（Yes 则覆盖原始数据），然后设置数据输出文件名为 Landsat5_sd_bil.dat，点击 OK，输出结果。

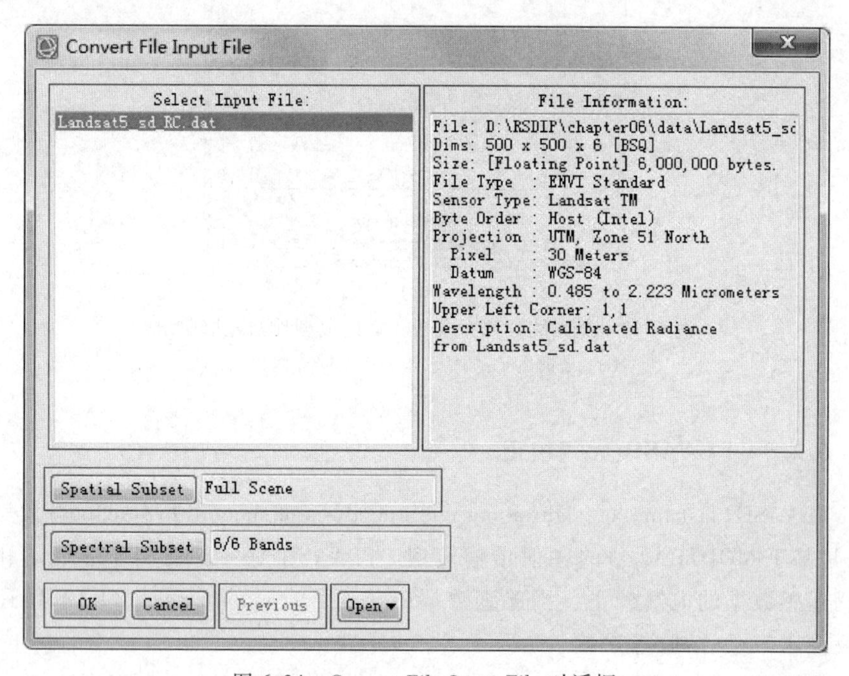

图 6.34 Convert File Input File 对话框

2. 大气校正

在工具箱中，选择 Radiometric Correction > Atmospheric Correction Module > FLAASH Atmospheric Correction，打开 FLAASH Atmospheric Correction Model Input Parameters 对话框（图 6.36）。对话框参数设置如下。

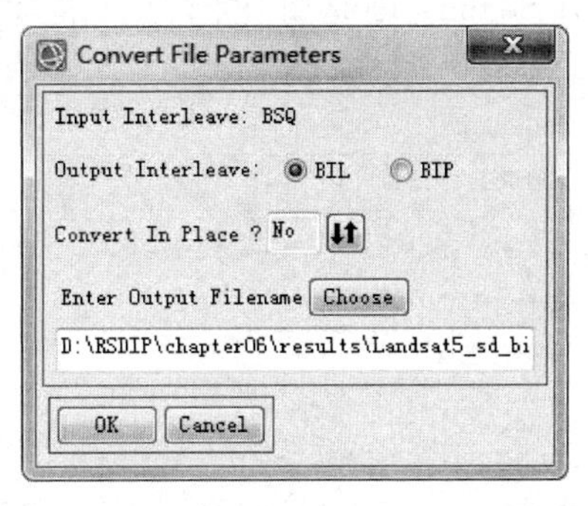

图 6.35　Convert File Parameters 对话框

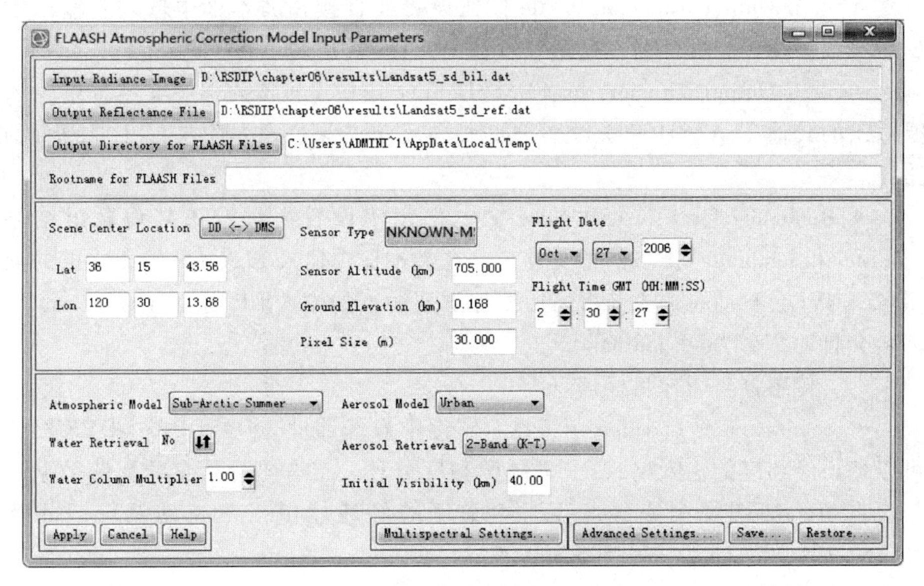

图 6.36　FLAASH Atmospheric Correction Model Input Parameters 对话框

（1）设置文件输入与输出信息

• 点击 Input Radiance Image 按钮弹出 FLAASH Input File 对话框，选择辐射亮度数据 Landsat5_sd_bil.dat。点击 OK 后，弹出 Radiance Scale Factors 对话框（图 6.37）。由于 FLAASH 大气校正要求辐射亮度的单位为 μW/(cm^2·nm·sr)，而 Landsat5_sd_bil.dat 的单位是 W/(m^2·μm·sr)，所以需要设置比例因子将单位统一到 μW/(cm^2·nm·sr)。这里，选择 Use single scale factor for all bands，将 Single scale factor 设为 10（注意此处是设置为 10 而不是 0.1，因为此处的比例因子是作为被除数而不是作为乘数，而第 6.1 节绝对辐射定标第二种操作方法

所描述的 Apply FLAASH Settings 则是将比例因子作为乘数）。点击 OK 完成设置。

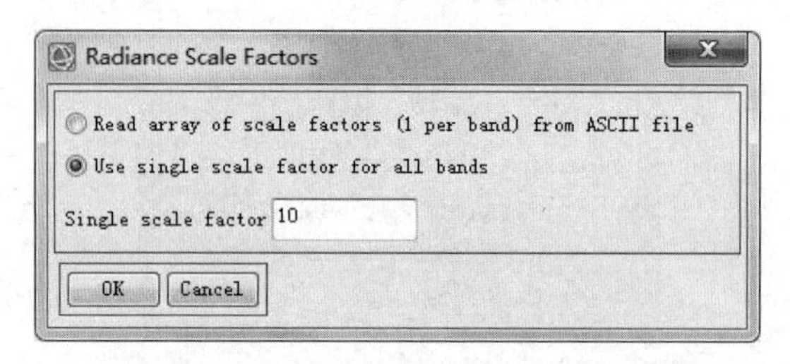

图 6.37 Radiance Scale Factors 对话框

- 点击 Output Reflectance File 按钮设置或直接在文本框中输入要输出的反射率数据路径和文件名。这里设置输出文件名为 Landsat5_sd_ref. dat。

- 点击 Output Directory for FLASSH Files 按钮设置或直接在文本框中输入要输出的其他 FLAASH 相关文件（如水汽反演结果、云分类结果、日志等）的路径。

- Rootname for FLAASH Files 文本框用于设置大气校正其他输出结果（journal 和 template 文件）的根文件名。在文本框中输入 FLAASH 输出文件的前缀名，ENVI 会自动在输入前缀名后添加下划线。如输入 sd，则输出的 journal 文件名会自动命名为 sd_journal. txt。

（2）传感器与图像目标信息

- Scene Center Location 用于设置图像中心经纬度，点击 DD<->DMS 按钮可以切换经纬度的输入格式：十进制度和度分秒。带有坐标信息的遥感数据一般会自动添加图像中心经纬度。本案例的经纬度由工具自动获取，Lat 为 36.262 100 00，Lon 为 120.503 800 00。

- Sensor Type 用于设置传感器类型，点击按钮，然后选择 Multispectral>Landsat TM5，软件会自动添加 Sensor Altitude（传感器高度）和 Pixel Size（像元大小）的值，当不知道传感器类型时，可以自己输入 Sensor Altitude 和 Pixel Size，Ground Elevation 输入图像区域的平均海拔，这里为 0.168 km（此处需特别注意海拔高度的单位是 km，而不是 m）。

- Flight Date 为成像日期，这里为 2006-10-27。

- Flight Time GMT 为成像的格林尼治时间，这里为 02:30:27。

（3）大气模型

- Atmospheric Model 用于选择大气模型，ENVI 提供了 MODTRAN 的 6 种大气模型：亚极地冬季（sub-arctic winter）、中纬度冬季（mid-latitude winter）、美国

标准大气模型(U. S. standard)、亚极地夏季(sub-arctic summer)、中纬度夏季(mid-latitude summer)和热带(tropical)。大气模型可以根据水汽柱和表面大气温度(表 6.1)选取,也可以根据季节和纬度信息(表 6.2)进行选择。本案例根据季节和纬度信息选择 tropical(T)大气模型。

表 6.1　基于水汽含量和表面大气温度(从海平面起算)选择 MODTRAN 大气模型

大气模型	水汽柱(标准大气压/cm)	水汽柱/(g·cm^{-2})	表面大气温度
sub-arctic winter(SAW)	518	0.42	-16℃(3 ℉)
mid-latitude winter(MLW)	1 060	0.85	-1℃(30 ℉)
U. S. standard(US)	1 762	1.42	15℃(59 ℉)
sub-arctic summer(SAS)	2 589	2.08	14℃(57 ℉)
mid-latitude summer(MLS)	3 636	2.92	21℃(70 ℉)
tropical(T)	5 119	4.11	27℃(80 ℉)

表 6.2　基于季节/纬度选择 MODTRAN 大气模型

纬度范围	1 月	3 月	5 月	7 月	9 月	11 月
85°N—75°N	SAW	SAW	SAW	MLW	MLW	SAW
75°N—65°N	SAW	SAW	MLW	MLW	MLW	SAW
65°N—55°N	MLW	MLW	MLW	SAS	SAS	MLW
55°N—45°N	MLW	MLW	SAS	SAS	SAS	SAS
45°N—35°N	SAS	SAS	SAS	MLS	MLS	SAS
35°N—25°N	MLS	MLS	MLS	T	T	MLS
25°N—15°N	T	T	T	T	T	T
15N°—5°N	T	T	T	T	T	T
5N°—5°S	T	T	T	T	T	T
5°S—15°S	T	T	T	T	T	T
15°S—25°S	T	T	T	MLS	MLS	T
25°S—35°S	MLS	MLS	MLS	MLS	MLS	MLS
35°S—45°S	SAS	SAS	SAS	SAS	SAS	SAS
45°S—55°S	SAS	SAS	SAS	MLW	MLW	SAS
55°S—65°S	MLW	MLW	MLW	MLW	MLW	MLW
65S°—75°S	MLW	MLW	MLW	MLW	MLW	MLW
75°S—85°S	MLW	MLW	MLW	SAW	MLW	MLW

(4) 水汽反演

• Water Retrieval 为水汽反演。FLAASH 所采用的水汽反演方法要求遥感图像必须具备以下三个光谱范围内的至少一个波段,且光谱分辨率要优于 15 nm:a. 1 135 nm 水汽特征(1 050—1 210 nm);b. 940 nm 水汽特征(870—1 020 nm);c. 820 nm 水汽特征(770—870 nm)。多波段图像由于缺少相应波段和光谱分辨率太低不能进行水汽反演,因此通常使用一个固定的水汽含量值(water column multiplier),本案例使用默认值 1.00。

(5) 气溶胶反演

• Aerosol Model 为气溶胶模型,ENVI 提供了 5 种气溶胶模型。No Aerosol:无气溶胶,不考虑气溶胶影响;Rural:乡村,没有城市和工业影响的地区;Urban:城市,混合 80%的乡村和 20%的烟尘气溶胶模型,适合高密度城市或工业地区;Maritime:海面,海平面或者受海风影响的大陆区域,混合了海雾和小粒乡村气溶胶;Tropospheric:对流层,平静、干净条件下(能见度大于 40 km)陆地,只包含微小成分的乡村气溶胶。该案例中的 Landsat5_sd_bil.dat 图像为山东省青岛市市区,所以选择 Urban。

• Aerosol Retrieval 为气溶胶提取。FLAASH 使用了暗像元反射率比值法反演气溶胶和估算能见度,此方法要求传感器包含 660 nm 和 2 100 nm 附近的波段。暗像元是指在 2 100 nm 附近的波段反射率等于或小于 0.1 且 660∶2 100 nm 反射率比值接近 0.45 来定义。如果输入的图像包含了 800 nm 和 420 nm 附近的波段,则会额外增加一项判断,即 800∶420 辐射亮度比值等于或小于 1,此项判断可以进一步排除阴影和水体像元。Aerosol Retrieval 下拉框中提供了 3 种气溶胶反演方法。None:气溶胶反演模型将会使用初始能见度(initial visibility);2-Band(K-T):采用黑暗像元法反演气溶胶,如果没有合适的暗像元,气溶胶反演模型也将会使用初始能见度;2-Band Over Water:用于海面(Maritime)气溶胶模型。本案例选择 2-Band(K-T)。

• Initial Visibility(km)文本框用于设置初始能见度,当不执行气溶胶反演时,此能见度将用于大气校正。具体设置见表 6.3。本案例将初始能见度设置为 40 km。

表 6.3 天气条件与估算能见度

天气条件	估算能见度/km
晴朗	40~100
薄雾天气	20~30
大雾天气	≤15

(6) 多光谱设置

在 Sensor Type 按钮菜单中选择多光谱传感器时,出现 Multispectral Settings 按钮,单击该按钮即出现 Multispectral Settings 对话框(图 6.38)。该对话框提供了两种设置方式:文件方式(File)和图形方式(GUI)。GUI 可以交互选择数据通道,这里使用图形方式。

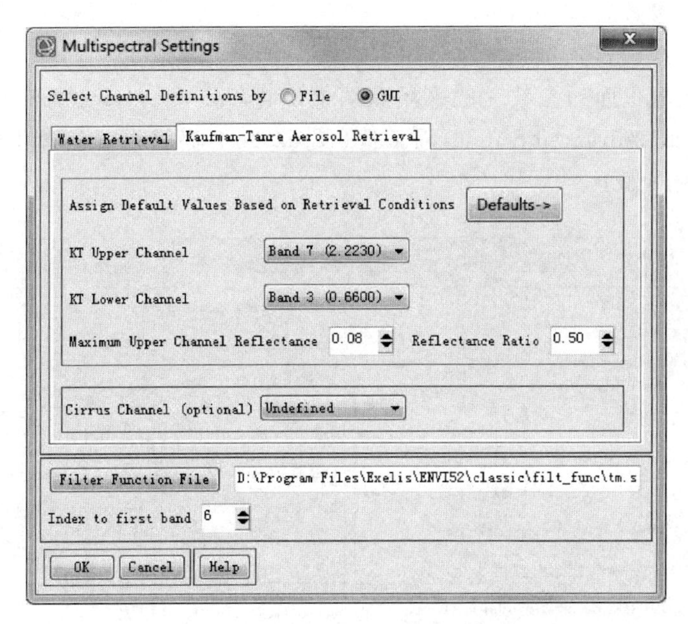

图 6.38　Multispectral Settings 对话框

多光谱数据一般不能进行水汽反演,但可以进行气溶胶反演,选择 Kaufman-Tanre Aerosol Retrieval 面板进行气溶胶反演参数设置。

- 点击 Defaults 下拉框设置为 Over-Land Retrieval standard(660 : 2 100 nm), KT Upper Channel 和 KT Lower Channel 将会自动设置为 Band 7(即 2 100 nm 附近的波段)和 Band 3(即 660 nm 附近的波段)。

- Maximum Upper Channel Reflectance 文本框中设置上行通道最大反射率值(通常等于或小于 0.1)。

- Reflectance Ratio 文本框中设置反射率比(通常为 0.45),本案例采用默认值。

- Cirrus Channel(optional)是一个可选项,用于设置卷积云波段,本案例的测试数据不包含该波段。

- Filter Function File 用于设置波普响应函数,当设置好传感器类型(Sensor

Type)后会自动添加波普响应函数,当传感器未知时,需手动设置。

• Index to first band 用于设置光谱响应函数的起始索引,也就是指滤波函数从光谱库中第几个波段开始作用。根据传感器信息系统会自动设置,未定义传感器时需手动设置。这里 Index to first band,系统给的是 6,是因为 TM5 Band 1 在 ENVI 软件自带的 tm. sli 中的索引为 6(注意索引号是从 0 开始)。

设置好参数后,点击 OK。

(7) 高级设置

高级设置里面的参数一般采用默认值即可。点击 Advanced Settings 按钮,弹出 FLAASH Advanced Settings 对话框(图 6. 39)。高级设置包含 4 部分,各参数的设置说明如下。

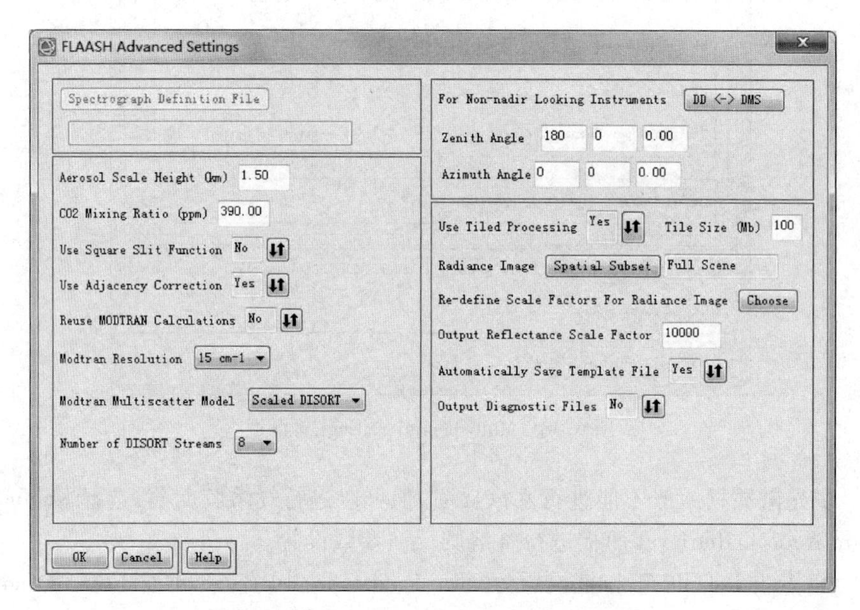

图 6. 39 FLAASH Advanced Settings 对话框

① 光谱仪定义文件设置

• Spectrograph Definition File:光谱仪定义文件,用于重新标定高光谱数据的中心波长。

② MODTRAN 模型参数设置

• Aerosol Scale Height(km):气溶胶标高,只用于计算邻近散射的范围。典型值为 1—2 km,默认值为 1. 5 km。

• CO_2 Mixing Ratio(ppm):CO_2 混合比例,2001 年该值近似为 370 ppm,实际值增加 20 ppm 会得到更好的结果。

• Use Square Slit Function：是否使用平方函数进行邻近像元亮度的均匀，对于由相邻波段平均派生的图像选 Yes。

• Use Adjacency Correction：是否使用邻近效应校正。

• Reuse MODTRAN Calculations：是否使用以前的 MODTRAN 模型计算结果。选择 Yes，则使用上一次运行的 MODTRAN 模型；选择 No，则重新计算。

• Modtran Resolution：设置 MODTRAN 模型的光谱分辨率，低分辨率运行速度快，但精度低。对于高光谱，默认值为 5 cm^{-1}；对于多光谱，默认值为 15 cm^{-1}。

• Modtran Multiscatter Model：MODTRAN 多散射模型。FLAASH 提供了 3 种多散射模型：ISAACS、Scaled DISORT 和 DISORT。DISORT 模型提供了最为精确的短波（小于 1 000 nm）校正，但是花费时间较长；ISAACS 模型计算较快但过于简单；Scaled DISORT 模型计算的精度接近于 DISORT，处理速度与 ISAACS 模型也差不多。

• Number of DISORT Streams：DISORT 流的数目。如果 MODTRAN 多散射模型选择的是 DISORT 和 Scaled DISORT 模型，需要设置 DISORT 流的数目，可选项有 2、4、8 和 16。流的数目与模型计算的散射方向数目有关，增加流的数目会增加计算时间。默认值为 8。

③ 观测几何参数设置

• Zenith Angle/ Azimuth Angle：天顶角/方位角。对于使用非天顶角观测的仪器而言，必须设置天顶角和方位角。天顶角是传感器视线与天顶之间的夹角（天顶观测的传感器为 180°），范围为 90—180°。方位角是指视线与正北之间的角度，范围是-180—180°。

④ 处理控制

• Use Tiled Processing：是否使用分块处理。使用分块处理能够使 FLAASH 处理任意大小的图像。

• Tile Size（Mb）：如果采用分块处理，则需设置分块大小。

• Spatial Subset：设置输入图像的空间子集。

• Re-define Scale Factors for Radiance Image：重新定义辐射亮度图像的缩放因子。

• Output Reflectance Scale Factor：输出反射率的缩放因子。输入比例对输出的放射率图像进行缩放，用于降低存储空间。一般设置为 10 000。

• Automatically Save Template File：是否自动将 FLAASH 参数保存到一个模板文件。

• Output Diagnostic Files：是否创建中间文件用于诊断运行时出现的问题。

（8）其他

• FLAASH Atmospheric Correction Model Input Parameters 对话框中的 Save

按钮可以用于保存 FLAASH 大气校正的设置参数，而 Restore 按钮可以打开已经保存的 FLAASH 大气校正参数。

所有参数设置完毕后，点击 Apply 按钮进行 FLAASH 大气校正，然后将输出结果添加到 ENVI 里面显示。考虑到数据储存和后续处理，FLAASH 大气校正默认情况下将得到的反射率结果乘以 10 000 存储成 16 bit 整型（也可以在 FLAASH 的高级设置里将 Output Reflectance Scale Factor 设置为 1，从而保存为实际的反射率）。后续可以运用波段运算将 FLAASH 大气校正得到的反射率除以 10 000 得到浮点型的实际值，并将输出结果设置为 Landsat5_sd_ref2. dat。

3. 对比校正前后的光谱曲线变化

采用两个垂直窗口同步显示大气校正前的 Landsat5_sd_RC. dat 和大气校正后的 Landsat5_sd_ref2. dat，然后分别查看它们的光谱曲线。

图 6.40 是经过 FLAASH 大气校正后，所选典型地物的光谱曲线，各参考点的光谱曲线较为符合其对应的典型光谱曲线。

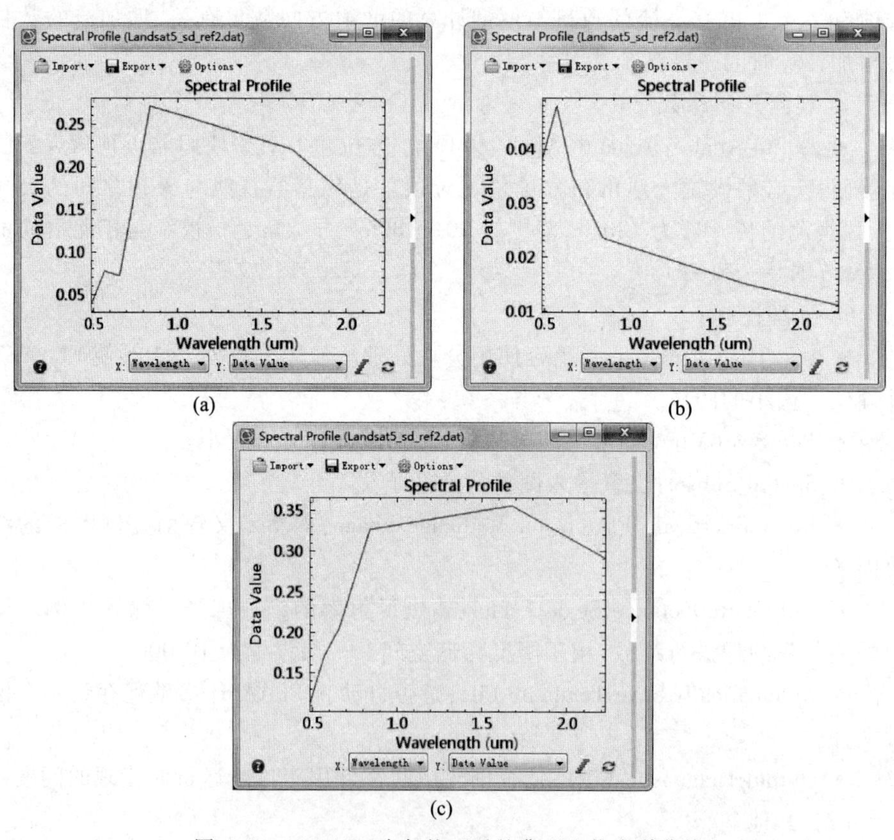

图 6.40　FLAASH 大气校正后的典型地物光谱曲线

（a）植被像元；（b）水体像元；（c）土壤像元

6.3 地形校正

在丘陵地带和山区，地形坡度、坡向和太阳光照等几何条件对遥感图像的辐射亮度影响非常显著，朝向太阳的坡面会接收更多的光照，在遥感图像上色彩自然要亮一些，背向太阳的阴面由于反射的是天空散射光，在图像上表现得要暗淡一些。地形校正的目的是消除由地形引起的辐射亮度误差，使坡度不同但反射性质相同的地物在图像中具有相同的亮度值。

ENVI 中没有提供地形校正工具，但是可以根据半经验 C 校正方法采用 IDL 编程实现。具体参见本章的电子版补充材料。

6.4 太阳高度角校正

太阳位置的变化会导致不同地表位置接收的太阳辐射不相同，从而导致不同地方、不同季节、不同时期获取的遥感图像之间存在辐射差异。太阳高度角校正的目的是通过将太阳光线倾斜照射时获取的图像校正为太阳光线垂直照射时获取的图像，以消除太阳高度角的影响。太阳高度角校正时需要获取太阳高度角或者太阳天顶角作为输入参数，校正公式为：

$$DN' = DN/\sin\theta \tag{6.5}$$

或

$$DN' = DN/\cos i \tag{6.6}$$

式中，DN'为校正后的亮度值；DN 为原始亮度值；θ 为太阳高度角；i 为太阳天顶角。

本案例使用 FLAASH 大气校正得到的 Landsat5_sd_ref2. dat 作为测试数据。

1. 读取太阳高度角信息

打开 Landsat5_sd. dat 的元数据文件 Landsat5_sd_meta. txt，获取其太阳高度角信息。从元数据文件中可以知道获取 Landsat5_sd. dat 图像时的太阳高度角为 38. 250 929 2°。

2. 基于波段运算进行太阳高度角校正

在工具箱中启动 Band Math 工具，打开 Band Math 对话框，在 Band Math 中输入数学表达式：b1/sin(38. 250 929 2 * ! DTOR)，注意 sin 函数要求输入的是弧度而不是度，此处将 38. 250 929 2°转换成了弧度（! DTOR 为 ENVI/IDL 中的系统变量，是度到弧度的转换系数，值为 π/180）。点击 OK，弹出 Variables to Bands Pairings 对话框。在 Variables used in expression 列表栏中选择 B1，然后点击 Map Variable to Input File 按钮，弹出 Band Math Input File 对话框（图 6.41）。在 Select Input File 中选择 Landsat5_sd_ref2. dat，即对 Landsat5_sd_ref2. dat 的所

有波段都进行相同的波段运算。选择之后点击 OK 返回 Variables to Bands Pairings 对话框。设置将校正结果输出到文件,设置输出文件名为 Landsat5_sd_sun. dat,点击 OK 输出结果。

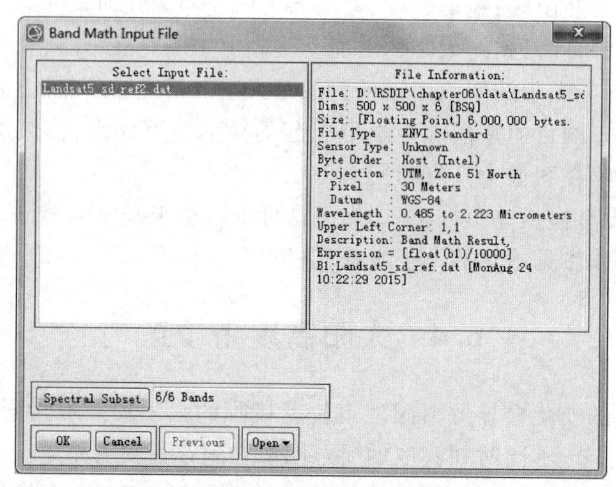

图 6.41 Band Math Input File 对话框

3. 对比校正前后的光谱曲线变化

采用两个垂直窗口同步显示太阳高度角校正前的 Landsat5_sd_ref2. dat 和校正后的 Landsat5_sd_sun. dat,然后分别查看它们的光谱曲线。

图 6.42 是植被像元太阳高度角校正后的光谱曲线,和图 6.40(a)中的光谱曲线形状是一样的,但是太阳高度角校正后的图像各波段的反射率都要大于校正前的图像。

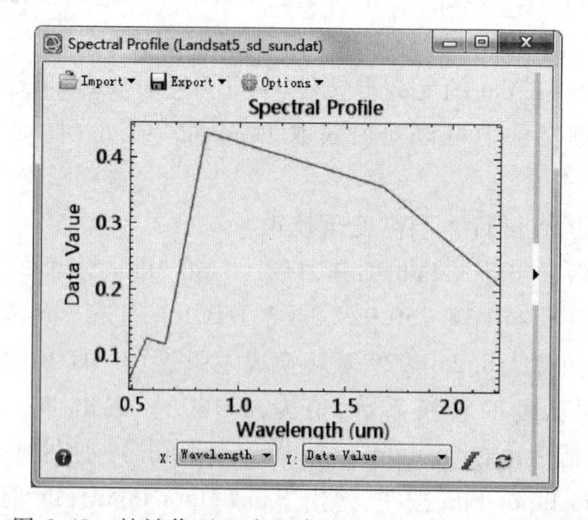

图 6.42 植被像元经太阳高度角校正后的光谱曲线

第7章 几何校正

学习目标

通过对案例的实践操作，掌握运用 ENVI 软件对遥感数字图像进行几何校正。

预备知识

遥感数字图像几何校正

参考资料

朱文泉等编著的《遥感数字图像处理——原理与方法》第6章"几何校正"

学习要点

图像到图像的几何校正
图像到地图的几何校正
具有地理位置信息的几何校正
正射校正

测试数据

数据目录：附带光盘下的..\chapter07\data\

文件名	说明
warp.dat	北京地区 Landsat5 TM 畸变图像
base.dat	北京地区 Landsat5 TM 基准图像
base_tie.pts	图像到图像自动匹配控制点
tie_points.pts	图像到图像手动几何校正的初始控制点
image_image_gcps.pts	图像到图像手动几何校正控制点
image_map_gcps.pts	图像到地图几何校正控制点

续表

文件名	说明
spot_bj. dat	无投影坐标的 SPOT 图像
spot_bj_igm. dat	spot_bj. dat 的 IGM 文件
spot_bj_glt. dat	spot_bj. dat 的 GLT 文件
imagery.TIF	待正射校正的 SPOT 图像
metadata. dim	imagery.tif 的 RPC 文件
GDEM_30m_mosaic. dat	用于正射校正的 DEM 数据
orth_gcps. shp	正射校正地面控制点

案例背景

在遥感成像过程中，传感器生成的图像像元相对于地面目标物的实际位置发生了挤压、扭曲、拉伸和偏移等几何畸变，几何畸变会给基于遥感图像的定量分析、变化检测、图像融合、地图测量或更新等处理带来很大的误差，所以需要针对图像的几何畸变进行几何校正。几何畸变可以分为系统性畸变（内部）和随机性畸变（外部）。系统性畸变是指遥感系统造成的畸变，有一定规律性，其畸变程度事先能够预测；随机性畸变是指畸变大小不能预测，出现带有随机性质的畸变。遥感图像几何校正可以分为几何粗校正和几何精校正。几何粗校正是根据产生畸变的原因，利用空间位置变化关系，采用计算公式和取得的辅助参数进行的校正，又称为系统几何校正。在进行几何粗校正时需要传感器的校准数据、卫星运行姿态参数、传感器的位置等参数，用户获取的遥感图像一般都已经做过了几何粗校正处理。经过几何粗校正之后的遥感图像还存在着随机误差和某些未知的系统误差，这就需要进行几何精校正。几何精校正是指在几何粗校正的基础上，使图像的几何位置符合某种地理坐标系统，与地图配准，并调整亮度值，即利用地面控制点做的精密校正。几何精校正不考虑引起畸变的原因，直接利用地面控制点建立起像元坐标与目标物地理坐标之间的数学模型，实现不同坐标系统中像元位置的变换。

常规的几何校正对于消除遥感图像因遥感平台和传感器本身、地球曲率等因素造成的几何畸变具有较好效果，而且对图像进行了地理参考定位，但是不能消除地形引起的几何畸变，尤其是对于地形起伏较大的地区。正射校正不仅能够实现常规的几何校正功能，还能通过测量高程点来消除地形起伏引起的图像几何畸变，提高图像的几何精度。

ENVI 软件提供了 3 种几何校正方式，分别为图像到图像的几何校正、图像到地图的几何校正和具有地理位置信息的几何校正，另外还有高级的几何校正——正射校正。在进行图像到图像的几何校正和图像到地图的几何校正实验时，采用的基准图像为 base.dat，畸变图像为 warp.dat。base.dat 是 2009 年 9 月 22 日获取的北京地区 Landsat 5 TM 图像，warp.dat 为 2008 年 5 月 30 日获取的北京地区 Landsat 5 TM 图像。在进行具有地理位置信息的几何校正实验时，采用无投影坐标的 SPOT 图像 spot_bj.dat。在进行正射校正实验时，采用具有有理多项式系数(rational polynomial coefficient，RPC)的 SPOT 数据 imagery.TIF。

7.1 图像到图像的几何校正

图像到图像的几何校正是利用具有已知地理信息的基准图像进行控制点选取，在基准图像和畸变图像上选取相同目标物，建立起基准图像与畸变图像之间的图像坐标转换关系，再利用基准图像的实际坐标投影信息对畸变图像进行几何校正。

随着遥感数据日益丰富，基于基准图像的自动几何校正已经逐步代替人工选取地面控制点(GCP)的工作模式。ENVI 5.2.1 中图像到图像的几何校正，可采用流程化的操作方式，也可以采用手工分步操作。

7.1.1 流程化操作

1. 打开遥感图像

在 ENVI 主界面菜单栏中，选择 File>Open 打开 Open 对话框，选择基准图像 base.dat 和畸变图像 warp.dat 文件进行打开。选择第 5、4、3 波段作为 R、G、B 波段进行假彩色显示，并选择 2%拉伸方式(图 7.1)。

2. 图像自动配准

基准图像必须带有标准的地图坐标或者 RPC 信息，不能是像元坐标。有坐标但没有投影信息(arbitrary)或伪坐标(pseudo)均不能用于自动配准。

(1) 文件选择

在工具栏中，选择 Geometric Correction>Registration>Image Registration Workflow，打开 Image Registration 对话框，进入 File Selection 步骤(图 7.2)。

在 Base Image File 中点击 Browse 按钮，弹出 File Selection 对话框(图 7.3)。在 Select Base Image File 下选择基准图像 base.dat，点击 OK 返回 Image Registration 对话框。采用同样方式在 Warp Image File 中选择畸变图像 warp.dat。

(2) 连接点生成

设置完基准图像和畸变图像后，在 Image Registration 对话框中点击 Next 按

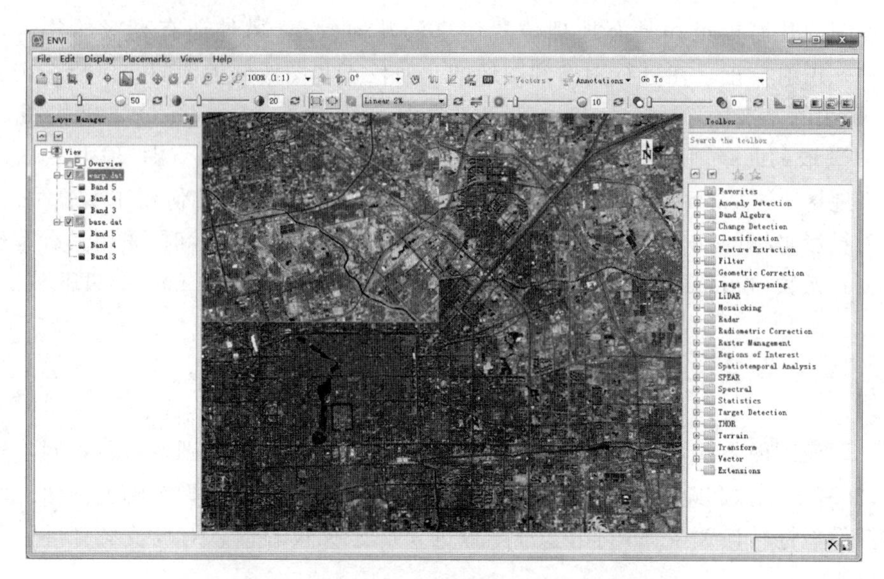

图 7.1　base. dat 和 warp. dat 的 RGB 显示

Image Registration

File Selection

Select Two Input Files

Base Image File:

Browse...

Warp Image File:

Browse...

Preview

< Back　Next >　Cancel

图 7.2　Image Registration 对话框 File Selection 步骤

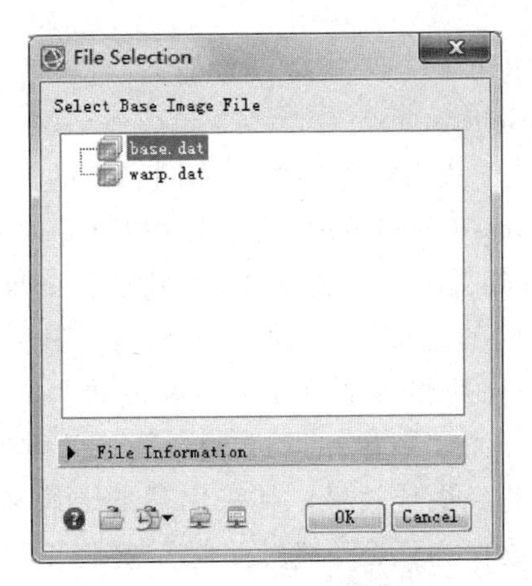

图 7.3　File Selection 对话框

钮进入下一步骤:生成连接点(Tie Points Generation)。Image Registration 对话框的 Tie Points Generation 部分有 3 个面板,分别为 Main、Seed Tie Points 和 Advanced(图 7.4)。Main 面板用于设置图像配准的主要参数,Seed Tie Points 面板用于设置生成种子点参数,而 Advanced 用于设置匹配参数。

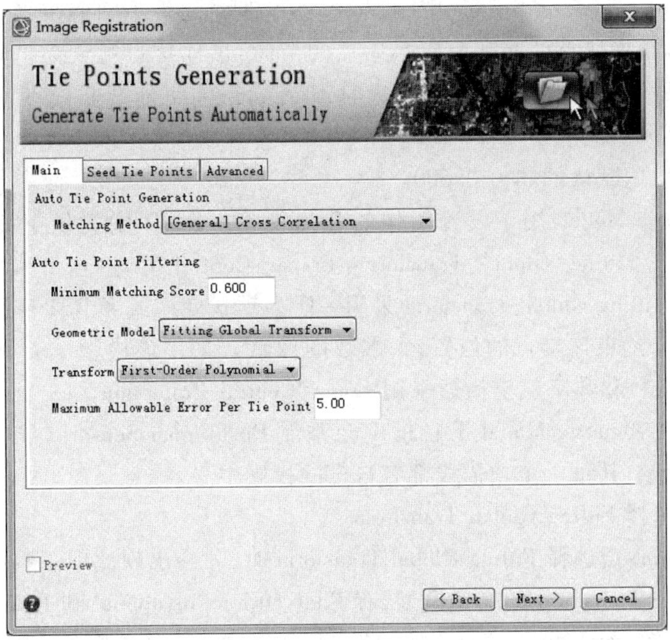

图 7.4　Tie Points Generation 的 Main 面板

① Main 面板

Main 面板中，图像配准的主要参数设置如下。

- Auto Tie Point Generation

Matching Method：用于设置图像匹配生成同名点的方法。ENVI 提供了两种匹配方法：[General] Cross Correlation（互相关）和[Cross Modality] Mutual Information（互信息）。a. 互相关方法较为通用，尤其是在配准具有相似形态的图像时（如两幅光学图像之间的配准）具有很好的效果。其采用基准图像和畸变图像对应图斑之间的归一化互相关系数作为匹配分数。b. 互信息方法在配准具有不同形态的图像时（如光学图像和雷达 SAR 图像的配准、可见光图像和热红外图像之间的配准）能达到最佳效果。其采用基准图像和畸变图像对应图斑之间的归一化互信息系数作为匹配分数，此时需要将下面的 Minimum Matching Score 设得更小一些。互信息方法基于信息理论，用于测量两个随机变量之间的相互依赖程度。对于不同形态图像的配准，互信息生成的结果比传统相关方法生成的结果更加精确。由于互信息方法属于计算密集型，其运行需要花费更长时间。

这里，选择[General] Cross Correlation。

- Auto Tie Point Filtering

Minimum Matching Score：用于设置连接点匹配的最小阈值。当基准图像和畸变图像某个连接点的匹配分数小于该阈值时，该连接点被认为是异常点而被移除。如果两幅图像之间的视差很大时，匹配分数有可能会低，这时候需要将阈值调小。该阈值范围是 0.0—1.0。

这里，采用默认的阈值 0.600。

Geometric Model：用于设置图像的几何模型。ENVI 中提供了 3 种几何模型，分别是：Fitting Global Transform、Frame Central Projection 和 Pushbroom Sensor。a. Fitting Global Transform 采用一阶多项式变换或者 RST 变换（旋转、缩放和平移）来约束连接点的位置，大多数图像默认采用该模型。b. 画幅式图像（frame central）和数字航空摄影采用 Frame Central Projection。c. 当两幅图像都有 RPC 时，Geometric Model 下拉框中会添加 Pushbroom Sensor。推帚式遥感采用行中心投影，其每一个扫描线都有自己的投影中心。

这里，选择 Fitting Global Transform。

Transform：当选择 Fitting Global Transform 时，才会出现此项。该项用于设置 Fitting Global Transform 的变换模型，有 First-Order Polynomial 和 RST 两个选择。对于正射图像、天底点（nadir）图像和近天底点（near-nadir）图像，基准图像和畸变图像之间的变换模型适合采用 RST 变换。如果图像场景相当平坦而且遥感器离场景很远,则适合采用 First-Order Polynomial 变换。

这里,采用 First-Order Polynomial。

Maximum Allowable Error Per Tie Point:同样,当选择 Fitting Global Transform 时才会出现此项,用于设置连接点的最大误差阈值。与预测位置的误差距离最大的连接点会通过迭代方法逐个移除,直到没有连接点的误差大于该阈值为止。由于局部区域的地形起伏以及图像视角的差异,一个三维场景中的多视角图像之间会存在局部几何差异。如果图像错位主要是由局部几何差异导致,就得增大阈值。软件默认的阈值是 5 个像元,输入更大的阈值会得到更多的连接点,但是连接点的拟合误差也会更大。

这里,采用默认的阈值 5。

• 另外,如果两幅图像都有 RPC 信息,Main 面板还会增加 DEM File 项,输入 DEM 图像的路径和文件名,也可以通过 Browse 按钮添加 DEM 图像。如果没有 DEM 图像,可以采用 ENVI 软件提供的全球 DEM 图像 GMTED2010.jp2,其分辨率为 30″(网格精度约 1 000 m)。采用 DEM 图像会增加处理时间。

② Seed Tie Points 面板

设置完 Main 面板上的参数后,切换到 Seed Tie Points 面板设置相关参数以生成连接种子点(图 7.5)。

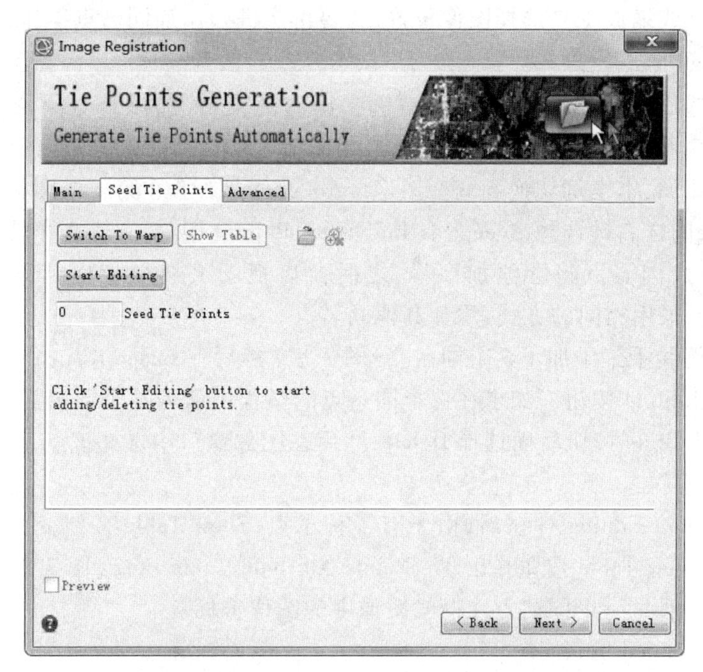

图 7.5 Tie Points Generation 的 Seed Tie Points 面板

如果畸变图像没有坐标信息,需要选择至少 3 个同名点,即种子点。种子点可以提高生成连接点的精度。Seed Tie Points 面板参数设置如下。

- Switch To Warp 或 Switch To Base 按钮:用于切换视图到畸变图像或者基准图像。如果当前视图显示的是基准图像(或畸变图像),则按钮显示为 Switch To Warp(或 Switch To Base),这时点击按钮就会切换到畸变图像(或基准影响)视图。
- Show Table 按钮:用于显示连接点表。当没有连接点时,该按钮不可用。
- Import Seed Tie Points 按钮:用于导入已有的种子点(文件类型为 *. pts)。
- Clear Seed Tie Points 按钮:用于清除种子点。
- Start Editing 按钮:用于在基准图像和畸变图像上手动选择同名点。
- Seed Tie Points:用于显示连接点的数目。

由于没有种子点,需要手动选择至少 3 个同名点。点击 Start Editing 按钮,按钮后面会添加两个选项 Add 和 Delete,选择 Add,然后进入视图窗口中选择同名点。

该视图窗口显示的可能是基准图像,也可能是畸变图像(本案例中显示的是基准图像 base. dat),这取决于哪个图像是视图窗口中的初始图像。在视图窗口中移动到想添加同名点的位置,然后单击该位置,则会出现十字标志。如果是基准图像,则十字标志为品红色;如果是畸变图像,则十字标志为绿色。如果采用平移工具或缩放工具选择图像位置,想要再次进入添加同名点操作,需要点击 Vector Create 按钮。

点击选择同名点后,点击鼠标右键弹出右键菜单,选择 Accept as Individual Points(图 7.6),图像窗口会切换到第二幅图像(基准图像或者畸变图像,取决于上一步的图像,本案例切换到畸变图像 warp. dat)。然后在第二幅图像上点击选择同名点,同样右键选择 Accept as Individual Points(图 7.7)。这样就生成了一对同名点对,同名点将会添加序号,之后窗口视图又会切换回到第一幅图像(图 7.8)。采用相同的方式,添加其他同名点。

本案例共手工添加了 3 个同名点(图 7.9),然后在 Image Registration 窗口中点击 Stop Editing 按钮。如果在选择同名点的过程中认为某个同名点不合适,可以在 Stop Editing 按钮后面选择 Delete,然后在图像窗口中选择该点,点击右键选择 Delete 删除。

点击 Stop Editing 按钮后,由于有了种子点,Show Table 按钮变为可点击状态。点击 Show Table 按钮弹出 Tie Points Attribute Table 窗口(图 7.10),可在属性窗口中查看每一个同名点在两幅图像中的图像坐标。

③ Advanced 面板

设置完 Seed Tie Points 面板上的参数后,切换到 Advanced 面板设置连接点

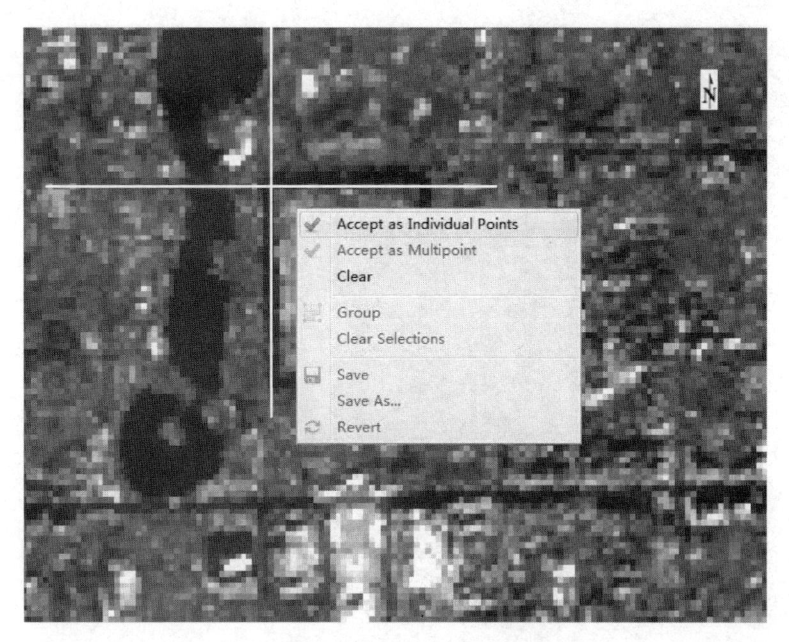

图 7.6　在基准图像 base. dat 中选择同名点

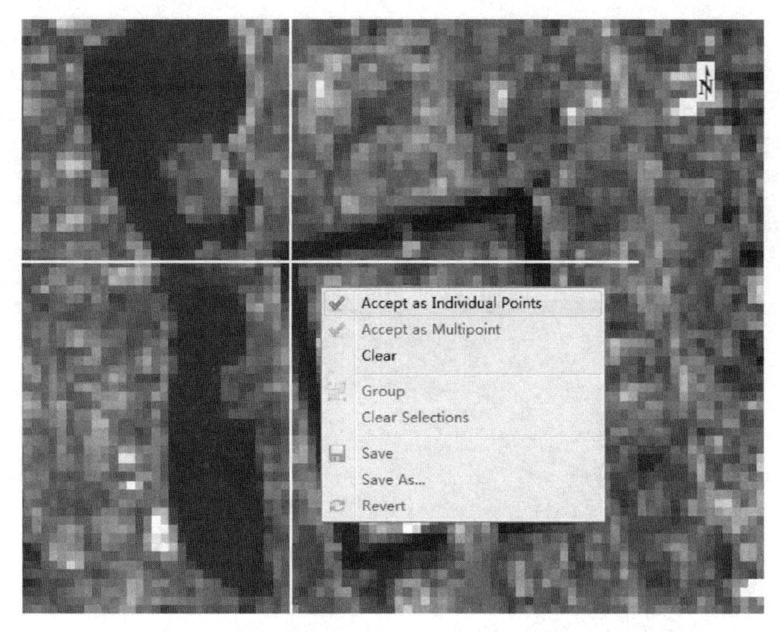

图 7.7　在畸变图像 warp. dat 中选择同名点

图 7.8　第 1 个同名点

图 7.9　手动选择的 3 个同名点

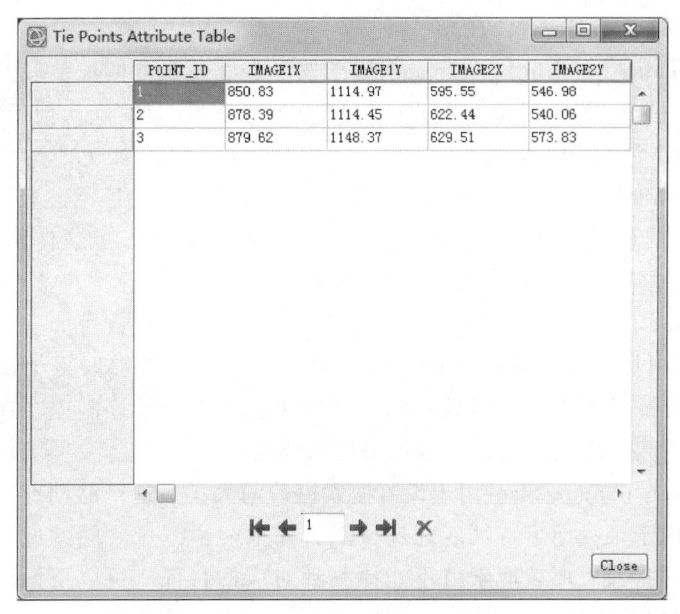

图 7.10　Tie Points Attribute Table 窗口

生成的高级参数(图 7.11)。

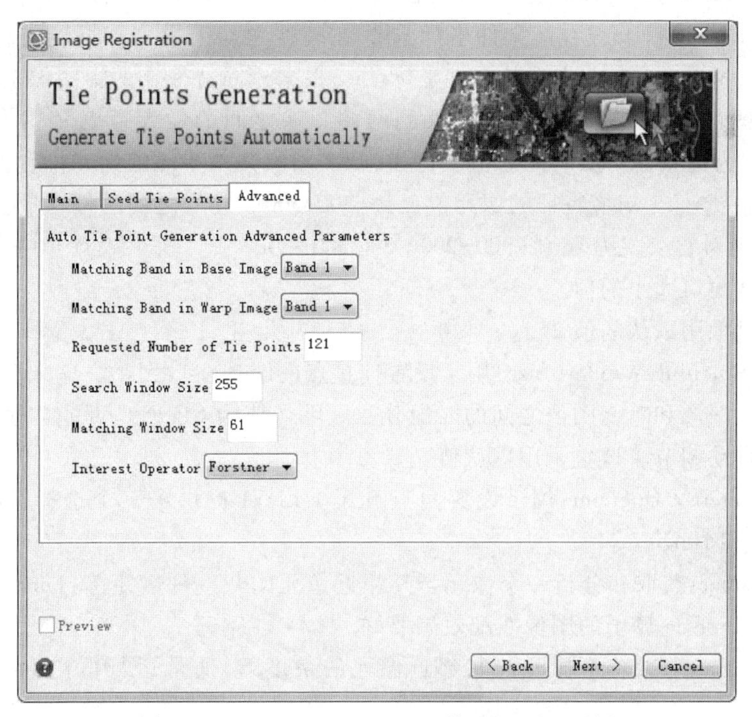

图 7.11　Tie Points Generation 的 Advanced 面板

Advanced 面板高级参数的设置如下。

- Matching Band in Base Image:用于选择基准图像的匹配波段。如果基准图像有波长信息,畸变图像也有波长信息或者是全色图像,默认使用第一波段。这里采用第一波段,即 Band 1。

- Matching Band in Warp Image:用于选择畸变图像的匹配波段。如果畸变图像有波长信息,基准图像也有波长信息或者是全色图像,默认使用第一波段。这里采用与基准图像相同的匹配波段,即 Band 1。

- Requested Number of Tie Points:设置需要的连接点数目。最小值是 9,但是推荐值是根据输入文件设置的默认数目。较少数目能够取得更快的处理速度,但是校准的精度没有数目较多时高。如果想进行局部控制以在连接点对齐图像,那就需要更多的连接点。这里采用默认的值 121。

- Search Window Size:用于设置搜索窗口的大小。这个移动窗口是畸变图像的子集,用于寻找地形特征匹配连接点。如果两幅图像之间的像素偏移量大于搜索窗口的大小,那么搜索就不能探测到对应的特征。可以根据以下步骤来决定搜索窗口的大小。a. 在 Layer Manager 中勾选基准图像和畸变图像的复选框以使两幅图像同时显示。选择最上面的图层,设置其透明度为 50%。b. 打开 Cursor Value 窗口。c. 在视图窗口,在基准图像上选择一个特征并点击它。在 Cursor Value 窗口上查看其文件坐标。d. 在畸变图像上点击相同的特征,同样在 Cursor Value 窗口上查看其文件坐标。e. 根据相同特征在两幅图像上的文件坐标计算它们之间的像元距离。找到两幅图像之间的最大距离 d,并且用 $2\times(d+5)$ 作为搜索窗口大小的新值。比如,基准图像某一特征的像元位置为[200,200],畸变图像上对应特征的像元位置为[300,300],它们之间的偏移量就是 141 个像元,其计算公式为 sqrt[(300-200)^2+(300-200)^2]。采用 $2\times(141+5)=292$ 作为搜索窗口大小的值。

这里采用默认的值 255。

- Matching Window Size:用于设置连接点的匹配窗口大小。这个窗口用于计算基准图像和畸变图像之间的匹配分数。默认值为 61,但是可能会根据输入的文件自动调节。这里采用默认值。

- Interest Operator:用于设置角点算子。ENVI 提供了三个选择:Forstner、Moravec 和 Harris。

Forstner:获取和分析一个像元与其邻近像元的灰度梯度矩阵,Forstner 算子通常比 Moravec 算子的图像匹配效果要好。

Moravec:寻找一个像元与其邻近像元的灰度差,通常运行得比 Forstner 算子快。

Harris:由 Moravec 改进而成,采用自相关矩阵,避免使用离散方向和变化。

这里,选择 Forstner。

(3) 检查和配准

设置完以后,点击 Next 按钮生成连接点,并进入下一步骤:检查和配准(Review and Warp)。Image Registration 对话框的 Review and Warp 部分有 2 个面板,即 Tie Points 面板和 Warping 面板(图 7.12)。

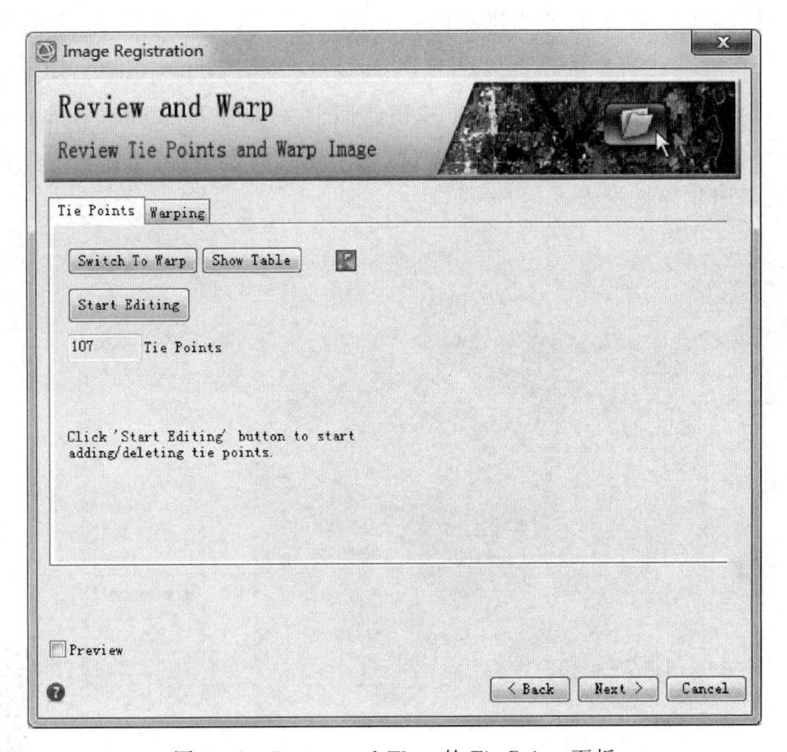

图 7.12 Review and Warp 的 Tie Points 面板

Tie Points 面板中,Switch To Warp/Switch To Base 按钮、Show Table 按钮、Start Editing/Stop Editing 按钮、Tie Points 文本框的用法与前面 Tie Points Generation 步骤的 Seed Tie Points 面板相同,这里不再赘述。

Show Error Overlay/Hide Error Overlay 按钮用于显示/隐藏误差覆盖图。如果有至少 5 个连接点,点击 Show Error Overlay 按钮可以叠加一个透明的颜色梯度图,以显示连接点的误差大小。暗灰色区域表示连接点的误差可以忽略不计,橘黄色到白色区域表示连接点的误差较大,建议删除这些连接点并按照需要添加新的连接点。暗红色到深红色区域表示连接点的误差大小处在合理范围之内(2.5—10.0)。

从 Tie Points 文本框中可以看出,本案例生成了 107 个连接点,在图像上分布均匀。点击 Show Error Overlay 按钮,可以看到误差覆盖图全部显示为暗灰色(图 7.13),说明所有连接点的误差都可以忽略。点击 Show Table 按钮打开 Tie Points Attribute Table,可以查看每个连接点在基准图像和畸变图像中的位置、匹配分数和误差,同时可以知道所有连接点的均方根误差 RMS Error 为 0.462 353(图 7.14)。如果觉得某个连接点的误差较大,可以选择该行,点击右键选择 Delete Selected 删除,也可以直接点击 Delete Selected 按钮删除。如果误差大的连接点数目较多,可以选择 Back 按钮返回上一步骤 Tie Points Generation,重新调整参数,如增加种子点、增大搜索窗口、改变几何模型等。这里,连接点误差都较小,不用删除连接点。

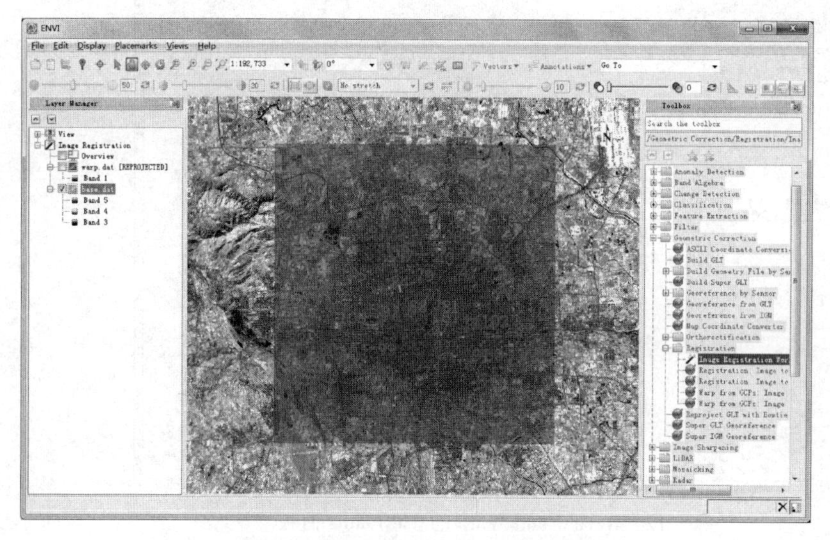

图 7.13　误差叠置(Error Overlay)效果

图 7.13 彩版

设置完 Tie Points 面板上的参数后,切换到 Warping 面板(图 7.15)设置相关参数以配准图像。参数设置如下。

- Warping Method:用于设置配准模型。ENVI 提供了 3 种模型:RST(仿射模型)、Polynomial(多项式模型)和 Triangulation(局部三角网)。整幅图像只有一种类型的几何畸变时一般选择 RST 模型;Triangulation 模型用于图像在不同区域存在不同类型的几何畸变;Polynomial 为默认选项,在卫星图像校正中应用较多,这里选择 Polynomial。

- Resampling:用于设置重采样方法。ENVI 提供了 3 种重采样方法:

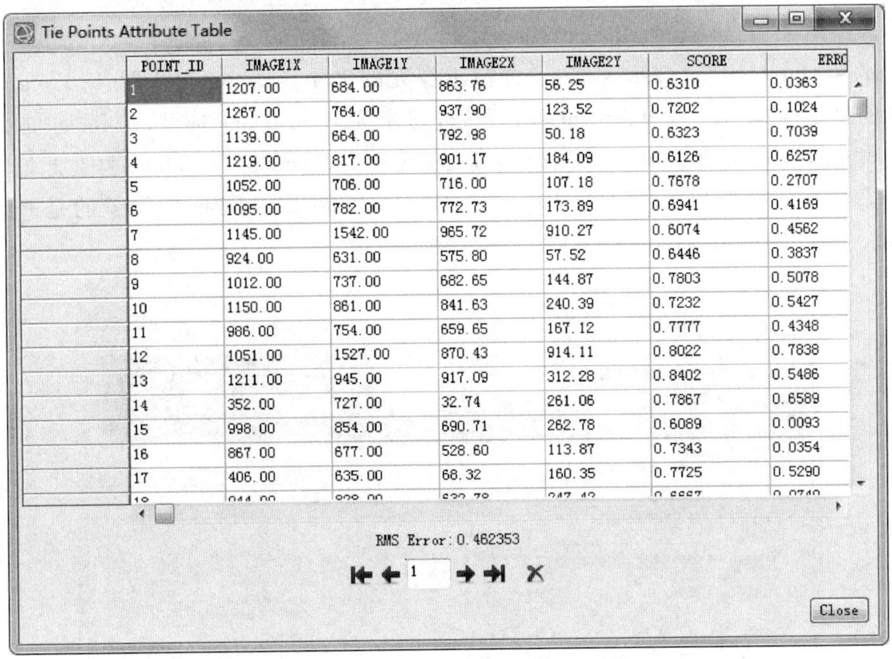

Tie Points Attribute Table

POINT_ID	IMAGE1X	IMAGE1Y	IMAGE2X	IMAGE2Y	SCORE	ERRO
1	1207.00	684.00	863.76	56.25	0.6310	0.0363
2	1267.00	764.00	937.90	123.52	0.7202	0.1024
3	1139.00	664.00	792.98	50.18	0.6323	0.7039
4	1219.00	817.00	901.17	184.09	0.6126	0.6257
5	1052.00	706.00	716.00	107.18	0.7678	0.2707
6	1095.00	782.00	772.73	173.89	0.6941	0.4169
7	1145.00	1542.00	965.72	910.27	0.6074	0.4562
8	924.00	631.00	575.80	57.52	0.6446	0.3837
9	1012.00	737.00	682.65	144.87	0.7803	0.5078
10	1150.00	861.00	841.63	240.39	0.7232	0.5427
11	986.00	754.00	659.65	167.12	0.7777	0.4348
12	1051.00	1527.00	870.43	914.11	0.8022	0.7838
13	1211.00	945.00	917.09	312.28	0.8402	0.5486
14	352.00	727.00	32.74	261.06	0.7867	0.6589
15	998.00	854.00	690.71	262.78	0.6089	0.0093
16	867.00	677.00	528.60	113.87	0.7343	0.0354
17	406.00	635.00	68.32	160.35	0.7725	0.5290
[illegible]	[illegible]	[illegible]	[illegible]	[illegible]	[illegible]	[illegible]

RMS Error: 0.462353

1

Close

图 7.14　生成的连接点属性表

Nearest Neighbor(最近邻法)、Bilinear(双线性内插法)和 Cubic Convolution(三次卷积法)。Nearest Neighbor 方法对光谱没有损失,但处理结果会不连续,如果处理结果是用于后续的信息提取,一般用 Nearest Neighbor 方法;Cubic Convolution 方法对光谱损失较大,但处理结果较为平滑,视觉效果较好,如果处理结果是用于最终的制图,建议选此方法;Bilinear 方法的处理效果介于 Nearest Neighbor 方法和 Cubic Convolution 方法之间。

- Background Value:用于设置背景值。配准结果图像没有数据值的地方用该值代替。本案例采用默认值 0。
- Output Extent:用于设置输出范围。该项有两个选项:Full Extent of Warp Image 和 Overlapping Area Only。Full Extent of Warp Image 是默认项,输出畸变图像的完整范围;Overlapping Area Only 则只输出基准图像和畸变图像之间的重叠部分。这里选择默认项。
- Output Pixel Size From:选择如何决定输出像元的大小。有 3 个选项:Base Image、Warp Image 和 Customized Value。Customized Value 用于自定义设置输出像元大小,选择 Customized Value 后在 Output Pixel Size X/Y 处设置 X 和 Y

的大小。但是不能将输出像元大小设置过大,否则会导致输出图像的信息量过小。这里采用默认设置 Base Image。

• Output Pixel Size X/Y:设置输出像元的大小。Output Pixel Size From 设置的是 Base Image 或 Warp Image,则该处显示为 Base Image 或 Warp Image 的像元大小且不可编辑;Output Pixel Size From 设置为 Customized Value 时,在此处输入输出像元的 X 和 Y 大小。本案例在 Output Pixel Size From 中设置的是 Base Image,所以 Output Pixel Size X/Y 都是 30 m。

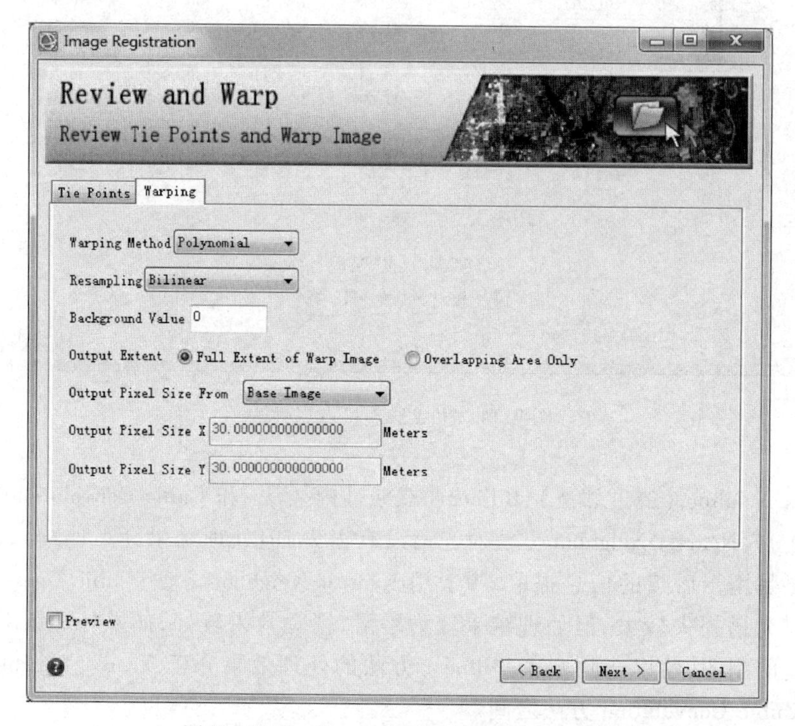

图 7.15 Review and Warp 的 Warping 面板

(4) 结果输出

设置完配准参数以后,点击 Next 进入下一步骤:结果输出(Export)(图 7.16)。Image Registration 对话框 Export 部分参数设置如下。

• Export Warped Image 复选框:用于设置是否输出校正图像。当不选择时,Select Output Image File 和 Output Filename 不可编辑。选择该项以设置输出校正图像。

Select Output Image File:用于设置输出图像的格式,有两种选择:ENVI 和 TIFF。这里选择 ENVI。

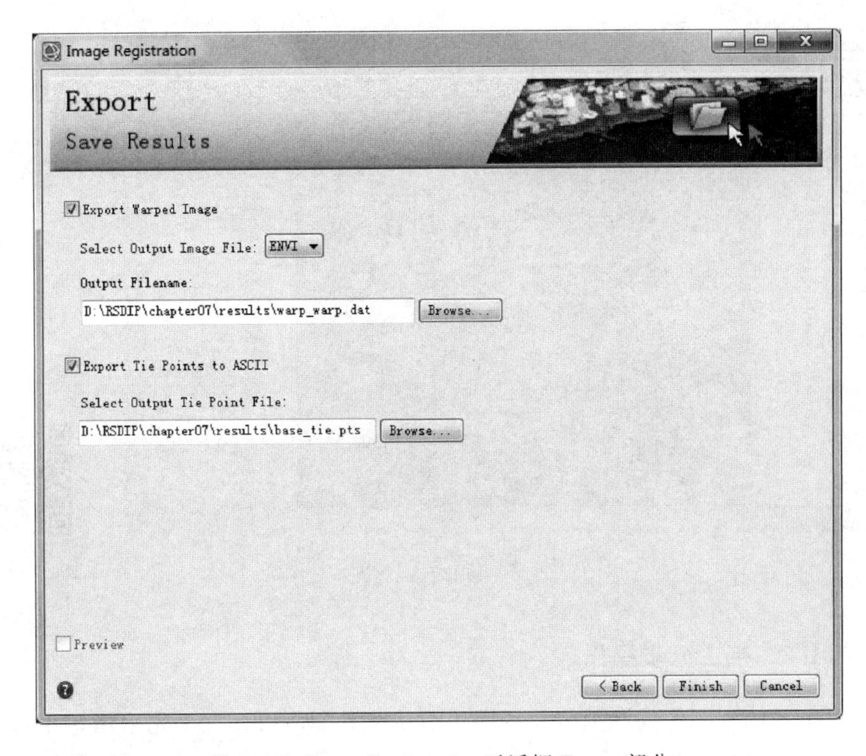

图 7.16　Image Registration 对话框 Export 部分

Output Filename:用于设置输出图像的路径和文件名。这里设置文件名为 warp_warp.dat。

- Export Tie Points to ASCII 复选框:用于设置是否输出连接点到 ASCII 文件。当不选择时,Select Output Tie Point File 不可编辑。选择该项以输出连接点。

Select Output Tie Point File:用于设置连接点的输出路径和文件名。这里设置其文件名为 base_tie.pts。

设置完成后点击 Finish,软件输出校正图像 warp_warp.dat 和连接点 base_tie.pts。

(5) 校正效果查看

选择 warp_warp.dat 的第 5、4、3 波段作为 R、G、B 波段进行彩色显示,并将其透明度设置为 50%,查看校正效果。可以看出 base.dat 和 warp_warp.dat 重叠的地方,道路、农田、城镇用地都匹配得很好(图 7.17)。

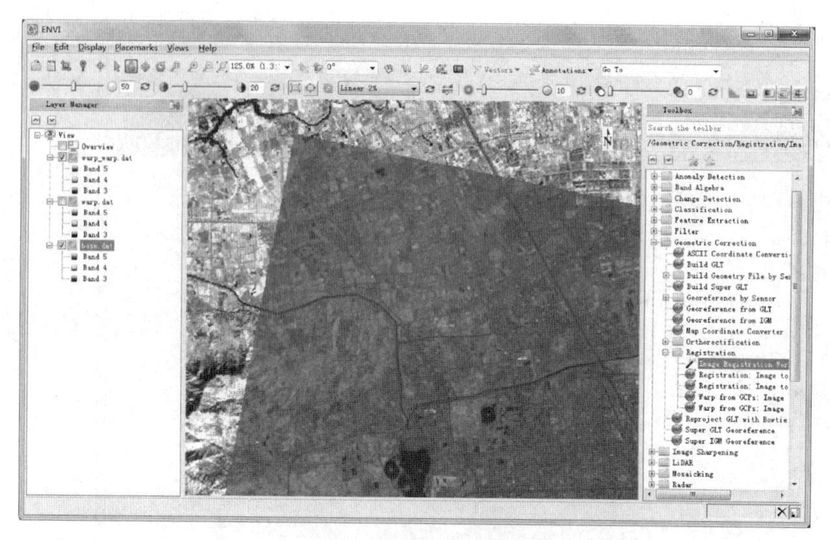

图 7.17 校正结果

图 7.17 彩版

7.1.2 手工分步操作

对于图像到图像的几何校正的手工分步操作，ENVI 5.2.1 先采用基于区域匹配的方法进行 GCP 的自动选取，然后根据校正精度要求对生成的 GCP 进行检验修改，最后利用满足精度要求的 GCP 进行几何校正。

1. 文件选择

在工具栏中，选择 Geometric Correction > Registration > Registration：Image to Image，打开 Select Input Band from Base Image 对话框，在对话框中选择基准图像 base.dat 的 Band 1 波段，点击 OK（图 7.18）。

点击 OK 后，进入 Select Input Warp File 对话框。在该对话框中选择畸变图像 warp.dat，Spatial Subset 和 Spectral Subset 用于设置畸变图像参与几何校正的范围和波段，这里采用默认设置，即全部范围和波段，点击 OK（图 7.19）。

接下来进入 Warp Band Matching Choice 对话框，用于选择畸变图像参与匹配的波段，这里选择与基准图像波长一致的 Band 1，点击 OK（图 7.20）。

当点击 OK 之后，会弹出了 ENVI Question 对话框，该对话框提示用户是否需要添加连接点文件用于自动配准（图 7.21）。如果畸变图像含有地理坐标信息，可以不用选择连接点文件；如果畸变图像没有地理坐标信息，则需要选择连接点文件，以进行自动配准，否则无法运行。由于 warp.dat 不含地理坐标信息，在对话框中点击“是（Y）”。

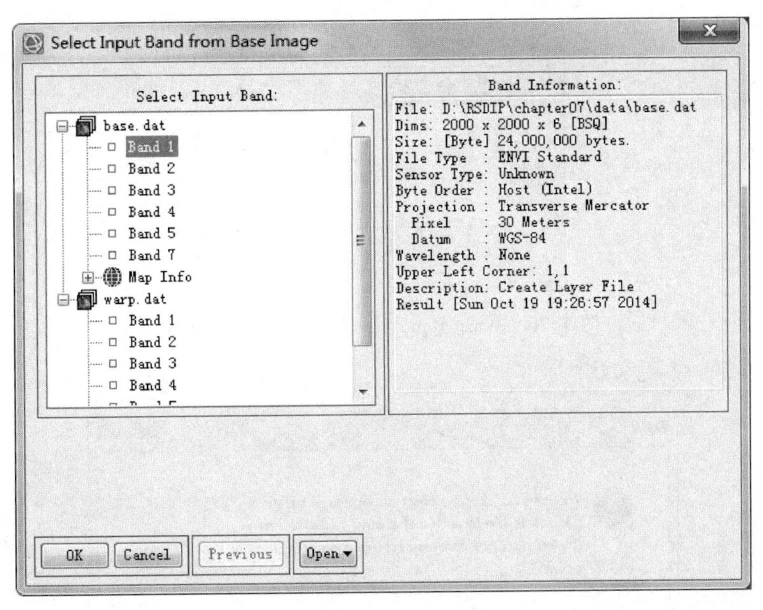

图 7.18 Select Input Band from Base Image 对话框

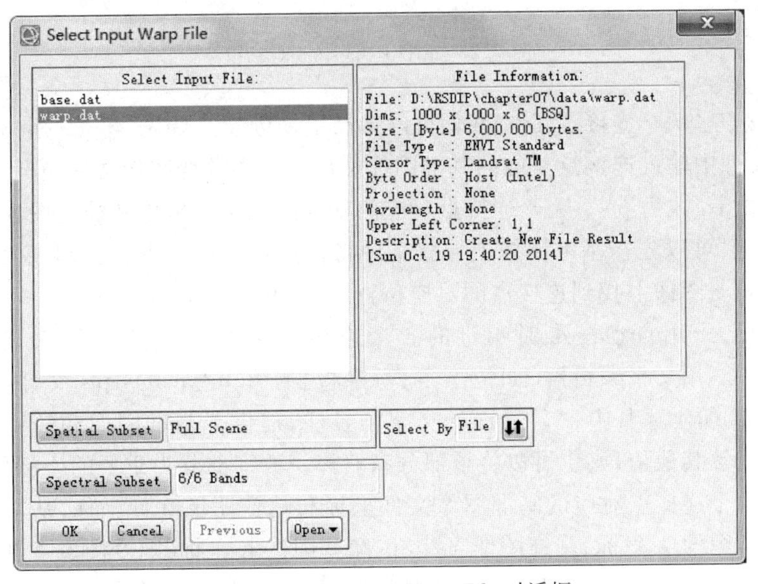

图 7.19 Select Input Warp File 对话框

2. 连接点设置

对没有地理坐标信息的畸变图像进行图像到图像的几何校正,需要输入至少

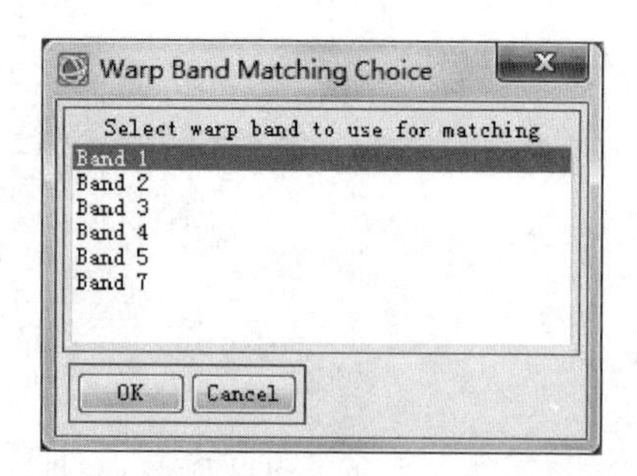

图 7.20　Warp Band Matching Choice 对话框

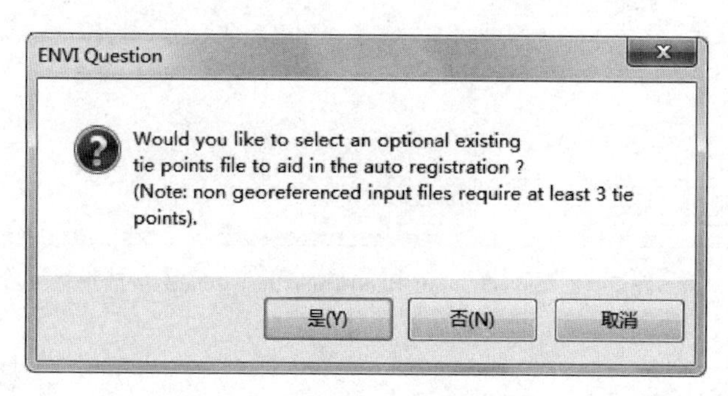

图 7.21　ENVI Question 对话框

3 个连接点。关于连接点文件,我们可以自己手动创建。首先,建立一个 * . txt 文件,在文件中输入连接点对应的基准图像文件坐标和畸变图像文件坐标,再将其扩展名由 txt 改为 pts。关于连接点对应的基准图像文件坐标和畸变图像文件坐标的确定,可以先在基准图像上寻找某一特征点作为连接点,记录其文件坐标;然后在畸变图像上找到连接点的对应位置,记录其文件坐标。

这里,采用自动配准时用过的 3 个连接点建立连接点文件,命名为 tie_points. pts。用文字编辑器(如记事本、写字板)打开 tie_points. pts 文件,其结构如图 7.22 所示。其中,“;”后面的文字为备注,提供了基准图像和畸变图像的具体路径等其他信息,也可以将该部分省略掉。数字部分为重要的坐标信息,每一行为一个连接点对应的基准图像文件坐标和畸变图像文件坐标,从左到右分别为基准图像 X 坐标,基准图像 Y 坐标,畸变图像 X 坐标,畸变图像 Y 坐标。

在 ENVI Question 对话框选择“是”之后,需要导入连接点文件,这里选择 tie_ points. pts。接下来会弹出 Automatic Registration Parameters 对话框(图 7.23),其参数设置如下。

- Number of Tie Points:用于设置要生成的连接点数目。ENVI 利用这个参

```
tie_points.pts - 记事本
文件(F) 编辑(E) 格式(O) 查看(V) 帮助(H)
; ENVI Image to Image Tie Points File
; base file: D:\RSDIP\chapter07\data\base.dat
; warp file: D:\RSDIP\chapter07\data\warp.dat
; Base Image (x,y), Warp Image (x,y)
;
      850.83        1114.97        595.55        546.98
      878.39        1114.45        622.44        540.06
      879.62        1148.37        629.51        573.83
```

图 7.22 建立连接点 *.pts 文件

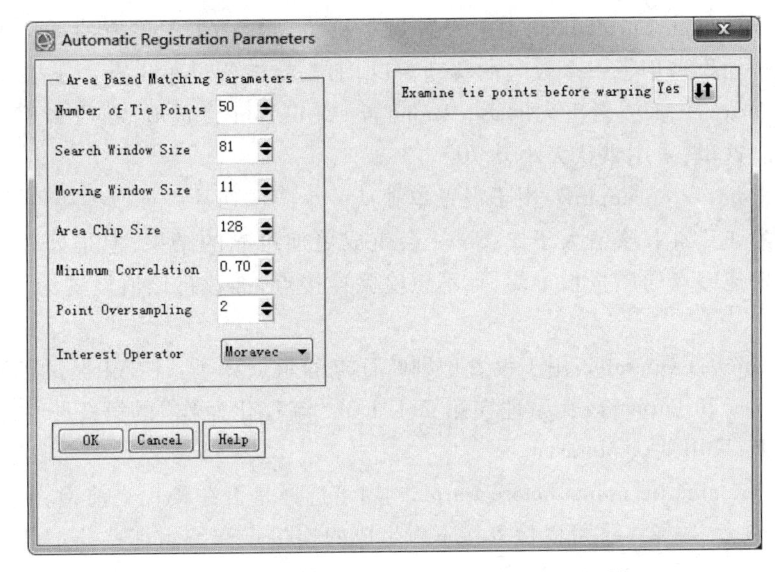

图 7.23 Automatic Registration Parameters 对话框

数自动过滤掉某些不准确的连接点。该参数最小为 9,推荐值为 25(默认)。如果 Point Oversampling 参数值大于 1,ENVI 会在连接点质量和分布上进行权衡。因此,如果想要获取至少 25 个点,可能需要输入更大的值,例如 50,以允许进一步的过滤。这里设置为 50。

- Search Window Size:用于设置搜索窗口的大小。搜索窗口是输入图像的子集,用于在图像中扫描寻找地形特征匹配连接点。搜索窗口的大小可以是任何大于或等于 21 的整数,但是必须大于移动窗口的大小,默认值为 81。搜索窗口的大小依赖于用户自定义连接点的质量或者基准图像和畸变图像已有地图信息(如 RPC 或 RSM)的准确性,也依赖于地表的粗糙度。这里采用默认大小 81。

• Moving Window Size:用于设置移动窗口的大小。移动窗口在搜索窗口中进行系统扫描以寻找地形特征的匹配。移动窗口大小必须是一个奇整数,最小值为5,默认值为11。设置更大的值会得到更合理的连接点布局,但是会花费更长的时间。决定一个好的移动窗口大小主要依赖于图像分辨率和地表类型。一般设置规则为10 m或更高分辨率图像,采用9—15;5—10 m或更高分辨率图像,采用11—21;1—5 m或更高分辨率图像,采用15—41;1 m或更低分辨率图像,采用21—81或者更高。这里采用默认大小11。

• Area Chip Size:用于设置区域切片大小。区域切片大小用于提取连接点,默认值为128,该值在大多数情况下运行最佳。最小值为64,最大值为2 048。这里,采用默认大小128。

• Minimum Correlation:用于设置最小相关系数。小于该值的连接点将会被移除。如果采用了一个较大的移动窗口,那么将该值设小一点。比如,Moving Window Size为31或者更大的话,Minimum Correlation设成0.60或者更小会比较合适。这里,采用默认大小0.70。

• Point Oversampling:用于设置单独从一个图像切片中提取连接点的数目。默认值为1。如果该值大于1,ENVI会生成更加可靠的结果,但是处理时间更长。如果连接点的质量很重要,且不想检验连接点,推荐将该值设置为2。这里设置为2。

• Interest Operator:用于设置识别特征点的角点算子。ENVI提供了两个选择:Moravec和Fornster,其原理在第7.1.1节“流程化操作”的第2步中已有说明。这里,采用默认Moravec。

• Examine tie points before warping:用于选择是否在校正之前检查连接点,默认为Yes。选择Yes可以检查接下来生成的连接点和编辑那些非最佳的连接点。如果选择No,Automatic Registration Parameters对话框会显示出Warp Parameters和Output Parameters。Warp Parameters用于设置几何校正参数,包括几何校正方法(RST、Polynomial和Triangulation)、重采样方法(Nearest Neighbor、Bilinear、Cubic Convolution)、背景值设置。Output Parameters用于设置连接点的输出路径和几何校正结果的输出路径。这里,选择Yes。

设置完成后,点击OK,ENVI自动生成连接点。

3. 连接点检查和编辑

ENVI生成连接点后,会弹出与ENVI Classic中Select GCPs: Image to Image相同的界面。ENVI分别采用3个视窗(Image、Scroll和Zoom)显示基准图像base.dat和畸变图像warp.dat的Band 1,同时连接点也叠加在base.dat和warp.dat的对应位置上。从图7.24可以看出,畸变图像warp.dat的连接点分布较为均匀。

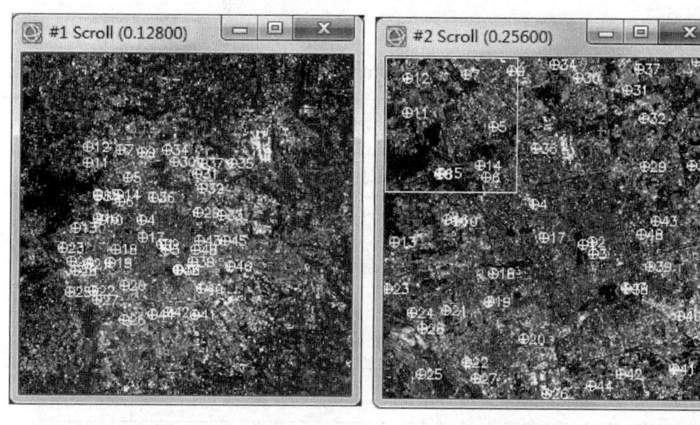

图 7.24　base. dat 和 warp. dat 上的连接点

图 7.24 彩版

同时，ENVI 还弹出了 Ground Control Points Selection 对话框(图 7.25)和 Image to Image GCP List 对话框(图 7.26)。

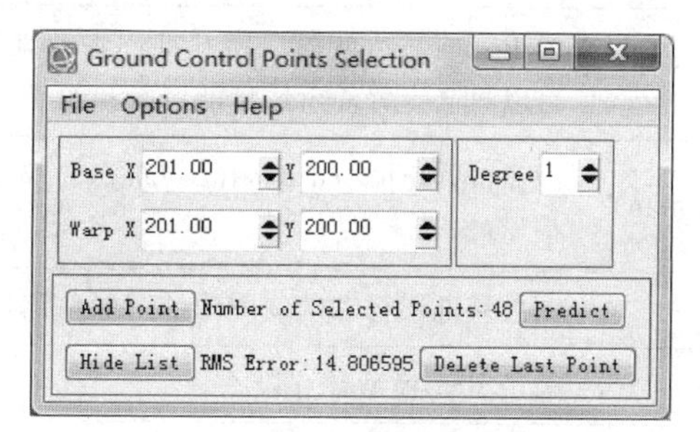

图 7.25　Ground Control Points Selection 对话框

Image to Image GCP List

File　Options

	Base X	Base Y	Warp X	Warp Y	Predict X	Predict Y	Error X	Error Y	RMS
#1+	850.83	1114.97	595.55	546.98	592.5113	543.8405	-3.0387	-3.1395	4.3692
#2+	878.39	1114.45	622.44	540.06	619.3149	538.0612	-3.1251	-1.9988	3.7097
#3+	879.62	1148.37	629.51	573.83	626.8508	570.7608	-2.6592	-3.0692	4.0609
#4+	730.00	972.00	449.60	428.71	447.4780	427.7052	-2.1228	-1.0087	2.3503
#5+	646.00	725.00	321.47	201.80	318.0810	202.5148	-3.3940	0.7113	3.4678
#6+	602.00	868.00	304.03	351.72	302.2538	350.2484	-1.7790	-1.4704	2.3080
#7+	596.00	560.00	240.24	50.42	237.2485	50.5069	-2.9946	0.0917	2.9960
#8+	467.00	832.00	165.03	343.18	162.8791	340.1355	-2.1469	-3.0467	3.7271
#9+	735.00	572.00	378.73	36.51	376.6054	37.1844	-2.1202	0.6696	2.2234

Goto　On/Off　Delete　Update　Hide List

图 7.26　Image to Image GCP List 对话框

Ground Control Points Selection 对话框中的菜单、文本框、按钮以及标签功能说明见表 7.1—表 7.5。

表 7.1 Ground Control Points Selection 中 File 菜单项及功能

菜单命令	主要功能
Save GCPs to ASCII	保存 GCP 为 ASCII 文件
Save Coefficients to ASCII	保存多项式系数为 ASCII 文件
Restore GCPs from ASCII	从 ASCII 文件中导入 GCP

表 7.2 Ground Control Points Selection 中 Options 菜单项及功能

菜单命令	主要功能
Warp Displayed Band	校正当前显示波段。当基准图像有地理投影时,输出的结果与基准图像具有同样的投影和像元大小
Warp File	同 Warp Displayed Band,但是用于校正整个文件的所有波段
Warp Displayed Band(as Image to Map)	校正当前显示波段。当基准图像有地理投影时,选择此项可以自己设置输出结果的投影和像元大小
Warp File(as Image to Map)	同 Warp Displayed Band(as Image to Map),但是用于校正整个文件
Reverse Base/Warp	调换基准图像和畸变图像的图像角色
1st Degree(RST Only)	采用 RST 模型计算误差
Auto Predict	打开或关闭自动预测点功能
Label Points	打开或关闭 GCP 标签
Order Point by Error	打开或关闭根据误差对 GCP 进行降序排列功能
Clear All Points	删除所有 GCP
Set Point Colors	设置 GCP 的标示颜色,包括 GCP 打开和关闭状态时的颜色
Automatically Generate Tie Points	自动生成连接点

表 7.3 Ground Control Points Selection 中文本框功能说明

文本框	主要功能
Base X/Y	显示基准图像 Zoom 窗口上十字光标的 X(列)/Y(行)像元坐标

续表

文本框	主要功能
Warp X/Y	显示畸变图像 Zoom 窗口上十字光标的 X(列)/Y(行)像元坐标
Degree	预测控制点、计算误差时所用的多项式次数

表 7.4 Ground Control Points Selection 中按钮功能说明

按钮命令	主要功能
Add Point	根据 Base X/Y 和 Warp X/Y 的值添加控制点
Predict	根据基准图像或畸变图像上控制点的位置预测其在另一图像上的位置,只有当控制点数量达到多项式最少点要求时可用
Show/Hide List	显示/隐藏 Image to Image GCP List
Delete Last Point	删除最后一个添加的控制点

表 7.5 Ground Control Points Selection 中标签功能说明

标签	主要功能
Number of Selected Points	已选择的控制点的数目
RMS Error	总体均方根累积误差,单位为像元

Image to Image GCP List 对话框(图 7.26)显示的是控制点的信息,其数据表字段、按钮以及菜单的功能说明见表 7.6—表 7.9。

表 7.6 Image to Image GCP List 中数据表字段功能说明

数据表字段	主要功能
Base X/Y	GCP 在基准图像上的 X/Y 像元坐标
Warp X/Y	GCP 在畸变图像上的 X/Y 像元坐标
Predict X/Y	预测的 GCP 在畸变图像上的 X/Y 像元坐标
Error X/Y	GCP 的 X/Y 像元坐标误差,即 Warp X/Y 与 Predict X/Y 的差值
RMS	GCP 的 X 和 Y 总误差

表 7.7 Image to Image GCP List 中按钮功能说明

按钮命令	主要功能
Goto	定位到所选的控制点处。需先在 GCP 列表框中选择 GCP,再点击 Goto 实现

续表

按钮命令	主要功能
On/Off	打开/关闭当前所选的 GCP
Delete	删除当前所选的 GCP
Update	更新当前所选的 GCP 对应的基准图像以及畸变图像的像元坐标
Hide List	隐藏 GCP 列表框

表 7.8 Image to Image GCP List 中 File 菜单项及功能

菜单命令	主要功能
Save Table to ASCII	保存 GCP 数据表为 ASCII 文件
Cancel	关闭对话框

表 7.9 Image to Image GCP List 中 Options 菜单项及功能

菜单命令	主要功能
Order Points by Error	打开或关闭根据误差对 GCP 进行降序排列功能
Clear All Points	删除所有 GCP

从 Ground Control Points Selection 对话框中可以看出,ENVI 一共生成了 48 个控制点,采用 1 次多项式计算的总体误差为 14.806 595。一般要求校正的总体误差小于 1 个像元,所以需要删除误差较大的控制点。

在 Image to Image GCP List 对话框中,在菜单项中选择 Options>Order Points by Error,将 GCP 按照误差大小降序排列,将 RMS 大于 1 的控制点全部删除。删除之后,可以从 Ground Control Points Selection 对话框查看控制点信息:剩余控制点数目为 36,采用 1 次多项式的总体误差为 0.507 800。控制点在畸变图像上的分布较为均匀,但是在图像中间部分分布较为稀疏(图 7.27),可以手动添加控制点。

在基准图像和畸变图像上寻找明显的地物特征点,然后在 Zoom 窗口中精确选择它们的对应位置,再在 Ground Control Points Selection 对话框中点击 Add Point 按钮添加该控制点。如果已经有 3 个以上的控制点,可以先在基准图像显示窗口上选择控制点,然后利用 Predict 按钮来预测其在畸变图像显示窗口的对应位置,再适当调整预测点的位置,最后点击 Add Point 按钮添加控制点。

图 7.27　删除误差较大控制点后剩余控制点的分布

图 7.27 彩版

最终,案例选择了 40 个控制点,采用 1 次多项式的总体误差为 0.504 738。控制点分布及控制点误差分别见图 7.28 和图 7.29。可以在 Ground Control Points Selection 对话框的菜单项中,选择 File>Save GCPs to ASCII 将控制点保存为 ASCII 文件。这里,设置控制点的 ASCII 文件名为 image_image_gcps.pts。

图 7.28　控制点分布

图 7.28 彩版

4. 几何校正

在 Ground Control Points Selection 对话框的菜单项中,选择 Options>Warp File 弹出 Input Warp Image 对话框(图 7.30)。在 Input Warp Image 对话框中选

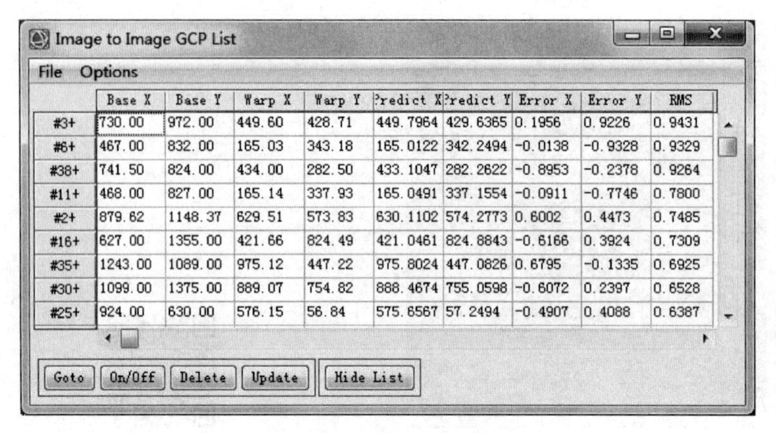

	Base X	Base Y	Warp X	Warp Y	?redict X	?redict Y	Error X	Error Y	RMS
#3+	730.00	972.00	449.60	428.71	449.7964	429.6365	0.1956	0.9226	0.9431
#6+	467.00	832.00	165.03	343.18	165.0122	342.2494	-0.0138	-0.9328	0.9329
#38+	741.50	824.00	434.00	282.50	433.1047	282.2622	-0.8953	-0.2378	0.9264
#11+	468.00	827.00	165.14	337.93	165.0491	337.1554	-0.0911	-0.7746	0.7800
#2+	879.62	1148.37	629.51	573.83	630.1102	574.2773	0.6002	0.4473	0.7485
#16+	627.00	1355.00	421.66	824.49	421.0461	824.8843	-0.6166	0.3924	0.7309
#35+	1243.00	1089.00	975.12	447.22	975.8024	447.0826	0.6795	-0.1335	0.6925
#30+	1099.00	1375.00	889.07	754.82	888.4674	755.0598	-0.6072	0.2397	0.6528
#25+	924.00	630.00	576.15	56.84	575.6567	57.2494	-0.4907	0.4088	0.6387

图 7.29　控制点误差

择畸变图像 warp. dat，采用默认的空间子集和波段子集，点击 OK，打开 Registration Parameters 对话框（图 7.31）。

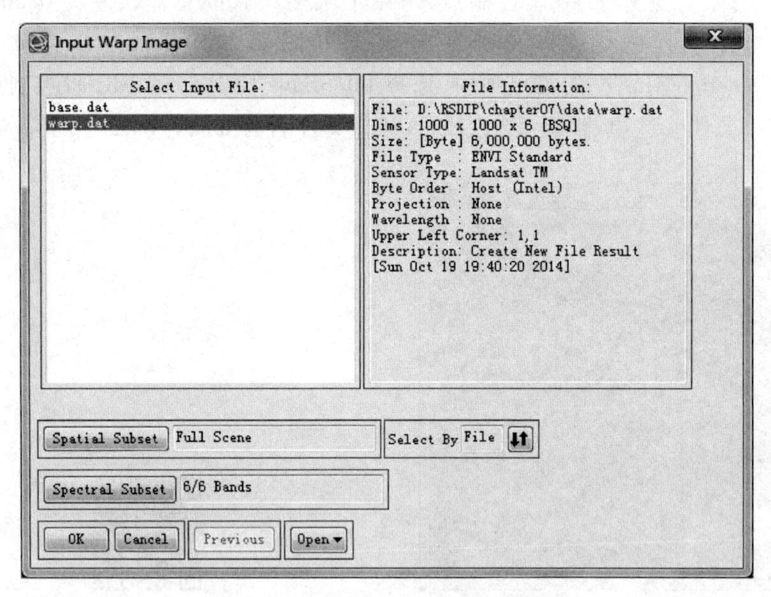

图 7.30　Input Warp Image 对话框

Registration Parameters 对话框中参数说明见表 7.10。这里 Method 设置为 Polynomial，Degree 设置为 1；Resampling 设置为 Bilinear，Background 采用默认值 0，Upper Left X/Y、Output Samples 和 Output Lines 均采用默认设置；Output Result to 选择输出到文件，文件名设为 image_image. dat。

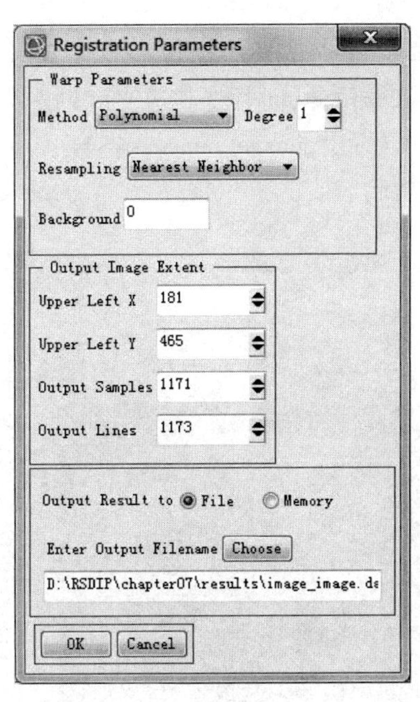

图 7.31　Registration Parameters 对话框

表 7.10　Registration Parameters 对话框的参数说明

参数项	主要功能
Method	设置几何校正方法,有 RST、Polynomial 和 Triangulation 3 种
Degree	设置多项式校正的次数,只有 Method 中选择 Polynomial 时才会出现该项
Resampling	设置重采样方法,有 Nearest Neighbor、Bilinear 和 Cubic Convolution 3 种
Background	设置背景值
Upper Left X/Y	设置输出图像左上角的 X/Y 坐标
Output Samples	设置输出图像的列数
Output Lines	设置输出图像的行数
Output Result to	设置输出图像到文件(File)或缓存(Memory)中。选择输出到文件,需要设置输出路径和文件名

5. 校正效果查看

设置完成后,点击 OK,输出结果。选择第 5、4、3 波段作为 RGB 波段显示 image_image. dat,并采用 2% 拉伸,同时将其透明度设置为 50%,然后查看其几何校正效果(图 7. 32)。可以看出,image_image. dat 与 base. dat 图像在重叠处的道路、农田、城镇用地都非常吻合。

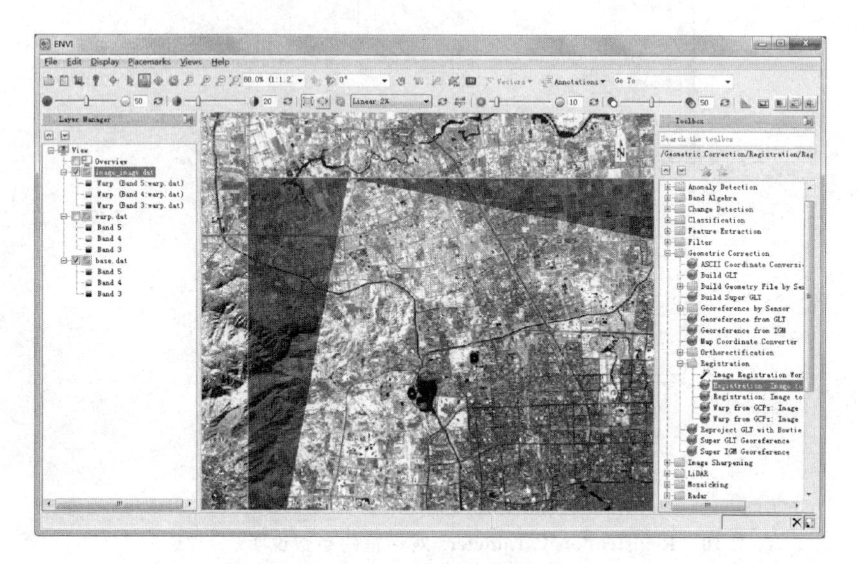

图 7. 32　图像到图像几何校正效果

图 7. 32 彩版

7.2　图像到地图的几何校正

图像到地图的几何校正与图像到图像的几何校正基本类似,只是控制点的选择方式更加灵活。控制点可以由具有地理坐标信息的栅格图像、矢量图像、文本文件导入,也可以从纸质地图、GPS(全球定位系统)测量数据中读取,并通过键盘手动输入坐标信息,最后建立起畸变图像的文件坐标与地理空间坐标之间的转换函数关系,实现对畸变图像的几何校正。

本案例从畸变图像上选择控制点,然后从基准图像上对应位置读取控制点对应的地理空间坐标,最终实现几何校正。

1. 文件选择

在工具箱中,选择 Geometric Correction>Registration>Registration: Image to Map,打开 Select Image Display Bands Input Bands 对话框。在该对话框中,需

选择畸变图像的合适波段进行 RGB 显示。我们将 R、G、B 通道分别设置为 warp. dat 数据的第 5、4、3 波段。点击 OK 后，弹出 Image to Map Registration 对话框，同时出现 3 个视窗(Image、Scroll 和 Zoom)显示 RGB 组合的图像。

2. 投影参数设置

首先需要在 Image to Map Registration 对话框(图 7. 33)中设置校正后图像的投影参数，参数说明如下。

- Select Registration Projection：选择校正后图像的投影。点击 New 按钮可以自定义投影方式。
- Datum：点击 Datum 按钮进行基准面设置。
- Units：点击 Units 按钮进行长度单位设置。
- Zone：对于有的投影需要设置带号，可以直接输入带号，也可以点击 Set Zone 按钮输入经纬度确定带号。
- X/Y Pixel Size：设置校正后图像的像元大小，一般会根据图像分辨率进行默认设置。

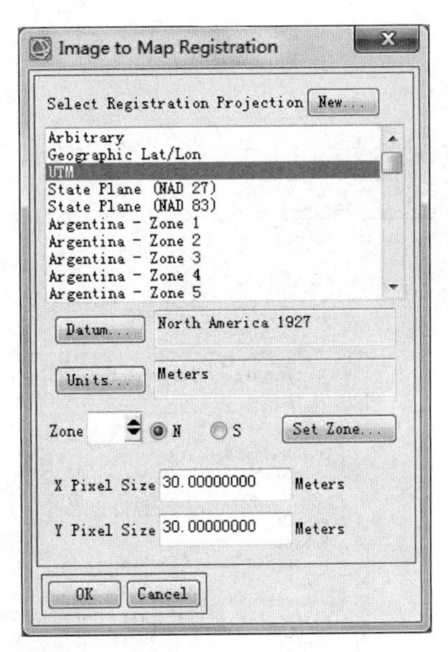

图 7. 33　Image to Map Registration 对话框

这里，设置与 base. dat 图像一样的投影方式。在 ENVI 的 Layer Manager 里面选择 base. dat，然后点击鼠标右键，在右键菜单中选择 View Metadata。弹出 Metadata Viewer 对话框，在左边图框中选择 Coordinate System，即可查看 base. dat 的坐标系(图 7. 34)。

由于 ENVI 没有相应的坐标系，所以可以创建该坐标系。在 Image to Map Registration 对话框中，点击 New 按钮，弹出 Customized Map Projection Definition 对话框，在该对话框中定义新坐标系(图 7. 35)。参数设置如下。

- Projection Name：设置投影名称。这里设置为 Transverse Mercator。
- Projection Type：设置投影类型。这里设置为 Transverse Mercator。
- Projection Datum/Projection Ellipsoid：设置投影基准面或者投影椭球体，点击可以进行切换设置。设置好 Projection Datum 时，下方的 Ellipsoid 会自

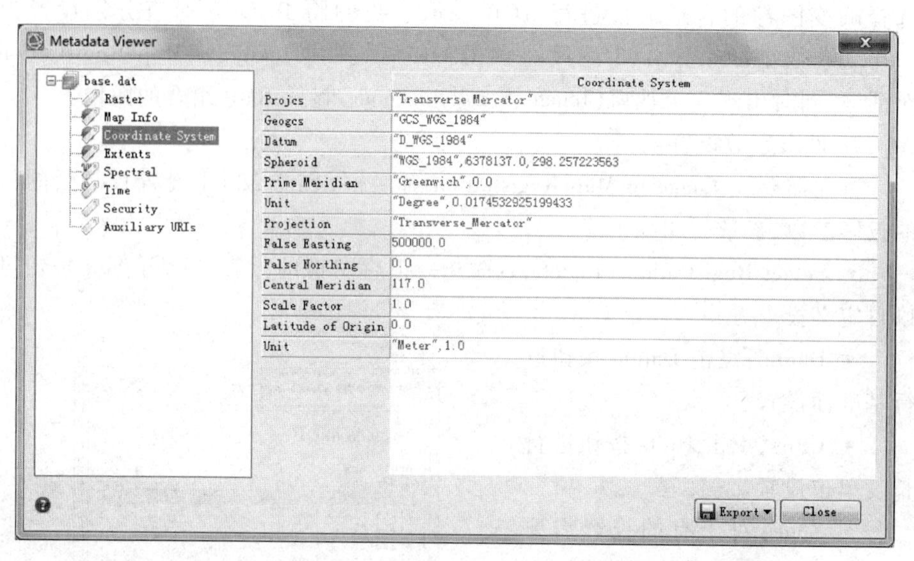

图 7.34 Metadata Viewer 对话框

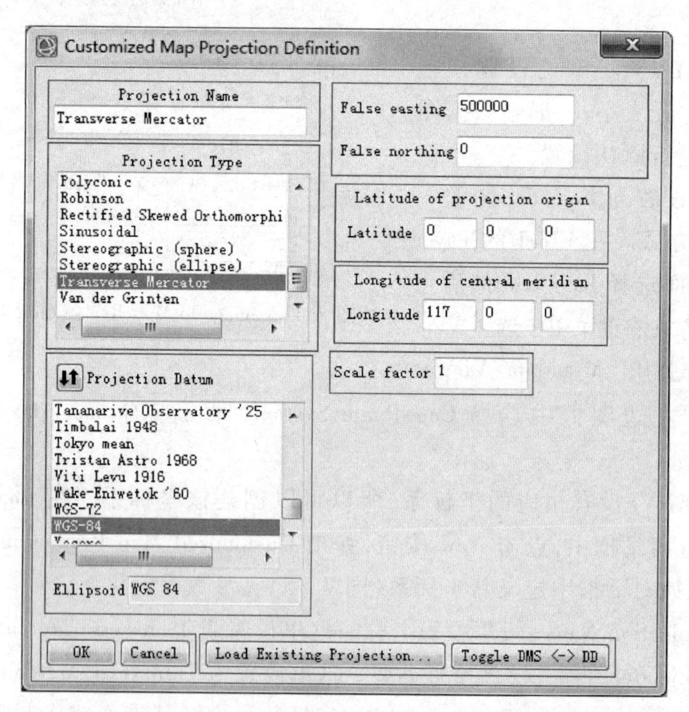

图 7.35 Customized Map Projection Definition 对话框

动显示出相应的椭球体。如果设置 Projection Ellipsoid,下方则会显示椭球体的长轴和短轴长度。这里,设置 Projection Datum 为 WGS-84。

- False easting/False northing:设置假东和假北,单位为 m。这里,设置假东为 500 000 m,假北为 0。
- Latitude of projection origin:设置参考纬度。这里设置为 0°。
- Longitude of central meridian:设置中央经线。这里设置为 117°。
- Scale factor:缩放比例。设立设置为 1。

设置完毕后,点击 OK,弹出 ENVI Question 对话框询问是否将投影添加到 map_proj. txt 中(图 7.36)。这里选择“否”。选择“是”则进一步保存投影文件。

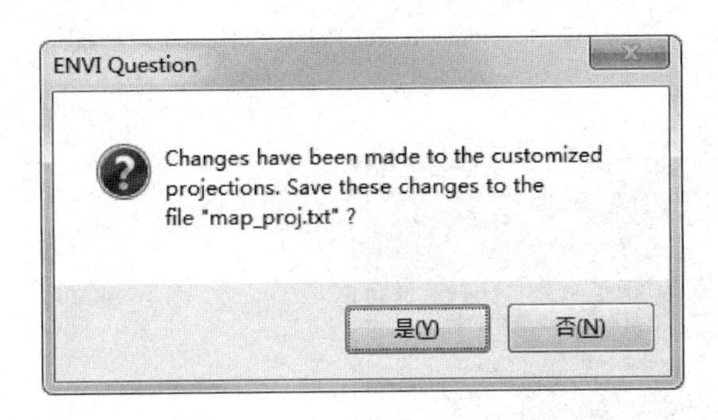

图 7.36 ENVI Question 对话框

添加投影以后,在 Image to Map Registration 对话框中选择 Transverse Mercator 投影,基准面设置为 WGS-84,单位设置为 Meters,像元大小采用默认设置,即大小为 30 m。设置完成后,点击 OK,弹出 Ground Control Points Selection 对话框(图 7.37)。

3. 控制点选择

在 wap. dat 中选择特征明显的地方,在 Image 视窗中定位到待选 GCP 区域,然后在 Zoom 视窗中将其定位到具体像元。这时,Ground Control Points Selection 对话框中的 Image X/Y 文本框中会添加该像元的像元坐标。然后在 ENVI 主界面中点击 Crosshairs 按钮,在 base. dat 中找到对应位置查看其坐标。将坐标输入 E 和 N 处,或者输入 Lat 和 Lon 处。点击 Add Point 按钮添加 GCP。按此方法添加其他 GCP。最终选取了 26 个 GCP,采用 1 次多项式计算的总体误差为 0.488 795。地面控制点分布以及控制点误差分别如图 7.38 和图 7.39 所示。

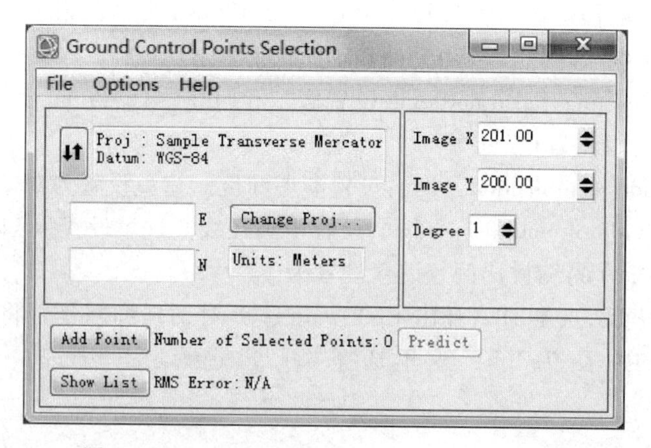

图 7.37　Ground Control Points Selection 对话框

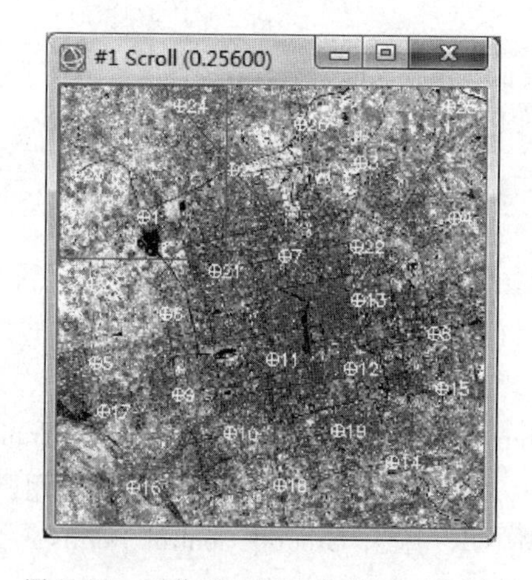

图 7.38　图像到地图选取的地面控制点

图 7.38 彩版

4. 几何校正

在 Ground Control Points Selection 对话框的菜单项中，选择 Options>Warp File 弹出 Input Warp Image 对话框。在 Input Warp Image 对话框中选择畸变图像 warp.dat，采用默认的空间子集和波段子集，点击 OK，打开 Registration Parameters 对话框（图 7.40）。Warp Parameters 按照前面介绍的“图像到图像的几何校正”同样设置，将结果输出到文件，文件名设置为 image_map.dat。设置完参数后，点击 OK 输出结果。

5. 校正效果查看

选择第 5、4、3 波段作为 RGB 通道显示 image_map.dat，并采用 2% 拉伸，

Image to Map GCP List

File　Options

	Map X	Map Y	Image X	Image Y	?redict X	?redict Y	Error X	Error Y	RMS
#1+	437236.19	4430452.83	199.75	301.25	199.2306	300.6031	-0.5194	-0.6469	0.8296
#2+	444107.72	4432525.41	410.25	189.25	410.9638	189.2507	0.7138	0.0007	0.7138
#3+	453040.22	4431301.86	710.75	172.75	710.9547	172.7850	0.2047	0.0350	0.2077
#4+	458710.98	4426436.33	927.25	295.50	927.2753	296.1588	0.0253	0.6588	0.6592
#5+	432154.74	4421305.95	90.75	632.50	90.7158	632.3396	-0.0342	-0.1604	0.1640
#6+	437531.90	4423699.28	251.25	519.50	251.5600	519.8956	0.3100	0.3956	0.5025
#7+	446578.31	4426021.92	532.75	387.00	532.9008	386.5501	0.1508	-0.4499	0.4745
#8+	455879.99	4418994.14	881.75	557.75	881.7133	557.7003	-0.0367	-0.0497	0.0618
#9+	437422.08	4418179.53	282.75	701.25	282.8280	701.3511	0.0780	0.1011	0.1277
#10+	440679.59	4414871.68	410.25	789.00	410.3275	789.0226	0.0775	0.0226	0.0807

Goto　On/Off　Delete　Update　Hide List

图 7.39　地面控制点坐标信息

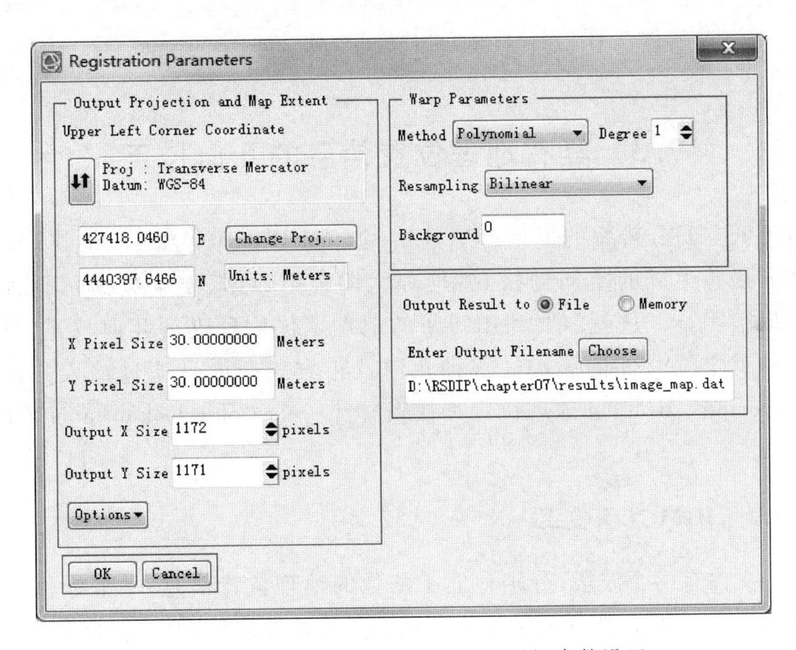

图 7.40　Registration Parameters 对话框参数设置

同时将其透明度设置为 50%，然后查看其几何校正效果（图 7.41）。可以看出，image_map.dat 与 base.dat 的图像重叠处，道路、农田、城镇用地也都非常吻合。

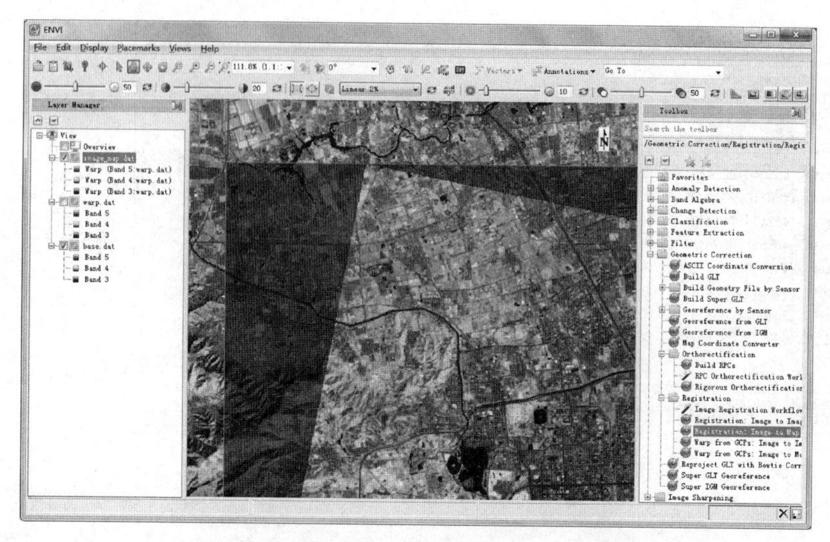

图 7.41　图像到地图几何校正效果

图 7.41 彩版

7.3　具有地理位置信息的几何校正

对于低空间分辨率的卫星遥感数据(如 AVHRR、MODIS、SeaWiFS 等),以及许多非遥感生成的空间栅格数据(如太阳辐射数据、温度数据),地面控制点的选取很困难。这就需要利用自带的地理定位信息进行几何校正,其精度也受到地理定位文件的影响。这种几何校正方式一般是通过输入几何文件(input geometry,IGM)和地理位置查找表文件(geographic lookup table,GLT)来实现。

7.3.1　IGM 几何校正

IGM 文件有两个波段,分别存储了图像的地理位置信息:X 坐标(如经度)和 Y 坐标(如纬度)。IGM 文件本身并没有空间参考信息,但是它含有每一个原始像元在指定投影下的空间参考信息。IGM 文件具有与原始图像相同的行列数,原始图像中像元的 X 和 Y 坐标分别记录在 IGM 两个波段对应的像元上(行列号一致的像元)。

本案例采用无投影坐标的 SPOT 图像 spot_bj.dat 和对应 IGM 文件 spot_bj_igm.dat 进行演示。spot_bj_igm.dat 包含两个波段 SPOT Geometry X 和 SPOT Geometry Y,分别用于存储 X 坐标和 Y 坐标。该 X 坐标和 Y 坐标记录的环境为

UTM 投影、WGS-84 基准面、Zone 50N 投影带。

1. 打开遥感图像

在 ENVI 主界面菜单栏中，选择 File>Open 打开 Open 对话框，选择图像 spot_bj. dat 和 IGM 文件 spot_bj_igm. dat，对 spot_bj. dat 采用 3、2、1 波段进行 RGB 显示，同时进行 2%线性拉伸（图 7.42）。

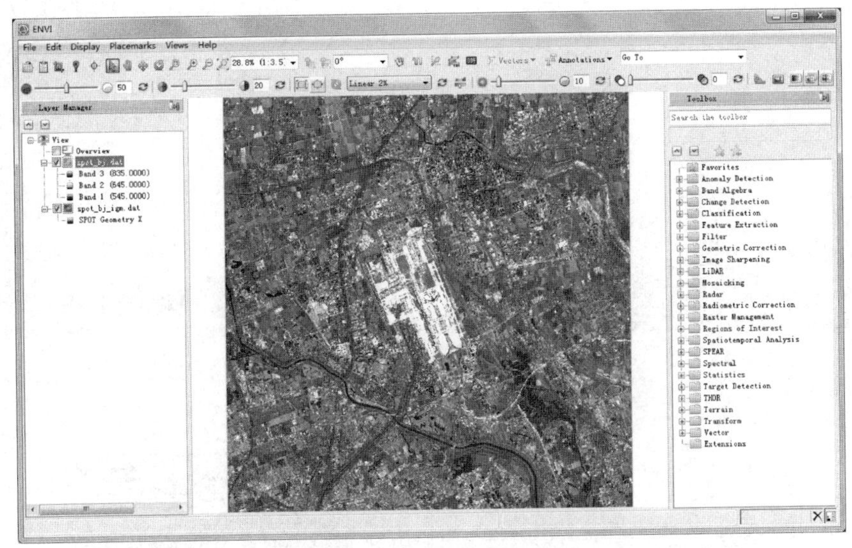

图 7.42 spot_bj. dat 彩色显示（RGB 由图像第 3、2、1 波段合成）

在 Layer Manager 中，用鼠标左键单击 spot_bj. dat，再点击鼠标右键，在弹出的右键菜单中选择 View Metadata，弹出 Metadata Viewer 对话框（图 7.43）。可以看出，Metadata Viewer 对话框中没有 spot_bj. dat 的投影信息，说明 spot_bj. dat 本身不具备投影信息。同样 spot_bj_igm. dat 本身也不具备投影信息。

2. 文件设置

在工具箱中，选择 Geometric Correction>Georeference from IGM，打开 Input Data File 对话框。在 Input Data File 对话框中选择待校正图像 spot_bj. dat，其他选择默认设置。点击 OK，弹出 Input X Geometry Band 对话框（图 7.44）。在该对话框中选择 IGM 文件的 X 坐标，即 spot_bj_igm. dat 的 SPOT Geometry X 波段。

点击 OK，弹出 Input Y Geometry Band 对话框（图 7.45）。在该对话框中选择 IGM 文件的 Y 坐标，即 spot_bj_igm. dat 的 SPOT Geometry Y 波段。点击 OK，弹出 Geometry Projection Information 对话框。

3. 输入/输出投影设置

在 Geometry Projection Information 对话框中（图 7.46），参数设置分两部分，

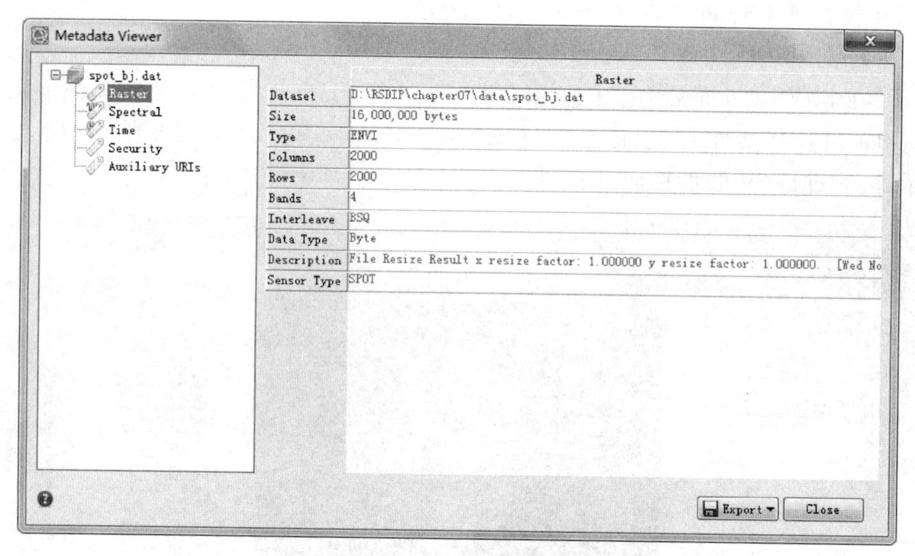

图 7.43 spot_bj.dat 的属性

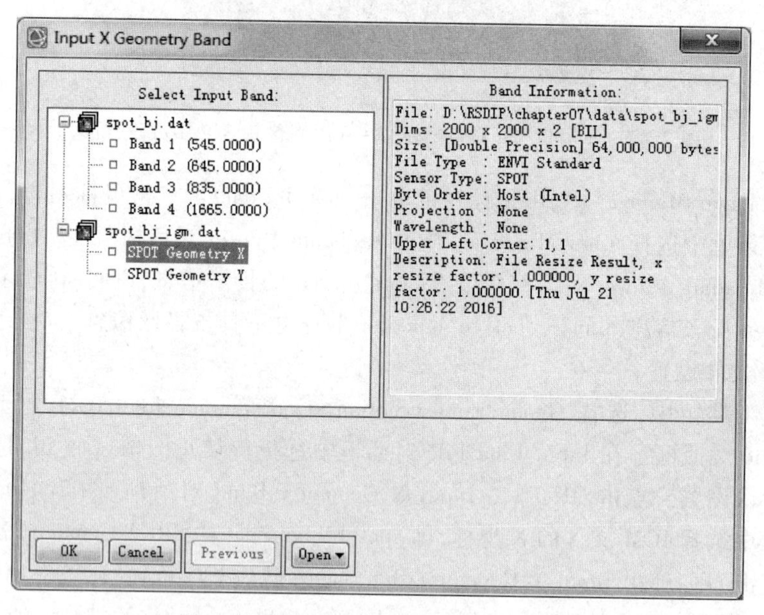

图 7.44 Input X Geometry Band 对话框

即 Input Projection of Geometry Bands（输入的几何文件波段的投影）和 Output Projection for Georeferencing（校正结果的输出投影）。

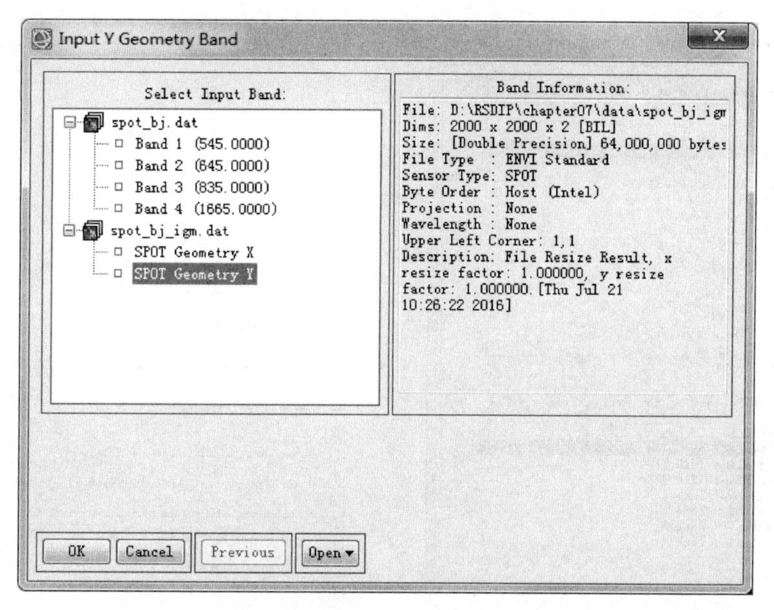

图 7.45　Input Y Geometry Band 对话框

Input Projection of Geometry Bands 参数设置:spot_bj_igm.dat 的两个波段 SPOT Geometry X 和 SPOT Geometry Y 记录的是 WGS-84 UTM Zone 50N 投影坐标,所以其投影类型为 UTM,基准面 Datum 为 WGS-84,单位 Units 为 Meters,条带号 Zone 为 50N。

Output Projection for Georeferencing 参数设置:可以选择将校正结果设置为与输入投影一样的 UTM 投影,也可以设置为其他投影。这里采用与输入投影相同的设置。

设置完参数以后,点击 OK,弹出 Build Geometry Lookup File Parameters 对话框(图 7.47)。

Build Geometry Lookup File Parameters 对话框有两个作用:一是生成 GLT 文件,二是设置输出结果参数。

GLT 参数包括 Output Pixel Size(输出像元大小)和 Output Rotation(输出旋转角度)。ENVI 会计算出一个默认的像元大小和旋转角度,默认的像元大小是根据输出空间的地图坐标计算的,默认的旋转角度用于使输出文件大小最小化,即背景最少。当旋转角度设置为 0 时,输出图像的上方为北;不为 0 时,输出图像上方不为北,有角度偏转。

这里,采用默认的输出像元大小,但是将旋转角度设为 0。然后将 GLT 输出到文件,文件名设置为 spot_bj_glt.dat。几何校正结果的背景值,这里设置为 0,

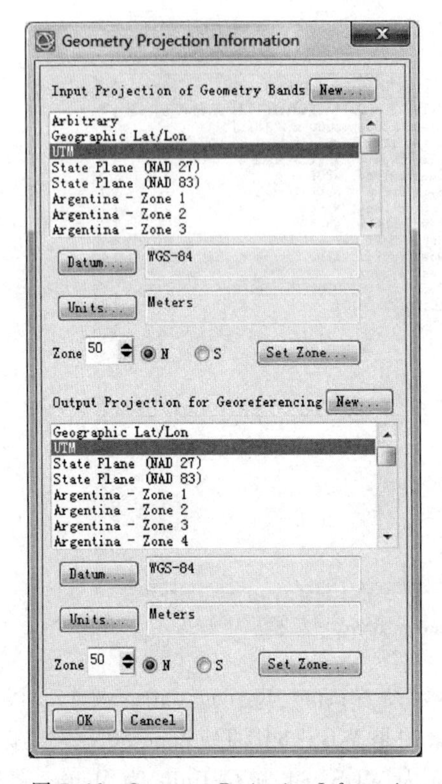

图 7.46　Geometry Projection Information 对话框

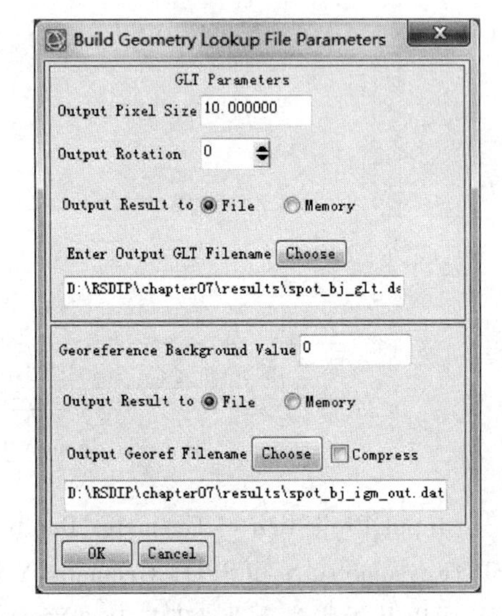

图 7.47　Build Geometry Lookup File Parameters 对话框

同样将结果输出到文件，文件名设置为 spot_bj_igm_out. dat。

设置完参数后，点击 OK 输出结果。

4. 结果比较

利用 IGM 进行几何校正生成两个文件：结果图像 spot_bj_igm_out. dat（图 7.48）和 GLT 文件 spot_bj_glt. dat（图 7.49）。从 spot_bj_igm_out. dat 可以看出，几何校正后的图像有偏转和变形，且有背景值生成。另外，spot_bj_igm_out. dat 的 Metadata Viewer 对话框中已经拥有投影信息。

7.3.2　GLT 几何校正

利用输入的几何文件 IGM 可以生成一个具有空间参考信息的地理位置查找表 GLT 文件，从 GLT 文件中可以知道原始像元在最终输出结果中的实际地理位置。这个查找表文件包含了两个波段，其灰度值分别对应于原始图像某一像元的文件位置，即像元的行号（line）和列号（sample）。与 IGM 图像不一样，GLT 图像

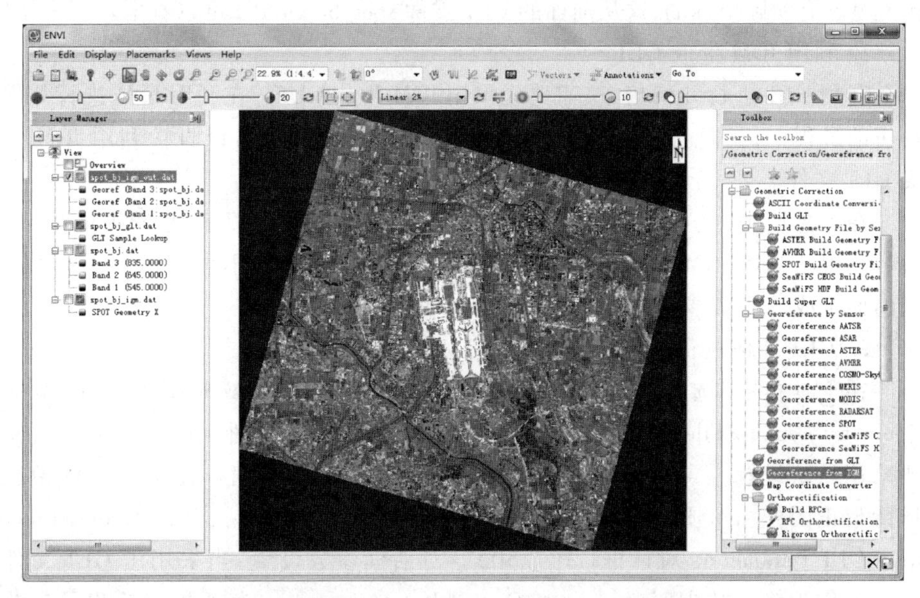

图 7.48　IGM 几何校正结果(RGB 由图像第三、二、一波段彩色合成)

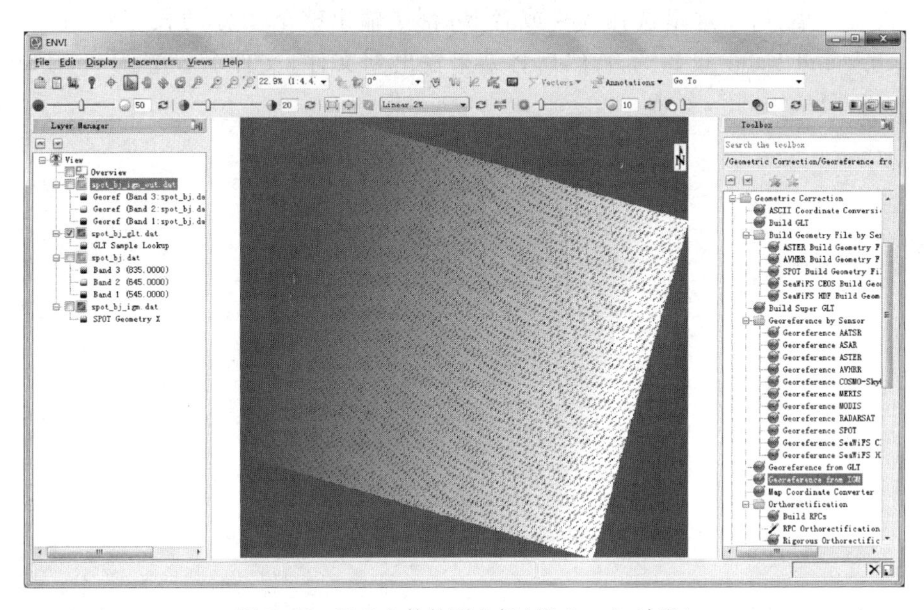

图 7.49　GLT 文件的列坐标(即 Sample 波段)

的行列数与原始图像不等,这是因为 GLT 的生成过程是将 IGM 图像上的所有栅格点都作为控制点,然后将 IGM 图像投影转换到某一投影坐标下,所以 GLT 文件的像元是具有实际坐标的，这从前面的 GLT 文件 spot_bj_glt. dat 可以看出。

1. 利用 IGM 生成 GLT

利用 GLT 进行几何校正，需要先采用 IGM 生成 GLT。在利用 IGM 进行几何校正的过程中，我们已经生成了 GLT 文件。另外，我们也可以直接利用 IGM 生成 GLT 文件。

在工具箱中，选择 Geometric Correction>Build GLT 可以实现 GLT 的生成。参数设置与利用 IGM 进行几何校正的参数设置是一样的，不再赘述。这里将采用前面生成的 GLT 文件 spot_bj_glt. dat 进行下面的操作。

2. GLT 几何校正

在工具箱中，选择 Geometric Correction>Georeference from GLT，打开 Input Geometry Lookup File 对话框。在该对话框中选择 GLT 文件 spot_bj_glt. dat，其他采用默认设置。点击 OK 后，弹出 Input Data File 对话框。在该对话框中选择待校正图像 spot_bj. dat，其他采用默认设置。点击 OK 后，弹出 Georeference from GLT Parameters 对话框（图 7. 50）。对话框参数设置：当采用了 GLT 文件的子集作为输入数据时，Subset to Output Image Boundary 为 Yes，只输出子集范围校正结果；为 No 时输出整幅图像的校正结果。因为案例在 GLT 文件时没有设置子集，所以这里选择 Yes 或者 No 都是输出整个图像的校正结果。将 Background Value 设置为 0，然后将结果输出到文件，文件名设置为 spot_bj_glt_out. dat。

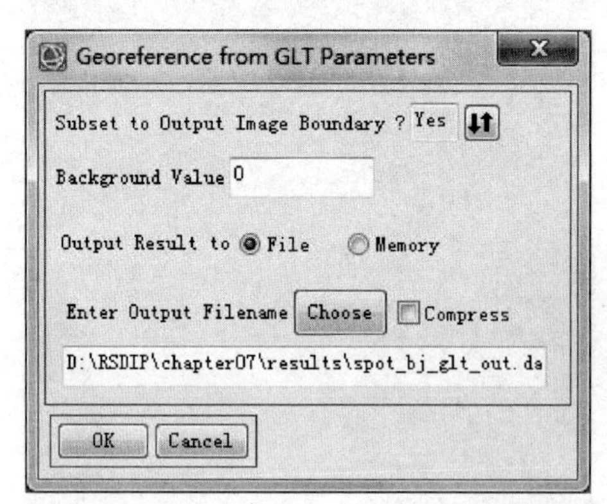

图 7. 50　Georeference from GLT Parameters 对话框

3. 结果比较

利用 GLT 进行几何校正的结果 spot_bj_glt_out. dat 与利用 IGM 进行几何校正的结果 spot_bj_igm_out. dat 是一样的。与 IGM 不同的是，采用 GLT 进行几何校正时不能设置投影和像元大小，其投影只能与 GLT 一致；但是 GLT 处理速度快,适合对相同图像进行批量处理。

7.4 正射校正

正射校正是几何校正的一种高级形式,由于其在校正的过程中加入了高程信息,所以对地形引起的几何畸变具有很好的校正效果。同样,正射校正也趋向于自动化处理。

正射校正要求图像带有 RPC 信息,同时需要 DEM 文件,另外还可以选用地面控制点(GCP)文件来提高校正精度。通过 RPC 系数构建的有理函数能够将地面坐标转换到图像文件坐标。各种常见遥感数据类型带有的 RPC 文件格式如表 7.11 所示。

表 7.11 常见遥感数据类型的 RPC 文件

遥感数据类型	RPC 文件
ALOS/PRISM	RPC 文件(*.RPC)
CARTOSAT-1	RPC 文件(PRODUCT_RPC.TXT)
FORMOSAT-2	标准元数据文件(METADATA.DIM)
GeoEye-1	RPC 文件(*.pv1)
IKONOS	RPC 文件(*_rpc.txt)
KOMPSAT-2	RPC 文件(*.RPC)
OrbView-3	RPC 文件(*_metadata.pv1)
QuickBird	RPC 文件(*.rpb)
RapidEye	标准元数据文件(*_metadata.xml 或相关的元数据文件)
WorldView-1 和-2	RPC 文件(*.rpb)
SPOT Level 1A 和 1B	标准元数据文件(METADATA.DIM)
资源一号 02C	RPC 文件(.rpb)
资源三号	RPC 文件(_rpc.txt)
高分一号	RPC 文件(.rpb)
高分二号	RPC 文件(.rpb)
ENVI 标准格式	头文件(*.hdr)。当头文件中同时含有标准地图信息和 RPC INFO 时,做正射校正需移除标准地图信息
NIFF	标准元数据文件

ENVI 5.2.1 软件提供了 3 种正射校正操作模块，即 RPC Orthorectification Workflow、Rigorous Orthorectification 和 SPEAR Orthorectification。其中 Rigorous Orthorectification 模块需单独安装并许可，否则不能运行，该模块能获得高精度的正射校正结果。本案例采用 RPC Orthorectification Workflow 模块来演示正射校正过程，测试数据为 SPOT 图像 imagery.TIF（METADATA.DIM 中含 RPC 文件）和 DEM 文件 GDEM_30m_mosaic.dat，同时选择一定数量的地面控制点用于提高校正精度。需注意的是，SPOT 图像 imagery.TIF 及其元数据文件 METADATA.DIM 必须存放在以"data"命名的文件夹中，否则在后面导入 GCP 点的 shapefile 文件时会提示数据不匹配的错误信息，这可能是软件自身的缺陷。

1. 数据加载

在 ENVI 菜单栏中，选择 File>Open As>SPOT>DIMAP(.DIM)，选择 METADATA.DIM 文件打开，将 XS3、XS2 和 XS1 分别作为 R、G、B 通道进行彩色显示，对图像采取 2%线性拉伸，同样加载 DEM 数据 GDEM_30m_mosaic.dat，并进行 2%拉伸（图 7.51）。

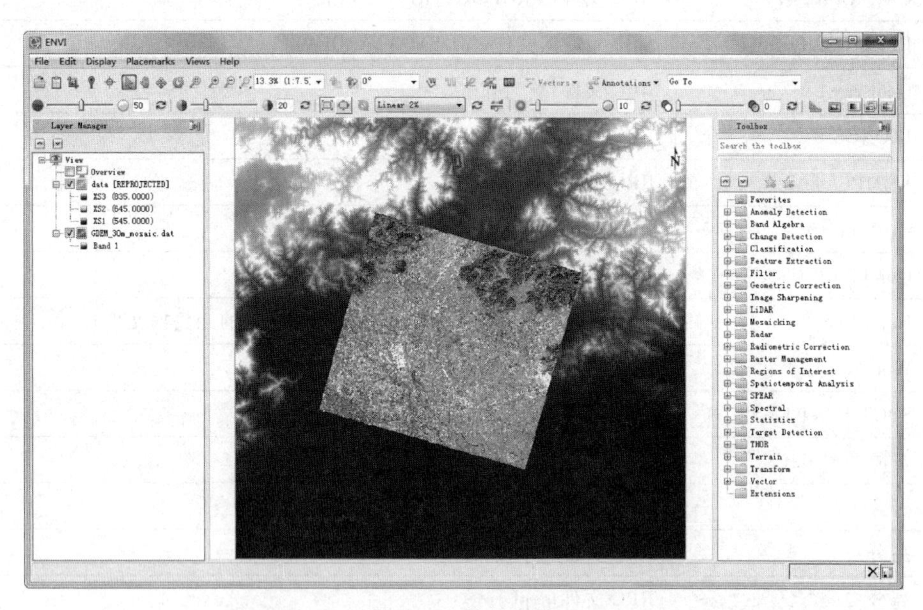

图 7.51　数据加载

2. 正射校正

在工具箱中，选择 Geometric Correction>Orthorectification>RPC Orthorectification Workflow，打开 RPC Orthorectification 对话框（图 7.52）。

(1) 选择输入图像和 DEM 图像

打开 RPC Orthorectification 对话框,首先进入 File Selection 的 Select Input and DEM 部分(图 7.52)。Input File 用于输入待正射校正图像,这里为 SPOT 图像 data。DEM File 用于输入相应范围的 DEM 图像,ENVI 默认提供全球 DEM 图像 GMTED2010.jp2,该 DEM 图像的空间分辨率为 30″(对应的像元空间分辨率约 1 000 m)。如果自己拥有更高精度的 DEM,直接将 GMTED2010.jp2 替换即可。这里,采用 GDEM_30m_mosaic.dat 数据。点击 Browse 按钮选择 GDEM_30m_mosaic.dat。

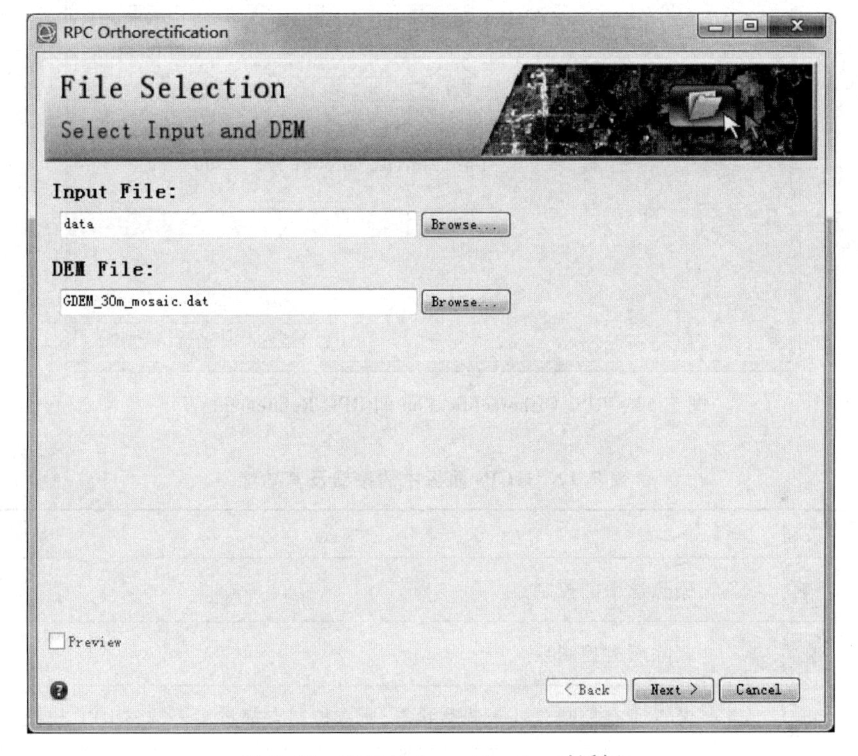

图 7.52　RPC Orthorectification 对话框

(2) GCP 设置

点击 Next,进入 RPC Refinement 部分(图 7.53)。该部分用于添加 GCP 以改善 RPC 模型,提高正射校正精度。该对话框有 4 个面板:GCPs、Advanced、Statistics 和 Export。

① GCPs 面板。GCPs 面板中按钮及其功能如表 7.12 所示。

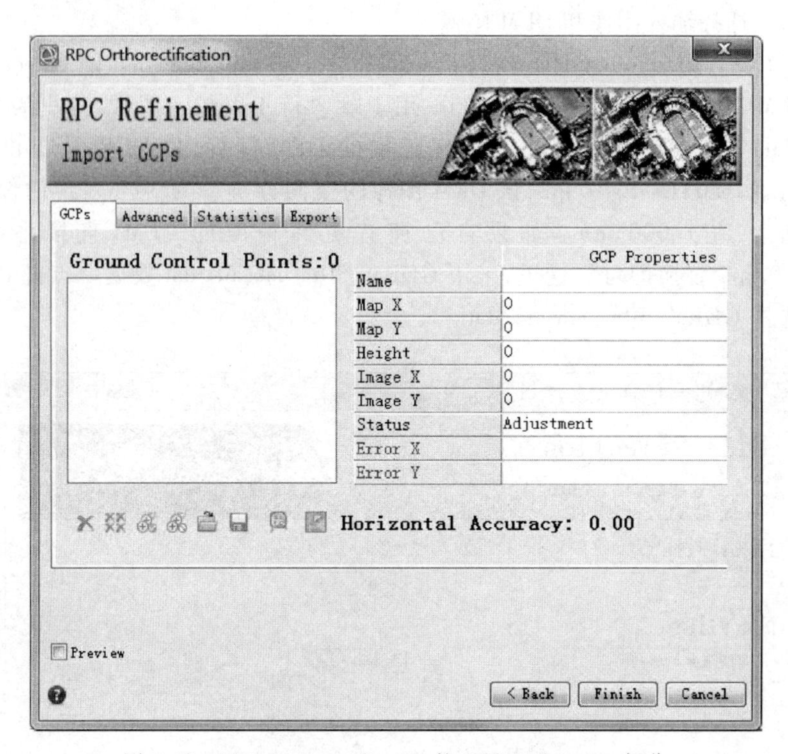

图 7.53 RPC Orthorectification 的 RPC Refinement 部分

表 7.12 GCPs 面板中的按钮及其功能

按钮	功能
	删除选中的控制点
	删除所有控制点
	设置所有控制点处于调整状态,所有控制点都将用于调整 RPC 模型
	设置所有控制点处于独立状态,RPC 模型不会被调整
	从文件中加载控制点
	保存控制点,格式为 *.shp
	显示/隐藏误差向量
	显示/隐藏误差叠加层

当已经存在 GCP 时，可以通过 Load GCPs 按钮将其加载进来，需要注意的是 GCP 的格式可以为 *.pts 和 *.shp。当需要创建或者添加 GCP 时，点击工具栏中的 Symbol Annotation 按钮，然后点击图像视图中需采集的 GCP 对应位置，GCP 就会被添加到列表中。

在列表中选择 GCP 后，可以在 GCP Properties 中编辑其属性，可编辑属性包括：Name（名称）、Map X（地图坐标 X）、Map Y（地图坐标 Y）、Height（高程）、Image X（图像坐标 X）和 Image Y（图像坐标 Y）。改变 GCP 的图像坐标，还可以选择交互操作方式。在工具栏中点击 Select 按钮，然后在图像视图中选择想要移动的 GCP，这时 GCP 周围会形成一个青色的矩形，移动 GCP 到新位置即可。

在 GCP 列表中，每个 GCP 前面都有一个图标：表示该 GCP 将会用于调整 RPC 模型，这些 GCP 称为调整 GCP，在图像视图中显示为绿色的十字；表示 GCP 不会用于调整 RPC 模型，这些 GCP 称为独立 GCP，在图像视图中显示为灰色的菱形。（或）表示图像估计的地面坐标与 GCP 之间的差值大于 3 倍 $RMSE_x$ 或 $RMSE_y$。

GCP 的调整状态和独立状态可以相互转换。在 GCP 列表中选择 GCP 后，单击鼠标右键，在右键菜单中选择 Change GCP Status 即可转换 GCP 状态。

GCP 的删除，可以通过选择 GCP 后点击 Delete GCP 按钮实现，也可以选择 GCP 后在右键菜单中选择 Delete GCP 实现。

误差的统计分析可以通过 Show error vector 和 Show error overlay 按钮实现。点击 Show error vector 可以查看每个 GCP 位置上的误差向量。通过放大 GCP，可以查看到 GCP 的误差大小和方向。青色向量表示每个 GCP 的误差大小和方向，GCP 外围的红色圆圈表示 CE95 的水平误差值。CE95 表示 95% 置信度时圆的标准误，计算公式为：$\sim 2.4477 \times 0.5 \times (RMSE_x + RMSE_y)$。

当存在至少 3 个 GCP 时，点击 Show error overlay 按钮，图像上将会叠加一个透明颜色梯度图，用于显示 GCP 的相关误差强度。可以在 Layer Manager 中选择数据，点击右键选择 Zoom to Layer Extent 查看整个场景的误差强度。误差叠加层只叠加在 GCP 围成的范围。关于叠加层的颜色：黑灰色区域表示 GCP 的误差可以忽略，鲜红色区域表示 GCP 的误差更高些，白色区域表示异常 GCP，其误差大于给定的阈值。

同时，GCP 面板上的 Horizontal Accuracy 会显示 GCP 的水平精度，该值与统计类型有关。具体统计类型有 3 种：所有 GCP、所有调节 GCP 和所有独立 GCP。

默认为统计所有 GCP 的水平精度,可以在 Statistics 面板中进行更改。

本案例在图像中选择了 15 个 GCP,其分布如图 7.54 所示。在 Statistic 面板中,将 GCP Statistics 设置为调节 GCPs(Adjustment GCPs),GCPs 面板中的参数如图 7.55 所示。可以看出水平误差过大,为 65.03 m。这里,选择将 Error X 或者 Error Y 大于 10 m 的调节 GCP 改变为独立 GCP(也可将其删除)。将 GCP 3、5、8、11 和 13 的状态改为 Independent,剩余 10 个 GCP 为调节 GCP,其分布如图 7.56所示,此时所有调节 GCP 的水平精度为 7.00 m。

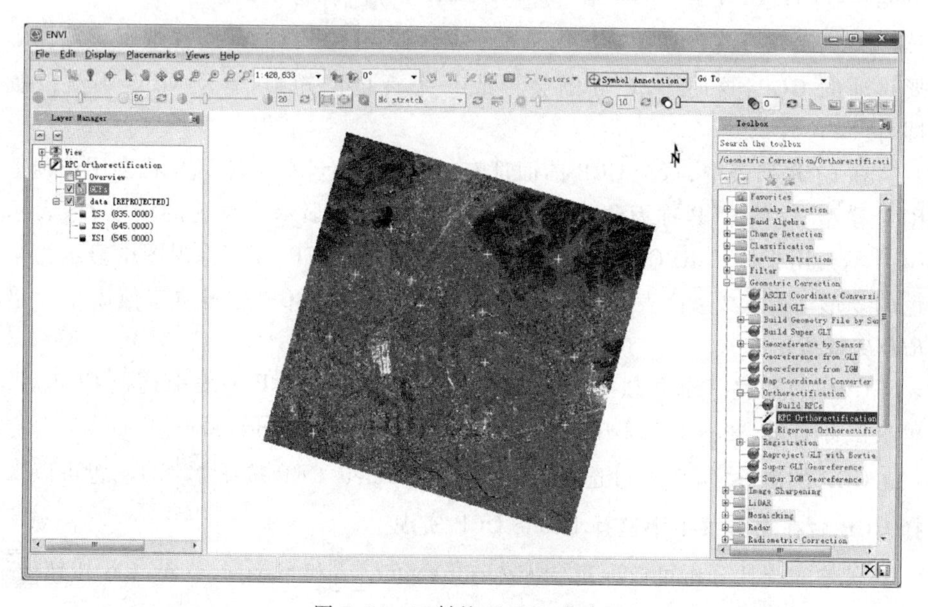

图 7.54　正射校正 GCP 分布

点击显示误差向量按钮可查看每个 GCP 的误差向量。图 7.57 为 GCP 1 的误差向量。红圈代表其高程误差,青色线段代表其水平误差大小和方向(彩图详见软件操作界面)。请注意,图 7.57 是由 ENVI 软件的 5.1 版本运行得到,ENVI 5.2 及 5.3 版本无法正确绘制误差向量,这可能是软件本身的缺陷。点击显示误差叠加按钮,图像最上方会添加一个误差叠加层(图 7.58)。可以看出,图像右边和左下角误差较大。

点击保存按钮可保存 GCP,本案例设置 GCP 的文件名为 orth_gcps. shp。

② Advanced 面板。Advanced 面板主要用于设置大地基准面校正的选用、输出像元大小、图像采样方法以及网格间隔(图 7.59)。

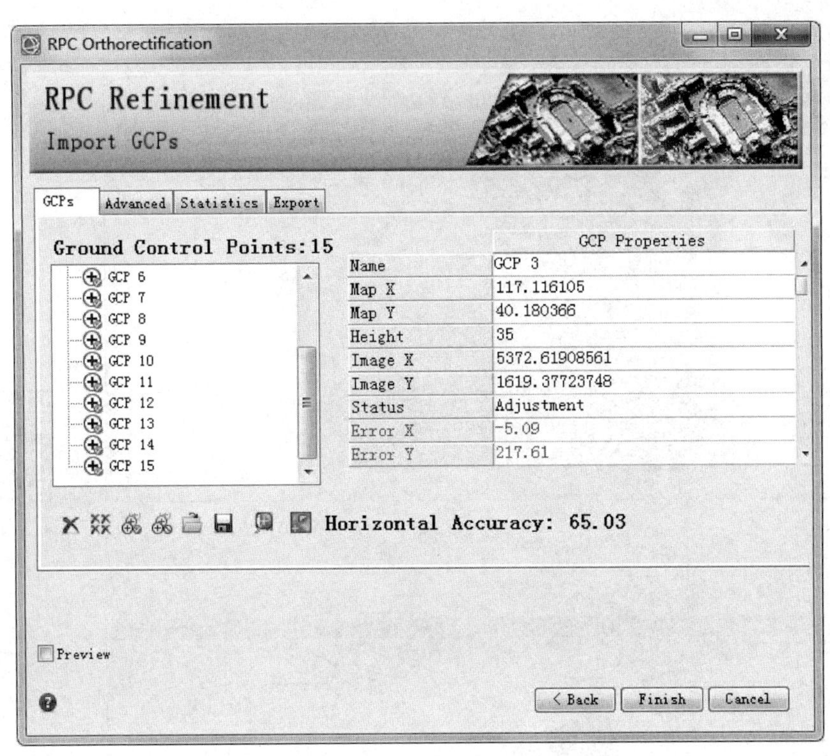

图 7.55　GCP 点的属性

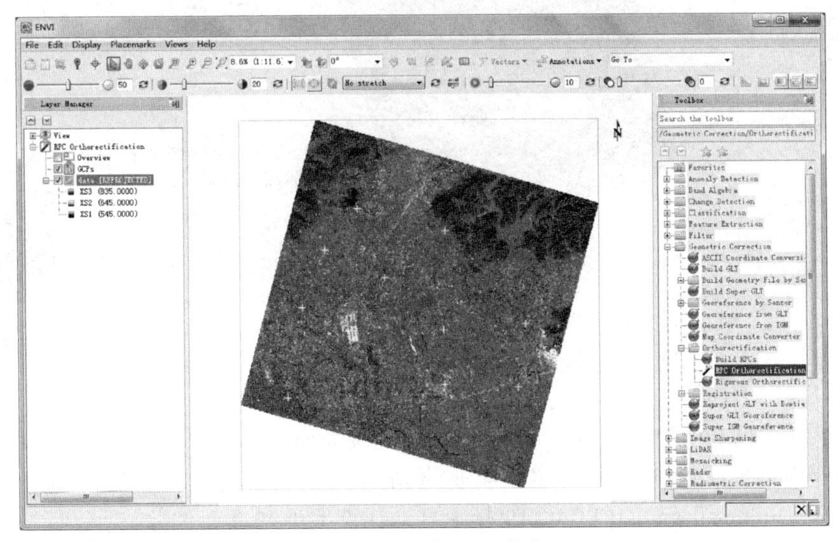

图 7.56　调节 GCP 分布

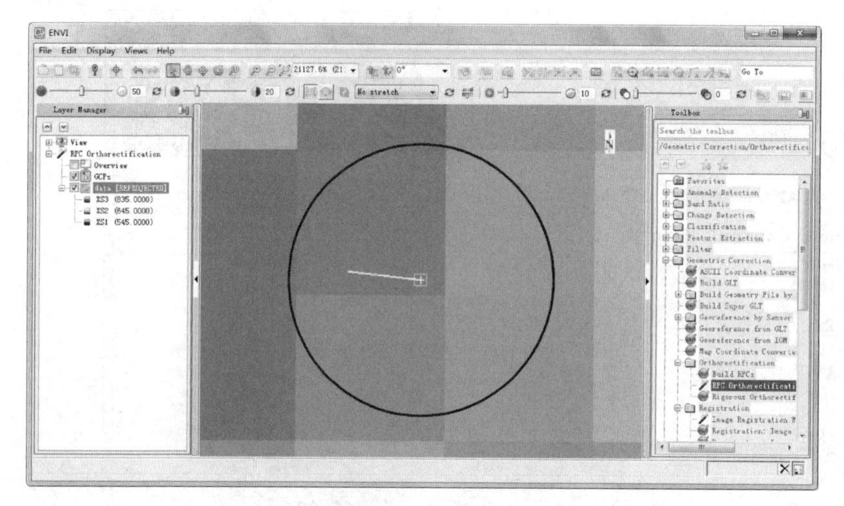

图 7.57　误差向量

图 7.57 彩版

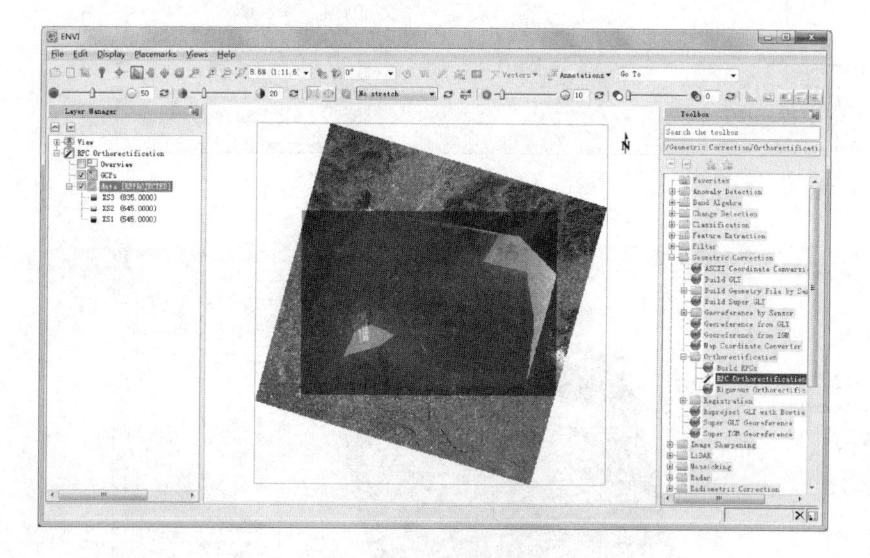

图 7.58　误差叠加层

图 7.58 彩版

• Geoid Correction：选择是否采用大地基准面校正。推荐使用 Geoid Correction 用于提高 RPC 模型的水平和垂直精度。RPC 正射校正工作流通过使用 Earth gravitational model（EGM）1996 来自动计算大地基准面偏差，这个偏差会在 Geoid Correction 下面的文本框中显示。

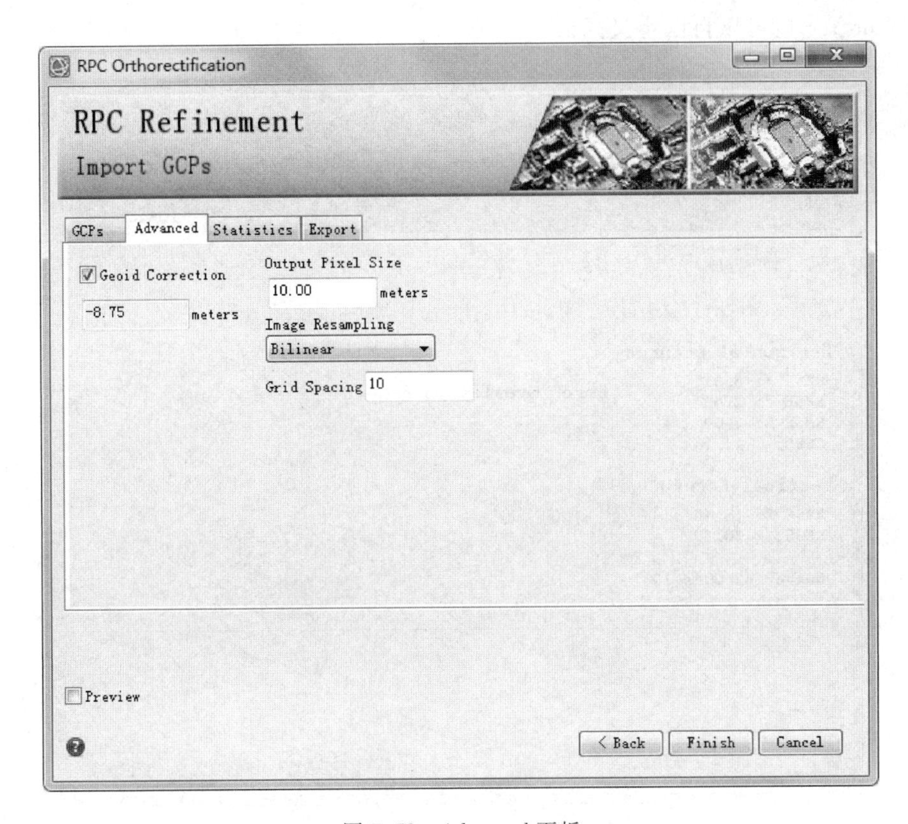

图 7.59　Advanced 面板

- Output Pixel Size:设置输出像元大小,本案例设置为 10。
- Image Resampling:设置重采样方法,默认为 Bilinear。
- Grid Spacing:设置输出像元的网格间距。这个网格间距有利于 ENVI 通过 RPC 变换在输入图像中寻找对应像元。对于一个粗网格,RPC 正射校正运行较快,但精度较低。默认值为 10。如果有高分辨率的 DEM,研究区地形起伏较大时,设置该值为 1 用于严格正射校正。

③ Statistics 面板。Statistics 面板用于统计 GCP 的水平精度和高程精度(图 7.60)。可以分别对所有像元、调节像元和独立像元进行统计。水平精度包括 RMSE X、RMSE Y、RMSE R 和 CE95,垂直精度包括 RMSE Z 和 LE95。LE95 表示测量的高程和带有大地基准面偏移的 DEM 高程之间的差值,也可以看做是 95%置信度的线性误差,计算公式为:

$$Vertical\ Accuracy = 1.96 \times RMSE_z \tag{7.1}$$

Error Overlay Threshold 用于设置误差叠加层的阈值,可以采用 3×RMSE

[X or Y],也可以自己定义阈值。

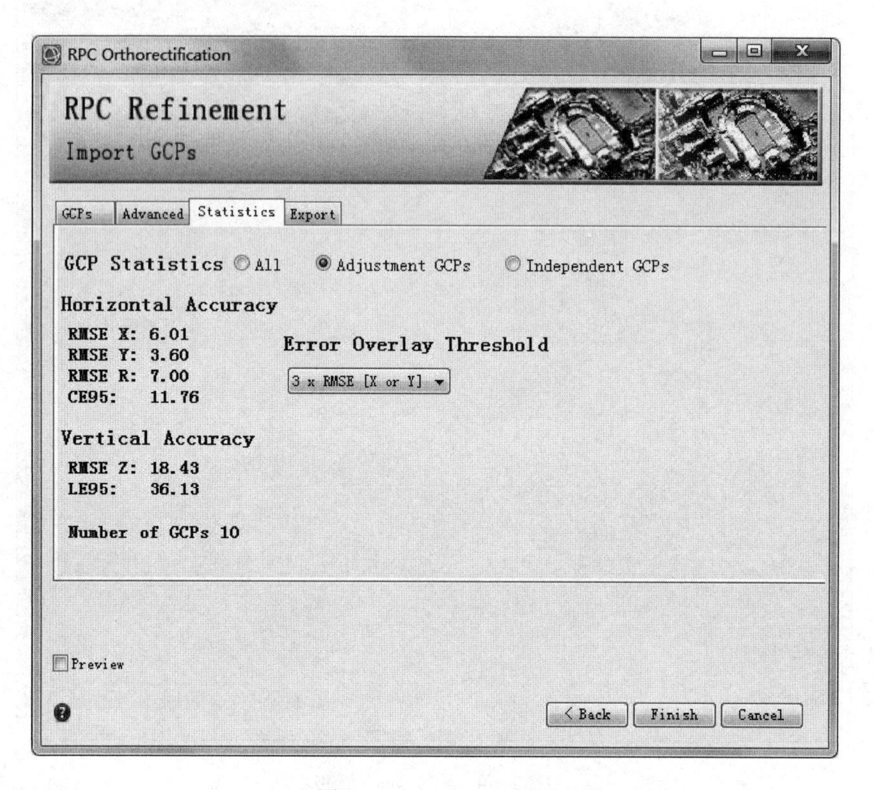

图 7.60 Statistics 面板

④ Export 面板。Export 面板用于设置输出图像的文件格式和路径,以及是否输出正射校正报告(图 7.61)。这里,设置输出图像文件格式为 ENVI,在 Output Filename 中设置输出路径,文件名设置为 data_rpcortho.dat;勾选 Export Orthorectification Report,设置报告输出路径,文件名设置为 data_rpcortho_report.txt。点击 Finish,输出正射校正结果和正射校正报告。

3. 校正效果对比

初步看来,正射校正后的图像 data_rpcortho.dat 和正射校正前的图像 data 之间没有什么区别。但是,如果仔细选择同一地物查看其在两幅图像中的地理坐标,会发现它们的地理坐标值不一样。也可以选择点击 View Flicker 按钮,ENVI 将间接显示 data_rpcortho.dat 和 data 这两幅图像,可以更直观地看出正射校正前后图像之间的位置有所偏移。

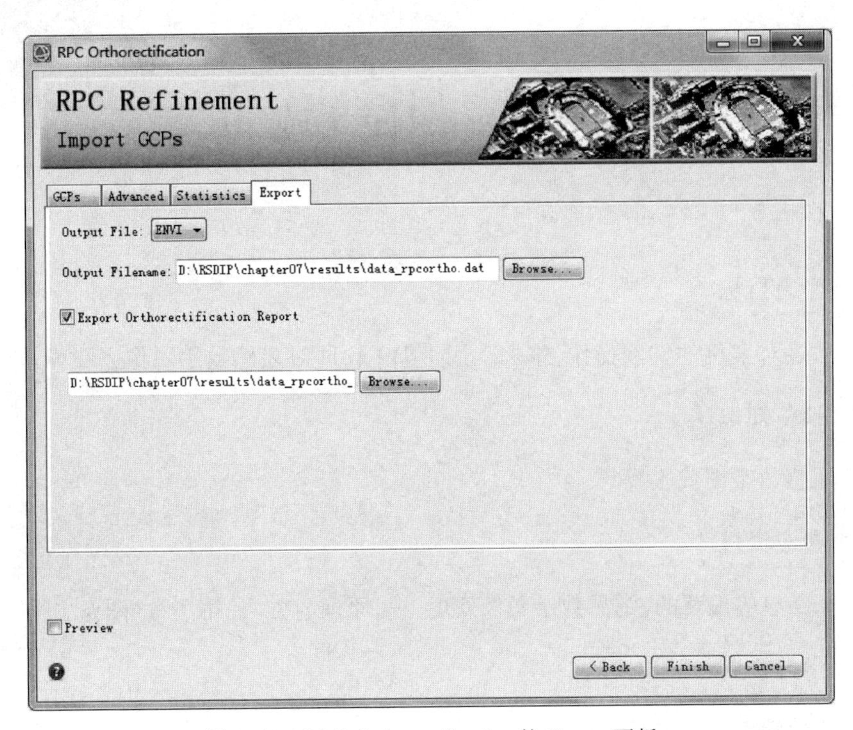

图 7.61　RPC Orthorectification 的 Export 面板

第 8 章　图像去噪声

学习目标

通过对案例的实践操作，掌握运用 ENVI 软件对遥感数字图像去噪声。

预备知识

遥感数字图像去噪声

参考资料

朱文泉等编著的《遥感数字图像处理——原理与方法》第 7 章“图像去噪声”

学习要点

均值滤波
中值滤波
数学形态学去噪声
傅里叶变换去噪声
小波变换去噪声
主成分变换去噪声

测试数据

数据目录：附带光盘下的..\chapter08\data\

文件名	说明
gaussian_noise.dat	单波段高斯噪声图像
impulse_noise.dat	单波段椒盐噪声图像
periodic_noise.dat	周期噪声图像
gaussian_noise_clip.dat	用于测试小波变换去噪声的高斯噪声图像
landsat5_noise.dat	含高斯噪声的 Landsat5 多波段图像

电子补充材料

第 8 章图像去噪声扩展阅读 . pdf：利用 ENVI Classic 界面演示傅里叶变换陷波滤波器去除周期噪声、利用 IDL 演示小波变换去除高斯噪声。文档目录：数字课程资源（网址见“与本书配套的数字课程资源使用说明”）。

案例背景

图像噪声是指造成图像失真、质量下降的图像信号，在图像上常表现为引起较强视觉效果的孤立像元点或像元块。数字图像在其获取与传输记录过程中，成像系统、传输介质和记录设备等不完善以及图像处理不当，都有可能引入噪声。遥感图像噪声既影响视觉效果及图像美观，也会给特征提取、信息分析和图像分类等后续处理带来很大困难。减少或改善数字图像中噪声的过程，就叫做图像去噪声。图像去噪声通常借助图像滤波的手段来实现，但是图像去噪声并不等同于图像滤波。图像滤波不仅可以用来去除图像噪声，也可以用来实现图像增强，也就是说图像去噪声和图像增强是图像滤波处理的两个应用方向。

图像去噪声既可以在空间域处理，也可以在变换域处理。空间域处理的原理是借助像元与其邻近像元之间的关系来判断并去除噪声，常用的空间域去噪方法有均值滤波、中值滤波和数学形态学去噪声等。变换域处理则是在图像的某个变换域内去除或者压缩噪声的变换域系数，保留原始信号的变换域系数，然后反变换到空间域以达到图像去噪声的目的，常用的变换域处理方法有傅里叶变换、小波变换、主成分变换等。

8.1 空间域去噪声

由于噪声像元的灰度值常与周边像元的灰度值不协调，表现为极高或极低，因此可利用局部窗口的灰度值统计特性（如均值、中值）去除噪声。空间域去噪声是利用待处理像元邻域窗口内的像元进行均值、中值或其他运算得到新的灰度值，并将其赋给待处理像元，通过对整幅图像进行窗口扫描及运算，达到去除噪声的目的。

8.1.1 均值滤波

均值滤波是取每个像元邻域内的像元平均值代替该邻域中心的像元值，从而达到去除尖锐噪声以及平滑图像的目的。均值滤波是一种线性滤波，因与在频率域进行低通滤波的效果相似，所以又被称为空间域低通滤波。

1. 打开遥感图像

在 ENVI 主界面菜单栏中,选择 File>Open 打开 Open 对话框,加载高斯噪声图像 gaussian_noise. dat 和椒盐噪声图像 impulse_noise. dat,并都采用 2%线性拉伸方式垂直分栏显示(图 8. 1):在菜单栏中,选择 Views>Two Vertical Views,在左右两个视图窗口中分别添加高斯噪声图像 gaussian_noise. dat 和椒盐噪声图像 impulse_noise. dat。

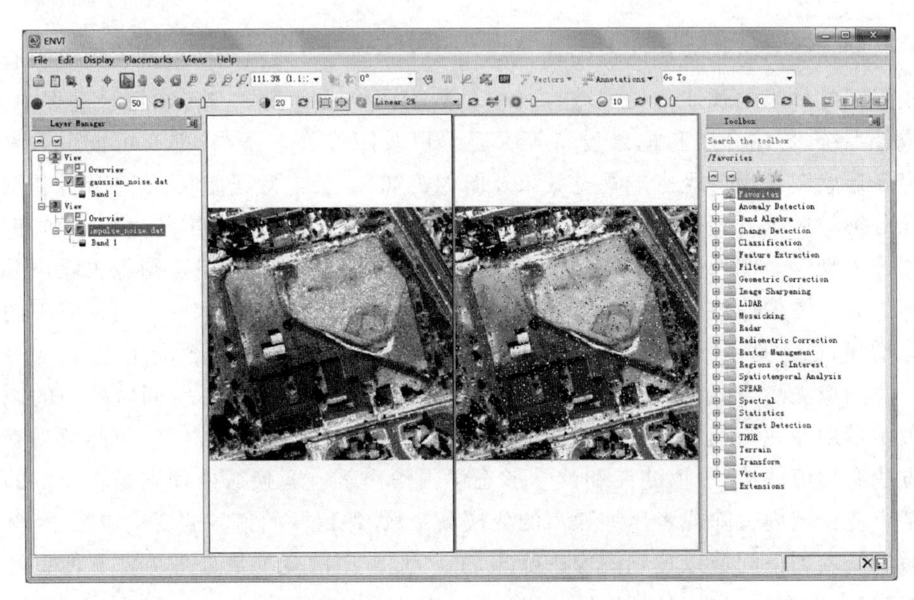

图 8. 1　高斯噪声图像(左栏)和椒盐噪声图像(右栏)

2. 低通滤波

在 ENVI 工具箱中,选择 Filter > Convolutions and Morphology,打开 Convolutions and Morphology Tool 对话框。在 Convolutions and Morphology Tool 对话框中,点击 Convolutions 按钮,在出现的下拉菜单中选择 Low Pass(图 8. 2)。参数说明如下:

- Kernel Size:用于设置内核的大小,即移动窗口的大小。Kernel Size 为奇数,低通滤波采用方形内核。鼠标左键点击上下箭头,Kernel Size 以 2 为步长增减;鼠标中键点击上下箭头,Kernel Size 以 10 为步长增减。这里,设置为 3。
- Image Add Back(0-100)%:在文本框中输入一个 0—100 的数值,表示输出结果中有多少比例的内容来自原始图像。将部分原始图像加入卷积滤波结果中能保持空间背景,这样做的目的通常是锐化图像。去噪声处理时一般设置为 0。本案例设置为 0。

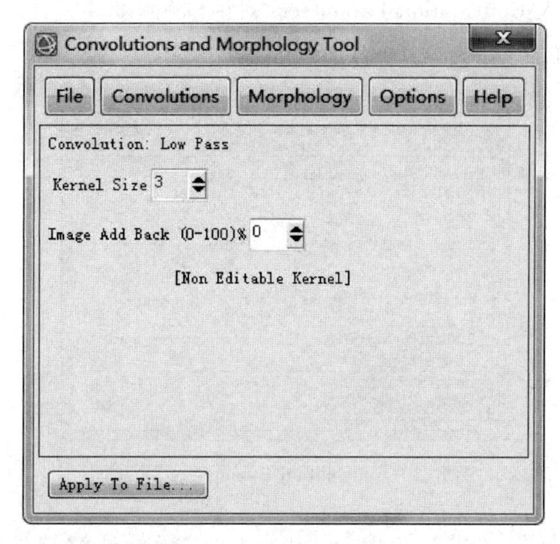

图 8.2 均值滤波设置

• Non Editable Kernel 表示内核的值不能被编辑。因为低通滤波是取内核窗口范围内像元值的均值,所以内核值是固定的。

设置好参数后,点击 Apply To File 按钮,进入 Convolution Input File 对话框(图 8.3)。在 Convolution Input File 对话框中选择高斯噪声图像 guassian_noise. dat,Spatial Subset 采用默认设置,即 Full Scene。

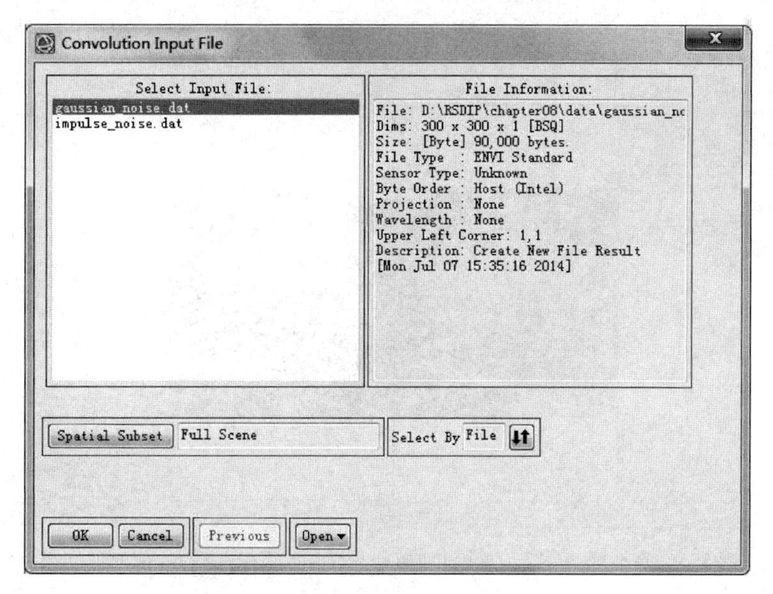

图 8.3 Convolution Input File 对话框

点击 OK,进入 Convolution Parameters 对话框(图 8.4)。选择将结果输出到文件,文件名设置为 guassian_low_pass. dat。

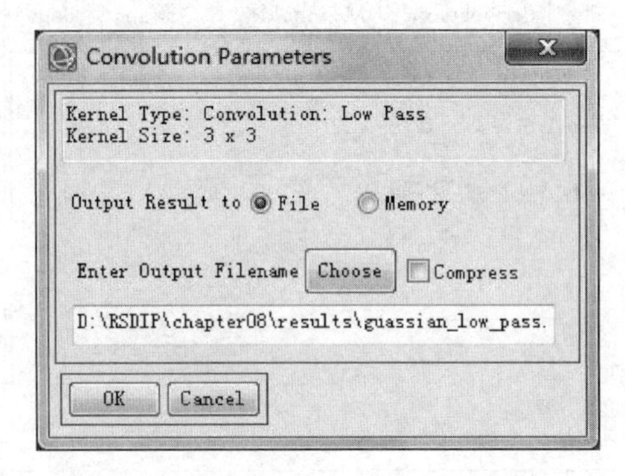

图 8.4　Convolution Parameters 对话框

采用同样的操作方式对图像 impulse. dat 进行低通滤波处理,输出结果为 impulse_low_pass. dat。

3. 查看结果

在菜单栏中,选择 Views>Two Vertical Views,在左右两个视图窗口中分别添加高斯噪声图像去噪声结果 guassian_low_pass. dat 和椒盐噪声图像去噪声结果 impulse_low_pass. dat(图 8.5),可以看出,均值滤波对高斯噪声的处理效果要好于椒盐噪声。

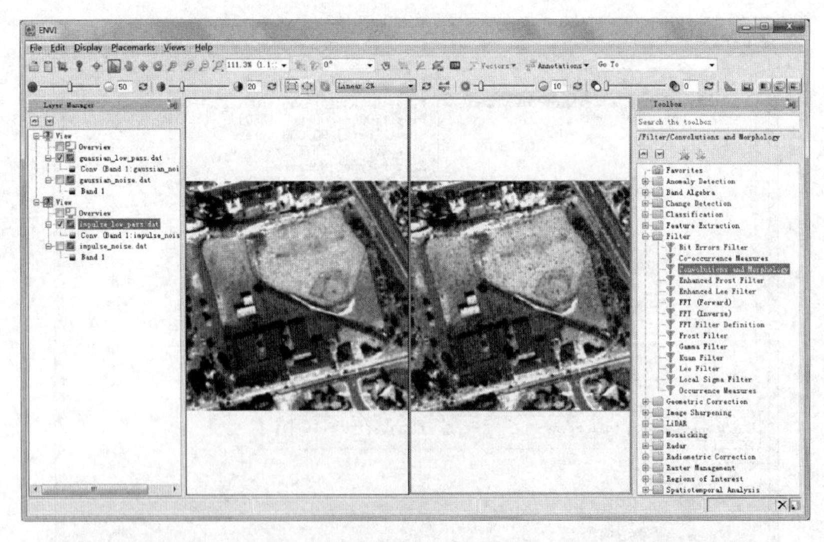

图 8.5　高斯噪声图像(左栏)和椒盐噪声图像(右栏)的均值滤波结果

8.1.2 中值滤波

中值滤波与均值滤波很相似，只是将像元的替换值由邻域内的像元平均值变为了邻域内的像元灰度中值。中值滤波的操作与均值滤波的操作基本相同，只是在 Convolutions and Morphology Tool 对话框中点击 Convolutions 按钮选择 Median。我们将 Kernel Sizes 同样设置为 3，Image Add Back(0-100)%设置为 0。最终得到高斯噪声图像和椒盐噪声图像的中值滤波结果 guassian_median. dat 和 impulse_median. dat(图 8.6)。从图 8.6 可以看出，中值滤波对椒盐噪声的处理效果要优于高斯噪声。

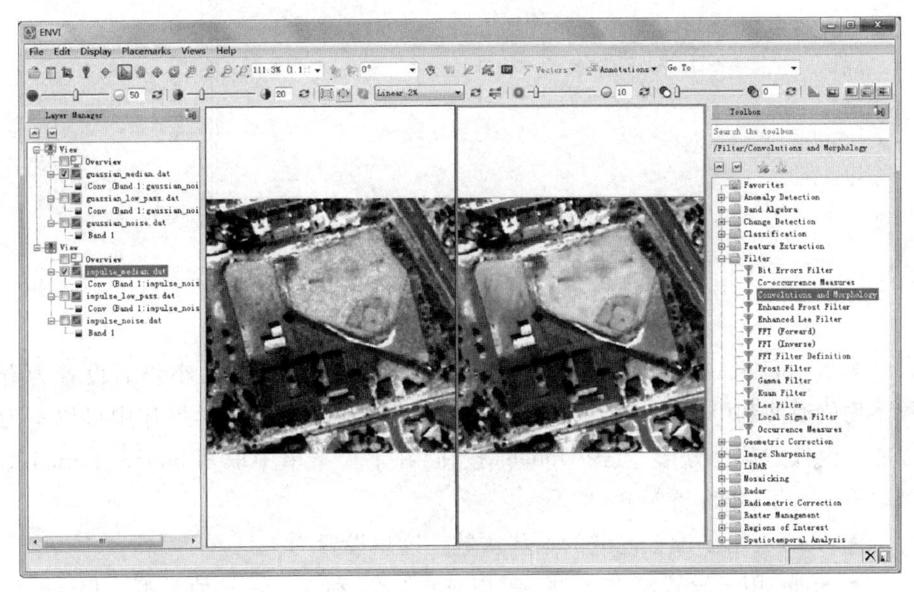

图 8.6 高斯噪声图像(左栏)和椒盐噪声图像(右栏)的中值滤波结果

8.1.3 数学形态学去噪声

数学形态学的开运算和闭运算经常用来消除图像中的噪声。由于开运算可以消除图像中相对于结构元素较小的明亮细节，所以常用于抑制图像中的峰值噪声；而闭运算可以消除图像中相对于结构元素较小的暗细节，所以常用于抑制图像中的低谷噪声。基于数学形态学的图像去噪声通常使用的是开运算和闭运算的组合，即开-闭运算或闭-开运算。

1. 开运算

在工具箱中，选择 Filter > Convolutions and Morphology，打开 Convolutions and Morphology Tool 对话框。在 Convolutions and Morphology Tool 对话框中，点击 Morphology 按钮，在出现的下拉菜单中选择 Opening（图 8.7）。参数说明如下。

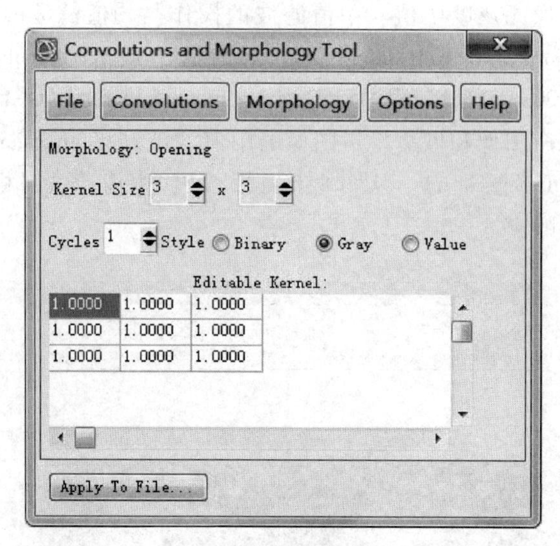

图 8.7　开运算设置

• Kernel Size：形态学中的内核指的是结构元素，内核大小仍需设置为奇数。均值滤波和中值滤波中的内核只能是方形，但是在形态学操作中可以不为方形。内核默认是方形，点击 Options 按钮，在下拉菜单中取消 Square Kernel 即可取消。这里，仍设置为 3×3。

• Cycles：用于设置滤波的迭代次数。这里设置为 1。

• Style：用于设置滤波类型，有 Binary、Gray 和 Value 三种类型。Binary 用于输出二值图像，Gray 用于保留灰度梯度，Value 则允许对被选像元的内核进行加（膨胀）或减（腐蚀）运算。这里选择 Gray。

• Editable Kernel：表示内核的值可以编辑。双击内核的单元格，然后输入数值，按 Enter 键。这里采用默认的内核。

设置好参数后，点击 Apply To File 按钮，进入 Morphology Input File 对话框（图 8.8）。在 Morphology Input File 对话框中选择高斯噪声图像 guassian_noise.dat，其他参数采用默认设置。

点击 OK，进入 Morphology Parameters 对话框（图 8.9）。将结果输出到文件，文件名设置为 guassian_open.dat。

点击 OK，输出高斯噪声图像的开运算结果 guassian_open.dat（图 8.10）。

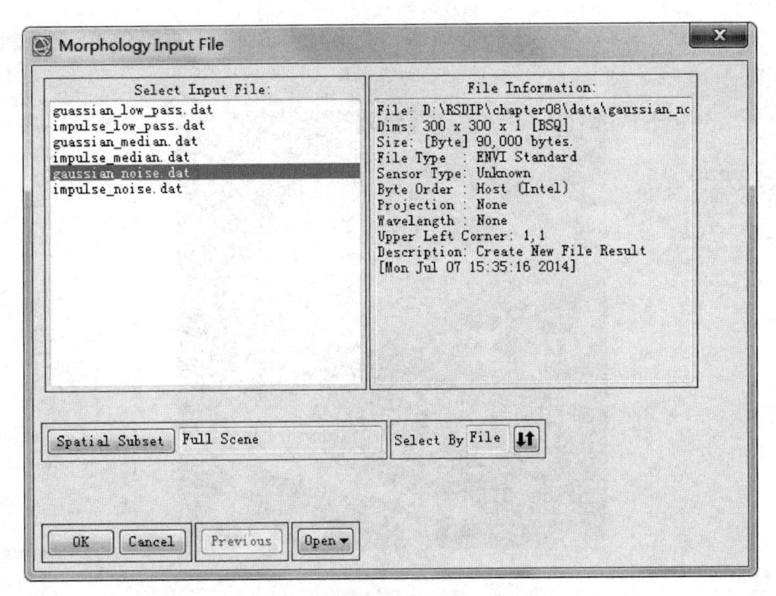

图 8.8　Morphology Input File 对话框

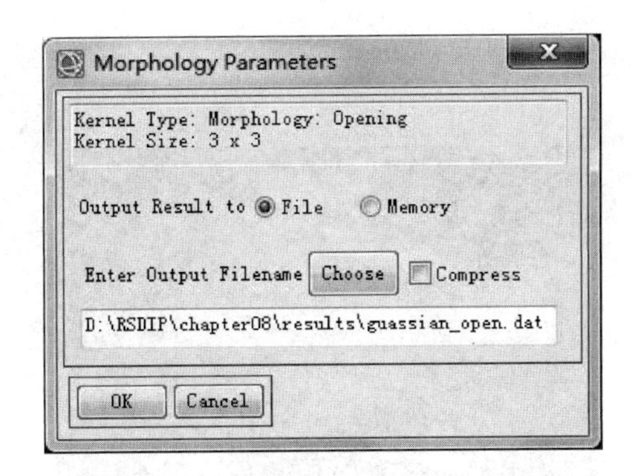

图 8.9　Morphology Parameters 对话框

2. 闭运算

对高斯噪声的开运算处理结果 guassian_open.dat 再次进行闭运算，闭运算的操作与开运算相似，只是在 Convolutions and Morphology Tool 对话框中点击 Morphology 按钮选择 Closing。这里将 guassian_open.dat 的闭运算结果输出为文件，文件名设置为 guassian_open_close.dat（图 8.11）。

同样，可以采取相似的方法对高斯噪声图像进行闭-开运算，也可以对椒盐噪声图像进行开-闭运算和闭-开运算。从图 8.11 可以看出，数学形态学去噪

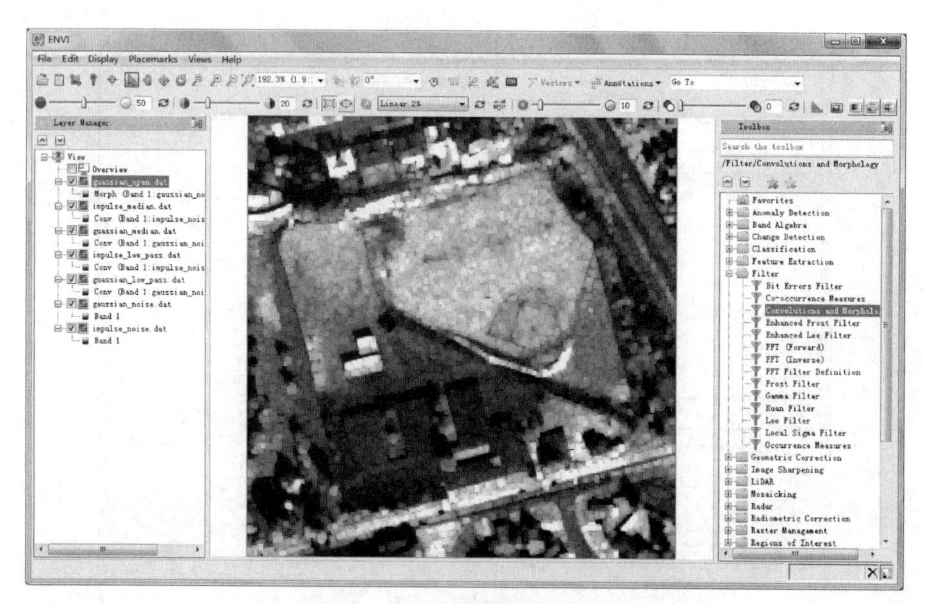

图 8.10　高斯噪声图像的开运算结果

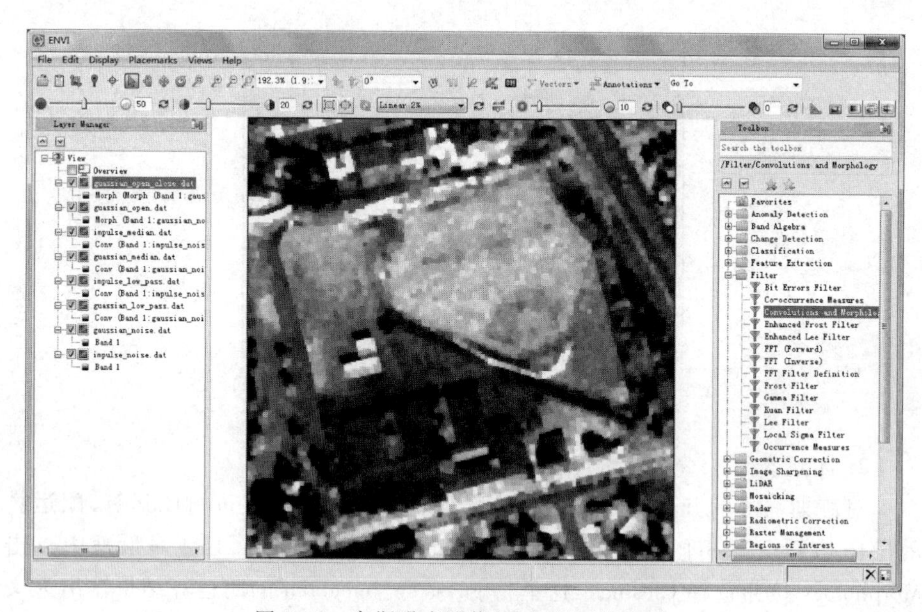

图 8.11　高斯噪声图像的开-闭运算结果

声虽然改善了噪声效果,但同时也使图像变得更为模糊。采用数学形态学方法开展去噪声,结构元素的形状和大小极为关键,读者可以进一步尝试通过编辑内核来改变结构元素的形状和大小,并对比查看不同结构元素的形状和大小对最终去噪声效果的影响。

8.2 变换域去噪声

8.2.1 傅里叶变换去噪声

空间域图像经傅里叶变换到频率域后,得到的频谱二维图像与原图像的大小是一样的,频率域高频部分对应空间域图像灰度变化剧烈的地方,频率域低频部分对应空间域图像灰度变化平缓的地方(图 8.12)。噪声在空间域中属于灰度变化剧烈的部分,因此对应频率域中的高频部分。利用傅里叶变换去除噪声就是把图像从空间域变换到频率域,然后在频率域内对高频成分进行滤波、掩膜等各种操作,抑制或者消除部分高频,最后把图像从频率域反变换到空间域。傅里叶变换主要用于抑制或消除遥感图像中的条带噪声和其他周期噪声(如传感器的电流噪声)。

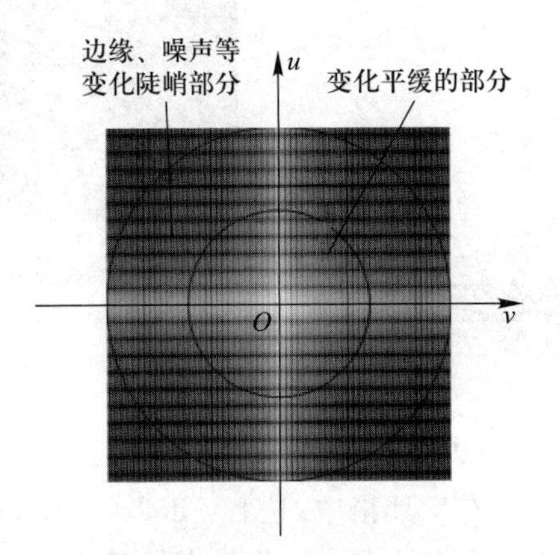

图 8.12 中心化的频谱图像

基于傅里叶变换的图像去噪声主要是采用低通滤波器、带阻滤波器和陷波滤波器掩膜过滤掉噪声部分所对应的频率。低通滤波,顾名思义,就是阻止高频,允许低频通过;带阻滤波则是设定了一个频率范围,该范围内的频率允许通过,范围外的频率则被过滤掉;陷波滤波阻止事先定义的某中心频率邻域内的频率。从低通滤波器到带阻滤波器,再到陷波滤波器,过滤的频率范围越来越小,减少了图像信息的损失,处理的图像效果更佳。因此对于周期噪声,由于它趋向于产生频率尖峰,其频谱图在与中心原点对称的位置上存在成对的冲击(即高亮点),可以使人精确地确认其频率位置,此时利用带阻滤波器或陷波滤波器则可以取得非常好的去噪声效果。

本案例演示如何采用傅里叶变换来消除高斯噪声和周期噪声,高斯噪声图像为 gaussian_noise.dat,周期噪声图像为 periodic_noise.dat。

1. 低通滤波去除高斯噪声

(1) 加载高斯噪声图像

在 ENVI 主界面菜单栏中,选择 File>Open 打开 Open 对话框,加载高斯噪声图像 gaussian_noise. dat(图 8. 13)。

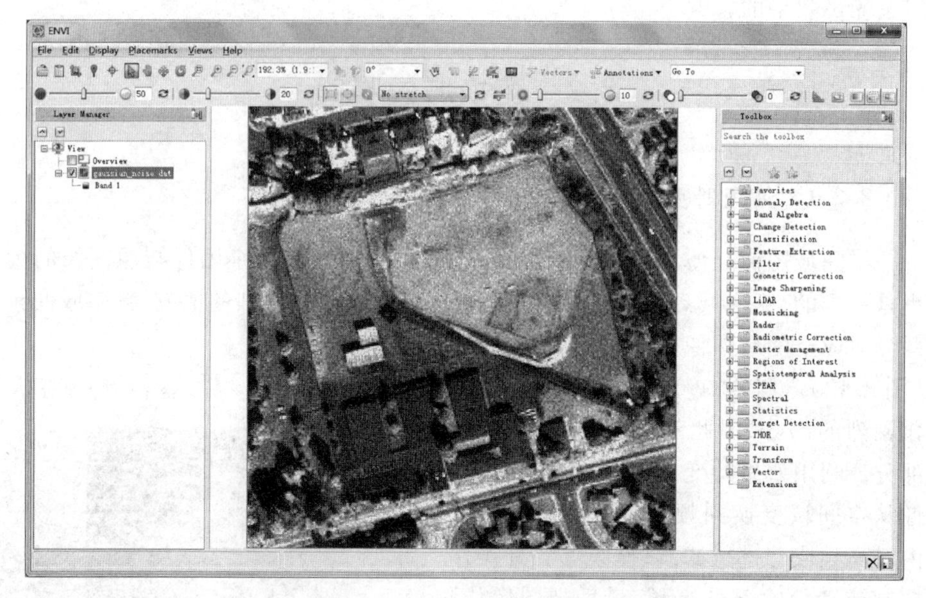

图 8. 13　高斯噪声图像

(2) 傅里叶正变换

在工具箱中,选择 Filter>FFT(Forward),打开 Forward FFT Input File 对话框。在对话框中选择待进行傅里叶变换的图像 gaussian_noise. dat,Spatial Subset 采用默认设置。点击 OK,弹出 Forward FFT Parameters 对话框(图 8. 14)。在该对话框中,设置将傅里叶变换的结果输出到文件,文件命名为 gaussian_noise_fft. dat。

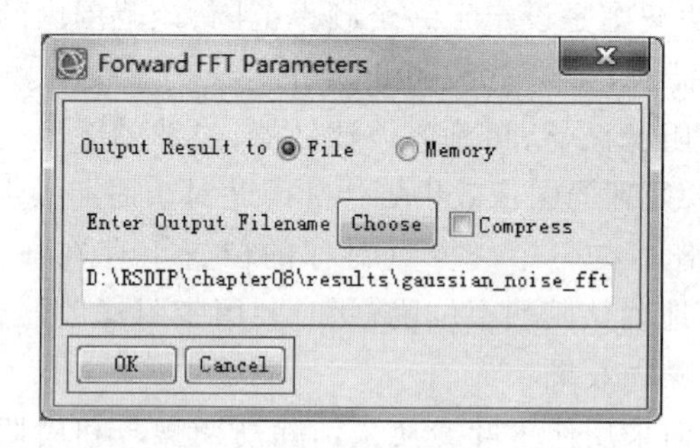

图 8. 14　Forward FFT Parameters 对话框

点击 OK,输出结果(图 8. 15)。图 8. 15 显示的是中心化的傅里叶变换功率谱图像,中间较亮的部分对应于原图像的低频信息,即空间域图像中灰度变化平缓部分;周围较暗的部分对应于原图像的高频信息,即空间域图像中灰度变化剧烈的部分。高斯噪声主要为高频信息,所以需要采用低通滤波来滤除高频部分。

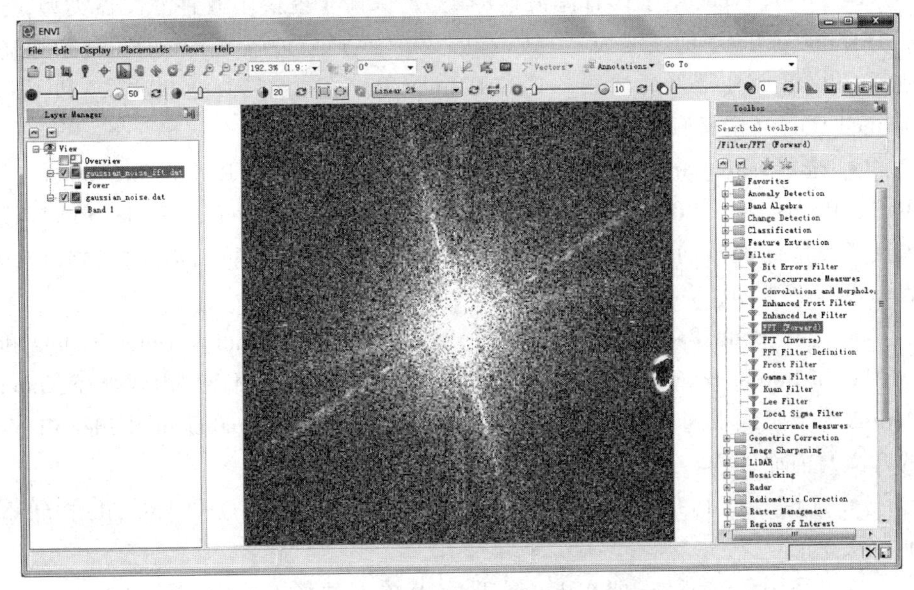

图 8.15　高斯噪声的 FFT 功率谱图像

(3) 定义 FFT 滤波器

在工具箱中,选择 Filter>FFT Filter Definition,打开 Filter Definition 对话框(图 8.16)。

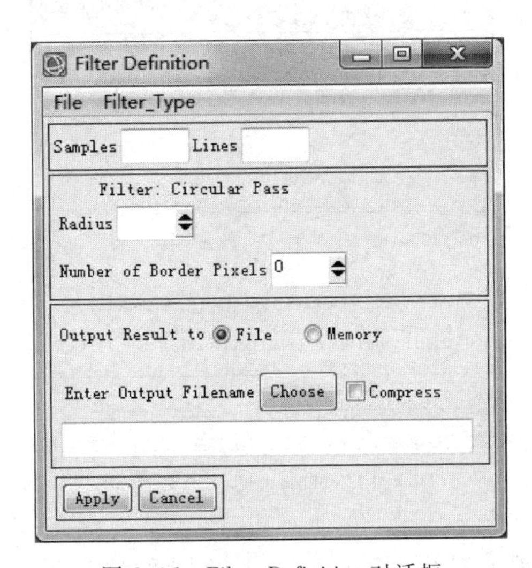

图 8.16　Filter Definition 对话框

对话框参数说明如下。

- Samples 和 Lines 用于设置滤波器的大小,与 FFT 图像的大小一致。
- Filter_Type:用于设置滤波器的类型。ENVI 提供了 6 种滤波器类型,分别为 Circular Pass(低通滤波器)、Circular Cut(高通滤波器)、Band Pass(带通滤波器)、Band Cut(带阻滤波器)、User Defined Pass(自定义频通滤波器)和 User Defined Cut(自定义频阻滤波器)。
- 选择 Circular Pass 或 Circular Cut 时,需要设置 Radius 和 Number of Border Pixels 参数。Radius 为滤波半径,单位是像元;Number of Border Pixels 设置用于平滑滤波器的边缘像元数,设置一个大于 0 的参数可以消除振铃效应,0 表示没有平滑。
- 选择 Band Pass 或 Band Cut 时,需要设置 Inner Radius、Outer Radius 和 Number of Border Pixels 参数。Inner Radius 为带阻或带通圆环的内圆半径,Outer Radius 为带阻或带通圆环的外圆半径,单位都是像元。Number of Border Pixels 的含义与前面一样。
- 选择 User Defined Pass 或 User Defined Cut 时,需要点击 Ann File 按钮添加形状注记。

这里采用低通滤波,即在 Filter_Type 菜单下选择 Circular Pass(图 8.17)。Samples 和 Lines 均设置为 300,Radius 设置为 50,Number of Border Pixels 设置为 0,将结果输出到文件,命名为 gaussian_fft_filter.dat。

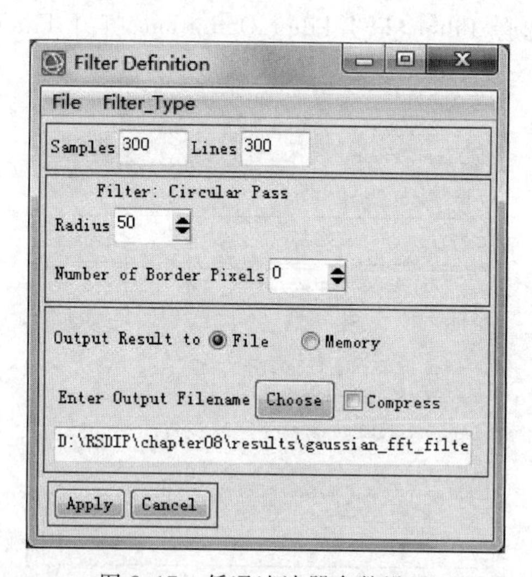

图 8.17　低通滤波器参数设置

所设置的低通滤波器经 2%拉伸显示后如图 8.18 所示。

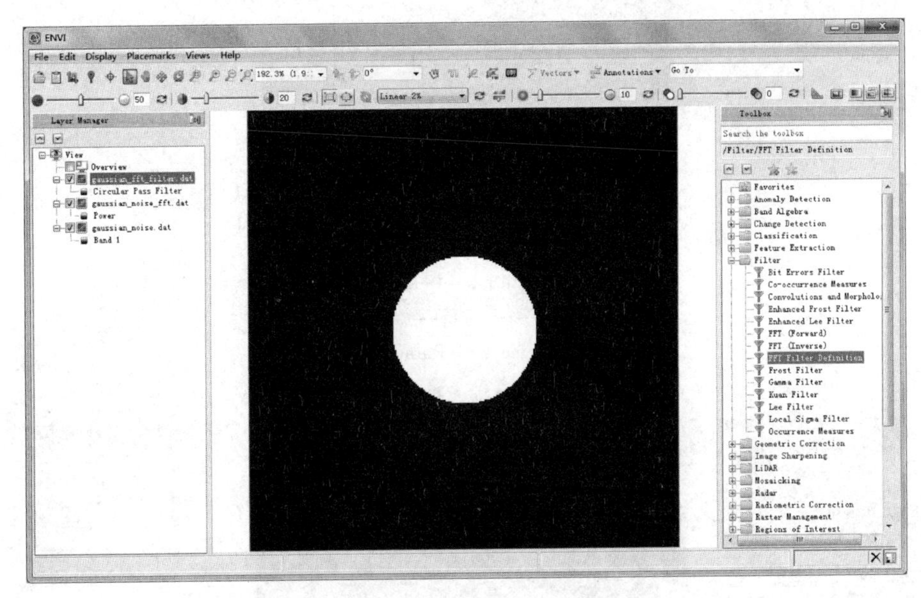

图 8.18　低通滤波器

(4) 滤波处理及傅里叶反变换

在工具箱中,选择 Filter>FFT(Inverse),打开 Inverse FFT Input File 对话框。在 Select Input File 下选择 FFT 图像 gaussian_noise_fft.dat,其他采用默认设置。点击 OK,进入 Inverse FFT Filter File 对话框。在 Select Input Band 下选择滤波器文件 gaussian_fft_filter.dat 的波段。点击 OK,进入 Inverse FFT Parameters 对话框(图 8.19)。在对话框选择将结果输出到文件,文件名设置为 gaussian_inverse_fft.dat。选择输出数据类型为 Floating Point(注意此处必须设置为浮点型,否则会有数据溢出),点击 OK,输出结果(图 8.20)。可以看出,采用理想低通滤波器去除高斯噪声,能够得到较好的去噪声效果,但是由于滤除了非噪声的高频信息,图像细节信息有所损失,图像更为平滑。同时由于采用的是低通滤波器,且未设置 Number of Border Pixels 进行平滑处理,处理结果振铃效应明显,即图像上存在明显的振荡晕圈,读者可以测试设置滤波器的 Number of Border Pixels 参数(如设置为 10)以消除或减弱振铃效应。

2. 带阻滤波去除周期噪声

(1) 加载周期噪声图像

在 ENVI 主界面菜单栏中,选择 File>Open 打开 Open 对话框,加载周期噪声图像 periodic_noise.dat(图 8.21),可以看到,该周期噪声图像存在两种类型的周期噪声,即左上角至右下角方向的粗条纹和右上方至左下方的细条纹。

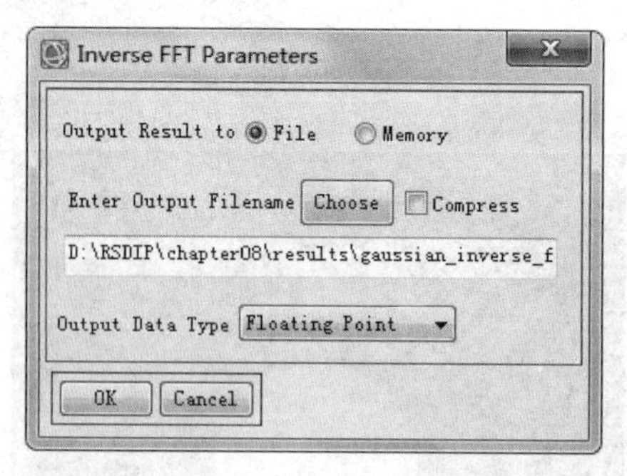

图 8.19　Inverse FFT Parameters 对话框

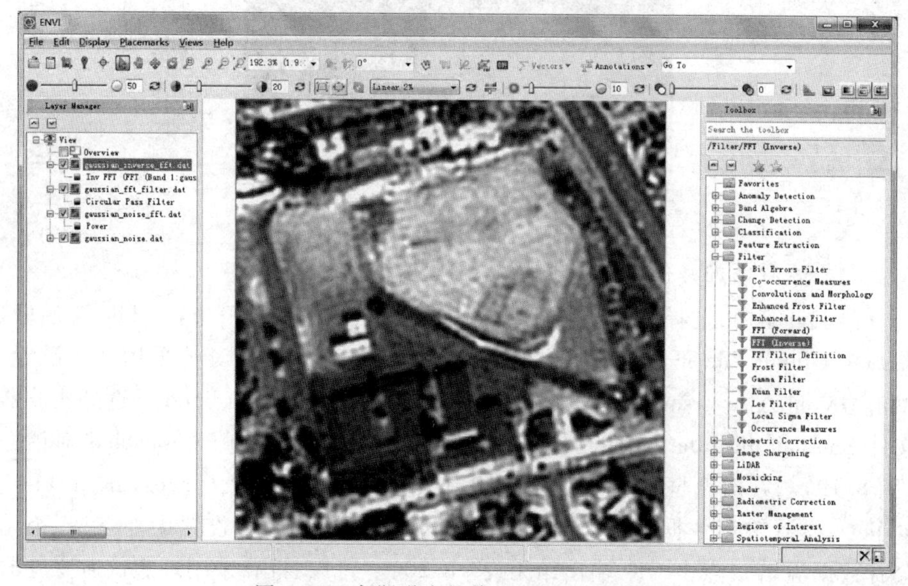

图 8.20　高斯噪声的傅里叶反变换结果

(2) 傅里叶正变换

在工具箱中,选择 Filter>FFT(Forward),打开 Forward FFT Input File 对话框。在对话框中选择待进行傅里叶变换的图像 periodic_noise. dat,Spatial Subset 采用默认设置。点击 OK,弹出 Forward FFT Parameters 对话框。在该对话框中,设置将傅里叶变换的结果输出到文件,文件命名为 periodic_noise_fft. dat。点击 OK,输出结果(图 8.22)。

在图 8.22 中很难看出周期噪声在频率域上所处的位置,可以尝试改变拉伸方式查看噪声位置。当将拉伸方式改变为 Linear 时,可以看见 FFT 图像中有两组关于中心对称的高亮点(图 8.23),即为周期噪声在频率域中的位置。

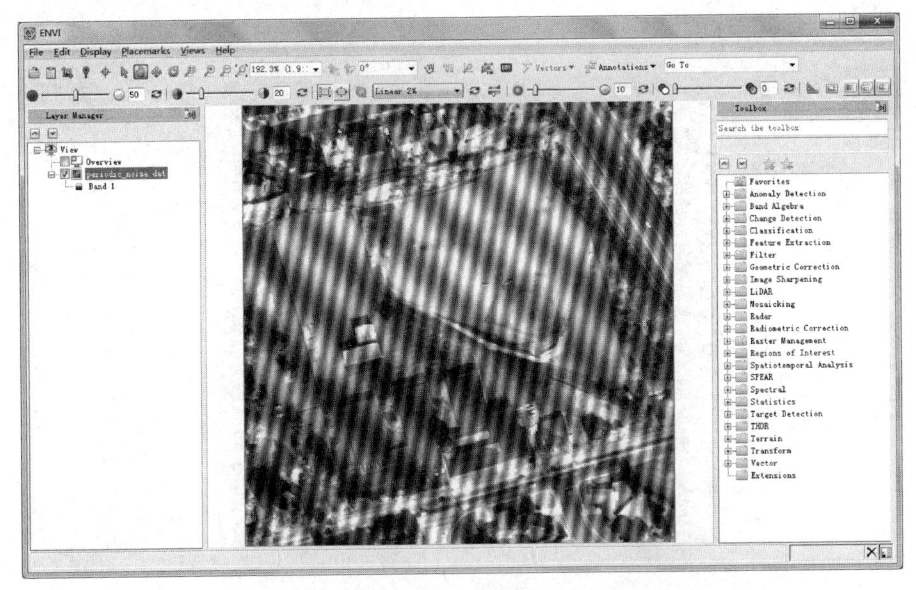

图 8.21　周期噪声图像

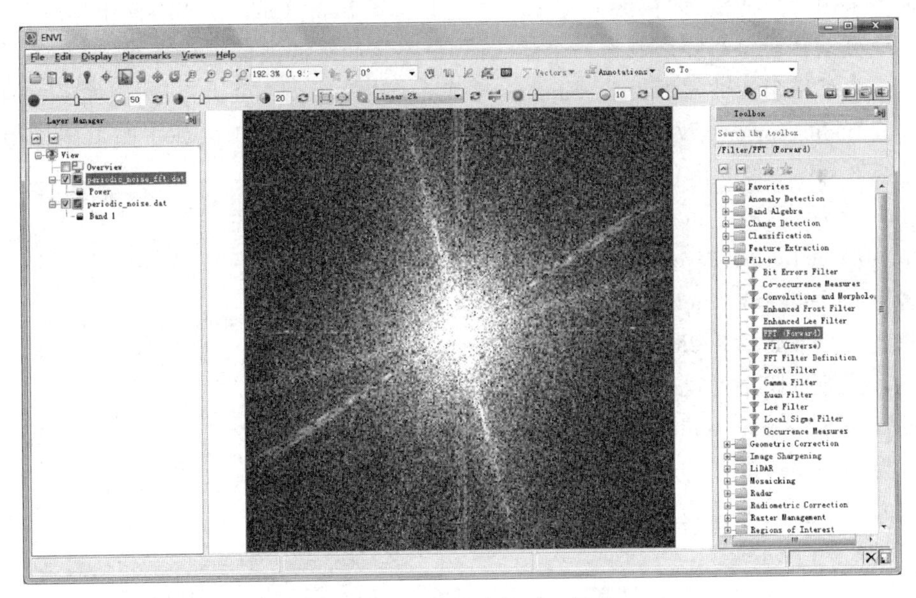

图 8.22　周期噪声的 FFT 图像

(3) 定义 FFT 滤波器

在工具箱中,选择 Filter>FFT Filter Definition,打开 Filter Definition 对话框。

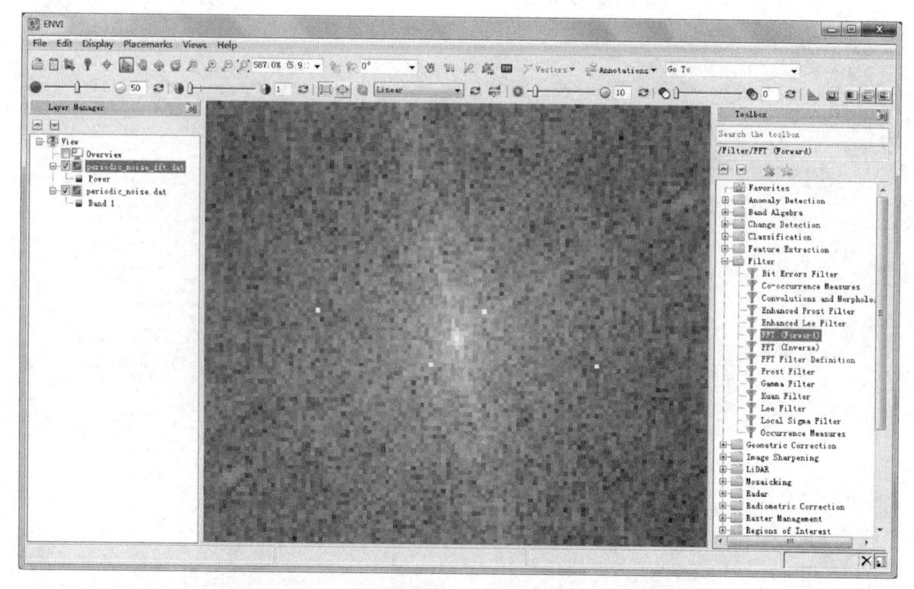

图 8.23　FFT 图像 linear 拉伸显示高亮点

这里采用带阻滤波,即在 Filter_Type 菜单下选择 Band Cut。由于有两组噪声点,这里分别针对每组噪声制作一个滤波器,最终将两个滤波器进行合并。

内部带阻滤波器的设置:Samples 和 Lines 均设置为 300 大小,与周期噪声图像 periodic_noise 一致。由于频率域最里面的一对高亮点刚好处于距离图像中心第 8~10 个像元的位置,因此将 Inner Radius 设置为 8, Outer Radius 设置为 10, Number of Border Pixels 设置为 0,文件名命名为 periodic_fft_filter_inner. dat(图 8.24),滤波器结果如图 8.25 所示。

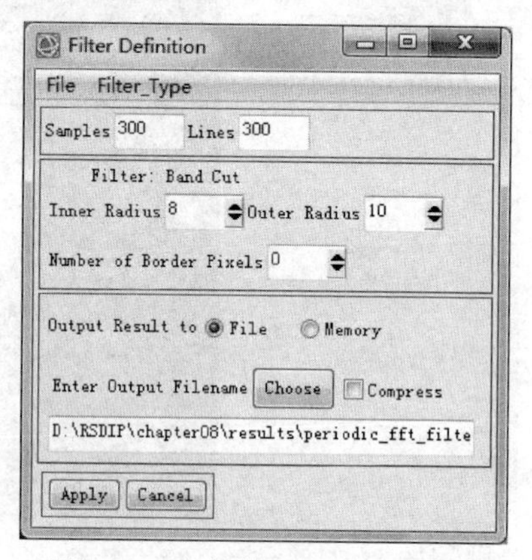

图 8.24　内部带阻滤波器的设置

外部带阻滤波器的设置:Inner Radius 设置为 32,Outer Radius 设置为 34,文件命名为 periodic_fft_filter_outer. dat,其他参数与内部带阻滤波器设置一样。滤波器结果如图 8.26 所示。

滤波器合并:由于滤波器本身是掩膜文件,掩膜文件的滤除部分值为 0,通过部分值为 1,所以合并两个滤波器只需将两个滤波器文件进行相乘。在工具箱中选择 Band Algebra>Band Math,打开 Band Math 对话框(图 8.27)。输入公式 b1 *

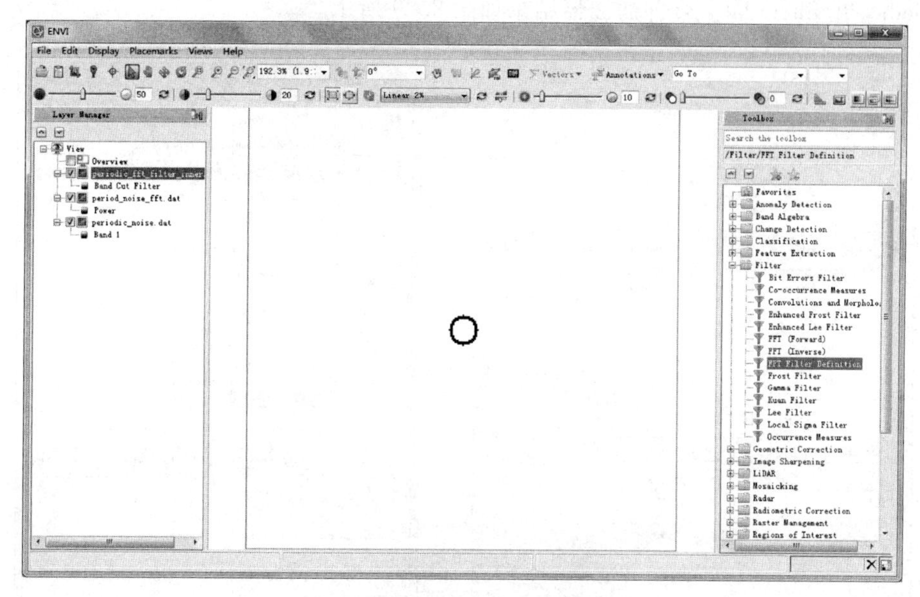

图 8.25　内部带阻滤波器结果

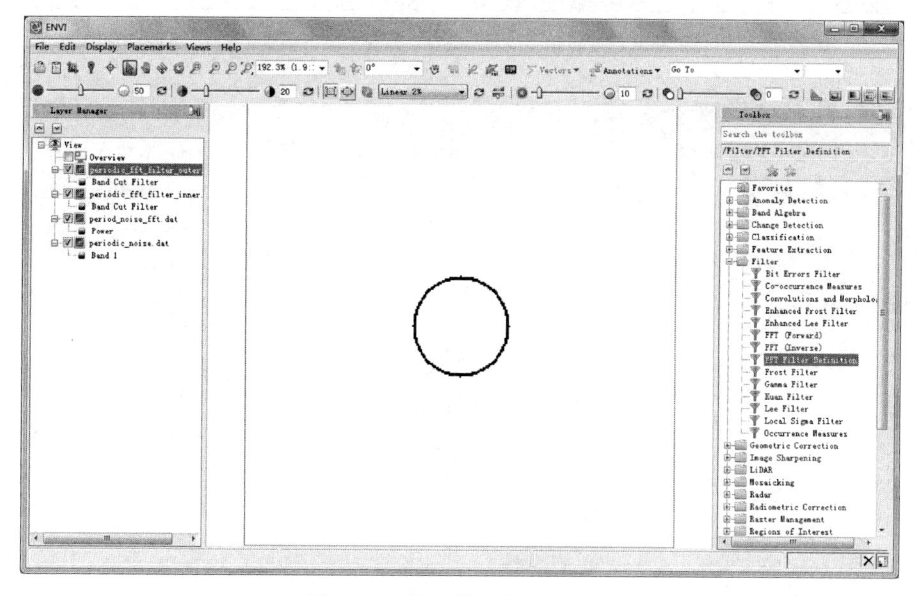

图 8.26　外部带阻滤波器结果

b2,点击 OK,在 Variables to Bands Pairings 对话框中(图 8.28),选择 periodic_fft_filter_inner.dat 作为 B1,选择 periodic_fft_filter_outer.dat 作为 B2,结果命名为 periodic_fft_filter.dat。合并滤波器结果如图 8.29 所示。

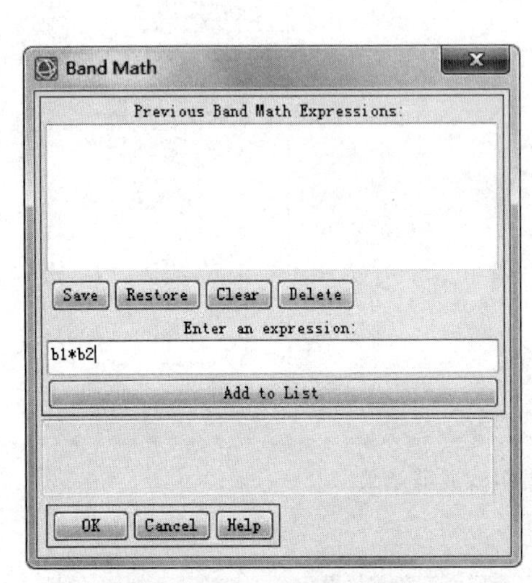

图 8.27 Band Math 对话框

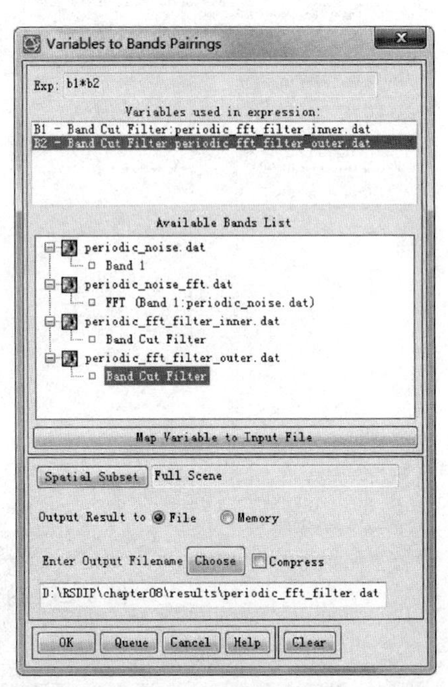

图 8.28 Variables to Bands Pairings 对话框

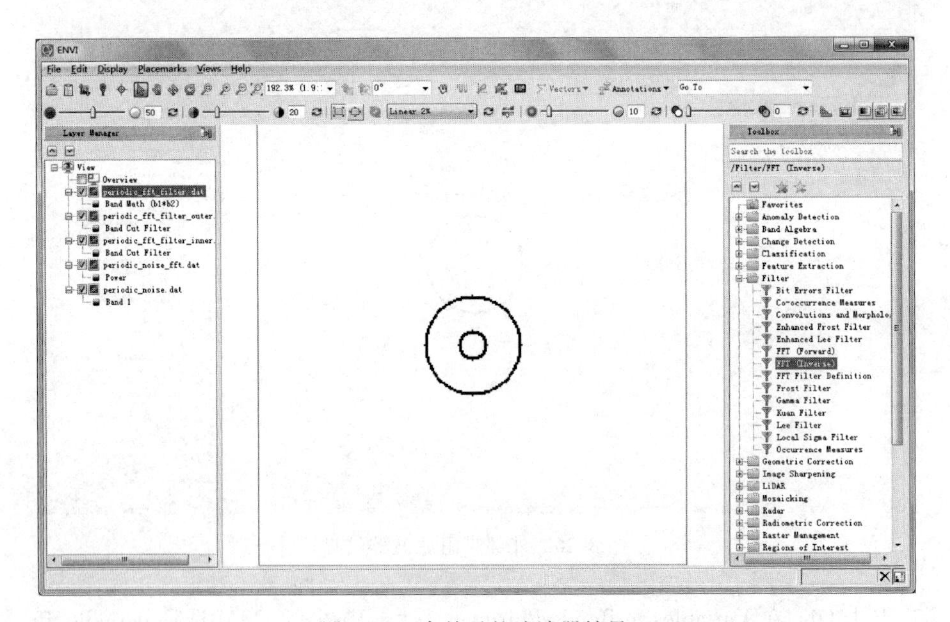

图 8.29 合并后的滤波器结果

(4) 滤波处理及傅里叶反变换

在工具箱中,选择 Filter>FFT(Inverse),打开 Inverse FFT Input File 对话框。在 Select Input File 下选择 FFT 图像 periodic_noise_fft. dat,其他采用默认设置。点击 OK,进入 Inverse FFT Filter File 对话框。在 Select Input Band 下选择滤波器文件 periodic_fft_filter. dat 的波段。点击 OK,进入 Inverse FFT Parameters 对话框。在对话框选择将结果输出到文件,文件名设置为 periodic_inverse_fft. dat。选择输出数据类型为 Floating Point,点击 OK,输出结果(图 8. 30)。可以看出,采用带阻滤波器能够有效地消除周期噪声,但由于使用了理想滤波器,图像仍存在振铃效应。读者可以尝试单独使用内部带阻滤波器(滤波器文件为 periodic_fft_filter_inner. dat)或外部带阻滤波器(滤波器文件为 periodic_fft_filter_outer. dat)进行傅里叶反变换,以查看仅消除图像左上角至右下角方向的粗条纹或右上方至左下方的细条纹的情况。

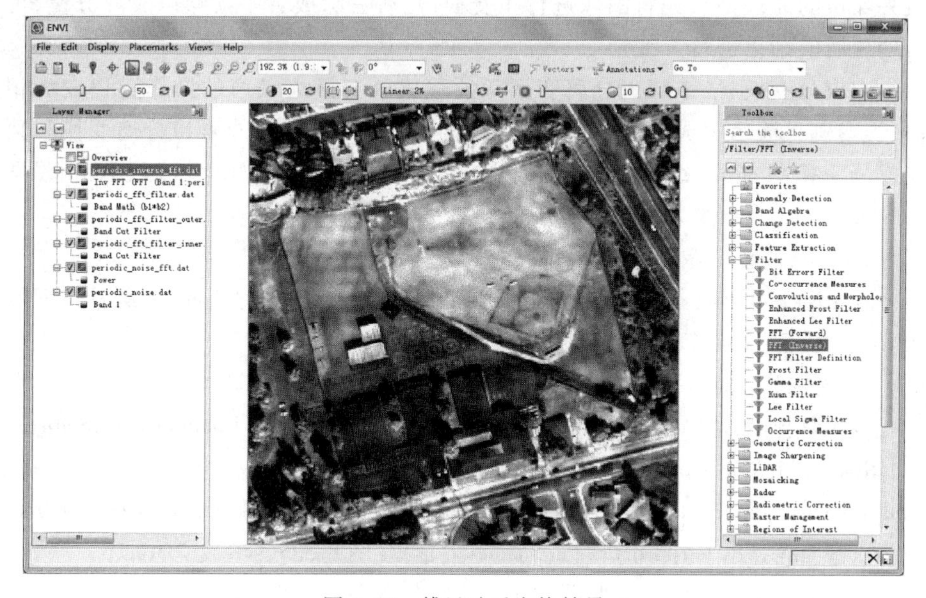

图 8. 30　傅里叶反变换结果

3. 陷波滤波去除周期噪声

陷波滤波去除周期噪声的操作过程与前面介绍的带阻滤波去除周期噪声非常类似,只是滤波器需选择 User Defined Cut(自定义频阻滤波器),此时需预先用注记(annotation)的方式定义滤波器形状。由于 ENVI 5. 2. 1 的新界面所生成的注记格式为 * . anz,而在傅里叶变换中自定义滤波器要求的注记格式为 * . ann,另外,新界面的注记工具无法生成对称注记,故利用陷波滤波去除周期噪声需在

ENVI 经典界面 ENVI Classic 中进行,详细操作可参考本章附带的电子文档。

8.2.2 小波变换去噪声

小波变换去噪的基本思路就是利用小波变换把含噪声信号分解到多尺度中,然后在每一尺度下把属于噪声的小波系数抑制或去除,保留并增强属于信号的小波系数,最后重构出小波去噪声后的信号。

ENVI 中还没有集成小波变换的功能,但在 IDL 中可以采用小波变换对图像进行去噪处理,详细操作可参考本章附带的电子文档。

8.2.3 其他变换去噪声

利用图像变换方法实现图像去噪声,除了傅里叶变换和小波变换,还有一些其他的变换方法,如主成分变换、最小噪声分离变换和独立成分变换等。这些变换去噪声的原理都是先将图像进行正变换,然后去除或者平滑噪声成分分量,再对处理后的结果进行反变换。

主成分变换、最小噪声分离变换和独立成分变换去噪声的操作过程较为相似,本案例只演示主成分变换去噪声。由于主成分变换、最小噪声分离变换和独立成分变换只能对多波段数据进行变换,所以本案例采用多波段噪声数据 landsat5_noise. dat 作为测试数据。

1. 打开遥感图像

在 ENVI 主界面菜单栏中,选择 File>Open 打开 Open 对话框,加载噪声图像 landsat5_noise. dat,并采用 2%线性拉伸(图 8.31)。

2. 主成分变换

在工具箱中,选择 Transform>PCA Rotation>Forward PCA Rotation New Statistics and Rotate,打开 Principal Components Input File 对话框。在对话框中选择图像 landsat5_noise. dat,Spatial Subset、Spectral Subset 和 Select Mask Band 均采用默认设置。点击 OK,弹出 Forward PC Parameters 对话框(图 8.32)。参数说明如下。

- Stats Subset:用于设置图像子集以计算统计值,采用默认,即整幅图像。
- Stats X/Y Resize Factor:该值不大于 1,用于采样计算统计值,该值小于 1 时能够提高统计计算的速度。假如设置其为 0.1,那么将会从行/列方向每 10 个像元中只取 1 个像元进行统计计算。由于 landsat5_noise. dat 数据量不是很大,这里采用默认值 1。
- Output Stats Filename [. sta]:设置输出统计文件的路径和文件名。这里,将文件命名为 landsat5_pca. sta。在对主成分分量进行反变换时,必须添加此统计文件。

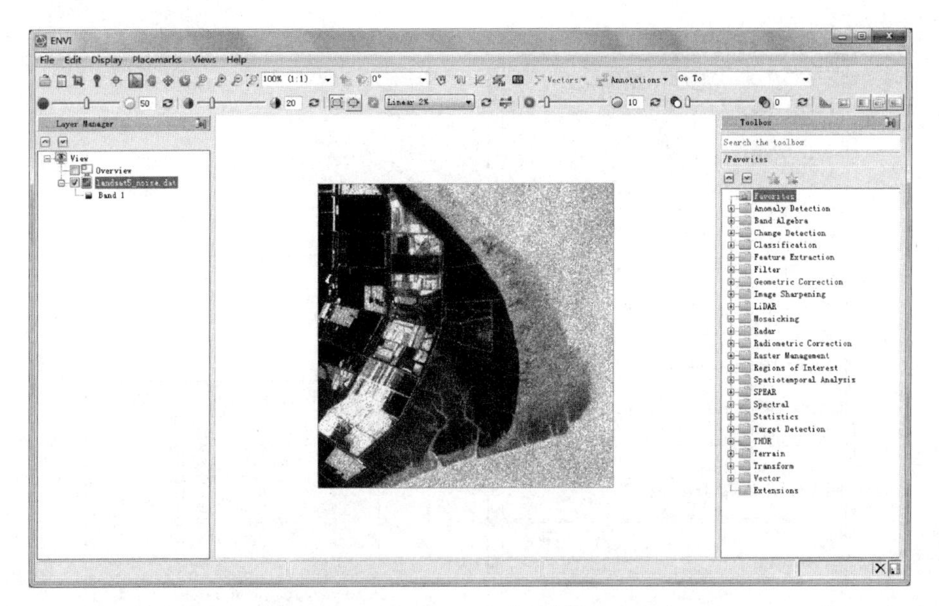

图 8.31　landsat5_noise. dat 图像(Band 1)

- Calculate using:用于选择采用 Covariance Matrix(协方差矩阵)或者 Correlation Matrix(相关系数矩阵)计算主成分分量。通常采用 Covariance Matrix;但当波段间数据差异很大且需要标准化时,则采用 Correlation Matrix。这里采用 Covariance Matrix。

- Output Result to:选择将主成分变换结果输出到文件或者缓存中。这里,将结果输出到文件,文件名设置为 landsat5_pca. dat。

- Output Data Type:用于设置输出结果图像的数据类型,为了防止数据溢出,一般采用 Floating Point(浮点型)。这里选择 Floating Point。

- Select Subset from Eigenvalues:用于选择是否通过特征值来选择输出主成分分量波段数。点击⇅,选择 No 时,不需要通过检查特征值而设置输出波段数,这时,在显示出的 Number of Output PC Bands 文本框中设定输出的主成分数量。主成分数量最多与输入数据的波段数一样。选择 Yes 时,ENVI 会先计算各波段的特征值,然后用户根据各波段特征值设置输出的主成分数量,这在下一步具体介绍。这里选择 Yes。

点击 OK,弹出 Select Output PC Bands 对话框(图 8.33)。从该对话框中可以看出各主成分的特征值,以及各主成分所占的累积信息量比例。在 Number of Output PC Bands 文本框中设定输出的主成分数量,这里设置为 7,即输出所有主成分分量。

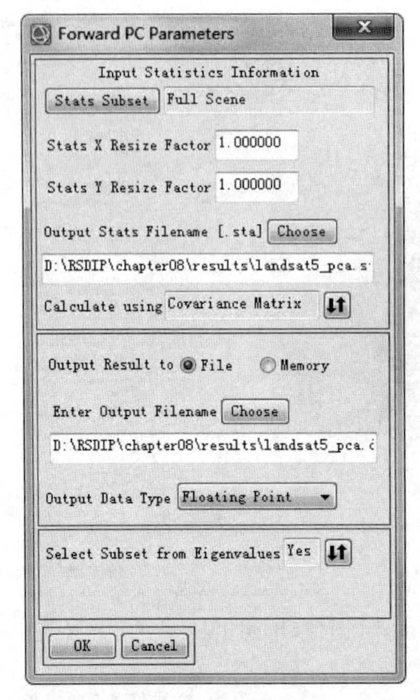

图 8.32　Forward PC Parameters 对话框

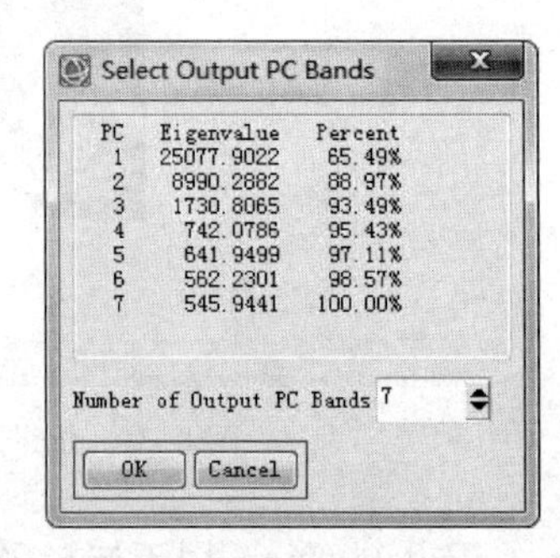

图 8.33　Select Output PC Bands 对话框

点击 OK,弹出 PC Eigenvalues 绘图窗口(图 8.34),同时 ENVI 将主成分变换的结果添加到 Layer Manager 中(图 8.35)。从 Select Output PC Bands 对话框(图 8.33)可以看出,第 1 主成分、第 2 主成分和第 3 主成分的特征值较大,三者

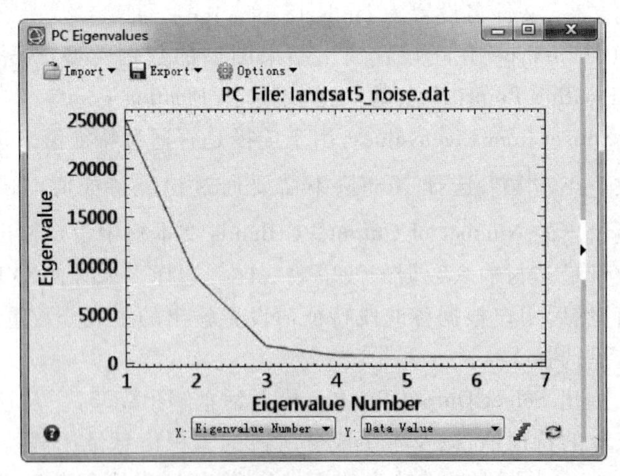

图 8.34　PC Eigenvalues 对话框

占据了绝大部分图像信息量。而从主成分分量图像来看，第 1—3 分量图像中信息较为清晰，第 4—7 分量主要集中了大量噪声，因此在下一步的反变换中，我们主要选择前三个主成分而舍弃后四个含有噪声的分量。

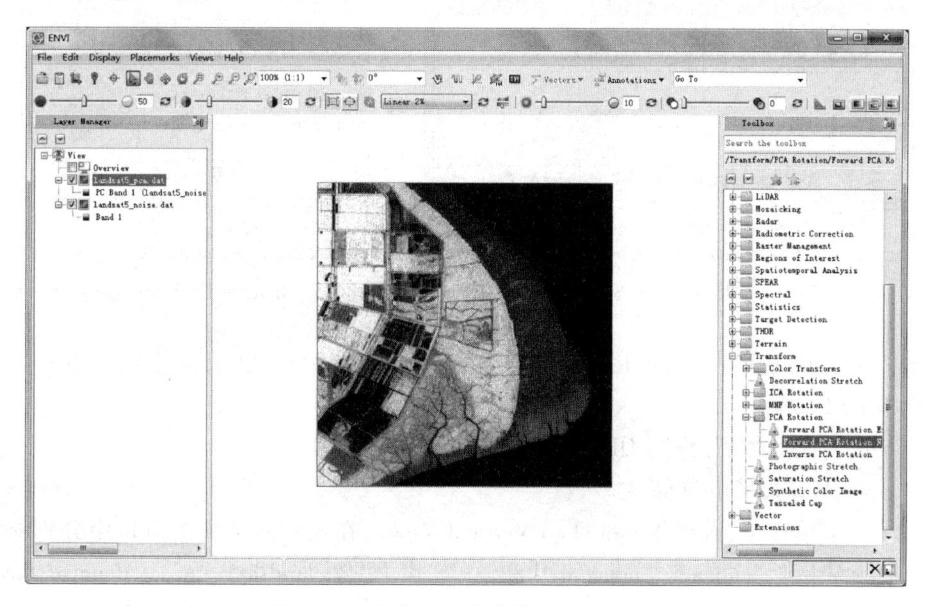

图 8.35　主成分变换结果(PC Band 1)

3. 去噪声处理及主成分反变换

在工具箱中，选择 Transform>PCA Rotation>Inverse PCA Rotation，打开 Principal Components Input File 对话框。在对话框中选择图像 landsat5_pca.dat，Spatial Subset 采用默认设置。点击 Spectral Subset 进入到 File Spectral Subset 对话框(图 8.36)，在 Select Bands to Subset 中选择前 3 个波段(即噪声较少的主成分)，点击 OK 返回 Principal Components Input File 对话框。

在 Principal Components Input File 对话框点击 OK，进入 Enter Statistic Filename 对话框。在该对话框中选择主成分变换得到的统计文件 landsat5_pca.sta，点击"打开"按钮，进入 Inverse PC Parameters 对话框(图 8.37)。

在 Inverse PC Parameters 对话框中，参数说明如下。

- Calculate using：采用 Covariance Matrix 或者 Correlation Matrix 进行反变换。因为在进行主成分正变换时，采用的是 Covariance Matrix，要反变换到原来的数据空间中，需要设置相同的计算方式，所以该处选择 Covariance Matrix。
- Output Result to：用于设置将结果输出到文件或者缓存，这里将结果输出到文件，文件名设置为 landsat5_pca_denoise.dat。

File Spectral Subset

Select Bands to Subset

PC Band 1 (landsat5_noise.dat):landsat5_pca.dat
PC Band 2 (landsat5_noise.dat):landsat5_pca.dat
PC Band 3 (landsat5_noise.dat):landsat5_pca.dat
PC Band 4 (landsat5_noise.dat):landsat5_pca.dat
PC Band 5 (landsat5_noise.dat):landsat5_pca.dat
PC Band 6 (landsat5_noise.dat):landsat5_pca.dat
PC Band 7 (landsat5_noise.dat):landsat5_pca.dat

Number of items selected: 3

Add Range | Select All | Clear | Import ASCII...

OK | Cancel | Previous

图 8.36　File Spectral Subset 对话框

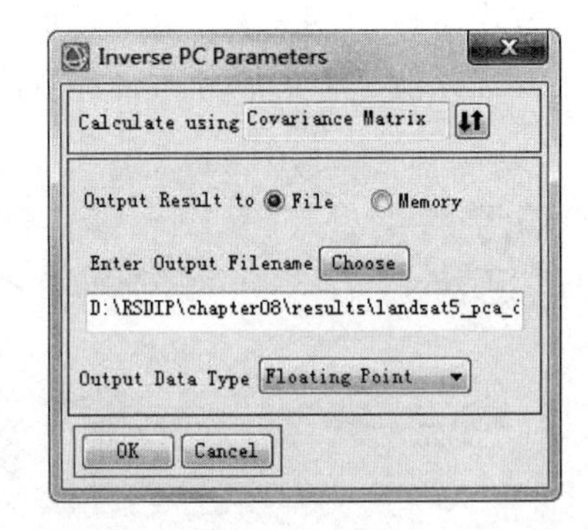

图 8.37　Inverse PC Parameters 对话框

- Output Data Type：用于设置输出结果图像的数据类型，这里同样设置为 Floating Point。

设置完参数后，点击 OK 输出主成分反变换结果。

4. 查看去噪声效果

在菜单栏中，选择 Views>Two Vertical Views，在左右两个视图窗口中分别添加原始图像 landsat5_noise.dat 和去噪声图像 landsat5_pca_denoise.dat（图 8.38）。可以看出 landsat5_pca_denoise.dat 的 Band 1 比 landsat5_noise.dat 的 Band 1 要更加清晰，噪声更少。

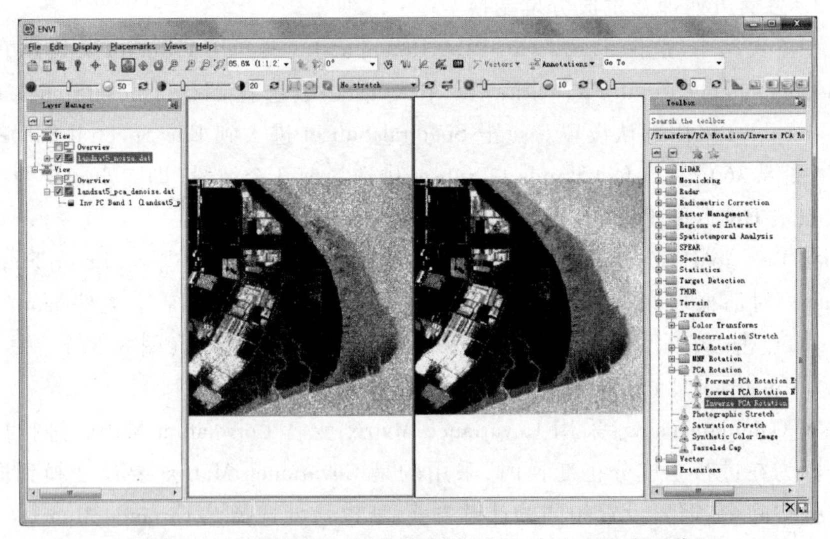

图 8.38　去噪效果对比（左为原始图像，右为去噪声图像）

第9章 图像增强

学习目标

通过对案例的实践操作，初步了解如何利用 ENVI 软件开展遥感数字图像增强处理。

预备知识

遥感数字图像增强处理

参考资料

朱文泉等编著的《遥感数字图像处理——原理与方法》第 8 章"图像增强"

学习要点

空间域图像增强
变换域图像增强
伪彩色处理图像增强
图像融合

测试数据

数据目录：附带光盘下的 .. \chapter09\data\

文件名	说明
Landsat8_OLI_b1. dat	某地 Landsat 8 OLI 图像的某波段，灰度值被拉伸到 0—100
Landsat8_OLI_b2. dat	某地 Landsat 8 OLI 图像的某波段，灰度值被拉伸到 0—255
Landsat8_OLI_multi. dat	某地 Landsat 8 OLI 图像多光谱数据，数据已做过大气校正，灰度值为地表反射率，数值被放大了 10 000 倍
Landsat8_OLI_pan. dat	某地 Landsat 8 OLI 图像全色波段

电子补充材料

第 9 章图像增强扩展阅读 . pdf:利用 ENVI + IDL 的方式开展直方图匹配、同态滤波、小波变换图像增强处理。文档目录:数字课程资源(网址见“与本书配套的数字课程资源使用说明”)。

案例背景

图像增强是通过一定手段对原图像进行变换或附加一些信息,有选择地突出图像中感兴趣的特征或者抑制图像中某些不需要的特征,使图像与视觉响应特性相匹配,从而增强图像判读和识别效果,以满足某些特殊分析的需要,一般都是通过增强地物主体之间的对比度或者增强地物边缘与其主体之间的对比度来达到图像增强目的。根据处理过程,图像增强主要分为空间域增强和变换域增强两类。在空间域图像增强中,通过灰度变换和直方图调整来增强地物主体之间的对比度,利用反锐化掩膜处理、微分算子和形态学梯度算子等增强地物边缘和主体的对比度。同样在变换域中,颜色空间变换和主成分变换可用于增强地物主体之间的对比度,傅里叶变换和小波变换可用于增强地物边缘与主体之间的对比度。此外,常用伪彩色处理的方式增强灰度图像中地物主体之间的视觉差异,如伪彩色图像显示和色彩分割;利用高空间分辨率单波段数据与低空间分辨率多光谱数据进行图像融合,增强彩色图像的地物细节信息。

9.1 空间域图像增强

9.1.1 点运算图像增强

1. 灰度变换

图像灰度变换是通过增强图像灰度对比度来突出图像中的重要信息,同时减弱和去除不需要的信息,从而有目的地强调图像的整体或局部特征。其基本原理就是根据某种目标条件按照一定变换关系逐像元改变像元灰度值的方法,主要变换函数有线性变换、分段线性变换、反比变换、幂次变换、指数变换和对数变换。以上变换均可利用 Band Math 工具构建相应的数学表达式来实现,Band Math 工具的使用可参考第 2.8 节,这里不再赘述。另外,ENVI 软件中的 Stretch Data 功能也可对图像实现线性变换、高斯变换、均方根变换和直方图均衡化,该工具与工具栏中的图像拉伸显示功能基本相似,它们的区别在于前者是通过变换改变了图像的数据灰度值,而后者只是临时改变图像的显示方式,对图像数据本身并不产生影响。此处以 Landsat8_OLI_b1. dat 为例，对 Stretch Data 功能进行简单介绍。

① 打开图像。在菜单栏中，单击 File>Open，选择 Landsat8_OLI_b1. dat 文件，则成功加载图像。图像显示如图 9.1 所示，由于数据的灰度值范围是 0~100，且这里选择 No stretch 拉伸方式，可以看出图像整体偏暗，大面积黑色的耕地中的白色小路信息较弱，为了突出小路信息，采用拉伸处理进行视觉增强。

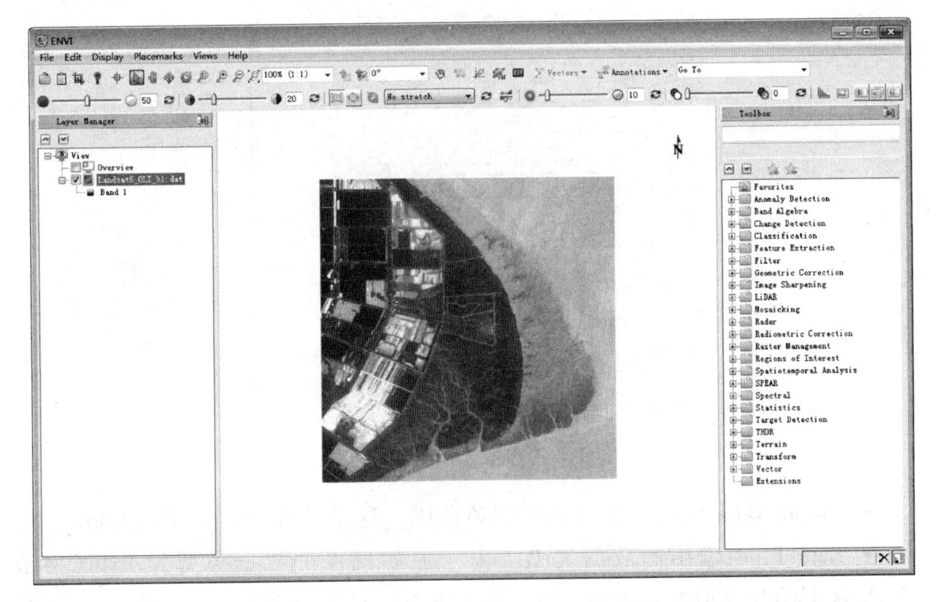

图 9.1　打开 Landsat8_OLI_b1. dat 文件

② 启动 Stretch Data 功能。在工具箱中，选择 Raster Management>Stretch Data，在弹出来的 Data Stretch Input File 对话框中的 SelectInput File 列表中选中 Landsat8_OLI_b1. dat 文件，点击 OK，弹出 Data Stretching 对话框（图 9.2）。

③ Data Stretching 对话框参数设置。

- Stats Subset：统计的子区，本案例选择 Full Scene，即对整幅图像进行统计。
- Stretch Type：拉伸类型，此处提供了 Liner（线性拉伸）、Equalize（直方图均衡化）、Gaussian（高斯拉伸）、Square Root（均方根拉伸）四种拉伸方式。其中，高斯拉伸方式需要用户定义一个标准偏差，在 Stdv 文本框中，该参数值需大于 0，默认值为 3。这里以线性拉伸为例，其他拉伸方式操作基本类似，故不再举例说明。
- Stretch Range：原图像的拉伸范围设置。By Percent 即按图像灰度值累计频率设置，By Value 即按图像灰度值设置。这里按默认设置 By Percent, Min: 0.0%, Max:100.0%，即按原始图像灰度值的最小值和最大值范围拉伸。

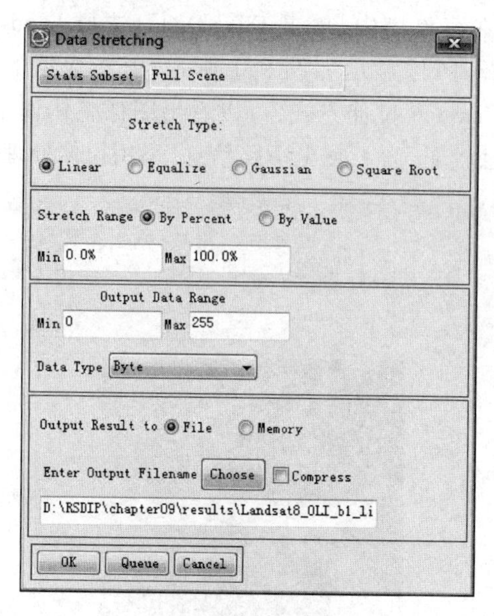

图 9.2　Data Stretching 对话框

- Output Data Range：输出的灰度值范围。这里设置 Min:0, Max:255。
- Data Type：输出的数据类型。由于原始图像的数据类型为 Byte(字节型)，且输出的灰度值范畴为 0—255，因此本案例设置为 Byte(字节型)。

最后设置输出路径和文件名，点击 OK 即可。线性拉伸结果如图 9.3 所示，左图为原图，右图为线性拉伸结果，图像显示均采用 No Stretch，可以看出线性拉伸后的图像层次感更强了。

2. 直方图调整

直方图调整包括直方图匹配和直方图均衡化两种。

① 直方图匹配是将原图像的直方图以参考图像的直方图为标准作变换，使两幅图像的直方图相同或近似，从而使原图像具有与参考图像类似的色调和方差。由于 ENVI 5.2.1 的新窗口界面还没有直方图匹配功能，本功能可在ENVI 5.2.1 经典界面或者 IDL 软件中实现，具体参见本章的电子补充材料。

② 直方图均衡化是直方图匹配的一种特殊情况，它是将原图像的直方图匹配成均匀分布的直方图。该处理可利用 ENVI 软件 Stretch Data 工具中的 Equalize 拉伸方式实现，具体操作可参见本章上一节灰度变换的相关内容，此处不再赘述。

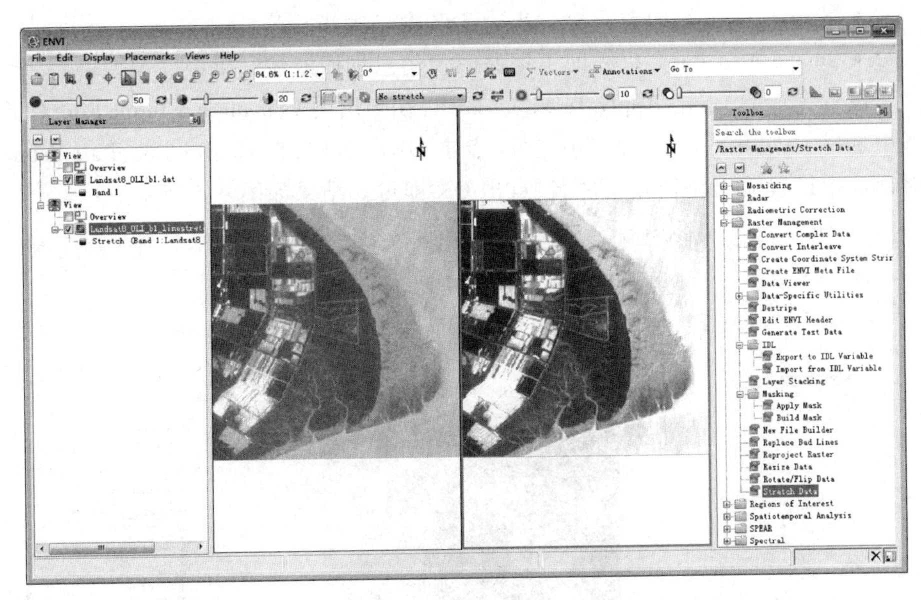

图 9.3　线性拉伸效果(左边为原图,右边为线性拉伸结果)

9.1.2　邻域运算图像增强

1. 反锐化掩膜图像增强

反锐化掩膜(Unsharp Masking)图像增强的设计思路是:先对原图像作平滑滤波,然后将原图像减去平滑滤波结果从而得到图像的边缘信息,最后将加权的边缘信息与原图像相加以突出图像边缘信息。本实验以 Landsat8_OLI_b2.dat 图像为例,具体操作流程如下。

① 打开图像。在菜单栏中,点击 File>Open,选择 Landsat8_OLI_b2.dat 文件,则成功加载图像。

② 对图像做平滑滤波。在工具箱中,选择 Filter>Convolutions and Morphology,打开 Convolutions and Morphology Tool 窗口(图 9.4)。在菜单中选择 Convolutions 按钮下的 Low Pass(低通滤波),相应参数设置如下:

- Convolution:Low Pass,即低通滤波,实现对图像的平滑处理。

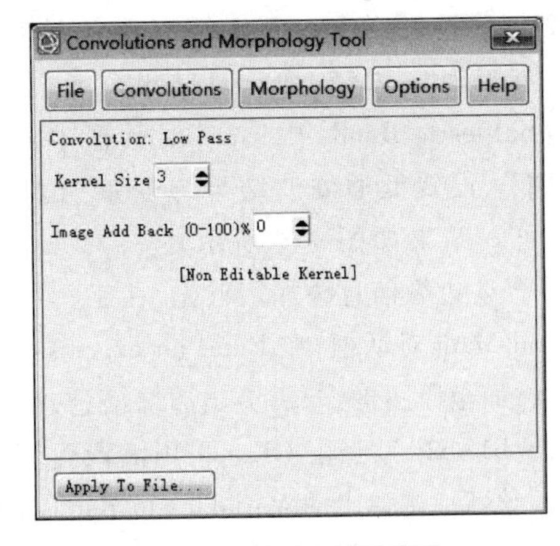

图 9.4　低通滤波器设置

• Kernel Size:3,即卷积核大小为 3×3 窗口大小。

• Image Add Back:0%,即不把原图像信息加回滤波结果中。

设置完成后,点击 Apply To File...按钮,在弹出的 Convolution Input File 对话框中选择 Landsat8_OLI_b2. dat 文件,点击 OK。然后,在 Convolution Parameters 对话框中设置输出路径和文件名,点击 OK 即可。结果如图 9.5 所示。

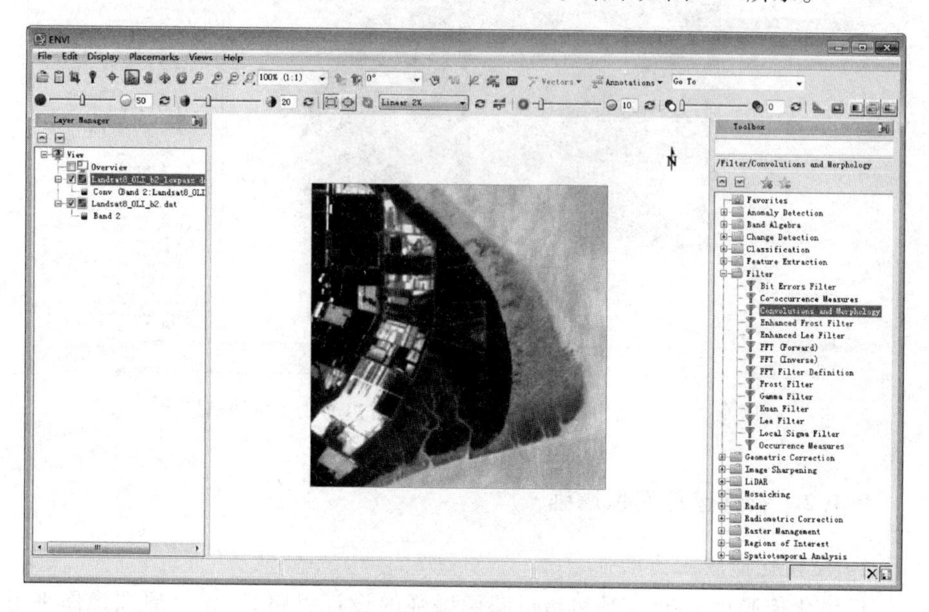

图 9.5 低通滤波结果

③ 提取图像边缘信息。首先,在工具箱中选择 Band Algebra > Band Math,弹出 Band Math 对话框,在 Enter an expression 文本框键入“float(b1)-b2”,这里采用浮点型运算以避免计算结果溢出(因为原数据为字节型,数据范围为 0—255,而计算结果可能会出现负值),点击 OK。然后,在弹出的 Variables to Bands Pairings 对话框中,设置 Landsat8_OLI_b2. dat 文件为变量“b1”,设置低通滤波结果为变量“b2”,并设置输出路径和文件名,点击 OK 即可。结果如图 9.6 所示。

④ 边缘信息叠加。首先,在工具箱中,选择 Band Algebra>Band Math,弹出 Band Math 对话框,在 Enter an expression 文本框键入“b1+b2”(即直接将边缘信息添加至原图像,若需突出边缘信息,也可在 b1 前面乘以一个大于 1 的系数,如“2 * b1+b2”),点击 OK。采用波段运算时需注意变量的数据类型,以防数据溢出。然后,在弹出的 Variables to Bands Pairings 对话框中,设置提取的边缘信息文件为变量“b1”,设置 Landsat8_OLI_b2. dat 文件为变量“b2”。并设置输出路径

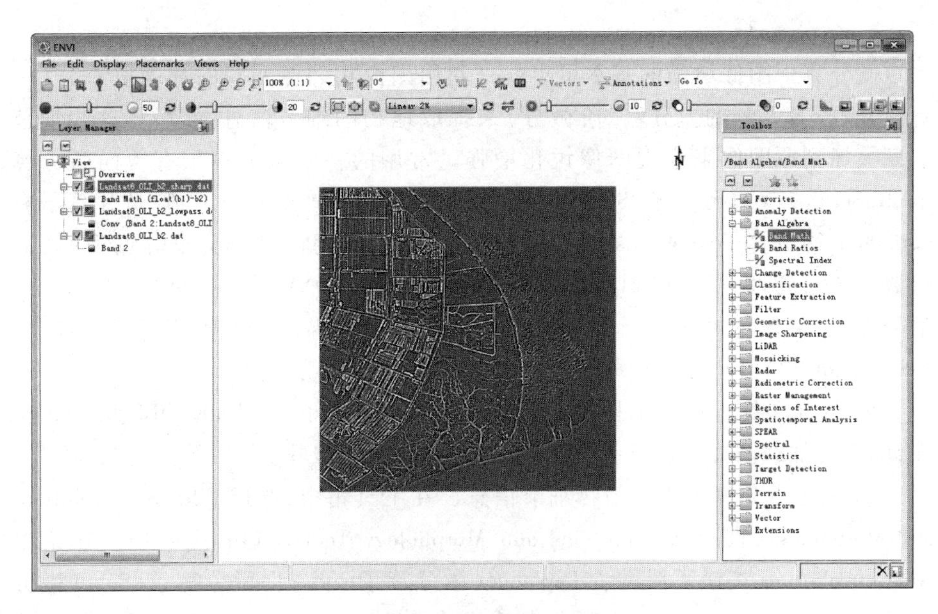

图 9.6　反锐化掩膜提取的边缘信息

径和文件名，点击 OK 即可。结果如图 9.7 所示，左图为原图，右图为反锐化掩膜结果，可以看出地物边缘和纹理信息都变得更为突出。

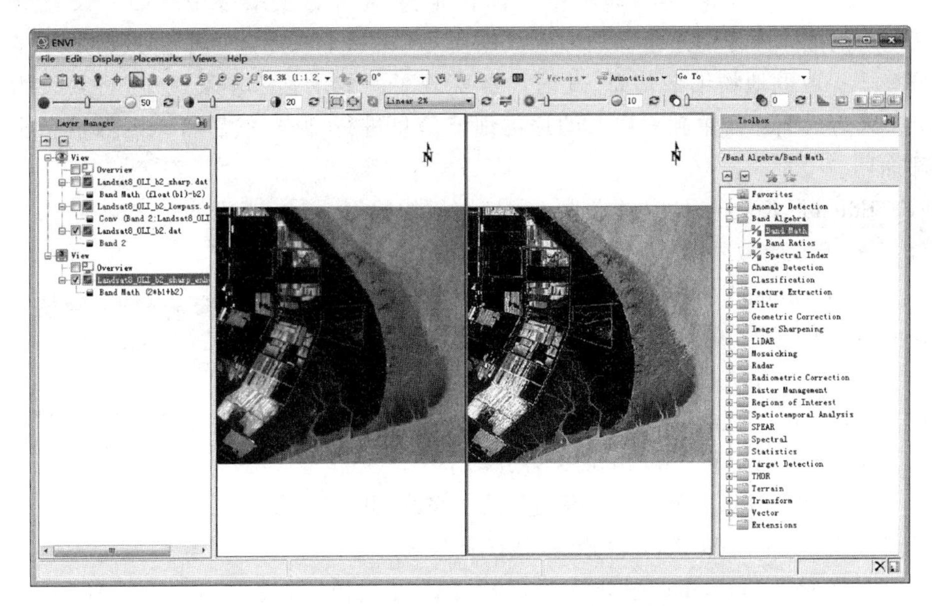

图 9.7　反锐化掩膜图像增强结果（左边为原图，右边为增强效果）

2. 微分算子

微分算子图像增强的基本思想就是利用图像相邻像元间的灰度值差分(一阶微分)或者差分的差分(二阶微分)来提取地物的细节信息,然后将这些细节信息叠加到原图像来实现图像锐化增强。常用的一阶微分算子有单向微分算子、Roberts 交叉微分算子、Sobel 微分算子和 Prewitt 微分算子,二阶微分算子有 Laplacian 微分算子和 Wallis 微分算子,相关算法原理详见朱文泉等编著的《遥感数字图像处理——原理与方法》的第 8.1.2 节。ENVI 软件提供了 Laplacian 微分算子、单方向微分算子、Sobel 微分算子和 Roberts 微分算子等算子,本次实验以 Landsat8_OLI_b2.dat 图像为例,具体操作流程如下。

① 打开图像。在菜单栏中,点击 File>Open,选择 Landsat8_OLI_b2.dat 文件,则成功加载图像。若已打开了此图像,则忽略此步骤。

② 利用微分算子提取地物细节信息。在工具箱中,选择 Filter>Convolutions and Morphology,打开 Convolutions and Morphology Tool 窗口(图 9.4)。在菜单中,Convolutions 按钮下提供了 Laplacian 微分算子、单方向微分算子、Sobel 微分算子和 Roberts 微分算子。相关微分算子的参数设置说明如下。

- Laplacian 微分算子设置。

Kernel Size:3,即卷积核大小为 3×3 窗口大小。

Image Add Back:0%,即不把原图像信息加回滤波结果中。如果设置为 100%,就把原图像信息全部加回滤波结果中,相当于在原图像上直接增加了微分算子提取的地物细节信息,此时已经实现了图像增强。本案例中,将其设为 0%,因为后面还需单独对提取的地物细节信息进行增强,然后将原图像信息全部加回。

Editable Kernel:自定义修改卷积核模板的数值。

- 单方向微分算子设置。

在 Directional Filter Angle 对话框(图 9.8)中输入方向角度,其中 0°为垂直方向,45°为对角线方向,90°为水平方向。然后点击 OK,其他参数设置与 Laplacian 微分算子相似。

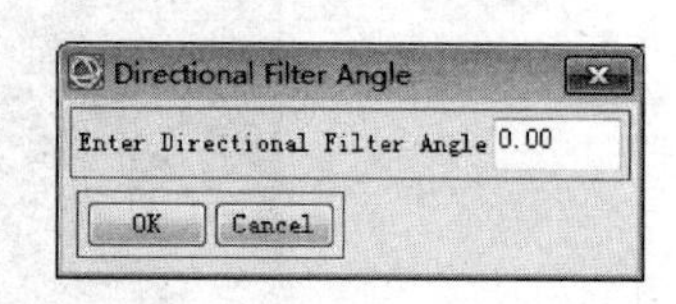

图 9.8 Directional Filter Angle 对话框

- Sobel 微分算子和 Roberts 微分算子。

这两个微分算子的模板是固定,无法修改,此处仅涉及 Image Add Back 设置,默认设置为 0。

本案例以 Laplacian 微分算子进行操作说明,设置完成后,点击 Apply To File...按钮,在弹出的 Convolution Input File 对话框中选择 Landsat8_OLI_b2.dat 文件,点击 OK。然后,在 Convolution Parameters 对话框中设置输出路径和文件名,点击 OK 即可。采用 Laplacian 微分算子的操作结果如图 9.9 所示,采用去极 2%线性拉伸显示,可以看出地物细节信息突出。

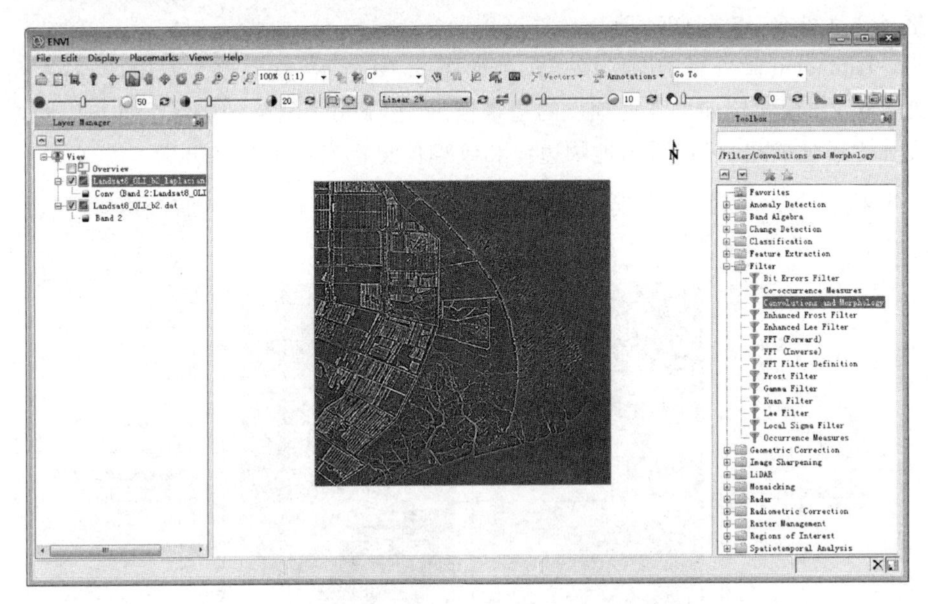

图 9.9　Laplacian 微分算子提取的细节信息

③ 边缘信息再增强。利用微分算子提取的边缘信息的灰度对比度低,边缘信息并不突出,有时候为了更加突出边缘信息则需对其进行去极 2%线性拉伸。这个步骤是可选性操作。在工具箱中,选择 Raster Management>Stretch Data,在 Data Stretch Input File 对话框中选择 Laplacian 微分算子运算结果文件,点击 OK,打开 Data Stretching 对话框。参数设置如下。

- Stats Subset:Full Scene。
- Stretch Type:Liner(线性拉伸)。
- Stretch Range(拉伸范围设置):By Percent 下 Min:2.0%,Max:98.0%,即按去极 2%线性拉伸。
- Output Data Range(输出灰度值范围):Min:0,Max:255。
- Data Type:Floating Point,即输出数据类型为浮点型。

然后设置输出路径和文件名,点击 OK 即可。去极 2%线性拉伸结果与图 9.9所示一致。

④ 边缘信息叠加。首先,在工具箱中,选择 Band Algebra>Band Math,弹出 Band Math 对话框,在 Enter an expression 文本框键入“b1+b2”(即边缘信息增强系数为 1),点击 OK。然后,在弹出的 Variables to Bands Pairings 对话框中,设置

提取的边缘信息去极2%线性拉伸文件为变量“b1”[以此文件的数据类型(浮点型)为运算数据类型],设置Landsat8_OLI_b2.dat文件为变量“b2”,并设置输出路径和文件名,点击OK即可。

Laplacian微分算子图像增强效果如图9.10所示,左上角为原图像,右上角为去极2%线性拉伸增强处理后的边缘信息,左下角为增强的边缘信息与原图像叠加之后的效果,可以看出地物边缘和纹理信息都变得更为突出。

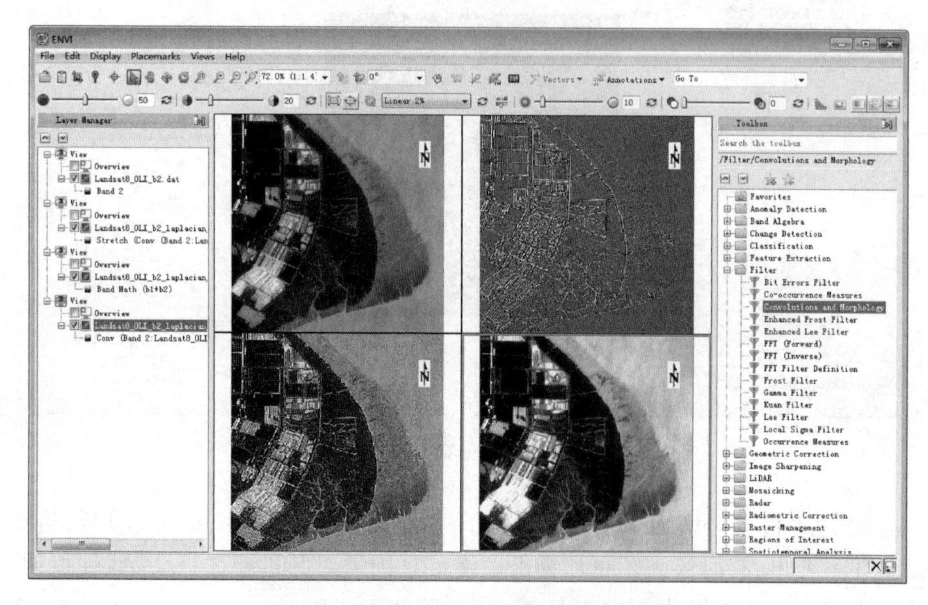

图9.10 Laplacian微分算子图像增强效果

上述操作中,如果不进行对边缘信息对比度拉伸处理的第3步,可以直接在第2步将Image Add Back参数设置为100%,此时则不需要进行第3步和第4步操作就已经实现了基于微分算子的图像增强(图9.10右下角小图),该处理未对细节信息增强,图像效果比细节信息增强的图像(图9.10左下角小图)相对平滑一些。

9.1.3 灰度形态学梯度运算

经过膨胀和腐蚀处理的图像,它与原图像在地物边缘会存在灰度级梯度,而地物内部同质区域的灰度级不变,因此可以利用这种形态学梯度差异来检测地物边缘,灰度形态学梯度增强就是把原图与形态学梯度提取的地物边缘叠加。常见地物边缘信息提取的方法有膨胀腐蚀型梯度、腐蚀型梯度和膨胀型梯度(详见朱文泉等编著的《遥感数字图像处理——原理与方法》第8.1.3节)。本次实验以 Landsat8_OLI_b2. dat 图像为例，灰度形态学梯度增强具体操作流程如下。

（1）打开图像

在菜单栏中，点击 File>Open，选择 Landsat8_OLI_b2. dat 文件，加载图像。

（2）提取腐蚀和膨胀图像

在工具箱中，选择 Filter>Convolutions and Morphology，打开 Convolutions and Morphology Tool 窗口。在菜单中，Morphology 按钮下提供 Erode（腐蚀运算）和 Dilate（膨胀运算）。参数设置如下。

- Kernel Size：3，即卷积核为 3×3 窗口大小。
- Cycles：滤波器的迭代次数，此处取值为 1。

Style：滤波器样式；Binary：输出图像为二值图像，像元呈现黑色或者白色；Gray：输出图像为灰度，该滤波器保留梯度；Value：表示允许对所选像元的结构体值进行膨胀或腐蚀。此处选择 Gray 样式。

Editable Kernel：自定义修改卷积核模板的数值。此处不修改。

设置完成后，点击"Apply To File..."按钮，然后在 Morphology Input File 对话框中选择 Landsat8_OLI_b2. dat 文件，单击 OK；最后设置输出路径和文件名，点击 OK 即可。结果如图 9.11 所示，左上为原图，左下为腐蚀结果，右下为膨胀结果。

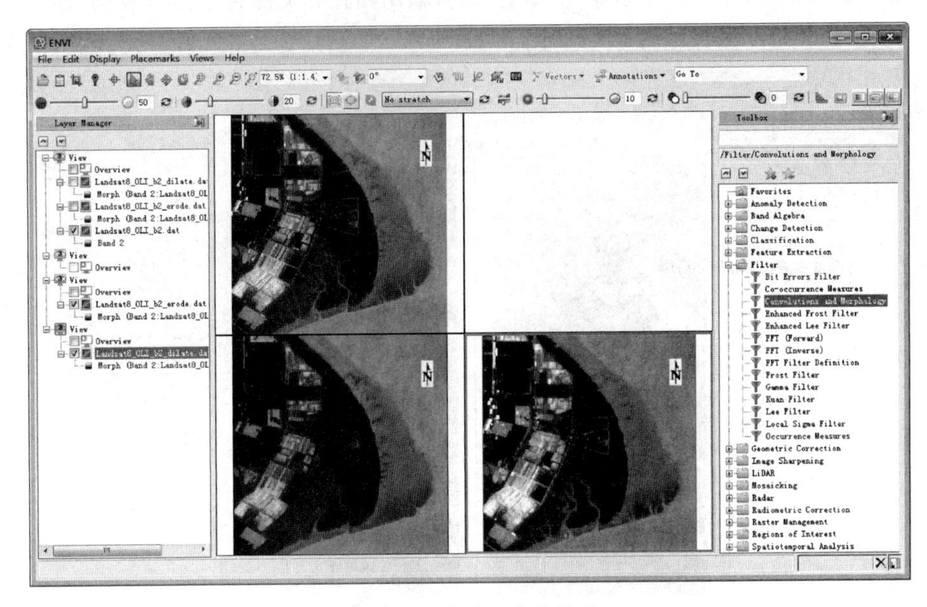

图 9.11　腐蚀和膨胀结果

（3）灰度形态学梯度增强

① 膨胀腐蚀型梯度图像增强。在工具箱中，选择 Band Algebra>Band Math，弹出 Band Math 对话框，在 Enter an expression 文本框键入“float(b1)+(float(b2)-b3)”，点击 OK。然后，在弹出的 Variables to Bands Pairings 对话框中，设置 Landsat8_OLI_b2. dat 文件为变量“b1”，设置膨胀运算结果为变量“b2”，设置腐蚀运算结果为变量“b3”[注意：表达式中的 float(b2)-b3 即膨胀腐蚀型梯度运算结果]。最后，设置输出路径和文件名，点击 OK 即可。

② 腐蚀型梯度图像增强。在工具箱中，选择 Band Algebra>Band Math，弹出 Band Math 对话框，在 Enter an expression 文本框键入“float(b1)+(float(b1)-b2)”，点击 OK。然后，在弹出的 Variables to Bands Pairings 对话框中，设置 Landsat8_OLI_b2. dat 文件为变量“b1”，设置腐蚀运算结果为变量“b2”[注意：表达式中的 float(b1)-b2即腐蚀型梯度运算结果]。最后，设置输出路径和文件名，点击 OK 即可。

③ 膨胀型梯度图像增强。在工具箱中，选择 Band Algebra>Band Math，弹出 Band Math 对话框，在 Enter an expression 文本框键入“float(b1)-(float(b2)-b1)”，点击 OK。然后，在弹出的 Variables to Bands Pairings 对话框中，设置 Landsat8_OLI_b2. dat 文件为变量“b1”，设置膨胀运算结果为变量“b2”[注意：表达式中的 float(b2)-b1即膨胀型梯度运算]。最后，设置输出路径和文件名，点击 OK 即可。

形态学梯度图像增强结果如图 9.12 所示，左上角为原图，右上角为膨胀腐

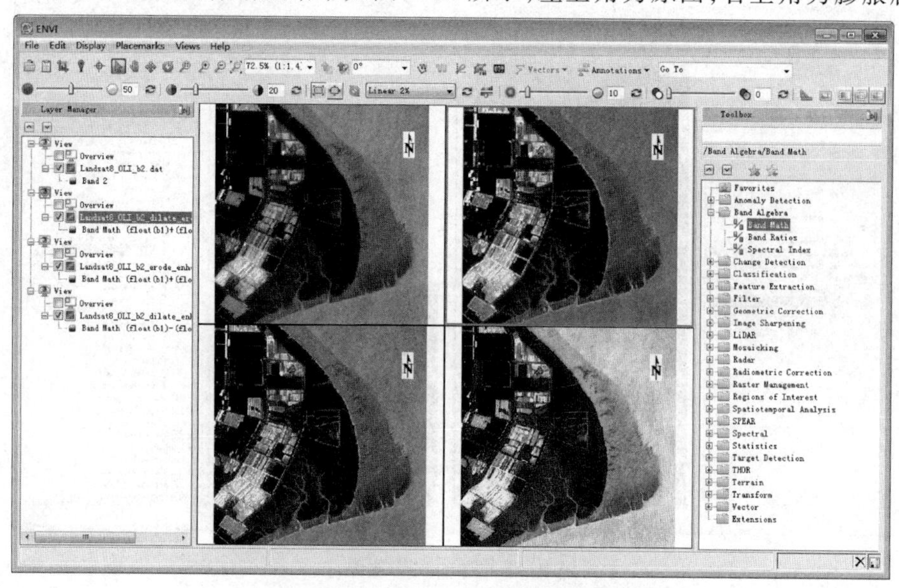

图 9.12 形态学梯度运算图像增强结果

蚀梯度图像增强结果,左下角为腐蚀型梯度图像增强结果,右下角为膨胀型梯度图像增强结果。总体来看,以上三种操作均达到图像增强的目的,但增强效果却不相同:膨胀腐蚀梯度图像增强突出了地物细节,而且使细节信息变宽;腐蚀型梯度图像增强也突出了地物细节,但相对于前者来说细节信息较窄;膨胀型梯度图像增强减弱了地物细节信息,从而与主体形成反差,在视觉上增强了图像细节,细节信息也较窄。

9.2 变换域图像增强

9.2.1 傅里叶变换图像增强

傅里叶变换图像增强的基本原理是:图像的细节信息对应于频率域的高频部分,因此可以在频率域中先对高频部分进行增强(如乘以一个大于1的数值)再反变换到空间域,或者仅提取高频部分对应的信息(如频率域高通滤波)叠加到原图像。

1. 图像预处理

ENVI5.2.1提供快速傅里叶变换(FFT),该方法要求图像行列数最好为偶数,否则逆变换结果可能不正确。本次实验以Landsat8_OLI_b2.dat图像为例(行列数为395×397),在傅里叶变换前需对数据进行裁剪或扩增,使其满足快速傅里叶变换要求,具体操作流程如下。

① 打开图像。在菜单栏中,点击File>Open,选择Lansat8_OLI_b2.dat文件,加载图像。

② 裁剪图像。在主菜单中,选择File>Save As...>Save As(ENVI,NITF,TIFF,DTED)...,在弹出的File Selection对话框中选中Landsat8_OLI_b2.dat文件,点击Spatial Subset按钮,File Selection对话框右侧扩展出裁剪范围设置按钮(图9.13)。调整Columns/Rows文本框数字,设置为Columns: from 0 to 393 total 394pixels,Rows: from 0 to 393 total 394pixels(即行列数为394×394),然后点击OK,弹出Save File As Parameters对话框(图9.14)。

③ 保存裁剪结果。在Save File as Parameters对话框中,设置Output Format为ENVI,即输出格式为ENVI格式;在Output Filename文本框中设置输出路径和文件名(Lansat8_OLI_FFT_test.dat),点击OK即可。

2. 高频增强

高频增强的设计思想:将空间域的原图像进行傅里叶变换得到频率域数据,然后在频率域中对高频成分进行增强处理,并保留低频信息,最后对高频增强的

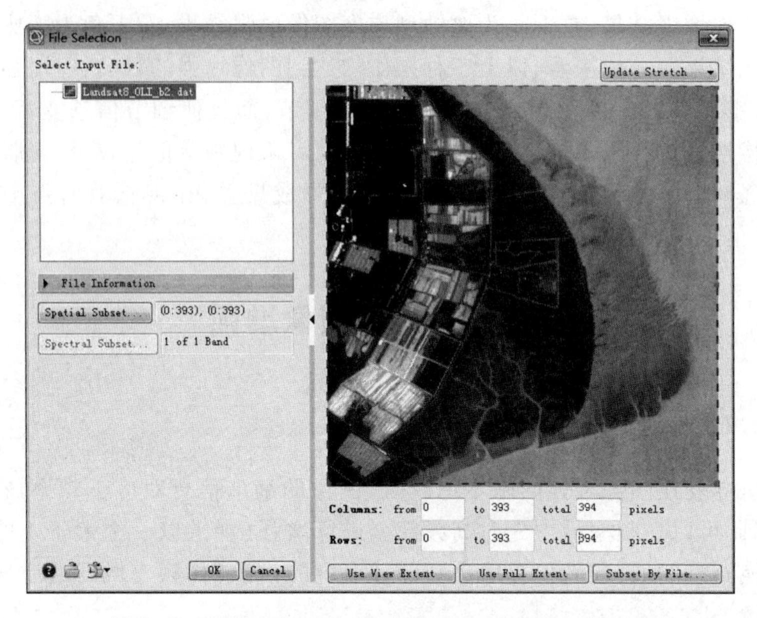

图 9.13　数据裁剪时的 File Selection 对话框参数设置

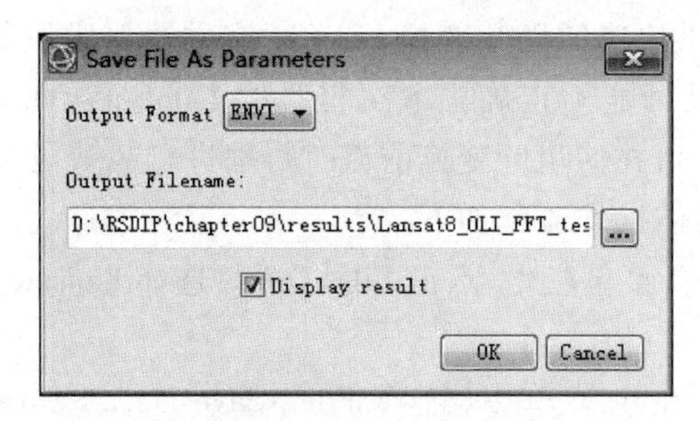

图 9.14　Save File as Parameters 对话框

频率域进行傅里叶反变换到空间域。具体操作流程如下。

① 打开图像。在菜单栏中,点击 File>Open,选择 Lansat8_OLI_FFT_test.dat 文件,加载图像。若已经打开了图像,则忽略此步骤。

② 快速傅里叶正变换。在工具箱中,选择 Filter>FFT (Forward),弹出 Forward FFT Input File 对话框,在 Select Input File 中,选中 Lansat8_OLI_FFT_test.dat 文件,点击 OK。在弹出的 Forward FFT Parameters 对话框中设置输出路径和文件名,点击 OK 即可。结果如图 9.15 所示。

③ 生成傅里叶滤波器。在工具箱中,选择 Filter>FFT Filter Definition,在 Filter Definition 对话框(图 9.16)的菜单栏 Filter Type 中选择 Circular Cut(高通

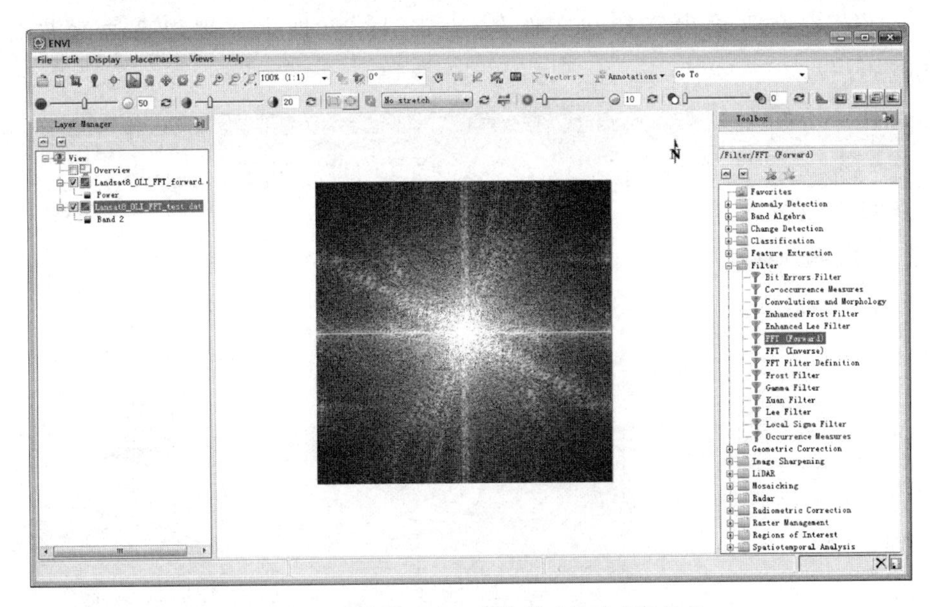

图 9.15　快速傅里叶正变换得到的功率谱结果

滤波器),参数设置如下。

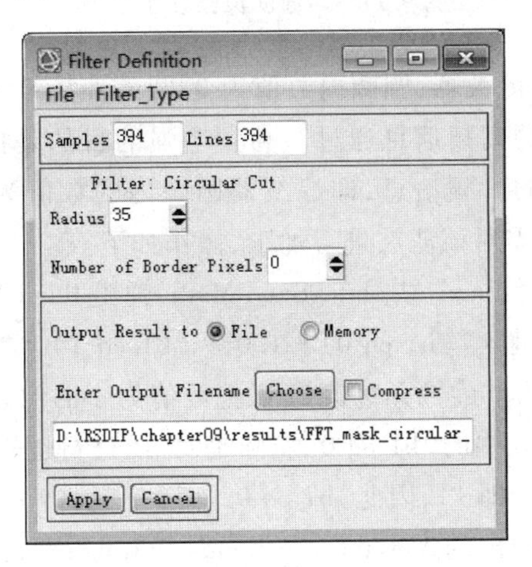

图 9.16　Filter Definition 对话框

• Samples 和 Lines 文本框:Samples 394,Lines 394,与 FFT 变换得到的频率域图像大小一致。

• Radius:35,即滤波器的半径为 35 个像元。

• Number of Border Pixels:0,即设置滤波器边缘的羽化宽度为 0,即理想滤波器。

设置完文件输出路径和文件名，点击 Apply，即生成理想高通滤波器（图 9.17）。

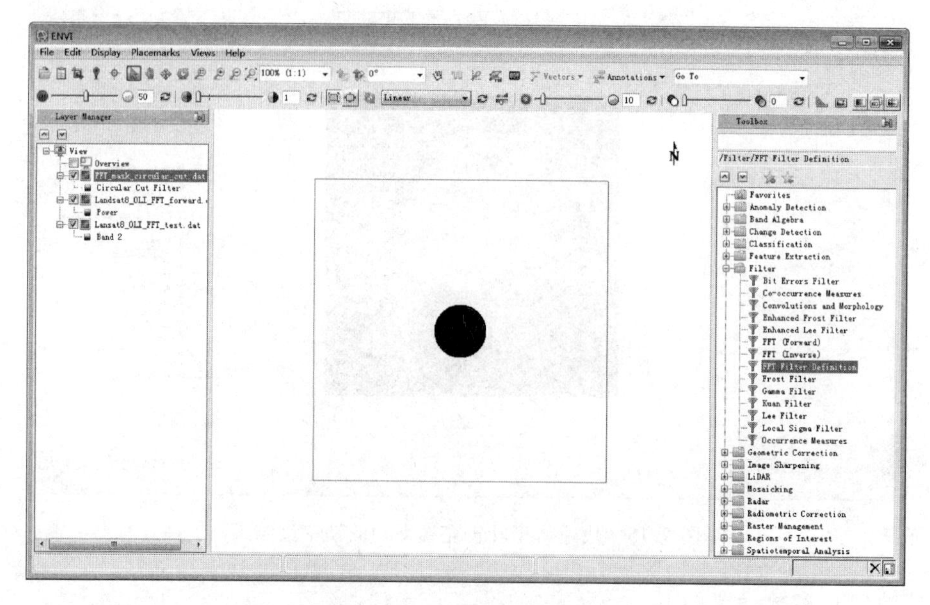

图 9.17　高通滤波器显示效果

此时生成的高通滤波器，圆圈内数值为 0，圆圈外数值为 1，即把圆圈内低频信息屏蔽，把圆圈外的高频信息通过。高频增强的目的是把圆圈内的低频频信息保留，增强圆圈外的高频信息，即滤波器圆圈内的数值为 1，滤波器圆圈外的数值大于 1。此时还需对该滤波进行加工，操作如下。

在工具箱中，选择 Band Algebra>Band Math，弹出 Band Math 对话框，在 Enter an expression 文本框键入“(b1 eq 0) * 1.0 + (b1 eq 1) * 2.0”。该表达式的含义为，把文件中数值为 0 的像元赋值为 1，把数值为 1 的像元赋值为 2，也就是将高频信息乘以 2。公式中的“b1 eq 0”实际是对 b1 进行逻辑判断，如果该变量中的值满足条件则为真（即 1），因此“b1 eq 0”实际上是将 b1 中为 0 的像元赋值为 1。点击 OK，然后在弹出的 Variables to Bands Pairings 对话框中，设置刚生成高通滤波器文件为变量“b1”。最后设置输出路径和文件名，点击 OK 即可。

④ 快速傅里叶逆变换。在工具箱中，选择 Filter>FFT（Inverse），在 Inverse FFT Input File 对话框中，选择 FFT 变换结果文件，单击 OK。然后在弹出的 Inverse FFT Filter File 对话框中选中刚刚生成的新的滤波器文件，点击 OK。最后在弹出的 Inverse FFT Parameters 对话框中设置输出路径和文件，文件输出类型为 Float Point，单击 OK 即可。结果如图 9.18 所示，可以看出图像细节信息得

到增强,但存在振铃效果。为了减弱振铃效果,可以在构建滤波器时设置滤波器边缘的羽化宽度,使得滤波器在 0 和 1 之间存在一个平滑的过渡,然后在 Band Math 中对滤波器加 1.0,生成新的滤波器,用此滤波器可以减弱振铃效果,但该操作存在高频增强只能放大一倍的局限性,没有上述操作灵活。

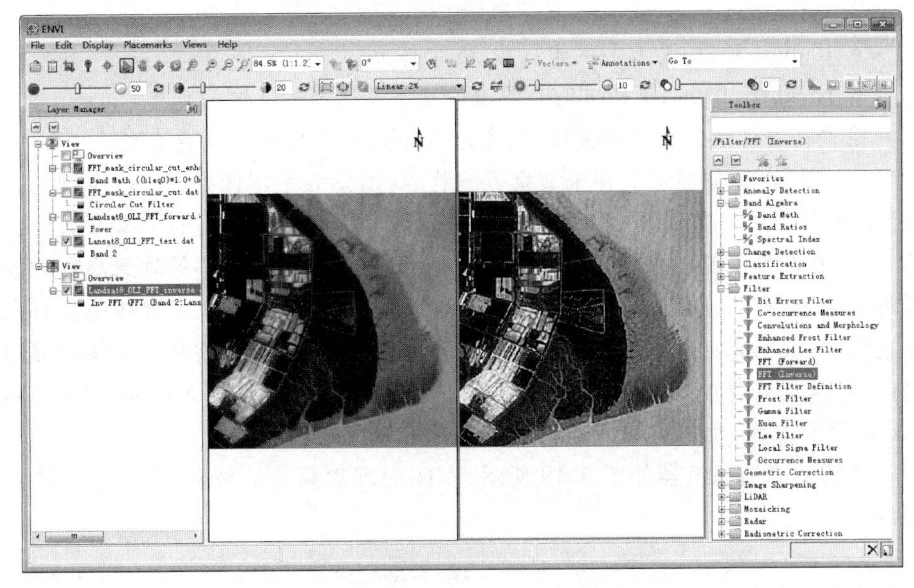

图 9.18　高频增强效果(左边为原图,右边为增强结果)

3. 高通滤波图像增强

高通滤波图像增强的设计思想是将空间域的原图像进行傅里叶变换得到其频率域,然后提取高频信息(即高通滤波)进行傅里叶反变换得到空间域的图像边缘信息,最后将边缘信息叠加到原图像以实现增强。本次实验以预处理数据 Lansat8_OLI_FFT_test. dat 图像为例,具体操作流程如下。

(1) 打开图像

在菜单栏中,点击 File>Open,选择 Lansat8_OLI_FFT_test. dat 文件,加载图像。若已经打开了此图像,则忽略此步骤。

(2) 快速傅里叶正变换

在工具箱中,选择 Filter>FFT (Forward),在 Forward FFT Input File 对话框的 Select Input File 里选中 Lansat8_OLI_FFT_test. dat 文件,点击 OK。在弹出的 Forward FFT Parameters 对话框中设置输出路径和文件名,点击 OK 即可。结果参见图 9.15。

(3) 生成傅里叶滤波器

① 理想高通滤波器。在工具箱中，选择 Filter>FFT Filter Definition，Filter Definition 对话框（图 9.16）的菜单栏 Filter Type 中选择 Circular Cut（高通滤波器），参数设置如下：

- Samples 和 Lines 文本框：Samples 394，Lines 394，与 FFT 变换得到的频率域图像大小一致。
- Radius：35，即滤波器的半径为 35 个像元。
- Number of Border Pixels：0，即设置滤波器边缘的宽度为 0。

设置完文件输出路径和文件名，点击 Apply，即生成理想高通滤波器。

② 平滑高通滤波器。在朱文泉等编著的《遥感数字图像处理——原理与方法》第 8.2.1 节中讲到，除了理想高通滤波器外，还有两种常用的平滑高通滤波器，即巴特沃斯高通滤波器和高斯高通滤波器，这两种滤波器不像理想高通滤波器那么尖锐，相对比较平滑，可减弱振铃效果。目前 ENVI 5.2.1 软件还没有提供这两种滤波器，但通过平滑滤波器可以实现类似的功能，也就是增加滤波器边缘的宽度，此处将滤波器边缘的宽度设置为 50 个像元，即将 Number of Border Pixels 设置为 50，而其他设置均与理想高通滤波器一样。

生成的高通滤波器如图 9.19 所示，左图为理想高通滤波器，右图为平滑高通滤波器。

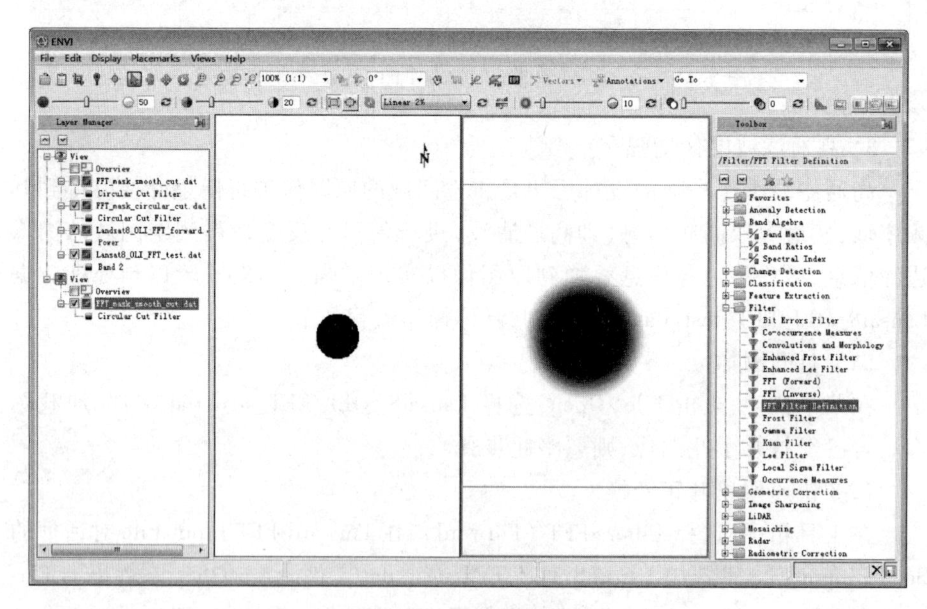

图 9.19 高通滤波器

（4）快速傅里叶逆变换

在工具箱中，选择 Filter>FFT（Inverse），在 Inverse FFT Input File 对话框中选择 FFT 变换结果文件，单击 OK。然后，在弹出的 Inverse FFT Filter File 对话框中选中生成的高通滤波器文件，点击 OK。最后，在弹出的 Inverse FFT Parameters 对话框中设置输出路径和文件，文件输出类型为 Float Point，单击 OK 即可。结果如图 9.20 所示，左上角为原图，左下角为理想高通滤波结果(有振铃效应)，右下角为平滑高通滤波结果。

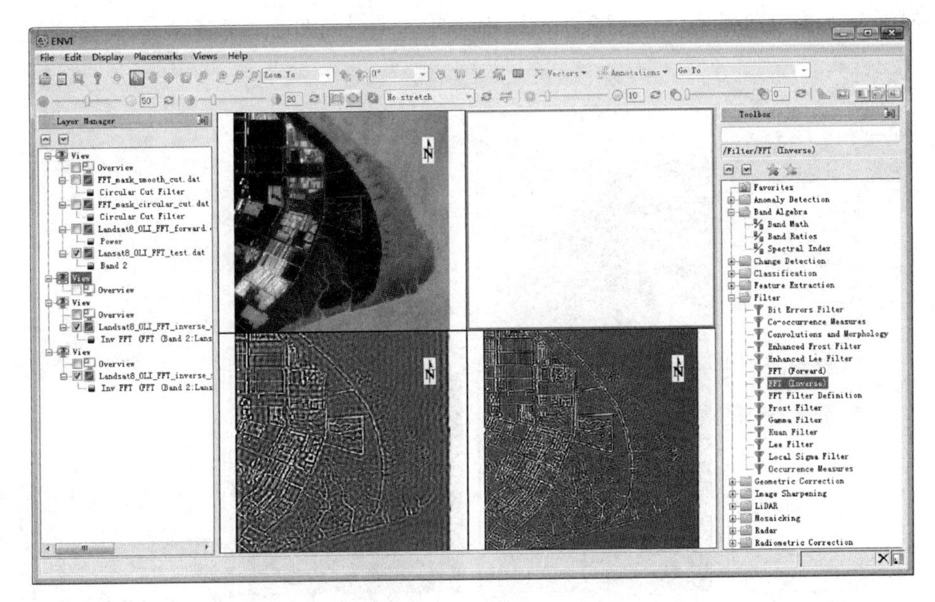

图 9.20　高通滤波结果

(5) 滤波结果对比度拉伸(可选项)

在工具箱中，选择 Raster Management>Stretch Data，在 Data Stretch Input File 对话框中选择理想高通滤波结果文件，点击 OK，打开 Data Stretching 对话框。

参数设置如下。

- Stats Subset(用于统计的数据子集)：Full Scene。
- Stretch Type(拉伸类型)：Liner。
- Stretch Range(拉伸范围)：By Percent 选项下 Min 2.0%，Max 98.0%，即按去极 2%线性拉伸。
- Output Data Range(输出灰度值范围)：Min 0，Max 255。
- Data Type(输出的数据类型)：Floating Point，即输出数据类型为浮点型。

然后设置输出路径和文件名，点击 OK 即可。去极 2%线性拉伸结果与图 9.20所示一致。

(6) 边缘信息叠加

首先,在工具箱中,选择 Band Algebra>Band Math,弹出 Band Math 对话框,在 Enter an expression 文本框键入“b1+b2”,点击 OK。然后,在弹出的 Variables to Bands Pairings 对话框中,设置高通滤波去极 2%线性拉伸结果文件为变量 b1[以此文件的数据类型(浮点型)为运算结果的数据类型],设置 Lansat8_OLI_FFT_test. dat 文件为变量 b2。并设置输出路径和文件名,点击 OK 即可。结果如图 9.21 所示,左上角为原图,左下角为理想高通滤波增强结果,右下角为平滑高通滤波增强结果。

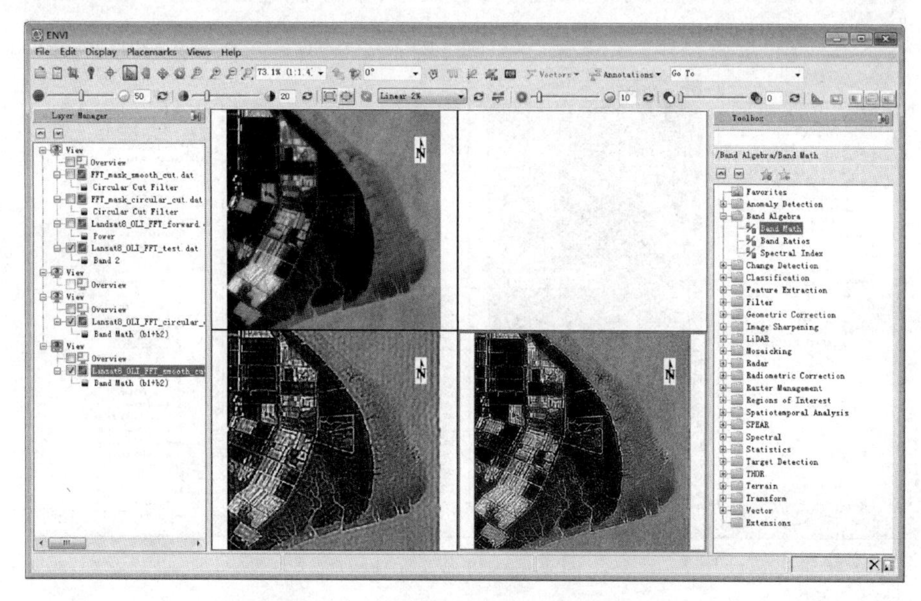

图 9.21 理想高通滤波图像增强效果

4. 同态滤波图像增强

同态滤波增强就是同时进行灰度范围的压缩和对比度增强来增强图像上暗区域的细节信息。其基本流程是先对图像进行对数变换,再对对数变换结果进行傅里叶变换,然后对得到的频率域图像进行同态滤波处理,最后将滤波结果进行傅里叶反变换并进行反对数变换,使其恢复到原来的图像状态。由于 ENVI 5.2.1软件没有提供同态滤波器,需利用 IDL 软件编程来实现,其具体操作过程见本章的电子补充材料。

9.2.2 小波变换图像增强

小波变换图像增强的思想是对小波变换分解出的高频分量进行增强(如乘以一个大于 1 的系数),然后进行小波逆变换以达到图像锐化的效果。ENVI

5.2.1 软件没有直接提供小波变换工具,可以将数据从 ENVI 中导出到 IDL 中进行小波变换操作,具体参见本章的电子补充材料。

9.2.3 颜色空间变换图像增强

基于颜色空间变换的图像增强方法是将图像从一种颜色空间变换到另外一种颜色空间进行增强处理,然后反变换到原来的颜色空间。ENVI 提供了 HLS、RGB、HSV 三种颜色空间之间的转换,其他类型颜色空间之间的变换可以根据已有参数,通过 Band Math 运算实现(详见本书第 5.7 节)。

ENVI5.2.1 软件工具箱提供了去饱和度拉伸处理的功能 Saturation Stretch,该功能把输入数据由红、绿、蓝(RGB)空间转换到色度、饱和度和亮度(HSV)空间,默认对饱和度分量进行高斯拉伸,使数据分布到整个饱和度范围,然后逆变换到 RGB 空间。上述功能仅对饱和度进行拉伸,为了能对其他分量也进行拉伸操作,本案例将通过分步操作来实现亮度拉伸图像增强处理,充分展示分步操作的灵活性。此处设计的颜色空间变换图像增强方式是先把原图像从 RGB 空间变换到 HLS 空间,然后分别对亮度和饱和度两个分量独立进行平方根变换,再转换到 RGB 颜色空间,以达到图像增强效果。RGB 颜色空间转换要求输入数据的数值范围为 0—255,本次实验以 Landsat8_OLI_multi.dat 为例,该数据是经过 FLAASH 模块大气校正,数值范围为 0—10 000,所以在颜色空间转换之前需把原数据数值范围变换到 0—255。颜色空间变换图像增强的操作流程如下。

① 打开图像。在菜单栏中,点击 File>Open,选择 Landsat8_OLI_multi.dat 文件,加载图像。

② 图像的数值范围调整。在工具箱中,选择 Raster Management > StretchData,在打开的 Data Stretch Input File 对话框中,选择 Landsat8_OLI_multi.dat 文件,点击 OK;然后,在 Data Stretching 对话框中进行参数设置(图 9.22)。

- Stats Subset:Full Scene,即对全图像进行统计。
- Stretch Type:Liner,选择线性拉伸方式。
- Stretch Range:By Percent 下 Min 2.0%,Max 98.0%,即去极 2%。
- Out Data Range:Min 0 Max 255,即变换后数值范围为 0—255。
- Data Type:Floating Point,输出数据为浮点型。
- Output Result:File,选择文件输出。
- Enter Output Filename:点击 Choose 按钮,设置输出路径和文件名,不压缩数据(未选择 Compress),输出文件名为 Landsat8_OLI_multi_linear 2%_0_255.dat。

设置完成后,点击 OK 即可。结果如图 9.23 所示。

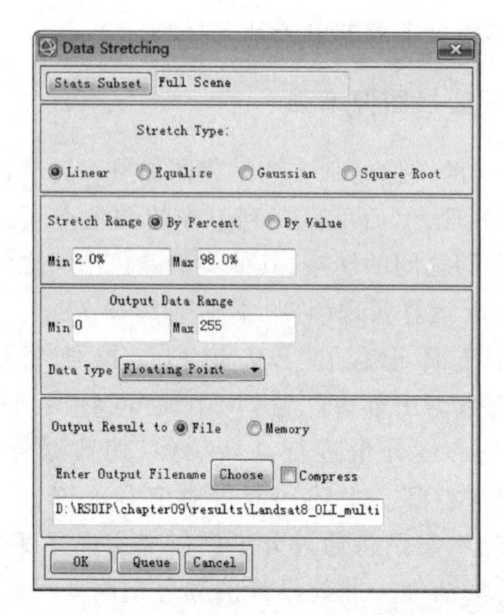

图 9.22 Data Stretching 对话框数据线性拉伸设置

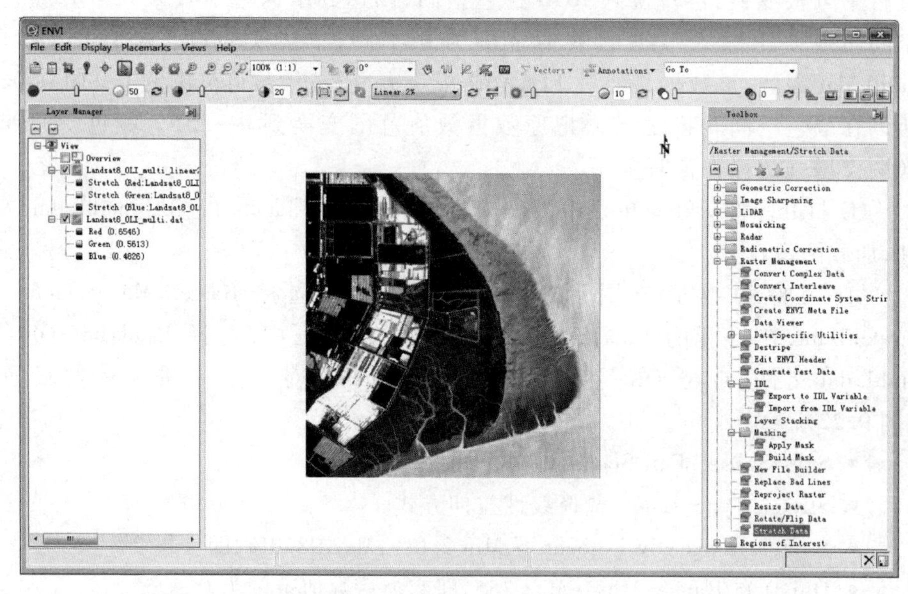

图 9.23 Landsat8_OLI_multi. dat 数据范围压缩及去极 2%线性拉伸效果

③ 从 RGB 颜色空间转换到 HLS 颜色空间。在工具箱中,选择 Transforms>Color Transforms>RGB to HLS Color Transform,在 RGB to HLS Input Bands 对话框(图 9.24)中,选择三个波段进行变换,这里依次点选红(第四波段)、绿(第三波

段）、蓝（第二波段）波段，即 R、G、B 分别对应 Landsat8_OLI_multi. dat 图像中的红光波段、绿光波段和蓝光波段，点击 OK。然后，在弹出的 RGB to HLS Parameters 对话框设置输出路径和文件名（记为 Landsat8_OLI_RGB_to_HLS. dat），点击 OK 即可完成 RGB 到 HLS 的颜色空间转换。变换结果见图 9.25，自动彩色显示红色对应色调（Hue）、绿色对应亮度（Lit）、蓝色对应饱和度（Sat）。

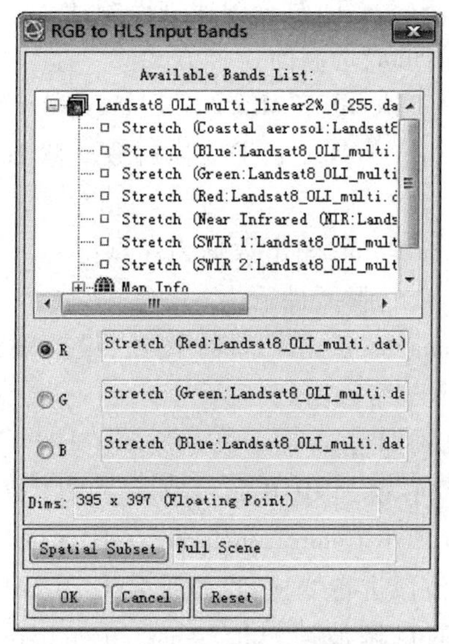

图 9.24　RGB to HLS Input Bands 对话框

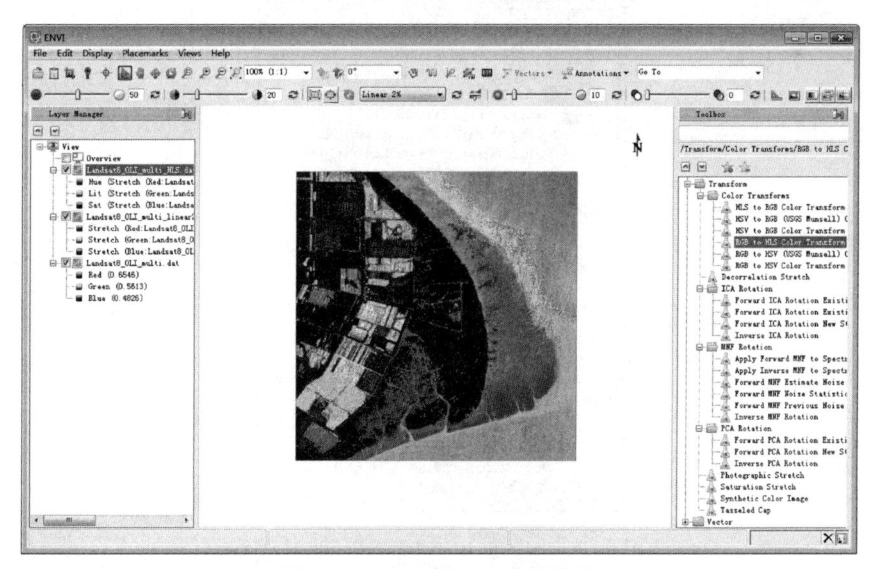

图 9.25　RGB 转 HLS 变换结果

④ HLS 颜色空间分量增强。在工具箱中，选择 Raster Management>Stretch-Data，在打开的 Data Stretch Input File 对话框中，选择 Landsat8_OLI_RGB_to_HLS. dat 文件；然后点击 Spectral Subset 按钮，在弹出的 Select Spectral Subset 对话框中选择亮度分量，点击 OK；再在 Data Stretch Input File 对话框中点击 OK；最后，在 Data Stretching 对话框中进行参数设置。

- Stats Subset：Full Scene，即对全图像进行统计。
- Stretch Type：Gaussian，选高斯拉伸方式。
- Stretch Range：By Percent 下 Min 2.0%，Max 98.0%，即去极 2%。
- Out Data Range：Min 0，Max 1，即变换后数值范围为 0—1，与原数据范围保持一致。
- Data Type：Floating Point，输出数据为浮点型。
- Output Result：File，选择文件输出。
- Enter Output Filename：点击 Choose 按钮，设置输出路径和文件名（记为 Lit_gauss_stretch. dat），不压缩数据。

设置完成后，点击 OK 即可。

⑤ 从 HLS 颜色空间转换到 RGB 颜色空间。在工具箱中，选择 Transforms>Color Transforms>HLS to RGB Color Transform，在 HLS to RGB Input Bands 对话框（图 9.26）中，选择三个波段进行变换，这里设置 H、L、S 分别对应 Landsat8_OLI_RGB_to_HLS. dat 文件的色调波段、Lit_gauss_stretch. dat 文件、Landsat8_OLI_

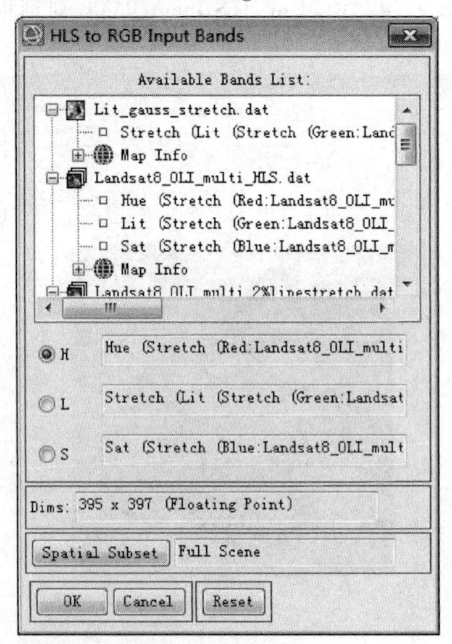

图 9.26 HLS to RGB Input Bands 对话框

RGB_to_HLS. dat 文件的饱和度波段，点击 OK。然后，在弹出的 HLS to RGB Parameters 对话框中设置输出路径和文件名，点击 OK 即可完成 RGB 到 HLS 的颜色空间转换。结果如图 9. 27 所示，左图为 Landsat8_OLI_multi. dat 图像去极 2% 线性拉伸效果，右图为亮度分量增强效果，均采用 No Stretch 方式显示，可以看出原图像中耕地和裸地等深色区域明显变亮，视觉效果更好。

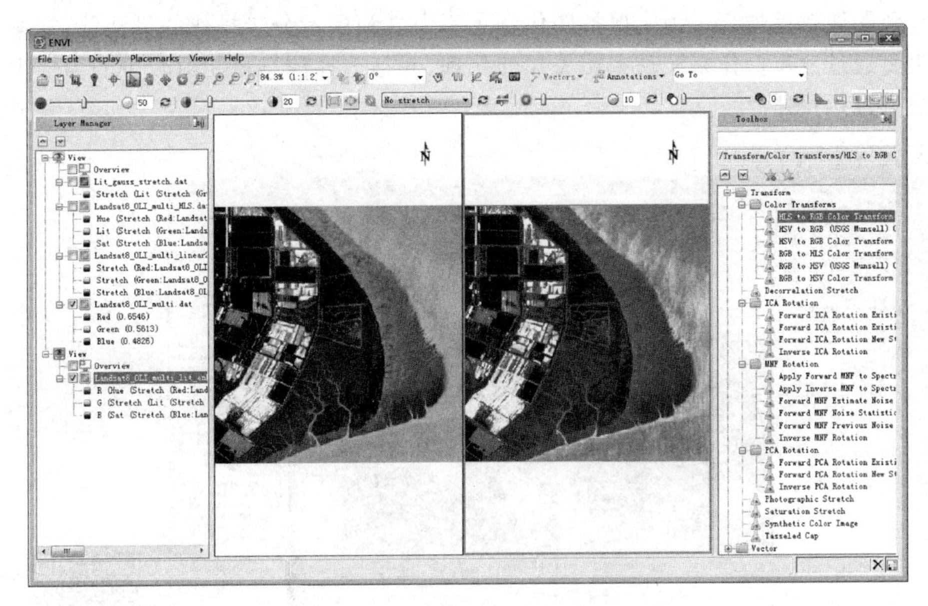

图 9. 27　颜色空间变换图像增强效果

饱和度分量增强的分步操作流程与上述流程类似，只是替换相应分量即可，当然也可以使用集成式功能 Saturation Stretch 进行处理，此处不再赘述。

9. 2. 4　主成分变换图像增强

主成分变换是把多个波段的图像信息压缩到比原波段更有效的少数几个分量上，该方法可以消除多光谱数据中各波段间的相关性，使生成的图像具有更丰富的色彩和更高的饱和度，从而达到图像增强目的。除此之外，还可以对主成分变换后的某一分量进行对比度拉伸处理，然后进行主成分逆变换，恢复到原始的图像空间，生成一幅色彩亮丽的彩色合成图像，从而达到图像增强的目的，这种图像增强方式也被称为去相关拉伸处理。ENVI5. 2. 1 软件工具箱中提供了去相关拉伸处理的功能 Decorrelation Stretch，该功能首先对红、绿、蓝波段进行主成分变换，然后默认对第一主成分进行对比度拉伸处理，再进行主成分逆变换，将图像恢复到 RGB 彩色空间。图 9.28 展示了采用 Decorrelation Stretch 功能的直接处理结果，左图为原图，右图为处理后的结果，可见处理后的图像色彩亮丽，但颜色失真（彩图见软件操作界面），这是因为第一主成分包含主要信息，对其进行拉伸处理，虽然增强了某些信息的对比度，但同时也会压缩一部分信息，所以会导致图像颜色失真。为了保持图像颜色不失真和展示分步操作的灵活性，本案例将通过分步操作来实现去相关拉伸处理，并且选择信息量相对较少的第二主成分进行拉伸。

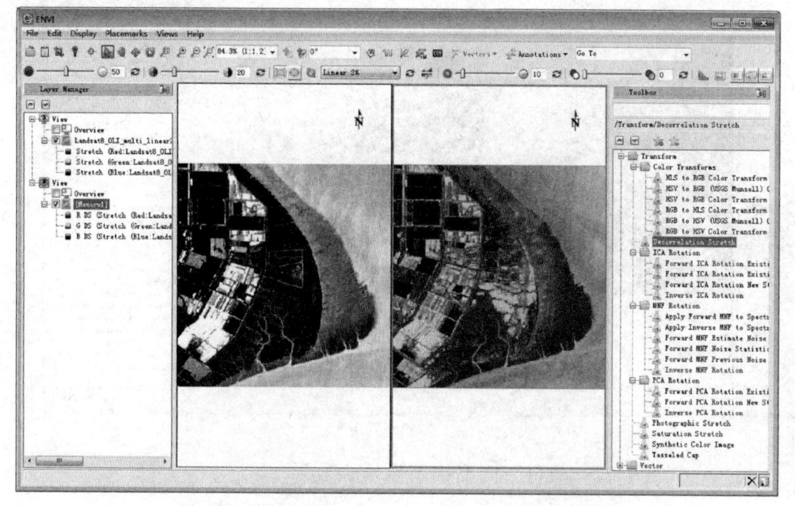

图 9.28 Decorrelation Stretch 功能直接处理结果

图 9.28 彩版

本次实验以 Landsat8_OLI_multi_linear2%_0_255. dat 数据为例（数据的数值范围 0—255），该数据来源于第 9.2.3 节的颜色空间变换图像增强操作对 Landsat8_OLI_multi. dat 图像作去极 2%线性拉伸处理的结果。具体操作流程如下。

（1）打开图像

在菜单栏中，点击 File>Open，选择 Landsat8_OLI_multi_linear2%_0_255. dat 文件，加载图像。

（2）主成分变换

在工具箱中，选择 Transform>PCA Rotation>Forward PCA Rotation New Statistics and Rotate，弹出 Principal Components Input File 对话框，在 Select Input File 里选择待处理文件。然后，单击 OK 即可出现 Forward PC Parameters 对话框

(图 9.29),参数设置如下:

- Stats Subset:Full Scene,即对整幅图像进行统计。
- Stats X/Y Resize Factor 文本框:输入调整系数(≤1),用于计算统计值时的数据二次采样,默认值为 1;当输入小于 1 的调整系数时,将会提高统计计算速度,例如设置为 0.1 时,在统计计算时将只用到行/列方向十分之一的像元。这里默认设置为 1。
- Output Stats Filename [.sta] 文本框:设置输出统计信息的保存路径及文件名,逆变换时需用到该文件。
- Calculate using 切换按钮:使用箭头切换按钮可选择协方差矩阵(Covariance Matrix)或相关系数矩阵(Correlation Matrix)计算主成分波段。通常选择协方差矩阵进行主成分变换,但是当波段之间数据范围差异较大时,选择相关系数矩阵。这里选择 Covariance Matrix。

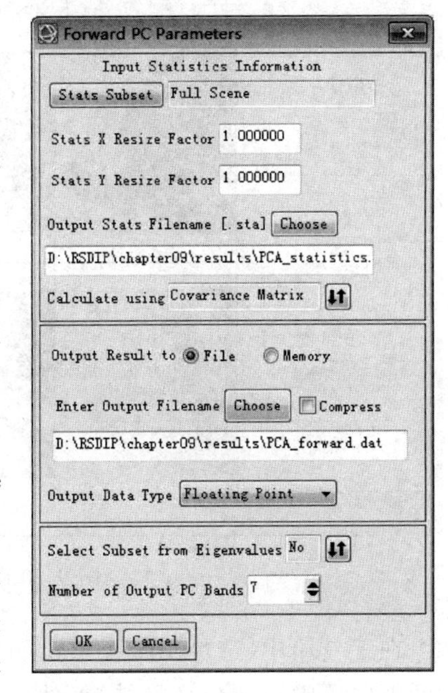

图 9.29 Forward PC Parameters 对话框

- Output Result to 单选:选择 File 则保存为文件,需要在 Enter Output Filename 文本框中输入路径;选择 Memory 则将结果临时存储在缓存中。这里选择 File。
- Enter Output Filename:设置主成分变换输出路径及文件名。
- Output Data Type:选择输出数据类型,这里默认为 Floating Point。
- Select Subset from Eigenvalues 切换按钮:使用箭头切换按钮,选择 Yes 将计算统计信息,并出现 Select Output PC Bands 对话框,列出每个波段及其相应特征值;同时也列出每个主成分波段中包含的数据方差的累计百分比。这里默认为 No。
- Number of Output PC Bands 文本框:选择输出的主成分个数,默认值与输入的波段个数相同,这里默认为 7。

设置完成后,单击 OK。结果如图 9.30 所示,上排由左到右依次为原图像(RGB 分别为第四波段、第三波段、第二波段)、主成分变换彩色合成图像(RGB 分别为第一分量、第二分量、第三分量)和第一分量,下排由左到右依次为第二分量、第三分量和第四分量。

(3) 对第二分量进行直方图均衡化增强

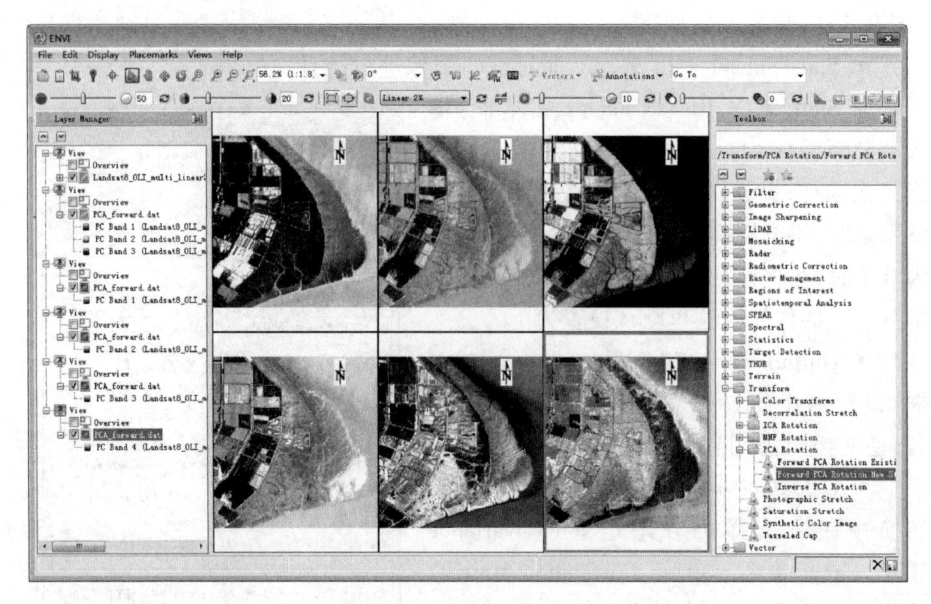

图 9.30　主成分变换结果

在工具箱中,选择 Raster Management>Stretch Data,在 Data Stretch Input File 对话框中选中主成分变换结果;然后,点击 Spectral Subset 按钮,在弹出来的 File Spectral Subset 对话中选中第二分量(图 9.31),点击 OK;最后,在 Data Stretch Input File 对话框中点击 OK,继而打开 Data Stretching 对话框(图 9.32),参数设置如下。

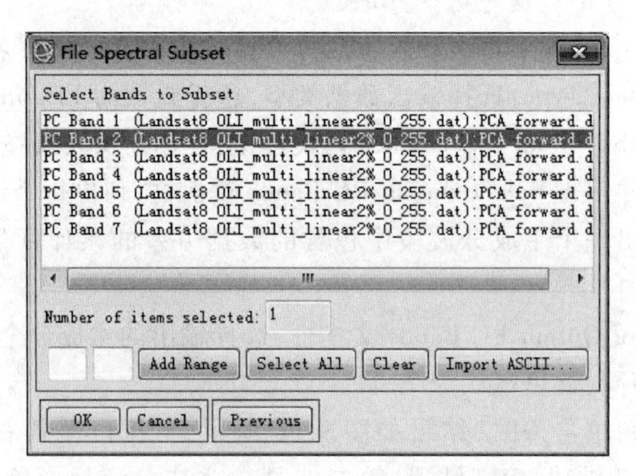

图 9.31　File Spectral Subset 对话框

- Stats Subset:Full Scene。
- Stretch Type:Equalize,即直方图均衡化。

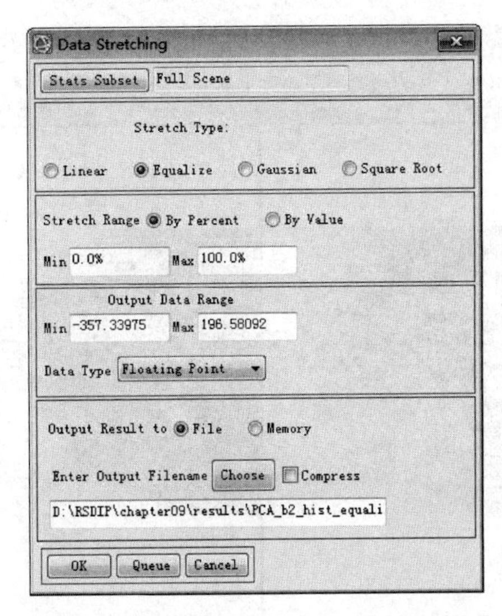

图 9.32　主成分第二分量直方图均衡化 Data Stretching 对话框参数设置

• Stretch Range(拉伸范围设置):By Percent 即按图像灰度值累计频率设置,By Value 即按图像灰度值设置。这里按默认设置 By Percent 下 Min 0.0%,Max100.0%,即按原始图像的灰度值范围拉伸。

• Output Data Range(输出的灰度值范围):输出图像的灰度值范围与原图像保持一致,这里设置为 Min-357.339 75,Max 196.580 92。这个最小值或最大值是对该数据文件进行统计计算得到,具体操作请参考本书第 2.4 节的“查看数据属性特征”。

• Data Type:Floating Point,即输出数据类型为浮点型。

然后设置输出路径和文件名,点击 OK 即可。均衡化结果如图 9.33 所示,左图为原主成分第二分量,右图为直方图均衡化后的结果。

(4) 波段叠加

① 导入第一分量。在工具箱中,选择 Raster Management>Layer Stacking,在弹出的 Layer Stacking Parameters 对话框(图 9.34)中,点击 Import File...按钮,继而弹出 Layer Stacking Input File 对话框,选中主成分变换结果;点击 Spectral Subset 按钮,在弹出来的 File Spectral Subset 对话中选中除第一分量(图 9.31),点击 OK。

② 导入直方图均衡化后的第二分量。在 Layer Stacking Parameters 对话框中,点击 Import File...按钮,继而弹出 Layer Stacking Input File 对话框,选中直方图均衡化后的第二分量,点击 OK。

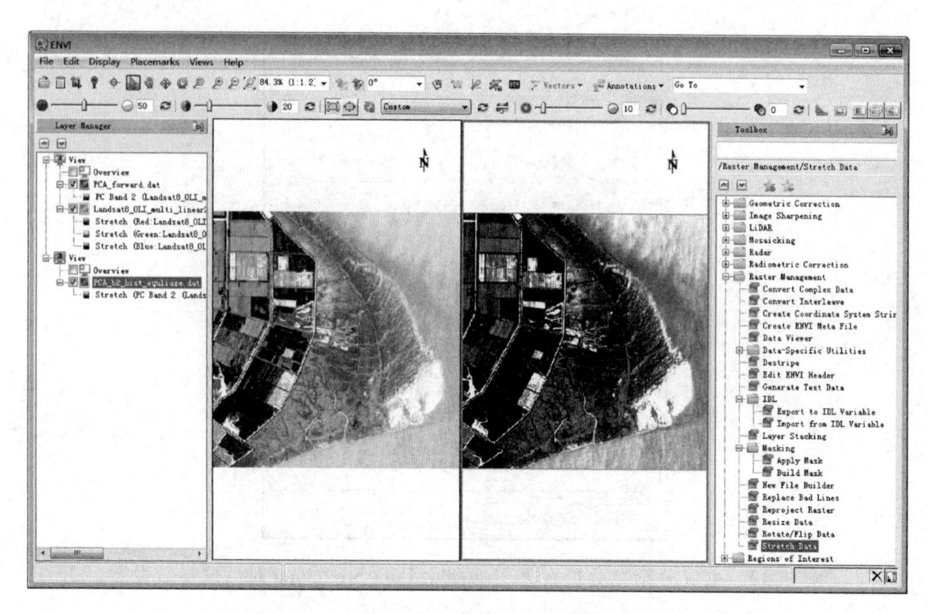

图 9.33 主成分第二分量直方图均衡化结果

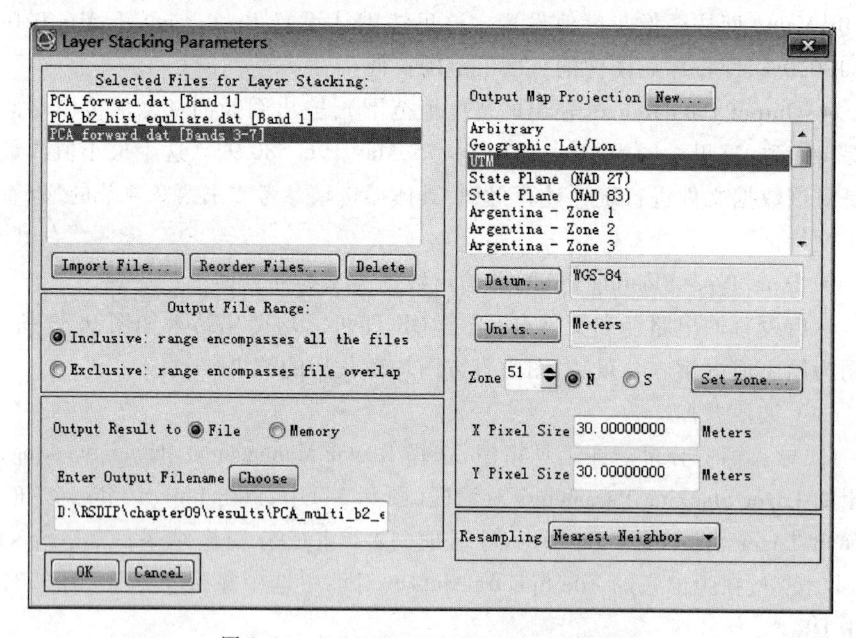

图 9.34 Layer Stacking Parameters 对话框

③ 导入主成分结果的第三至第七分量。在弹出的 Layer Stacking Parameters 对话框中,点击 Import File...按钮,继而弹出 Layer Stacking Input File 对话框,选

中主成分变换结果;点击 Spectral Subset 按钮,在弹出来的 File Spectral Subset 对话中选中除第三至第七分量(图 9.31),点击 OK。

④ 调整波段顺序(可选项)。如果波段顺序不是按第 1 至第 7 主成分排列,则需调整波段顺序,具体操作为在 Layer Stacking Parameters 对话框中,点击 Recorder Files...按钮,弹出 Recorder Files 对话框,用鼠标左键选中某波段,拖动到需要的位置(点击鼠标中键为逆排序),按照第一分量到第七分量由上到下依次排列(图 9.35),点击 OK。

⑤ 其他参数设置。由于本案例中各主成分的空间范围和投影类型等参数完全相同,因此这一步均使用默认设置。

- Output File Range 选项:Inclusive:range encompasses all the files,即创建一个输出文件的地理范围包含所有输入文件范围;Exclusive:range encompasses file overlap,即创建一个输出文件的地理范围只包含所有输入文件的重叠部分。这里选择 Inclusive。
- Output Map Projection:图像的投影,默认为 UTM。
- Datum:投影基准面,默认为 WGS-84。
- Units:图像空间分辨率的单位,默认为 Meters。
- Zone:图像所在投影坐标的条带号,默认为 Zone 51 N。
- X Pixel Size,Y Pixel Size:图像的空间分辨率,默认为 30 Meters。

⑥ 设置输出路径和文件名。在 Enter Output File 文本中键入输出路径和文件名,点击 OK 即可。

(5) 主成分逆变换

在工具箱中,选择 Transform>PCA Rotation>Inverse PCA Rotation,打开 Principal Components Input File 对话框,选中上一步生成的叠加文件,单击 OK;继而打开 Enter Statistics Filename 对话框,选择前面 PCA 正变换生成的统计文件(*.sta),单击 OK;继而弹出 Inverse PC Parameters 对话框(图 9.36),参数设置如下。

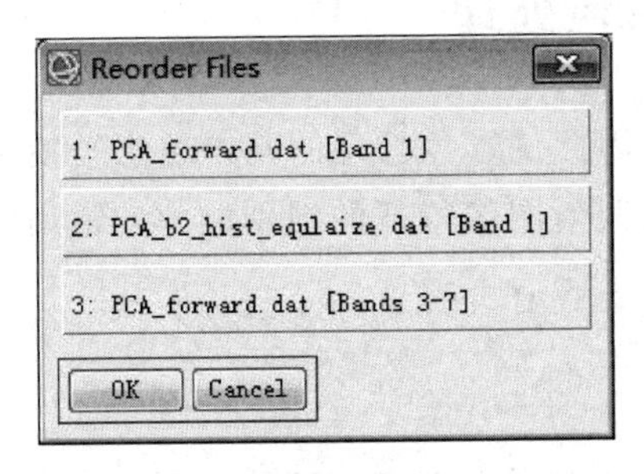

图 9.35 Reorder File 对话框

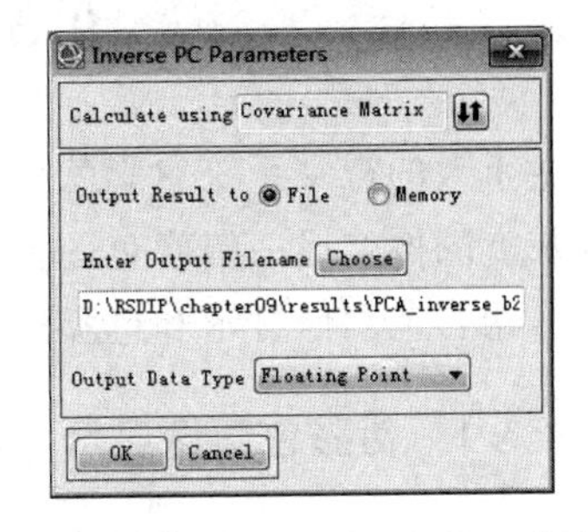

图 9.36 Inverse PC Parameters 对话框

- Calculate using 切换按钮：使用箭头切换按钮可选择协方差矩阵（Covariance Matrix）或相关系数矩阵（Correlation Matrix）。这里与主成分正变换一致，选择 Covariance Matrix。
- Output Result to 单选：选择 File，即保存为文件。
- Output Data Type：选择输出数据类型，这里选择 Floating Point。

最后，在 Enter Output Filename 文本中设置输出路径和文件名，点击 OK 即可完成。结果如图 9.37 所示，左图为原图，右图为主成分变换图像增强效果，可以看出相对于原图，增强后图像中耕地、植被和裸地信息变亮，视觉效果更好。

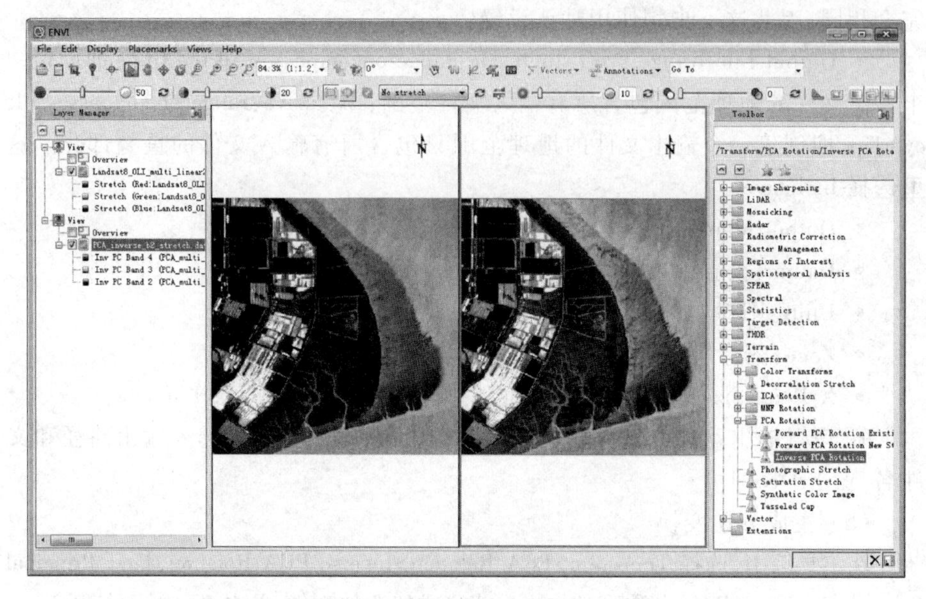

图 9.37　主成分变换图像增强效果

9.3　伪彩色处理

由于人的视觉系统对彩色更为敏感，因此伪彩色处理的基本思想是使单波段的灰度图像变成一幅彩色图像，提高人眼对图像特征的识别能力。常用的方法包括伪彩色图像显示和色彩分割。

9.3.1　伪彩色图像显示

伪彩色图像显示处理是建立一个像元灰度值与颜色空间分量（如 R、G、B 颜色分量）之间的一一对应关系，使图像的灰度值映射到三维的色彩空间，用颜色来代表图像的灰度值。本次实验以 Landsat8_OLI_b2. dat 图像为例,具体操作步骤如下。

(1) 打开图像

在菜单栏中,点击 File>Open,选择 Landsat8_OLI_b2. dat 文件,加载图像。若已经打开了图像,则忽略此步骤。

(2) 定义颜色表

在 Layer Manager 窗口中,选中 Landsat8_OLI_b2. dat 文件,右击鼠标选择 Change Color Table(图 9. 38),这里提供了 Blue/White、Red Temperature、Blue/Green/Red/Yellow、Rainbow 及更多的颜色表,选中其中一个即可把灰度图像变成伪彩色图像。如图 9. 39 所示,左上角图像的颜色为 Blue/White,右上角图像的颜色为 Red Temperature,左下角图像的颜色为 Blue/Green/Red/Yellow,右下角图像的颜色 Rainbow,颜色越丰富,地物区分越明显。

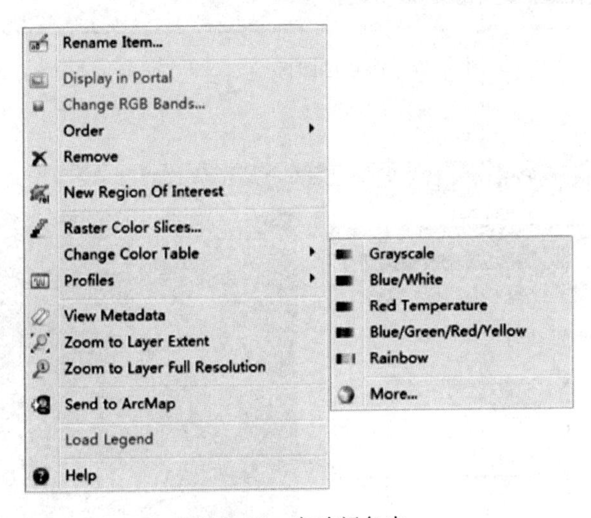

图 9. 38　启动颜色表

另外,More 按钮提供更多颜色表和定义功能。点击 More 按钮,弹出 Change Color Table 对话框(图 9. 40),用户可通过两种方式定义颜色表。

① Selected Color Table:直接选择的颜色表。用户点击色带下方的下拉菜单选中某颜色表后,直接点击 OK 即可定义相应的颜色表。点击 Reverse 按钮可使色带颜色翻转。

② Color Model:提供不同的颜色空间,如 RGB、HLS、HSV 和 CMYK。用户可利用各颜色空间分量的游标定义颜色,右图中的黑线所截取的颜色剖面即颜色表的颜色,定义好之后,点击 OK 即可。

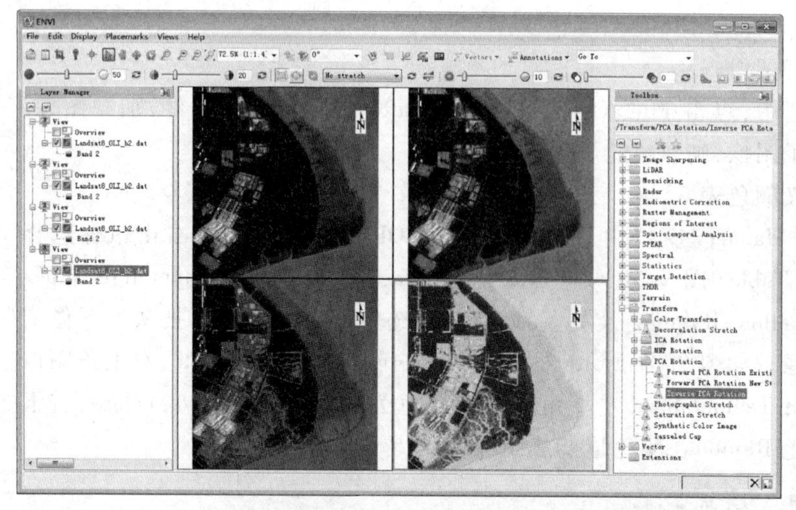

图 9.39 伪彩色图像　　图 9.39 彩版

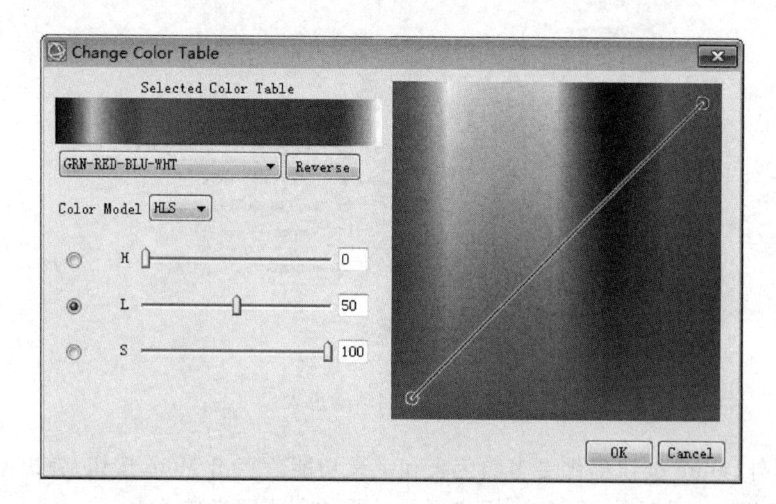

图 9.40 Change Color Table 对话框

9.3.2 色彩分割

色彩分割就是将图像的灰度值进行分层(或分段),每一层包含了一定的灰度值范围,分别给每个层赋予不同的颜色。本次实验以 Landsat8_OLI_b2.dat 图像为例,具体操作步骤如下。

(1) 打开图像

在菜单栏中,点击 File>Open,选择 Landsat8_OLI_b2. dat 文件,加载图像。若已经打开了此图像,则忽略此步骤。

(2) 启动色彩分割

在 Layer Manager 窗口中,选中 Landsat8_OLI_b2. dat 文件,右击鼠标选择 New Raster Color Slice...,在弹出的 File Selection 对话框中选择 Landsat8_OLI_b2. dat 文件,点击 OK,打开 Edit Raster Color Slices 对话框(图 9.41),对话框说明如下。

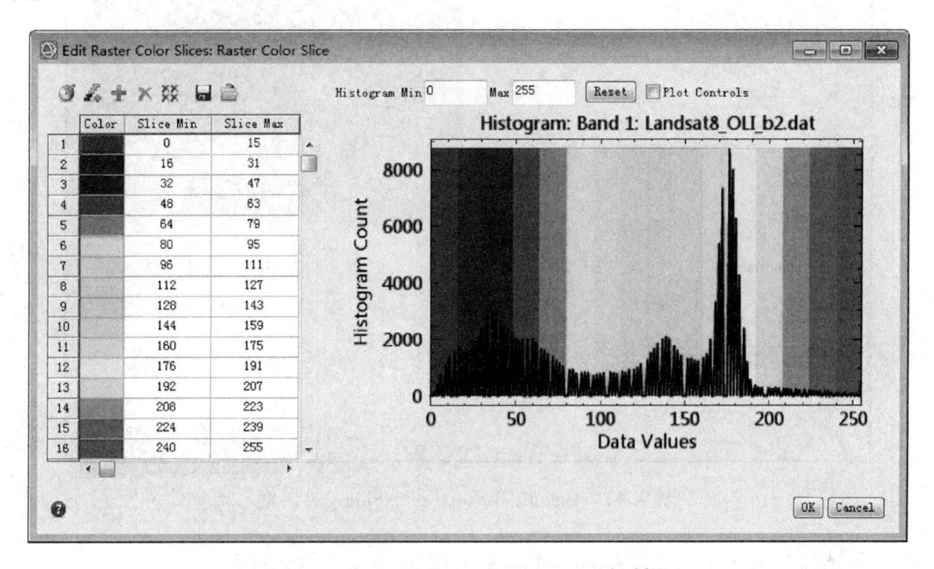

图 9.41 Edit Raster Color Slices 对话框

① 按钮:Change Color Table...定义颜色表,点击打开 Change Color Table 对话框,选择合适的颜色表。

② 按钮:New Default Color Slices,新建一个颜色分割,点击打开 Default Raster Color Slices 对话框(图 9.42),与 Change Color Table 对话框基本相似,其他参数说明如下。

- Num Slices:分割类别数。
- By Min/Max 分割法:该方法是先定义分割数值范围和类别个数,然后将该数值范围等分为相应的类别。Data Min 为分割数据范围最小值,Data Max 为分割数据范围最大值。
- By Min/Slices Size 分割法:该方法是从定义的分割起始值开始,依次按照定义的数值宽度分割,直到满足定义的分割份数。Data Min 为分割数值范围的最小值,Slice Size 为类别数值宽度。

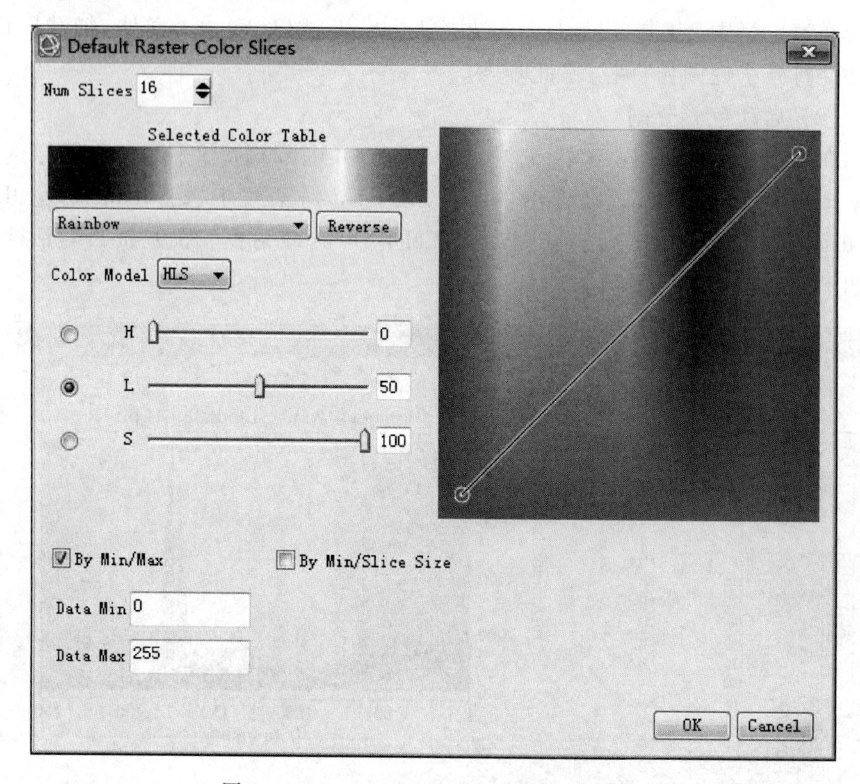

图 9.42　Default Raster Color Slices 对话框

③ 按钮➕:Add Color Slice,即在末尾增加一个分割份数。

④ 按钮✖:Remove Color Slices,即删除选中的颜色类别。

⑤ 按钮:Clear Color Slices,即清除所有颜色类别。

⑥ 按钮:Save Color Slices to File,即保存当前的色彩分割方式。

⑦ 按钮:Restore Color Slices from File,导入色彩分割方式文件。

⑧ 左侧表格:行数为分割的份数;Color 列是每类的颜色,右击颜色,点击 Edit Color 可自定义颜色;Slice Min/Max 分别为每类别的灰度最小/大值,均可手动修改。

⑨ 右侧图:展示灰度直方图被不同类别分割的情况,可通过拖动下方游标放大某个灰度范围,图上方 Histogram Min 和 Max 也会相应的改变;Reset 按钮是重置直方图灰度范围放缩,恢复最初的设置。

栅格图像分割定义完成后,点击 OK 即可。结果如图 9.43 所示。

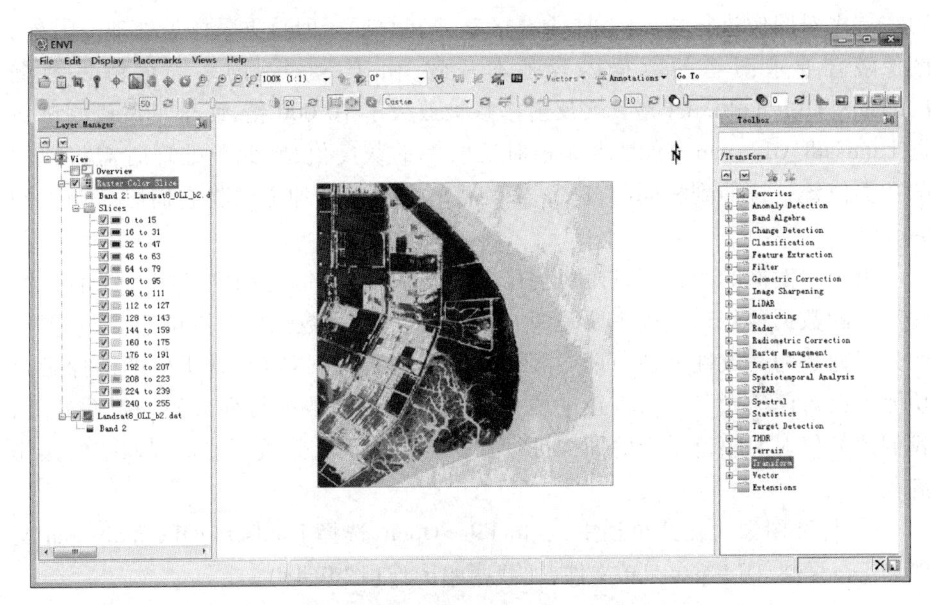

图 9.43 栅格图像分割结果

9.4 图像融合

在图像增强方面,常见的像元级图像融合是指把高空间分辨率的全色灰度图像与低空间分辨率的多光谱彩色图像进行融合,从而得到一幅高空间分辨率的彩色合成图像。ENVI5.2.1 软件提供的像元级图像融合方法有在空间域进行的 Brovey 法和颜色归一化(color normalized,CN)转换法,以及在变换域进行的 HSV 变换法、Gram-Schmidt 变换法和主成分分析法。

本次实验以 Landsat8_OLI_multi.dat 图像(第一到第七波段,空间分辨率为 30 m)和与之对应的全色波段 Landsat8_OLI_pan.dat 图像(空间分辨率为 15 m)为例进行实践操作,具体流程如下。

9.4.1 图像预处理

像元级图像融合要求输入的两幅图像相互配准,且它们的空间范围、像元行列数需一致,而且要求两幅图像的同名像元点的灰度值具有较好的相关性,所以在图像融合之前要对数据进行预处理。对于已经进行了几何校正的两幅图像,ENVI 软件提供的图像融合功能可以自动对两幅图像的空间范围、像元行列数进行一致性处理(即无需对图像进行裁剪和重采样),但如果手工分步做图像融合则需首先对图像进行相互配准、重叠区裁剪和数据行列数重采样等处理。另外，图像融合要求图像的数据内容基本一致，由于本案例的多光谱测试数据Landsat8_OLI_multi. dat是真实反射率且被放大了10 000倍，而全色波段测试数据Landsat8_OLI_pan. dat是表征相对反射率的灰度值，因此预处理时需将他们的数据值统一拉伸到相同的范围，本案例采用线性拉伸方法将它们统一调整到0—255。

由于本案例的两幅测试图像均已做了几何校正(即它们已经相互配准)，因此涉及的数据预处理过程主要是两方面的处理：一是数据值范围调整，二是图像像元行列数的一致性处理(即数据重采样)。考虑到ENVI软件提供的图像融合功能可以对已经做了几何校正的两幅图像自动进行数据行列数的一致性处理，我们此处仅对两幅待融合的图像进行数据值范围调整。数据值范围调整的操作流程如下。

① 打开图像。在菜单栏中，点击File>Open，选择Landsat8_OLI_multi. dat文件和Landsat8_OLI_pan. dat文件，加载两幅图像(图9.44)。

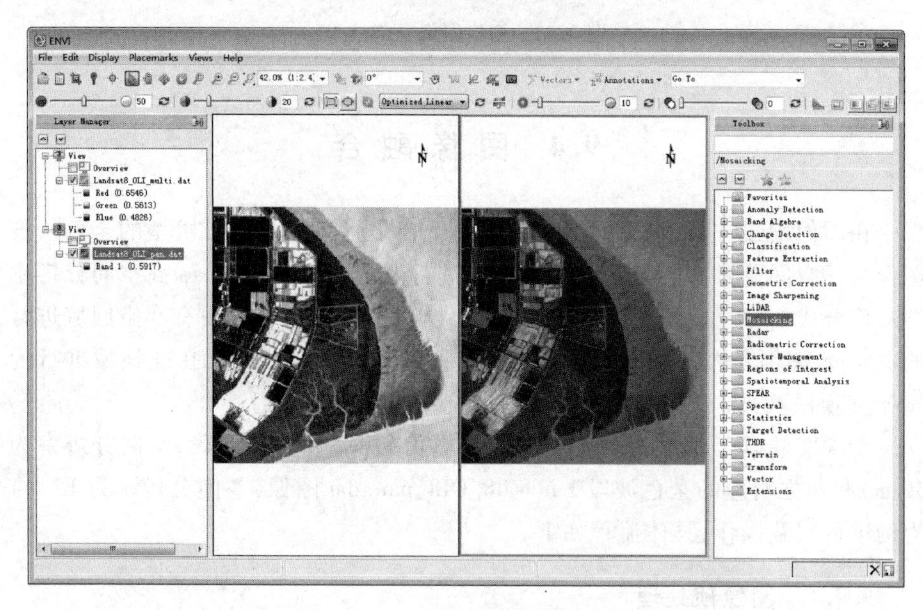

图9.44　导入待融合的两个文件

② 在工具箱中，选择Raster Management>Stretch Data，在Data Stretch Input File对话框中选择Landsat8_OLI_multi. dat文件，点击OK，打开Data Stretching对话框(图9.45)，参数设置如下。

- Stats Subset：Full Scene。

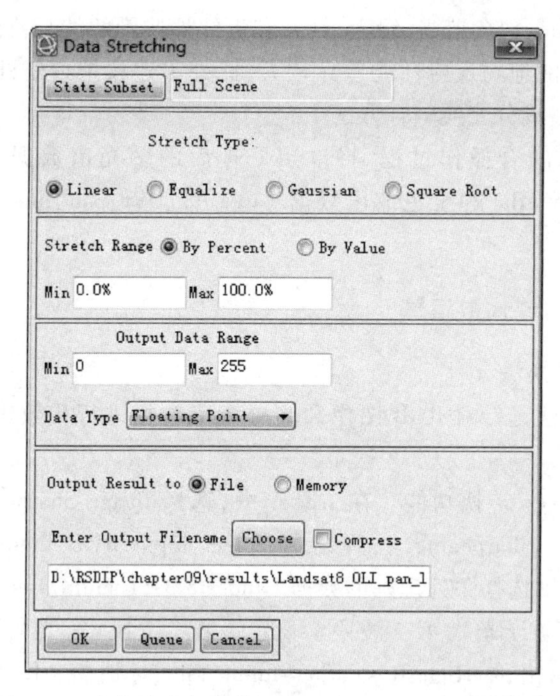

图 9.45　全色波段灰度值调整 Data Stretching 对话框设置

- Stretch Type:linear,即线性拉伸。
- Stretch Range(拉伸范围设置):By Percent,即按图像灰度值累计频率设置;By Value,即按图像灰度值设置。这里按默认设置 By Percent,Min 0.0%,Max 100.0%,即按原始灰度值范围拉伸。
- Output Data Range(输出灰度值范围):基于颜色空间变换的图像融合方法要求输入数据的灰度值范围为 0—255,这里设置为 Min 0,Max 255。
- Data Type:Floating Point,即输出数据类型为浮点型。

然后设置输出路径和文件名(Landsat8_OLI_multi_linear_0_255. dat),点击 OK 即可。采用相同处理过程将 Landsat8_OLI_pan. dat 进行线性拉伸,记为 Landsat8_OLI_pan_linear_0_255. dat。

图像融合主要是为了增强视觉效果,即获得高分辨率的彩色图像,所以一般仅选择图像的蓝光、绿光和红光三个波段进行图像融合,由于 Landsat 8 OLI 图像的第二(蓝光)、第三(绿光)和第四(红光)波段与全色波段的波长范围均处于可见光波段,它们的地物光谱反射性能相近,故相应图像的灰度直方图也相似,因此此处不再做直方图匹配处理,如果想获得更好的融合效果,可增加直方图匹配操作。这里要说明的是,对于 Landsat 7 ETM+数据来说,其全色波段波长范围为 0.52—0.90 μm，包含蓝光、绿光、红光和近红外波段的波长范围，但近红外波段与可见光波段的地物反射性能差异较大，此处不建议把近红外波段用于图像融合，特别是在主成分变换融合方法中。

以下的图像融合操作过程，将以预处理后的多光谱数据 Landsat8_OLI_multi_linear_0_255.dat 和全色波段数据 Landsat8_OLI_pan_linear_0_255.dat 为例进行演示。

9.4.2 空间域代数运算

1. Brovey 转换法

Brovey 转换法是针对 RGB 图像和高分辨率数据进行代数运算。其具体步骤如下。

① 启动 Brovey 转换功能。在工具箱中，选择 Image Sharpening>Color Normalized（Brovey）Sharpening，在弹出的 Select Input RGB Input Bands 对话框（图 9.46）中，分别选择预处理好的数据 Landsat8_OLI_multi_linear_0_255.dat 文件中的第四波段（红光）、第三波段（绿光）、第二波段（蓝光）为 R、G、B，点击 OK。然后，在弹出的 High Resolution Input File 对话框（图 9.47）中，选中 Landsat8_OLI_pan_linear_0_255.dat 文件，点击 OK，即弹出 Color Normalized Sharpening Parameters 对话框（图 9.48）。

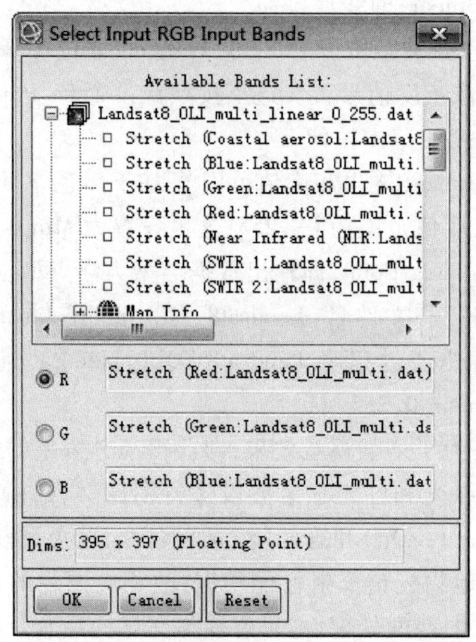

图 9.46 Select Input RGB Input Bands 对话框

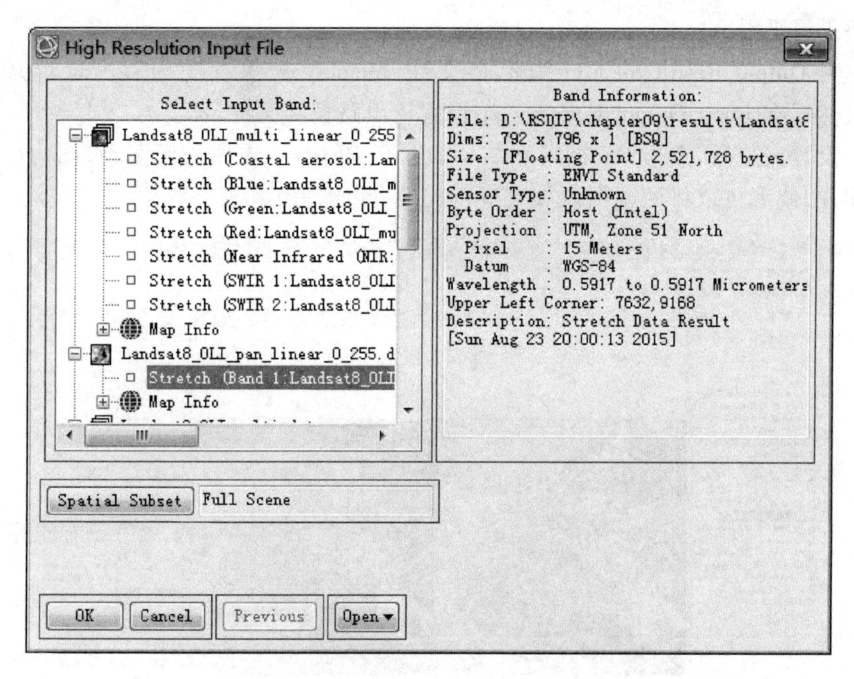

图 9.47　High Resolution Input File 对话框

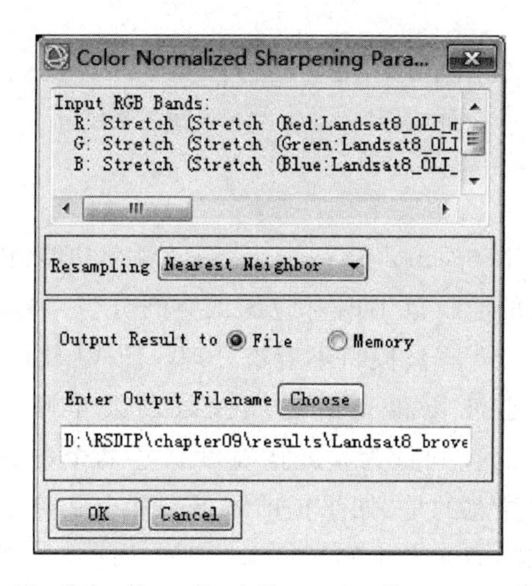

图 9.48　Color Normalized Sharpening Parameters 对话框

② Color Normalized Sharpening Parameters 对话框参数设置。

- Resampling：重采样方法，软件提供 Nearest Neighbor（最近邻），Bilinear（双线性）和 Cubic Convolution（三次卷积）方法。这里选择 Cubic Convolution，采

样效果更平滑。

• Output Result to：File 为保存文件，Memory 为保存为内存。这里选择 File，然后在 Enter Output Filename 中设置输出路径和文件名。

设置完成后，点击 OK 即可。结果如图 9.49 所示，左图为原图，右图为融合的图像，读者可以将两幅图像放大进行比较，同时注意其细节变化。

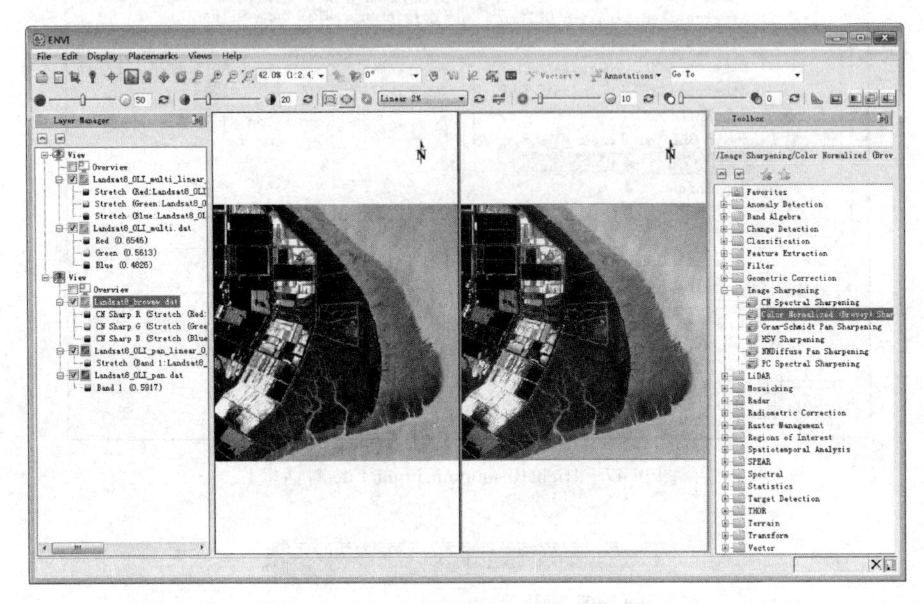

图 9.49　Brovey 转换法融合结果

2. CN 转换法

ENVI 软件提供 CN Spectral Sharpening 图像融合功能，该方法仅对包含在高空间分辨率全色波段的波长范围内对应的低空间分辨率波段进行融合，不在该范围内的其他低空间分辨率波段将不会被处理。ENVI 软件中，融合图像波段的波长范围由波段中心波长和光谱响应函数曲线半峰宽（full width at half maximum，FWHM）值限定（可认为是光谱宽度），这两个参数均可在原始图像的头文件中获取。值得注意的是，如果提前将低空间分辨率的波段预处理成与高空间分辨率波段相同的像元大小和行列数，则该功能将不对数据进行融合处理而直接输出原始图像。

本次实验以 Landsat 8 OLI 图像为例，Landsat 8 OLI 全色波段的波长范围为 0.50—0.68 μm，而在此波长范围内的多光谱数据仅包含绿光波段（0.53—0.59 μm）和红光波段（0.64—0.67 μm）。尽管全色波段波长范围不包含蓝光波段，但它们的光谱反射性能相近，图像灰度直方图相似，为了生成一幅彩色融合图像，此处在定义全色波段波普宽度时将其范围扩大，并包含蓝光波段（0.45～0.51 μm），具体操作流程如下。

① 修订中心波长和 FWHM。各波段的波普范围、中心波长和 FWHM 获取途径比较多元化，可以从相关网站查询，还可以从原始数据中获取。例如，用 ENVI 软件打开 Landsat 8 OLI 原始数据的 MTL 文件，然后在 Layer Manager 列表中双击需要的波段图层，在弹出的 Metadata Viewer 窗口点击 Spectral 属性，即可查看波段的中心波长和 FWHM。此处将 Landsat 8 OLI 数据的光谱信息整理成表 9.1，其中波长范围来源于美国国家航空航天局网站（http://landsat.gsfc.nasa.gov/? p=5779），中心波长和 FWHM 来源于原始数据。

表 9.1　Landsat 8 OLI 光谱信息

波段	名称	波长范围/μm	中心波长/μm	FWHM/μm
Band 1 coastal	深蓝	0.43—0.45	0.443 0	0.016 0
Band 2 blue	蓝	0.45—0.51	0.482 6	0.060 1
Band 3 green	绿	0.53—0.59	0.561 3	0.057 4
Band 4 red	红	0.64—0.67	0.654 6	0.037 5
Band 5 NIR	近红外	0.85—0.88	0.864 6	0.028 2
Band 6 SWIR 1	短波红外 1	1.57—1.65	1.609 0	0.084 7
Band 7 SWIR 2	短波红外 2	2.10—2.30	2.201 0	0.186 7
Band 8 pan	全色波段	0.50—0.68	0.591 7	0.172 4

为了让全色波段能包含蓝色波段，此处将全色波段的波长范围修改成从 0.45 开始，且保持中心波长不变。若使全色波段的波长范围下限（0.591 7-FWHM/2）小于 0.45 μm，则全色波段的 FWHM 应小于 0.283 4，所以本案例将全色波段的 FWHM 修改成 0.283 4 μm。

本书提供的数据已有中心波长和 FWHM 信息，故不需要添加。如果没有这两个信息，则需对多光谱数据 Landsat8_OLI_multi_linear_0_255.dat 的头文件（前缀相同、后缀为 hdr 的文件）用写字板打开，然后在文件末尾添加如图 9.50 所示的 Landsat 8 OLI 多光谱图像的中心波长和 FWHM，并保存退出。

```
wavelength units = Micrometers
wavelength = {0.443000, 0.482600, 0.561300, 0.654600, 0.864600, 1.609000, 2.201000 }
fwhm = { 0.016000, 0.060100, 0.057400, 0.037500, 0.028200, 0.084700, 0.186700}
```

图 9.50　Landsat 8 OLI 数据中心波长和 FWHM 设置

wavelength units 指波长单位；wavelength 指中心波长，7 个参数分别是 Landsat 8 OLI 多光谱数据第 1—7 波段的中心波长此处需要修改 Landsat8_OLI_pan_linear_0_255. dat 文件的 FWHM 信息，在文件夹中找到 Landsat8_OLI_pan_linear_0_255. hdr 文件，用记事本方式打开，将其中的"fwhm = {0. 172400}"修改成"fwhm = {0. 283400}"，然后保存即可。

② 打开文件。在菜单栏中，点击 File>Open，选择 Landsat8_OLI_multi_linear_0_255. dat 文件和 Landsat8_OLI_pan_linear_0_255. dat 文件，加载两幅图像。然后，在 Layer Manager 列表中双击 Landsat8_OLI_pan_linear_0_255. dat 文件，继而弹出 MetadataViewer 窗口，点击该文件下的 Spectral 属性，即可看到各个波段的中心波长和 FWHM（图 9. 51），可以看出该波段的 FWHM 已经修改为0. 283 4 μm。

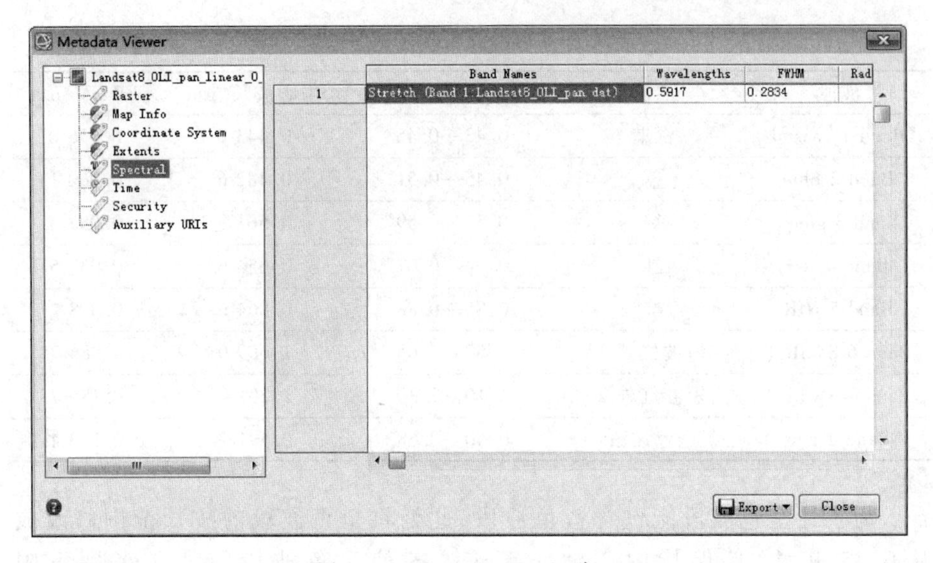

图 9. 51　Metadata Viewer 窗口

③ 启动 CN Spectral Sharpening 功能。在工具箱中，选择 Image Sharpening>CN Spectral Sharpening，在弹出的 Select Low Spatial Resolution Image to be Sharpened 窗口中，选择 Landsat8_OLI_multi_linear_0_255. dat 文件；然后，在弹出的 Select High Spatial Resolution Sharpening Image 窗口中，选择 Landsat8_OLI_pan_linear_0_255. dat 文件；继而弹出 CN Spectral Sharpening Parameters 对话框（图 9. 52），参数设置如下。

- Sharpening Image Multiplicative Scale Factor：高空间分辨率图像与低空间分辨率图像的单位比例系数。该融合方法要求输入数据具有相同类型的单位（如反射率、辐射率和 DN 值）。此处的设置是调整具有相同类型单位的输入数据在数量级上的差异，比如，低空间分辨率图像的单位是定标单位（反射率×

10 000)的整型数据,高空间分辨率的图像的单位是反射率(0—1)的浮点型数据,则输入的比例系数为 0.000 1。此处均为 DN 值,故设置为 1.000 0。

图 9.52　CN Spectral Sharpening Parameters 对话框

- Output Interleave:输出数据的多波段存储格式。通常情况下选择与输入图像的类型相同,BSQ 格式输出更快,但通常不便于融合图像的进一步使用。这里选择 BIL 格式。
- Output Result to File:输出结果为文件。
- Filename for Sharpening Image:点击 Choose 按钮保存输出路径和文件。

设置完成后,点击 OK 即可。结果如图 9.53 所示,左图为原图,右图为融合后的图像,该功能仅对图像的第二(蓝光)、第三(绿光)和第四(红光)波段进行处理,图像融合效果较好。

3. NNDiffuse Pan Sharpening

NNDiffuse Pan Sharpening 是 ENVI 5.2.1 软件新增的图像融合工具,其利用 nearest neighbor diffusion pan sharpening 算法进行图像融合,该算法假设融合后图像上的每一个像元的数字值是低分辨率图像上最邻近像元数字值的加权线性混合值。当多光谱图像各波段间光谱范围重叠最小且其波段总体范围覆盖全色波段的光谱范围时,融合效果最好。注意,该工具要求输入的低空间分辨率的多光谱图像的空间分辨率是高空间分辨率全色波段图像的整数倍,且空间上完全匹配。具体操作如下。

① 启动 NNDiffuse Pan Sharpening 工具。在工具箱中,选择 Image Sharpening>NNDiffuse Pan Sharpening,弹出 NNDiffuse Pan Sharpening 对话框(图 9.54)。

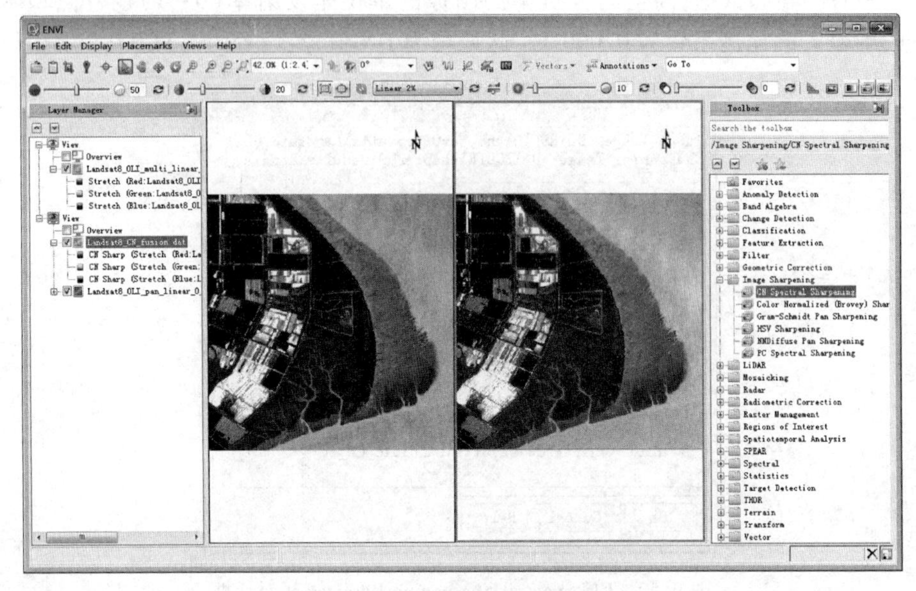

图 9.53　CN 转换法图像融合结果

NNDiffuse Pan Sharpening
Input Low Resolution Raster　Landsat8_OLI_multi_linea
3 of 7 bands.
Input High Resolution Raster　Landsat8_OLI_pan_linear_
Pixel Size Ratio (optional)　2
Spatial Smoothness (optional)
Intensity Smoothness (optional)
Output Raster　ılts\NNDiffusePanSharpening.dat
Preview　Display result　OK　Cancel

图 9.54　NNDiffuse Pan Sharpening 对话框

② NNDiffuse Pan Sharpening 对话框参数设置。

• Input Low Resolution Raster：输入低空间分辨率图像。这里选择预处理好的数据 Landsat8_OLI_multi_linear_0_255.dat 文件中的第四波段（红光）、第三波段（绿光）、第二波段（蓝光）作为输入数据。

• Input High Resolution Raster：输入高空间分辨率图像。这里选择

Landsat8_OLI_pan_linear_0_255. dat 文件。

- Pixel Size Ratio:低空间分辨率的图像的像元大小与高空间分辨率图像的比值,取值必须为整数。该参数设置属于可选项,如果不指定,则会按照输入数据自动获取。因为 Landsat 8 OLI 多光谱图像的空间分辨率为 30m,全色波段的空间分辨是 15m,所以此处设置为 2。
- Spatial Smoothness:空间平滑系数,取值为正数,属于可选项。该参数类似于双三次插值卷积核,默认为 Pixel Size Ratio×0. 62。此处选择默认值。
- Intensity Smoothness:强度平滑系数,取值为正数,属于可选项。取值较小则会生成一幅细节明显的图像,但会带入大量噪声。取值较大则会生成一幅平滑且噪声较少的图像。较大的取值多应用于以图像分类和图像分割为目的的图像,同时被建议应用于高对比度的全色图像(需要较小的扩散敏感度)或者地物分布复杂的图像(减少噪声)。该参数默认设置为动态调整以适应局部相似性,用户也可自定义数值,取值范围为 $10\times\sqrt{2}$ 到 20 之间。此处选择默认值。
- Output Raster:设置输出路径和文件名。
- Preview:勾选可预览处理效果。
- Display Result:勾选,显示处理结果。

设置完成后,点击 OK 即可。融合结果如图 9. 55 所示,左图为原始图像,右图为融合结果。

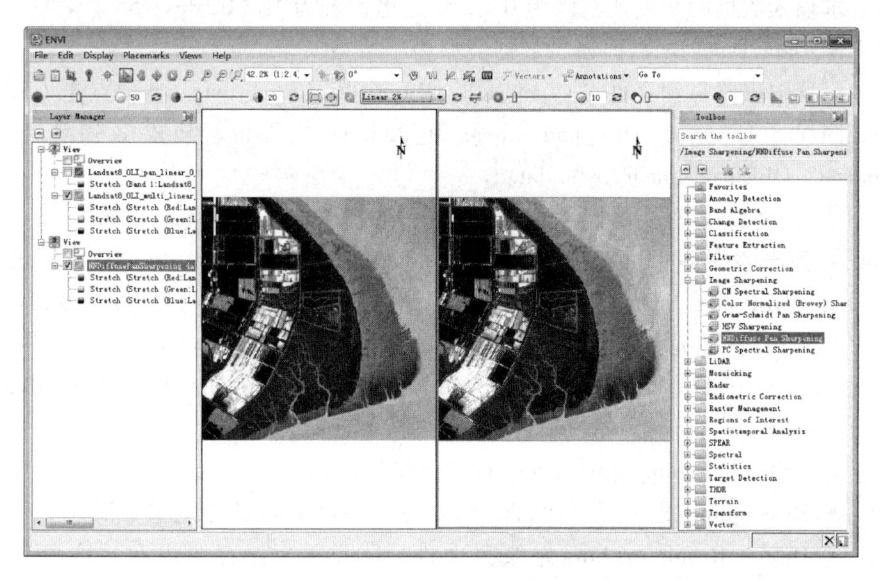

图 9. 55　NNDiffuse Pan Sharpening 算法图像融合结果

9.4.3 变换域替代法

1. HSV 变换融合法

HSV 变换融合法是先把 RGB 图像转换成 HSV 颜色空间，然后用高空间分辨率图像代替 HSV 颜色空间的亮度分量，最后再将图像变换到 RGB 颜色空间。具体操作步骤如下。

① 数据类型转换。HSV 变换功能要求输入的数据类型为字节型，由于本案例的输入数据范围为 0—255，因此可以在 Band Math 工具下运用 byte(b1)表达式将数据转换为字节型。但当输入数据范围超过该范围则无法获得期望的结果，此处采用 ENVI 软件中 Stretch Data 功能进行处理，以有效避免上述可能出现的数据溢出问题。在工具箱中，选择 Raster Management>Stretch Data，在 Data Stretch Input File 对话框中选择 Landsat8_OLI_multi_linear_0_255.dat 文件，点击 OK，打开 Data Stretching 对话框，参数设置如下。

- Stats Subset：Full Scene。
- Stretch Type：linear，即线性拉伸。
- Stretch Range(拉伸范围设置)：By Percent 即按图像灰度值累计频率设置，By Value 即按图像灰度值设置。这里按默认设置，By Percent 下 Min 0.0%，Max 100.0%，即按原始灰度值范围拉伸。
- Output Data Range(输出灰度值范围)：基于颜色空间变换的图像融合方法要求输入数据的灰度值范围为 0~255，这里设置为 Min 0，Max 255。
- Data Type：Byte，即输出数据类型为字节型。

设置输出路径和文件名(Landsat8_OLI_multi_linear_byte.dat)，点击 OK 即可。同样将 Landsat8_OLI_pan_linear_0_255.dat 文件也转换成字节型，记为 Landsat8_OLI_pan_linear_byte.dat。

② 启动 HSV 变换功能。在工具箱中，选择 Image Sharpening>HSV Sharpening，在弹出的 Select Input RGB Input Bands 对话框(参见图 9.46)中，分别选择 Landsat8_OLI_pan_linear_0_255_byte.dat 中的第四波段(红光)、第三波段(绿光)、第二波段(蓝光)为 R、G、B，点击 OK。然后，在 High Resolution input File 对话框(参见图 9.47)中，选中 Landsat8_OLI_pan_linear_byte.dat 文件，点击 OK，即弹出 HSV Sharpening Parameters 对话框。

③ HSV Sharpening Parameters 对话框参数设置。

- Resampling：重采样方法，选择 Cubic Convolution，输出结果平滑。
- Output Result to：File 为保存文件，Memory 为保存为内存。这里选择 File，然后在 Enter Output Filename 中设置输出路径和文件名。

设置完成后，点击 OK 即可。结果如图 9.56 所示，左图为原图，右图为融合的图像。

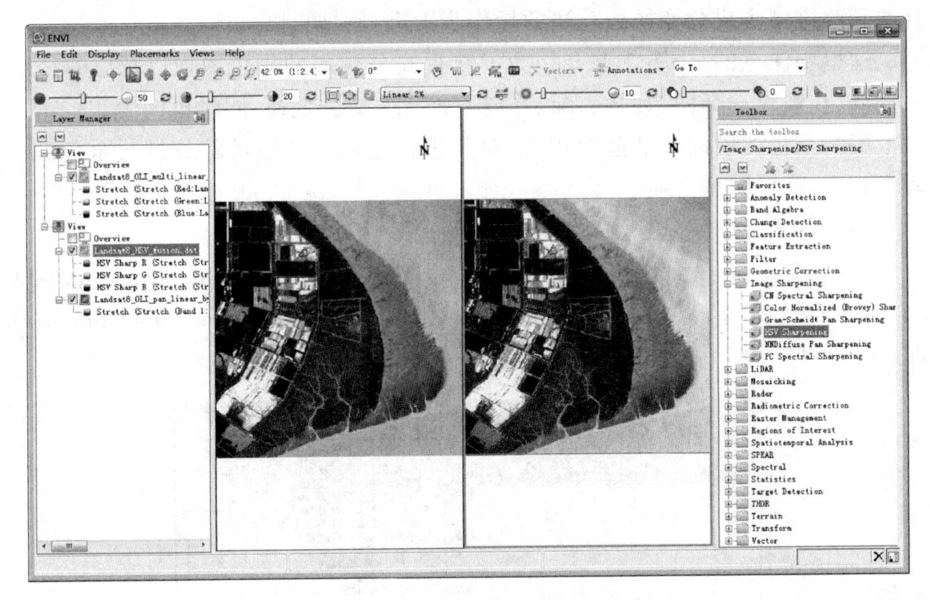

图 9.56　HSV 图像融合结果

2. 主成分变换融合法

主成分变换融合法的基本思想是首先对图像进行主成分变换，然后用高空间分辨率数据替换主成分变换的第一主成分，最后进行主成分逆变换。对于前面提到的空间域图像融合来说，该数据全色波段与红、绿、蓝波段的灰度分布相似，可以得到较好的融合结果。然而，主成分变换结果的第一主成分包含了多个波段的信息，往往与全色波段的灰度分布不相匹配，而且随数据获取时间和地区的不同而不固定，故融合的替换数据与被替换数据的灰度直方图分布不一致，导致融合结果失真，这也是很多人认为主成分变换融合法不好的原因。为了获得不失真的融合效果，这里对主成分变换融合法进行改进，基本思路如下：首先对多光谱数据进行主成分变换，然后对高空间分辨率替换数据进行灰度变换，使其与第一主成分的灰度分布相匹配，再用灰度匹配后的高空间分辨率数据替换主成分变换的第一主成分，最后进行主成分逆变换。

ENVI 软件提供 PC Spectral Sharpening 功能可进行主成分变换图像融合。该功能是直接用高分辨率数据替换多光谱数据主成分变换后的第一主成分，然后进行主成分逆变换，也就是通常所说的主成分变换融合操作，该融合结果对有些图像会产生较大的颜色失真。对于改进型主成分变换融合法来说，可以借助

ENVI 软件的 PC Spectral Sharpening 图像融合功能,但在使用该功能之前需对高空间分辨率数据与第一主成分进行灰度分布匹配。本案例分别对主成分变换融合法和改进型主成分变换融合法的操作步骤进行说明,以示优劣。

这里要注意的是,图像融合是为了获得高分辨率的彩色图像以增强视觉效果,所以一般仅选择图像的红、绿、蓝波段进行主成分变换,同时也因为它们的光谱范围与全色波段的光谱范围相近,对其进行主成分变换后的分量与全色波段较为相似,便于图像替换。

(1) 主成分变换融合法

① 启动主成分图像融合功能。在工具箱中,选择 Image Sharpening > PC Spectral Sharpening,弹出 Select Low Spatial Resolution Multi Band Input File 对话框(图 9.57)。

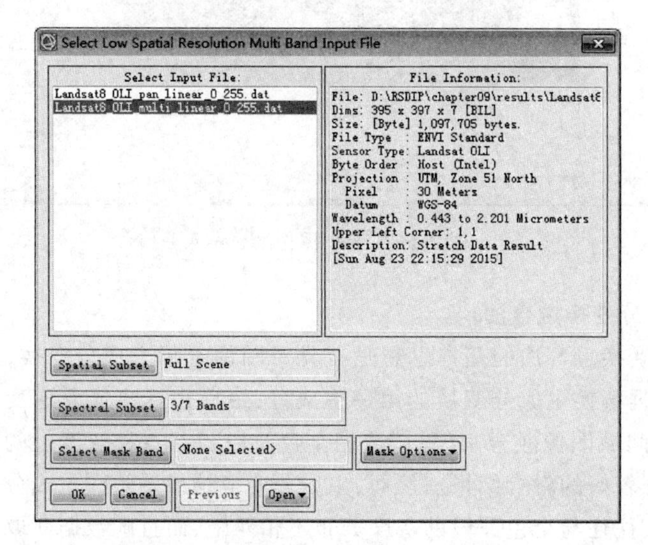

图 9.57 Select Low Spatial Resolution Multi Band Input 对话框

② 导入低空间分辨多波段数据。在 Select Low Spatial Resolution Multi Band Input File 对话框(图 9.57)中,选择 Landsat8_OLI_multi_linear_0_255.dat;然后,点击 Spectral Subset 按钮,在弹出的 File Spectral Subset 对话框中第二(蓝光)、第三(绿光)和第四(红光)波段,点击 OK,弹出 Select High Spatial Resolution Input File 对话框(图 9.58)。

③ 导入高空间分辨数据。在 Select High Spatial Resolution Input File 对话框选择 Landsat8_OLI_pan_linear_0_255.dat 文件,点击 OK。继而弹出 PC Spectral Sharpen Parameters 对话框(图 9.59)。

④ PC Spectral Sharpen Parameters 对话框参数设置。

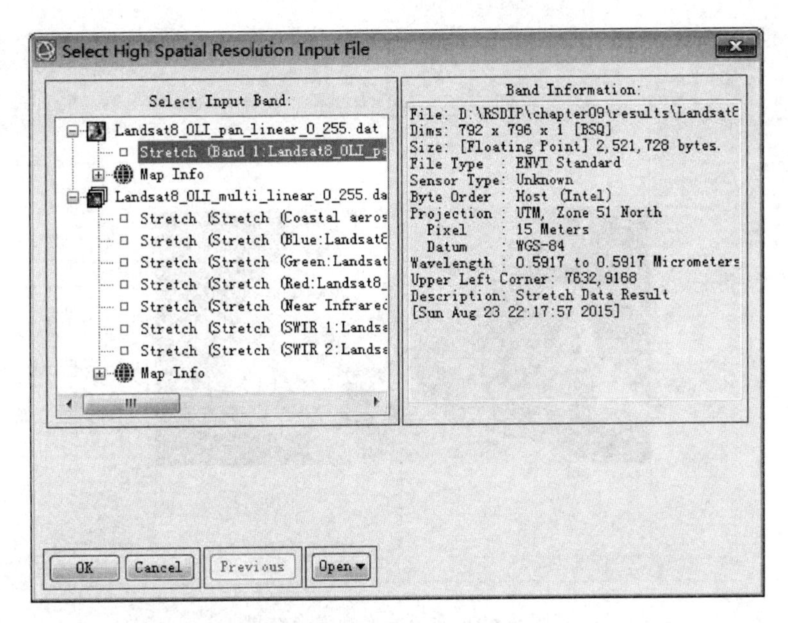

图 9.58　Select High Spatial Resolution Input File 对话框

- Resample：重采样方法，软件提供 Nearest Neighbor（最近邻），Bilinear（双线性）和 Cubic Convolution（三次卷积）方法。这里选择 Cubic Convolution。
- Output Result to：File 为保存文件，Memory 为保存为内存。这里选择 File，然后在 Enter Output Filename 中设置输出路径和文件名。

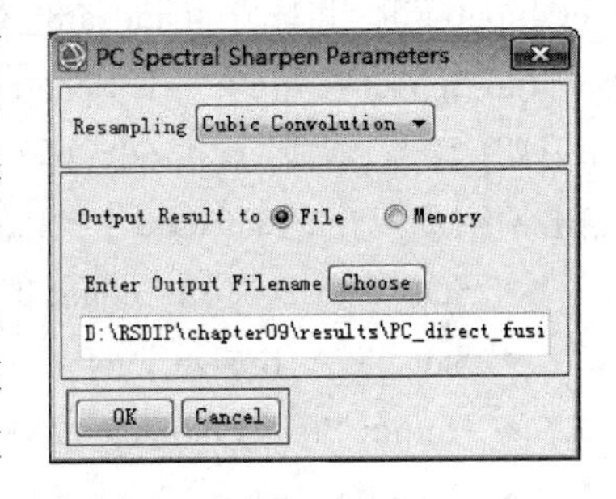

图 9.59　PC Spectral Sharpening Parameters 对话框

设置完成后，点击 OK 即可。

融合结果如图 9.60 所示，左图为原图，右图为全色波段直接替换第一主成分的融合效果，可以看出图像光谱失真明显，颜色分布刚好与原图相反（彩图见软件操作界面）。

（2）改进型主成分变换融合法

该操作包含两部分处理，第一部分为高空间分辨率数据与第一主成分进行灰度匹配，第二部分为主成分变换图像融合。

① 高空间分辨率数据与第一主成分进行灰度分布匹配。

a. 主成分变换。在工具箱中，选择 Transform>PCA Rotation>Forward PCA Rotation New Statistics and Rotate，弹出 Principal Components Input File 对话框，在 Se-

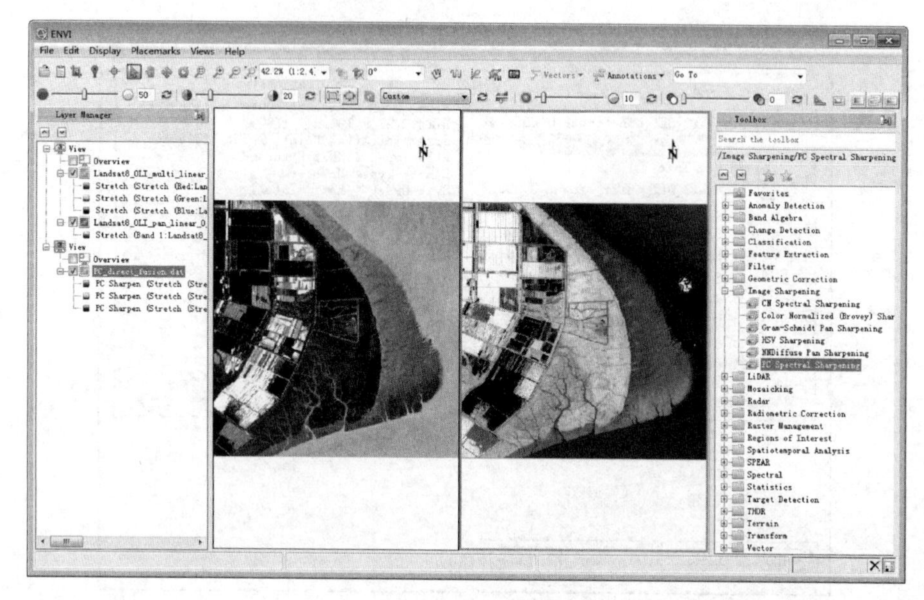

图 9.60　主成分变换融合结果

lect Input File 里选中 Landsat8_OLI_multi_linear_0_255.dat 文件；然后，点击 Spectral Subset 按钮，在 File Spectral Subset 对话框中选择第二（蓝光）、第三（绿光）和第四（红光）波段，点击 OK；再然后，在 Principal Components Input File 对话框中点击 OK，即可出现 Forward PC Parameters 对话框（图 9.29），参数设置如下。

- Stats Subset：Full Scene，即对整幅图像进行统计。
- Stats X/Y Resize Factor 文本框：默认设置为 1。
- Output Stats Filename 文本框：设置输出统计路径及文件名。
- Calculate using 切换按钮：选择 Covariance Matrix。
- Output Result to 单选：选择 File 则保存为文件，并在 Enter Output Filename 文本框中输入输出路径和文件名。
- Enter Output Filename：设置输出路径及文件名。
- Output Data Type：默认为 Floating Point。
- Select Subset from Eigenvalues 切换按钮：选择 No，即系统会计算特征值并显示供选择输出波段数。
- Number of Output PC Bands 文本框：默认设置为 3，与输入的波段个数相同。

设置完成后，单击 OK。

主成分变换得到的第一分量如图 9.61 中的右上角图像所示，它与全色波段图像（图 9.61 中的左上角图像）的灰度分布刚好相反，存在显著负相关关系。

同样,从灰度直方图来看(在工具栏点击按钮,可查看图像直方图),全色波段的直方图[图 9.62(a)]与第一主成分直方图[图 9.62(b)]如同一对镜像。如果直接做直方图匹配,只会使全色波段图像整体偏亮,但同时破坏了负相关关系,为了使替换的两幅图像的灰度分布一致且存在显著相关性,这里选择对全色波段图像进行反比处理。

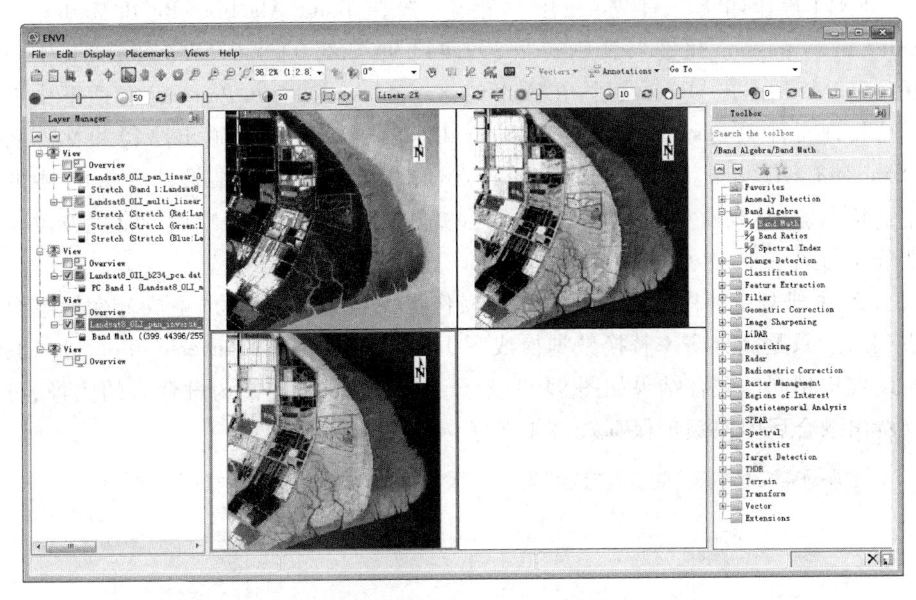

图 9.61　全色波段图像与主成分变换第一分量

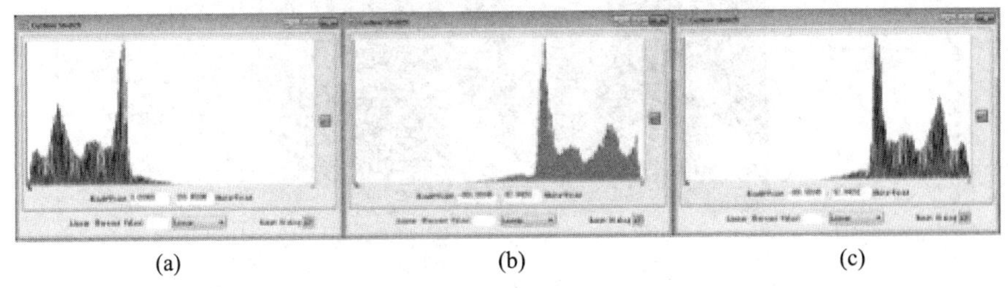

图 9.62　全色波段图像与主成分变换第一分量的灰度直方图

(a) 全色波段直方图;(b) 第一主成分直方图;(c) 变换后全色波段直方图

b. 灰度匹配。此处操作主要分为两步。第一步,对全色波段进行反比处理。因为这个波段的最大值为 255,最小值为 0,故反比变换表达式为“255.0-b1”。第二步,线性拉伸。反比变换后灰度值分布在 0—255 之间,而主成分第一分量的灰度值范围为-306.503 45—92.940 51 之间,也就是线性变换函数需经过笛卡尔坐标系中的坐标点(0,-306.503 45)和(255,92.940 51),线性变换公式详见朱文泉等编著的《遥感数字图像处理——原理与方法》中公式 3.2,这里将反比变换和线性变换综合起来,其表达式为"((92.940 51-(-306.503 45))/(255.0-0.0))*(255.0-b1)-306.503 45",简化之后为"(399.443 96/255.0)*(255.0-b1)-306.503 45"。

ENVI 操作如下。首先,在工具箱中,选择 Band Algebra>Band Math。在 Enter an expression 里键入表达式"(399.443 96/255.0)*(255.0-float(b1))-306.503 45",点击 OK。然后,在弹出的 Variables to Bands Pairings 对话框中选择待处理文件 Landsat8_OLI_pan_linear_0_255.dat,并设置输出路径和文件名(Landsat8_OLI_pan_inverse_trans.dat),点击 OK 即可。变换结果见图 9.61 中的左下角图像,其灰度直方图如[图 9.62(c)]所示,可以看出变换后的全色波段灰度分布与第一主成分基本一致。

② 主成分变换图像融合。这里的操作步骤与上一小节的"主成分变换融合法"相似,只是高分辨率替换数据换成了 Landsat8_OLI_pan_inverse_trans.dat,其他设置均相同。融合结果如图 9.63 所示,左图为原图,右图为融合后的图像,可以看出融合后图像颜色保真效果非常好。

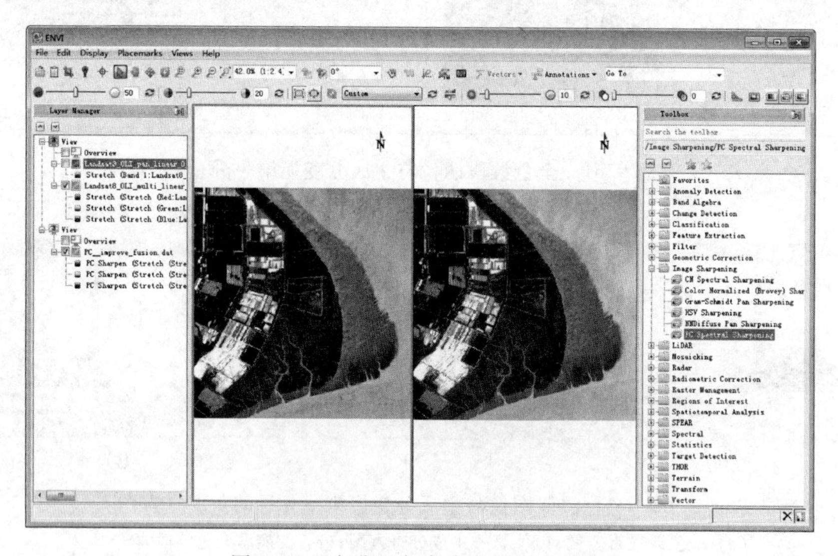

图 9.63 改进型主成分变换融合结果

3. Gram-Schmidt 变换融合方法

Gram-Schmidt 变换融合法的主要思路是:首先从低分辨率的多波段数据中复制一个全色波段;然后,把复制出来的全色波段作为第一波段和多波段进行波段叠加，并对其进行 Gram-Schmidt 变换；再然后，用高空间分辨率的全色波段替换 Gram-Schmidt 变换结果的第一波段；最后，对替换后的数据进行 Gram-Schmidt 反变换得到融合图像。Gram-Schmidt 图像融合法是一种高保真的融合方法，它使用给定传感器的光谱响应函数来估计全色波段，能保持融合前后图像光谱信息的一致性，所以该方法要求数据具有中心波长和 FWHM 等光谱信息，且输入数据不用考虑只使用红、绿、蓝三个波段进行变换。当然，不添加该信息也能进行处理，但无法正确估计全色波段，融合效果有色差。所以建议在进行 Gram-Schmid 变换之前，对待融合数据添加各波段的中心波长和 FWHM 等光谱信息。ENVI 具体操作流程如下。

① 修订中心波长和 FWHM。本书提供的数据有中心波长和 FWHM 信息，故不需要添加，如需添加请参考第 9.4.2 节关于 CN 转换法中的处理方法。由于测试数据在 CN 转换法中被修改过，所以在本实验前应将全色波段的 FWHM 值修改为原先的正确值（即 0.172 4），即直接在 Landsat8_OLI_multi_linear_0_255.hdr 文件中修改即可。

② 启动 Gram-Schmidt 变换功能。在工具箱中，选择 Image Sharpening > Gram-Schmidt Pan Sharpening，继而弹出 File Selection 对话框（图 9.64）。

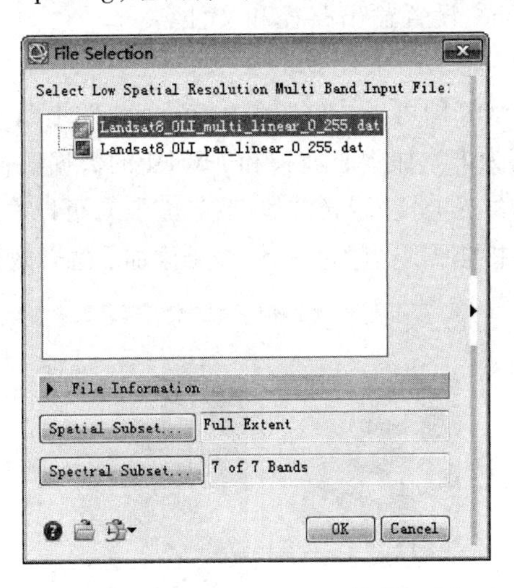

图 9.64　Gram-Schmidt Pan Sharpening 的 File Selection 对话框

③ 导入文件。File Selection 对话框中，在 Select Low Spatial Resolution Multi Band Input File 列表中选中预处理数据 Landsat8_OLI_multi_linear_0_255.dat，点击 OK；然后，在 Select High Spatial Resolution Pan Input Band 列表中选中 Landsat8_OLI_pan_linear_0_255.dat，点击 OK，弹出 Pan Sharpening Parameters 对话框（图 9.65）。

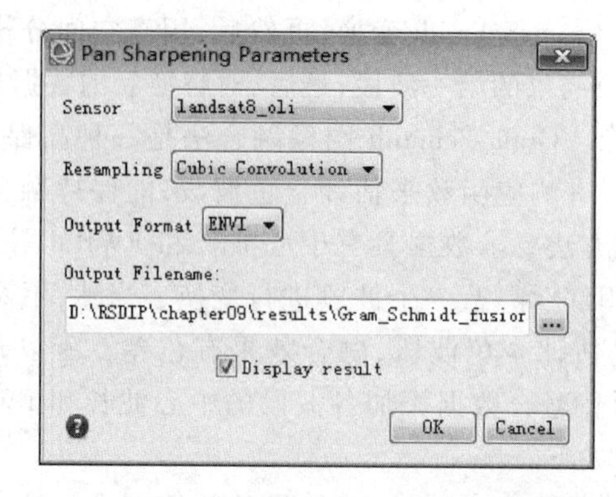

图 9.65　Gram-Schmidt Pan Sharpening 的 Pan Sharpening Parameters 对话框

④ Pan Sharpening Parameters 对话框设置。

- Sensor：传感器类型，这里选择 landsat8_oli。
- Resampling：重采样方法，软件提供 Nearest Neighbor（最近邻），Bilinear（双线性）和 Cubic Convolution（三次卷积）方法，这里选择 Cubic Convolution。
- Output Format：输出数据类型（包括 ENVI 和 TIFF 两种），这里选择ENVI。
- Output Filename：设置输出路径和文件名。
- Display Result：显示结果设置。

设置完成后，点击 OK 即可。结果如图 9.66 所示，左上角为原图，右上角为本案例的融合结果，右下角为未添加中心波长和 FWHM 的数据融合结果（上述 3 个图像的 RGB 组合均依次为红光波段、绿光波段、蓝光波段），可以看出添加了中心波长和 FWHM 的数据融合结果与原图像颜色一致，而未添加的融合效果与原图像有色差。

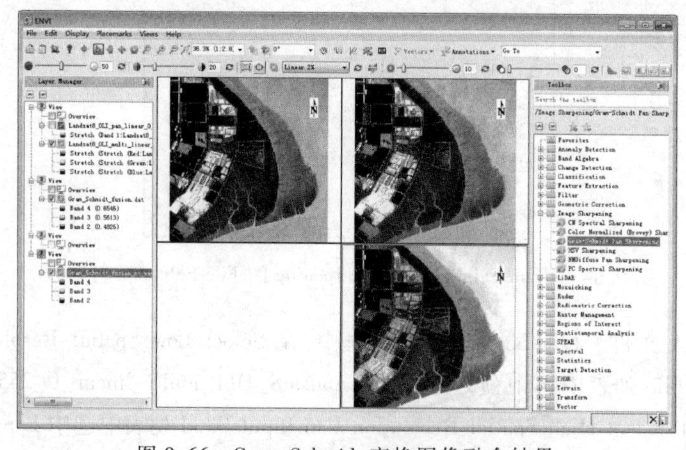

图 9.66　Gram-Schmidt 变换图像融合结果

第 10 章　感兴趣目标及对象提取

学习目标

通过对案例的实践操作,掌握运用 ENVI 软件对遥感数字图像进行感兴趣目标及对象提取。

预备知识

遥感数字图像感兴趣目标及对象提取

参考资料

朱文泉等编著的《遥感数字图像处理——原理与方法》第 9 章“感兴趣目标及对象提取”

学习要点

图像分割

对象提取

测试数据

数据目录:附带光盘下的 . . \chapter10\data\

文件名	说明
Landsat 8_xian_pan. dat	西安局部的 Landsat 8 全色波段图像
Landsat 8_xian_water. roi	Landsat 8_xian_pan. dat 上选择的水体样本
GF1_urumchi. dat	乌鲁木齐地区的高分一号宽视场遥感数据

电子补充材料

第 10 章感兴趣目标及对象提取扩展阅读 . pdf:利用 ENVI + IDL 的方式开展图像分割、二值图像处理和对象提取。文档目录:数字课程资源(网址见“与本书配套的数字课程资源使用说明”)。

案例背景

遥感图像具有丰富的信息,但同时也拥有庞大的数据量。现实情况下,往往不需要整幅遥感图像所呈现的全部信息,只需关注其中感兴趣的目标。遥感图像中的感兴趣目标是指图像中用户最为关注、最能表现图像内容的目标地物。感兴趣目标提取,不仅能够去除用户不感兴趣的冗余数据,突出图像的主要特征,还能提高图像特征处理和分析的速度并排除其他无关数据的干扰;对于高分辨率遥感图像来说,通过对感兴趣目标提取获得目标区域的封闭边界轮廓,则形成了目标对象,从而可以用于后续的面向对象分类。

图像感兴趣目标提取一般是先对图像进行分割得到二值图像,然后对该二值图像进行预处理(如填补目标区域的空洞点、细碎边缘的连接等),并对每个连通域构成的分割单元进行单独编号(即贴标签),最后对各个单独编号的分割单元提取矢量边界,从而形成目标对象。

10.1 图像分割

图像分割(image segmentation)是指从图像中将某个特定区域与其他部分进行分离并提取出来的处理,即把“前景目标”从“背景”中提取出来,通常也称为图像的二值化处理。图像分割在图像分析、识别和检测中占有非常重要的地位。图像分割方法主要有四大类:阈值法、边界分割法、区域提取法和形态学分水岭分割。

ENVI 软件提供的 Segmentation Image 工具是基于阈值法对图像进行分割,其基本思路是先确定待分割目标的灰度值范围(即最小和最大灰度值),然后根据图像像元的 DN 值,将一幅灰度图像分割为由连通的像元组成的单个分割单元,并对每个分割单元进行了单独编号(即贴标签)。需要说明的是,ENVI 软件提供的 Segmentation Image 工具实际上已经将图像分割、二值图像处理、贴标签等处理过程进行了集成,如果想知道具体的分步操作过程及结果,请参看本章的电子补充材料。

本案例针对 Landsat 8_xian_pan. dat 图像中的水体区域进行分割。

1. 待分割图像加载

在菜单栏中,单击 File>Open,选择 Landsat 8_xian_pan. dat 文件加载图像,并采用 2%线性拉伸显示(图 10.1)。

2. 待分割目标的灰度值范围统计

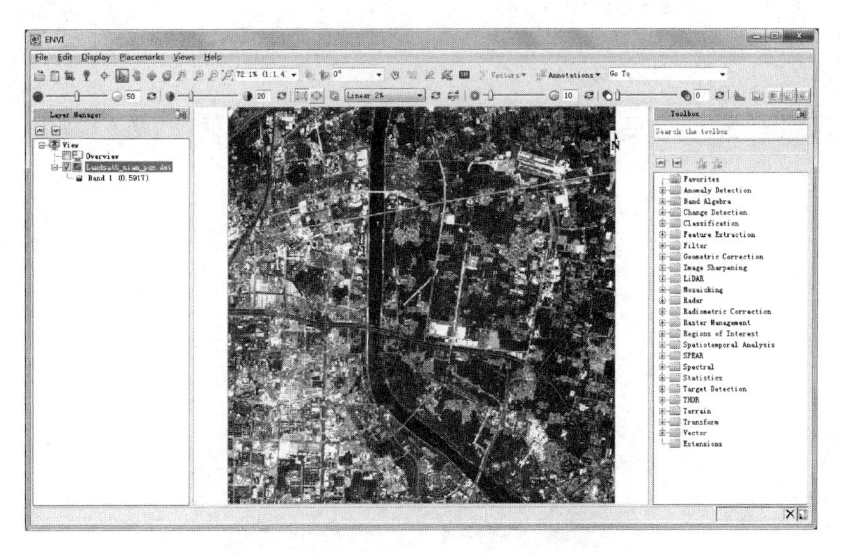

图 10.1　加载 Landsat 8_xian_pan. dat 图像

在工具栏中,点击感兴趣区工具按钮,打开 Region of Interest (ROI) Tool 工具,在 Landsat 8_xian_pan. dat 图像上建立水体样本(图 10.2)。在图层管理(Layer Manager)中,选择 ROI 后点击鼠标右键,在右键菜单中选择 Statistics,弹出 ROI Statistics View 对话框(图 10.3)。在该对话框中,可以获取水体样本在每波段的最小灰度值和最大灰度值,如全色波段的最小和最大灰度值分别为 7 677 和 8 190。

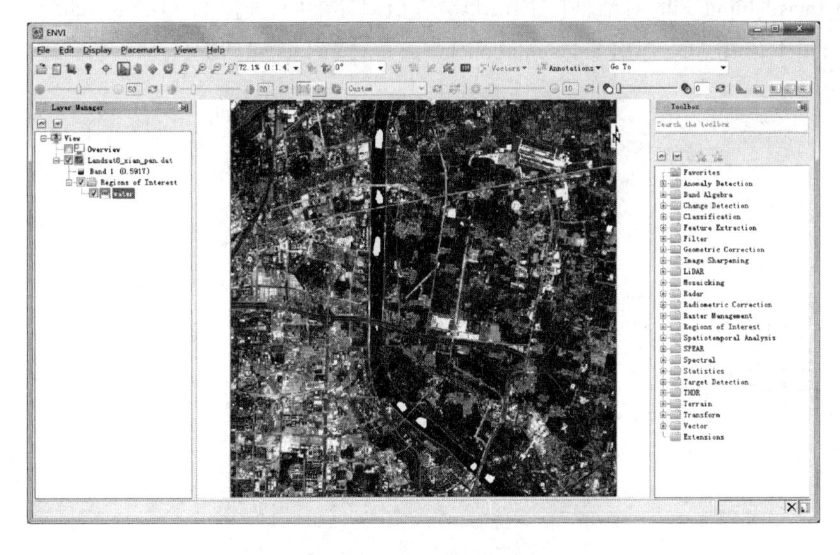

图 10.2　选择水体样本

图 10.2 彩版

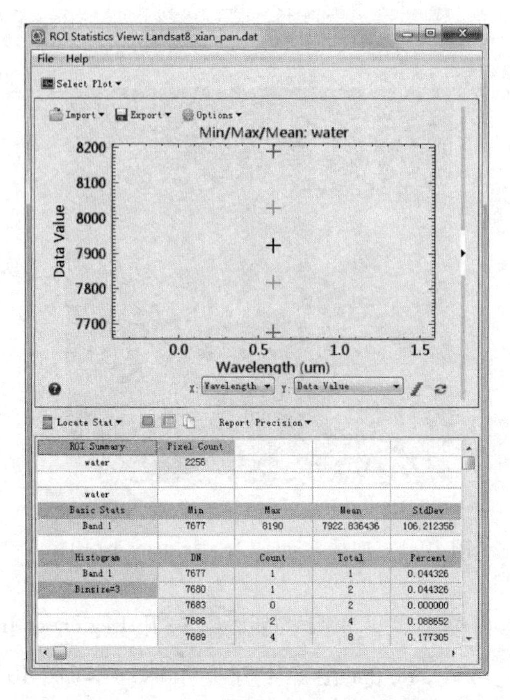

图 10.3　ROI Statistics View 对话框

3. 目标分割

在 ENVI 工具箱中，选择 Feature Extraction > Segmentation Image，弹出 Segmentation Image Input File 对话框(图 10.4)。在该对话框中，选择 Landsat 8_xian_pan. dat 的 Band 1，点击 OK，弹出 Segmentation Image Parameters 对话框(图 10.5)。

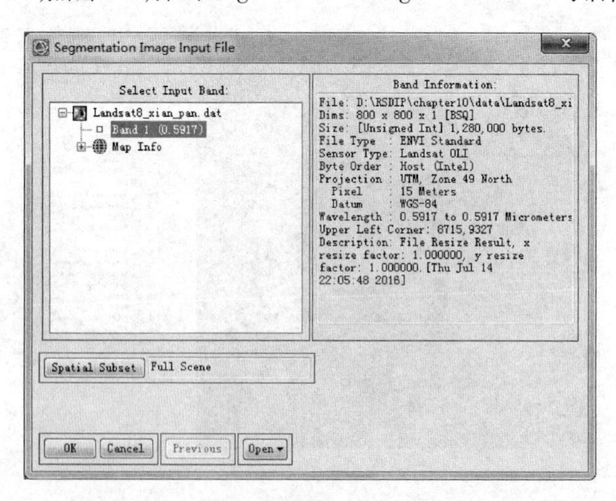

图 10.4　Segmentation Image Input File 对话框

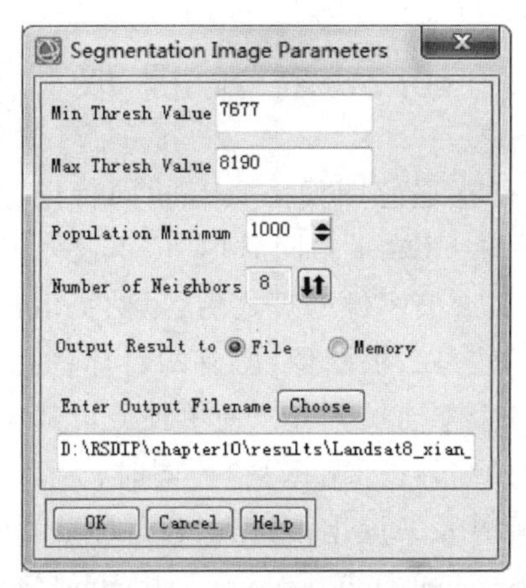

图 10.5　Segmentation Image Parameters 对话框

在 Segmentation Image Parameters 对话框中设置分割参数,具体如下。

- Min Thresh Value:最小阈值,设置为水体样本的最小灰度值(7 677);
- Max Thresh Value:最大阈值,设置为水体样本的最大灰度值(8 190);
- Population Minimum:每个分割单元的最小像元数,设置为 1 000;
- Number of Neighbors:邻近像元数,即选择四连通或八连通。这里设置为八连通。

然后设置输出方式和输出路径,这里将输出结果命名为 Landsat 8_xian_pan_seg. dat。设置完成后,点击 OK 输出结果(图 10.6)。水体被分割成多个单独的连通区域,每个连通区域都具有唯一的编码值。

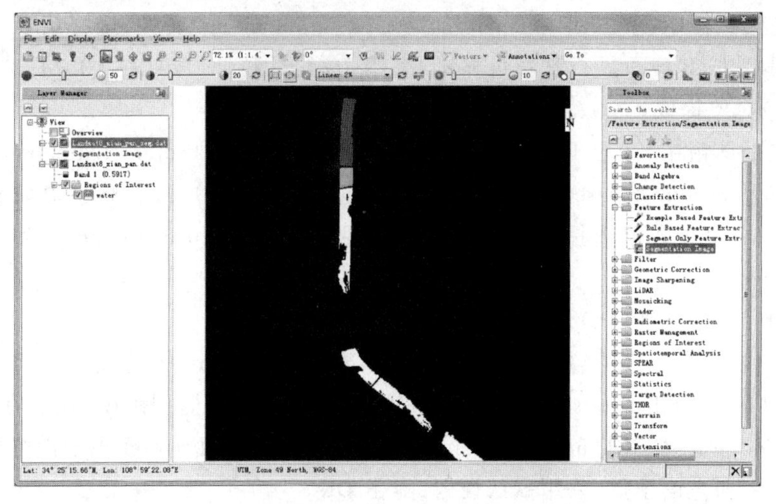

图 10.6　水体分割结果

10.2 对象提取

遥感图像中的对象是指遥感图像上具有相同特征(如光谱、纹理和空间组合关系等特征)的“同质均一”单元,“同质均一”不仅体现在光谱域上,也体现在空间域上。图像分割并经二值图像处理之后,虽然提取出了“同质均一”的各目标单元,但得到的结果仍然是二值图像,所有的目标单元像元值均为1。当存在多个连通域时,还需将各个连通域分开以便单独分析其属性,因此需对各目标单元进行识别并赋以单独的编号(即贴标签)。同时,为了方便对对象的形态特征进行分析,还需将各目标单元矢量化,以提取各目标单元的封闭边界轮廓。

ENVI 软件提供的 Segment Only Feature Extraction Workflow 流程化操作工具是先对图像进行分割并作一些合并处理,然后对分割单元进行矢量化,从而得到具有封闭边界轮廓的各个对象。此外,ENVI 软件提供的 Example Based Feature Extraction Workflow 和 Rule Based Feature Extraction Workflow 流程化操作工具也可实现对象提取,但软件还在对象提取的基础上进一步对各对象进行了分类识别,有关这两个工具的介绍及应用请参看本书第 12.4 节的面向对象分类。对于高光谱图像,建议先对其进行主成分分析或独立成分分析,然后选择一些信息含量高的分量用于对象提取。

本案例针对新疆乌鲁木齐地区的高分一号数据 GF1_urumchi.dat 图像进行对象提取。

1. 图像加载

在菜单栏中,单击 File>Open,加载 GF1_urumchi.dat 文件,选择第 3、2、1 波段作为 R、G、B 波段进行真彩色显示,采用 2%线性拉伸显示(图 10.7)。

2. 对象提取

在工具箱中,选择 Feature Extraction>Segment Only Feature Extraction Workflow,打开 Feature Extraction-Segment Only 对话框(图 10.8)。对象提取分为三个部分,分别为数据选择(Data Selection)、目标创建(Object Creation)和结果输出(Export)。

(1) 数据选择(Data Selection)

① 导入待处理图像(Input Raster)。选择 Input Raster 面板(图 10.8),在 Raster File 下点击 Browse 按钮,弹出 File Selection 对话框(图 10.9)。在 Select Input File 下选择 GF1_urumuchi,Spatial Subset 和 Spectral Subset 用于设置数据的空间子集和光谱子集,采用默认设置,点击 OK。

② 导入掩膜文件(Input Mask)。掩膜文件用于屏蔽不需要进行处理的区

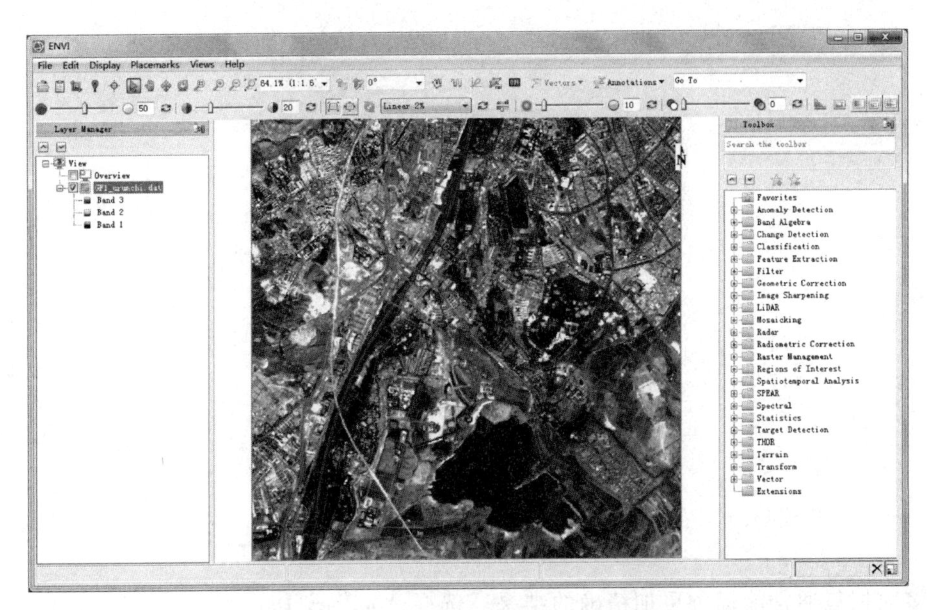

图 10.7　加载 GF1_urumchi.dat 图像

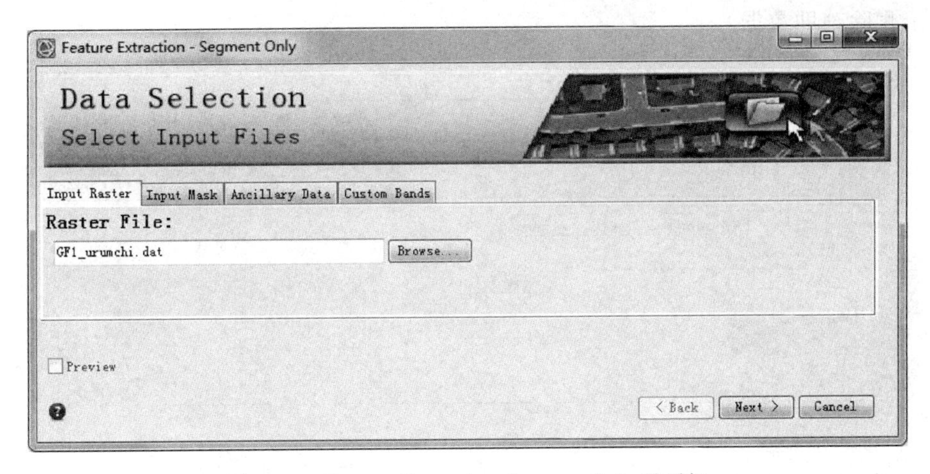

图 10.8　Feature Extraction-Segment Only 对话框

域。选择 Input Mask 面板(图 10.10),点击 Mask File 下的 Browse 按钮,在弹出的 File Selection 对话框中选择掩膜文件。掩膜文件需为 ENVI 标准格式文件,其头文件里面 data ignore value 字段对应的像元值即为掩膜值,不会被进行特征提取处理。勾选 Inverse Mask 可用于反转掩膜文件,即被忽略值转变为被处理值。本案例中不设置掩膜文件。

③ 导入辅助数据(Ancillary Data)。辅助数据可用于帮助提取感兴趣特征,

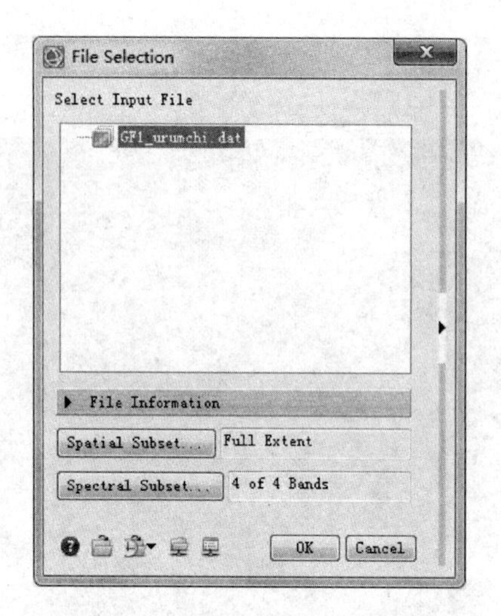

图 10.9　File Selection 对话框

多数据集通常能提供更加精确的结果。选择 Ancillary Data 面板(图 10.11),点击 Add Data 可弹出 File Selection 对话框用于添加辅助数据,点击 Clear Data 用于删除辅助数据。

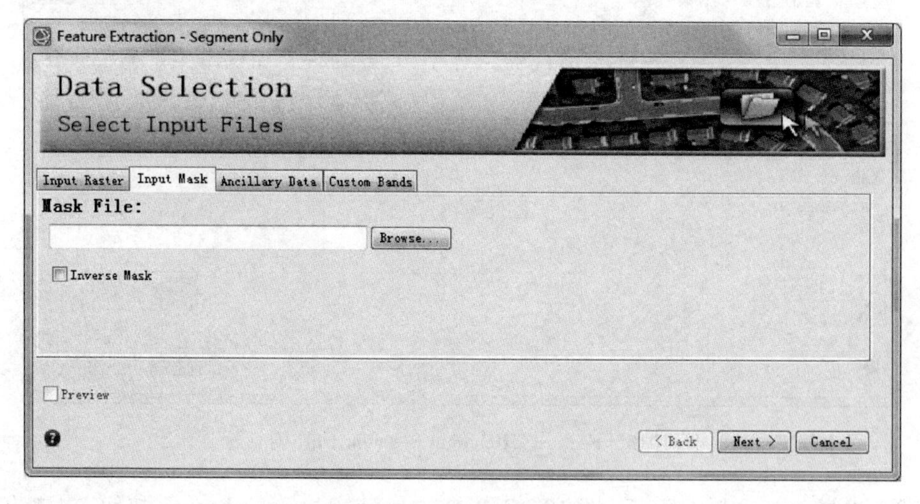

图 10.10　Input Mask 面板

辅助数据需符合以下规则。a. 辅助数据应为栅格数据,矢量数据需在输入之前转换成栅格数据。b. 辅助数据需具有地图投影信息或者有理多项式系数(RPC)。如果辅助数据和输入图像具有不一样的地图投影,ENVI 会对辅助数据进行投影变换使其与基准图像的投影一致。具有任意(arbitrary)地图投影或仿

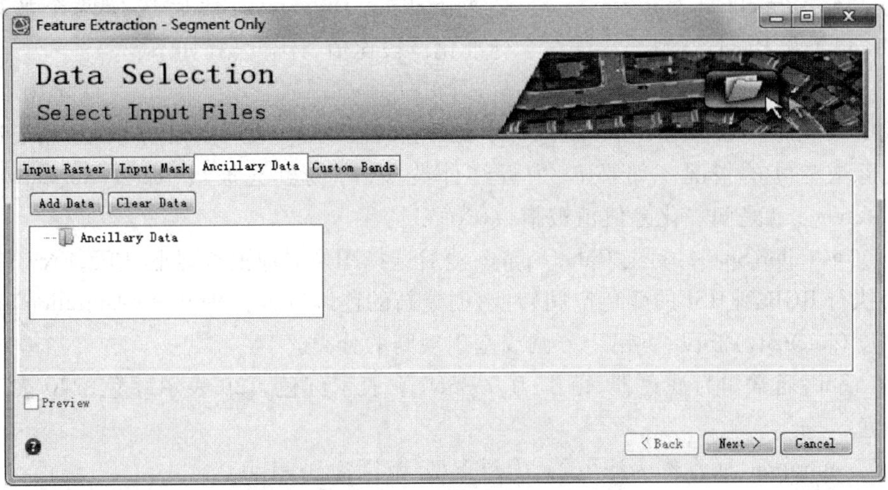

图 10.11　Ancillary Data 面板

射地图投影的图像不能用于辅助数据。c. 辅助数据和输入图像之间需具有共同的地理重叠区。d. 如果对输入图像进行了空间子集设置,ENVI 会对辅助数据进行投影变换以匹配空间范围。

可以选择每个辅助数据的光谱子集,ENVI 会根据每个输入的辅助文件而创建新的波段,这些辅助波段可用于基于规则的分类,并且可通过辅助文件的名字以及相应的波段号来识别辅助波段。本案例中不设置辅助数据。

④ 自定义波段(Custom Bands)。选择 Custom Bands 面板(图 10.12),该面板用于计算标准化差值(Normalized Differences)和颜色空间(Color Space)。计算得到的波段可用于后面的图像分割。

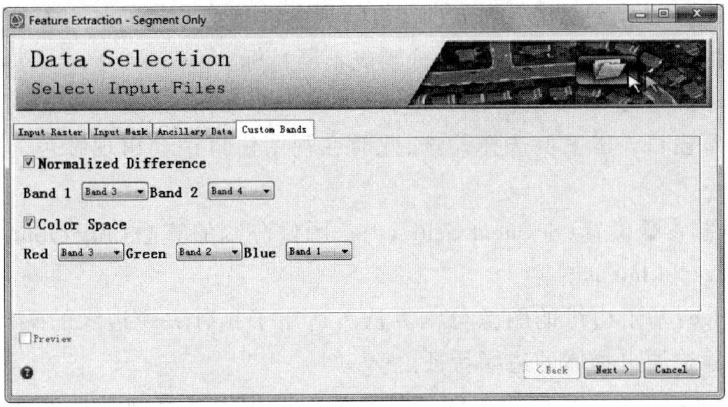

图 10.12　Custom Bands 面板

• Normalized Difference：勾选 Normalized Difference，然后选择两个波段（Band 1 和 Band 2）用于计算一个标准化波段比值，计算公式如下：

$$[(b_2-b_1)/(b_2+b_1+eps)] \tag{10.1}$$

式中，b_1 和 b_2 为 Band 1 和 Band 2 分别对应的波段；eps 是一个很小的值，用于避免除数为 0 的情况。如果 b_2 为近红外波段，b_1 为红光波段，那么 Normalized Difference 就是归一化差值植被指数（NDVI）。

• Color Space：勾选 Color Space，然后选择图像对应的红绿蓝波段，ENVI 将会执行 RGB 到 HSI 的颜色空间转换，创建新的色调（hue）、饱和度（saturation）和亮度（intensity）波段，可用于分割或基于规则的分类。

hue：通常作为滤色器，范围为 0—360，0 表示红色，120 表示绿色，240 表示蓝色。

saturation：通常作为滤色器，为浮点型，范围为 0—1.0。

intensity：浮点型，范围为 0—1.0。

需要注意的是，不能够将创建的波段（标准化差值或 HSI 颜色空间波段）和可见光/近红外波段组合用于图像分割。但标准化差值或 HSI 颜色空间波段可独立用于图像分割。

这里，在 Normalized Difference 中，选择 Band 1 为 GF1_urumchi.dat 的 Band 3 波段（红光波段），Band 2 为 GF1_urumchi.dat 的 Band 4 波段（近红外波段），即求取 NDVI 值。在 Color Space 中设置红、绿、蓝的相关波段，分别为 Band 3、Band 2 和 Band 1。点击 Next 进入下一步骤。ENVI 会创建一个单一的数据集，包括输入图像的波段，辅助数据。如果生成了标准化差值、色调、饱和度和亮度波段，那么这些波段也会被添加到该数据集中。

（2）对象创建（Object Creation）

第二部分的对象创建界面如图 10.13 所示。图像分割的过程是通过集聚具有类似灰度值的邻近像元，将图像分割成不同目标。

① 分割预览窗口设置（Preview）：位于窗口左下角，其功能是启用或关闭图像分割预览窗口。本案例选择勾选，此时在视图窗口中会出现绿色外框的分割预览窗口。

② 分割参数设置（Segment Settings）。图像分割的算法（Algorithm）有两种，分别为 Edge 和 Intensity。

• Edge：基于边缘的图像分割算法。适用于具有尖锐边缘的感兴趣目标，能够很好地检测出物体的边缘特征。

• Intensity：基于亮度的图像分割算法。适用于具有细微梯度变化的图像（如 DEM）或者电磁场图像。当选择该方法时，不要执行图像合并操作，需设置

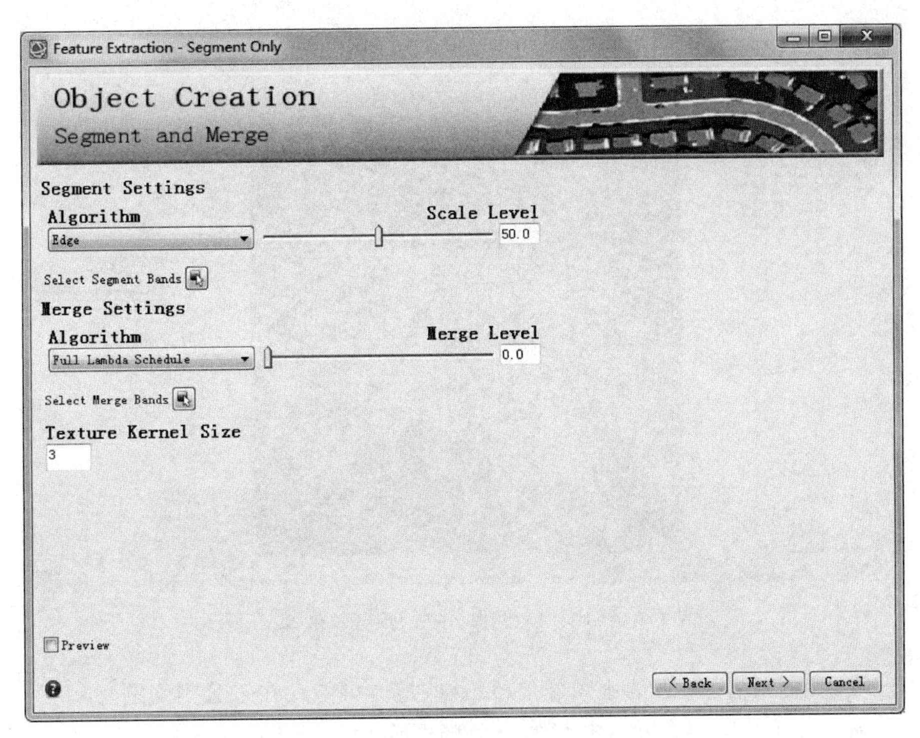

图 10.13 Object Creation 界面

下面的 Merge Level 为 0。合并主要针对具有相似光谱信息的图像片段,而高程或者其他相关的属性不适合合并。

- Scale Level:分割尺度。拖动 Scale Level 滑动条,尽可能不要过分割,且有效地描绘特征的边界。增加滑动值,尺度变大,图像片段会减少;反之,减小滑动值,尺度变小,图像片段会增多。需要确保感兴趣特征未组合到以其他特征为代表的图像片段中。

- Select Segment Bands:该按钮用于选择参与图像分割的具体波段。所有选择波段的平均值会派生出一个灰度图像用于分割,默认情况下,输入图像的所有原始波段都会被选择。

这里,设置分割算法为 Edge,设置 Scale Level 为 35,选择分割的波段为GF1_urumchi.dat 的 Band 1—4。预览效果如图 10.14 所示。

③ 合并参数设置(Merge Settings)。图像合并用于具有相似光谱属性的相邻图像片段。图像合并的算法有两种,分别为 Full Lambda Schedule 和 Fast Lambda。

- Full Lambda Schedule:合并过分割区域。适用于合并具有粗纹理的大范

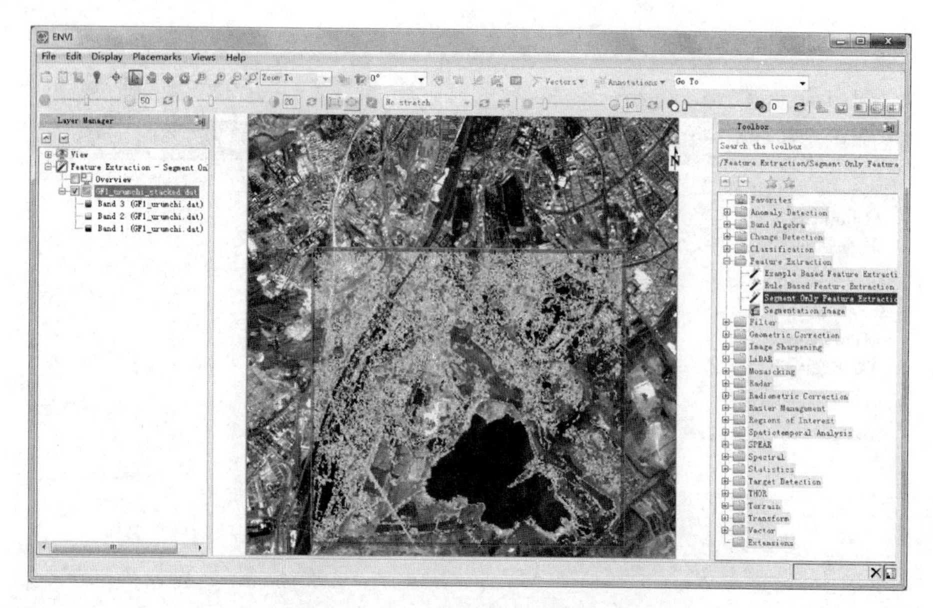

图 10.14　图像分割的预览效果

围区域(如树或者云)下的小图像片段,这些地方可能存在过分割问题。

• Fast Lambda:合并具有相似颜色的图像片段。适用于合并相邻的、且具有类似颜色和边界大小的图像片段。

• Merge Level:合并尺度。拖动 Merge Level 滑动条合并具有相似颜色的图像片段或者合并过分割区域。增加滑动值会产生更多的合并,滑动值为 0 时将不会产生合并。

• Select Merge Bands:该按钮用于选择参与图像合并的具体波段。所有选择波段的区域颜色差异均会被用于图像合并。

• Texture Kernel Size:纹理内核大小。纹理属性是基于该窗口内像元而计算的,取值为 3—19 的奇数,默认值为 3。如果分割区域是大面积的平滑区域可以设置较大的值;如果区域内纹理复杂粗糙,则设置一个较小的值。

这里,设置合并的算法为 Full Lambda Schedule,设置 Merge Scale 为 95,选择合并的波段为 GF1_urumchi. dat 的 Band 1—4,设置 Texture Kernel Size 为 3。预览效果如图 10.15 所示。

点击 Next 按钮,ENVI 则会加载图像分割结果进行显示(图 10.16)。

(3) 结果输出(Export)

第三部分的结果输出界面如图 10.17 所示。该步骤用于设置输出的图像、矢量和统计文件的类型。输出完成后,工作流视窗将会关闭,原始数据和输出数

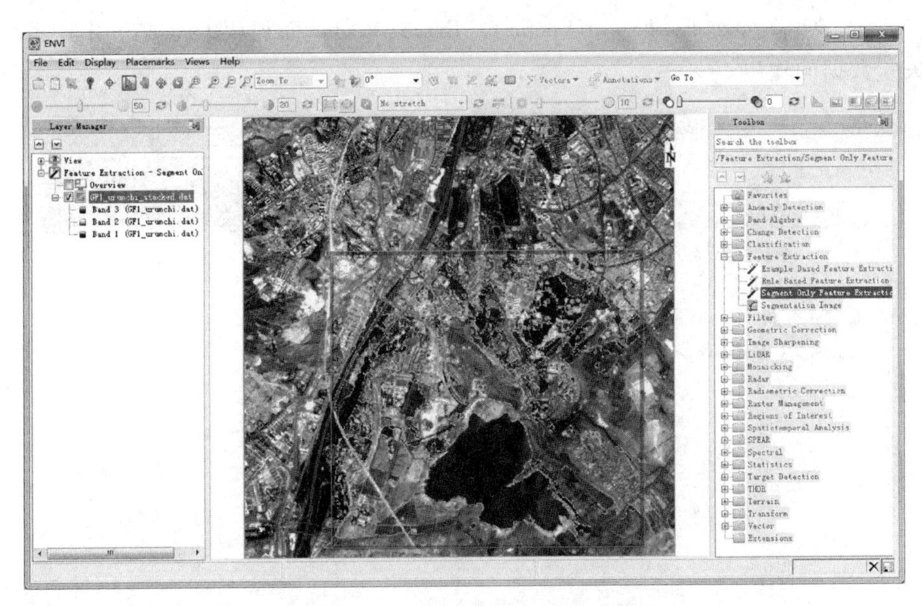

图 10.15　图像合并的预览效果

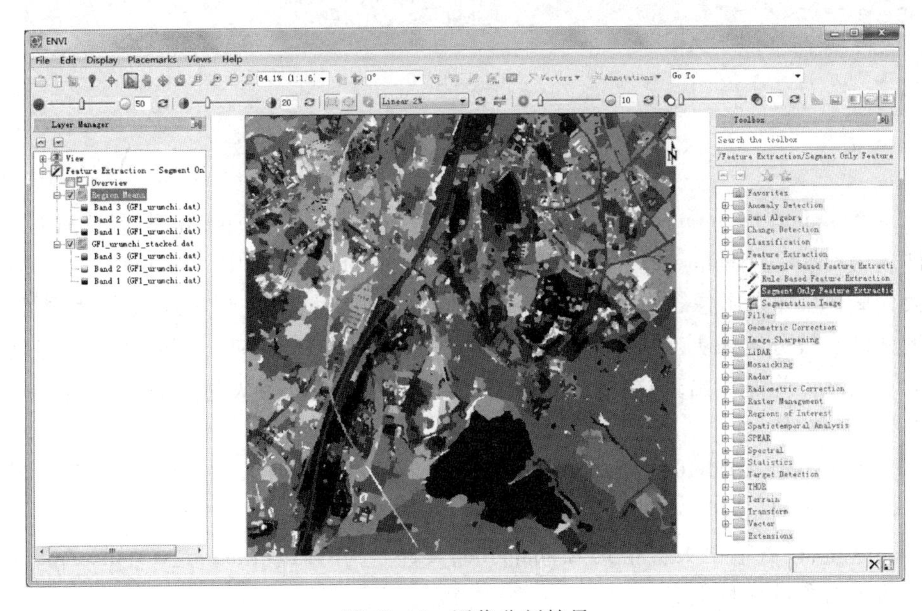

图 10.16　图像分割结果

据会显示在图像窗口。对每项输出进行设置之前,都需要勾选前面的方框以激活该设置。

① 导出矢量面板(Export Vector)。Export Vector 面板(图 10.17)用于设置矢量数据的输出。

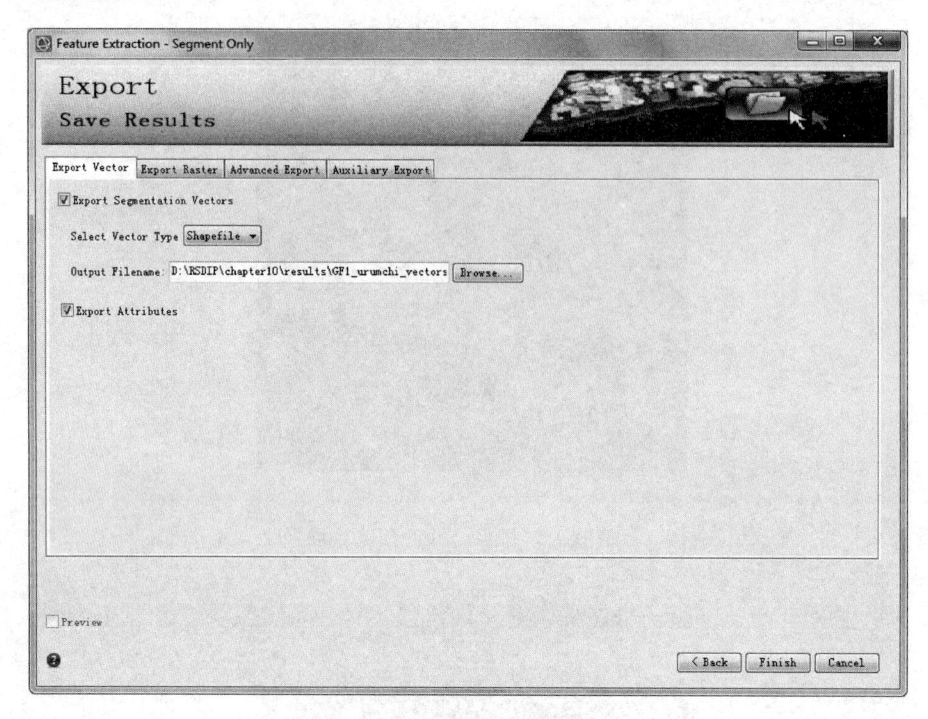

图 10.17　Export 界面

- Export Segmentation Vectors:输出分割结果到一个 shapefile 矢量文件(文件名为<前缀>_vectors. shp)或者地理数据库(geodatabase)中。shapefile 文件最大为 2 GB,如果图像含有大量图像片段,导致 shapefile 文件超过最大容量,则矢量文件会被分解为更小的 shapefile 文件。大于 1.5 GB 的 shapefile 文件不能被显示出来。为避免出现这些问题,在处理大数据时可以将矢量文件保存为 geodatabase 格式。
- Export Attributes:导出对象属性。如果需要将各对象的光谱、纹理和空间属性输出到 shapefile 文件的属性字段中,则选择该项。

这里,设置输出矢量格式为 shapefile,文件名为 GF1_urumchi_vectors. shp,并且输出对象的属性信息。

② 导出栅格面板(Export Raster)。Export Raster 面板(图 10.18)用于设置栅格数据的输出。

- Export Segmentation Image:输出一幅 ENVI 栅格格式的对象多光谱图像,每个对象分配的值为该对象所有像元的光谱平均值。

这里，选择输出分割图像，文件名为 GF1_urumchi_segmentation.dat。

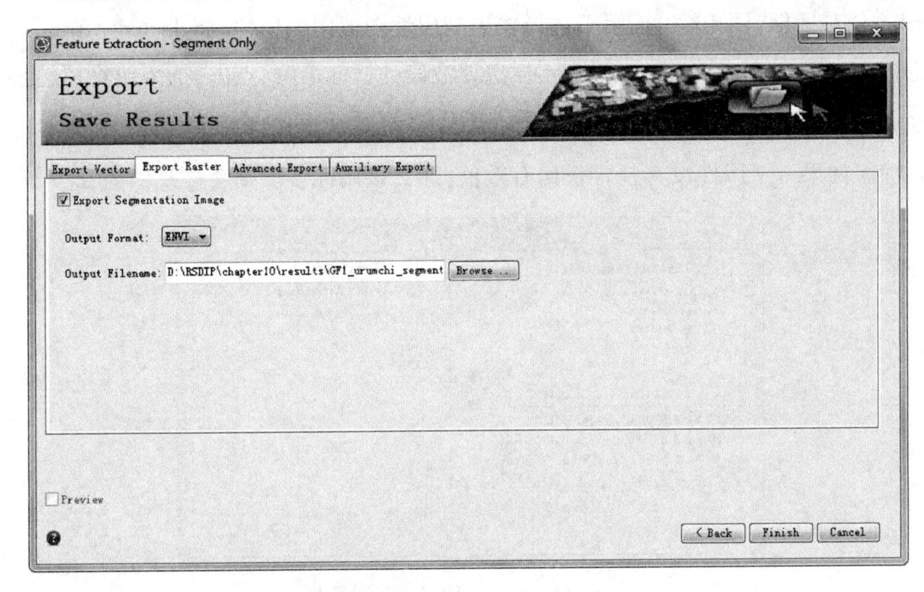

图 10.18　Export Raster 面板

③ 高级导出面板（Advanced Export）。Advanced Export 面板（图 10.19）用于设置输出栅格格式的属性数据。

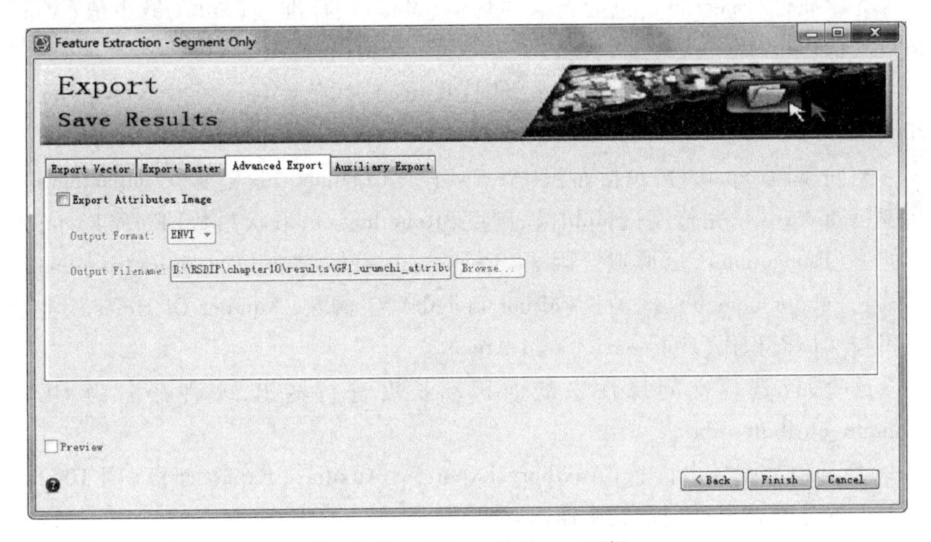

图 10.19　Advanced Export 面板

- Export Attributes Image：输出一幅 ENVI 栅格格式的多图层图像，每个图层描述一个特定属性的值。当勾选 Export Attributes Image 时,会弹出一个 Select Attributes 对话框(图 10.20),用于选择输出到属性图像中的属性。Selected Attributes 栏初始为空,在 Available Attributes 栏选择波段的属性名称,点击按钮将属性添加到 Selected Attributes 栏。在 Selected Attributes 栏选择属性,点击按钮则移除属性。如果一个属性没有包含任何有效值,那么该属性波段则会被赋值为 0。

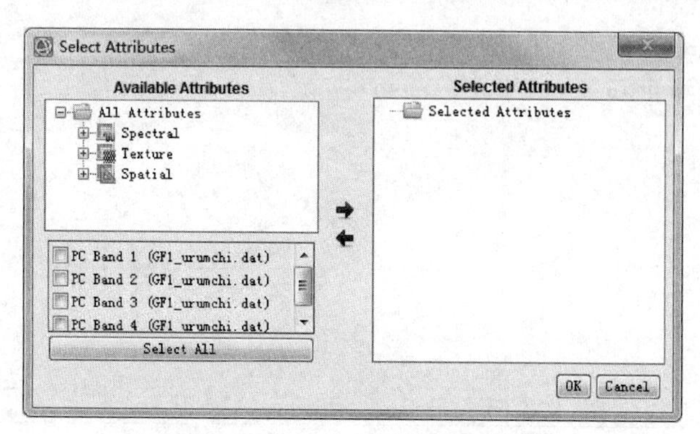

图 10.20 Select Attributes 对话框

• 属性主要包括光谱、纹理和空间属性,以下仅列出各属性的名称,有关各属性的详细含义请参看本书第 11.1.2 节。

光谱属性(Spectral):包括光谱的均值(Mean)、标准差(Std)、最小值(Min)和最大值(Max)。

纹理属性(Texture):包括纹理范围(Range)、均值(Mean)、方差(Variance)和熵(Entropy)。

空间属性(Spatial):包括面积(Area)、长度(Length)、紧密度(Compactness)、凸度(Convexity)、完整度(Solidity)、圆度(Roundness)、形状系数(Form Factor)、延伸率(Elongation)、矩形拟合因子(Rectangular Fit)、主方向(Main Direction)、主轴长(Major Length)、次轴长(Minor Length)、空洞数(Number Of Holes)、空洞面积与实体面积比(Hole Area/Solid Area)。

这里,仅选择空间属性中的面积和长度进行输出,文件命名为 GF1_urumchi_attributes.dat。

④ 辅助数据导出面板(Auxiliary Export)。Auxiliary Export 面板(图 10.21)用于设置分割处理过程数据的输出。

• Export Processing Report:创建一个报告,该报告包含图像分割的选项和用于分类的规则及属性。

这里,选择输出此项,文件命名为 GF1_urumchi_report.txt。点击 Finish,输出文件，对象提取的矢量结果如图 10.22 所示。

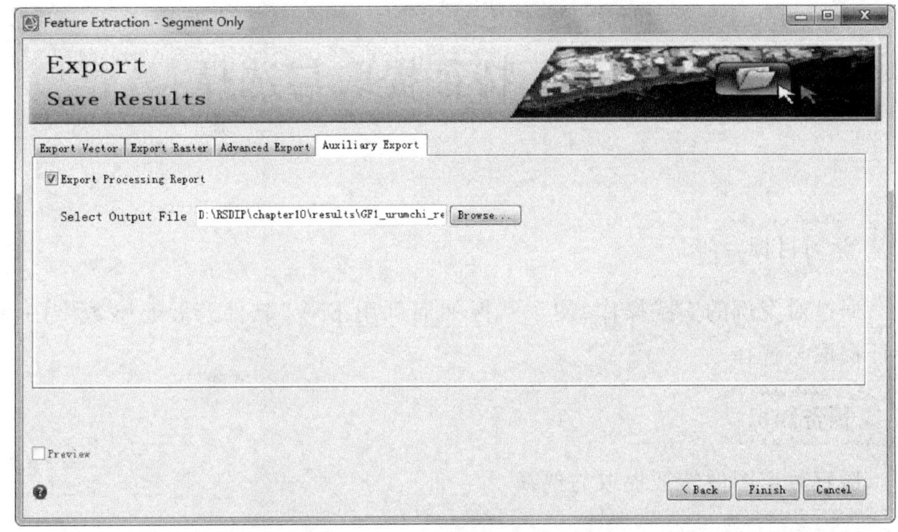

图 10.21　Auxiliary Export 面板

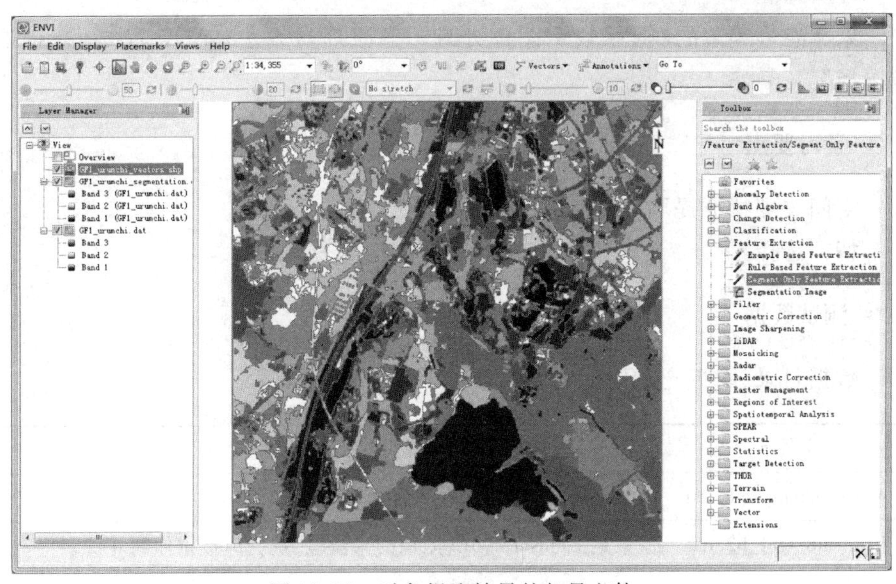

图 10.22　对象提取结果的矢量文件

图 10.22 彩版

第 11 章　特征提取与选择

学习目标

通过对案例的实践操作，初步掌握如何利用 ENVI 软件开展遥感数字图像特征提取与选择。

预备知识

遥感数字图像特征提取与选择

参考资料

朱文泉等编著的《遥感数字图像处理——原理与方法》第 10 章“特征提取与选择”

学习要点

空间纹理特征提取
特征选择

测试数据

数据目录：附带光盘下的..\chapter11\data\

文件名	说明
Aerial_photograph.dat	某地航片，空间分辨率为 0.5 m
Landsat8_OLI_b2.dat	某地 Landsat 8 OLI 图像的某波段，灰度值被拉伸到 0~255
Landsat8_OLI_multi.dat	某地 Landsat 8 OLI 图像多光谱数据，数据已做过大气校正，灰度值为地表反射率，数值被放大了 10 000 倍
sample.xml	Landsat8_OLI_multi.dat 图像对应的深水区和浅水区的感兴趣区文件，用于特征选择中的距离度量评价

电子补充材料

第 11 章特征提取与选择扩展阅读 . pdf:利用 ENVI + IDL 的方式,采用一些新的算法来开展特征选择。文档目录:数字课程资源(网址见“与本书配套的数字课程资源使用说明”)。

案例背景

遥感图像特征提取和选择是为遥感图像分类服务的,它的目的在于从众多属性当中选出具有代表性的几个属性作为变量组合来区分遥感图像上的目标地物,从数据源上提高遥感图像分类的精度。

对于遥感图像而言,可作为遥感图像分类的属性很多,除了地物在遥感图像上直接呈现的光谱信息,还有把这些光谱信息进行某种线性或非线性组合而衍生出的综合光谱属性,另外也可对遥感图像进行局部统计从而得到局部区域所反映出来的纹理、形状、大小、空间关系等空间属性。衍生光谱信息的提取方法有主成分变换、最小噪声分离、缨帽变换、独立成分分析等,这些方法的操作流程已经在第 5 章“变换域处理方法”中作了详细介绍,此处不再赘述。空间属性中空间关系的表达较为复杂,现有的遥感图像分类算法还很少融入空间关系这一属性,因此本章仅就空间属性中的纹理属性和形状属性的提取流程进行介绍。

为了提高分类器的分类效率,通常需从已有的属性信息中选择具有代表性的属性作为分类特征参与分类,具有代表性的属性特征对于目标地物来说必须具有可区分性、可靠性、独立性和数量少等特点,在操作中常采用独立于分类算法的准则来评价这些属性,评价指标有距离度量、相关性度量、信息度量和一致性度量等,以及兼顾相关性度量和信息量度量的最佳指数法和波段指数法,有关这些度量指标的详细介绍请参考朱文泉等编著的《遥感数字图像处理——原理与方法》第 10 章的相关内容。

11.1 空间纹理特征提取

纹理特征反映了局部窗口内的灰度变化,纹理特征提取可以基于像元,也可以基于对象。对于基于像元的纹理特征提取,ENVI 软件提供了基于概率统计(Occurrence Measures)和二阶概率统计(Co-occurrence Measures,灰度共生矩阵)的纹理特征提取。基于对象的纹理特征提取,ENVI 软件提供了对象特征提取流程化操作(Segment Only Feature Extraction Workflow)这一功能,可自动提取对象的光谱以及纹理、形状等空间特征。

11.1.1 基于像元的纹理特征提取

基于像元的纹理特征提取一般是针对中分辨率的遥感图像，此处以 Landsat 8_OLI_b2. dat 图像为例，具体操作流程如下。

1. 基于概率统计的纹理特征提取

① 打开图像。在主菜单中，单击 File>Open，选择 Landsat8_OLI_b2. dat 文件，则成功加载图像。

② 启动概率统计工具。在工具箱中，选择 Filter>Occurrence Measures，在弹出的 Texture Input File 对话框中选择 Landsat8_OLI_b2. dat 文件，点击 OK，继而弹出 Occurrence Texture Parameters 对话框（图 11.1）。

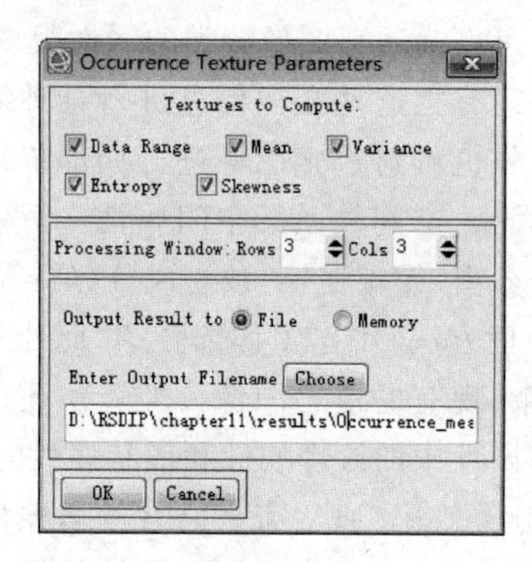

图 11.1 Occurrence Texture Parameters 对话框

③ Occurrence Texture Parameters 对话框参数设置。

• Textures to Compute：纹理统计指标，该功能以局部窗口内每个灰度值出现的次数计算纹理特征指标，这里提供了 5 种指标，分别为 Data Range（灰度值范围）、Mean（平均值）、Variance（方差）、Entropy（信息熵）和 Skewness（偏斜度）。

• Processing Window：处理窗口大小，Rows/Cols 为窗口行列数。这里默认为 3×3。

• Output Result to：File，即输出结果为文件；Memory，即输出结果为内存。这里选择 File。

• Enter Output Filename：点击 Choose 按钮，设置输出路径和文件名。

设置完成后，点击 OK 即可。结果如图 11.2 所示，上排从左至右依次为原图、灰度值范围、平均值，下排从左至右依次为方差、信息熵、偏斜度。

2. 基于二阶概率统计的纹理特征提取

① 打开图像。在主菜单中，单击 File>Open，选择 Landsat8_OLI_b2. dat 文

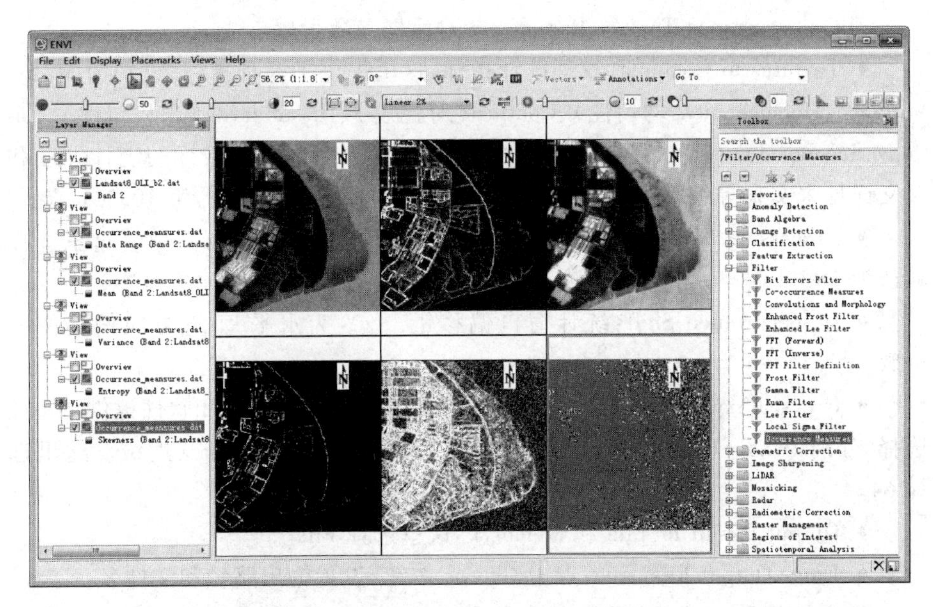

图 11.2　基于概率统计的纹理特征提取结果

件,则成功加载图像。

② 启动概率统计工具。在工具箱中,选择 Filter>Co-occurrence Measures,在弹出的 Texture Input File 对话框中 Landsat8_OLI_b2. dat 文件,点击 OK,继而弹出 Co-occurrence Texture Parameters 对话框(图 11.3)。

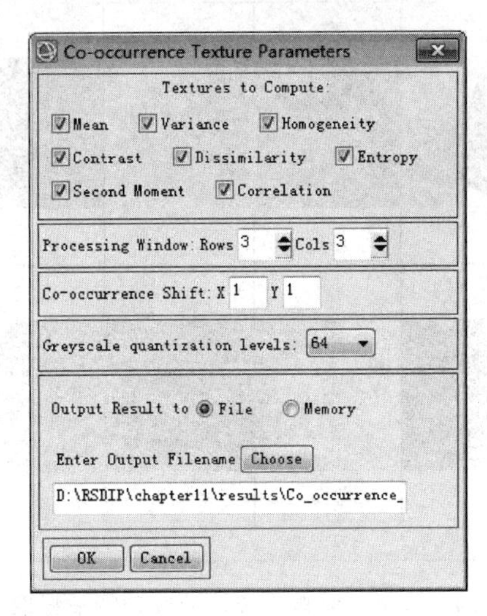

图 11.3　Co-occurrence Texture Parameters 对话框

③ Co-occurrence Texture Parameters 对话框参数设置。

- Textures to Compute：纹理统计指标，这里提供了 8 种指标，分别为 Mean、Variance、Homogeneity（均匀性）、Contrast（对比度）、Dissimilarity（非相似性）、Entropy、Second Moment（二阶矩）、和 Correlation（相关性），这些指标的统计方法和含义详见朱文泉等编著的《遥感数字图像处理——原理与方法》第 10.2.1 节。

- Processing Window：处理窗口大小，Rows/Cols 为窗口行列数。这里选择默认为 3×3。

- Co-occurrence Shift：统计窗口偏移量，X/Y 为水平/垂直方向偏移像元个数。

- Greyscale quantization levels：灰度量化级压缩级别，ENVI 软件提供了 4 种选择，分别为 none（不压缩）、64 个灰度级、32 个灰度级、16 个灰度级。这里选择 64。

- Output Result to：File 和 Memory。这里选择 File。

- Enter Output Filename：点击 Choose 按钮，设置输出路径和文件名。

设置完成后，点击 OK 即可。结果如图 11.4 所示，上排从左至右依次为平均值、方差、均匀性、对比度，下排从左至右依次为非相似性、信息熵、二阶矩、相关性。

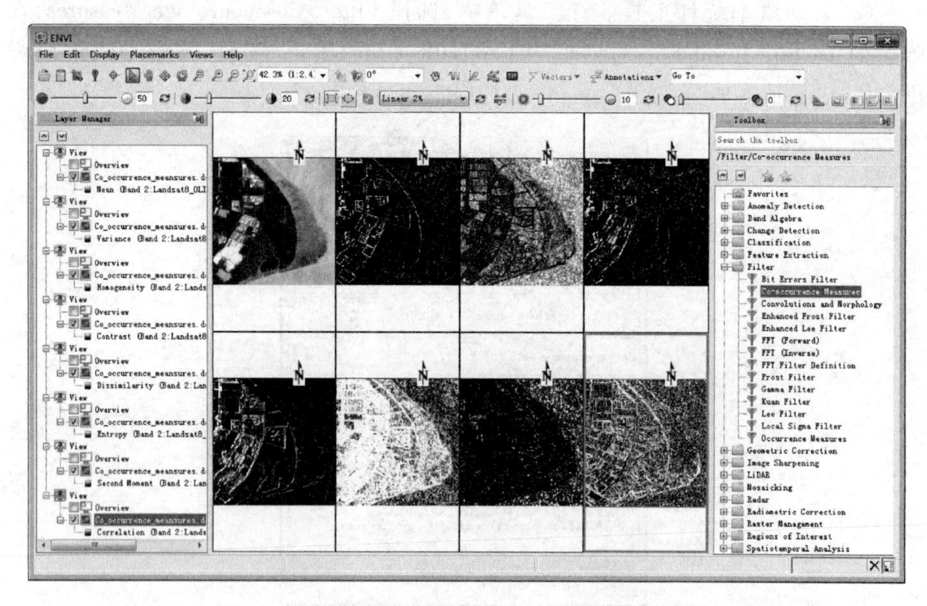

图 11.4　基于二阶概率统计的纹理特征提取结果

11.1.2 基于对象的空间纹理特征提取

基于对象的空间纹理特征提取一般是针对高分辨率的遥感图像,其处理过程是先将图像分割成不同的对象,然后计算对象的纹理和形状特征。ENVI 5.2.1 软件提供了 Segment Only Feature Extraction Workflow 功能,该工具不仅提供了图像分割功能,还会进一步计算对象的光谱以及纹理、形状等空间属性特征。由于本书第 10.2 节已经对 ENVI 软件的 Segment Only Feature Extraction Workflow 流程化操作工具进行了详细介绍,此处以 Aerial_photograph. dat 图像为例,仅对该工具与空间特征提取有关的功能进行介绍,具体操作流程如下。

① 打开图像。在主菜单中,单击 File>Open,选择 Aerial_photograph. dat 文件,成功加载图像(图 11.5)。

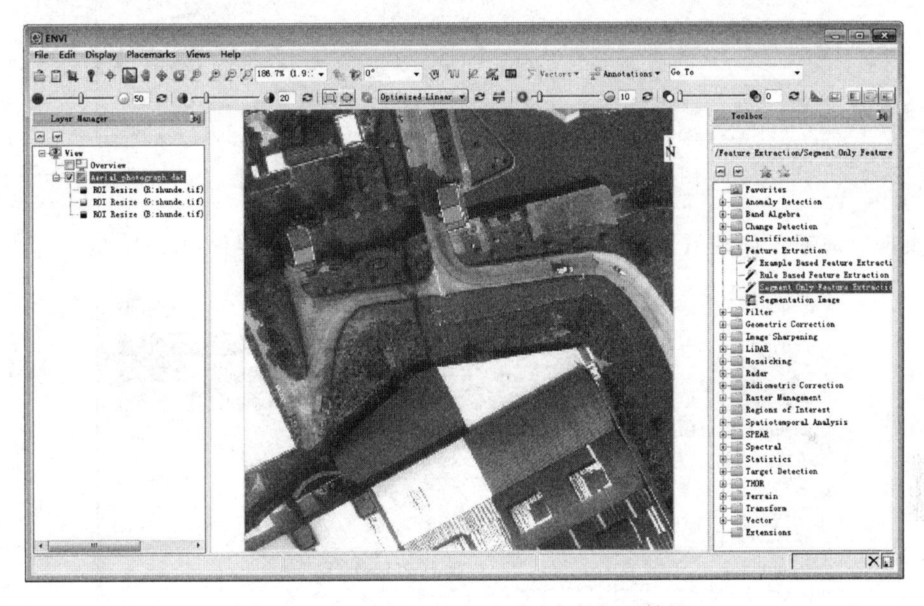

图 11.5 Aerial_photograph. dat 文件打开效果

② 启动特征提取功能。在工具箱中,选择 Feature Extraction>Segment Only Feature Extraction Workflow,打开 Feature Extraction-Segment Only 对话框(图 11.6)。

③ 导入数据。在 Feature Extraction-Segment Only 对话框的 Input Raster 面板下(图 11.6)导入待处理数据 Aerial_photograph. dat,该界面的其他面板采用默认设置。设置完成后,点击 Next。

④ 对象创建。对象创建的参数设置如图 11.7 所示,设置完成后点击 Next。

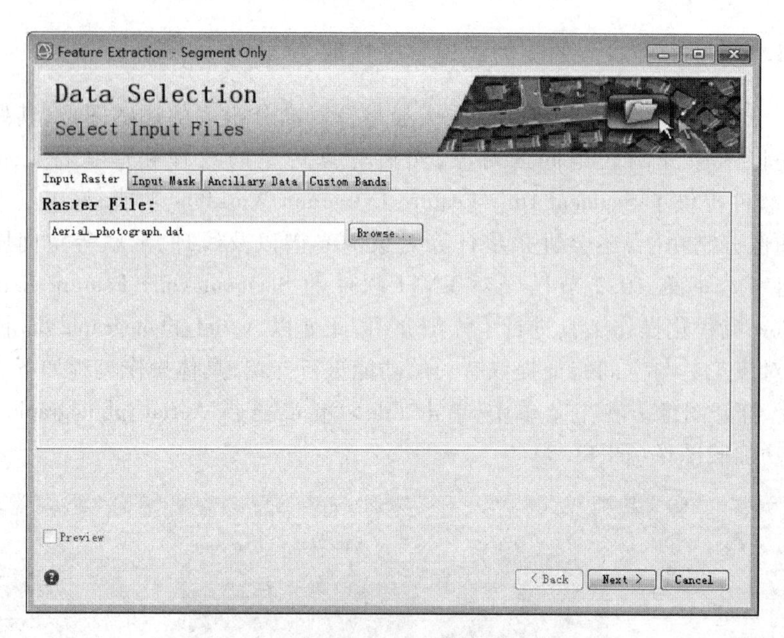

图 11.6　Feature Extraction-Segment Only 对话框

此时计算对象属性值需稍等一段时间,然后进入文件导出界面(图 11.8)。

Feature Extraction - Segment Only
Object Creation
Segment and Merge
Segment Settings
Algorithm
Scale Level
Edge
50.0
Select Segment Bands
Merge Settings
Algorithm
Merge Level
Full Lambda Schedule
30
Select Merge Bands
Texture Kernel Size
3
Preview
< Back
Next >
Cancel

图 11.7　对象创建窗口

⑤ 文件导出。文件导出窗口如图 11.8 所示，本案例在导出矢量面板(Export Vector)中勾选 Export Segmentation Vectors 和 Export Attributes，并设置输出文件名为 Aerial_photograph_vector. shp。其他面板采用默认设置。勾选 Export Attributes 后会导出对象的属性信息，属性信息详见表 11.1—11.3。设置完成后，点击 Finish 按钮，即可完成图像对象分割，并导出相关属性。

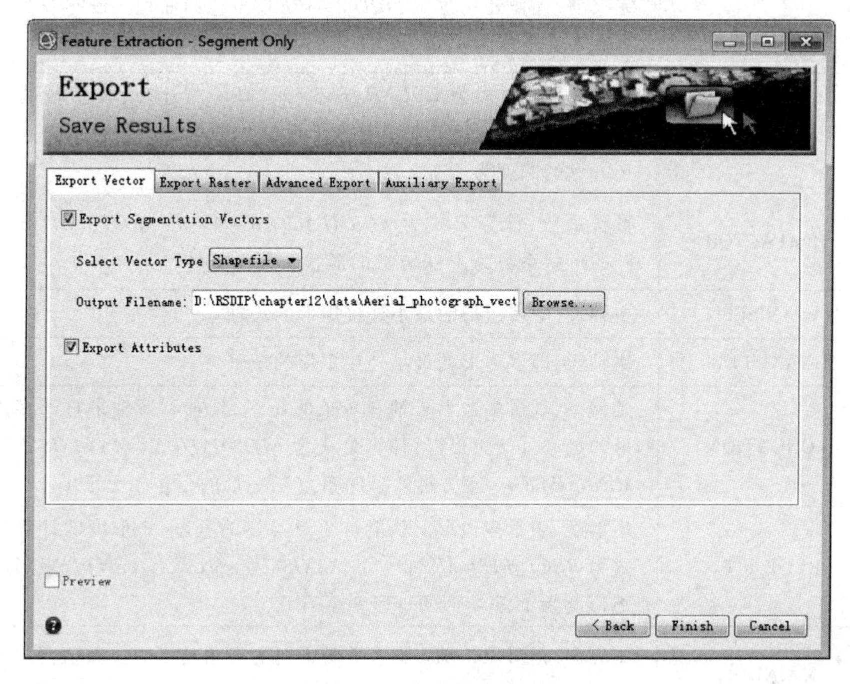

图 11.8　文件导出窗口

表 11.1　对象的空间属性描述

属性	描述
AREA	面积，单位与图像单位一致
LENTGH	周长，包括多边形内的洞的边框周长，单位与图像单位一致
COMPACT	紧密度，描述对象紧密性的度量，计算公式为 $Compact=\frac{\sqrt{4\times AREA/\pi}}{外轮廓长度}$。圆的紧密性最好，其取值为 $1/\pi$；正方形的为 $1/\sqrt{4\pi}$

续表

属性	描述
CONVEXITY	凸度,计算公式为 *CONVEXITY* =凸包长度/*LENGTH*。其中,没有洞的凸多边形取值为 1,其余小于 1
SOLIDITY	完整度,计算公式为 *SOLIDITY*=*AREA*/凸包的面积。没有洞的凸多边形完整度为 1,凹多边形的完整度小于 1
ROUNDNESS	圆度,计算公式为 *ROUNDNESS* = 4×*AREA*/(π×最长直径的平方),最长直径是多边形外接矩形框的长轴长度。圆的圆度为 1,正方形的圆度为 4/π
FORMFACTOR	形状系数,计算公式为 $FORMFACTOR = 4\times\pi\times AREA/LENTGH^2$。圆的形状系数为 1,正方形的形状系数为 π/4
MAXAXISLEN	主轴长,即多边形的最小外接矩形的长轴
MINAXISLEN	次轴长,即多边形的最小外接矩形的短轴
ELONGATION	延伸率,表示多边形长轴和短轴的比率,长轴和短轴来自于多边形的最小外接矩形框,计算公式为 *ELONGATION*=*MAXAXISLEN*/*MINAXISLEN*。正方形的延伸率为 1,矩形的延伸率大于 1
RECT_FIT	矩形度,表示多边形形状能被矩形描述的程度,矩形度的计算公式为 *RECT_FIT*=*AREA*/(*MAXAXISLEN*×*MINAXISLEN*)。矩形的矩形度为 1,非矩形的矩形度小于 1
MAINDIR	主方向,指对象长轴方向和 *x* 轴方向的夹角角度数。数值范围为 0°到 180°,90°的对象为南/北方向,0°或 180°的对象为东/西方向
NUMHOLES	多边形内的空洞数量,为整数值
HOLESOLRAT	多边形包含空洞的比率,由减去洞的多边形面积除以外轮廓多边形的总面积确定,计算公式为 *HOLESOLRAT*=*AREA*/外轮廓多边形总面积。无洞的多边形的比率为 1

表 11.2　对象的光谱属性描述

属性	描述
MINBAND_x	对象在第 *x* 波段所有像元的灰度最小值
MAXBAND_x	对象在第 *x* 波段所有像元的灰度最大值
AVGBAND_x	对象在第 *x* 波段所有像元的灰度平均值
STDBAND_x	对象在第 *x* 波段所有像元的灰度标准差

表 11.3 对象的纹理属性描述

属性	描述
TX_RANGE	对象纹理核的平均数据范围
TX_AVERAGE	对象纹理核的平均值
TX_VARIANCE	对象纹理核的均方差
TX_ENTROPY	对象纹理核的平均熵

⑥ 对象属性查看。图像分割结果如图 11.9 所示。为了选择对象属性作为特征参与分类,必须了解对象属性的实际情况。在 Layer Manger 列表框下,双击矢量文件图层,即弹出 Vector Properties 对话框(图 11.10),参数设置如下。

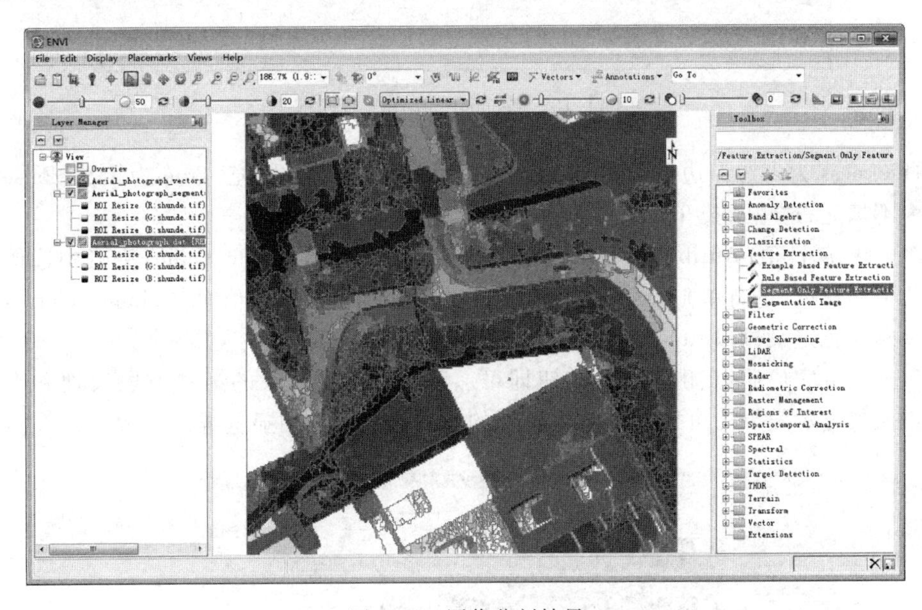

图 11.9 图像分割结果

• Select Attribute:属性选择。点击右侧的下拉按钮,这里提供不同属性指标。这里选择 TXAVG_B1(第一波段对象纹理核的平均值)。

• Cycle Color Table:循环颜色表。勾选,每一页属性都循环使用该颜色表;不勾选,整个属性值匹配到颜色表。

• Color Table:颜色表。点击右侧下拉按钮,选择合适的颜色表。

• Attribute Values:属性值列表。下边的箭头按钮可以翻页查看属性值。

• 矢量数据显示的属性设置:show 下 True 为显示多边形边框,False 为不显示多边形边框;Line Color 为多边形边框颜色;Line Style 为多边形边框线型;Line

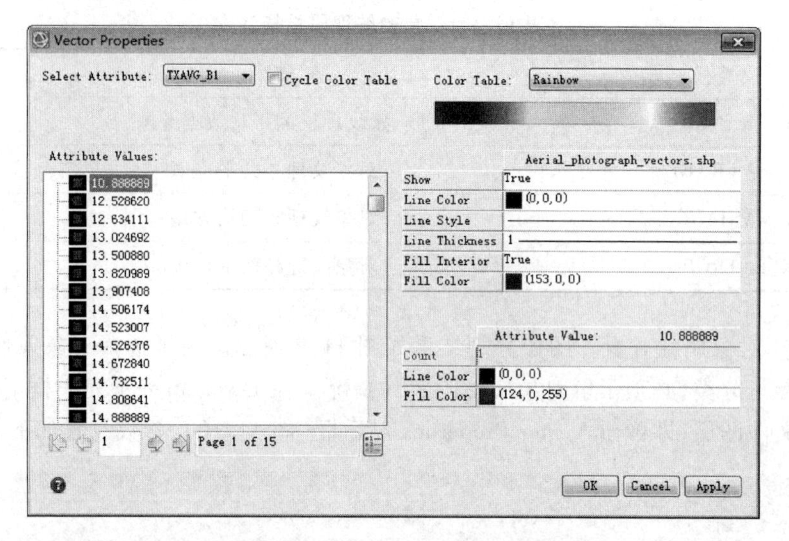

图 11.10　Vector Properties 对话框

Thickness 为多边形边框线宽;Fill Interior 为多边形是否填充,True 为填充,False 为不填充,这里选择 True。

● 属性值(Attribute Value)显示的属性设置:在 Attribute Values 列表中选择几个属性值,进行单独显示属性编辑。Count 为选中的属性值个数;Line Color 为边框颜色定义;Fill Color 为填充色设置。

设置完成后,点击 Apply 按钮即可。图 11.11 是对象的第一波段纹理和平均值的显示效果。可以看出不同类型的对象之间存在明显差异。

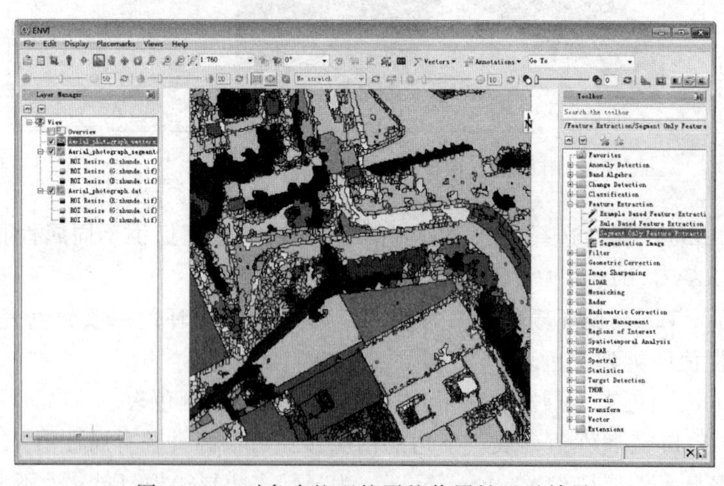

图 11.11　对象内纹理核平均值属性显示效果

图 11.11 彩版

11.2 特征选择

一般情况下,如果光谱属性能够有效区分目标地物类型,则直接选择该光谱特征进行分类;对于利用某种变换方法(如主成分变换)提取的衍生光谱信息,它们都基本符合特征选择的要求,如具有信息量大、分量间无相关等特点,一般都可选择前面几个信息量大的分量作为特征用于图像分类;对于衍生的纹理信息,尽管具有一定的专题性,但有些指标之间也存在较强的相关性,因此需根据实际情况有选择地用于图像分类。这里以 Landsat8_OLI_multi. dat 为例,首先对一些常用的特征选择方法进行简单介绍,然后从该图像的 7 个波段中选择少数几个波段作为分类的属性特征,从而使读者对特征选择方法及其实现步骤有所了解。

11.2.1 距离度量

ENVI 软件提供了转换离散度(transformed divergence)和 Jeffries-Matusita 距离评价方法,这两种方法主要用来评价二分类问题(即两种类别的区分问题)。例如,两个特征 X 与 Y,如果特征 X 更容易区分两个类别,则优先选择 X 属性作为区分特征。由于转换离散度和 Jeffries-Matusita 距离的计算是以两组向量之间的协方差为主要输入参数,故要求待评价的属性至少为两个,也就是说该工具是用来评价属性组合的可分性。另外,由 Prashanth Reddy Marpu 提供的 IDL 程序 seath_pixels. pro 采用分离度来评价两个类别在某属性上的关联程度,可实现区分两两类别之间的最佳特征自动选择以及特征阈值的自动确定,具体请参见本章的电子补充案例。

此处仅介绍距离度量评价在 ENVI 软件中的实现步骤,该操作在评价时需要输入两个类别的多个属性值,这些样本的属性值通常利用训练样本进行提取,ENVI 软件提供了感兴趣区(ROI)的属性值提取和评价功能,所以本操作分为两步:训练样本提取和距离度量。本次实验以 Landsat8_OLI_multi. dat 为例,具体操作步骤如下。

1. 训练样本提取

① 打开图像。在主菜单中,单击 File>Open,选择 Landsat8_OLI_multi. dat 文件,则成功加载图像。图像显示如图 11.12 所示,左图像为第四(红光)、第三(绿光)、第二(蓝光)波段组合的真彩色合成图像,右图为第六(中红外)、第五(近红外)、第四(红光)波段组合的假彩色图像,可以看出,在左图中水体信息隐约被分为两部分(深水区和浅水区),而右图中区分较为明显,故本次实验以这

两种波段组合为例，以区分深水区和浅水区为目标进行实验，阐述基于距离的特征提取操作步骤。

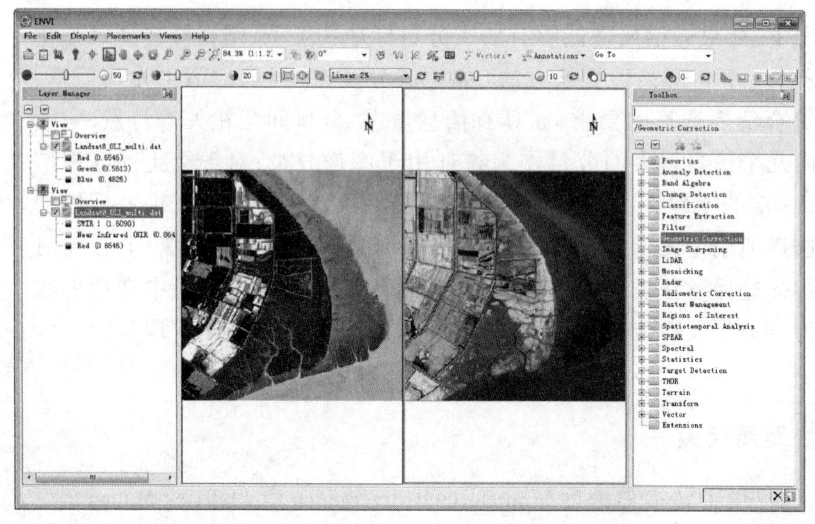

图 11.12　Landsat8_OLI_multi. dat 显示效果

图 11.12 彩版

② 训练样本点的生成。选中 Landsat8_OLI_multi. dat 文件，在工具栏点击按钮，弹出 Region of Interest(ROI)Tool 对话框。样本点的来源可以分为野外调查采样和在高分辨图像上通过目视解译获取两种，利用 File>Import Vector... 提供的矢量数据导入功能，可导入野外调查点，该操作已在第 2 章作了详细介绍，此处不再赘述，本案例仅就在遥感图像上通过目视解译获取的方法进行说明。

首先，在 Region of Interest(ROI)Tool 对话框中点击新建感兴趣区按钮，创建一个 ROI 类，在 ROI Name 文本框中键入名称“deep_zone”(深水区)，并在 Geometry 下选中面状采样法按钮。

然后，在真彩色图像中的深水区进行采样，在图中数字化一个多边形，然后双击鼠标左键即可完成对一个区域的采样。注意样本点的选择需考虑具有代表性，且需达到一定的数量。依此法在浅水区进行采样，样本点命名为“shallow_zone”(图 11.13)。

最后，保存样本点。在 Region of Interest(ROI)Tool 对话框中，选择 File>Save as...，即弹出按钮 Save ROIs to .XML 窗口(图 11.14)，在 Select ROI for Output 列表中选择前面生成的两个 ROI 图层，并在 Enter Output File[.xml]下，设置输出路径和文件名(记为 sample. xml)，设置完成后点击 OK 即可。

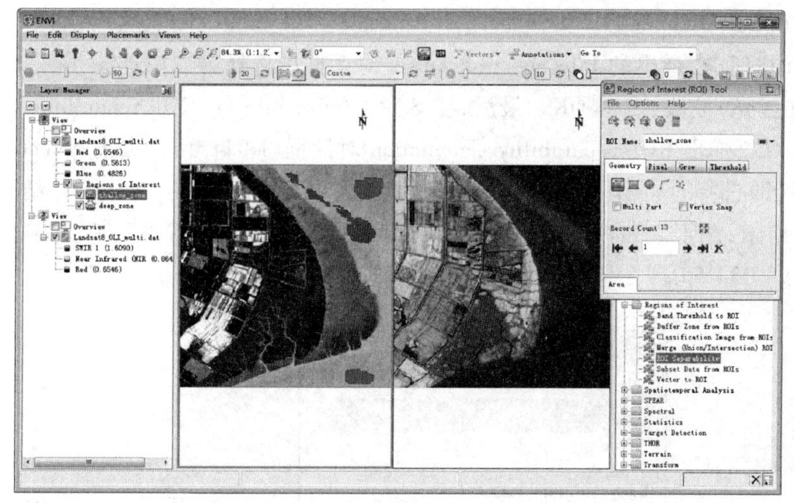

图 11.13　样本点采集结果

图 11.13 彩版

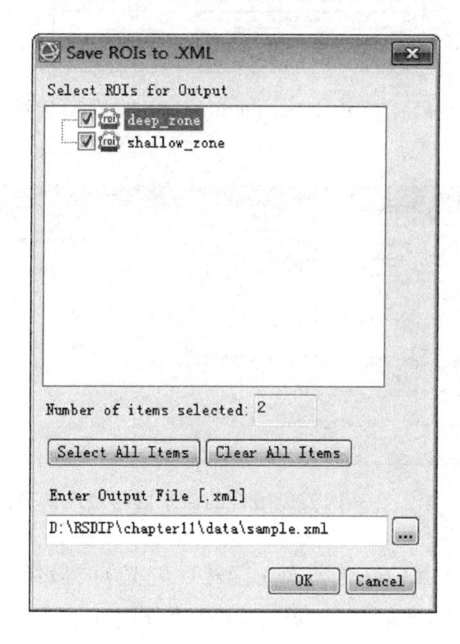

图 11.14　Save ROIs to .XML 窗口

2. 样本评价

① 第四(红光)、第三(绿光)、第二(蓝光)波段组合评价。首先,在工具箱

选中选择 Regions of Interest>ROI Separability，弹出 Select Input File for ROI Separability 对话框，在 Select Input File 列表栏选择 Landsat8_OLI_multi. dat。然后，点击 Spectral Subset 按钮，在弹出的 File Spectral Subset 对话框中选择第二（蓝光）、第三（绿光）、第四（红光）波段，点击 OK。最后，在 Select Input File for ROI Separability 对话框中点击 OK，弹出 ROI Separability Calculation 对话框（图 11. 15），点击 Select All Items 按钮（即选择全部样本），点击 OK 即可弹出 ROI Separability Report。结果如图 11. 16 所示，深水区和浅水区的 Jeffries-Matusita 距离为 1. 786 277 80，转换离散度为 1. 998 034 55。

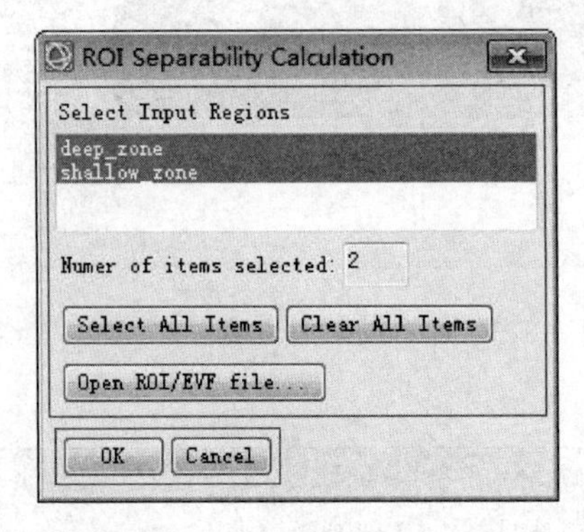

图 11. 15　ROI Separability Calculation 对话框

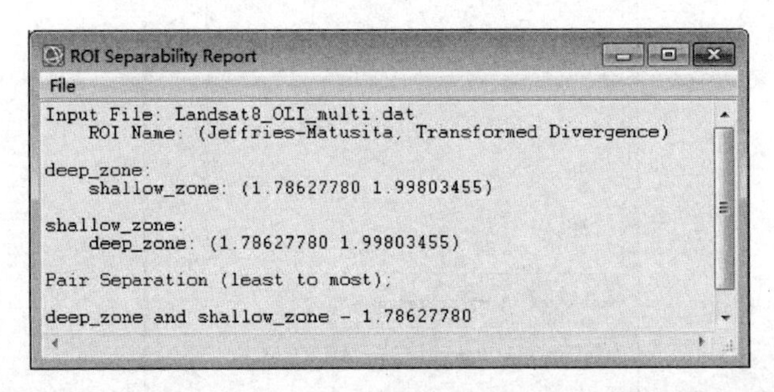

图 11. 16　第二、三、四波段组合的深水区与浅水区分离性评价

② 第六（中红外）、第五（近红外）、第四（红光）波段组合评价。该评价操作步骤与上一步操作流程类似，区别在于波段选择时选择第四（红光）、第五（近红外）、第六（中红外）波段组合。其评价结果如图 11. 17 所示，深水区和浅水区的 Jeffries-Matusita 距离为 1. 994 690 52，转换离散度为 2. 000 000 00，说明该波段组合对深水区和浅水区的可分性要大于前面图 11. 16 所示的组合（第二、三、四波段组合），因此在选择特征来区分该图像的深水区和浅水区时，可优先选择该波

段组合进行分类。

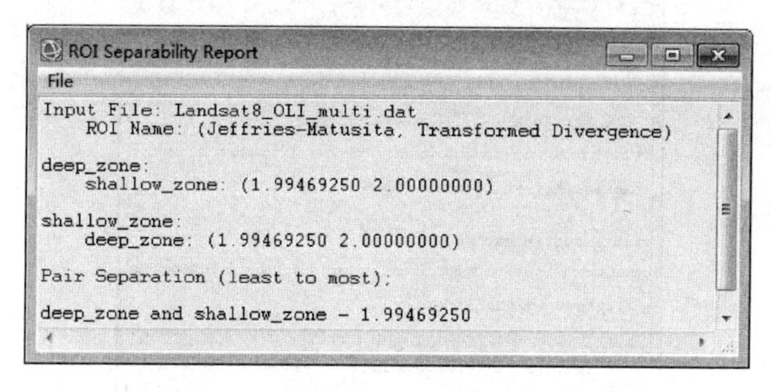

图 11.17　第四、五、六波段组合的深水区与浅水区分离性评价

11.2.2　相似性度量

在基于样本的特征选择中,相似性度量主要是评价属性和类别的相关性,如果属性 X 和类别 A 的相关性大于属性 Y 和类别 A 的相关性,则选择属性 X 作为区分特征;在基于波段属性的特征选择中,相似性度量则主要考虑属性间的相关性,属性间相关性越高,说明两个属性间的信息重叠度越高,因此在特征选择时可将相关性大的两个属性融合或者只取其中一个。在遥感特征选择的实际应用中,基于样本的特征选择应用较少,基于波段属性的特征选择则应用较为普遍,是特征选择的重要步骤。本节就基于波段属性的特征选择进行操作说明。本次实验以 Landsat8_OLI_multi. dat 为例,具体操作步骤如下。

① 打开图像。在主菜单中,单击 File>Open,选择 Landsat8_OLI_multi. dat 文件,则成功加载图像。

② 启动相关性统计功能。在工具箱中,选择 Statistics>Compute Statistics,在弹出的 Compute Statistics Input File 对话框中选中 Landsat8_OLI_multi. dat 文件,点击 OK,继而弹出 Compute Statistics Parameters 对话框(图 11.18)。

③ Compute Statistics Parameters 对话框参数说明和设置。

- Basic Stats:基础统计(如均值、方差等)。
- Histograms:直方图统计。
- Covariance:协方差统计,包括协方差、相关系数和特征向量,最终输出结果为一张表。
- Covariance image:基于像元的协方差统计,包括协方差、相关系数和特征向量,最终输出结果为一幅图像。
- Samples/Lines Resample Factor:列行方向重采样缩放系数。这里均默认为 1,即不作变化。

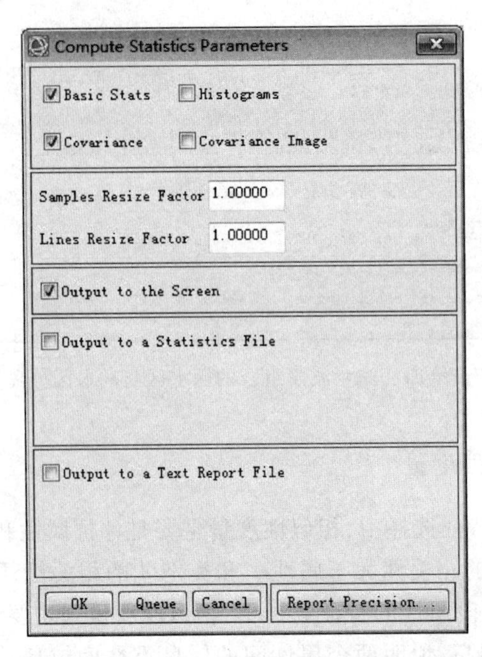

图 11.18 Compute Statistics Parameters 对话框

- Output to the Screen:输出结果到窗口中。
- Output to a Statistics File:输出统计文件,勾选,即可设置输出路径和文件名设置。
- Output to a Text Report File:输出结果为文本文档,勾选,即设置输出路径和文件名设置。

这里只需求得波段间的相关系数,即勾选 Covariance,其他选项为默认设置。设置完成后点击 OK 即可。

波段间相关性计算结果如图 11.19 所示,可以看出:a. Landsat8_OLI_multi.dat 的第一到第四波段(可见光波段)之间相关性高,波段间相关系数均高于 0.96,说明可见光通道取得的信息彼此重叠很多,有相当大的一致性;b. 两个中红外波段(即第六和第七波段)之间的相关性很高,相关性系数为 0.92,说明这两个波段之间的信息量也有极大相似性;c. 第五波段相对较为独立,与其他波段的相关系数都较小。根据相关性小的原则,应从前四个波段中选择一个,第六和第七波段中选择一个,与第五波段组合进行图像分类。

11.2.3 综合度量

基于相似性度量只能将各波段分成不同的组,但无法确定选择组内哪一个

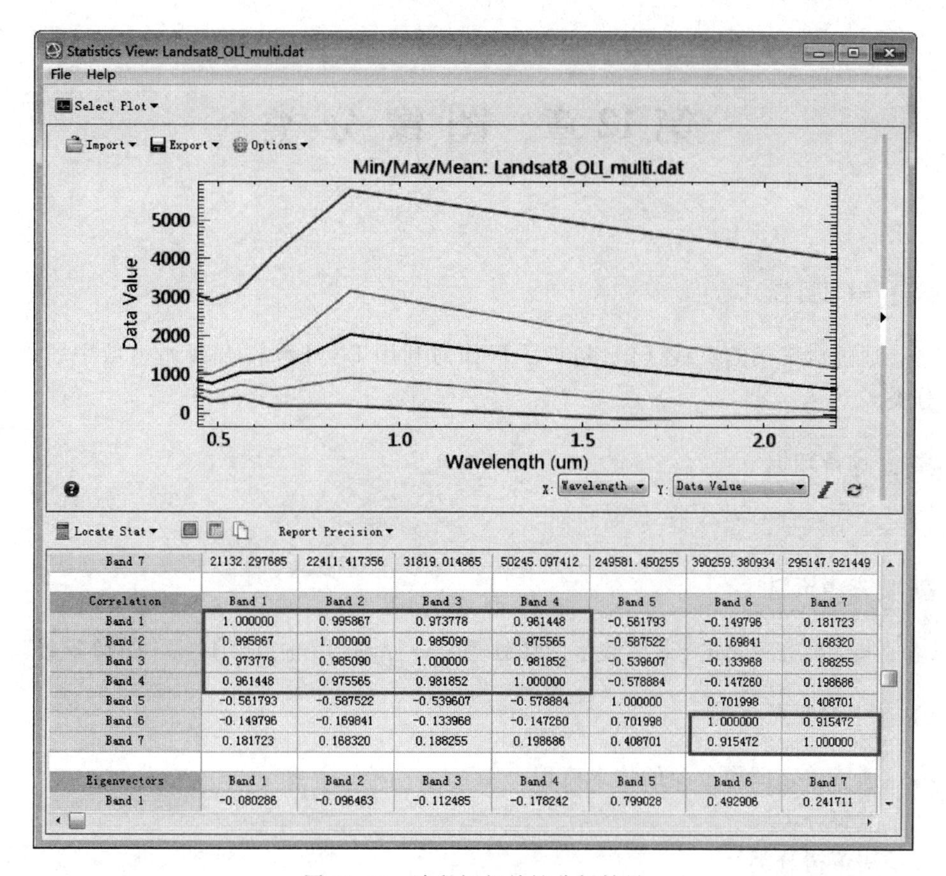

图 11.19 波段间相关性分析结果

波段参与分类会更优。因此,在相关性分析的基础上,还可以根据波段信息量的大小作进一步的选择,如联合熵法;还可以通过兼顾相关性和信息量的指标来度量,如最佳指数法(optimum index factor,OIF)和波段指数法。目前,ENVI 软件尚无上述几种评价功能,需利用 IDL 程序实现,本书提供了封装好的 IDL 程序 zhu_select_band. sav 可实现以上 3 种评价功能,具体操作请参见本章的电子补充材料。

第 12 章　图 像 分 类

学习目标

通过对案例的实践操作，初步了解如何利用 ENVI 软件开展遥感数字图像分类。

预备知识

遥感数字图像分类

参考资料

朱文泉等编著的《遥感数字图像处理——原理与方法》第 11 章“图像分类”

学习要点

遥感数字图像分类的技术流程
监督分类
决策树分类
非监督分类
面向对象分类

测试数据

数据目录：附带光盘下的 ..\chapter12\data\

文件名	说明
Landsat 8_OLI_multi_calssify. dat	某地 Landsat 8 OLI 图像多光谱数据，数据已做过大气校正，灰度值为地表反射率，数值被放大了 10 000 倍，用于图像分类
Raw_sample. xml	初选的训练样本
New_sample. xml	合并后训练样本，用于监督分类

续表

文件名	说明
Neural_net_class_result_majority. dat	Landsat 8_OLI_multi_calssify. dat 的 5、4、3 波段组合经神经元网络分类、主要分析及局部手工修改的结果，用于精度评价
Google_earth_picture. dat	与 Landsat 8_OLI_multi_calssify. dat 文件地理范围一致的 Google Earth 图片，空间分辨率为 5 m，精度评价的参考图像
Landsat 8_OLI_multi_classify_ndvi. dat	Landsat 8_OLI_multi_calssify. dat 数据提取的归一化差值植被指数文件，用于决策树分类
Slope. dat	与 Landsat 8_OLI_multi_calssify. dat 文件地理范围一致的坡度数据，用于决策树分类
Decision_tree. txt	用于决策树分类的决策树文件
Aerial_photograph_classify. dat	某地航片，空间分辨率为 0.5 m，用于面向对象分类

案例背景

遥感图像分类就是根据不同地物在图像上所体现的属性差异（如光谱属性、空间属性），按照一定的规则将其划分为若干具体的类别。目前的图像分类方法很多，根据不同的划分标准可以划分为不同的类型（具体参考朱文泉等编著的《遥感数字图像处理——原理与方法》第 11.2.1 节内容），然而并不是每一种分类方法都适合任何遥感图像的分类问题，因此我们需根据研究区的背景状况、遥感数据源和分类目的选择最合适的方法。本章就一些应用较为普遍的分类方法进行简单介绍，ENVI 软件提供常见的基于统计特征的监督分类与非监督分类方法、基于相关要素建立判断规则的决策树分类方法以及主要应用于高空间分辨率遥感图像的面向对象分类方法。

运用分类器对图像分类后，受遥感图像质量和分类算法的影响，其分类结果可能还不能被直接应用，需对其进行分类后处理，以提高分类结果的质量。例如，逐像元分类结果往往会包含一些由少数几个像元组成的破碎小图斑，它们可能既不符合实际情况，也不符合视觉习惯，此时可以采用主/次要分析、聚类分析和过滤等算法处理小图斑;非监督分类预设的分类类别数一般要多于最终所需的类别数,因此在非监督分类结束后,还需要根据实际情况将那些具有类似特征的类别进行合并;另外,由于遥感图像存在同物异谱或异物同谱现象,计算机自动分类时会产生一些错误的分类结果,而这些错误结果有时无法被自动修正,则需进行手工修正。

分类完成后,我们还需对分类结果进行精度评价,其目的一方面在于为制图者提供一个评价分类方法的依据,如果分类精度达不到要求,需重新调整分类方法或者训练样本,直到分类精度满足要求;另一方面也为用户提供一个分类结果的可靠性参考。

ENVI 5.2.1 软件提供了图像分类流程化工具(Classification Workflow),该工具采用流程化的操作方式,将监督(Use Training Data)和非监督(No Training Data)分类的操作步骤集成到一个操作面板中,使专业的遥感图像分类操作更加简便和高效,并提供 Enable Smoothing(去除椒盐噪声)和 Enable Aggregation(去除碎斑)两个分类后处理功能。然而,该工具中的监督分类还不能进行训练样本评价,非监督分类工具未将子类合并集成进来,只是简单地把监督分类和非监督分类集成到一个流程化工具中。该工具的使用比较简单,对于遥感基础比较薄弱的读者来说很容易上手操作,有关分类器的参数设置可参考本章下面介绍的各种分类方法。本章主要以案例的方式分步展示分类操作流程。

12.1 监督分类

本次实验以某地土地利用分类为例,分类仅考虑大面积连续分布的地物,不考虑更加详细的亚类,故选择 Landsat 8 OLI 图像为数据源,并对其进行大气校正和裁剪,最终以 Landsat 8_OLI_multi_calssify.dat 文件为例。监督分类主要包括特征提取和选择、确定分类类别和建立解译标志、训练样本选取和评价、图像分类四个部分。根据以往的研究经验,Landsat 8 OLI 图像第四波段(红光波段)、第五波段(近红外波段)和第六波段(短波红外波段 1)光谱信息丰富,且波段间相关性低(可参考本书第 11.2 节电子补充材料),故本次实验以这三个波段为特征属性进行分类。

12.1.1 分类类别确定及解译标志建立

① 打开图像。在主菜单中,单击 File > Open,选择 Landsat 8_OLI_multi_classify.dat 文件,则成功加载图像。

② 提取参与分类的波段。在主菜单中，点击 File >Save As...> Save As...(ENVI,NITF,TIFF,DTED)，弹出 File Selection 对话框，在 Select Input File 列表中选择 Landsat 8_OLI_multi_classify. dat，然后点击 Spectral Subset 按钮，在弹出的 Spectral Subset 对话框中选择第四波段（红光波段）、第五波段（近红外波段）、第六波段（短波红外波段 1），点击 OK；然后在 File Selection 对话框中点击 OK，在弹出的 Save File As Parameters 对话框中设置输出路径和文件名（记为 Landsat 8_OLI_multi_classify_b456. dat），点击 OK 即可。

③ 确定分类类别并建立解译标志。在 Layer Manager 列表框中选中 Landsat 8_OLI_multi_classify_b456.dat 文件，点击鼠标右键选择 Change RGB Bands...按钮，在弹出的 Change Bands 对话框中，设置 RGB 颜色通道分别为第三波段（短波红外波段 1）、第二波段（近红外波段）、第一波段（红光波段）。显示效果如图 12.1 所示。

结合 Google Earth 上的遥感图像和相关文献资料，初步了解该地区的土地覆盖类型状况：该地区三面环海，区内北部地区均为城市建成区，以大面积建设用地为主，另外在公园等地存在小面积连续分布的草地。南部地区主要以林地为主，明显分为针叶林和阔叶林两类，林地的周边存在一些植被被挖出的待建设裸地。西部地区有一条小河。对照 Landsat 8_OLI_multi_classify_b456. dat 图像，建立目视解译标志（表 12.1）。

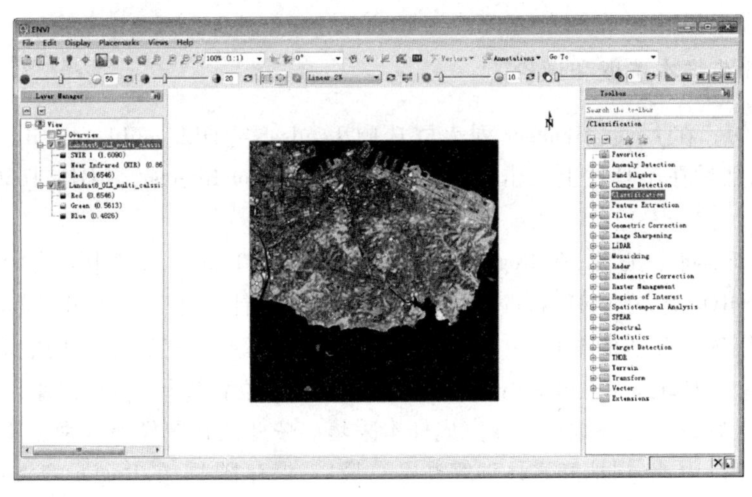

图 12.1 Landsat 8_OLI_multi_classify. dat 图像假彩色显示效果

图 12.1 彩版

表 12.1　实验区土地利用类型及解译标志

地类	图像	色彩	亮度	形状	纹理	分布状况
针叶林		绿色	偏暗	不规则块状	粗糙	山区
阔叶林		黄绿色	偏亮	不规则块状	粗糙	山区
草地		黄绿色	偏亮	规则块状、带状	光滑	公园、机场、道路附近
建设用地		紫色	偏暗	规则块状	粗糙	平原地区
水体		深蓝色	偏暗	不规则块状、带状	细腻	东部大面积分布,西部山区有个别分布
裸地		粉红色	偏亮	不规则块状	粗糙	山脚

表 12.1 彩版

12.1.2　训练样本选取和评价

① 启动 ROI。在 Layer Manager 列表框选中 Landsat 8_OLI_multi_classify_b456. dat 文件,然后在工具栏上点击按钮,弹出 Region of Interest (ROI) Tool 对话框。

② 创建训练样本。首先,在 Region of Interest (ROI) Tool 对话框中点击按钮,创建一个 ROI 类,在 ROI Name 文本框中键入名称“针叶林”,在 ROI Color 栏点击下拉按钮选择合适的颜色,并在 Geometry 下选中按钮(面状采样法)。然后,在 Landsat 8_OLI_multi_classify_b456. dat 图像相应位置进行采样,采集一定数量的样本点后,双击鼠标左键,即完成样本采集。依此法在图像上分别采集阔叶林、草地、建设用地、裸地和水体训练样本。最后,保存样本,在 Region of Interest (ROI) Tool 对话框中,选择 File >Save As...,即弹出按钮 Save ROIs to. XML 窗口,在 Select ROI for Output 列表中选择所有创建的 6 个 ROI 图层,并在 Enter Output File [. XML]下,设置输出路径和文件名(记为 raw_sample. xml),设置完成后点击 OK 即可(图 12.2)。

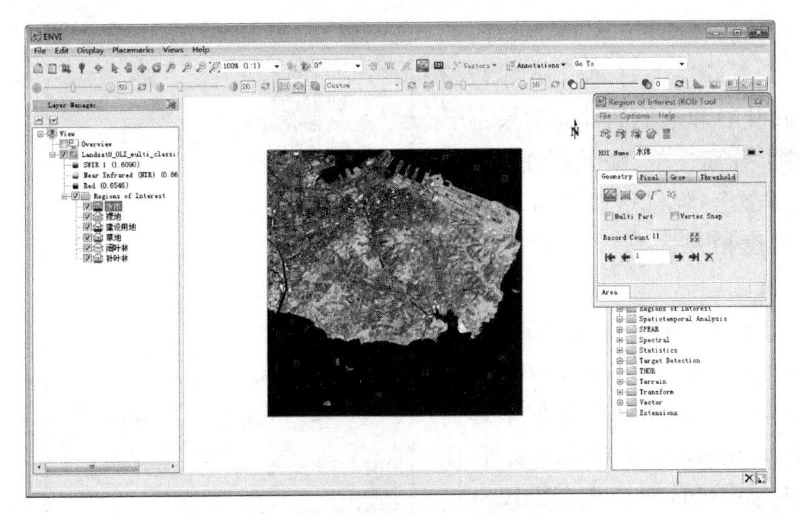

图 12.2　训练样本采集结果

图 12.2 彩版

③ 训练样本评价。在 Region of Interest（ROI）Tool 对话框中，选择 Options>Compute ROI Separability...，在弹出 Choose ROIs 对话框中选择 6 个 ROI 数据层，点击 OK 即可。结果如图 12.3 所示。

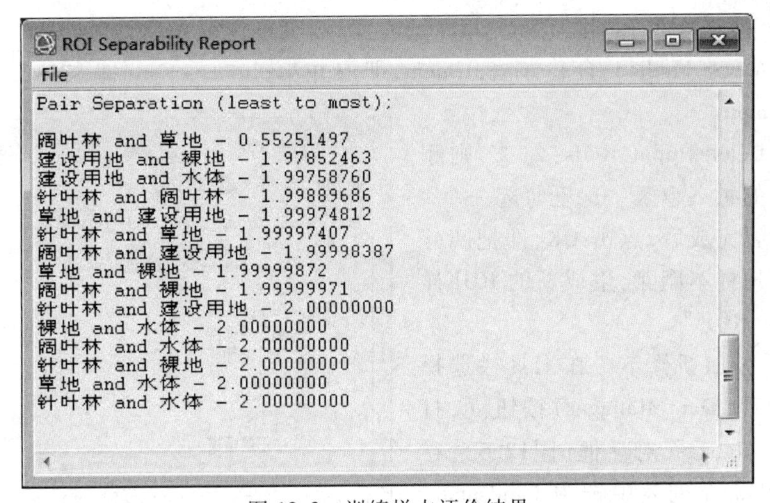

图 12.3　训练样本评价结果

ENVI 软件计算了每一类训练样本与其他地类训练样本的 Jeffries-Matusita 距离和 transformed divergence 距离，并在 ROI Separability Report 对话框底部，根据分离性值的大小，从小到大排列各个组合。这两个参数的取值范围为 0—2，大于 1.9 的组合说明这两种训练样本之间可分离性好，属于合格样本；小于 1.8

的组合,需重新选择样本;小于1的组合,考虑将两类样本合并成一类样本。从图12.3中可以看出,阔叶林和草地的计算结果小于1,说明这两类可分离性差,基于光谱分类基本无法分离,本次实验将这两类合并成一类,定义为中密度植被区,另外将针叶林定义为高密度植被区。

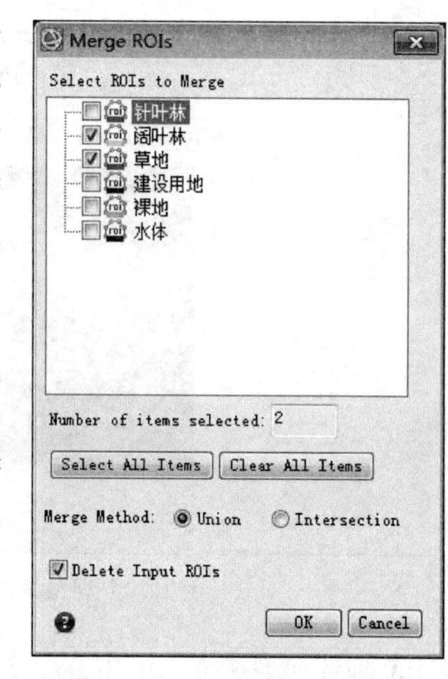

图12.4 Merge ROIs对话框

④ 合并训练样本。在工具箱中,选择Regions of Interest > Merge (Union/Intersection) ROIs,在弹出的File Selection对话框中选择Landsat 8_OLI_multi_classify_b456. dat文件,点击OK,弹出Merge ROIs对话框(图12.4),参数设置如下。

• Select ROIs to Merge列表:选择待合并的感兴趣区类别,这里选择阔叶林和草地。

• Number of items selected:显示选中类别个数。

• Select ALL Items/Clear ALL Items:全选/全不选感兴趣类别。

• Merge Method:合并方法;Uniom,即取并集;Intersection,即取交集。这里选择Union。

• Delete Input ROIs:勾选,则删除输入的感兴趣区。这里勾选。

设置完成后,点击OK,即把阔叶林和草地样本删除,生成新的ROI样本"New ROIs"。

⑤ 添加新样本。在工具栏选择数据管理(Data Manager)按钮,打开Data Manager对话框(图12.5)。在Layer Manger列表中选中Landsat 8_OLI_multi_classify_b456. dat文件,然后在Data Manager对话框选中New ROIs样本,然后点击Load Data,合并的New ROIs文件添加到Landsat 8_OLI_multi_classify_b456. dat文件下

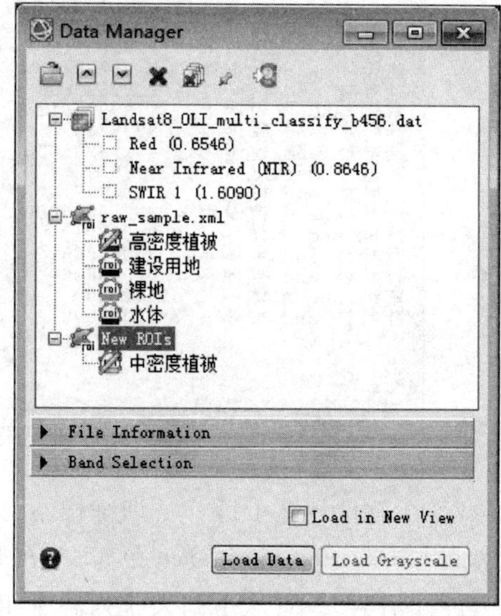

图12.5 Data Manager对话框

的训练样本中。然后在 Region of Interest（ROI）Tool 对话框中对其名称（记为中密度植被）和颜色进行修改，并将针叶林样本名称修改为高密度植被。最终结果如图 12.6 所示。

⑥ 评价新的训练样本。在 Region of Interest（ROI）Tool 对话框中，选择 Option > Compute ROI Separability...，在弹出 Choose ROIs 对话框中选择 5 个 ROI 数据层，点击 OK 即可。结果如图 12.7 所示，可以看出新的训练样本满足要求。

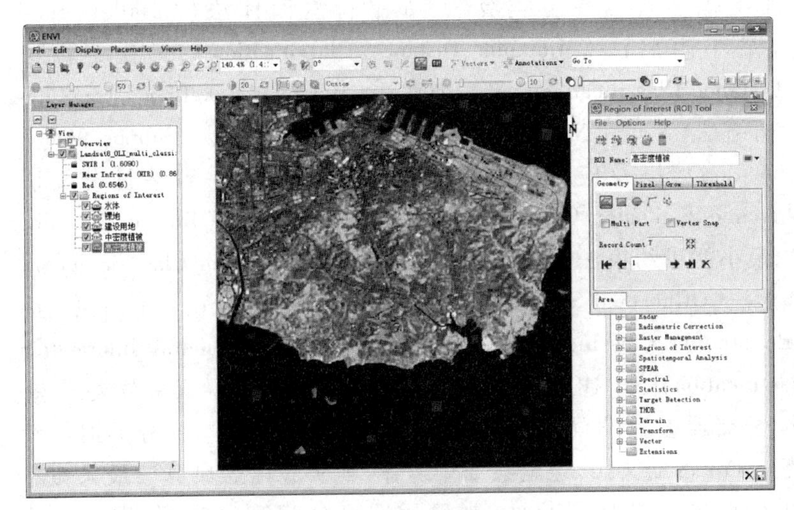

图 12.6　合并后的训练样本

图 12.6 彩版

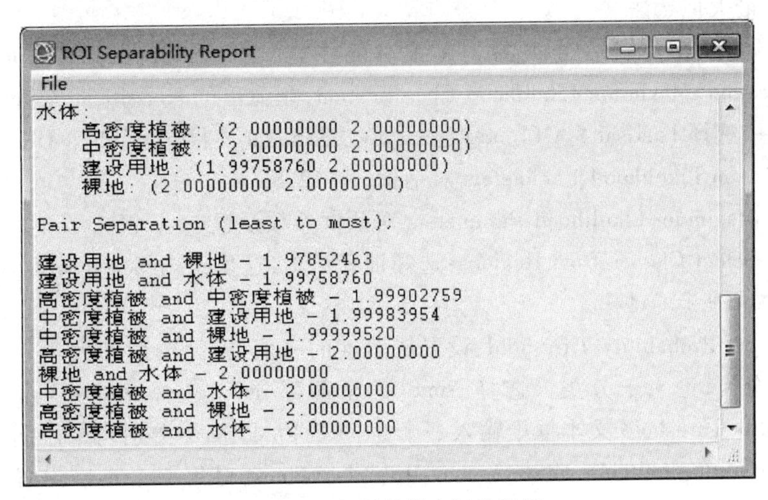

图 12.7　新训练样本评价结果

⑦ 保存新生成的训练样本。在 Region of Interest（ROI）Tool 对话框中，选择 File >Save As...，弹出按钮 Save ROIs to .XML 窗口，在 Select ROI for Output 列表中选择所有 ROI 图层，并在 Enter Output File [.XML] 下，设置输出路径和文件名（记为 new_sample.xml），设置完成后点击 OK 即可。

12.1.3 监督分类

ENVI 软件提供多种监督分类算法，如平行六面体法（Parallelepiped Classification）、最小距离法（Minimum Distance Classification）、马氏距离法（Mahalanobis Distance Classification）、最大似然法（Maximum Likelihood Classification）、神经元网络法（Neural Net Classification）、支持向量机法（Support Vector Machine Classification），以及应用于高光谱图像的自适应一致估计分类法（Adaptive Coherence Estimator Classification）、二进制编码法（Binary Encoding Classification）、最小能量约束法（Constrained Energy Minimization Classification）、正交子空间投影法（Orthogonal Subspace Projection Classification）、光谱角填图法（Spectral Angle Mapper Classification）、光谱信息散度法（Spectral Information Divergence Classification）。上述方法的操作过程基本相似，即导入待分类图像、选择训练样本、分类器参数设置以及设置输出路径和文件名。各分类器的参数设置可参考 ENVI 帮助文档，这里不一一解释，本实验以经典算法最大似然法和分类效果较好的支持向量机法、神经元网络分类算法为例，进行简单介绍。

1. 最大似然法

① 启动最大似然分类器。在工具箱中，选择 Classification > Supervised Classification>Maximum Likelihood Classification，在弹出的 Classification Input File 对话框中选择 Landsat 8_OLI_multi_classify_b456.dat 文件，然后点击 OK，继而弹出 Maximum Likelihood Parameters 对话框（图 12.8）。

② Maximum Likelihood Parameters 对话框参数设置。

- Select Classes from Regions：选择训练样本，这里点击 Select ALL Items 按钮（即选择所有样本）。
- Set Probability Threshold：设置似然度的阈值，像元的似然度小于该值时将不被分类，记入未分类。选择 None，即全部都分类；选择 Single Value，则在 Probability Threshold 文本框中输入一个 0—1 的值，即每个类别均采用同一个阈值；选择 Multiple Value，点击 Assign Multiple Values，对每一个类别设置一个阈值。本案例选择 None。
- Data Scale Factor：输入一个数据比例系数，其作用是将整型反射率或辐

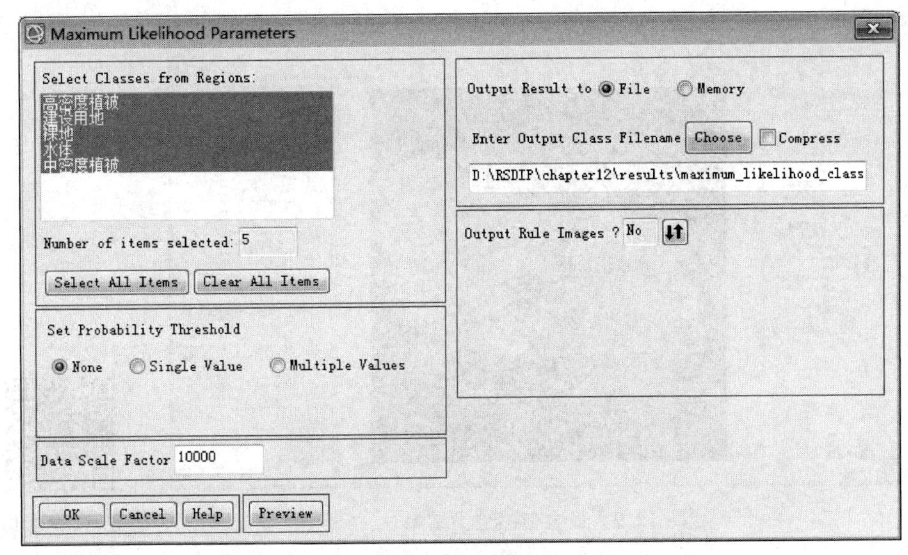

图 12.8　Maximum Likelihood Parameters 对话框

射数据除以该比例系数,从而将数据范围调整至 0.0—1.0。例如,本案例中经过大气校正的反射率数据被放大了 10 000,则设置比例系数为 10 000,使之复原到原始的反射率值范围。对于没有定标的整型数据,也就是原始的 DN 值,将比例系数设为 2^n-1,n 为数据的比特数,例如,对于一个 8-bit 数据,设置参数值为 255。由于输入数据是经过 FLASSH 模块校正后的反射率,数据被放大了 10 000 倍,这里设置为 10 000。

- Output Result to:选择 File,即输出结果为文件,点击 Enter Output Class Filename 的 Choose 按钮,设置分类结果输出路径和文件名(记为 maximum_likelihood_class_result. dat)。

- Output Rule Images:按钮用于选择是否输出规则图像。选择 Yes,即输出规则图像,可点击下面的 Enter Output Rule Filename 的 Choose 按钮,设置规则图像输出路径和文件名;选择 No,即不输出。其中,每个地类均输出为规则图像中的一个波段,可以利用该图像进行决策树分类。这里选择 No。

设置完成后,点击 OK 即可。分类结果如图 12.9 所示,可以看出,建设用地中有相当一部分被错分为裸地,其他地区分类基本合理。

2. 支持向量机法

① 启动支持向量机分类器。在工具箱中,选择 Classification > Supervised Classification > Support Vector Machine Classification,在弹出的 Classification Input File 对话框中选择 Landsat 8_OLI_multi_classify_b456. dat 文件,然后点击 OK,继

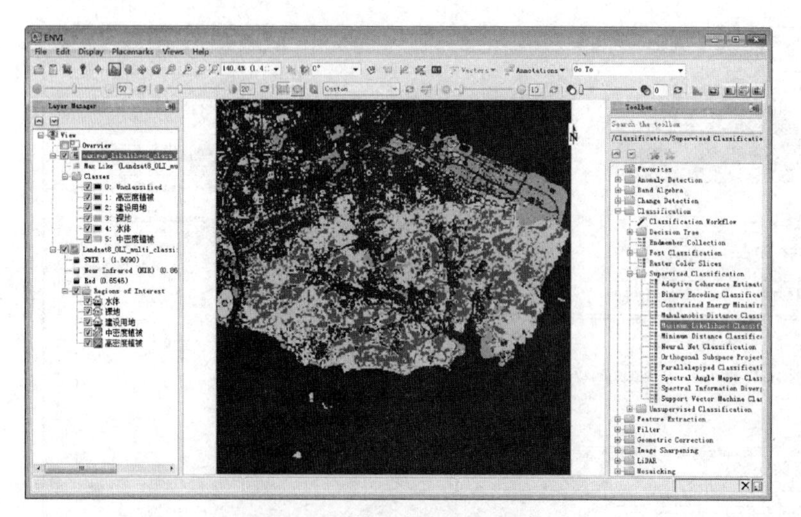

图 12.9　最大似然分类结果

图 12.9 彩版

而弹出 Support Vector Machine Classification Parameters 对话框(图 12.10)。

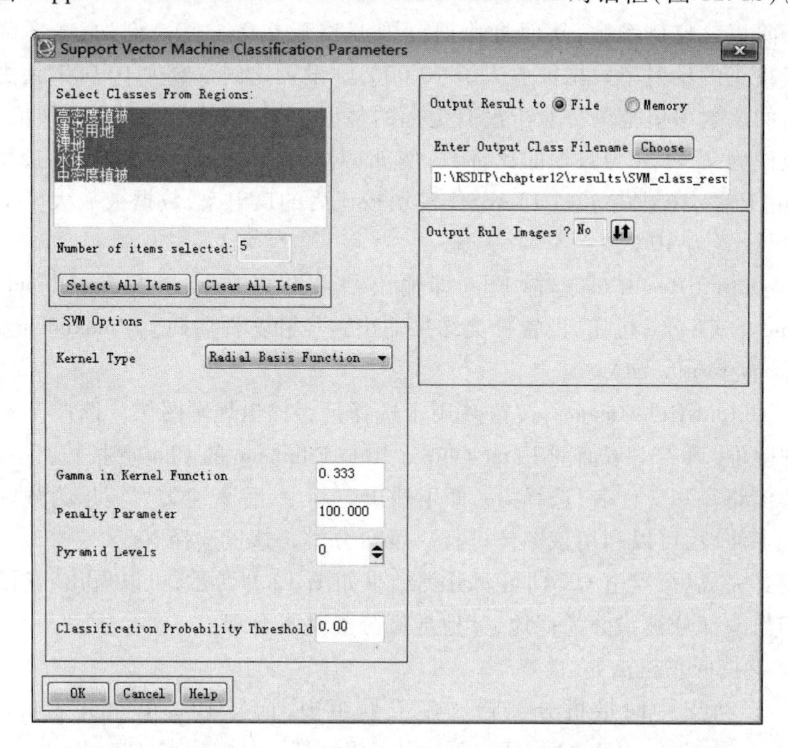

图 12.10　Support Vector Machine Classification Parameters 对话框

② Support Vector Machine Classification Parameters 对话框参数设置。

• Select Classes From Regions：选择训练样本，这里点击 Select All Items 按钮（即选择所有样本）。

• Kernel Type：核函数，这里提供了 Linear（线性）、Polynomial（多项式）、Radial Basis Function（径向基）和 Sigmoid（S 形）四种核函数。当选择 Polynomial 时，则需进一步设置多项式的次数（Degree of Kernel Polynomial），其最小值为 1，最大值为 6，这个值越大，描绘类别之间的边界越精确，但是会增加分类变成噪声的风险。默认值为 2。当选择 Polynomial 或者 Sigmoid 时，使用向量机规则需要为核函数指定一个偏移量，即 Bias in Kernel Function，其默认值为 1。当选择 Polynomial、Radial Basis 或 Sigmoid 时，则需要设置 Gamma in Kernel Function 参数，这个值是一个大于零的浮点型数据，默认值为输入图像波段数的倒数。此处选择 Radial Basis Function 为核函数，由于输入波段数为 3，则 Gamma in Kernel Function 参数默认取值为 0.333。

• Penalty Parameter：惩罚因子，该参数用于控制样本错误与分类刚性延伸之间的平衡，是一个大于零的浮点型数据，默认值为 100。此处选择默认值。

• Pyramid Levels：分级处理等级，在支持向量机训练和分类处理过程中用到。如果该参数取值为 0，即以原始的图像分辨率进行处理；若等级数为 n（n 为大于 0 的整数）时，则首先将原图像重采样成该等级的图像（即行列数是原始图像行列数的 $1/2^n$ 倍）进行处理，然后对不能确定类别的像元在下一等级（即更精细的分辨率水平下）进行处理。该参数可取到的最大值是根据图像的行列数确定的，其取值原则是最高等级图像的行列数必须大于 64×64。例如，对于一幅行列数为 24 000×24 000 的图像来说，其最大等级取值只能为 8，此时最大等级图像的行列数约为 94×94（即 $24\,000/2^8$）。如果 Pyramid Levels 被设置为一个大于 0 的值时，此时还需设置一个金字塔分类阈值（pyramid classification threshold），该参数是用于限定该等级下每个像元分类的概率，即大于该概率分类阈值的像元在下一等级（即更精细的分辨率水平下）将不再被重新分类。其取值范围为 0—0.9，默认值为 0。本案例选择默认值。

• Classification Probability Threshold：分类概率阈值，如果一个像元计算得到的规则概率小于该值，则该像元被归为未分类（uncalssified），其取值范围为 0.0—1.0。默认值为 0.0，这里选择默认值。

• Output Result to：选择 File，即输出结果为文件，点击 Enter Output Class Filename 的 Choose 按钮，设置分类结果输出路径和文件名（记为 SVM_class_result.dat）。

• Output Rule Images：按钮⇅用于选择是否输出规则图像。Yes，即输出规则图像,可点击 Enter Output Rule Filename 的 Choose 按钮,设置规则图像输出路径和文件名;No,即不输出。其中,每个地类均输出为规则图像的一个波段,可以利用该图像进行决策树分类或其他应用。这里选择 No。

设置完成后,点击 OK 即可。分类结果如图 12.11 所示,可以看出除了建设用地中的建筑物阴影被错分为水体外,其他地区分类基本合理。

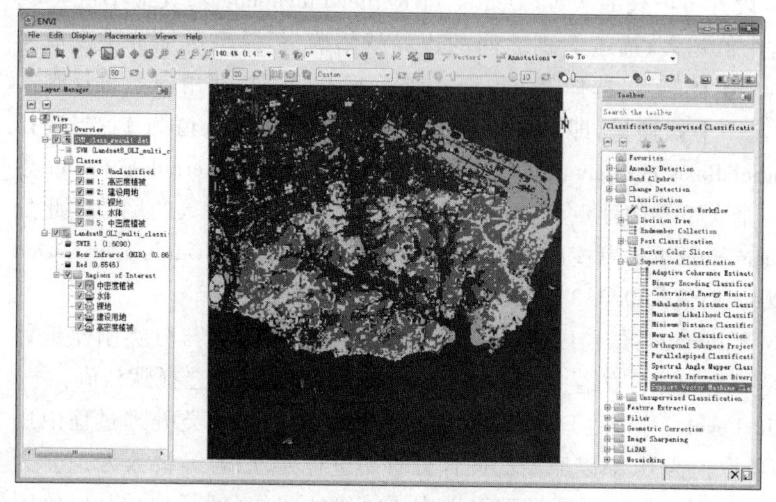

图 12.11 支持向量机监督分类结果

图 12.11 彩版

3. 神经元网络分类

① 启动神经元网络分类器。在工具箱中,选择 Classification > Supervised Classification> Neural Net Classification,在弹出的 Classification Input File 对话框中选择 Landsat 8_OLI_multi_classify_b456.dat 文件,然后点击 OK,继而弹出 Neural Net Parameters 对话框(图 12.12)。

② Neural Net Parameters 对话框参数设置。

• Select Classes from Regions:选择训练样本,这里点击 Select ALL Items 按钮(即选择所有样本)。

• Activation:选择活化函数,提供对数函数(Logistic)和双曲线函数(Hyperbolic)两种。这里选择 Logistic。

• Training Threshold Contribution:输入训练样本的贡献值,取值范围为 0—1。该参数决定于活化节点级别相关的内部权重的贡献量,故用于调节节点内部权重的变化。通过交互式地调节节点间的权重和节点阈值,从而使输出层和响应误差达到最小。设置为 0 时,就是不调节节点内部权重,但如果设置权重太大,对分类结果会产生不良影响。这里设置为 0.9。

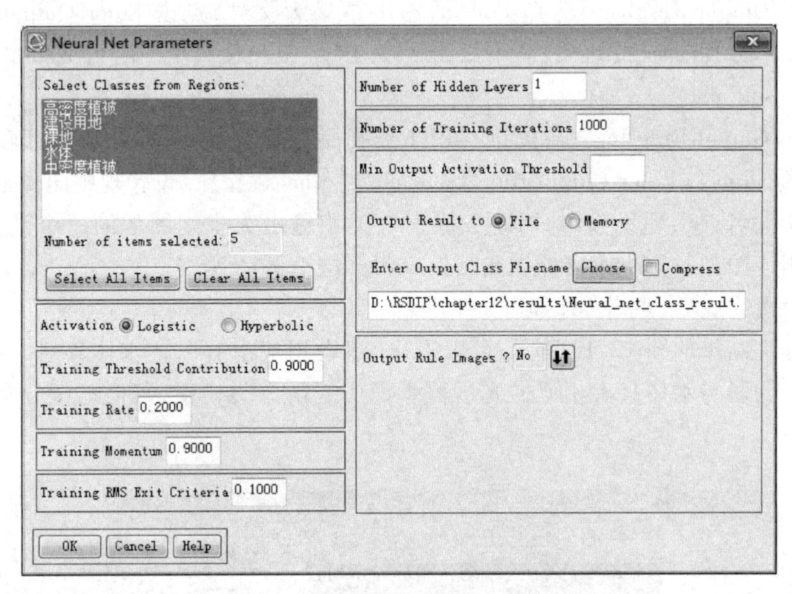

图 12.12　Neural Net Parameters 对话框

- Training Rate：权重调节速度，取值范围 0—1。参数值越大，则训练速度越快，但也增加摆动或者使训练结果不收敛。这里设置为 0.2。

- Training Momentum：该参数的作用是促使权重沿当前方向改变，取值范围为 0—1。当该参数大于 0 时，在 Training Rate 文本框中输入的较大值不会引起摆动。参数值越大，训练的步幅越大。这里设置为 0.9。

- Training RMS Exit Criteria：指定 RMS（均方根）误差在何值时训练停止。当 RMS 值小于输入值时，即使还没达到迭代次数，训练也会停止，然后进行分类。RMS 误差值在训练过程中将显示在图表中。本案例设置为 0.1。

- Number of Hidden Layers：隐藏层的数量设置。当不同的输入区域与一个单独的超平面线性可分时，则该参数设置为 0，即没有隐含层，进行线性分类；当输入的区域并非线性可分而需要两个超平面才能区分时，则该参数设置应该大于或者等于 1，即必须至少有一个隐含层才能解决该问题，一般设置为 1；当该参数设置为 2 时，即包含两个隐含层，主要用于区分输入空间中不同要素不邻近也不相连的问题。这里设置为 1。

- Number of Training Iterations：训练迭代次数，这里设置为 1 000。

- Min Output Activation Threshold：输入一个活化阈值，如果被分类的像元的活化值小于该阈值，则该像元被计入未分类中（unclassified）。这里不做设置。

• Output Result to:选择 File,即输出结果为文件,点击 Enter Output Class Filename 的 Choose 按钮,设置分类结果输出路径和文件名(记为 Neural_net_class_result. dat)。

• Output Rule Images:按钮 用于选择是否输出规则图像,Yes,即输出规则图像,可点击 Enter Output Rule Filename 的 Choose 按钮,设置规则图像输出路径和文件名;No,即不输出。其中,每个地类均输出为规则图像的一个波段,可以利用该图像进行决策树分类或其他应用。这里选择 No。

设置完成后,点击 OK 即可。

分类结果如图 12.13 所示,可以看出,建设用地中有一些水体碎斑,这是由建筑物阴影与水体具有相似的光谱信息而引起的分类错误,其他地区分类基本合理。

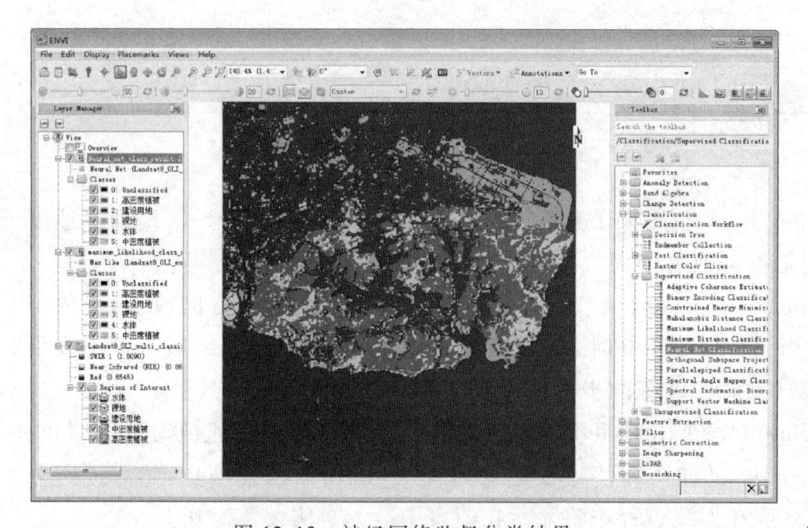

图 12.13　神经网络监督分类结果

图 12.13 彩版

12.1.4　分类后处理

该处理以神经元网络分类结果为例,介绍分类后处理操作流程。根据图 12.13 所示结果,各地类均是连续分布,基本上不存在空间不连续问题,为了消除分类结果中的碎斑,这里对其进行主要分析(majority analysis)。

① 启动主要分析工具。在工具箱中,选择 Classification > Post Classification> Majority/Minority Analysis,在弹出的 Classification Input File 对话框中选择 Neural_net_class_result. dat 文件,点击 OK,即弹出 Majority/Minority Parameters 对话框(图 12.14)。

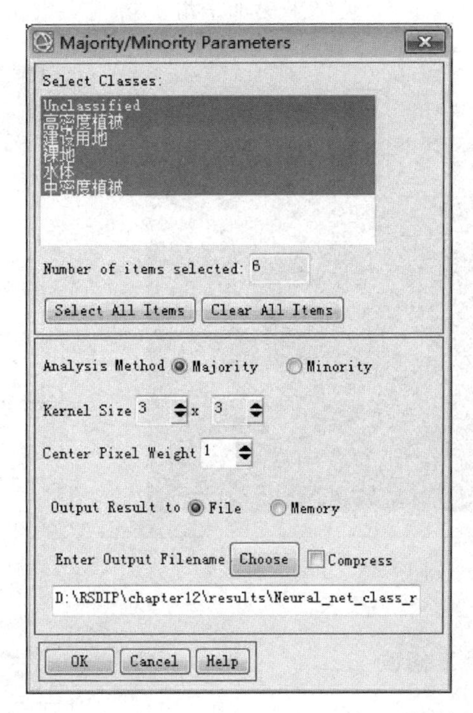

图 12.14　Majority/Minority Parameters 对话框

② Majority/Minority Parameters 对话框参数设置。

- Select Classes：选择待处理类别，可用鼠标在列表中选择。这里点击 Select All Items 按钮，选择所有类别。
- Analysis Method：选择分析方法。Majority，即主要分析；Minority，即次要分析。这里选择 Majority。
- Kernel Size：选择运算核大小，该参数必须为奇数但不一定必须为正方形，运算核越大，处理结果越平滑。这里设置为 3×3。
- Center Pixel Weight：中心像元权重，在判断哪个类别在运算核中占主要地位时，中心像元权重用于设定中心像元类别被计算的次数。如果设置为 1，系统计算 1 次中心像元的类别；如果输入为 5，系统将计算 5 次中心像元类别。这里设置为 1。
- Output Result to：这里选择 File 输出，并点击 Enter Output Filename 的 Choose 按钮设置输出路径和文件名（记为 Neural_net _class_result_majority.dat）。

设置完成后，点击 OK 即可。结果如图 12.15 所示，可以看出主要分析处理后的结果中碎斑被消除了,分类结果更加平滑。

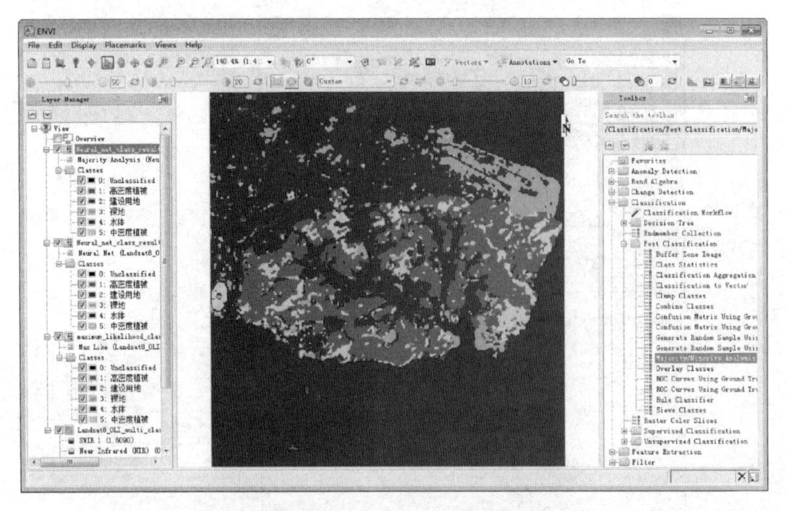

图 12.15　主要分析结果

图 12.15 彩版

12.1.5　局部手工修改

由于建设用地中部分建筑物阴影被错分为水体,需要将其修改为建设用地。ENVI 经典界面中的 Interactive Class Tool 工具可以对局部错分、漏分的像元进行手工修改。由于该功能尚未更新到 ENVI 5.2.1 新界面,这里采用经典界面进行操作。

① 启动 ENVI 5.2.1 经典界面。单击开始>所有程序> ENVI 5.2 > Tools > ENVI Classic,稍等片刻即可打开经典界面。

② 导入待修改的分类数据。在主菜单中,单击 File > Open,选择 Landsat 8_OLI_multi_classify_b456.dat 和 Neural_net_class_result _ majority.dat 文件,成功加载图像(图 12.16)。

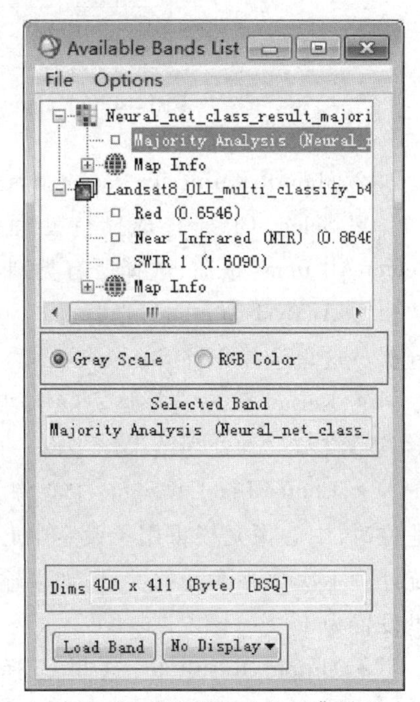

图 12.16　ENVI 5.2.1 经典界面 Available Bands List 窗口

③ 启动 Interactive Class Tool 工具。在 Available Bands List 列表中选中用于分类的

原始遥感图像 Landsat 8_OLI_multi_classify_b456. dat 文件，并选用 RGB Color，同时设置红、绿、蓝波段组合用于彩色显示，然后点击 Load Band 按钮，即在 Image 窗口中显示了该数据。在 Image 窗口的菜单栏，选择 Overlay > Classification，在弹出的 Interactive Class Tool Input File 对话框中选择 Neural_net_class_result_majority. dat 文件，然后点击 OK，即打开 Interactive Class Tool 工具（图 12.17），勾选类别前面的 On 选择框，将此类别结果叠加显示在 Image 窗口内的原始遥感图像上，就可以采用目视判读的方式来评价分类结果的准确性。Landsat 8_OLI_multi_classify_b456. dat 图像与分类结果的水体信息叠加效果如图 12.18 所示。

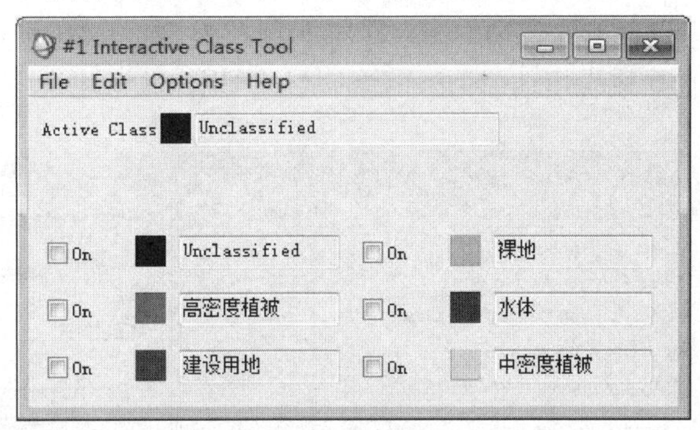

图 12.17　Interactive Class Tool 工具

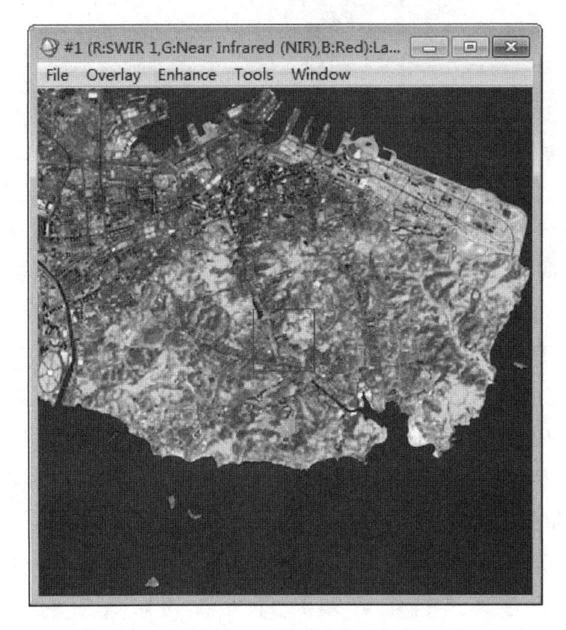

图 12.18　原图像与分类结果中的水体信息叠加效果

图 12.18 彩版

另外,如果有该地区更高空间分辨率的遥感图像,可以将它作为参考以评价分类结果的准确性,其效果会更好;但由于两幅图像的行列数不一致故不能采用图像叠加方式,此时可以将高分辨率的遥感图像与分类结果的 Image 窗口进行地理关联(Geographick Link...)来对比判断。由于本案例的局部手动修改主要是查看分类结果是否真实反映原图像的信息,所以这里以原始图像作为参考进行比较。

④ 编辑地类。在本案例中,需对实为建设用地但被错分为水体的类别进行修改,也就是需将错误的水体类别删除,因此,在 Interactive Class Tool 面板中,选择 Edit>Mode:Polygon Delete from Class,即从某一类中删除。然后,选择 Edit>Set delete class value,选择删除类别的去向。本案例在弹出 Set delete class value 对话框(图 12.19)中选择建设用地(即把删除的水体类别归并至建设用地),点击 OK。

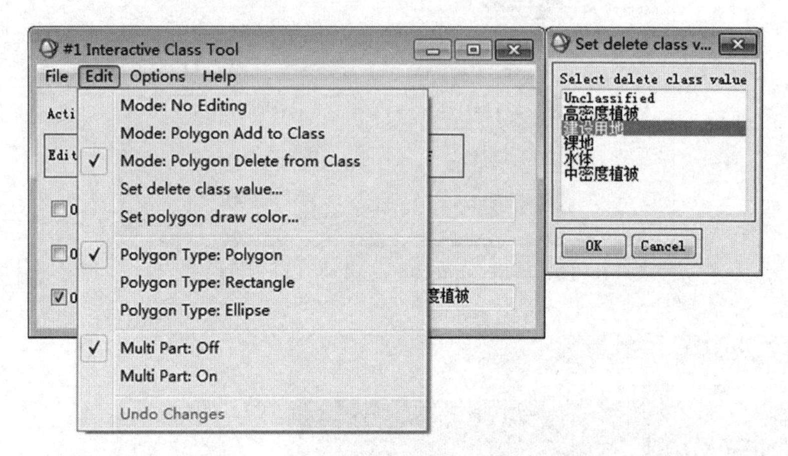

图 12.19 Set delete class value 对话框

下一步,在 Interactive Class Tool 面板中,点击"水体"地类前面的蓝色方框以激活该类别用于编辑,确保面板上端的 Active Class 变成水体地类,即该地类被激活;同时勾选该类别前面的 On 选择框以用于目视对比判读。在 Edit Window 窗口中选择 Image,即在 Image 窗口中进行编辑(图 12.20)。

再下一步,在 Image 窗口中绘制多边形,将错分为水体的建设用地覆盖在多边形中,双击鼠标右键即可完成修改。将所有错分的水体类别修改完成后,在 Interactive Class Tool 面板工具栏中,选择 File > Save Change to File...,即可保存修改结果。最后关闭 ENVI Classic 软件。

在 ENVI 新界面中重新加载 Neural_net_class_result_majority.dat 文件(注意需重新加载该文件,因为已经对其进行了修改),即可看到修改后的结果(图 12.21),图像中建设用地中的水体小斑已经被手工剔除了。

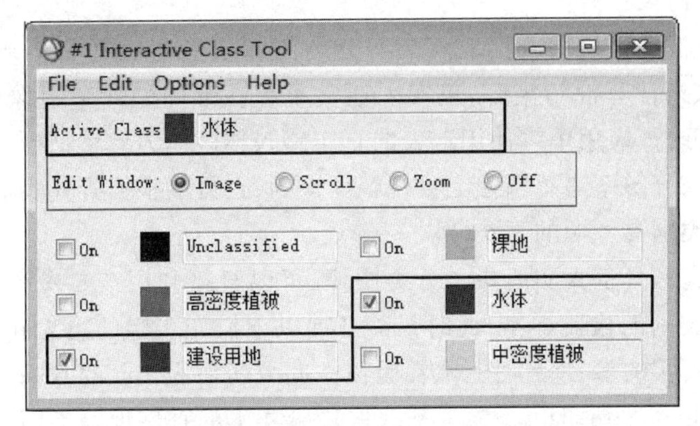

图 12.20　设置完成后的 Interactive Class Tool 面板

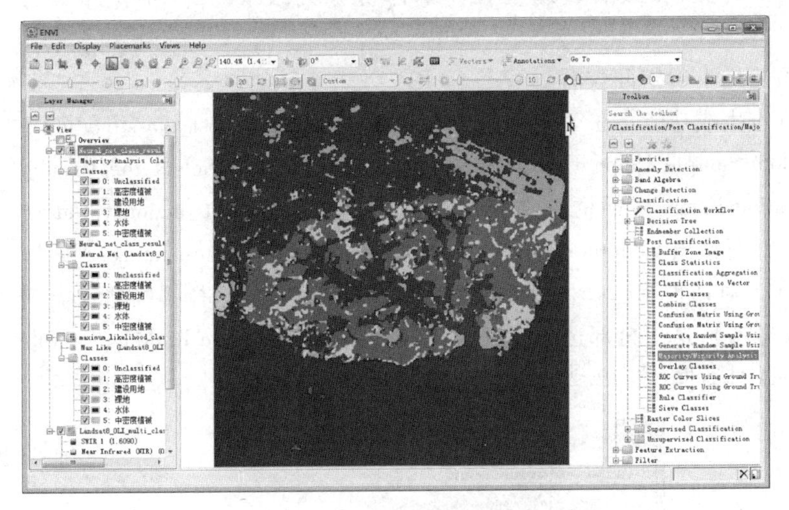

图 12.21　分类结果手动修改后结果

图 12.21 彩版

12.1.6　精度评价

ENVI 软件对分类结果的精度提供了混淆矩阵和 ROC 曲线两种评价方法，混淆矩阵用于评价普通的分类结果，以数据形式表示分类精度；ROC 曲线专门用于评价分类规则图像或者软分类结果，用图形的方式表达分类精度。本案例采用混淆矩阵评价分类结果与地表真实信息的一致性，这里要说明的是该操作是为了评价分类结果的可靠性，所以在精度评价之前进行了分类后处理和局部修改；如果精度评价的目的在于评价分类方法的优劣，则直接对分类器自动分类结果进行评价。

ENVI 软件提供使用一幅地表真实分类图像或者地表真实感兴趣区(即样本)两种方式来计算混淆矩阵,事实上通常不存在准确的参考图像让我们进行逐像元对比分析,应用中多使用地表的真实感兴趣区作为参考,感兴趣区的类别属性可以在高分辨率遥感图像上目视解译得到,也可以根据野外实地调查获取,原则是确保类别参考源的真实性。

如果研究区具备真实的参考分类图像,可以直接利用该参考图像来生成具有真实地物类别的检验样本,此时只需开展以下操作步骤的第 1 和第 3 步。本案例不存在真实的参考分类图像,而是以空间分辨率为 5 m 的 Google Earth 图片(Google_earth_picture. dat)为参考来获取检验样本的真实地物类别,其基本思路是先根据分类结果随机生成检验样本的空间位置,然后参考高分辨率图像目视判定各检验样本的类别,最后以此检验样本评价分类结果,其详细操作分为以下 3 步。

1. 生成检验样本的空间位置

① 启动样本生成功能。在工具箱中,选择 Classification > Post Classification > Generate Random Sample Using Ground Truth Image,在弹出的 Select the Ground Truth Classification Image 对话框中选择 Neural_net_class_result_majority. dat 文件,点击 OK。继而弹出 Generate Random Sample from Ground Truth Image 对话框(图 12.22),在该对话框下选择生成感兴趣区的地物类别(即选择哪些地物类别用于生成检验样本),这里全部选中,点击 OK,随后弹出 Generate Random Sample Input Parameters 对话框(图 12.23)。

图 12.22 Generate Random Sample from Ground Truth Image 对话框

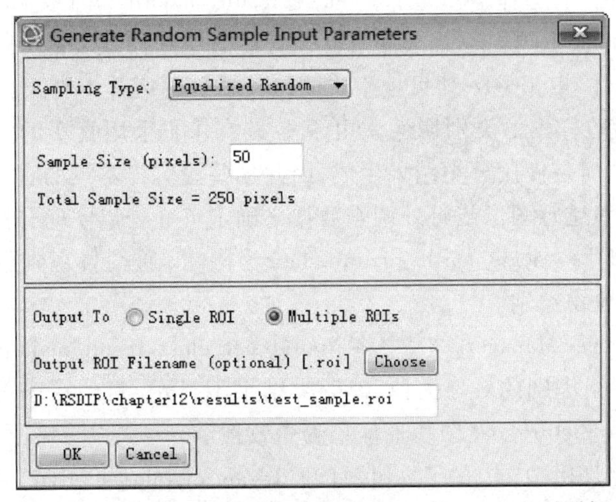

图 12.23　Generate Random Sample Input Parameters 对话框

② Generate Random Sample Input Parameters 对话框参数设置。

• Sampling Type:抽样方式选择。软件提供三种抽样方法,分层随机抽样(Stratified Random),即在每个类别中随机抽样,每个类别中的样本量可按各类别面积大小的比例设置或者不按比例设置(用户可自定义);平均抽样法(Equalized Random),即在每个类别中随机抽样,且每个类别中的样本量一样;随机抽样法(Random),即对整幅图像随机抽样,此时极有可能遗漏面积较小的类别。本实验数据范围小,裸地和中密度植被面积更小,如果采用分层按比例抽样,这些类别的样本量会很少,为了方便且能保证每类样本均衡,这里选择 Equalized Random。

• Sample Size(Pixels):每个类别的样本个数,这里设置为 50。

• Output To:ROI 输出方式,Single ROI,即将所有类别的样本 ROI 输出为一个数据层;Multiple ROIs,即将各个类别的样本 ROI 均单独输出为一个数据层。因为后面还需对每个样本点进行编辑以确定其真实的类别属性,故选择输出为 Multiple ROIs。

• Output ROI Filename(optional)[.roi]:设置 ROI 输出路径和文件名(此处记为 test_sample.roi)。

设置完成后,点击 OK 即可。

2. 确定检验样本的真实类别

① 导入上一步生成的检验样本。在工具栏,点击按钮,导入 test_sample.roi 文件,在弹出的 File Selection 对话框的 Choose Association Raster of the

Classic ROIs 列表下选择 Neural_net_class_result_majority. dat 文件，点击 OK；在弹出的 Select Base ROI Visualization Layer 对话框中选择 Neural_net_class_result_majority. dat 文件，点击 OK，即可把生成的检验感兴趣区样本导入。

② 编辑检验样本的类别属性。由于本实验并非采用真实的分类参考图像生成检验样本，而是使用分类结果生成，因此这些检验样本点的真实地物类别还需利用高分辨率遥感图像或野外调查数据来确定。此处以空间分辨率为 5 m 的 Google Earth 图片（Google_earth_picture. dat）为参考，通过目视判读来获取各检验样本的真实地物类别。

首先，在 Layer Manager 列表中将 Neural_net_class_result_majority. dat 文件下的 class 中的各个类别的对勾去掉，使分类结果不显示，目的在于对照检验样本和 Google_earth_picture. dat 图片上信息的一致性。

然后，在工具栏中，点击按钮，打开 Region of Interest（ROI） Tool，在 Layer Manager 列表中，选择某一类型的检验样本（如中密度植被检验样本），然后在 Region of Interest（ROI） Tool 面板中点击 Pixel 选项卡，点击按钮，查看每一个样本点，以高分辨率遥感图像为参考，检验其类别的正确性。如果不正确，则在 Layer Manager 列表中选中该样本点位置所对应的正确类型的检验样本层，在相同位置处再绘制一个正确类别的样本点；同时删除原样本点，具体操作为（图 12.24）：选中错误类型样本点所在的样本层，把鼠标指针放置到该样本点处，点击鼠标右键，点击弹出的 Delete Pixel 按钮，即可删除该样本点。采用此方法对所有样本点逐一检验。

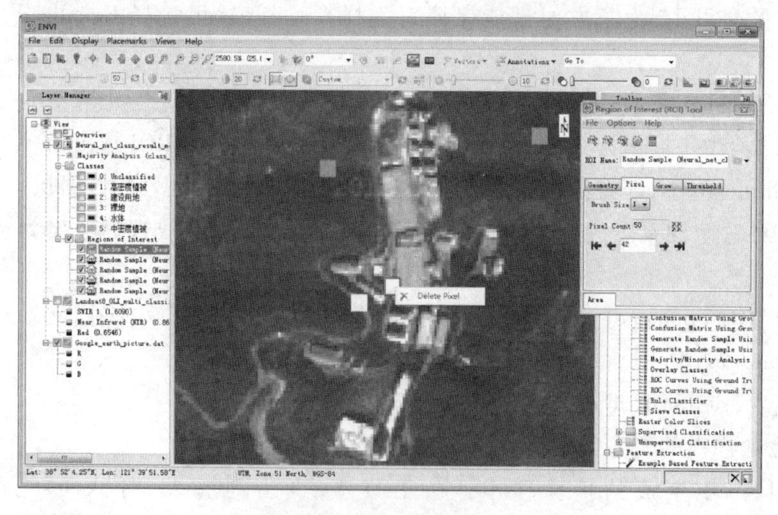

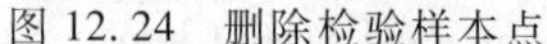
图 12.24　删除检验样本点

图 12.24 彩版

这里要说明是,检验样本是随机生成的,可能会存在样本点位于混合像元处的情况。如果遇到该问题,则以面积占优法或者权重占优法选择像元类别。比如,较窄的河流通常不能占满一个像元,其与周边的其他地类在图像上表现为混合像元,为了体现水体信息,则将该像元划为水体一类。如果此类问题出现较多,则应考虑调整样本点位置,尽量保持以纯净像元作为检验样本点。另外,如果参考图像的获取时间与分类图像时间不一致,还应考虑地物本身发生的变化,类别确定应该综合多种信息来判定。例如,本实验采用的 Google_earth_picture. dat 图片获取时间早于 Landsat 8_OLI_multi_calssify. dat 图像,该地区东北区域部分海域已经被填海造陆,实际地类为裸地,所以在验证时应该把这个区域定义为裸地而不是水体。

③ 保存编辑后的检验样本。在 Region of Interest(ROI) Tool 面板中,选择 File > Export > Export to Classic…,在弹出的 Export ROIs to Classic . ROI 对话框中,点击 Select All Items,选择所有样本,在 Enter Output File[. roi]文本框中键入输出路径和文件名(记为 new_test_sample. roi)。

3. 基于混淆矩阵的分类精度评价

经过前面的操作,此时存在两个 ROI 文件:test_sample. roi 和 new_test_sample. roi。test_sample. roi 文件已不再需要,为了避免干扰,先将其从 ENVI 中关闭,然后加载具有真实类别属性的检验样本文件 new_test_sample. roi。具体操作如下。

首先,在工具栏点击按钮,弹出 Data Manager 对话框(图 12.25),在列表中选中 test_sample. roi 文件,点击按钮关闭该文件,然后弹出 Save ROI 对话框,提示是否保存文件,这里选择 No,不保存。

然后,在 Data Manager 对话框中,点击打开 new_test_samole. roi 文件,在弹出的 File Selection 对话框的 Choose Association Raster of the Classic ROIs 列表下选择 Neural_net_class_result_majority. dat 文件,点击 OK;在弹出的 Select Base ROI Visualization Layer 对话框中选择 Neural_net_class_result_majority. dat 文件,点击 OK,即可把生成的检验感兴趣区样本导入。

接着,在工具箱中,选择 Classification > Post Classification > Confusion Matrix Using Ground Truth ROIs,在弹出的 Classification Input File 对话框中选择 Neural_net_class_result_majority. dat 文件,点击 OK,弹出 Match Classes Paramters(图 12.26)。参数设置如下。

- Select Ground Truth ROI:选择某类真实的感兴趣区,则相应的类别出现在 Ground Truth ROI 文本框后。

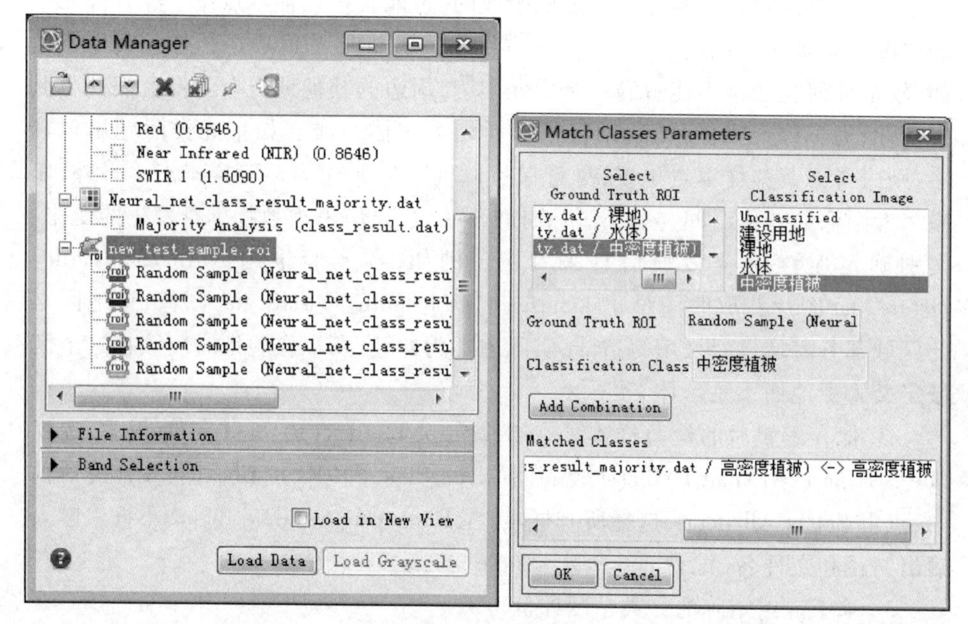

图 12.25 Data Manager 对话框

图 12.26 Match Classes Parameters 对话框

- Select Classification Image:选择与 Select Ground Truth ROI 中选择的检验样本类别一致的分类结果的类别,则相应的类别出现在 Classification Class 文本框后。

- Add Combination:添加某类检验样本与分类结果组合,点击该按钮后,则相应的组合会出现在 Matched Classes 列表中。

重复上述操作,将所有检验样本与相应的分类结果中的类别相对应,并添加到 Matched Classes 列表中,设置完成后,点击 OK,弹出 Confusion Matrix Parameters 对话框(图 12.27),选择 Output Confusion Matrix in 下的 Pixels 和 Percent、Report Accuracy Assessment 下的 Yes,点击 OK 即可。

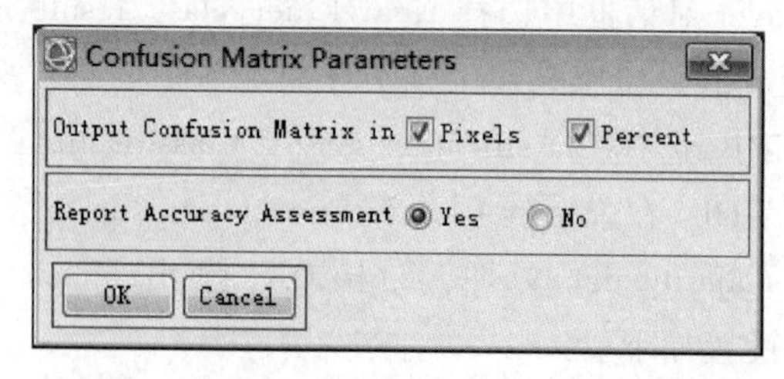

图 12.27 Confusion Matrix Parameters 对话框

混淆矩阵评价结果如图 12.28 所示,评价结果显示,分类总体精度为 92.400 0%, Kappa 系数为 0.905 0,分类精度较高。从混淆矩阵(第一张表)可以看出,中密度植被(第二列数据)中有 1 个样本被错分为高密度植被,建设用地(第三列数据)有 12 个样本被错分为裸地(白色建筑物与裸地光谱信息相似),建设用地有 2 个样本被错分为中密度植被(建筑物与植被多为混合像元导致)。精度评价结果如图 12.29 所示,可以看出建设用地的制图精度较低,为 77.78%,说明分类器正确识别建设用地能力较弱,需要改进。从用户精度来看,裸地的用户精度较低,为 76.00%,说明该分类结果中裸地的可靠性较低。

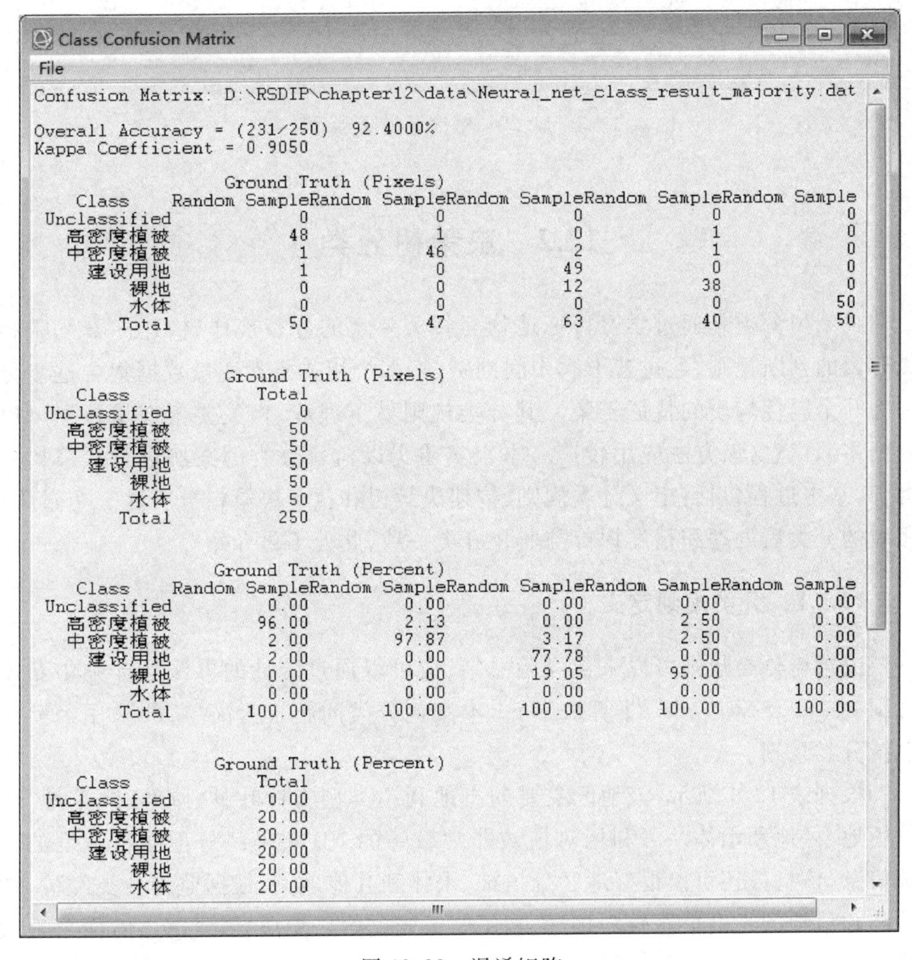
Class Confusion Matrix

File

Confusion Matrix: D:\RSDIP\chapter12\data\Neural_net_class_result_majority.dat

Overall Accuracy = (231/250) 92.4000%
Kappa Coefficient = 0.9050

Ground Truth (Pixels)

Class	Random SampleRandom	SampleRandom	SampleRandom	SampleRandom	Sample
Unclassified	0	0	0	0	0
高密度植被	48	1	0	1	0
中密度植被	1	46	2	1	0
建设用地	1	0	49	0	0
裸地	0	0	12	38	0
水体	0	0	0	0	50
Total	50	47	63	40	50

Ground Truth (Pixels)

Class	Total
Unclassified	0
高密度植被	50
中密度植被	50
建设用地	50
裸地	50
水体	50
Total	250

Ground Truth (Percent)

Class	Random SampleRandom	SampleRandom	SampleRandom	SampleRandom	Sample
Unclassified	0.00	0.00	0.00	0.00	0.00
高密度植被	96.00	2.13	0.00	2.50	0.00
中密度植被	2.00	97.87	3.17	2.50	0.00
建设用地	2.00	0.00	77.78	0.00	0.00
裸地	0.00	0.00	19.05	95.00	0.00
水体	0.00	0.00	0.00	0.00	100.00
Total	100.00	100.00	100.00	100.00	100.00

Ground Truth (Percent)

Class	Total
Unclassified	0.00
高密度植被	20.00
中密度植被	20.00
建设用地	20.00
裸地	20.00
水体	20.00

图 12.28　混淆矩阵

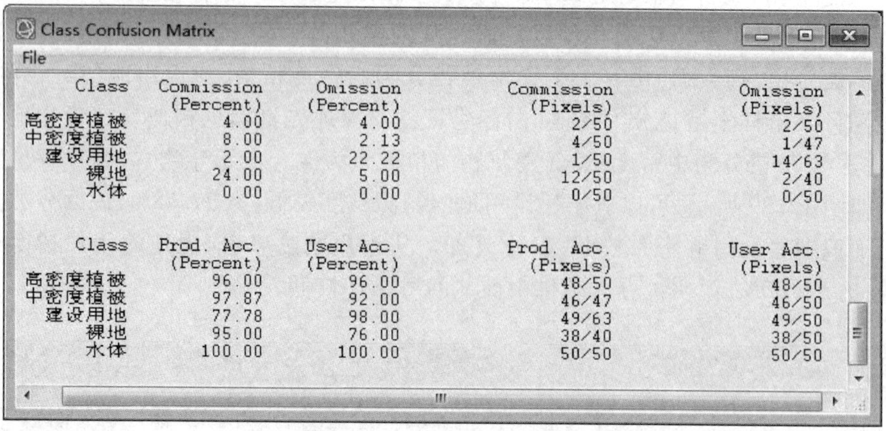

Class Confusion Matrix

File

Class	Commission (Percent)	Omission (Percent)	Commission (Pixels)	Omission (Pixels)
高密度植被	4.00	4.00	2/50	2/50
中密度植被	8.00	2.13	4/50	1/47
建设用地	2.00	22.22	1/50	14/63
裸地	24.00	5.00	12/50	2/40
水体	0.00	0.00	0/50	0/50

Class	Prod. Acc. (Percent)	User Acc. (Percent)	Prod. Acc. (Pixels)	User Acc. (Pixels)
高密度植被	96.00	96.00	48/50	48/50
中密度植被	97.87	92.00	46/47	46/50
建设用地	77.78	98.00	49/63	49/50
裸地	95.00	76.00	38/40	38/50
水体	100.00	100.00	50/50	50/50

图 12.29　精度评价结果

12.2　决策树分类

决策树分类是通过学习目标地物与相关要素的分布规律,构建一套基于相关要素的判断规则,通过若干次中间判别,将多个相关要素变量数据集合逐步分解为几个属性均质的特征子集。其分类规则易于理解,相关要素变量数据可以利用多源信息,该方法应用较广。本次实验仍以监督分类的案例进行决策树分类,其基本过程包括:定义分类规则、构建决策树和执行决策树分类这三个过程,相应的分类后处理和精度评价与监督分类一致,此处不再介绍。

12.2.1　分类规则定义

决策树分类规则可以来自经验总结,也可以通过统计的方法从样本中获取规则(如 C4.5 算法、CART 算法等)。本案例分类问题较为简单,故采用经验法总结分类规则。

根据表 12.1 所示,该地区主要的土地利用类型为针叶林、阔叶林、草地、建设用地、裸地和水体。可利用对植被非常敏感的 NDVI 来区分不同覆盖度的植被信息,该指数还可以很好地区分植被、水体和其他地类;根据监督分类经验,阔叶林和草地的光谱信息较为接近,利用图像光谱信息无法直接区分,然而草地大多是分布在平坦地区的公园,阔叶林主要分布在山坡,因此可以通过坡度将阔叶林和草地区分。Landsat 8 OLI 图像第七波段属中红外波段,对地物水分含量比较敏感,含水量高的地物(如植被等)反射率低,含水量低的地物(如居民地、裸地等)反射率高,可以利用该波段来区分裸地和其他地物。如图 12.30 所示,左上角图像为 Landsat 8_OLI_multi_classify.dat 图像第六、五、四波段合成的假彩色图像,右上角图像为相应的 NDVI 图像(利用工具箱中的 Spectral>Vegetation>NDVI 工具提取或采用本书第4.1.2 节介绍的波段运算工具提取,记为 Landsat 8_OLI_multi_classify_ndvi.dat),左下角图像为坡度图像(Slope.dat),右下角图像为 Landsat 8_OLI_multi_classify.dat 的第七波段,本案例以这三个要素数据建立规则。

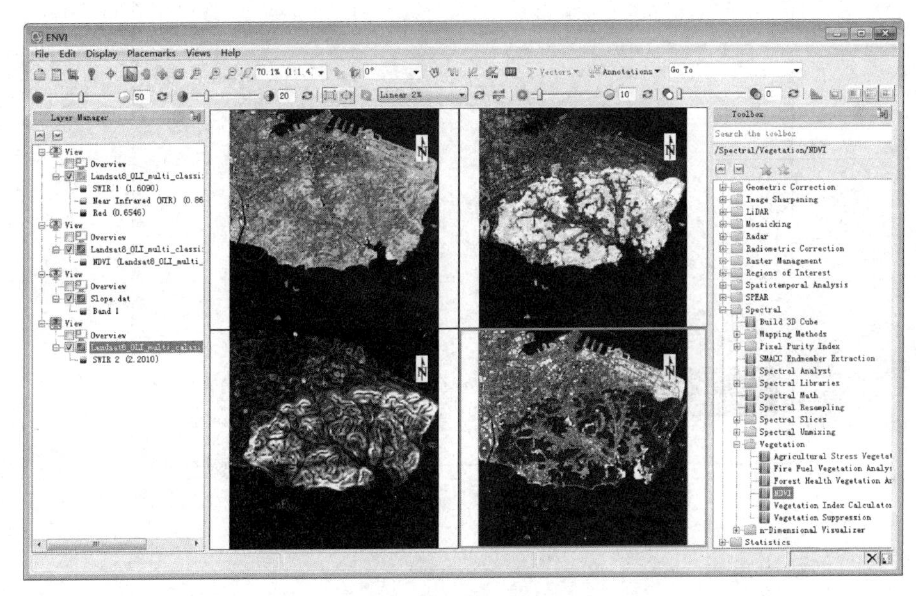

图 12.30　决策树相关要素

根据以往经验以及对各要素进行采样分析,本案例可以构建以下判断规则。

① Class0(针叶林): 0.4 < NDVI < 0.85 且 Slope > 5;

② Class1(阔叶林): 0.85 < NDVI 且 Slope > 5;

③ Class2(草地):0.4 < NDVI < 0.85 且 Slope < 5;

④ Class3(建设用地):0 < NDVI < 0.6 且 Band7 < 2 100;

⑤ Class4(裸地):0 < NDVI < 0.6 且 Band7 > 2 100;

⑥ Class5(水体):NDVI < 0。

12.2.2　决策树创建

ENVI 软件提供的决策树是用二叉树来表达,规则表达式生成一个单波段结果,并且包含二进制结果 0 或者 1,0 结果被归属到表达式 No 分支,1 结果被归属为表达式 Yes 分支。具体创建过程如下。

1. 启动决策树创建窗口

在工具箱中，选择 Classification > Decision Tree > New Decision Tree，打开 ENVI Decision Tree 窗口，该窗口默认为一个决策树节点和两个类别(图 12.31)。

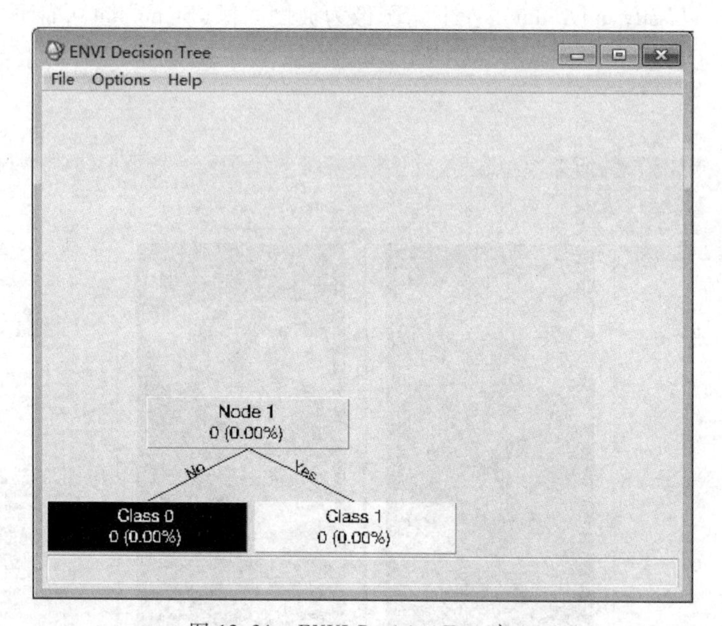

图 12.31 ENVI Decision Tree 窗口

2. 创建决策树

① 单击 Node 1 图标，打开节点属性编辑窗口 Edit Decision Properites (图 12.32)，并在 Name 文本框中键入“NDVI>0”，在 Expression 文本框中键入“b1 gt 0.0”(图 12.32)，点击 OK，在弹出的 Variable/File Pairings 对话框中点击“{b1}”(图 12.33)，然后在弹出 Select Band to Association with Variable“{b1}”对话框中选择 Landsat 8_OLI_multi_classify_ndvi.dat 文件，点击 OK 即可。此时，第一个节点表达式设置完成后，根据“b1 gt 0.0”成立与否划分为水体和非水体两部分。

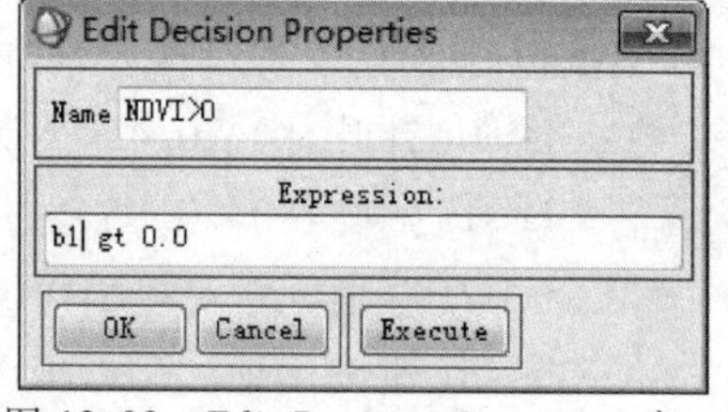

图 12.32 Edit Decision Properites 窗口

② 点击 No 分支 Class 0 的节点，弹出 Edit Class Properties 对话框，将 Class Value 调整成 5，Name 文本框修改为“Water”(该工具不支持中文，故采用英文名

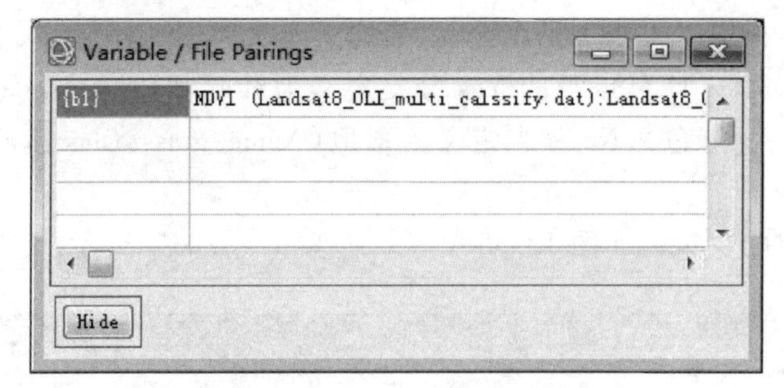

图 12.33　Variable/File Pairings 对话框

称),点击 Color 下拉菜单,将颜色设置为蓝色(图 12.34)。设置完成后,点击 OK 即可。

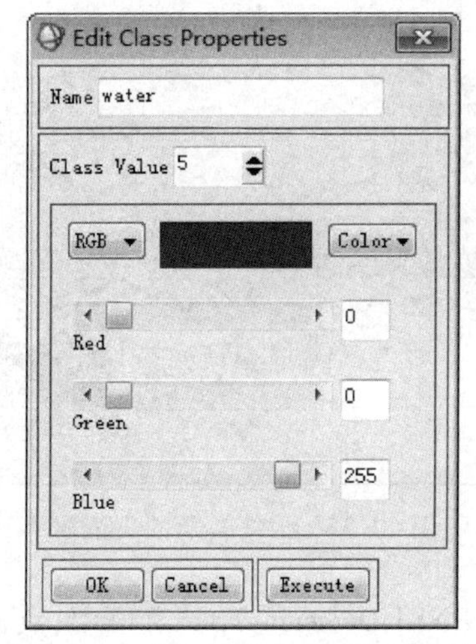

图 12.34　Edit Class Properties 对话框

③ 鼠标右键点击 Yes 分支 Class 1,从快捷菜单中选择 Add Children,则该子集将产生两个分支(No 分支 Class 4和 Yes 分支 Class 3),此时子集变成了节点。点击该节点,弹出 Edit Decision Properites 窗口,并在 Name 文本框中键入“NDVI>0.4”,在 Expression 文本框中键入“b1 gt 0.4”(参见图 12.32),点击 OK。

④ 在 Class 4 分支下,再添加一个分支,表达式定义为“b2 gt 2 100 ”,将变量 b2 定义为 Landsat 8_OLI_multi_classify.dat 的第七波段,No 分支定义为建设用地(Name:building,Class Value:3,颜色:红色),Yes 分支定义裸地(Name:bareland,Class Value:4,颜色:黄色)。

⑤ 在 Class 5 分支下,在添加一个分支,表达式定义为“b1 gt 0.85”。Yes 分支定义为阔叶林(Name:broad_leaved,Class Value:1,颜色:绿色)。

⑥ 在 No 分支下再添加一个分支,表达式定义为“b3 gt 5.0”,变量 b3 定义为 Slope.dat 文件。此节点下的 Yes 分支定义为针叶林(Name:coniferous,Class Value:0,颜色:深绿色),No 分支定义为草地(Name:grass,Class Value:2,颜色:浅绿色)。

最终构建的决策树如图 12.35 所示。

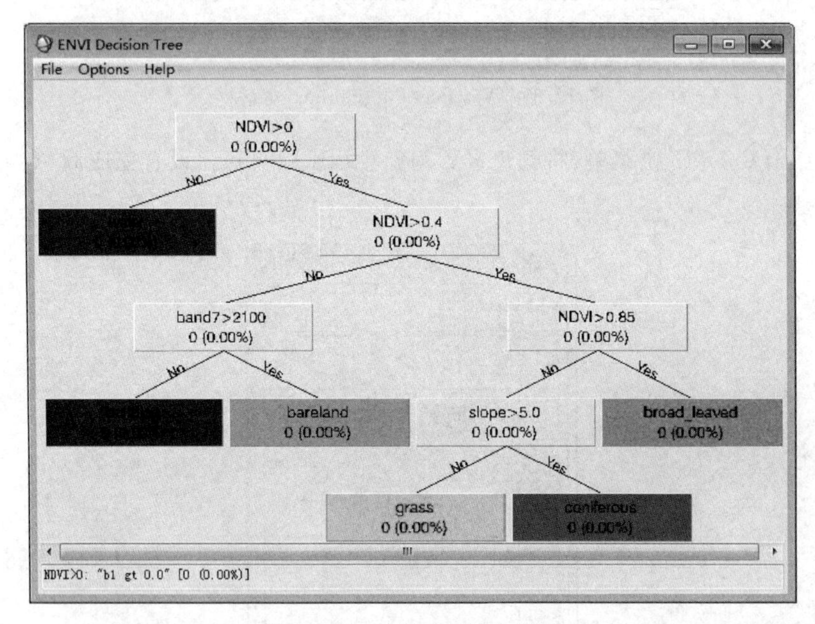

图 12.35 最终构建的决策树

⑦ 保存决策树。在 ENVI Decision Tree 窗口中,点击 File > Save Tree...,在弹出的 Save Decision Tree 对话框中设置输出路径和文件名,点击 OK 即可。

12.2.3 决策树分类

① 在 ENVI Decision Tree 窗口中,点击 Options > Execute...,弹出 Decision Tree Execution Parameters 对话框(图 12.36)。

② Decision Tree Execution Parameters 对话框参数设置如下。

- Select Base Filename and Projection:选择一个文件作为输出分类结果的基准,分类结果的地图投影、像元大小和范围都将被调整以匹配基准图像。这里选择 Landsat 8_OLI_multi_classify.dat 文件。
- Resampling:选择重采样方法,这里选择 Nearest Neighbor。
- Spatial Subset:设置处理范围,这里默认为 Full Scene,即全图像处理。

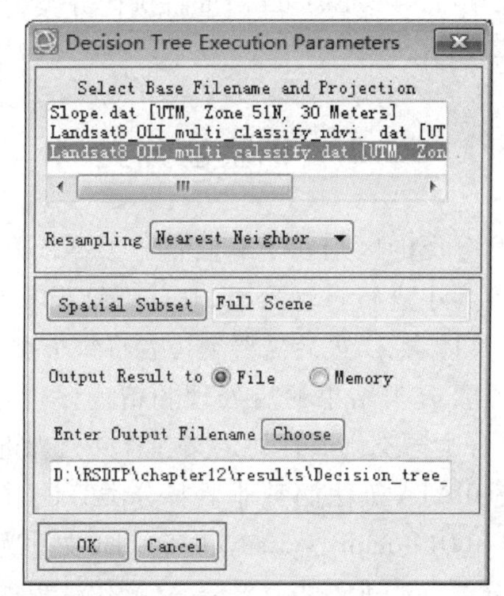

图 12.36　Decision Tree Execution Parameters 对话框

• Output Result to：结果输出，这里选择 File，并点击 Enter Output Filename 的 Choose 按钮，设置输出路径和文件。

设置完成后，点击 OK 即可。决策树分类结果如图 12.37 所示，该方法成功将草地和阔叶林区分，但分类结果中建设用地和裸地仍有混分。

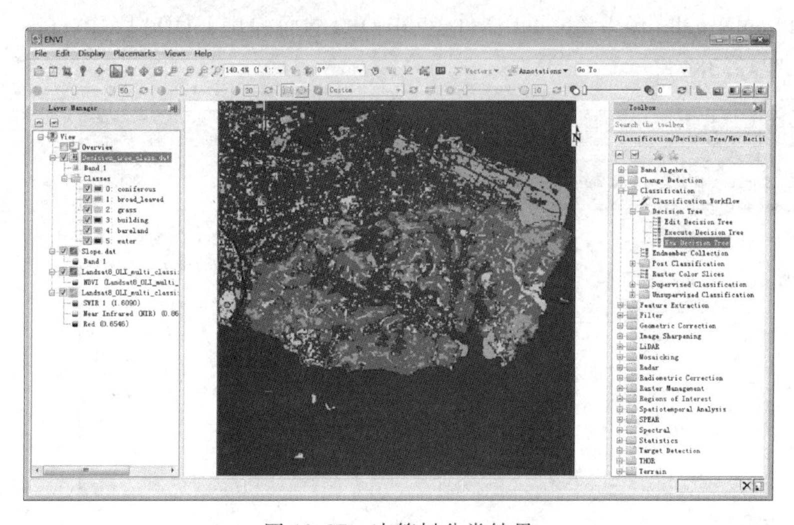

图 12.37　决策树分类结果

图 12.37 彩版

如果对分类结果不满意，可以点击节点，打开 Edit Decision Properites 窗口进行参数修改,然后点击 Options > Execute...重新执行分类,直到调整参数到满意为止。

12.3 非监督分类

非监督分类与监督分类的区别在于非监督分类不依靠训练样本,仅根据像元间特征变量的相似度大小进行自动聚类,其分类结果只是对不同类别进行区分,但并不确定类别的具体含义,最后需要解译者将每个类别与参考数据进行比较来定义其属性。非监督分类结果的后处理和精度评价等过程与监督分类相似,本案例仅就非监督分类与类别属性的定义和合并处理进行说明。ENVI 软件提供 K-均值算法和 ISODATA 算法两种非监督分类算法,此处以监督分类中提取的特征属性 Landsat 8_OLI_multi_calssify_b456. dat 文件为例,沿用监督分类的类别,采用 ISODATA 分类算法进行非监督分类,操作流程如下。

12.3.1 ISODATA 聚类

① 打开图像。在主菜单中,单击 File > Open,选择 Landsat 8_OLI_multi_calssify_b456. dat 文件,则成功加载图像。

② 启动非监督分类器。在工具箱中,选择 Classification > Unsupervised Classification> IsoData Classification,在弹出的 Classification Input File 对话框中选择 Landsat 8_OLI_multi_calssify_b456. dat 文件,点击 OK,继而弹出 ISODATA Parameters 对话框(图 12. 38)。

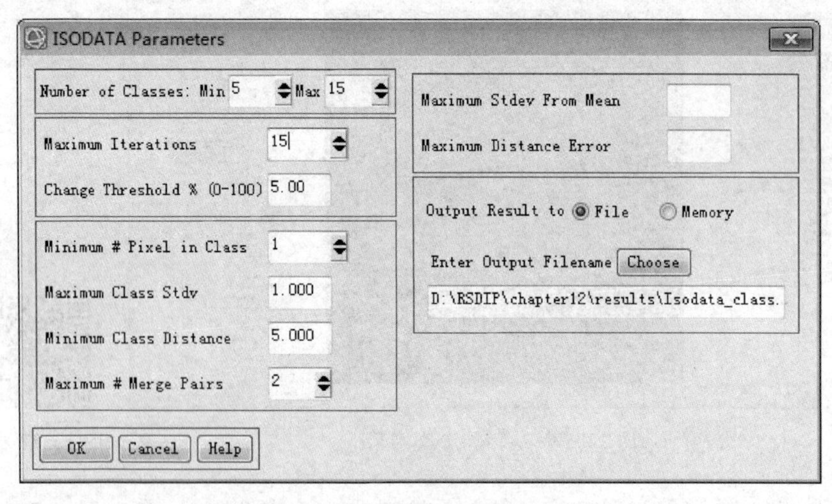

图 12. 38 ISODATA Parameters 对话框

③ ISODATA Parameters 对话框参数设置。

• Number of Classes:类别数量范围设置,Min/Max 为最小/最大类别个数。一般最小值不能小于最终分类数量,最大值为最终分类结果的 2~3 倍。本次实验沿用监督分类的类别(5 类),故设置 min 为 5,max 为 15。

• Maximum Iterations:最大迭代次数。数值越大,分类结果越精确,运行时间越长,这里设置为 15。

• Change Threshold % (0—100):变化阈值,当每一类的变化像元数小于该阈值时,结束迭代。值越小结果越精确,但运算时间会越长。这里设置为 5。

• Minimum # Pixel in Class:形成一个类所需的最少像元数。如果某一类中像元数小于该阈值,则该类将被合并到距离其特征属性最近的类别中。这里设置为 1。

• Maximum Class Stdv:最大分类标准差,以像元灰度值为单位,如果某一类标准差比该阈值大,该类将被拆分成两类。这里设置为 1。

• Minimum Class Distance:不同类别均值的最小距离,以像元灰度值为单位,如果类均值之间的距离小于输入的最小值则被合并。这里设置为 5。

• Maximum # Merge Pairs:每次迭代操作最多合并的类别对数。这里设置为 2。

• Maximum Stdev From Mean:距离类别均值最大标准差,该选项用来筛选小于这个标准差的像元参与分类,属于可选项。这里不设置。

• Maximum Distance Error:允许的最大距离误差,该选项用来筛选小于这个最大距离误差的像元参与分类,属于可选项。这里不设置。

• Output Result to:选择输出文件。这里选择文件输出 File,并点击 Enter Output Filename 的 Choose 按钮,设置输出路径和文件名(记为 Isodata_class. dat)。

设置完成后,点击 OK 即可。分类结果如图 12. 39 所示。

12.3.2 类别属性定义

ISODATA 分类结果如图 12. 39 所示,原图像被划分为 15 个类别,这里需要与高分辨率图像比较,定义每个类别具体对应的属性类型。首先,在 Layer Manager 列表栏中,将 Isodata_class. dat 文件下的 15 个类别前的对勾去掉,使其均不显示;然后,单独勾选某一类别将其显示,并与高分辨率图像和原始图像进行对比,确定其属性类别。类别 class 1 的显示效果如图 12. 40 所示,

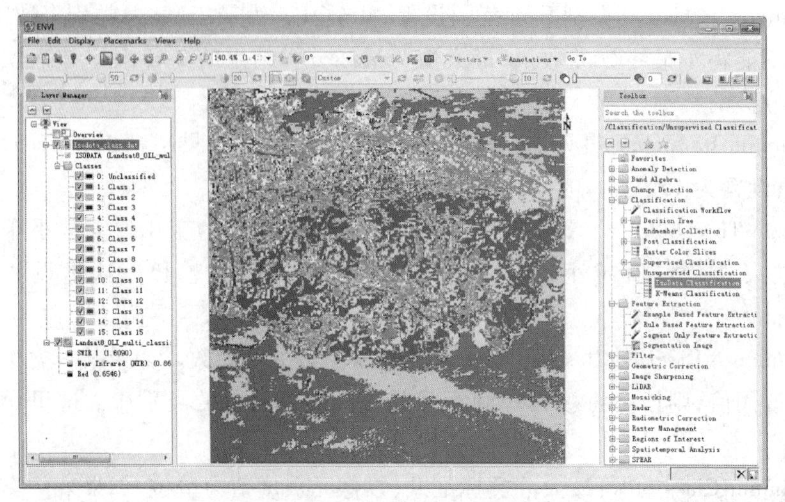

图 12.39　ISODATA 分类结果　　　　图 12.39 彩版

可以看出其属于水体信息，故将其定义为水体。依此法，将 15 个类别全部确定其实际属性，结果整理如表 12.2，其中类别 Class 12 包含建设用地和裸地两种地类。

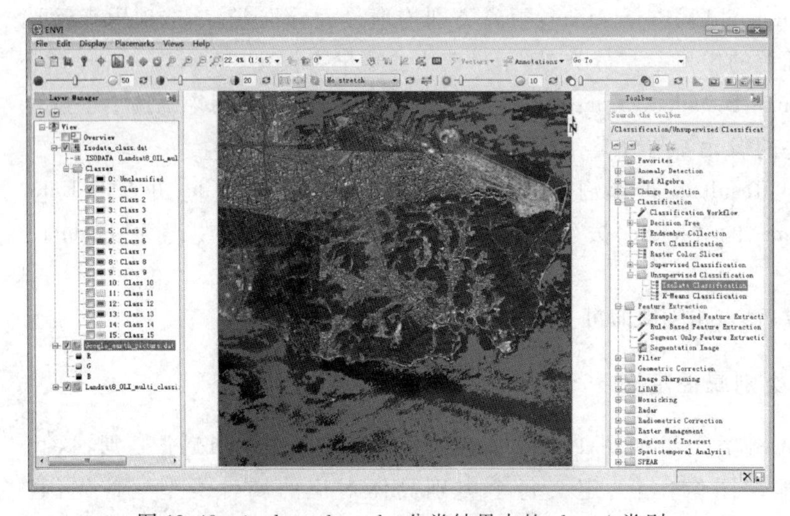

图 12.40　isodata_class. dat 分类结果中的 class 1 类别　　　　图 12.40 彩版

表 12.2　Isodata_class.dat 分类结果属性定义

分类类别	实际类别	分类类别	实际类别	分类类别	实际类别	分类类别	实际类别
Class 1	水体	Class 5	高密度植被	Class 9	高密度植被	Class 13	中密度植被
Class 2	水体	Class 6	高密度植被	Class 10	建设用地	Class 14	中密度植被
Class 3	建设用地	Class 7	建设用地	Class 11	裸地	Class 15	建设用地
Class 4	建设用地	Class 8	中密度植被	Class 12	建设用地/裸地		

12.3.3　子类合并

① 启动子类合并功能。在工具箱中，选择 Classification >Post Classification > Combine Classes，在弹出的 Combine Classes Input File 对话框中，选择 Isodata_class.dat 文件，点击 OK 弹出 Combine Classes Parameters 对话框。

② 设置合并方案。在 Combine Classes Parameters 对话框中（图 12.41），从 Select Input Class 中选择需合并的类别，从 Select Out Class 中选择并入的类别，单击 Add Combination 按钮，将合并方案添加到 Combined Classes 中。在 Combined Classes 列表中单击其中一项，可以从合并方案中移除。根据表 12.2 设置合并方案（表 12.3）。其中，类别 Class12 包含建设用地和裸地两种地类，考虑到裸地信息较少，先将其定义为裸地。设置完成后，点击 OK 即弹出 Combine Classes Output 对话框。

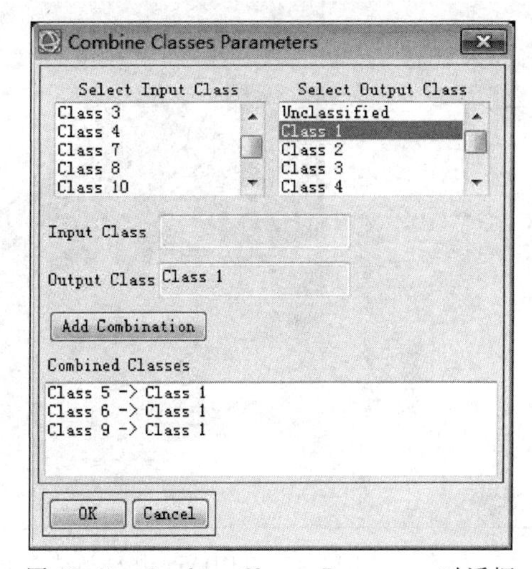

图 12.41　Combine Classes Parameters 对话框

③ Combine Classes Output 对话框设置。在 Remove Empty Classes 项选择 Yes，即将空白类移除；设置 Enter Result to 为 File，点击 Choose 按钮，设置输出路径和文件名（记为 Isodata_class_combine.dat）。设置完成后，点击 OK，执行合并。子类合并结果如图 12.42 所示，可以看出部分建设用地被错分为裸地，这是因为白色建筑物与裸地光谱信息相似，在分类后处理中需将其修正，具体操作参见第 11.1.5 节。

表 12.3 子类合并方案

原始类别	合并类别	对应属性	原始类别	合并类别	对应属性
Class5	Class1	高密度植被	Class8	Class2	中密度植被
Class6	Class1	高密度植被	Class13	Class2	中密度植被
Class9	Class1	高密度植被	Class14	Class2	中密度植被
Class3	Class3	建设用地	Class11	Class4	裸地
Class4	Class3	建设用地	Class12	Class4	裸地
Class7	Class3	建设用地	Class1	Class5	水体
Class10	Class3	建设用地	Class2	Class5	水体
Class15	Class3	建设用地			

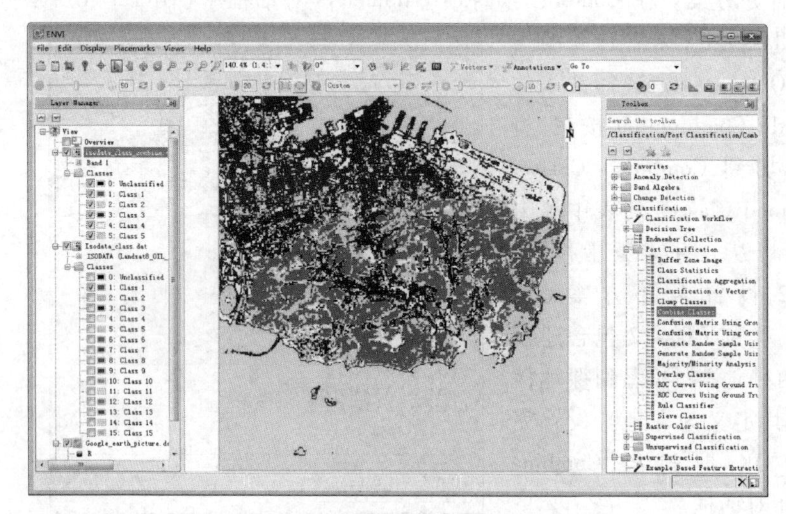

图 12.42 ISODATA 法分类结果子类合并结果

图 12.42 彩版

12.3.4 类别颜色和名称修改

子类合并后的结果，类别的颜色定义比较混乱，而类别名称也是以“Class *n*”的形式命名(*n* 为正整数)，不便于用户理解和使用，所以这里还需对其进行颜色和名称修改。由于 ENVI5.2.1 窗口界面还无法对其进行编辑，这里选择在 ENVI Classic 经典界面下进行处理，其具体操作流程如下。

① 启动 ENVI 5.2.1 经典界面。单击开始>所有程序> ENVI 5.2 > Tools > ENVI Classic，稍等片刻即可打开经典界面。

② 导入待修改数据。在主菜单中，单击 File > Open，选择 Isodata_class_combine.dat 文件，则成功加载图像。

③ 打开分类结果颜色和名称编辑对话框工具。首先，在 Available Bands List 列表中，选中 isodata_class_combine.dat 文件，点击 Load Band 按钮，即在 Image 窗口中打开该数据。然后，在 Image 窗口的工具栏，选择 Overlay > Classification，在弹出的 Interactive Class Tool Input File 对话框中选择 Isodata_class_combine.dat 文件，点击 OK，即打开 Interactive Class Tool 工具。最后，在 Interactive Class Tool 面板中，选择Options> Edit class colors/names，调出 Class Color Map Editing 对话框（图 12.43）。

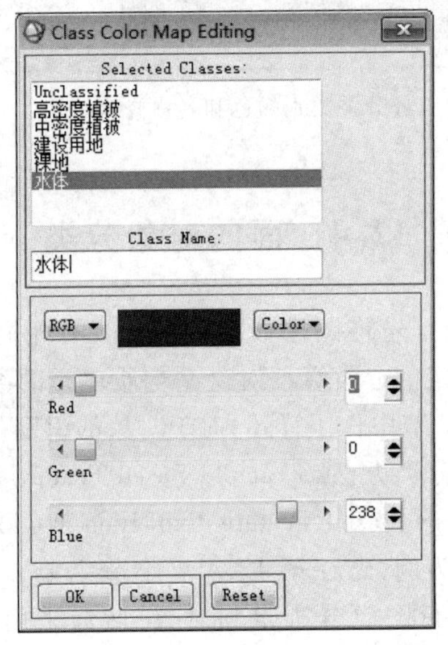

图 12.43　Class Color Map Editing 对话框

④ 修改类别颜色和名称。Class Color Map Editing 对话框中，在 Selected Classes：列表中选择一个类别，在 Class Name 文本框中键入相应的类别名称，点击 Color▼ 下拉菜单，设置该类别的颜色或者在 Red、Green、Blue 文本框中键入相应颜色的 RGB 分量参数值。为了与监督分类结果进行对比，这里将各个类别的颜色和名称定义与监督分类结果一致（图 12.43）。设置完成后，点击 OK。

⑤ 保存结果。在 Interactive Class Tool 面板工具栏中，选择 File > Save Changes to File…，即可保存修改结果。在 ENVI 新界面中重新打开 isodata_class_ combine. dat 文件，即可看到修改后的结果（图 12. 44）。

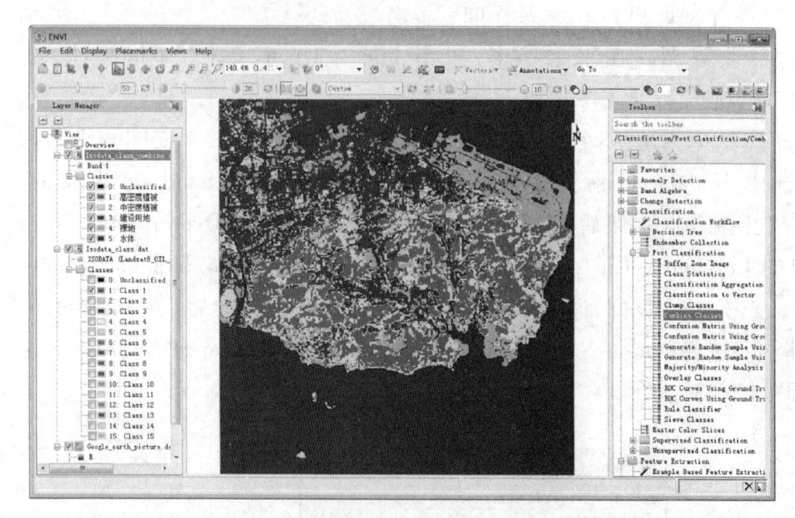

图 12. 44　非监督分类类别颜色和名称修改结果

图 12. 44 彩版

12. 4　面向对象分类

面向对象分类方法首先将图像分割成多个具有相同属性特征的均质单元（即对象），然后采用一定的分类算法对这些均质单元的类别进行识别。对象提取过程已在本书第 10. 2 节中作了详述；对于对象的识别，ENVI 软件提供了两种流程化操作方法：监督分类方法（Example Based Feature Extraction Workflow）和基于规则分类算法（Rule Based Feature Extraction Workflow）。此处以 Aerial_photograph_classify. dat 为例，先在第 12. 4. 1 小节主要介绍对象的监督分类操作，包括对测试图像进行图像分割得到对象，然后采用监督分类方法识别对象，最后导出结果。由于基于规则分类算法的图像分割和结果导出操作与监督分类基本相同，这里在第 12. 4. 2 小节仅就规则设置的相关操作进行简要介绍。

12.4.1　监督分类

① 打开图像。在主菜单中，单击 File > Open，选择 Aerial_photograph_classify. dat 文件，则成功加载图像（图 12. 45）。图中，右上角为水体，彩色小方块为建筑物，建筑之间为绿化树，沿对角线方向的 3 条带状地物是公路（彩图详见软件操作界面）。此次分类的目的就是把这些地物识别出来。

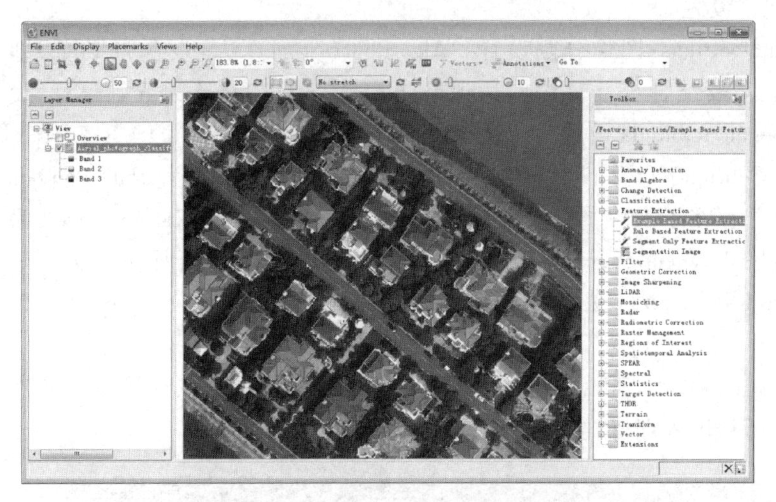

图 12.45 Aerial_photograph_classify. dat 图像显示效果

图 12.45 彩版

② 启动面向对象的监督分类工具。在工具箱中,选择 Feature Extraction> Example Based Feature Extraction Workflow,打开 Feature Extraction-Example Based 对话框(图 12.46)。窗口说明参见第 10.2 节,这里在 Input Raster 栏导入 Aerial_photograph_classify. dat 文件,其他栏目均不作设置。设置完成后点击 Next 按钮,稍等片刻,弹出对象创建窗口(图 12.47)。

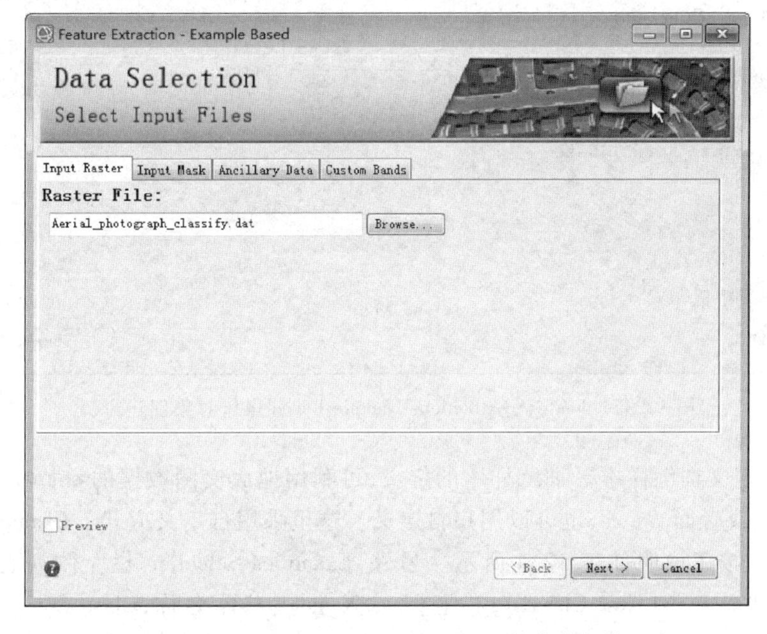

图 12.46 Feature Extraction-Example Based 操作数据输入窗口

③ 对象创建设置。

• Segment Settings：图像分割设置。Algorithm（分割算法）设置为 Edge，即基于边缘检测，需要结合合并算法以达到最佳效果；Scale Level 为分割尺度，设置 50；Select Segment Bands 设置为默认 Based Image 所有波段。

• Merge Settings：合并设置。Algorithm（合并算法）设置为 Full Lambda Schedule，即合并存在于大块、纹理性较强的区域（如树林、云等）；Merge Level 为合并尺度，设置 30；Select Segment Bands 设置为默认 Based Image 所有波段。

• Texture Kernel Size：纹理内核大小，由于此图像分辨率较高，这里设置为 9。

参数设置如图 12.47 所示，设置完成后点击 Next。此时正在计算对象属性值，稍等一段时间，进入训练样本选择窗口（图 12.48）。

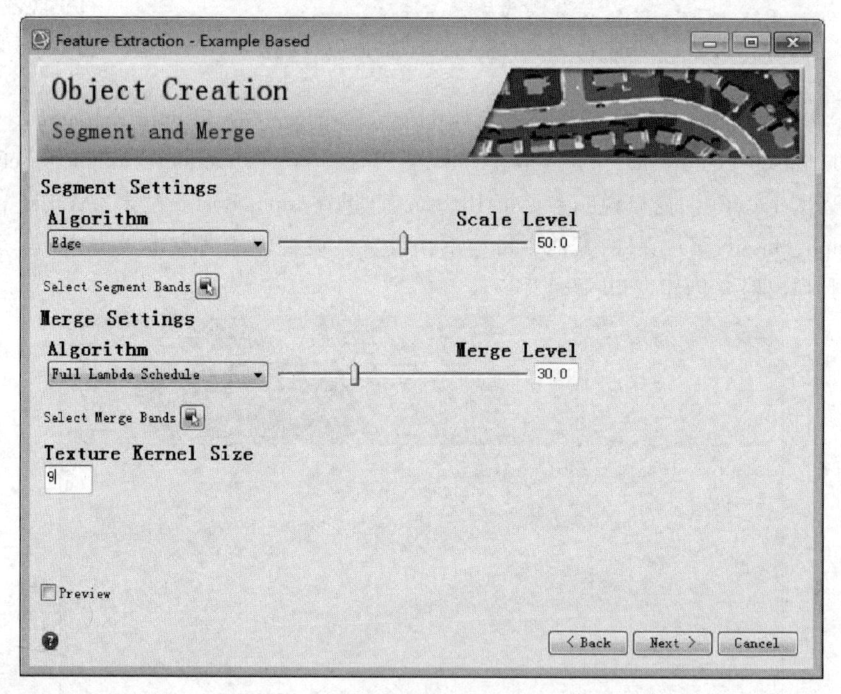

图 12.47　Feature Extraction-Example Based 操作对象创建窗口

④ 定义训练样本。训练样本的定义，可利用地面实测数据的 shapefile 矢量文件（点或者面）导入，也可以用户自定义。这里采用自定义方式。Examples Selection 栏按钮说明如表 12.4 所示。另外，Examples Selection 栏左侧列表中，存在一个默认地类（New Class1），右侧 Class Name 为样本名称，Class Color 为样本

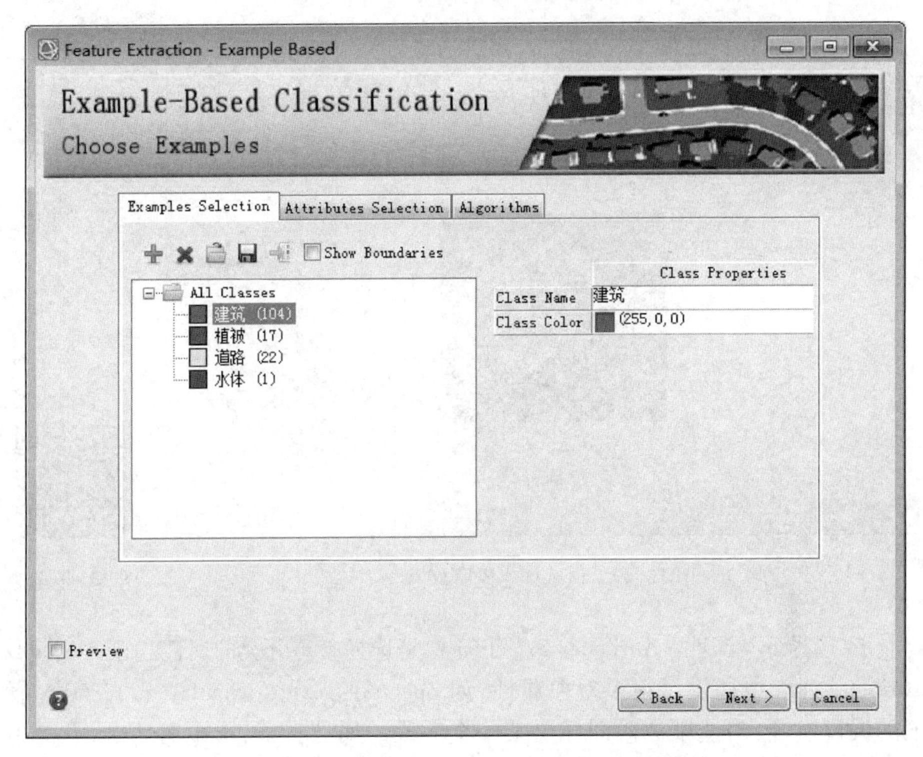

图 12.48　Feature Extraction-Example Based 操作训练样本选择窗口

的颜色。

表 12.4　Examples Selection 栏按钮说明

按钮	功能描述	按钮	功能描述
➕	新增样本类型	✖	删除选中的样本
(打开图标)	打开外部样本文件(＊.shp)	(保存图标)	保存样本为外部文件(＊.shp)
(导入图标)	从矢量文件中导入定义样本	Show Boundaries	勾选,显示对象边界

样本定义过程如下。首先,勾选 Show Boundaries,显示对象的边界,有利于目视判读。然后,选中默认的 New Class 1,并定义样本的名称和颜色。接着,在图像中选择样本。点击对象即选中该对象作为样本,对象颜色变成与样本相同的颜色;如果要取消该样本,则再次点击该对象即可。如果要添加新的样本,则点击➕按钮,左侧列表中将出现一个新的类别样本,重复上面的操作即可。样本选择结果如图 12.49 所示。

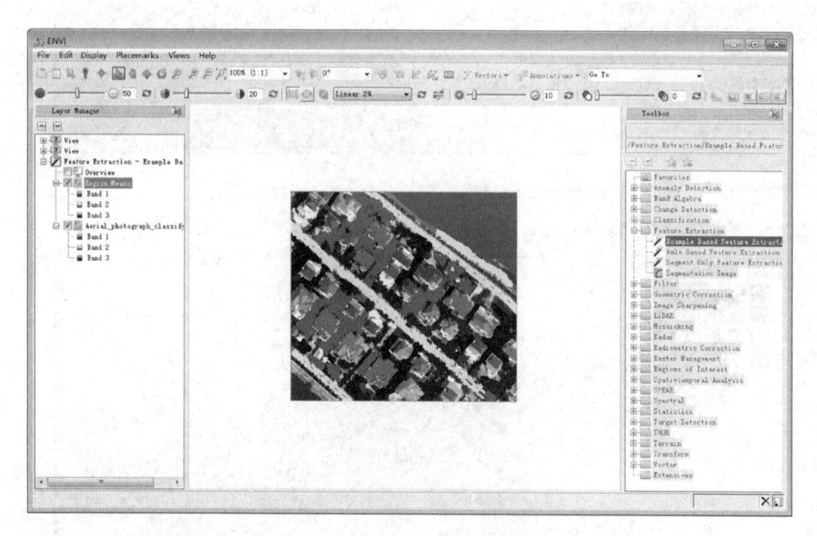

图 12.49　训练样本选择结果

图 12.49 彩版

⑤ 选择分类属性。Attributes Selection 栏是选择参与分类的属性。在 Available Attributes 列表中提供了很多对象属性，如 Spectral、Texture、Spatial（图12.50）。底下的波段选项，勾选某波段即导出某一个波段的属性特征；选中属性后，点击中间的➡按钮，则所选择的波段属性就进入 Selected Attributes 列表中（⬅按钮为删除按钮）。属性选择可根据实际情况选择合适的分类属性特征（详见第 11.2 节），这里默认为选择全部属性。

⑥ 分类方法的选择。Algorithms 栏是选择监督分类的算法。软件提供 K 近邻（KNN）、支持向量机（SVM）和主成分分析法（PCA），相关算法定义可参考 ENVI 帮助文档，这里选择 SVM 分类算法，参数设置如下（图 12.51）。

- Algorithm：分类算法，这里选择 SVM。
- Allow Unclassified：勾选，即允许对象不被分类。Threshold 为分类设置概率阈值，如果一个对象计算得到所有规则概率小于该值，则该对象不分类。取值范围为 0%—100%，默认设置为 5%。
- Kernel Type：核函数，这里提供了 Linear、Polynomial、Radial Basis 和 Sigmod 四种核函数。如果选择 Polynomial，则需进一步设置多项式的次数（Degree of Kernel Polynomial），其最小值为 1，最大值为 6，这个值越大，描绘类别之间的边界越精确，但是会增加分类变成噪声的风险。如果选择 Polynomial 或者 Sigmoid，使用向量机规则需要为 Kernel 指定一个偏移量“the bias”，其默认值为 1。如果选择 Polynomial、Radial Basis、Sigmoid，则需要设置 Gamma in

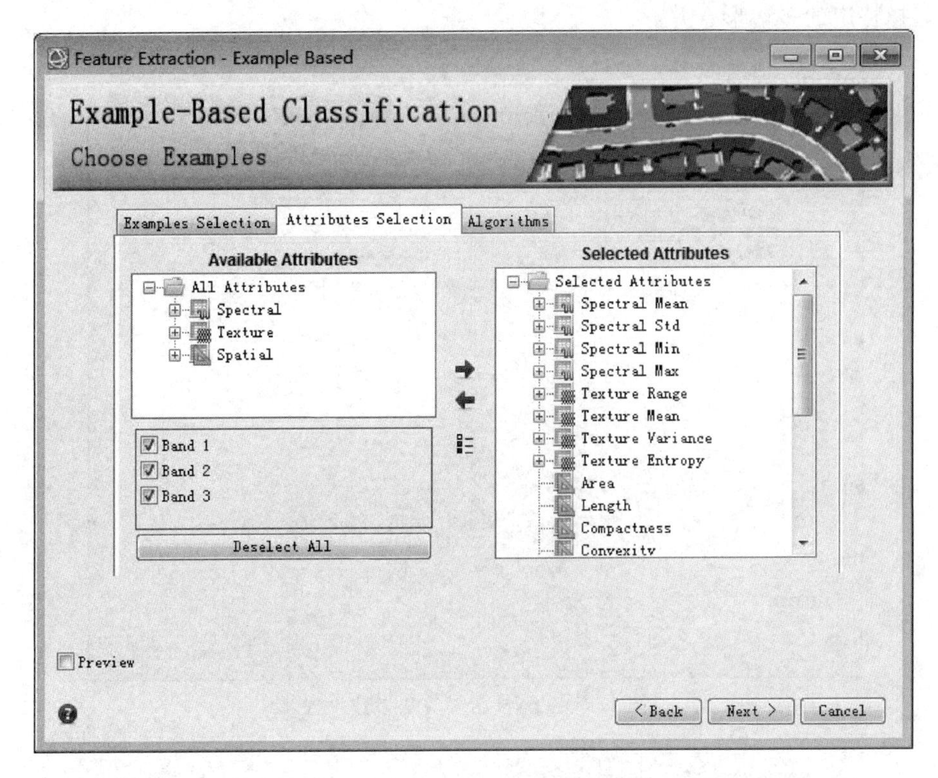

图 12.50　Select Attributes 对话框

Kernel Function 参数，这个值是一个大于零的浮点型数据，默认值为输入图像波段数的倒数。这里选择 Radial Basis，Gamma in Kernel Function 参数取值为 0.03。

- Penalty Parameter：惩罚因子，该参数用于控制样本错误与分类刚性延伸之间的平衡，是一个大于零的浮点型数据，默认值为 100。

设置完成后，点击 Next。稍等片刻，即可弹出结果导出窗口（图 12.52）。

⑦ 结果导出。导出窗口设置说明如下。

- Export Vector：导出矢量文件。

Export Classification Vectors：勾选，即输出分类结果为矢量文件。

Select Vector Type：矢量文件类型，提供 Shapefile 和 GDB 两种，这里选择 Shapefile。

Output Filename：点击 Browse...按钮，设置输出路径和文件名。

Merge Adjacent Features：勾选，即将属性相同的多个相邻多边形合并成一个多边形，可减少文件数据量。该处理只能对整幅图像中的多边形进行处理，不能选择特定的多边形合并。

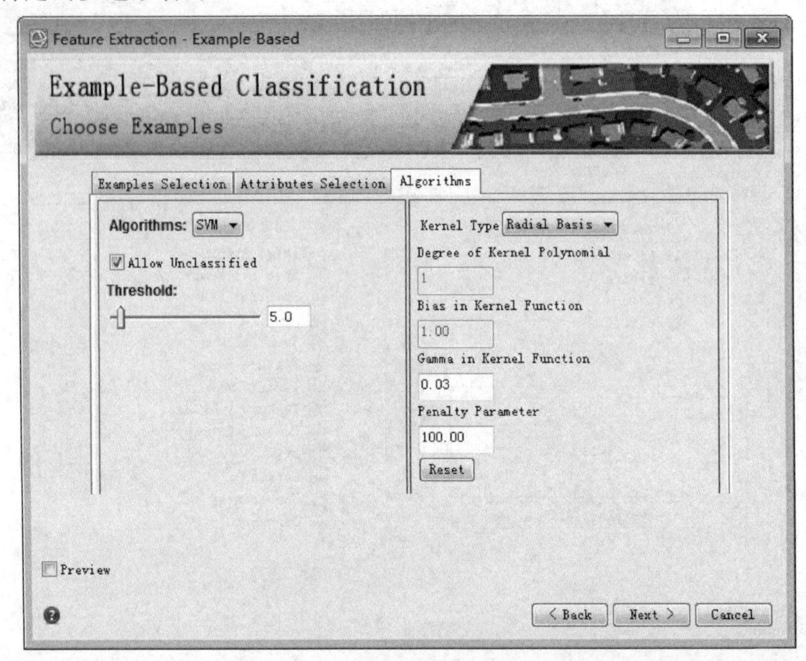

图 12.51　SVM 分类算法参数设置

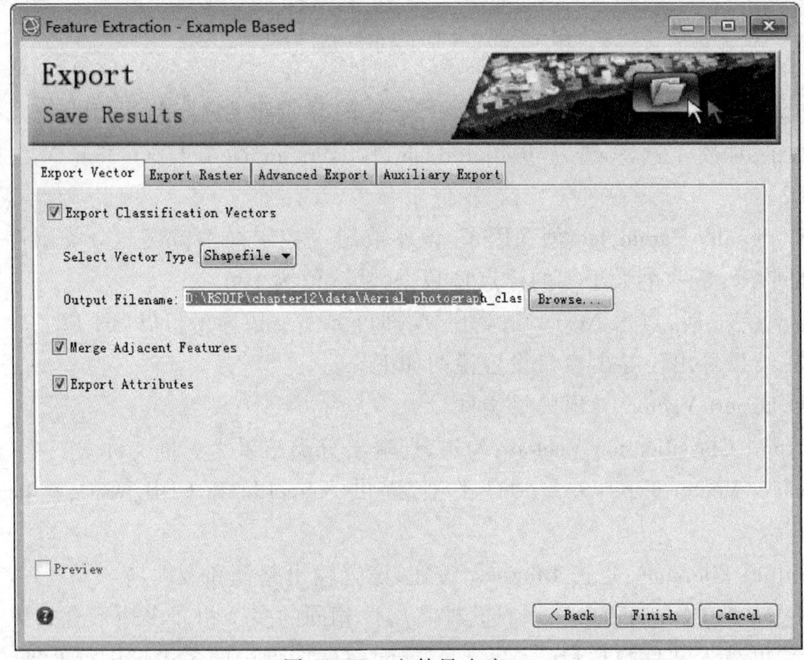

图 12.52　文件导出窗口

Export Attributes:勾选,即导出对象的属性信息。有关对象属性信息的详细说明请参看第 11.1.2 节。

- Export Raster:导出栅格文件。

Export Classification Image:即输出分类结果为栅格图像。勾选,则 Output Format 和 Output Filename 被激活,Output Format 为设置输出文件类型,默认为 ENVI 格式;Output Filename 为设置输出路径和文件名,点击 Browse...按钮进行设置。

Export Segmentation Image:即输出栅格格式的分割结果图像。勾选,则 Output Format 和 Output Filename 被激活,Output Format 为设置输出文件类型,默认为 ENVI 格式;Output Filename 为设置输出路径和文件名,点击 Browse...按钮进行设置。

- Advanced Export:高级导出。

Export Attributes Image:导出某个属性特征为栅格图像。勾选,即弹出 Select Attributes 对话框,在 Available Attributes 列表中提供对象属性,如 Spectral、Texture、Spatial。底下的波段选项,勾选某波段即导出某一个波段的属性特征;选中属性后,点击中间的➡按钮进入 Selected Attributes 列表中(⬅按钮为删除按钮)后,点击 OK 即可。同时,Output Format 和 Output Filename 被激活,Output Format 为设置输出文件类型,默认为 ENVI 格式;Output Filename 为设置输出路径和文件名,点击 Browse...按钮进行设置。

Export Confidence Image:导出每个对象属于某一个类别的信度为栅格图像。勾选,则 Output Format 和 Output Filename 被激活,Output Format 为设置输出文件类型,默认为 ENVI 格式;Output Filename 为设置输出路径和文件名,点击 Browse...按钮进行设置。

- Auxiliary Export:辅助信息导出。

Export Feature Examples:即保存训练样本。勾选,则 Select Output File 和 Output Filename 被激活,Output Format 为设置输出文件类型,默认为 Shapefile 格式;Output Filename 为设置输出路径和文件名,点击 Browse...按钮进行设置。

Export Processing Report:即导出一个文本文档,描述分割选项、属性设置等处理过程。勾选,则 Select Output File 被激活,点击 Browse...按钮设置输出路径和文件名。

设置完成后,点击 Finish 按钮,即可完成面向对象分类,并导出相关属性。面向对象分类结果如图 12.53 所示。面向对象分类精度评价与监督分类一致,这里不再赘述。

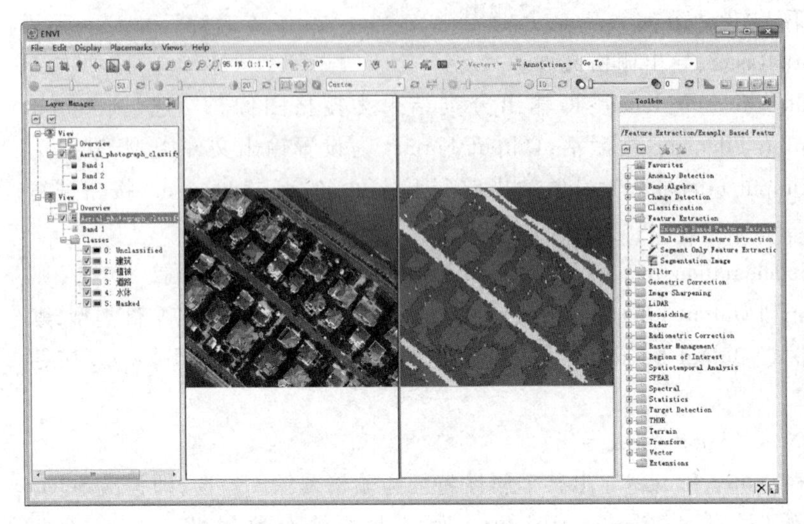

图 12.53　面向对象分类结果

图 12.53 彩版

12.4.2　基于规则分类

在 Rule Based Feature Extraction Workflow 处理过程中，前期按照类似于第 12.4.1 节的操作步骤完成对象创建后，则弹出规则创建窗口(图 12.54)，此处的规则创建与第 12.2.1 节中的规则定义基本相似，不同的是这里还引入了权重的概念，即每一条规则(或者属性描述)可以自定义权重。此处不针对具体的分类案例进行操作，仅就基于规则分类的原理、规则创建的基本操作及参数设置等情况进行解释说明。

1. 基于规则分类的原理

基于规则的面向对象分类是利用一条或多条规则将相似的对象聚成一个相同的类型，每一条规则又是由一条或者多条属性描述所构成，如将对象的面积、长度或者纹理等属性设置为某一阈值范围来描述。对于某一类别来说，默认情况下各条规则之间是等权重的(即每条规则的默认权重值均为 1)，此处是采用逻辑或运算将多条规则合并成一个类别；同样对于某一条规则来说，默认情况下各属性描述之间也是等权重的(如只有 1 条属性描述时，该属性的默认权重值为 1；有 N 条属性描述时，则各属性描述的权重均为 $1/N$)，此处采用逻辑与运算将多条属性描述合并成一条规则。

通常情况下，上述默认的规则之间的逻辑或运算以及属性描述之间的逻辑与运算就能满足类别的划分要求，但如果某一规则(或规则中的某一属性描述)

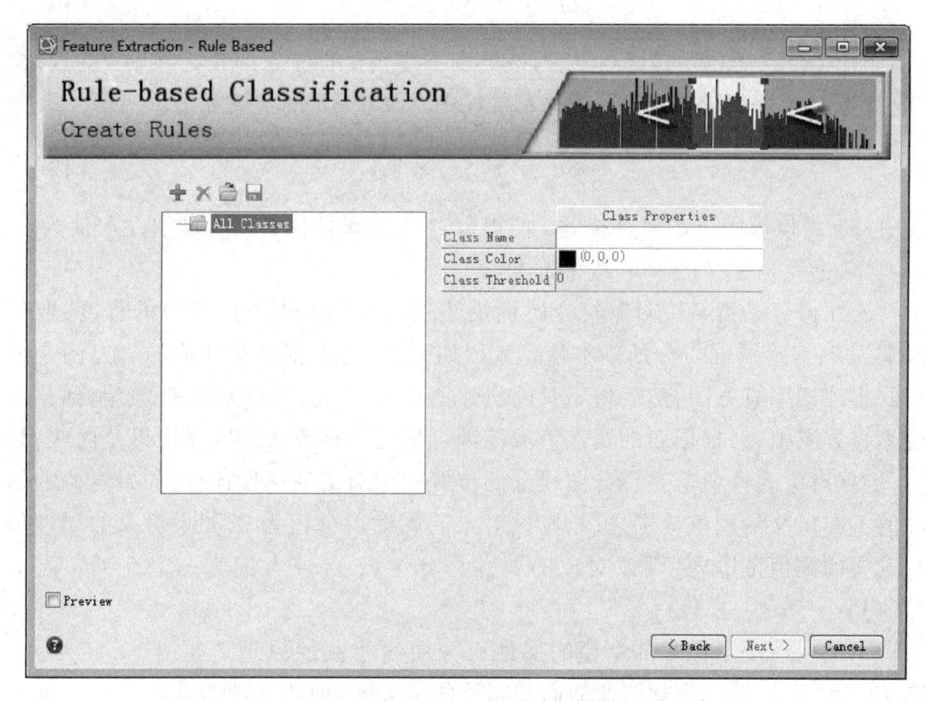

图 12.54　Feature Extraction-Rule Based 操作规则创建窗口

对分类目标划分更为有效,上述基于逻辑操作的默认判别方式则无法达到预期要求,此时可以通过修改该条规则的权重值,使其优先于其他规则。在这种情况下,其类别划分是依据类别得分同该类别的阈值相比较来确定,即当对象的类别得分大于其类别阈值时,该对象将被划分为该类别。如果某些对象同时出现多个类别得分均大于其类别阈值的情况,则将这些对象划为高于类别阈值最大的那一类。ENVI 软件中对类别阈值和类别得分的定义如下。

（1）类别阈值定义

类别阈值计算公式为:

$$TC = 1 - \frac{WA_{\min}}{2} \tag{12.1}$$

式中,TC 为某一类别的阈值;$WA_{\min}$ 为该类别下各个规则中所有属性描述的权重最小值。

（2）类别得分定义

类别得分计算公式为:

$$SC = \sum_{i=1}^{n} SR_i \times WR_i \tag{12.2}$$

式中,SC 为某一类别的得分;SR_i为该类别下规则 i 的得分;WR_i为规则 i 的权重;i 取值为 1,2,…,n,也就是定义的 n 条规则。其中 SR 的定义如下:

$$SR = \sum_{i=1}^{n} SA_i \times WA_i \tag{12.3}$$

式中,SA_i为该规则下的属性描述 i 的得分;WA_i为属性描述 i 的权重;i 取值为 1,2,…,n,也就是定义的 n 条属性描述。

属性得分是指某个对象符合属性描述条件(如面积大于 225)的程度,取值范围为 0—1。属性得分的基本计算流程如下:首先根据该属性值的直方图生成它的累计概率直方图;然后将定义的属性阈值范围(以及容差范围)绘制到累计概率直方图上,并根据新的属性值域范围可采用三种算法绘制属性得分曲线;最后,依据对象属性值落在得分曲线上的位置确定对象的属性得分,如果对象的属性值不在定义的阈值范围之内,则该对象的属性得分记为 0,如果对象的属性值在定义的阈值范围内,则该对象的属性得分记为 1(或者记为一个 0 到 1 之间的值)。

下面以一个示例来简单说明属性得分曲线绘制的原理。如图 12.55 所示,图 12.55(a)是某一分割图像的面积属性的直方图,面积属性的取值范围为 50—350,然后基于面积属性直方图绘制其累计概率直方图[图 12.55(b)]。假设在属性描述中定义面积属性值大于等于 225 的对象属于该类别,从图 12.55(c)中可以看出,当面积属性值为 225 时其对象累计概率为 60%,则说明 60%的对象其面积属性值小于等于 225。基于此,ENVI 软件提供以下三种算法绘制属性得分曲线。

① Binary(二值化)。二值化算法的属性得分曲线如图 12.55(d)所示:面积属性值低于 225 的对象,其属性得分取值为 0;面积属性值大于等于 225 的对象,其属性得分取值为 1。

② Linear(线性方程)。此处需要设置一个 tolerance(容差,单位为%),默认值为 5。容差值越大,更多与属性描述条件相近的对象将被包含在该属性描述中。如图 12.55(c)所示,此处设置容差值为 20,即对属性描述对应的累计概率值 60%分别加减 20%,然后在面积属性累积概率直方图中分别取累计概率值为 40%和 80%时所对应的面积属性值,此处分别为 200 和 250。那么线性方程算法的属性得分曲线如图 12.55(e)所示,即定义面积属性值小于 200 的对象其属性得分为 0,面积属性值大于 250 的对象,其属性得分为 1,面积属性值介于 200—250 之间的对象,其属性得分则采用线性方程拟合,取值范围为 0—1。

③ Quadratic（二次方程式）。二次方程计算属性得分原理与线性方程基本相似，同样需要设置一个 tolerance。不同的是面积属性值介于 200—250 之间的对象，其属性得分采用二次方程式拟合，取值范围为 0—1，其属性得分曲线如图 12.55(f)所示。

最后，一旦属性得分被确定，他们将被乘以定义的属性描述权重用以计算规则得分。

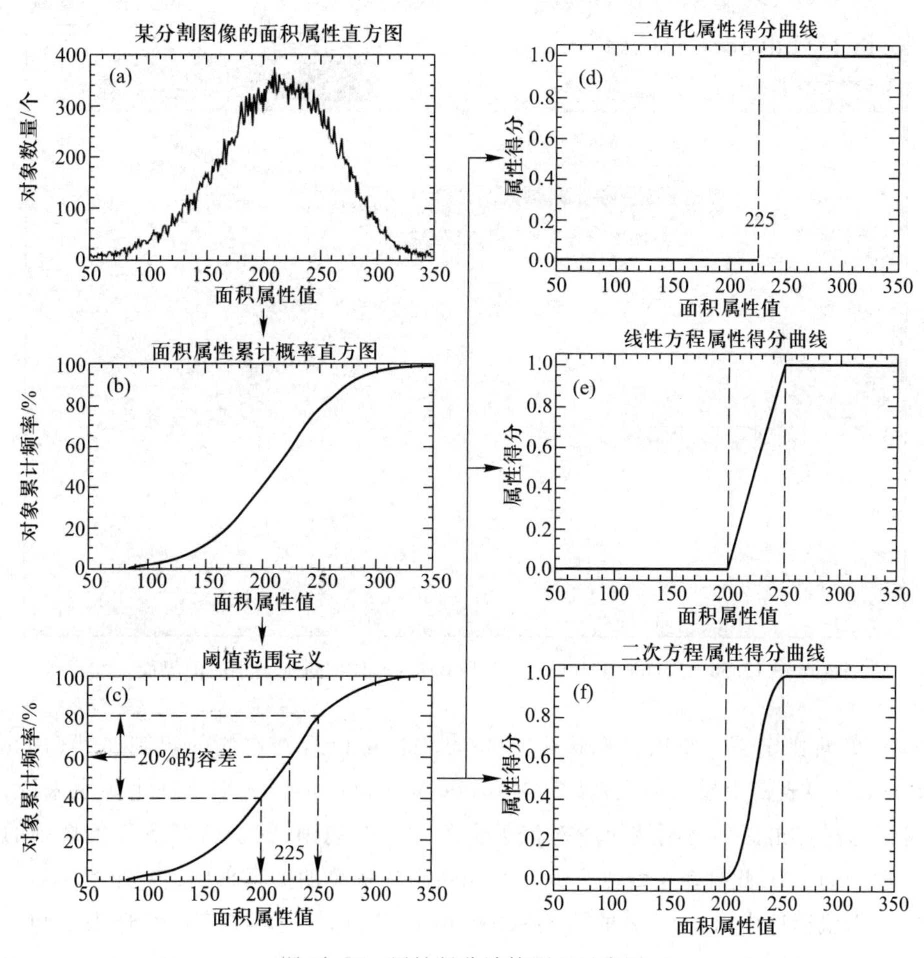

图 12.55　属性得分计算原理示意图

2. 规则创建的基本操作及参数设置

① 类别添加。在规则创建窗口中，点击➕按钮可添加新的类别，则在 All Classes 下生成一个新的类别 New Class 1。鼠标选中该类别，在右侧的类别属性

(Class Properties)表格中可设置类别的以下属性(图 12.56)。

- Class Name:类别名,默认为 New Class 1,选中可自定义。
- Class Color:类别颜色,默认为红色,点击可自定义。
- Class Threshold:类别阈值,默认值为 0.5,根据类别下面的规则中属性权重计算得到,具体计算方法参见上一小节。

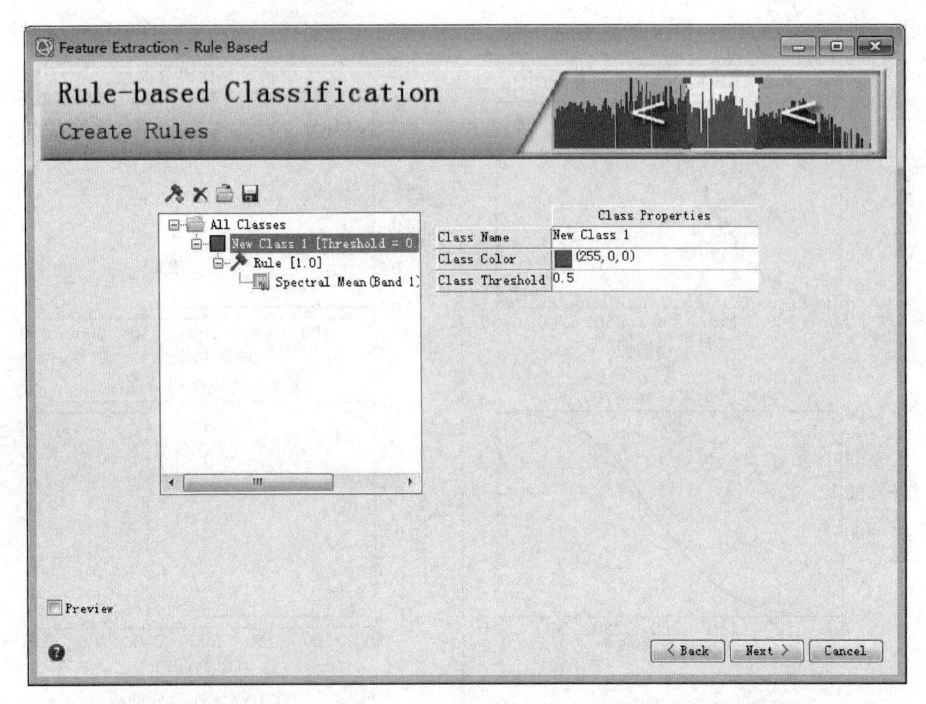

图 12.56 Feature Extraction-Rule Based 操作中添加类别后的界面

② 规则定义。使用鼠标选中 Rule[1.0],可以看到右侧的规则属性(Rule Properties)表格中显示该规则的权重(Rule Weight)为 1.0。对于一个类别来说,可以通过点击添加规则按钮对该类别添加多个规则,默认情况下每条规则的权重均为 1.0,此时多个规则之间是采用逻辑或运算的关系来判定一个类别。

当鼠标选中 Rule 下方的 Spectral Mean 条目时,在右侧有两个选项卡和其他设置可以用来定义该规则的属性描述(图 12.57)。对于某一条规则而言,当鼠标选择该规则时,可点击添加属性描述按钮对该规则添加多条属性描述,且各属性描述之间默认权重相等,取值均为 $1/N$(N 为该规则下属性描述的个数),此时多个属性之间是采用逻辑与运算的关系来确定的一条规则。

这里要说明的是,如果认为某条规则(或某个属性描述)对该类别识别更为重要，则可以将更高的权重赋值给该规则（或该属性描述），此时 ENVI 软件则根据类别得分和类别阈值来确定，具体原理可参见上一小节。另外，如果要修改某一属性描述的权重，需在定义完其规则下所有的属性描述之后再进行，因为增加或删除一条属性描述，该规则下所有属性描述的权重会自动重置为默认值。

属性描述的具体设置如下。

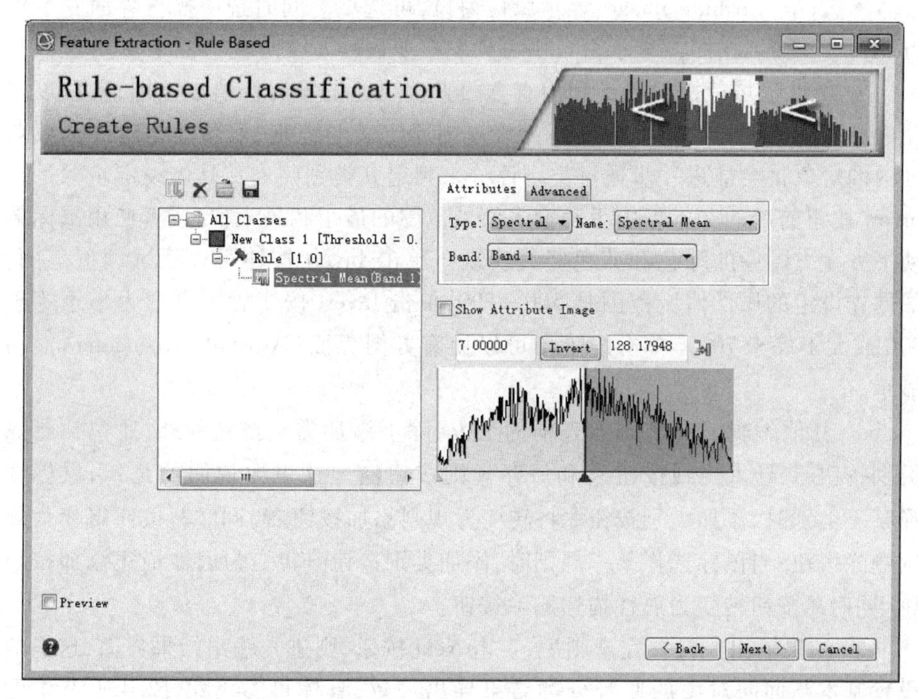

图 12.57　Feature Extraction - Rule Based 操作中属性描述界面

- Attributes 选项卡

Type：属性类型，提供三种属性类型，包括 Spectral、Texture、Spatial，此处默认为 Spectral。

Name：属性名称，各种属性类型中的属性描述可参见本书第 11.1.2 节，此处默认为 Spectral Mean。

Band：输入波段，点击可选择图像波段、辅助数据或者自定义波段等。此处默认为输入图像的第 1 波段 Band 1。

- Advance 选项卡

Weight：属性权重。由于多个属性描述之间是采用与运算的逻辑关系来确定一条规则，因此默认情况下，各属性权重值加起来为 1。当只有一个属性时，默认值为 1;如果添加了 N 个属性后,则每条属性的权重默认为(1/N),比如,一个规则包含 4 条属性描述,那么这 4 条属性的权重均默认为 0.25。当然如果认为某个属性描述可以完全识别该类别,则可以将更高的权重赋值给该属性描述。

Algorithm:类别评分的算法设置,包括 Binary、Linear 和 Quadratic 三种,具体原理可参见上一小节。

• Show Attribute Image:显示属性窗口,可选项。同时选中操作界面左下角 Preview 选项时,在图像显示窗口中可预览按照属性定义分类后图像。

• 属性值域范围设置。利用直方图来直观地设置属性值域范围,不在该属性值域范围内的对象将不会被划为该规则所定义的类别,而落在该属性值域范围内的对象将会被进一步通过类别评分来判定其类别归属。具体设定步骤是在 Invert 按钮前后的文本框中手动输入值域范围的最小和最大值,或者使用鼠标拖动下方直方图中的绿色和蓝色竖线实现。单击 Invert 按钮可以反选阈值范围,如原先设定的属性值域范围是 500—700,单击 Invert 按钮后则设置为小于等于 500 或大于等于 700。单击按钮可以使直方图界面(Attribute Histogram)浮动显示。

③ 其他编辑。在规则列表框的上方,除了添加类别按钮外,还包括删除类别按钮、导入规则按钮和保存规则按钮。这里要说明的是,当鼠标选择某一类别时,添加类别按钮将转变为规则添加按钮,同时按钮将变为规则删除按钮;当鼠标选择某一规则时,添加类别按钮转变为属性描述添加按钮,同时按钮转变为属性描述删除按钮。

④ 结果输出。设置完规则后,点击 Next 按钮,则进入输出结果界面,这里的设置基本与面向对象的监督分类结果导出一致,具体可参考第 12.4.1 节中的“结果导出”。唯一不同的是在 Auxiliary Export 选项卡中,基于规则分类选择输出的是规则文件(Export Feature Ruleset),默认格式为 *.rul。

第 13 章　实践操作综合案例

学习目标

通过对综合案例开展实践操作，系统掌握如何利用 ENVI 软件实现对原始遥感图像进行分析、预处理、分类和变化监测等整个技术流程，培养读者在遥感图像处理方面的综合应用能力。

预备知识

遥感数据读取
辐射校正
几何校正
特征提取与选择
图像分类

参考资料

朱文泉等编著的《遥感数字图像处理——原理与方法》

学习要点

遥感数字图像分析
遥感数字图像预处理
遥感数字图像分类的思路设计与技术流程

测试数据

数据目录：附带光盘下的 .. \chapter13\data\

文件名	说明
LT51240342004243BJC02. tar. gz	轨道号 124、条带号 34 的 Landsat 5 TM 图像原始压缩文件，图像获取时间为 2004 年 8 月 30 日，空间分辨率为 30 m。数据获取网址：http://glovis. usgs. gov/（免费下载）

续表

文件名	说明
GF1_WFV1_E114.2_N38.0_20140815_L1A0000306389.tar.gz	轨道号92、条带号4的高分一号宽视场(WFV)图像原始压缩文件,图像获取时间为2014年8月15日,空间分辨率为16 m。数据下载网址:http://www.gscloud.cn/(收费下载)
ASTGTM_N37E114.img.zip ASTGTM_N38E114.img.zip	覆盖研究区的两景原始数字高程模型(DEM)数据,主要用于辅助分类,空间分辨率为30 m。数据获取网址:http://glovis.usgs.gov/(免费下载)
Urban_zone.shp	石家庄市城区行政边界,主要用于确定研究区在遥感图像中的位置
Landsat5_TM_subset.dat	原始Landsat 5 TM图像经过预裁剪的数据,用于实验处理
GF1_WFV_subset.dat	原始高分一号WFV图像经过预裁剪的数据,用于实验处理
Field_survey_building_sample.txt	2014年建设用地野外调查采样点(39个),用于辅助目视判读和精度评价
GCP_image.txt	基于GF1_WFV_subset.dat选取的几何校正控制点文件,控制点坐标记录为其在该图像上的行列号,该文件同样适用于GF1_WFV_subset.dat经过大气校正后的图像
GCP_geo.txt	GCP_image.txt中控制点的真实地理坐标,单位为度
Landsat5_TM.pts	以几何校正后高分一号WFV图像为参考的Landsat 5 TM图像几何配准控制点
Study_zone.shp	Shapefile格式的研究区范围裁剪文件
2004_sample.xml	2004年Landsat 5 TM图像监督分类的训练样本
2014_sample.shp	2014年高分一号WFV面向对象监督分类的训练样本

电子补充材料

第13章实践操作综合案例扩展阅读1.pdf:利用ArcMap开展采样点分布示

意图制作。文档目录:数学课程资源(网址见“与本书配套的数字课程资源使用说明”)。

第 13 章实践操作综合案例扩展阅读 2. pdf:利用 ArcMap 开展城市建设用地变化专题图制作。文档目录:数学课程资源(网址见“与本书配套的数字课程资源使用说明”)。

案例背景

石家庄市作为河北省及整个环渤海经济圈的中心城市,近 10 年经历着快速的城市化过程。城市规模的不断扩展虽然促进了城市繁荣和空间服务功能的提升,但同时也侵占了周边大量优质土地,造成土地退化和生态服务功能丧失。为了合理规划城市发展和保护土地资源,有必要及时、准确地掌握近 10 年来石家庄市的城市空间扩展情况。

本案例利用石家庄市 2004 年 30 m 分辨率的 Landsat 5 TM 图像和 2014 年 16 m 分辨率的高分一号宽视场(WFV)图像,采用分类后比较的方法来监测石家庄市近 10 年的城市建设用地扩展情况。该案例涉及两种不同来源遥感数据的打开、分析、预处理、分类、变化检测及专题制图等内容。应说明的是,本案例中所采用的分类及变化监测方法不一定是最优的,这里仅提供一种图像分类及变化监测的思路,培养读者在遥感图像处理方面的综合应用能力。

13.1 数据分析

13.1.1 数据读取

本次实验提供的 Landsat 5 TM 图像和高分一号 WFV 图像均为原始数据包,其基本信息如表 13.1 所示。数据包解压后可以看到两期数据的各个波段均是以独立的 *. tif 文件格式提供,虽然可利用 ENVI 软件将单个波段直接打开,但无法获取数据的相关元数据信息(如投影类型及参数等),因此需要以特定文件格式的方式来读取这两种数据。

表 13.1 遥感图像基本信息

数据类型	获取时间	空间分辨率/m	轨道号	条带号	中心经度	中心纬度	云量
Landsat 5 TM	2004-08-30	30	124	34	114. 306 9°E	37. 476 1°N	0. 02%
高分一号 WFV	2014-08-15	16	92	4	114. 191 0°E	37. 956 1°N	0. 00%

① 打开 Landsat 5 TM 图像。在主菜单中,单击 File>Open As>Landsat>GeoTiff with Metadata,选择 LT51240342004243BJC02_MTL. txt 文件,则成功加载 Landsat 5 TM 图像。这里要说明的是,由于 ENVI 5. 2 可以自动识别 Landsat 图像的 MTL 文件,也可通过点击 File>Open 的方式直接打开该数据。

② 打开高分一号 WFV 图像。在主菜单中,单击 File>Open As>CRESDA>GF-1,选择 GF1_WFV1_E114. 2_N38. 0_20140815_L1A0000306389. xml 文件,则成功加载高分一号 WFV 图像。同样,ENVI 5. 2 也可以自动识别高分一号图像的 * . xml 文件,可通过点击 File > Open 的方式直接打开该数据。

③ 打开石家庄市区边界文件。为了快速定位研究区在图像上的位置,还需打开石家庄市城区边界文件(Urban_zone. shp 文件)。在主菜单中,单击 File > Open,选择 Urban_zone. shp 文件,则成功加载边界文件。

13.1.2 数据目视分析

两期遥感图像和边界文件在 ENVI 中加载之后,可以在图像窗口设置 2×2 个视图窗口来显示两期图像的不同波段组合结果(图 13.1),以方便图像数据分析。本案例中,左上角图像为 2004 年 Landsat 5 TM 图像真彩色合成结果;右上角图像为 2004 年 Landsat 5 TM 图像假彩色合成结果,其 RGB 颜色通道分别为短红外波段(Band 5)、近红外波段(Band 4)和红光波段(Band 3);左下角图像为

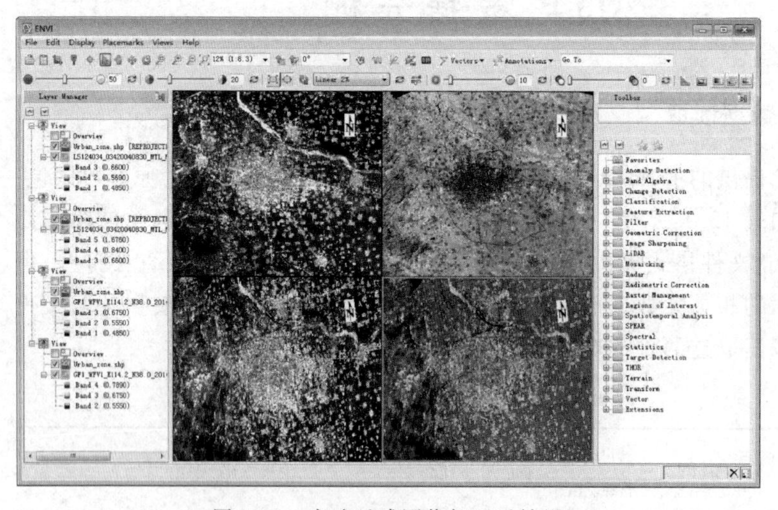

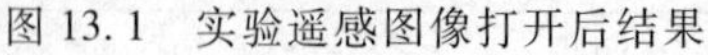

图 13.1 实验遥感图像打开后结果

图 13.1 彩版

2014 年高分一号 WFV 图像真彩色合成结果；右下角图像为 2014 年高分一号 WFV 图像假彩色合成结果，其 RGB 颜色通道分别为近红外波段（Band 4）、红光波段（Band 3）和绿光波段（Band 2）；此外，4 幅图中的红色线条均为石家庄市城区行政边界（彩图见软件操作界面）。

从辐射质量来看，由于两期遥感图像均在夏季晴空状态下获取，图像辐射质量较好。参考地面采样点并辅助 Google Earth 高分辨率图像，以能够反映更多地物信息的假彩色合成图像为基准，对该地区的土地覆盖类型进行目视判读，各土地覆盖类型的特征如表 13.2 所示。对于 Landsat 5 TM 图像，其红光波段（Band 3）、近红外波段（Band 4）和中红外波段 1（Band 5）信息丰富，且波段间相关性低，这样的波段组合非常适合分类，在假彩色合成图像（图 13.1 中右上角图像）上（彩图见软件操作界面），建设用地中的建成区主要呈现深蓝色或蓝粉相间的颜色，而城市周边个别建设中的区域及飞机场则呈现粉色，可以看出其与呈现绿色或粉绿相间的植被区分明显，但少量粉色的建设用地与裸地颜色相近，且主城区内部的深蓝色区域易与同样颜色的水体和山体阴影混分。对于高分一号 WFV 图像，其仅包含蓝光波段（Band 1）、绿光波段（Band 2）、红光波段（Band 3）和近红外波段（Band 4），光谱信息较少，从其标准假彩色合成图像（4、3、2 波段组合）（图 13.1 中右下角图像）来看，建设用地主要呈现青色和青黑相间的颜色，其与呈现红色或红青相间的植被可以区分，同时与深蓝色的水体也易于区分，但与主要以河漫滩为主的裸地颜色相近，不利于提取。总体而言，虽然两幅图像的辐射质量较好，但个别地物之间的颜色相近不利于目视区分。

表 13.2　实验区各土地覆盖类型的特征

地类		2004 年 Landsat 5 TM 假彩色合成		2014 年高分一号 WFV 假彩色合成		形状	纹理	分布状况
		图像	色彩	图像	色彩			
建设用地	建成区		深蓝色 蓝粉相间		青黑相间	规则块状	粗糙	平原区居多
	广场和建设区		亮粉色		青色	规则块状	细腻	平原区居多

表 13.2 彩版

续表

地类		2004 年 Landsat 5 TM 假彩色合成		2014 年高分一号 WFV 假彩色合成		形状	纹理	分布状况
		图像	色彩	图像	色彩			
植被	高密度		绿色 淡绿色		暗红色 红色	不规则块状	细腻	大面积分布
	低密度		粉绿相间		红青相间	不规则块状	粗糙	山区及河漫滩附近
水体			深蓝色		深蓝色	不规则块状	细腻	城北及河道附近居多
裸地			粉红色		青黑色	不规则带状	粗糙	主要为河漫滩

利用 ENVI 工具栏上的光谱剖面工具,可以进一步分析这两幅图像上的典型地物光谱曲线。此处为了方便对比,将所采集的植被、土壤和水体 3 种典型地物的光谱曲线数据和理论数据进行制图(图 13.2),可以看出两幅原始图像上的典型地物光谱曲线与理论上的正常光谱曲线均相差甚远,如两幅图像上的植被光谱曲线在蓝光波段均有较高的灰度值,而正常情况下应该是一个较低的灰度值,特别是植被与水体原本在红、绿、蓝 3 个波段上理论光谱差异较大,而在当前的两幅原始图像上的光谱差异较小,不利于区分。

总之,无论是从图像各波段组合所反映的颜色来看,还是从图像上的典型地物光谱曲线来看,两幅图像均存在一定的辐射畸变,可能会干扰对某些地物类别的区分,因此在数据预处理过程中有必要做进一步的辐射校正。

从几何质量来看,Landsat 5 TM 图像和高分一号 WFV 图像都具有地理位置信息,因为它们都已做过了系统级几何校正,但进一步分析发现:高分一号 WFV 图像与 Landsat 5 TM 图像的投影信息不一致,且将二者转换至同一投影系统下仍存在偏移;进一步用 ENVI 工具栏上的光标查询工具查看两幅图像上同名点的经纬度,发现二者同名点的经纬度值存在较大差异,且与地形图上的地理位

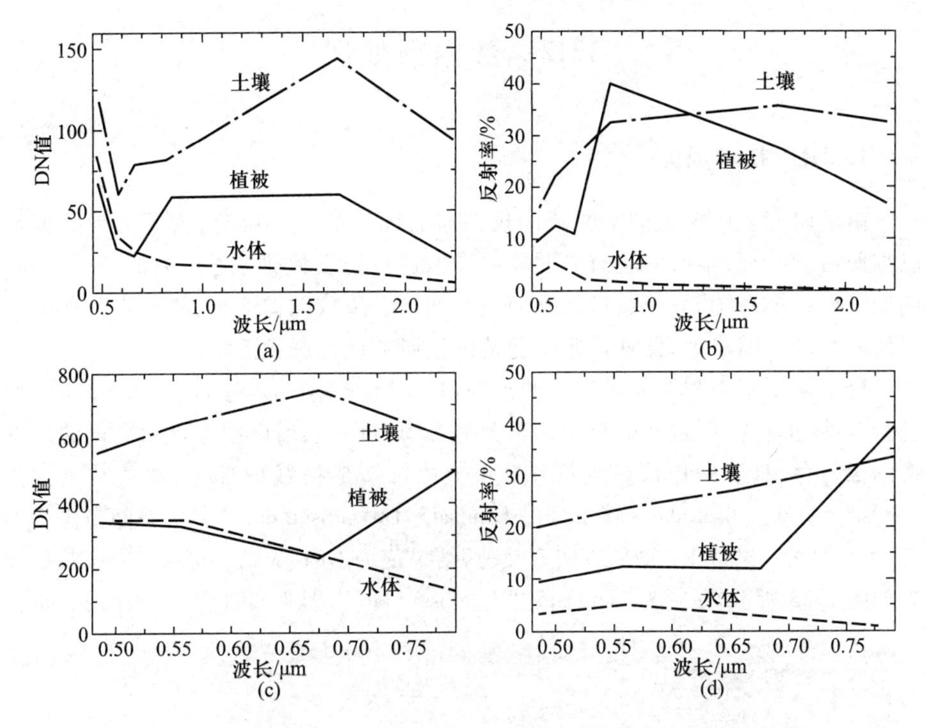

图 13.2　原始图像上典型地物的光谱曲线及其对应的理论光谱曲线

(a) 原始 Landsat 5 TM 图像上的典型地物光谱曲线；(b) Landsat 5 TM 图像的典型地物理论光谱曲线；(c) 原始高分一号 WFV 图像上的典型地物光谱曲线；(d) 高分一号 WFV 图像的典型地物理论光谱曲线

置也不一致(详见本章第 13.2.3 节)。故需对现有的两幅遥感图像进行几何校正,使其具有真实的地理位置信息,同时具有相同的投影系统且空间位置相互配准。

从城市空间范围来看,2004 年石家庄市城市建成区主要分布在长安区、裕华区、桥西区、新华区和桥东区 5 个区(即图 13.1 中的红色边界范围),且建设用地约占整个区域的 1/2。2014 年石家庄市城市建成区分别向东、西、北 3 个方向快速扩展,东侧的藁城区、西侧的鹿泉区和北部的正定县基本与主城区连接成片,为此拟将上述 3 个区(县)与主城区相连的区域也纳入本次的实验区,故研究区范围最终确定为在原行政边界基础上向外扩展约 10 km 的矩形区域。

总体上,本次实验的数据预处理过程涉及辐射校正、几何校正和图像裁剪 3 个部分。对于城市建成区范围提取来说,所提供的 2004 年 Landsat 5 TM 图像可以有效提取目标,采用传统的分类或专题提取方法均可实现;而 2014 年的高分一号 WFV 图像则需要增加其他辅助信息用于分类。

13.2 数据预处理

13.2.1 初步裁剪

由于研究区所覆盖的空间范围仅占原始图像的一小部分，为了减少数据量以方便后续处理，本次实验首先对原始图像进行初步裁剪。通过数据分析可知，两期图像投影系统不一致，进行几何投影变换会造成图像变形，故初步裁剪范围应比研究区范围略大，此处设定裁剪范围比研究区范围大 5 km 左右。

这里采用基于视图显示窗口的范围（Use View Extent）对 Landsat 5 TM 图像进行裁剪，即将需要裁剪的范围调整至显示窗口内，然后以图像显示窗口的范围将图像另存，具体操作请参见第 4. 2. 1 节中按矩形框裁剪部分，裁剪结果记为 Landsat 5_TM_subset. dat。接下来以 Landsat5_TM_subset. dat 文件的空间范围为参考，另存高分一号 WFV 图像以实现裁剪，结果记为 GF1_WFV_subset. dat。裁剪结果如图 13. 3 所示，左图为 Landsat5_TM_subset. dat，右图为 GF1_WFV_subset. dat。

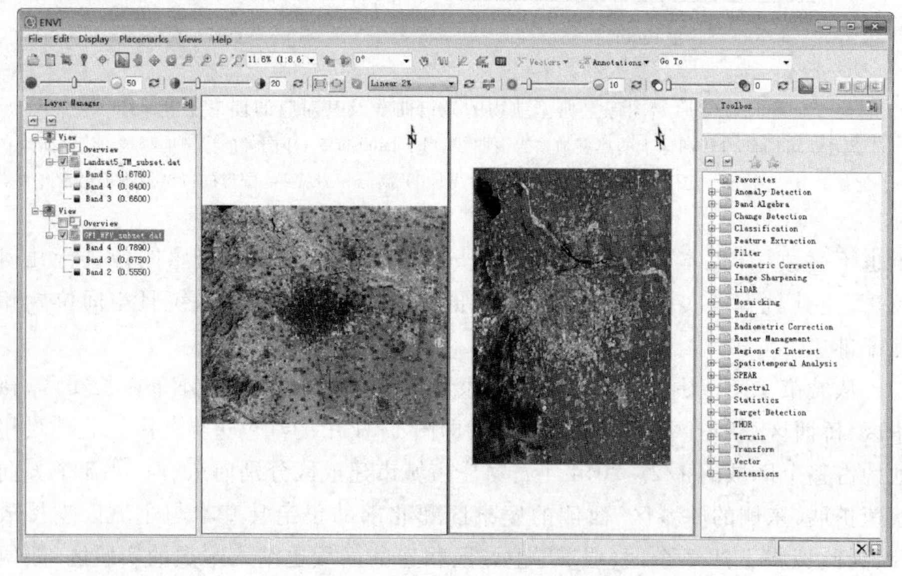

图 13. 3　原始图像初步裁剪结果

13.2.2 辐射校正

由于研究区主要处于平原地区，且本案例是采用分类后对比来监测城市扩展，而不是直接利用两幅图像上的光谱差异来监测变化，因此本案例的辐射校正目的在于增强地物之间的光谱差异而非用于多期图像对比,所以本次实验不再考虑因地形和太阳位置变化引起的多幅图像之间的辐射差异,即无需进行地形校正和太阳高度角校正,最终本次辐射校正处理包括辐射定标和大气校正两部分。

1. 辐射定标

ENVI 软件可通过 3 种途径进行辐射定标处理(详见第 6.1.2 节),其中 Radiometric Calibration 工具最为简单快捷,且处理结果可直接应用于 FLAASH 大气校正,故本次实验采用该方式处理。具体操作方法请参见第 6.1.2 节中 Radiometric Calibration 的相关内容,主要参数设置如下。

- Calibration Type:选择默认的 Radiance。
- Apply FLAASH Settings:选择应用 FLAASH 大气校正所需的参数格式,即输出结果的多波段数据存储方式 Output Interleave 为 BIL 格式,数据类型 Output Data Type 为浮点型 Float,比例因子 Scale Factor 为 0.1。

这里将两幅图像辐射定标结果分别记为 Landsat5_TM_radio_calibration.dat 和 GF1_WFV_radio_calibration.dat。

2. FLAASH 大气校正

在工具箱中,选择 Radiometric Correction >Atmospheric Correction Module > FLAASH Atmospheric Correction,进行 FLAASH 大气校正处理,具体操作步骤及参数说明请参见第 6.2.5 节,此处仅列出两幅图像的关键参数设置。

(1) 2004 年 Landsat 5 TM 图像 FLAASH 大气校正参数设置

- Radiance Scale Factors:选择 Use single scale factor for all bands,由于在辐射定标中已经选择 Apply FLAASH Settings 功能(即将比例因子作为乘数),故 single scale factor 选择默认为 1。
- Scene Center Location:自动获取经纬度,Lat 为 38° 2′ 11.40″, Lon 为114°30′24.83″。
- Sensor Type:Landsat TM 5。
- Sensor Altitude(km):705.000。
- Ground Elevation (km):0.106。
- Pixel Size(m):30.000。
- Flight Date:2004-08-30。
- Flight Time GMT:2 : 43 : 55。
- Atmospheric Model:Mid-Latitude Summer。
- Water Retrieval:由于本实验数据无法提供相应的波段,故不执行水汽反演,此处默认采用 Mid-Latitude Summer 模型的一个固定水汽含量值,其乘积系数 Water Column Multiplier 选择默认为 1.00。

- Aerosol Model:Urban。
- Aerosol Retrieval:2-Band (K-T),即采用黑暗像元法来反演气溶胶。
- Initial Visibility(km):采用默认值 40.00。
- Multispectral Settings:多光谱设置,此处选择图像方式(GUI),KT Upper Channel 和 KT Lower Channel 设置为 Band 7 和 Band 3,其他参数均采用默认设置。
- Advanced Settings:高级设置,此处采用默认设置。

(2) 2014 年高分一号 WFV 图像 FLAASH 大气校正参数设置

- Radiance Scale Factors:选择 Use single scale factor for all bands,由于在辐射定标中已经选择 Apply FLAASH Settings 功能(即将比例因子作为乘数),故 single scale factor 选择默认为 1。
- Scene Center Location:自动获取经纬度, Lat 为 38° 2′ 5.61″, Lon 为114°31′7.65″。
- Sensor Type:GF-1。
- Sensor Altitude(km):645.000。
- Ground Elevation (km):0.106。
- Pixel Size (m):16.000。
- Flight Date:2014-08-15。
- Flight Time GMT:3 : 15 : 57。
- Atmospheric model:Mid-Latitude Summer。
- Water Retrieval:由于本实验数据无法提供相应的波段,故不执行水汽反演,此处默认采用 Mid-Latitude Summer 模型的一个固定水汽含量值,则其乘积系数(Water Column Multiplier)默认为 1.00。
- Aerosol Model:Urban。
- Aerosol Retrieval:因无相应波段则不使用气溶胶反演,选择 None。
- Initial Visibility (km):采用默认值 40.00。
- Multispectral Settings:默认设置。
- Advanced Settings:默认设置。

两幅完成 FLAASH 大气校正的结果分别记为 Landsat5_TM_FLAASH.dat 和 GF1_WFV_FLAASH.dat,利用 ENVI 工具栏上的光谱剖面工具对典型地物的光谱曲线进行查看,发现经过辐射校正的图像上,各地物的光谱曲线均比较符合其对应的理论光谱曲线,而且植被和水体在红、绿、蓝波段的 DN 值差异也有所增大。

13.2.3 几何校正

本实验拟以地形图为参考,对分辨率较高的 GF1_WFV_FLAASH. dat 数据进行几何精校正,然后以经过几何精校正后的高分一号 WFV 图像为参考,对 Landsat 5_TM_FLAASH. dat 实现几何配准。

1. 高分一号 WFV 图像几何校正

对于 GF1_WFV_FLAASH. dat 文件,这里采用 ENVI 工具箱中 Registration: Image to Map 工具进行图像到地图的几何校正,具体操作请参见第 7.2 节,此处仅列出关键参数设置。

(1) 投影参数设置

本文提供的高分一号 WFV 图像为地理坐标系,其大地基准面(Datum)为 WGS-84;而 Landsat 5 TM 图像为投影坐标系,其大地基准面为 WGS-84,投影系统为 UTM 50N。由于本研究区范围较小,不适合采用地理坐标系,同时考虑到图像分类中常统计不同地物类型的面积,故这里采用 Albers 等面积投影。为了保证本研究在该投影坐标系统变形最小,则需根据研究区范围自定义适合本研究区的 Albers 投影坐标系统,具体参数设置如下。

- Projection Name:设置投影名称为 WGS_84_Albers_sjz。
- Projection Type:设置投影类型为 Albers Conical Equal Area。
- Projection Datum:设置投影基准面为 WGS-84。
- False easting/False northing:设置假东为 500 000 m,假北为 0 m。
- Latitude of projection origin:设置原点纬度为 30°。
- Longitude of central meridian:设置中央经线为 114°30′0″。
- Latitude of standard parallels:设置双标准纬线分别为 38°8′0″和 37°56′0″。
- Datum:默认为 WGS-84。
- Units:设置校正后图像的长度单位为 Meters。
- X/Y Pixel Size:设置校正后图像的像元大小为 16 Meters。

(2) 控制点设置

基本操作如下:首先,在显示 GF1_WFV_FLAASH. dat 图像的 Image 视窗中定位到待选控制点区域,并在 Zoom 视窗中将其定位到具体像元;然后在 Ground Control Points Selection 面板中的 Image X/Y 文本框中会添加该像元的像元坐标;最后在地形图中获取相应位置的地理坐标,并将其键入 Ground Control Points Selection 面板中 Lat 和 Lon 处。应说明的是,此处获取的真实位置的坐标是经纬度坐标,而此时 Ground Control Points Selection 面板中默认输入的真实位置坐标为投影坐标,需点击该面板的转换按钮⇅并选择 DDEG 将输入的真实位置设置成以度为单位的地理坐标。本案例将已经选好的控制点的图像坐标(行列号)和真实地理坐标(经纬度)整理成了 *.txt 文件以供读者使用,文件名分别为 GCP_image.txt 和 GCP_geo.txt。这里共选取了 20 个控制点,采用二阶多项式的总体误差为 0.554 947,且每个控制点的误差均在一个像元以内,控制点文件保存为 GF1_WFV.pts(图 13.4)。

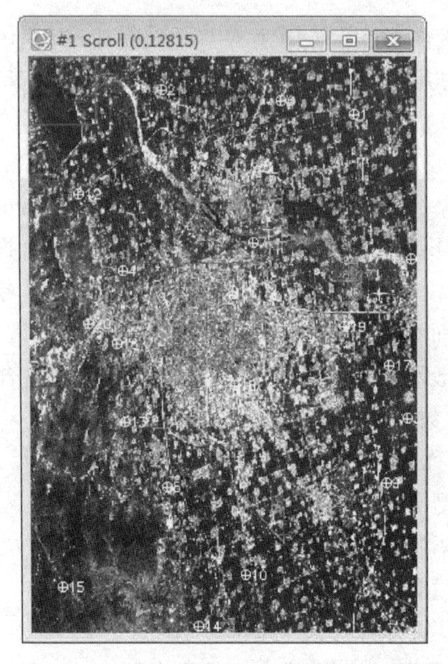

图 13.4　图像到地图选取的地面控制点

图 13.4 彩版

(3) 几何校正参数设置

- Method:设置校正模型为二阶多项式,即 Method 为 Polynomial,Degree 为 2。
- Resampling:设置重采样方法为最近邻采样法,即 Nearest Neighbor。
- Background:设置背景值为默认值 0。

其他参数均为默认设置,输出文件记为 GF1_WFV_geo_correction.dat。校正结果如图 13.5 所示,左图为待校正文件 GF1_WFV_FLAASH.dat,右图为几何校正后文件 GF1_WFV_geo_correction.dat。

2. Landsat 5 TM 图像几何配准

将 GF1_WFV_geo_correction.dat 和 Landsat 5_TM_FLAASH.dat 文件显示在同一视图窗口中,发现两幅图像的空置位置匹配较为一致,但局部位置仍有微小

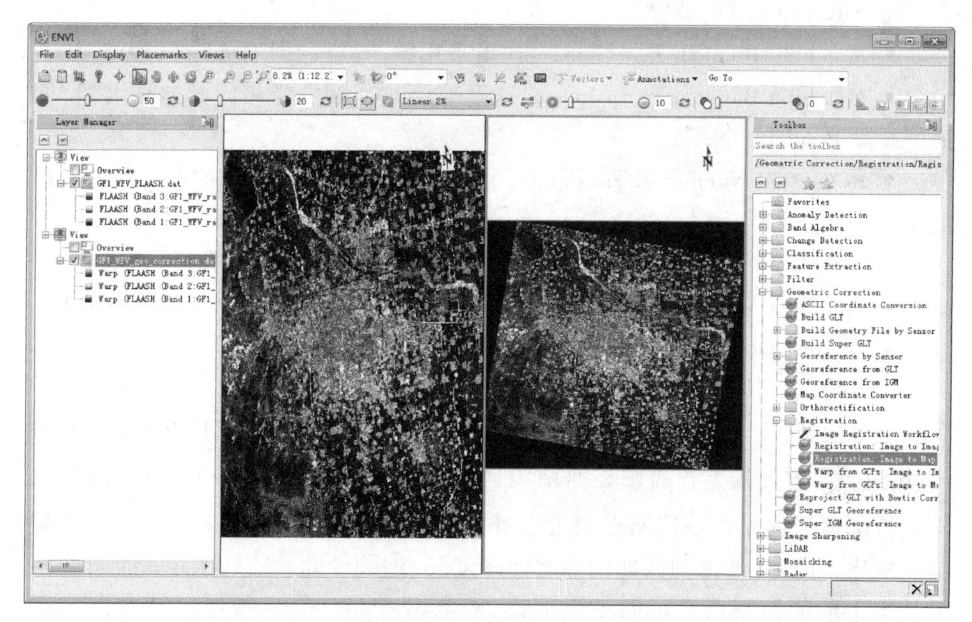

图 13.5　GF1_WFV_FLAASH.dat 文件几何校正结果

偏移,这里采用图像到图像的几何校正方法对 Landsat5_TM_FLAASH.dat 文件进行几何配准,基准图像为经过几何精校正的 GF1_WFV_geo_correction.dat,具体的操作步骤请参见第 7.1 节,此处仅列出关键参数设置。

(1) 生成连接点

① Auto Tie Point Generation

- Matching Method:设置图像匹配生成同名点的方法为[General] Cross Correlation,即互相关法。

② Auto Tie Point Filtering

- Minimum Matching Score:设置连接点匹配的最小阈值,采用默认值 0.60。
- Geometric Model:设置图像的几何模型为 Fitting Global Transform,即一阶多项式变换或者 RST 变换。
- Transform:设置 Fitting Global Transform 的变换模型为 First-Order Polynomial,即一阶多项式变换。
- Maximum Allowable Error Per Tie Point:设置连接点的最大误差阈值为默认阈值 5。

③ Seed Tie Points 面板设置。由于两幅图像均有坐标信息,且空间位置匹配较为一致,则此处不添加连接种子点,即不进行设置。

④ Advanced 面板设置

- Matching Band in Base Image:这里采用第一波段,即 Band 1(0.485 0)。
- Matching Band in Warp Image:这里采用与基准图像相同的匹配波段,即第一波段 Band 1。
- Requested Number of Tie Points:设置需要的连接点数目,这里设置为最小值 50。
- Search Window Size:用于设置搜索窗口的大小,这里采用默认的值 255。
- Matching Window Size:设置连接点的匹配窗口大小,这里采用默认值 61。
- Interest Operator:这里选择 Forstner。

(2) 控制点检查与配准

这里生成 32 个分布均匀的控制点,点击 Show Error Overlay/Hide Error Overlay 按钮,看到误差覆盖图在西南山区呈现橘黄色,说明该控制点误差较大,需进行调整。首先在该控制点附近选择最佳控制点,然后将原来误差较大的控制点删除。此外,考虑到两期图像时间跨度长、地物变化多,采用简单的图像匹配技术选取的控制点有可能不太准确,故点击 Show Table 按钮打开控制点属性表(Tie Points Attribute Table),对误差大于一个像元的控制点进行调整,保证每个控制点的误差均在一个像元以内,最终保留 30 个控制点,总体误差为 0.493 473。几何校正参数设置如下。

- Warping Method:设置配准模型为多项式,即 Polynomial。
- Resampling:设置重采样方式为最近邻采样,即 Nearest Neighbor。
- Background Value:设置背景值为默认值 0。
- Output Extent:设置输出范围,这里选择 Full Extent of Warp Image。
- Output Pixel Size From:设置输出像元的大小与原始图像保持一致,即选择 Warp Image,此时 Output Pixel Size X/Y 默认为 30 Meters。

(3) 输出结果保存

Landsat5_TM_FLAASH.dat 文件的几何配准结果保存为 Landsat5_TM_geo_correction.dat,连接点文件保存为 Landsat5_TM.pts。校正结果如图 13.6 所示,左图为原始图像 Landsat5_TM_FLAASH.dat 文件,右图为几何校正后的 Landsat5_TM_geo_correction.dat 文件,底图为 GF1_WFV_geo_correction.dat 文件,通过目视比对,两幅图像几何配准很好。

13.2.4 研究区裁剪

通过前面的数据分析,最终确定研究区范围为在原行政边界基础上向外扩展约 10 km 的矩形区域,其不仅包含原来的城区,还将周边区(县)与主城区相

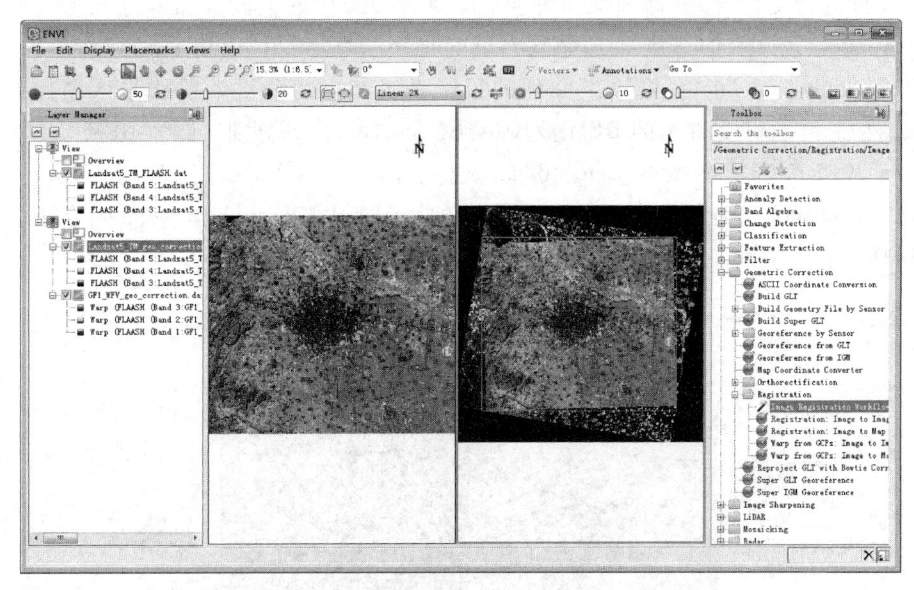

图 13.6 Landsat5_TM_FLAASH. dat 文件几何配准结果

连的区域也纳入了本次的实验区。本研究提供已经绘制好的研究区范围 Shapfile 文件 Study_zone. shp,对预处理后的两幅遥感图像(即 Landsat5_TM_geo_correction. dat 图像、GF1_WFV_geo_correction. dat 图像)进行裁剪,这里可使用 ENVI 工具箱中 Subset Data from ROIs 功能,具体操作请参见第 4.2.1 节中的按任意多边形裁剪的内容,裁剪后的文件分别记为 Landsat5_TM_study_zone. dat 和 GF1_WFV_study_zone. dat。

此外,本次实验拟使用 DEM 数据作为辅助分类数据,所以还需对 DEM 数据进行裁剪。因为研究区范围覆盖了两景 DEM 数据(ASTGTM_N37E114R. img 和 ASTGTM_N38E114K. img),所以在裁剪之前需先进行拼接处理。这里可使用 ENVI 工具箱中的 Seamless Mosaic 功能,具体操作可参见第 4.2.1 节中图像镶嵌的相关内容。DEM 数据反映的是真实地面高程数据,无需进行接边和匀色等处理,所以在输入两幅数据后直接按照默认设置输出即可,文件名记为 DEM. dat。

对于 DEM. dat 数据来说,空间分辨率为 30 m,与高分一号 WFV 图像的空间分辨率不一致,且投影系统与预处理后的两期图像也不相同(大地基准面为 WGS-84,投影系统为 UTM 49N),为了保证辅助数据与待处理遥感图像的投影系统和空间分辨率一致,此处可利用 ENVI 工具箱中 Layer Stacking 工具同时实现投影转换、重采样以及裁剪功能。基本思路如下:首先利用 Layer Stacking 工具将 DEM. dat 与 Landsat5_TM_study_zone. dat(或者 GF1_WFV_study_zone. dat)两个文件进行交集合并(详细操作可参见第 4.2.2 节中的波段叠加部分),应注意的是,在导入文件时先导入遥感图像 Landsat5_TM_study_zone.dat(或者 GF1_WFV_study_zone.dat),则输出文件的投影系统和空间分辨率默认与该图像一致;然后,将合并文件中的 DEM 波段单独存储即可,此处分别存储为 DEM_study_zone_30.dat 和 DEM_study_zone_16.dat 文件。裁剪后的结果如图 13.7 所示,左上角为 Landsat5_TM_study_zone.dat,右上角为 GF1_WFV_study_zone.dat,左下角为 DEM_study_zone_30.dat,右下角为 DEM_study_zone_16.dat。

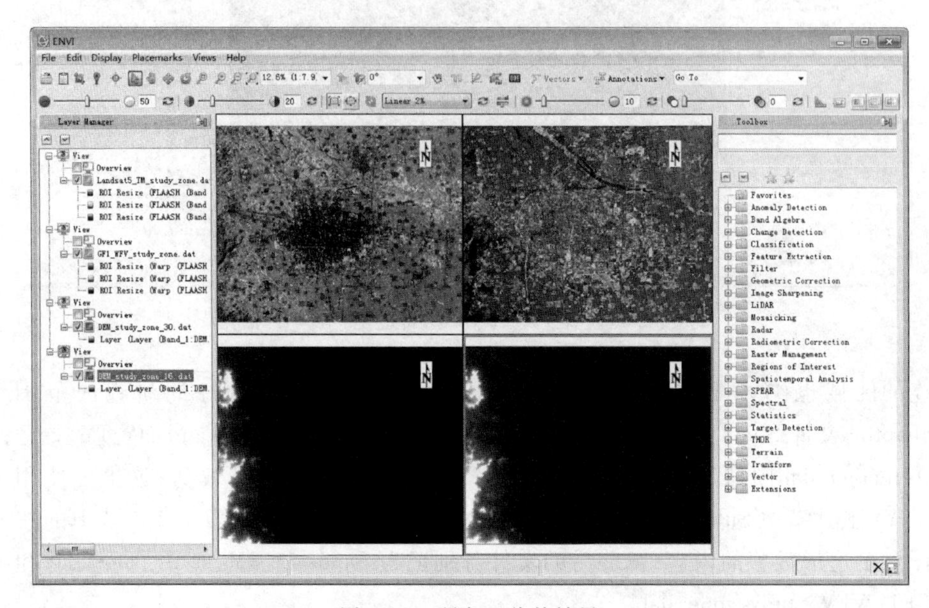

图 13.7 研究区裁剪结果

13.3 建设用地提取

13.3.1 2004 年建设用地提取

根据经验可知,Landsat 5 TM 图像光谱信息较为丰富,尤其是红光波段(Band 3)、近红外波段(Band 4)和中红外波段 1(Band 5)信息丰富且波段间相关性低,该波段组合非常适合分类。然而通过前面的数据目视分析可知,该波段组合虽然能够区分大部分地物,但无法将主城区中的深蓝色区域与水体、山体阴影区分开来。为了采用较少的优质特征参与分类,除了现有的几个波段外,拟对 Landsat 5 TM 图像进行一些变换或引入辅助数据,如对 Landsat 5 TM 图像进行缨帽变换获取有利于区分水体、植被和裸土的属性，构建建筑指数以区分建设用地及其他地物，利用 DEM 数据来区分山区阴影和建设用地等，然后基于上述属性选择有利于区分建设用地与其他地物的特征进行监督分类，以提高分类效率。

1. 特征提取与选择

(1) 特征提取

缨帽变换可采用 ENVI 工具箱中的 Tasseled Cap 功能实现，其操作相对比较简单，启动该工具后选择 Landsat5_TM_study_zone. dat 作为输入文件，Input File Type 设置为 Landsat 5 TM 即可，此处将输出文件记为 Landsat5_TM_Tasseled-cap. dat。

建筑指数(NDBI)可采用波段运算工具进行提取，其波段运算表达式为：$(B1-B2)/(B1+B2+0.0001)$，其中 B1 对应于短波红外波段(Landsat 5 TM 的 Band 5)反射率，B2 对应于近红外波段(Landsat 5 TM 的 Band 4)反射率，分母加上 0. 000 1 一方面是防止分母出现为 0 的情况，另一方面是将数据转换成浮点型进行运算以避免数据溢出，波段运算操作可参见第 2. 8 节，此处将建筑指数文件记为 Landsat5_TM_NDBI. dat。

缨帽变换和建筑指数的提取结果如图 13. 8 所示，左上角为缨帽变换的亮度分量，右上角为缨帽变换的绿度分量，左下角为缨帽变换的第三分量，右下角为建筑指数，可以看出亮度分量包含较多的地物信息，绿度分量可以明显区分植被与建设用地及裸地，第三分量可以有效区分裸地和水体，而建筑指数可以更好地表达裸地信息。

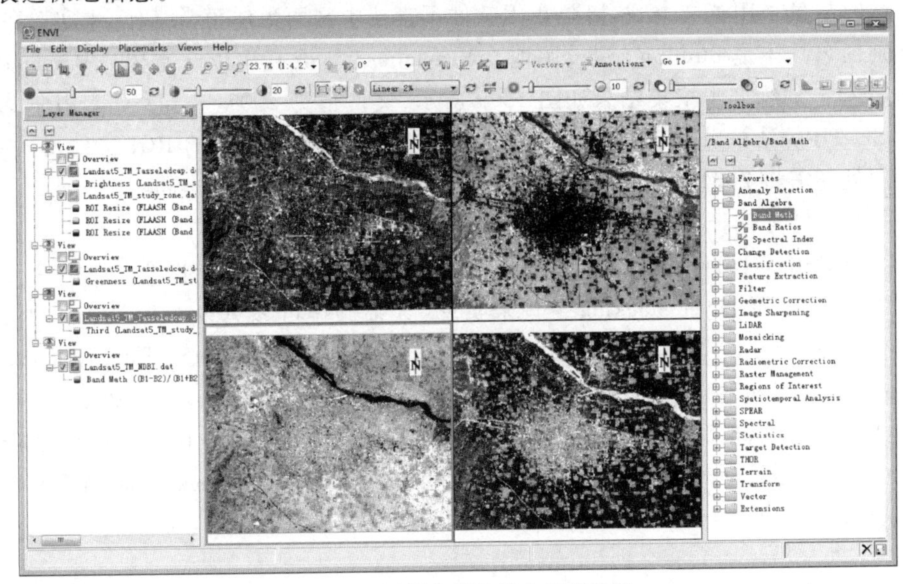

图 13. 8 缨帽变换结果和建筑指数

（2）特征选择

由于本实验的目的在于区分建设用地与其他地物，所以在选择特征时，不再是以特征间的非相似性和信息量作为主要评价标准，而应以与建设用地的可区分性最大作为特征选择的评价规则，故本实验选择利用分离度来评价各个属性关于建设用地与各地物的可区分性，即选择对于建设用地和某种地物分离度最大的属性参与分类，这里采用基于 SEaTH 算法的分离度进行评价，具体操作可参见第 11 章电子补充材料的第 11.1 节。因为进行分离度评价不仅需要输入评价图像，还需输入各个类别的训练样本，所以在特征选择前需首先确定分类类别和选择训练样本。考虑到后续分类中同样需要确定分类类别和选择训练样本，则此处的特征选择后移至训练样本评价中。

2. 确定分类类别并建立解译标志

本实验的目的是提取建设用地，故在确定分类类别时无需选择过多的类别，只需选择与建设用地有差别且覆盖整个区域的类别即可。通过前述数据分析发现，建设用地与植被、水体、裸地可分性较强，且覆盖整个区域，故选择这 4 种类别做最终的分类类别，具体的解译标志参见表 13.2。

3. 训练样本选取和评价

（1）训练样本选择

依据确定好的类别在遥感图像上选择训练样本，具体操作可参见第 12.1.2 节的相关内容。由于本实验拟采用支持向量机分类器进行分类，则训练样本尽量选择在地物边缘，利于分类器更好地识别地物。这里要注意的是，在训练样本命名时尽量采用英文方式，以防止因软件不支持中文而无法正常工作，本实验各类别命名具体是 Building（建设用地）、Vegetation（植被）、Water（水体）、Bareland（裸地）。训练样本采集结果如图 13.9 所示，文件记为 2004_ample.xml，由于基于 SEaTH 算法的分离度评价程序仅支持 ENVI 5.0 版本以前的 ROI 文件格式，故此处还需将 2004_sample.xml 另存为一份 ROI 文件，即 2004_sample.roi。

（2）特征选择

在利用基于 SEaTH 算法的分离度进行评价前，需将各个属性合并到一个文件中，这里使用 Layer Stacking 工具来实现（详细操作可参见第 4.2.2 节中的波段叠加部分），这里将 Landsat5_TM_study_zone.dat、Landsat5_TM_Tasseled-cap.dat、Landsat5_TM_NDBI.dat 和 DEM_study_zone_30.dat 共 4 个文件合并，合并文件记为 Landsat5_TM_datapacket.dat。然后，打开 ENVI+IDL 并运行基于 SEaTH 算法的分离度评价程序，分别输入 Landsat5_TM_datapacket.dat 和 2004_sample.roi 即可。

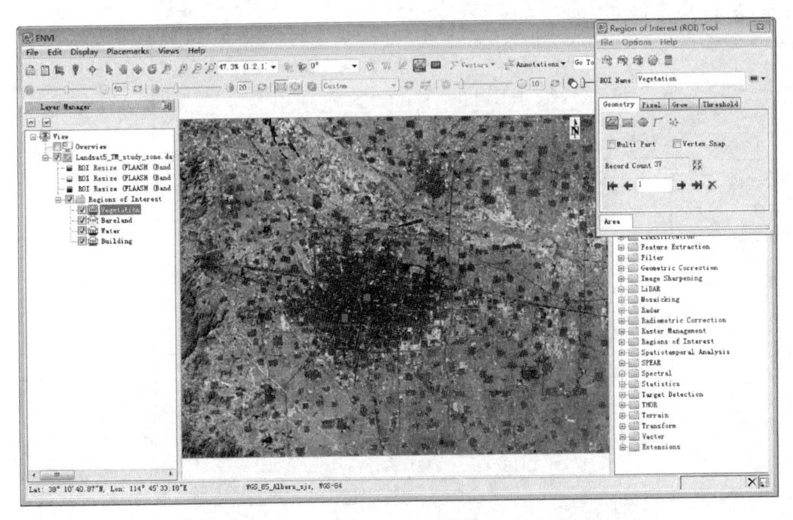

图 13.9 2004 年训练样本采集结果

图 13.9 彩版

对于 Landsat5_TM_datapacket. dat 文件来说，前 6 个波段为 Landsat5_TM_study_zone. dat 的 6 个波段，7—9 波段为 Landsat5_TM_Tasseledcap. dat 的 3 个波段，第十波段为 Landsat5_TM_NDBI. dat，第十一波段为 DEM_study_zone_30. dat，从评价结果来看（图 13. 10），建设用地与水体在第五波段（即 Landsat 5 TM 的短波红外波段）可分性最高，与裸地在第九波段（即缨帽变换的第三分量）可分性最高，与植被在第八波段（即缨帽变换的绿度分量）可分性最高，故选择这 3 个波段参与分类。这里采用 Layer Stacking 工具将上述 3 个波段进行合并，文件存储为 Landsat5_TM_class_datapacket. dat。

（3）训练样本评价

打开合并后 Landsat5_TM_class_datapacket. dat 文件，并基于该文件将训练样本 2004_sample. xml 文件打开，然后在 Region of Interest（ROI）Tool 面板中，选择 Option > Compute ROI Separability 工具评价训练样本，评价结果如图 13. 11，除了建设用地与水体外，其他类别之间的分离度均达到 1. 8 以上，说明可分性较好，可用于分类。经过排查发现建设用地与水体的训练样本均选择正确，造成分离度较低的原因是主城区东北部的炼矿厂与水体信息极相似，考虑到仅此一处，且分离度非常接近于 1. 7（大于 1. 7 说明训练样本可以区分），故不再对训练样本进行修改，仅将此处在分类后进行手动修改。

4. 监督分类

支持向量机分类器是一种优秀的非参数分类器，目前应用较为广泛，本实验

Optimum Feature Space

Building [Red] 2674 points
*****
Water [Blue] 406 points

Features	J	Direction	Threshold
5	1.57171	>	949.677
6	1.56574	>	762.792
7	1.31543	>	1899.46
4	1.27981	>	1143.36

Bareland [Yellow] 183 points

Features	J	Direction	Threshold
9	1.95404	>	-1050.00
5	1.44241	<	2866.83
10	1.18267	<	0.0216923
6	1.07831	<	2571.02

Vegetation [Green3] 2151 points

Features	J	Direction	Threshold
8	1.71129	<	1557.27
10	1.52141	>	-0.194974
3	1.10386	>	870.389
1	1.04854	>	610.826

图 13.10　Landsat5_TM_datapacket.dat 文件分离度评价结果

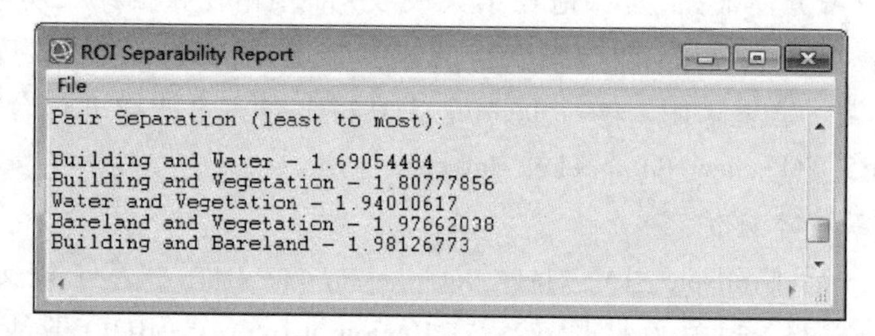

图 13.11　Landsat5_TM_class_datapacket.dat 文件训练样本评价结果

亦采用该分类器。其启动方式和参数详细说明请参见第 12.1.3 节监督分类中的支持向量机法的相关内容，此处仅列出本次实验所采用的参数，具体如下。

- Select Classes From Regions：点击 Select All Items 按钮，选择所有样本。
- Kernel Type：选择 Radial Basis（径向基）核函数。
- Gamma in Kernel Function：由于输入波段数为 3，则 Gamma in Kernel Fuction 参数默认取值为 0.333。
- Penalty Parameter：选择默认值 100。

- Pyramid Levels：选择默认值 0。
- Classification Probability Threshold：设置为 0.0。

参数设置完后，设置分类结果输出为文件，文件名记为 2004_class_SVM.dat。分类结果如图 13.12 所示（彩图见软件操作界面），图中红色地物为建设用地，可以看出建设用地中除了少量像元被漏分为裸地和水体，绝大部分像元均分类正确。

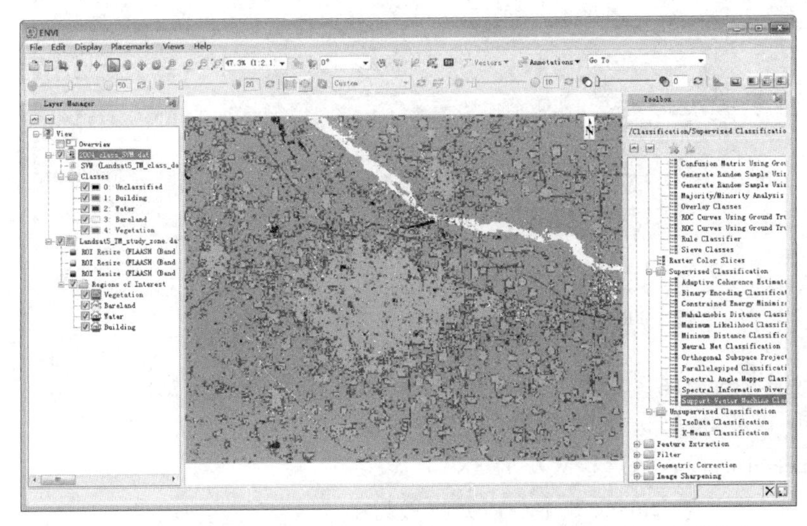

图 13.12　Landsat5_TM_class_datapacket.dat 文件支持向量机分类结果

图 13.12 彩版

5. 局部手工修改

一般情况下，使用分类器分类完成后先进行去除碎斑处理（如采用主要分析进行处理），然后进行手动修改。由于本次实验为建设用地专题解译，如果一开始就采用主要分析会消除个别独立或者带状建设用地，使建设用地面积减小，故先进行手动修改。参考原始图像及 Google Earth 高分辨率图像，发现个别建设用地被漏分为裸地，而部分水体也被错分为建设用地，因此需要将这些明显错分和漏分的像元进行手动修改。具体操作请参见第 12.1.5 节局部手动修改的相关内容，修改结果如图 13.13 所示。

6. 分类后处理

各类地物基本是连续分布，为了消除分类结果中的碎斑，这里对其进行主要分析。具体操作参见第 12.1.4 节分类后处理中的相关内容，此处仅列出相关参数设置，具体如下。

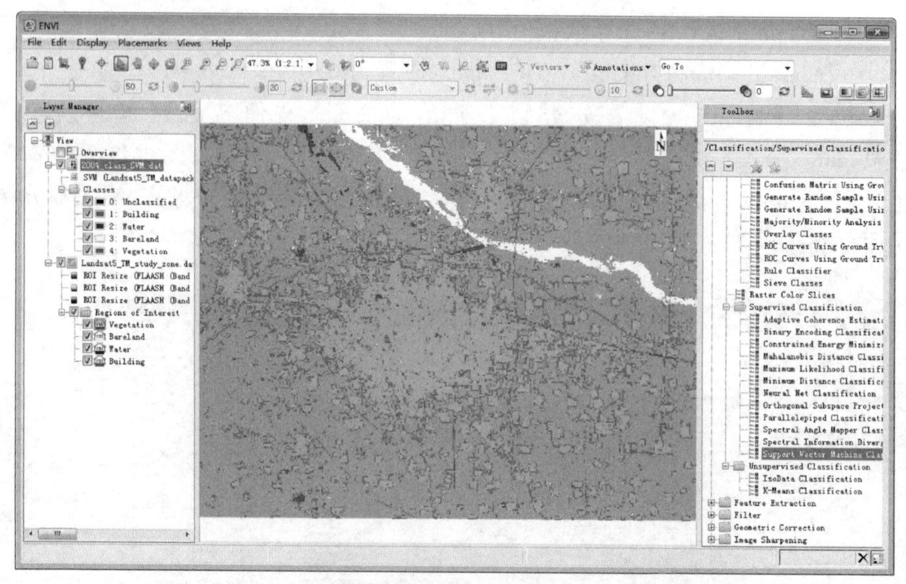

图 13.13　2004_class_SVM. dat 文件分类后手工修改结果

- Select Classes：这里点击 Select All Items 按钮，选择所有类别。
- Analysis Method：选择 Majority，即主要分析。
- Kernel Size：设置运算核大小为 3×3。
- Center Pixel Weight：设置中心像元权重为 1。

参数设置完成后，设置主要分析结果输出为文件，文件名记为 2004_class_SVM_majority. dat。结果如图 13.14 所示，可以看出主要分析处理后的分类图像中碎斑被消除了，分类结果更加平滑。

7. 精度评价

此处采用混淆矩阵进行精度评价，具体操作参见第 12.1.6 节精度评价的相关内容，此处仅列部分关键参数和评价结果。

（1）生成检验样本的空间位置

此处采用 ENVI 工具箱中的 Generate Random Sample Using Ground Truth Image 工具生产检验样本，启动该工具选择 2004_class_SVM_majority. dat 为基准底图，针对 Building、Vegetation、Water 和 Bareland 4 种类别生成随机检验样本点。Generate Random Sample Input Parameters 对话框参数设置如下。

- Sampling Type：这里选择分层随机抽样方式，即 Stratified Random。
- Stratification：各类别样本的个数选择不依比例分配，即 disproportionate。
- Set class sample size：定义 Building 和 Vegetation 的样本数为 100 个，Water 和 Bareland 分别为 50 个。

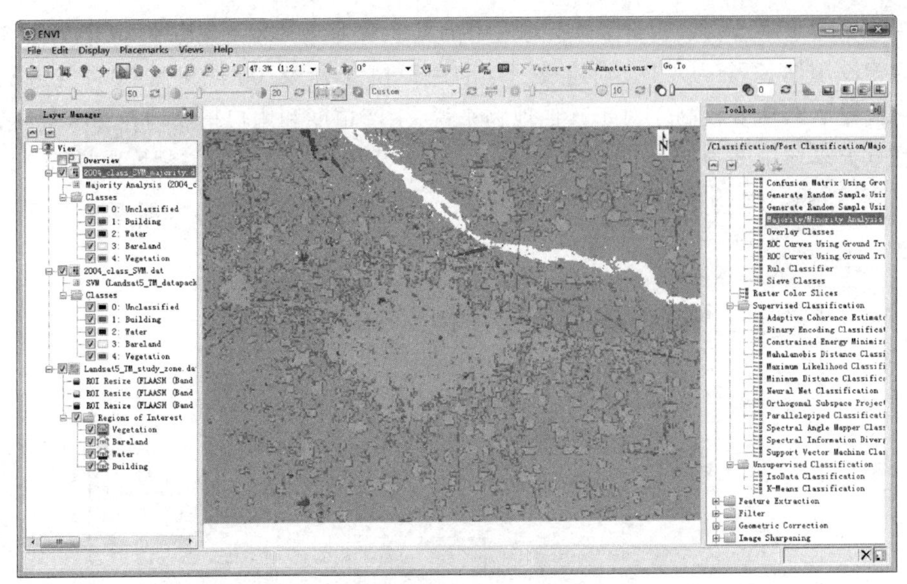

图 13.14　2004_class_SVM.dat 文件主要分析结果

- Output To:选择将各个类别的样本 ROI 单独输出为一个数据层,即选择输出为 Multiple ROIs。

设置完成后,将检验样本输出为文件,文件名记为 2004_test_sample.roi。

(2) 确定检验样本的真实类别

由于本研究无 2004 年高分辨率的遥感图像作为参考,此处则以 Landsat5_TM_study_zone.dat 文件为底图,并以 Google Earth 上 2004 年的图像为参考,对检验样本的真实类别进行目视判定。基本操作是:利用 Region of Interest (ROI) Tool 工具打开 2004_test_sample.roi 文件,逐个排查各个检验样本,对于分类错误的样本点先在该位置标注正确的类别,然后删除该位置错误类别的样本点,依次判定完成后将文件另存为 2004_test_sample_new.xml。

(3) 基于混淆矩阵的分类精度评价

在工具箱中,选择 Classification > Post Classification > Confusion on Matrix Using Ground Truth ROIs,在弹出的 Classification Input File 对话框中选择 2004_test_sample_new.xml 文件,然后在弹出的 Match Classes Paramter 对话框中设置各类真实的感兴趣区及其对应的分类类别。最后,在弹出的 Confusion Matrix Parameters对话框中选择 Output Confusion Matrix 下的 Pixels 和 Percent、Report Accuracy Assessment 下的 Yes,即可完成混淆矩阵评价。

混淆矩阵评价结果如图 13.15 所示,从混淆矩阵可以看出,建设用地共有 99 个真实检验样本,其中有 1 个被错分为植被,则建设用地的生产精度为 98.99%;

在分类结果中,落入建设用地范围内中的检验样本有 100 个,其中 98 个为真实的建设用地,2 个为水体,则建设用地的用户精度为 98.00%,可见 2004 年建设用地提取的精度较高。对于其他地物来说,生产精度和用户精度均在 96%以上,且分类总体精度为 98.666 7%,Kappa 系数为 0.981 6,总体分类精度同样较高。

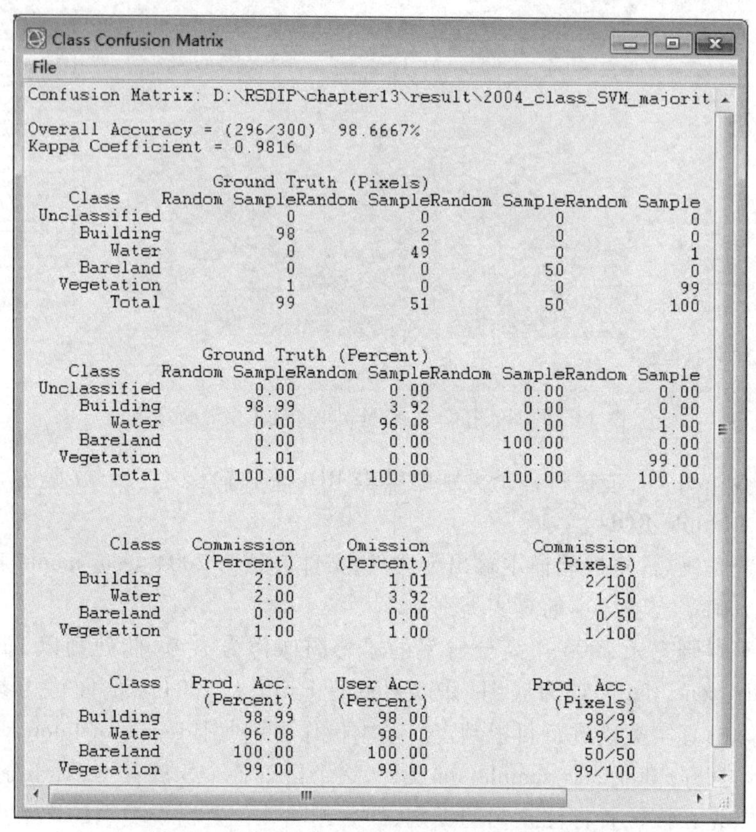
Class Confusion Matrix

File

Confusion Matrix: D:\RSDIP\chapter13\result\2004_class_SVM_majorit

Overall Accuracy = (296/300) 98.6667%

Kappa Coefficient = 0.9816

Ground Truth (Pixels)

Class	Random Sample	Random Sample	Random Sample	Random Sample
Unclassified	0	0	0	0
Building	98	2	0	0
Water	0	49	0	1
Bareland	0	0	50	0
Vegetation	1	0	0	99
Total	99	51	50	100

Ground Truth (Percent)

Class	Random Sample	Random Sample	Random Sample	Random Sample
Unclassified	0.00	0.00	0.00	0.00
Building	98.99	3.92	0.00	0.00
Water	0.00	96.08	0.00	1.00
Bareland	0.00	0.00	100.00	0.00
Vegetation	1.01	0.00	0.00	99.00
Total	100.00	100.00	100.00	100.00

Class	Commission (Percent)	Omission (Percent)	Commission (Pixels)
Building	2.00	1.01	2/100
Water	2.00	3.92	1/50
Bareland	0.00	0.00	0/50
Vegetation	1.00	1.00	1/100

Class	Prod. Acc. (Percent)	User Acc. (Percent)	Prod. Acc. (Pixels)
Building	98.99	98.00	98/99
Water	96.08	98.00	49/51
Bareland	100.00	100.00	50/50
Vegetation	99.00	99.00	99/100

图 13.15 2004 年分类结果混淆矩阵评价结果

13.3.2 2014 年建设用地提取

通过前面的数据分析可知,2014 年的高分一号 WFV 图像光谱信息较少,仅依靠现有的 4 个波段无法将建设用地自动提取出来,特别是图像中的建设用地和裸地基本无法有效区分。考虑到图像的空间分辨率较高,建设用地的地块较为规整且内部粗糙,而裸地地块呈现不规则带状分布且内部较为光滑,这里可以使用面向对象分类方法,利用对象中的形状和纹理特征进行分类。

1. 面向对象分类

面向对象分类可以使用 ENVI 工具箱中的 Example Based Feature Extraction

Workflow 工具实现，具体操作可参见第 12.4.1 节，此处仅就一些关键设置进行说明，具体如下。

（1）选择数据（Data Selection）

在 Input Raster 面板中选择 GF1_WFV_study_zone.dat；在 Ancillary Data 面板中选择 DEM_study_zone_16.dat；在 Custom Bands 面板下，勾选 Normalized Differences，此处选择设置 Band 1 为 GF1_WFV_study_zone.dat 文件的 Band 4，Band 2 为 GF1_WFV_study_zone.dat 文件的 Band 2，即自定义的标准化差值波段为建筑指数（NDBI）。

（2）创建对象（Object Creation）

经过测试，此处创建对象的参数设置如下。

- 分割参数设置（Segment Settings）：分割算法（Algorithm）选择基于边缘的图像分割算法（Edge），分割尺度（Scale Level）设置为 44.0，参与图像分割的具体波段（Select Segment Bands）选择所有波段。

- 合并参数设置（Merge Settings）：此处合并算法（Algorithm）选择合并过分割区域法（Full Lambda Schedule），合并尺度（Merge Level）默认设置为 0；参与图像合并的具体波段（Select Segment Bands）选择所有波段，纹理内核（Texture Kernel Size）设置为 5。

分割结果如图 13.16 所示，可以看出地块既不破碎同时又能保证大部分地物的形状，特别是裸地基本被分割为不规则带状地块，能与内部复杂的建设用地区分，总体分割效果较好。

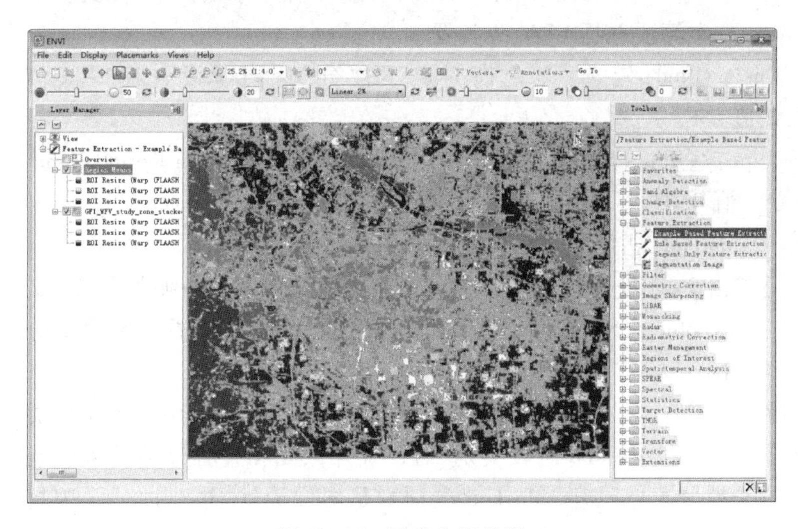

图 13.16　图像分割结果

图 13.16 彩版

(3) 定义训练样本

此处的分类体系与 2004 年分类保持一致,即选择 Building、Vegetation、Water、Bareland 4 种,训练样本选择如图 13.17 所示,并将其保存为 2014_sample.shp。

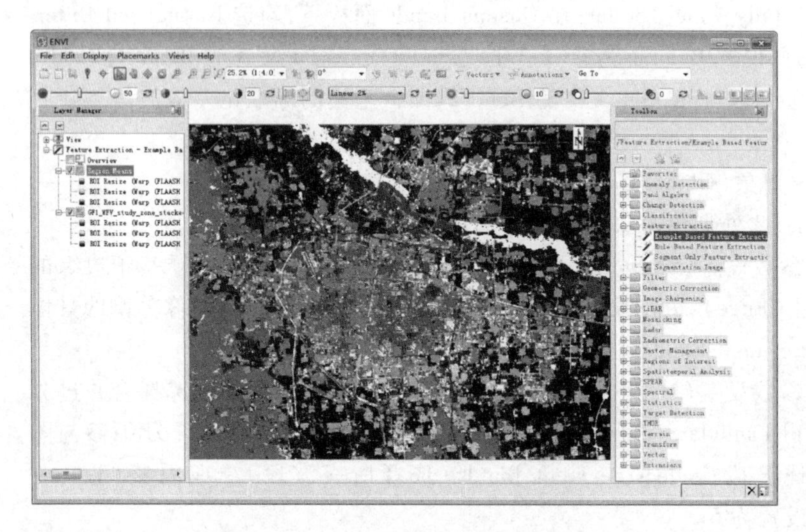

图 13.17　2014 年训练样本选择结果

图 13.17 彩版

(4) 选择分类属性和分类方法

- Attribution Selection:默认设置,即采用所有属性参与分类。
- Algorithm:分类算法选择 SVM 分类器。
- Allow Unclassified:勾选,即允许对象不被分类,同时设置概率阈值(Threshold)默认值 5%。
- Kernel Type:这里选择核函数为 Radial Basis,同时 Gamma in Kernel Function 参数采用默认值 0.03。
- Penalty Parameter:惩罚因子采用默认值 100。

设置完成后点击 Next 进入结果导出窗口,这里仅设置输出为栅格数据,文件名记为 2014_class_object_SVM.dat,结果如图 13.18 所示,可以看出绝大部分建设用地均分类正确。

应注意的是,该分类结果中除了 Building、Vegetation、Water、Bareland 4 种类别外,还有 Unclassified 和 Masked 两种类别,通过统计像元和查看分类结果发现 Unclassified 类别未被分配像元,而 Masked 类别则是图像最外层一圈像元(因提取纹理信息产生的结果)。由于该图像范围并非按照某严格的行政界线裁剪获

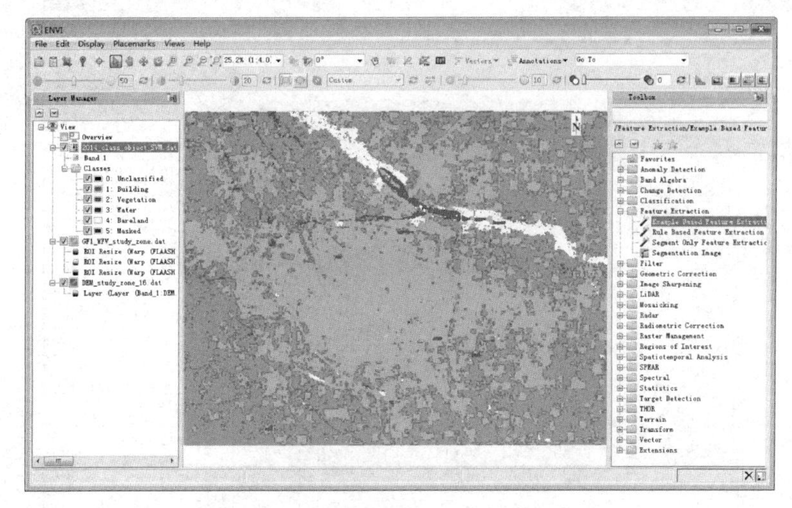

图 13.18　GF1_WFV_study_zone.dat 文件面向对象分类结果

图 13.18 彩版

得,所以在最后的变化监测时可以将 Masked 类别裁剪以排除 Masked 类别,如此基本不影响分类结果统计。如果研究区范围是固定的,建议参与分类的图像范围比研究区范围稍大一点,以避免在研究区范围生成 Masked 类别。

2. 局部手工修改

参考原始图像及 Google Earth 高分辨率图像,发现虽然大部分建设用地已经被正确提取,但仍有一部分非建设用地与其混分,此处仍需进行手工修改。具体操作参见第 12.1.5 节局部手动修改的相关内容,修改结果如图 13.19 所示。

3. 分类后处理

各类地物基本是连续分布,为了消除分类结果中的碎斑,这里对其进行主要分析。具体操作参见第 12.1.4 节分类后处理中的相关内容,此处仅列出相关参数设置,具体如下。

- Select Classes:这里点击 Select All Items 按钮,选择所有类别。
- Analysis Method:选择 Majority,即主要分析。
- Kernel Size:设置运算核大小为 3×3。
- Center Pixel Weight:设置中心像元权重为 1。

参数设置完成后,设置主要分析结果输出为文件,文件名记为 2014_class_object_SVM_majority.dat。结果如图 13.20 所示,可以看出主要分析处理后的分类图像中碎斑被消除了,分类结果更加平滑。

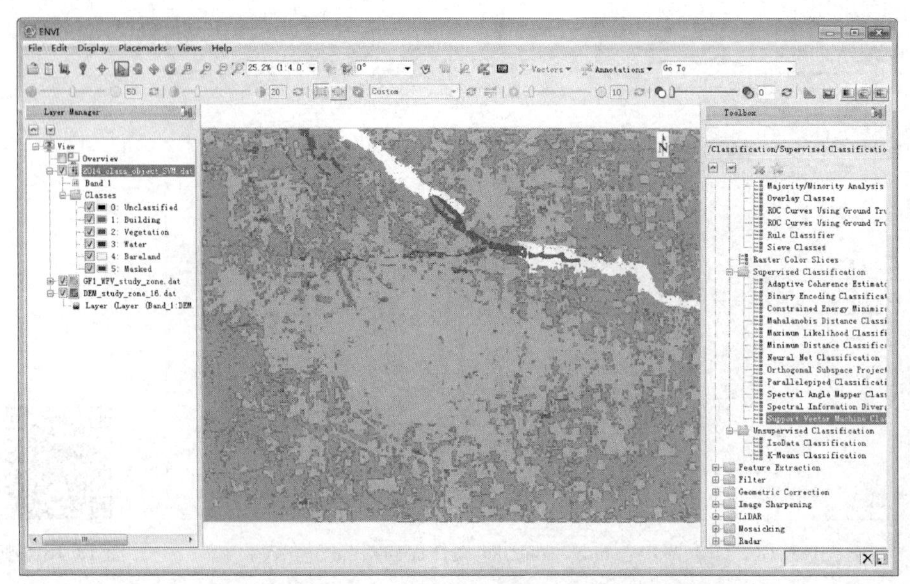

图 13.19　2014_class_object_SVM.dat 文件手工修改结果

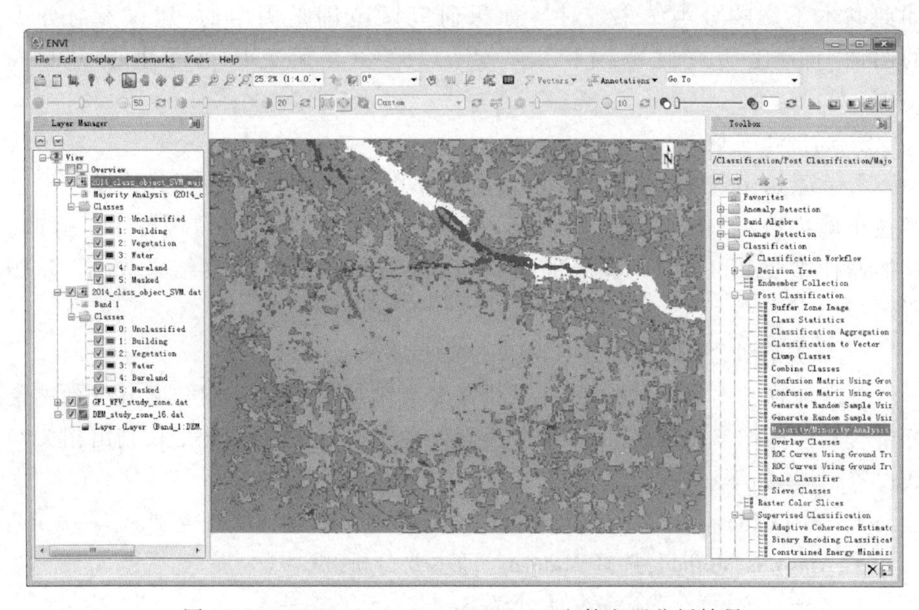

图 13.20　2014_class_object_SVM.dat 文件主要分析结果

4. 精度评价

这里先利用 2014 年建设用地实地调查点（Field _ survey _ building _

sample.txt)对建设用地进行初步检验。基本操作是:首先点击 ENVI 工具栏中的⊕按钮显示十字丝;然后将建设用地调查点的经纬度坐标输入工具栏中 Go To 文本框中并点击回车键,此时可查看十字丝处的像元是否是建设用地。结果显示 39 个检验样本均落入建筑用地范围内,说明解译精度较高。

考虑到实地调查检验样本较少,这里再采用混淆矩阵进行精度评价,具体操作参见第 12.1.6 节精度评价的相关内容,此处仅列部分关键参数和评价结果。

(1) 生成检验样本的空间位置

此处采用 ENVI 工具箱中的 Generate Random Sample Using Ground Truth Image 工具生产检验样本,启动该工具选择 2014_class_object_SVM_majority.dat 为基准底图,针对 Building、Vegetation、Water 和 Bareland 4 种类别生成随机检验样本点,Generate Random Sample Input Parameters 对话框参数设置如下。

- Sampling Type:这里选择分层随机抽样方式,即 Stratified Random。
- Stratification:各类别样本的个数选择不依比例分配,即 disproportionate。
- Set class sample size:定义 Building 和 Vegetation 的样本数分别为 100 个,Water 和 Bareland 分别为 50 个。
- Output To:选择将各个类别的样本 ROI 均单独输出为一个数据层,即选择输出为 Multiple ROIs。

设置完成后,将检验样本输出为文件,文件名记为 2014_test_sample.roi。

(2) 确定检验样本的真实类别

此处则以 GF1_WFV_study_zone.dat 文件为底图,并以 Google Earth 上 2014 年的图像为参考,对检验样本的真实类别进行目视判定。基本操作是:利用 Region of Interest (ROI) Tool 工具打开 2014_test_sample.roi 文件,逐个排查各个检验样本,对于分类错误的样本点先在该位置标注正确的类别,然后删除该位置错误类别的样本点,依次判定完成后将文件另存为 2014_test_sample_new.xml。

(3) 基于混淆矩阵的分类精度评价

在工具箱中,选择 Classification > Post Classification > Confusion on Matrix Using Ground Truth ROIs,在弹出的 Classification Input File 对话框中选择 2014_test_sample_new.xml 文件,然后在弹出的 Match Classes Paramter 对话框中设置各类真实的感兴趣区及其对应的分类类别。最后,在弹出的 Confusion Matrix Parameters 对话框中选择 Output Confusion Matrix 下的 Pixels 和 Percent、Report Accuracy Assessment 下的 Yes,即可完成混淆矩阵评价。

混淆矩阵评价结果如图 13.21 所示,从中可以看出,建设用地共有 99 个真实检验样本,其中有 2 个被错分为其他类别,则建设用地的生产精度为 97.98%;

在分类结果中,落入建设用地范围内中的检验样本有 100 个,其中 97 为真实的建设用地,2 个为植被,1 个为水体,则建设用地的用户精度为 97.00%。可见 2014 年建设用地提取的精度较高。对于其他地物来说,生产精度和用户精度均在 88%以上,且分类总体精度为 96.677 7%,Kappa 系数为 0.953 9,总体分类精度同样较高。

Class Confusion Matrix

File

Confusion Matrix: D:\RSDIP\chapter13\result\2014_class_object_SVM_majority.dat

Overall Accuracy = (291/301) 96.6777%

Kappa Coefficient = 0.9539

Ground Truth (Pixels)

Class	Random Sample	Random Sample	Random Sample	Random Sample	Total
Unclassified	0	0	0	0	0
Building	97	2	1	0	100
Vegetation	1	99	0	0	100
Water	1	4	45	1	51
Bareland	0	0	0	50	50
Total	99	105	46	51	301

Ground Truth (Percent)

Class	Random Sample	Random Sample	Random Sample	Random Sample	Total
Unclassified	0.00	0.00	0.00	0.00	0.00
Building	97.98	1.90	2.17	0.00	33.22
Vegetation	1.01	94.29	0.00	0.00	33.22
Water	1.01	3.81	97.83	1.96	16.94
Bareland	0.00	0.00	0.00	98.04	16.61
Total	100.00	100.00	100.00	100.00	100.00

Class	Commission (Percent)	Omission (Percent)	Commission (Pixels)	Omission (Pixels)
Building	3.00	2.02	3/100	2/99
Vegetation	1.00	5.71	1/100	6/105
Water	11.76	2.17	6/51	1/46
Bareland	0.00	1.96	0/50	1/51

Class	Prod. Acc. (Percent)	User Acc. (Percent)	Prod. Acc. (Pixels)	User Acc. (Pixels)
Building	97.98	97.00	97/99	97/100
Vegetation	94.29	99.00	99/105	99/100
Water	97.83	88.24	45/46	45/51
Bareland	98.04	100.00	50/51	50/50

图 13.21　2014 年分类结果混淆矩阵评价结果

13.4　建设用地变化监测

对于土地利用分类结果的栅格数据来说,常使用 ENVI 工具箱中的 Thematic Change Workflow 工具进行变化监测,该工具方便快捷。然而,因为两期分类图像的空间分辨率不一致,所以不能直接使用 ENVI 工具箱中的 Thematic Change Workflow 工具进行变化监测,而且如果简单地将空间分辨率为 30 m 的 2004 年分类结果重采样成 16 m 则会引起地块位置发生偏移。此外,2014 年分类结果中最外层一圈像元被归为 Masked 类别，造成两幅图像外边界范围不完全一致，两幅图像还需裁剪成相同的范围。综上所述，此处决定将分类结果转化成矢量数据进行变化监测以保证地块的正确性，同时 ArcMap 软件中的 Intersect工具可以实现两个 Shapefile 图层的交集的变化监测，可以省去裁剪的步骤。

1. 类别合并

由于本研究是针对建设用地的空间范围进行分析，在变化监测时不再考虑其他类别之间的转化关系，故此处将其他非建设用地类别合并成一个类别，同时也可以降低矢量文件的数据量。ENVI 工具箱中的 Combine Classes 功能可实现类别合并的功能，具体操作参见第 12.3.3 节子类合并的相关内容。此处将两期分类结果中的其他类别统一合并到 Vegetation 中，并在保存时设置将空白类别移除，文件名分别记为 2004_class_building.dat 和 2014_class_building.dat；然后打开各自头文件（ *.hdr 文件），将 class names 一栏中的 Vegetation 这一类别的名称修改为 Non_building。最终结果如图 13.22 所示，左图为 2004_class_building.dat，右图为 2014_class_building.dat。

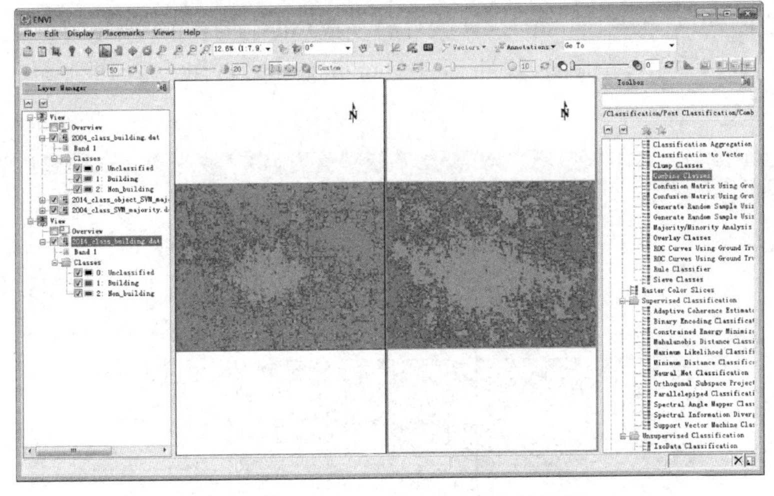

图 13.22　两期分类结果类别合并结果

图 13.22 彩版

2. 栅格转矢量

此处拟将栅格分类数据转换成 Shapefile 矢量格式，以便在 ArcMap 软件中进行叠置分析。而 ENVI 5.2.1 中无法将栅格数据直接转换成 Shapefile 文件，需在 ENVI Classic 下进行。具体操作如下：首先，启动 ENVI Classic，并打开 2004_class_building.dat；然后，点击 Vector>Classification To Vector，在 Raster To Vector Input Band 对话框中选择 2004_class_building. dat,点击 OK 进入 Raster to Vector Parameters 对话框(图 13.23);接着,在 Select Classes to Vectorize 列表中选中 Building 和 Non_building 两个类别,并点击 Choose 按钮设置输出文件为 2004_class_building. evf,点击 OK 将栅格文件转成 EVF 格式的矢量文件并弹出 Available Vectors List 对话框;最后,在 Available Vectors Layer 列表中选中转换好的矢量文件 RTV(2004_class_building. dat),并点击 File>Export Layers to Shapefile,将转换好的文件保存成 2004_class_building. shp 即可。

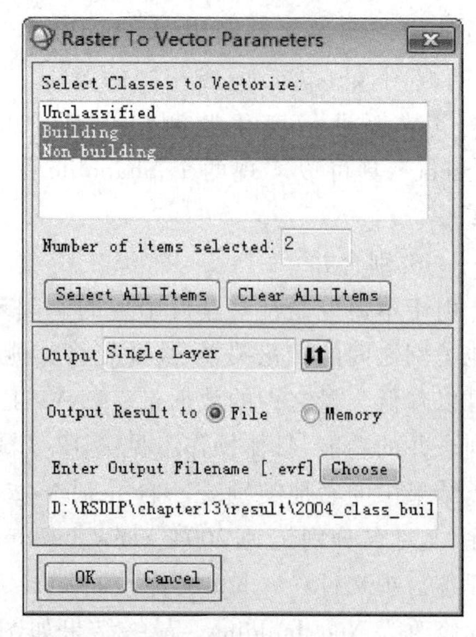

图 13.23　Raster To Vector Parameters 对话框

同理,此处将 2014_class_building. dat 文件转换成 2014_class_building. shp 文件。结果如图 13.24 所示,左图为 2004_class_building. shp,右图为 2014_class_building. shp。

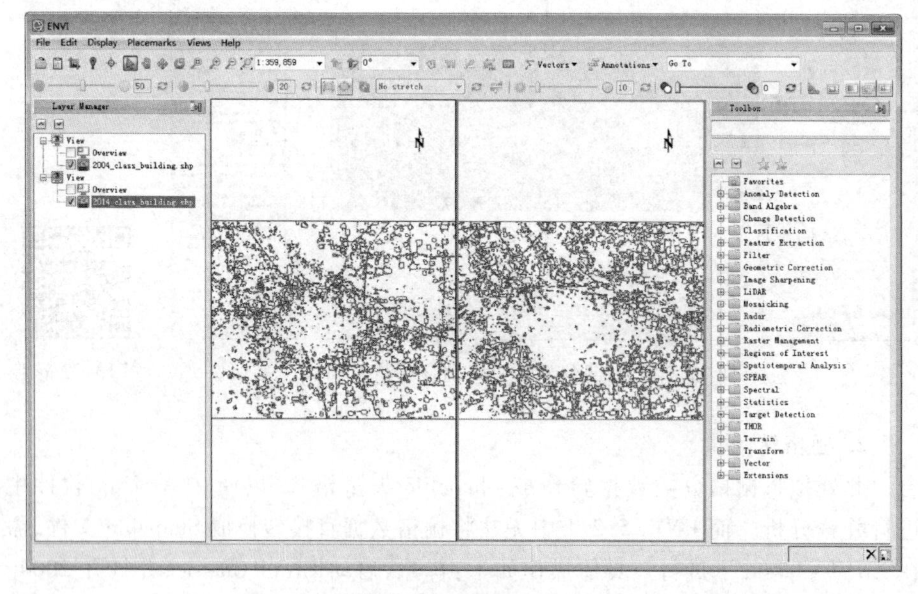

图 13.24　栅格分类图转化成 *.shp 文件结果

3. 变化监测

(1) 加载文件

启动 ArcMap 软件后,在工具栏中点击 ✚ 按钮导入 2004_class_building. shp 和 2014_class_building. shp 两个文件。

(2) 运行 Intersect 工具

在 ArcMap 的工具箱中,选择 ArcToolbox > Analysis Tools > Overlay > Intersect,进入 Intersest 对话框(图 13. 25),参数设置如下。

- 在 Input Features 中依次选择 2004_class_building. shp 和 2014_class_building. shp 两个文件。此处注意文件输入顺序,应先选择前一时相,再选择后一时相,选择好以后可以看到这两个文件进入 Features 列表。
- 在 Output Feature Class 文本框中设置输出文件,此处记为 Change_2004_2014. shp。
- 其选项均采用默认设置。

设置完成后,点击 OK 即可完成操作。

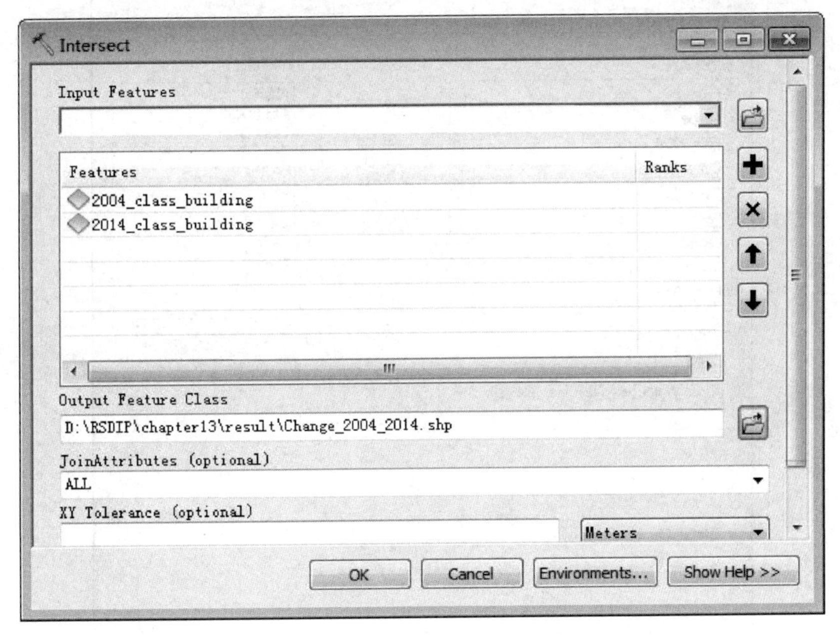

图 13. 25 ArcMap 中 Intersect 对话框

(3) 编辑属性信息

此时两个图层中变化的地块已经被识别出来,但属性表中仅分别独立列出 2004 年的地块属性信息和 2014 年的地块属性信息,无法将两期地块属性关联起来以直观地了解区分地块属性的变化情况,此处还需对属性表进行编辑以实现直观的地块属性变更识别。具体操作如下。

① 在 ArcMap 软件的 Layer 列表框中选中 Change_2004_2014. shp 图层,点击鼠标右键选择 Open Attribute Table 打开属性表。

② 在属性表中,选择 Table Option >Add Field...,打开 Add Field 对话框,设置字段名(Name)为 change,字段类型(Type)为 Text,字段长度(Length)默认为 50。

③ 选中新增加的 change 字段,点击鼠标右键选择 Field Calculator,在弹出的 Field Calculator 对话框(图 13.26)中的 change =文本框键入“[Class_Name] &"_" & [Class_Na_1]”表达式,其中 Class_Name 是 2004 年地块类型字段,Class_Na_1 是 2014 年地块类型字段,均从 Field Calculator 对话框中的 Fields 列表中获取。该计算结果就可将两期地块的类型字段进行关联,如某地块 2004 年是非建设用地

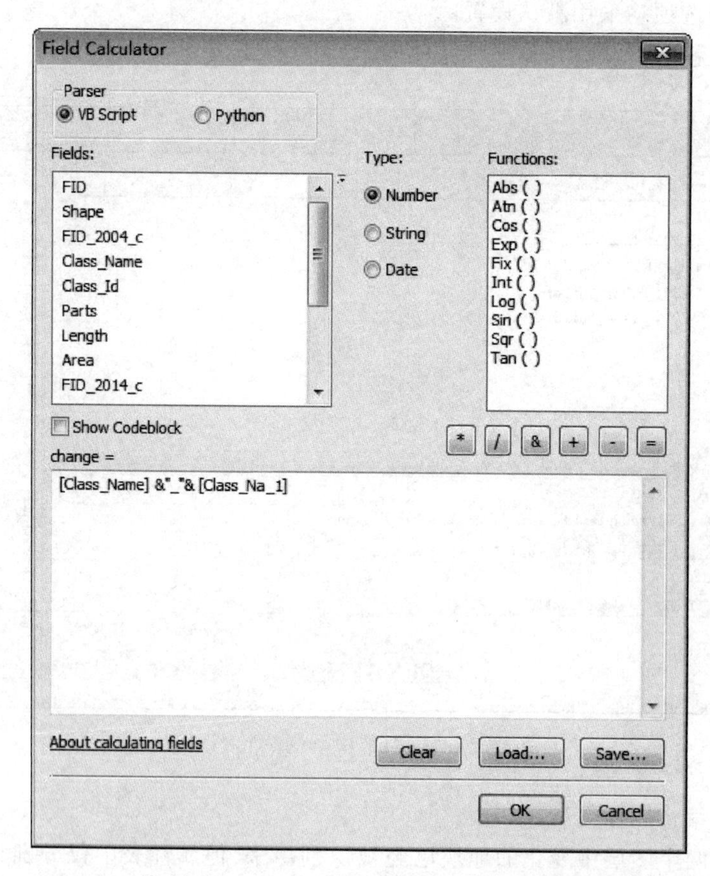

图 13.26 ArcMap 中 Field Calculator 对话框

(Non_building),2014 年为建设用地(Building),即该地块的 Class_Name 字段为 Non_building,Class_Na_1 字段为 Building,那么 change 字段的计算结果为 Non_building_Building,此时可通过 change 字段直观地看出该地块是从 2004 年的非建设用地转变为 2014 的建设用地。

建设用地变化监测结果如图 13.27 所示,该显示效果是以 change 字段进行分层设色的结果,图中紫色斑块为建设用地未变化区域,蓝色为建设用地扩展区域,红色斑块为建设用地变为非建设用地的区域,黄色斑块为非建设用地未变化区域。可以看出 2004—2014 年石家庄市城市周边建设用地扩展明显,城市化进程快速发展,同时城市内部部分建设用地转变为绿地(红色斑块),说明该地区在城市规模不断扩展的同时应注重城市生态建设。

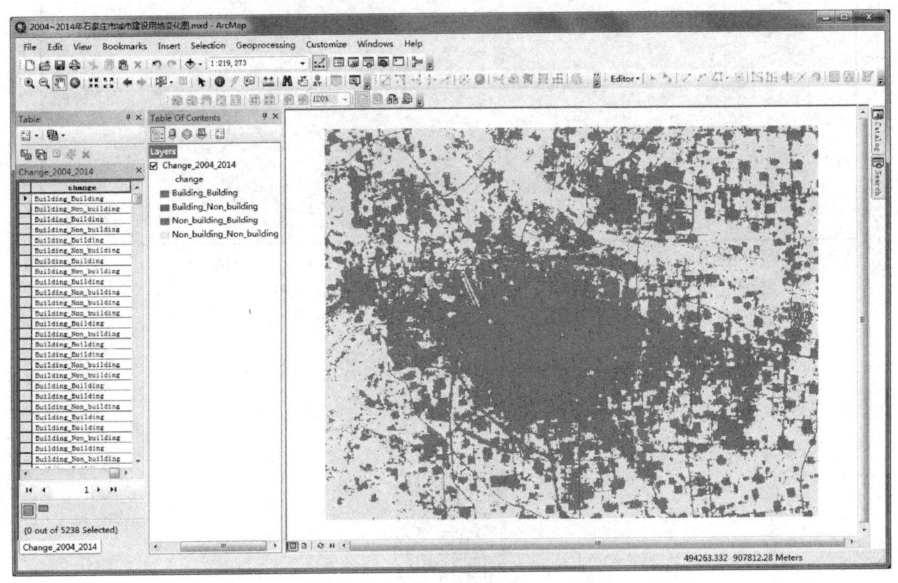

图 13.27 2004—2014 年建设用地变化监测结果

图 13.27 彩版

4. 建设用地变化图制作

本案例采用 ArcMap 进行制图,具体步骤详见第 13 章的电子补充材料,此处仅给出 2004—2014 年石家庄市城市建设用地变化图(图 13.28)。

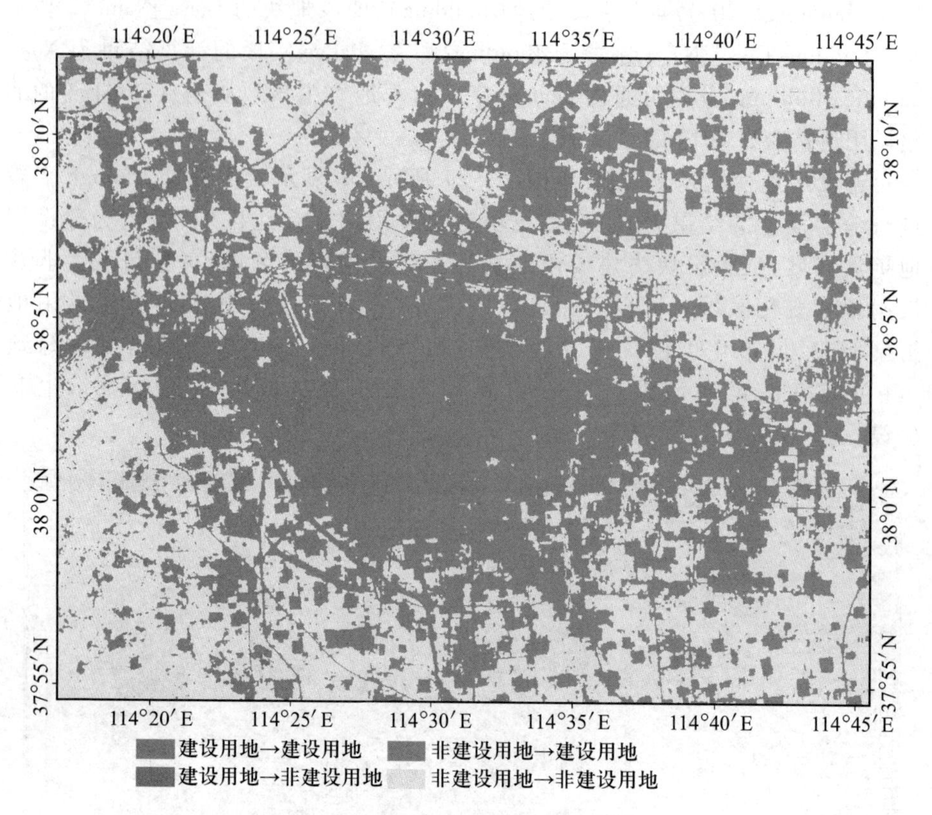

图 13.28　2004—2014 年石家庄市城市建设用地变化图

图 13.28 彩版

参 考 文 献

[1] 邓书斌,陈秋锦，杜会建，等. ENVI 遥感图像处理方法[M]. 2 版. 北京：高等教育出版社，2014.

[2] 董彦卿. IDL 程序设计——数据可视化与 ENVI 二次开发[M]. 北京：高等教育出版社，2012.

[3] 韩培友.IDL 可视化分析与应用[M].西安：西北工业大学出版社，2006.

[4] 李芳芳，贾永红.一种基于 TM 影像的湿地信息提取方法及其变化检测[J]. 测绘科学，2008，33(2):147-149.

[5] 骆剑承，梁怡.支撑向量机及其遥感影像空间特征提取和分类的应用研究[J].遥感学报，2002,6(1):50-55.

[6] 彭望琭，白振平，刘湘南，等.遥感概论[M].北京：高等教育出版社，2002.

[7] 汤国安，杨昕.ArcGIS 地理信息系统空间分析实验教程[M]2 版.北京：科学出版社，2012.

[8] 韦玉春，汤国安，汪闽，等.遥感数字图像处理教程[M]2 版.北京：科学出版社，2015.

[9] 徐涵秋.基于谱间特征和归一化指数分析的城市建筑用地信息提取[J].地理研究，2005,24(2):311-320.

[10] 张晓祥，严长清，刘斯琦，等.基于 Landsat TM 数据的江苏海岸带土地利用/覆被变化检测方法比较研究[J].遥感信息，2011,3:82-87.

[11] 张学工.关于统计学习理论与支持向量机[J].自动化学报，2000,26(1):32-42.

[12] 章孝灿，黄智才，戴企成.遥感数字图像处理[M].杭州：浙江大学出版社，2003.

[13] 赵英时.遥感应用分析原理与分析[M].北京：科学出版社，2003.

[14] 查勇，倪绍祥，杨山.一种利用 TM 图像自动提取城镇用地信息的有效方法[J].遥感学报，2003，7(1)：37-40.

[15] 朱虹.数字图像处理基础[M].北京：科学出版社，2005.

[16] 朱文泉，林文鹏.遥感数字图像处理——原理与方法[M].北京：高等教育出版社，2015.

[17] Berk A, Bernstein L S, Robertson D C. MODTRAN: a moderate resolution model for LOWTRAN 7, GL-TR-89-0122[R].Massachusetts: Air Force Geophysics Laboratory, 1989.

[18] Carlotto M J.Spectral shape classification of landsat thematic mapper imagery [J].Photogrammetric Engineering and Remote Sensing, 1998,64:905-914.

[19] Castleman K R.数字图像处理[M].朱志刚，林学訚，石定机，译.北京：电子工业出版社，2002.

[20] Congalton R, Mead R A. A quantitative method to test for consistency and correctness in photointerpretation [J]. Photogrammetric Engineering and Remote Sensing, 1983,49(1):69-74.

[21] Crist E P, Laurin R, Cicone R C.Vegetation and soils information contained in transformed thematic mapper data[C]//IEEE Geosience and Remote Sensing Society.Proceedings of IGARSS'86 symposium.Paris: European Space Agency, 1986: 1465-1470.

[22] Duro D C, Franklin S E, Dubé M G. A comparison of pixel-based and object-based image analysis with selected machine learning algorithms for the classification of agricultural landscapes using SPOT-5 HRG imagery[J].Remote Sensing of Environment, 2012,118:259-272.

[23] ESRI Inc. ArcGIS 10.3 Help[CP/OL].Redlands,2014.

[24] Exelis Visual Information Solutions Inc. ENVI 5.2 Help [CP/OL]. Boulder, 2015.

[25] Gao B C. NDWI—a normalized difference water index for remote sensing of vegetation liquid water from space[J].Remote Sensing of Environment, 1996, 58(3):257-266.

[26] Kauth R J, Thomas G S. The tasselled cap—a graphic description of the spectral-temporal development of agricultural crops as seen by Landsat[C]//Laboratory for Application of Remote Sensing. Symposium proceesings on machine processing of remotely sensed data. West Lafayette: Purdue e-Pubs, 1976: 41-51.

[27] Lin W P, Chen G S, Guo P P, et al. Remote-sensed monitoring of dominant plant species distribution and dynamics at Jiuduansha wetland in Shanghai, China[J]. Remote Sensing, 2015,7(8):10 227-10 241.

[28] Richards J A, Richards J A. Remote sensing digital image analysis: an introduction[M].Berlin: Springer, 1999.

[29] Schowengerdt R A. Remote sensing: models and methods for image processing [M].Florda: Academic Press, 2006.

[30] Viola P, Wells III W M. Alignment by maximization of mutual information[J]. International Journal of Computer Vision, 1997,24(2):137-154.

[31] Zhu W Q, Pang X H, Pan Y Z, et al. A spectral preservation fusion method based on band ratio and weighted combination[C]//The International Society for Optics and Photonics.Proceedings of international symposium on multispectral image processing and pattern recognition.Washington: SPIE Digital Library, 2007: 67 871D.